普通高等教育电子信息类“十三五”规划教材

LabVIEW 2016 程序设计教程
——从入门到精通

主　编　何小群
副主编　何新军

西安电子科技大学出版社

内 容 简 介

本书按照软件开发的设计思想编写，首先介绍了虚拟仪器的基本概念和 LabVIEW 2016 应用软件开发的基础知识，之后详细讲解了 LabVIEW 2016 安装和编程环境、数据类型与基本操作、程序编辑与调试、程序结构设计、图形显示、快速 VI 技术(Express VI)、文件操作、人机界面设计、面向对象编程、数据库操作、网络通信与编程、多线程技术、串口开发与应用、项目管理和应用程序发布以及综合项目实例等内容。本书采用实例讲解的方法介绍每一个知识点，以让读者达到融会贯通的效果。本书结合大量经典案例，深入浅出地讲解 LabVIEW 2016 程序设计思想的重点和难点，使初学者快速具备使用 LabVIEW 集成开发环境设计测量系统的能力。本书具有内容全面翔实、结构合理紧凑、语言浅显易懂以及实用性强等特点。

本书适合 LabVIEW 入门级读者以及相关专业的工程项目开发人员阅读，更适合高等院校物联网工程、自动化、仪器仪表、测量控制等相关专业的应用型本科和高职学生使用。

图书在版编目(CIP)数据

LabVIEW 2016 程序设计教程：从入门到精通 / 何小群主编. — 西安：西安电子科技大学出版社，2018.10
ISBN 978-7-5606-5067-8

Ⅰ. ① L… Ⅱ. ① 何… Ⅲ. ① 软件工具—程序设计—教材 Ⅳ. ① TP311.56

中国版本图书馆 CIP 数据核字(2018)第 222657 号

策划编辑 刘玉芳
责任编辑 黄 菡 阎 彬
出版发行 西安电子科技大学出版社(西安市太白南路 2 号)
电 话 (029)88242885 88201467 邮 编 710071
网 址 www.xduph.com 电子邮箱 xdupfxb001@163.com
经 销 新华书店
印刷单位 陕西天意印务有限责任公司
版 次 2018 年 10 月第 1 版 2018 年 10 月第 1 次印刷
开 本 787 毫米 × 1092 毫米 1/16 印 张 24.5
字 数 581 千字
印 数 1～3000 册
定 价 56.00 元
ISBN 978-7-5606-5067-8 / TP
XDUP 5369001-1
***** 如有印装问题可调换 *****

前　言

LabVIEW 是一种业界领先的工业标准图形化编程工具，可用来开发测试测量、控制系统，是解决工业现场等场合的快速开发原型问题的理想选择。

本书以软件开发设计思想为主线，以由易到难、深入浅出为原则，按照条理清晰、内容全面、实例经典、实用性强的要求，对 LabVIEW 2016 编程进行了全面详细的介绍，尤其对 LabVIEW 编程人员经常讨论的热点问题进行了重点介绍。此外，本书所有的知识点都给出了恰当的实例，读者通过学习这些实例，可以快速掌握很多非常实用的编程技巧，例如图表自动图例、多面板程序设计、人机界面设计等。

在本书的编写过程中，编者几乎参考了 LabVIEW 帮助文档的所有内容以及大部分现有的 LabVIEW 书籍，搜索了 NI 网站中的大量网络资源，并且总结了编者多年的 LabVIEW 编程知识和编程技巧。通过本书，读者可以从入门开始，逐步深入地对 LabVIEW 进行学习，直到成为真正精通 LabVIEW 的编程高手。

本书具有以下特点：

(1) 知识讲解扎实。本书全面详细地介绍了 LabVIEW 的基本概念以及程序开发的基础知识，内容讲解翔实，实例贴切，特别适合从事 LabVIEW 软件设计的初学者使用。

(2) 知识实用性强。本书的全部实例均利用实验室内的环境进行设计与开发，且程序全部经过调试与验证。

(3) 知识覆盖面广。本书精选了若干个典型实例，内容新颖，反映了当前虚拟仪器的发展及时代的需求。

为了使初学者快速具备使用 LabVIEW 设计测试测量系统的能力，全书从实用角度出发，将内容分为 18 个章节进行介绍。

第 1 章　LabVIEW 概述：包括虚拟仪器的结构、特点介绍和 LabVIEW 简介。

第 2 章　LabVIEW 2016 安装：介绍了 LabVIEW 2016 集成开发环境的安装和配置。

第 3 章　LabVIEW 2016 编程环境：详细介绍了 LabVIEW 2016 的编程界面、菜单栏、工具栏、选板和帮助等。

第 4 章　数据类型与基本操作：详细介绍了 LabVIEW 2016 的数据类型和基本运算。

第 5 章　程序编辑与调试：详细介绍了 LabVIEW 2016 VI 的创建、编辑、运行、调试和错误处理等。

第 6 章　程序结构设计：重点介绍了顺序结构、条件结构、循环结构、事件结构、使能结构、定时结构及公式节点和变量等基本知识。

第 7 章　图形显示：重点介绍波形显示、XY 图与强度图形、数字波形图和三维图形的显示等。

第 8 章　快速 VI 技术（Express VI）：详细介绍了 Express VI 的创建以及示例等。

第 9 章　子 VI 和属性节点：重点介绍了子 VI 的创建和属性节点的应用等。

第 10 章　文件操作：重点介绍了文本文件、电子表格文件、二进制文件、波形文件、配置文件和 XML 文件等基本文件的读写操作技巧。

第 11 章　人机界面设计：重点介绍了下拉列表、列表框、对话框、菜单、选项卡、多面板等高级控件的应用和人机界面设计的基本技巧等。

第 12 章　面向对象编程：重点介绍了对象的创建以及继承、多态的应用等内容。

第 13 章　数据库操作：介绍了通过 LabVIEW 2016 操作 MySQL 数据库，实现数据库的增、删、改、查等基本操作。

第 14 章　网络通信与编程：重点介绍了 TCP 通信、UDP 通信、DataSocket 技术通信和远程访问技术等。

第 15 章　多线程技术：重点介绍多线程的概念、VI 的优先级设置、生产者/消费者结构。

第 16 章　串口开发与应用：重点介绍串口的参数设置、串口通信软件开发等。

第 17 章　项目管理和应用程序发布：重点介绍如何进行大型项目的管理和应用程序的发布等。

第 18 章　综合项目实例：以双通道频谱滤波器设计为例，按照软件工程的思想，对从项目设计、开发到发布的整个过程进行详细讲解。

本书在内容安排上循序渐进、深入浅出，力求重点突出，面向实际应用，提高读者的编程能力和解决实际问题的能力。

本书由何小群（重庆工程学院）任主编、何新军（中冶赛迪技术研究中心有限公司）任副主编，其中何新军高级工程师负责第 16 章、第 17 章的编写，其余章节由何小群老师编写。本书的编写得到了重庆工程学院电子与物联网学院全体老师的鼓励和支持，在此向他们表示衷心感谢！

由于编者水平有限，时间仓促，书中不当之处在所难免，敬请读者批评指正。

编　者

2018 年 6 月

目 录

第 1 章　LabVIEW 概述

本章首先从虚拟仪器引出 LabVIEW 软件，然后介绍 LabVIEW 的应用、优势、起源与发展历程，最后介绍 LabVIEW 2016 的新增特性。

1.1　虚拟仪器概述

虚拟仪器是美国国家仪器公司 (National Instruments，NI)1986 年提出的虚拟测量仪器(VI)概念，是现代计算机技术和仪器技术深层次结合的产物，是计算机辅助测试领域的一项重要技术。虚拟仪器引发了传统仪器领域的一场重大变革，使得计算机和网络技术得以长驱直入仪器领域。虚拟仪器和仪器技术结合起来，开创了“软件即是仪器”的先河。

1.1.1　虚拟仪器的结构

虚拟仪器是基于计算机的仪器，是计算机与仪器密切结合的最终产物。粗略地说，这种结合有两种方式：一种是将计算机装入仪器，其典型的例子就是智能化仪器；另一种方式是将仪器装入计算机，以通用的计算机硬件和操作系统为依托，实现各种仪器功能。虚拟仪器主要指第二种方式。从实质上讲，虚拟仪器就是利用硬件系统完成信号的采集、测量与调理，利用计算机强大的软件功能实现信号数据的运算、分析和处理，利用计算机的显示器模拟传统仪器的控制面板，以多种形式输出检测结果，从而完成所选的各种测试功能的仪器。

虚拟仪器可以通过多种接口(GPIB、VXI、PXI 等)或具有这些接口的仪器来连接被测控对象和计算机。虚拟仪器的机构如图 1.1 所示。

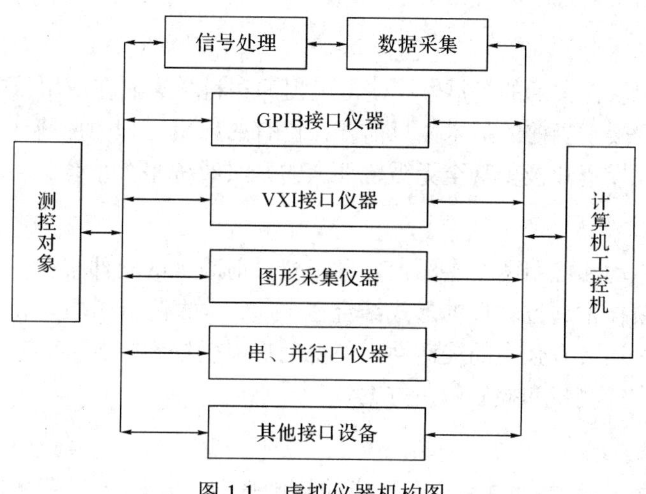

图 1.1　虚拟仪器机构图

虚拟仪器系统包括仪器硬件和应用软件两大部分。仪器硬件是计算机的外围电路，与计算机一起构成了虚拟仪器系统的硬件环境，是应用软件的基础；应用软件则是虚拟仪器的核心，在基本硬件确定后，软件通过不同功能模块即软件模块的组合构成多种仪器，赋予系统特有的功能，以实现不同的测量功能。

虚拟仪器的“虚拟”有以下两个层面的含义：

(1) 虚拟的控制面板。传统仪器通过设置在面板上的各种“控件”来完成操作和功能，如各种开关、按键、滑动调节杆、显示器等，实现仪器电源的“通”或“断”，被测信号的“输入通道”、“放大倍数”、“滤波特性”等参数设置，测量结果的“数值显示”、“波形显示”等。

传统仪器面板上的“控件”都是实物，而且是用手动或触摸等方式进行操作的，而虚拟仪器面板上的各种“控件”都是虚构的，它们的外形是与传统仪器控件的实物外形相像的图标，实际功能是通过相应的软件程序来实现的。

(2) 虚拟的测量、测试与分析。传统的仪器通过设计具体的模拟或数字电路来实现仪器的测量、测试及分析功能，而虚拟仪器则利用软件程序实现这些功能。

可见，虚拟仪器是由计算机硬件资源、模块化仪器硬件以及用于数据分析、过程通信和图形用户界面的软件组成的测控系统，是一种由计算机操纵的模块化仪器系统。

1.1.2 虚拟仪器的特点

虚拟仪器技术利用高性能的模块化硬件，结合高效灵活的软件来完成各种测试测量和自动化的应用。灵活高效的软件能创建完全自定义的用户界面，模块化的硬件能方便地提供全方位的系统集成，标准的软/硬件平台能满足对同步和定时应用的需求。与传统仪器相比，虚拟仪器具有以下四个特点。

1. 性能高

虚拟仪器技术是在 PC 技术的基础上发展起来的，因此完全继承了以现成即用的 PC 技术为主导的最新商业技术的优点，包括功能超卓的处理器和文件 I/O，使用户在数据高速导入系统的同时就能实时地进行复杂的分析。此外，不断发展的因特网和越来越快的计算机网络使得虚拟仪器技术展现出更强大的优势。

2. 扩展性强

虚拟仪器应用软件灵活的扩展性，使得工程师和科学家们在应用日益发展的软硬件工具过程中，不再局限于当前的技术，只需要在已有的应用工程中更新计算机或测量硬件，就能以最少的硬件投资和极少甚至无需软件上的升级改进整个系统。

3. 开发时间少

虚拟仪器在驱动和应用两个层面上，直接把目前高效的软件架构与计算机、仪器仪表和通信方面的最新技术通过软件的形式结合在一起，大大降低了驱动和应用两个层面的开发调试过程，同时还具有强大的灵活性，使得用户能轻松地配置、创建、分布、维护和修改高性能及低成本的测量和控制解决方案。

4. 无缝集成

虚拟仪器技术从本质上说是一个集成的软硬件概念，随着产品在功能上不断趋于复杂，工程师们通常需要集成多个测量设备来满足完整的测试需求，而连接和集成这些不同设备总是要耗费大量的时间。虚拟仪器软件平台为所有的 I/O 设备提供了标准的接口，帮助用户轻松地将多个测量设备集成到单个系统，减少了任务的复杂性。

1.1.3 虚拟仪器的硬件

随着测试测量应用的日益复杂，目前市场上提供的模块化硬件产品也非常丰富，比如总线类型支持 PCI、PXI、PCMCIA、USB 和 1394 总线等，产品种类从数据采集、信号调理、声音和振动测量、视觉、运动、仪器控制、分布式 I/O 到 CAN 接口工业通信等。

按照硬件接口的不同，虚拟仪器可分为基于 PC 总线、GPIB、VXI 总线和 PXI 总线的四种标准体系结构。

1. 基于 PC 总线的虚拟仪器

由于个人计算机的用户量大、通用性强，基于 PC 总线的虚拟仪器成为人们的首选。这种硬件一般采用基于 PC 总线的通用 DAQ(数据采集卡)，主要的 PC 总线有 ISA、PCI、PC/104 等。这类虚拟仪器充分利用了计算机的资源，大大增加了测试系统的灵活性和扩展性。利用通用型 DAQ 可方便快捷地组建基于计算机的仪器，易于实现一机多型和一机多用。随着 A/D 转换技术、精密放大技术、滤波技术与数字信号调制技术等的迅速发展，DAQ 的采样速率已达到 2 Gb/s，精度高达 24 位，通道数高达 64 个，并能任意组合数字 I/O、模拟 I/O、计数器/定时器等通道，大大扩展了仪器的功能。

2. 基于 GPIB 的虚拟仪器

已有的专业仪器多数配有 GPIB(General Purpose Interface Bus，通用接口总线)，所以利用此类仪器构建基于计算机的虚拟仪器一般利用 GPIB 实现。基于 GPIB 的虚拟仪器充分利用了现有条件，实现测量、检测等功能；但其数据传输速率一般低于 500 kb/s，不适合对系统速度要求较高的应用。

3. 基于 VXI 总线的虚拟仪器

VXI 系统最多可包含 256 个装置，主要由主机箱、控制器、具有多种功能的模块仪器和驱动软件、系统应用软件等组成，具有即插即用的特性，所以系统中各功能模块可随意更换构成新系统。基于 VXI 总线的虚拟仪器具有模块化、系统化、通用化以及 VXI 仪器的互换性和互操作性的特征。VXI 的价格相对较高，适合于尖端的测试领域。

4. 基于 PXI 总线的虚拟仪器

PXI(PCI eXtension for Instrumentation)总线整合了台式计算机的高速 PCI 总线的 80 Mb/s 优势，借鉴于 VXI 总线中先进的仪器技术，如同步触发、板间总线、星形触发总线、板载时钟等特性，兼容 CompactPCI 机械规范，并增加了主动冷却、环境测试(温度、湿度、振动和冲击试验)等要求。

1.1.4 虚拟仪器的软件

虚拟仪器框架从底层到顶层，由 VISA(Virtual Instrumentation Software Architecture)库、

仪器驱动程序、应用软件三部分组成。

1. VISA 库

VISA 库即虚拟仪器软件体系结构库，实质上就是标准 I/O 函数库及相关规范的总称，一般将该 I/O 函数库称为 VISA 库。VISA 库驻留于计算机系统中，执行仪器总线的特殊功能，起着连接计算机与仪器的作用，以实现对仪器的程序控制。

1) VISA 库的作用

对于虚拟仪器驱动程序的开发编程者来说，VISA 库是一个可调用的操作函数集。作为标准化的 I/O 接口软件规范，VISA 库的作用有以下四点：

(1) 为所有使用者提供统一的软件编程基础，对驱动程序、应用程序不必考虑接口，均可使用。

(2) 仅规定为用户提供标准函数，不对具体实现作任何说明。

(3) 用于编写符合 VPP 规范(VXI Plug & Play，VXI 总线即插即用型驱动器)的仪器驱动程序，完成计算机与仪器之间的命令和数据传输，实现对仪器的控制。

(4) VISA 库作为底层 I/O 接口软件，运用于计算机系统中。

2) VISA 库的特点

VISA 库的主要特点有以下四点：

(1) 适用于各类仪器，如 VXI、PXI、GPIB、RS-232 和 USB 仪器等。

(2) 与硬件接口无关。

(3) 既适用于单处理器结构，又适合于多处理器或分布式结构。

(4) 适用于各种网络机制。

VISA 只解决了仪器接口的可互换性(即改变接口或总线方式不必修改测试程序)，但并没有解决更高层次的针对不同仪器的可互换性。

2. 仪器驱动程序

所谓仪器驱动程序，是指能实现某一仪器系统控制与通信的软件程序集，是应用程序实现仪器控制的桥梁。仪器的驱动程序由仪器生产商以源码形式提供给用户使用，每个仪器模块都有自己的仪器驱动程序。

常用的虚拟仪器设计软件集成了大量常用仪器的驱动程序，以方便编程者使用。经常使用的测量仪器有几十大类、上万种型号，各种仪器的驱动程序都不相同，为使同类功能的仪器可以互换而不修改测试软件，即实现仪器的可互换性，世界各大仪器公司都在为仪器驱动程序研究和制定统一的标准及规范而努力。

仪器驱动程序又称为驱动器。目前广泛使用的驱动器规范有 VPP 规范和 IVI(Interchangeable Virtual Instruments，互换型驱动器)规范两种。

3. 应用软件

应用软件是直接面向操作用户的程序。这类该软件建立在仪器驱动程序之上，通过提供的测控操作界面、丰富的数据分析与处理功能等完成自动测试任务；尤其是通用数字处理软件，集中体现了虚拟仪器的优点。

虚拟仪器应用软件的开发工具包括通用编程软件和专业图形化编程软件两类。

(1) 通用编程软件。这类软件主要有 Microsoft 公司的 Visual Basic 与 Visual C++、Borland 公司的 Delphi、Sybase 公司的 PowerBuilder 等。这类软件功能强大，但不是专门为虚拟仪器而设计的，因此利用通用编程软件开发虚拟仪器，需要开发者具备较高的软件编程技术，同时对虚拟仪器技术也相当了解。

(2) 专业图形化编程软件。这类软件主要有 HP 公司的 VEE、NI 公司的 LabVIEW 和 Lab Windows/CVI 等。这类软件专门用于虚拟仪器的开发，对开发者的要求较低，只要了解软件的总体功能以及所要设计的虚拟仪器的功能就可快捷方便地进行开发。

1.2　LabVIEW 基本介绍和发展历史

LabVIEW 是一种程序开发环境，由美国国家仪器(NI)公司研制开发，类似于 C 和 BASIC 开发环境，但是 LabVIEW 与其他计算机语言的显著区别是：其他计算机语言都是采用基于文本的语言产生代码，而 LabVIEW 使用图形化编辑语言 G 编写程序，产生的程序是框图的形式。LabVIEW 软件是 NI 设计平台的核心，也是开发测量或控制系统的理想选择。 LabVIEW 开发环境集成了工程师和科学家快速构建各种应用所需的所有工具，旨在帮助工程师和科学家解决问题，提高生产力和不断创新。

1.2.1　什么是 LabVIEW

LabVIEW(Laboratory Virtual Instrument Engineering Workbench)是一种图形化的编程语言的开发环境。传统文本编程语言根据语句和指令的先后顺序决定程序执行顺序，而 LabVIEW 则采用数据流编程方式，程序框图中节点之间的数据流向决定了程序的执行顺序。它用图标表示函数，用连线表示数据流向。

与 C 和 BASIC 一样，LabVIEW 也是通用的编程系统，有一个可以完成任何编程任务的庞大函数库。LabVIEW 函数库包括数据采集、GPIB、串口控制、数据分析、数据显示及数据存储等函数。LabVIEW 也有传统的程序调试工具，如设置断点、以动画方式显示数据及其子程序(子 VI)的结果、单步执行等，便于程序的调试。

LabVIEW 提供很多外观与传统仪器(如示波器、万用表)类似的控件，可用来方便地创建用户界面。用户界面在 LabVIEW 中被称为前面板，使用图标和连线，可以通过编程对前面板上的对象进行控制。LabVIEW 广泛地被工业界、学术界和研究实验室所接受，被视为一个标准的数据采集和仪器控制软件，它集成了满足 GPIB、VXI、RS-232 和 RS-485 协议的硬件及数据采集卡通信的全部功能，它还内置了便于应用 TCP/IP、ActiveX 等软件标准的库函数。这是一个功能强大且灵活的软件，利用它可以方便地建立自己的虚拟仪器，其图形化的界面使得编程及使用过程都生动有趣。

图形化的程序语言，又称为 G 语言。使用这种语言编程时，基本上不写程序代码，取而代之的是流程图或框图。它尽可能地利用了技术人员、科学家、工程师所熟悉的术语、图标和概念，因此，LabVIEW 是一个面向最终用户的工具。它可以增强用户构建自己的科学和工程系统的能力，提供了实现仪器编程和数据采集系统的便捷途径，使用它进行原理研究、设计、测试并实现仪器系统时，可以大大提高工作效率。

1.2.2 LabVIEW 的应用领域

LabVIEW 有很多优点，比较适合电子类工程师进行快速的程序设计和开发，尤其是在某些特殊领域其特点尤其突出。

1. 测试测量

LabVIEW 最初就是为测试测量而设计的，因而测试测量也就是现在 LabVIEW 应用最广泛的领域。经过多年的发展，LabVIEW 在测试测量领域获得了广泛的认可。至今，大多数主流的测试仪器、数据采集设备都拥有专门的 LabVIEW 驱动程序，使用 LabVIEW 可以非常便捷地控制这些硬件设备。同时，用户也可以十分方便地找到各种适用于测试测量领域的 LabVIEW 工具包，这些工具包几乎覆盖了用户所需的所有功能，用户在这些工具包的基础上再开发程序就容易多了，有时甚至只需简单地调用几个工具包中的函数，就可以组成一个完整的测试测量应用程序。

2. 控制

控制与测试是两个相关度非常高的领域，从测试领域起家的 LabVIEW 自然而然地首先拓展至控制领域。LabVIEW 拥有专门用于控制领域的模块——LabVIEW DSC，除此之外，工业控制领域常用的设备、数据线等通常也都带有相应的 LabVIEW 驱动程序。使用 LabVIEW 可以非常方便地编制各种控制程序。

3. 仿真

LabVIEW 包含了多种多样的数学运算 函数，特别适合进行模拟、仿真、原型设计等工作。在设计机电设备之前，可以先在计算机上用 LabVIEW 搭建仿真原型，验证设计的合理性，找到潜在的问题。在高等教育领域，有时使用 LabVIEW 进行软件模拟，可以使学生实践所学的知识技能。

4. 儿童教育

由于图形外观漂亮且容易吸引儿童的注意力，同时图形比文本更容易被儿童接受和理解，所以 LabVIEW 非常受少年儿童的欢迎。对于没有任何计算机知识的儿童而言，可以把 LabVIEW 理解成是一种特殊的“积木”：把不同的元件搭在一起，就可以实现自己所需的功能。著名的可编程玩具乐高积木使用的就是 LabVIEW 编程语言，儿童经过短暂的指导就可以利用乐高积木提供的元件搭建各种车辆模型、机器人等，再使用 LabVIEW 编写控制其运动和行为的程序。除了应用于玩具，LabVIEW 还有专门用于中小学生教学的版本。

5. 快速开发

完成一个功能类似的大型应用软件，熟练的 LabVIEW 程序员所需的开发时间大概只是熟练的 C 程序员所需时间的 1/5 左右；所以，如果项目开发时间紧张，应该优先考虑使用 LabVIEW，以缩短开发时间。

6. 跨平台

如果同一个程序需要运行于多个硬件设备之上，也可以优先考虑使用 LabVIEW。LabVIEW 具有良好的平台一致性，LabVIEW 的代码不需任何修改就可以运行在常见的三大台式机操作系统(Windows、Mac OS 及 Linux)上。除此之外，LabVIEW 还支持各种实时操作系统和嵌入式设备，比如常见的 PDA、FPGA 以及运行 VxWorks 和 PharLap 系统的 RT 设备。

1.2.3 LabVIEW 的优势

LabVIEW 是专为工程师和科研人员设计的集成式开发环境。LabVIEW 的本质是一种图形化编程语言(G)，采用的是数据流模型，而不是顺序文本代码行，使用户能够根据自己的思路以可视化的布局编写功能代码，这意味着用户可以减少花在语句和语法上的时间，而将更多的时间花在解决重要的问题上。通常，使用 LabVIEW 开发应用系统的速度比使用其他编程语言快 4～10 倍，这一惊人速度背后的原因在于 LabVIEW 易学易用，它所提供的工具使创建测试和测量应用变得更为轻松。

LabVIEW 的优势主要体现在以下几个方面：

(1) 简化开发。使用直观的图形化编程语言，按照工程师脑中所想编写代码。

(2) 无可比拟的硬件集成。可以采集任意总线上的任意测量硬件数据。

(3) 自定义用户界面。使用易于拖放的控件快速开发用户界面，可视化开发程序。

(4) 广泛的分析和信号处理 IP 开发数据分析和高级控制算法。

(5) 为解决方案的各个组成部分选择合适的方法。在单个开发环境中集成图形化编程、基于文本的编程以及其他编程方法，帮助用户高效构建自定义软件解决方案。

(6) 部署软件至正确的硬件。无论是桌面 PC、工业计算机，还是嵌入式设备，均可将 LabVIEW 代码部署至正确的硬件，无需根据不同的终端重新编写代码。

(7) 强大的多线程执行。通过固有的并行软件自动利用多核处理器提供的性能优势。

(8) 记录和共享测量数据。以任意文件类型或报表格式保存、显示和共享测量结果。

(9) 与 Microsoft 的 Excel 和 Word 交互。能够将报表直接发送到 Microsoft 应用程序(Excel 和 Word)。可采用 ActiveX 或用于 Microsoft Office 的 NI LabVIEW 报告生成工具包，通过编程加以实现。报告生成工具包抽象化与 Excel 和 Word 交互的复杂性而且让我们能着力设计实际报告元素。使用这些 VI，能轻松地将标题、表格和图形添加至 Microsoft 文档。还有，能在可接受 LabVIEW 调用的 Word 和 Excel 中创建模板，实现更加自动化和标准化的报告功能。

(10) 关注数据，而非文件。LabVIEW 存储、管理与报告工具的设计便于抽象化细节以及文件 I/O 与报告的生成，从而帮助用户关注数据的采集。借助针对工程数据的 TDMS 文件格式、针对传统文件的 DataPlugins、用于搜索的 NI DataFinder 和强大的报告工具，用户不必根据存储和报告的局限限制采集。当硬件速度加快而且存储更廉价时，LabVIEW 继续提供工具来帮助用户从收集的全部数据中获得最大利益。

(11) 充分利用团队的专业性。LabVIEW 系统设计软件为用户提供了重要的 I/O 访问、有用的 IP 和易用的图形化编程。 它还可与第三方软件程序和函数库进行互操作，帮助用户重复利用工程团队已经开发好的代码以及使用其擅长的软件语言。LabVIEW 可集成多种语言，简化与本地运行或在网络上运行的其他软件的通信，因而可帮助工程师利用所有可用的工具成功地进行开发。

1.2.4 LabVIEW 的起源与发展历程

LabVIEW 的起源可以追溯到 20 世纪 70 年代，那时计算机测控系统在国防、航天等领域已经有了相当大的发展。PC 出现以后，仪器级的计算机化成为可能，甚至在 Microsoft 公司的 Windows 诞生之前，NI 公司已经在 Macintosh 计算机上推出了 LabVIEW 2.0 以前的版本。对虚拟仪器和 LabVIEW 长期、系统、有效的研究开发使得 NI 公司成为业界公认的权威。目前 LabVIEW 的最新版本为 LabVIEW 2016，它为多线程功能添加了更多特性，这种特性在 1998 年的版本 5 中被初次引入。使用 LabVIEW 软件，用户可以借助于它提供的软件环境，该环境由于其数据流编程特性、LabVIEW Real-Time 工具对嵌入式平台开发的多核支持以及自上而下的为多核而设计的软件层次，从而成为进行并行编程的首选。

自 LabVIEW 1.0 发布至今的 30 多年来，LabVIEW 从未停止过创新的步伐，不断地改进、更新与扩展，使 LabVIEW 牢牢占据了自动化测试、测量领域的领先地位。LabVIEW 图形化开发方式已经改变了测试、测量和控制应用系统的开发，如今仍然不断地在扩张其应用领域。

1.2.5 LabVIEW 2016 的新增特性

LabVIEW 2016 软件为用户提供了所需的工具来专注于需要解决的问题，同时提供了新的功能来帮助简化开发。使用通道连线这个数据通信新功能，只需通过一条连线即可在循环之间传输数据，而无需使用队列。LabVIEW 64 位版本还新增了对五种附加工具的支持，可帮助用户在开发和调试时利用操作系统的所有内存。此外，新增的 500 多个仪器控制驱动程序以及与 Linux 和 Eclipse 等开源平台更高的集成度，可使用户针对不同的任务使用正确的工具。

1. 选择、移动和调整对象大小的改进

LabVIEW 2016 的易用性改进包括对在前面板或程序框图上选择对象、移动对象和调整结构大小的改进。

(1) 选择对象。选择对象时，被矩形选择框覆盖的区域将显示为灰色，并通过选取框突出显示被选中的对象。被选中的结构将显示深色背景，以示被选中。默认情况下，若在对象周围创建矩形选择框，必须包围整个结构或连线段的中点才能将其选中。如在创建矩形选择框时按空格键，矩形选择框接触到的任意对象均将被选中；如需恢复默认选择动作，可再次按空格键。

(2) 移动对象。移动选中的对象时，整个选取区域将实时移动，结构等特定对象将自动重排或调整大小，以适应被选中对象的移动操作。

(3) 调整结构大小。拖曳调节柄调整结构大小时，结构将实时放大或缩小，不再显示虚线边框。

2. 在并行代码段之间异步传输数据

在 LabVIEW 2016 中，可使用通道线在并行代码段之间传输数据。通道线为异步连线，可连接两段并行代码而不强制规定执行顺序，因此不会在代码段之间创建数据依赖关系。

LabVIEW 提供了多种通道模板，每种模板表示不同的通信协议，可根据应用程序的通信需求选择模板。

如需创建通道线，首先应创建写入方端点，方法为：鼠标右键单击接线端或类型，选择“创建”→“通道写入方”。从写入方端点的通道接线端绘制通道线并创建读取方端点，方法为：鼠标右键单击通道线，选择“创建”→“通道读取方”。

写入方端点向通道写入数据，读取方端点从通道读取数据。通道线在代码段之间传输数据的方式与引用句柄或变量相同，但通道线所需的节点数少于引用句柄或变量，并且使用可见的连线直观表示数据传输。

3. 编程环境的改进

LabVIEW 2016 对 LabVIEW 编程环境进行了以下改进：

快速放置配置对话框包含前面板和程序框图对象快捷方式的默认列表。可使用快速放置对话框中的默认快捷方式，无需手动配置快捷方式。

快速放置配置对话框还在前面板和程序框图设置新增了下列选项：

(1) 恢复默认前面板快捷方式/恢复默认程序框图快捷方式。将现有快捷方式列表替换为默认快捷方式列表。

(2) 删除所有前面板快捷方式/删除所有程序框图快捷方式。从列表中删除所有快捷方式。

注意：单击恢复默认前面板快捷方式/恢复默认程序框图快捷方式或删除所有前面板快捷方式/删除所有程序框图快捷方式后，必须单击“确定”按钮才能应用改动，如需还原改动，则单击“取消”按钮。

4. 新增和改动的 VI 和函数

LabVIEW 2016 包含下列新增和改动的 VI 和函数。

(1) 高级文件选板中新增了下列 VI：

① 名称适用于多平台。使用此 VI 可检查文件名在 LabVIEW 支持的操作系统上的有效性。

② 在文件系统中显示。使用此 VI 可根据当前系统平台在 Windows Explorer、OS X Finder 或 Linux 文件系统浏览器中打开一个文件路径或目录。

③ 数据类型解析选板中新增了获取通道信息 VI。使用此 VI 可获取通道信息及传输数据类型。

④ 操作者框架选板中新增了“读取自动停止嵌套操作者数量”VI。使用此 VI 可返回未向调用方操作者发送“最近一次确认”消息的嵌套操作者的数量。此 VI 仅计算调用方操作者停止时可自动停止的嵌套操作者的数量。

元素同址操作结构中新增了“获取/替换变体属性”边框节点。该边框节点用于访问、修改一个或多个变体的属性，无需单独复制变体的属性进行操作。关于使用“获取/替换变体属性”边框节点创建高性能查找表的范例，见 NI 范例查找器或 LabVIEW\examples\Performance\Variant Attribute Lookup Table 目录下的“Variant Attribute Lookup Table.vi”文件。

(2) LabVIEW 2016 中包含下列改动的 VI 和函数：

类似于用于 OS X 和 Linux 的 LabVIEW，对于所有用户创建的连接及内部连接，用于

Windows 的 LabVIEW 限制单个 LabVIEW 实例中的可用网络套接字上限为 1024。该改动将影响协议 VI 及用于 TCP、UDP、蓝牙和 IrDA 协议的函数，其他协议不受影响，例如网络流、网络发布共享变量和 Web 服务。

部分数学与科学常量及 Express 数学与科学常量有了新的值。对阿伏伽德罗常数、元电荷、重力常数、摩尔气体常数、普朗克常数和里德伯常数的值进行了更新，以匹配 Codata 2014 提供的值。

5. 新增和改动的类、属性、方法和事件

LabVIEW 2016 中新增或改动了下列类、属性、方法和事件：

(1) LabVIEW 2016 新增了“执行：高亮显示？”(类：VI)属性，此属性用于对 VI 的高亮显示执行过程设置进行读取或写入，必须启用 VI 脚本，才可使用该属性；“不同于高亮显示执行过程？”(类：顶层程序框图)属性，可以为重入 VI 的副本设置“执行：高亮显示？”属性。

(2) 关于新功能及更改的完整列表、LabVIEW 各不同版本特有的升级和兼容性问题和升级指南见 LabVIEW 2016 升级说明。

(3) 关于 LabVIEW 2016 的已知问题、部分已修正问题、其他兼容性问题和新增功能的相关信息，请参考 LabVIEW 目录下的“readme.html”文件。

思考与练习

1. 什么是虚拟仪器？虚拟仪器有什么样的特点？其与传统仪器的区别是什么？

2. 什么是 LabVIEW？LabVIEW 的主要优势是什么？LabVIEW 被应用在了哪些领域？

第 2 章　LabVIEW 2016 安装

本章从 LabVIEW 2016 对计算机性能的要求和安装开始，使读者了解 LabVIEW 2016 的编程环境，帮助初学的读者建立对 LabVIEW 2016 的感性认识，同时也可以让使用过以前版本 LabVIEW 的读者了解 LabVIEW 2016 的新特点。

2.1　计算机性能要求

LabVIEW 2016 可以安装在 Windows / WinXP、Mac OS、Linux 等不同的操作系统上，不同的操作系统对安装 LabVIEW 2016 时要求的系统资源也不同。本书只对常用的 Windows 操作系统下所需要的安装资源作说明，见表 2.1。其他系统可以参考 LabVIEW 2016 的发布说明。

表 2.1　安装资源

Windows 系统	LabVIEW 2016 运行引擎	LabVIEW 2016 开发环境
处理器	Pentium III / Celeron 866 MHz (或同等处理器)或更高版本(32 位) Pentium 4 G1 (或同等处理器)或更高版本(64 位)	Pentium 4M(或同等处理器)或更高版本(32 位) Pentium 4 G1(或同等处理器)或更高版本(64 位)
RAM	256 MB	1 GB
屏幕分辨率	1024 × 768 像素	1024 × 768 像素
操作系统	Windows 10/8.1/8/7 SP1(32 位和 64 位) Windows Server 2012 R2(64 位) Windows Server 2008 R2(64 位)	Windows 10 / 8.1 / 8 / 7 SP1(32 位和 64 位) Windows Server 2012 R2(64 位) Windows Server 2008 R2(64 位)
磁盘空间	620 MB	5 GB(包括 NI 设备驱动 DVD 的默认驱动程序)

2.2　LabVIEW 2016 的安装

LabVIEW 2016 安装软件包的获取可以购买安装光盘或者通过网络直接下载。安装 LabVIEW 2016 之前，最好先关闭杀毒软件，否则杀毒软件会干扰 LabVIEW 2016 软件的安装。这里建议安装 LabVIEW 2016 32 位的中文版软件，具体安装步骤如下：

步骤一：双击 LabVIEW 2016 安装包可执行文件“2016 LabVIEW-WinChn.exe”，会弹出如图 2.1 所示的界面。

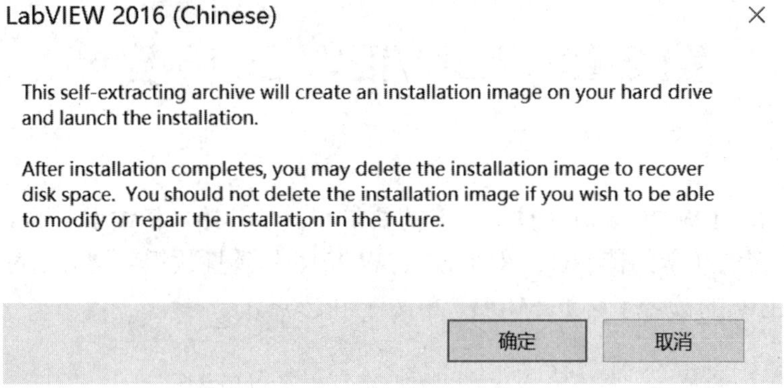

LabVIEW 2016 (Chinese)
This self-extracting archive will create an installation image on your hard drive and launch the installation.
After installation completes, you may delete the installation image to recover disk space. You should not delete the installation image if you wish to be able to modify or repair the installation in the future.
确定
取消

图 2.1　启动安装程序

步骤二：点击“确定”按钮后会弹出如图 2.2 所示的安装包解压界面。

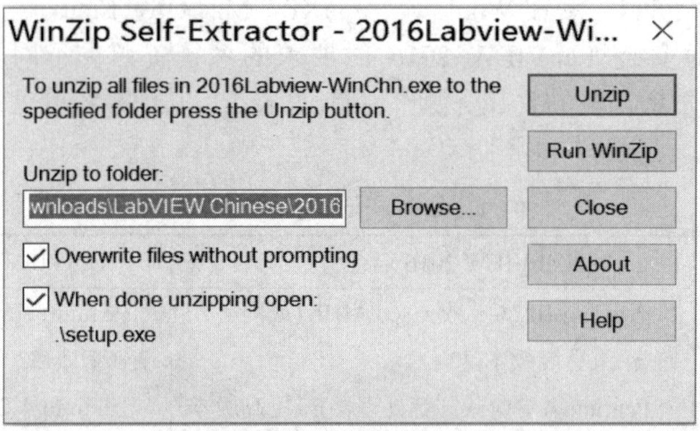

WinZip Self-Extractor - 2016Labview-Wi...
To unzip all files in 2016Labview-WinChn.exe to the specified folder press the Unzip button.
Unzip to folder:
wnloads\LabVIEW Chinese\2016
Browse...
Overwrite files without prompting
When done unzipping open:
.\setup.exe
Unzip
Run WinZip
Close
About
Help

图 2.2　安装包解压界面

步骤三：可以通过“Browse…”按钮选择解压的位置，然后点击“Unzip”按钮对安装包进行解压，接下来软件就进入了解压进度界面，如图 2.3 所示。

WinZip Self-Extractor - 2016Labview-Wi...
To unzip all files in 2016Labview-WinChn.exe to the specified folder press the Unzip button.
Unzip to folder:
D:\LabVIEW资料\labview安装及
Browse...
Overwrite files without prompting
When done unzipping open:
.\setup.exe
Unzip
Run WinZip
Close
About
Help
Unzipping Part11.cab

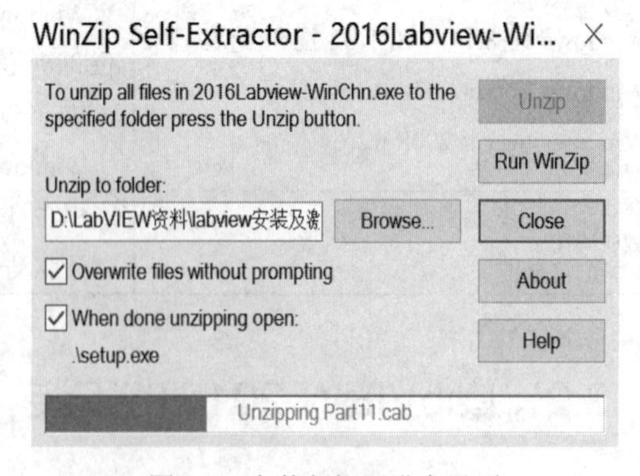

图 2.3　安装包解压进度界面

步骤四：解压完成之后，弹出如图 2.4 所示界面，点击“确定”按钮，直接弹出安装程序初始化界面，如图 2.5 所示。

图 2.4　安装包解压成功界面

图 2.5　LabVIEW 2016 初始化界面

步骤五：安装程序初始化完成以后，点击“下一步”按钮，进入“用户信息”输入界面，如图 2.6 所示，直接点击“下一步”按钮，进入“序列号”输入界面，如图 2.7 所示，这时我们直接点击“下一步”按钮，暂时不输入序列号。

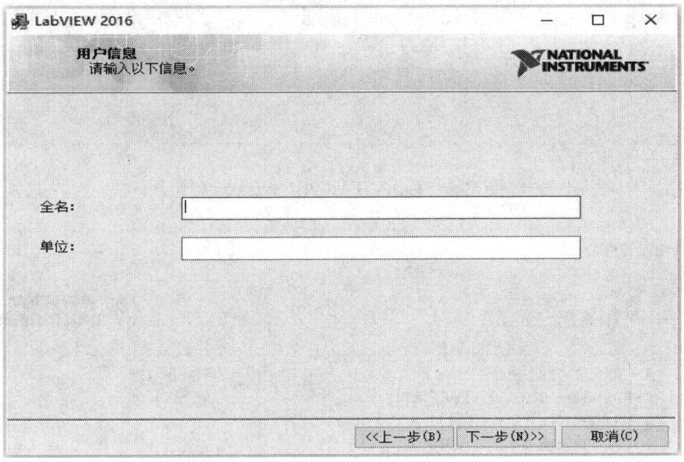

图 2.6　“LabVIEW 2016 用户信息”输入界面

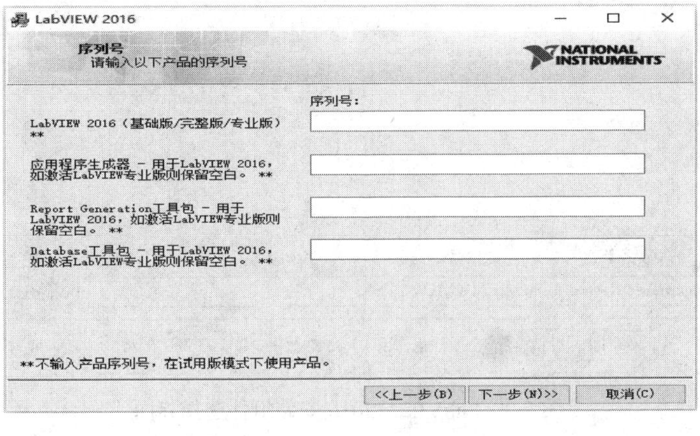

图 2.7　产品序列号输入界面

步骤六：现在进入了软件安装的路径设置界面，我们可以选择软件安装的路径(当然可以默认也可以自定义)，如图 2.8 所示，点击“下一步”按钮，然后弹出安装的组件选择界面，如图 2.9 所示，默认不用更改，直接点击“下一步”按钮。

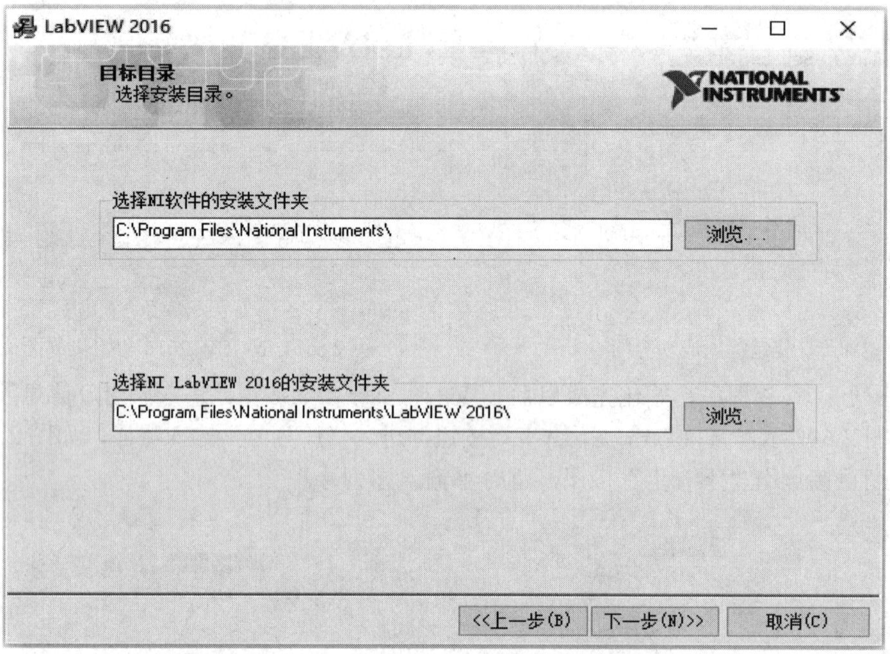

LabVIEW 2016
目标目录
选择安装目录。
NATIONAL INSTRUMENTS
选择NI软件的安装文件夹
C:\Program Files\National Instruments\
浏览...
选择NI LabVIEW 2016的安装文件夹
C:\Program Files\National Instruments\LabVIEW 2016\
浏览...
<<上一步(B)
下一步(N)>>
取消(C)

图 2.8　LabVIEW 2016 安装路径

LabVIEW 2016
功能
请选择需要安装的组件。
NATIONAL INSTRUMENTS
NI LabVIEW 2016
Database Connectivity工具包
Report Generation工具包 - 用于Micr
VI Package Manager 2016
附加组件
NI Measurement & Automation Explor
NI设备驱动程序
测量和仪器的图形化编程
该组件将安装至本地硬盘。
NI LabVIEW 2016目录
C:\Program Files\National Instruments\LabVIEW 2016\
浏览(R)...
恢复默认设置(E)
磁盘占用(D)
<<上一步(B)
下一步(N)>>
取消(C)

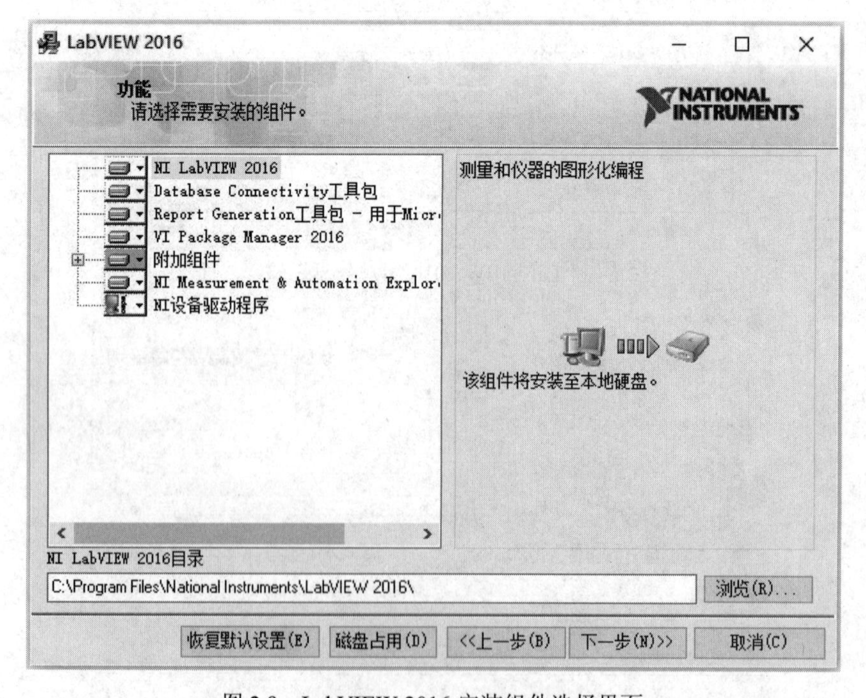

图 2.9　LabVIEW 2016 安装组件选择界面

步骤七：进入选择“产品通知”界面，如图 2.10 所示。不要选择产品更新，去掉复选框勾选，然后点击“下一步”按钮，弹出“许可协议”界面，如图 2.11 所示，直接点击“我接受上述 2 条许可协议”和“下一步”按钮，进入如图 2.12 所示安装摘要信息核对界面，点击“下一步”按钮。

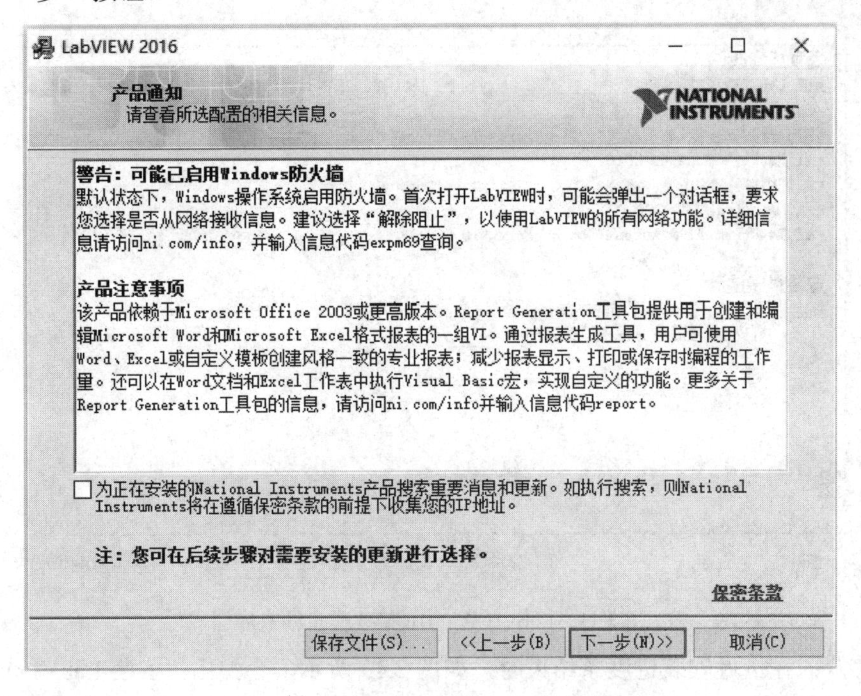

图 2.10　“LabVIEW 2016 产品通知”界面

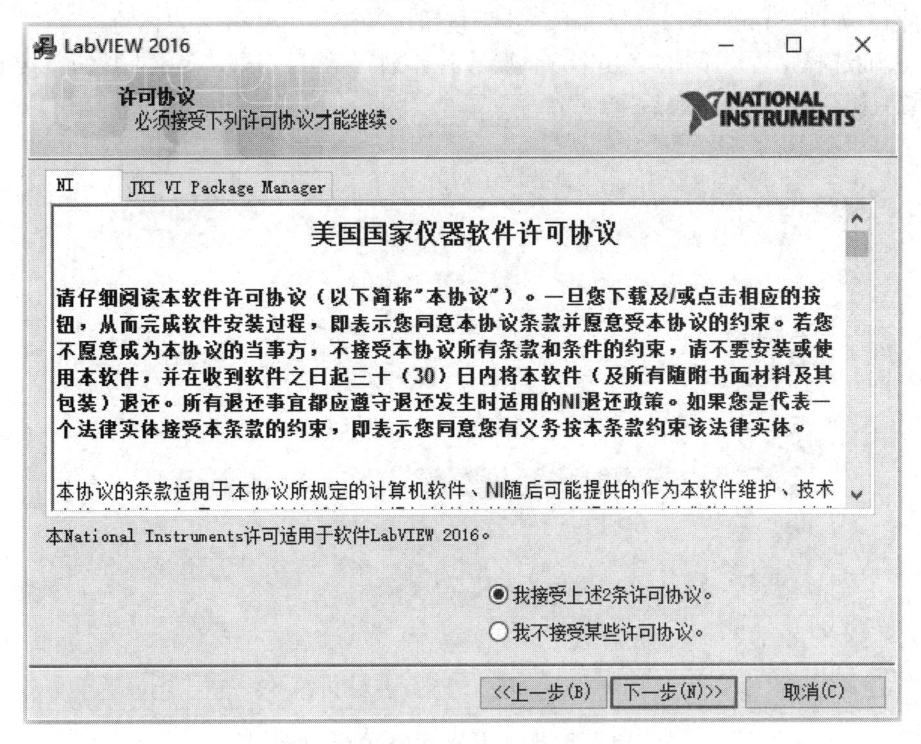

图 2.11　“LabVIEW 2016 许可协议”界面

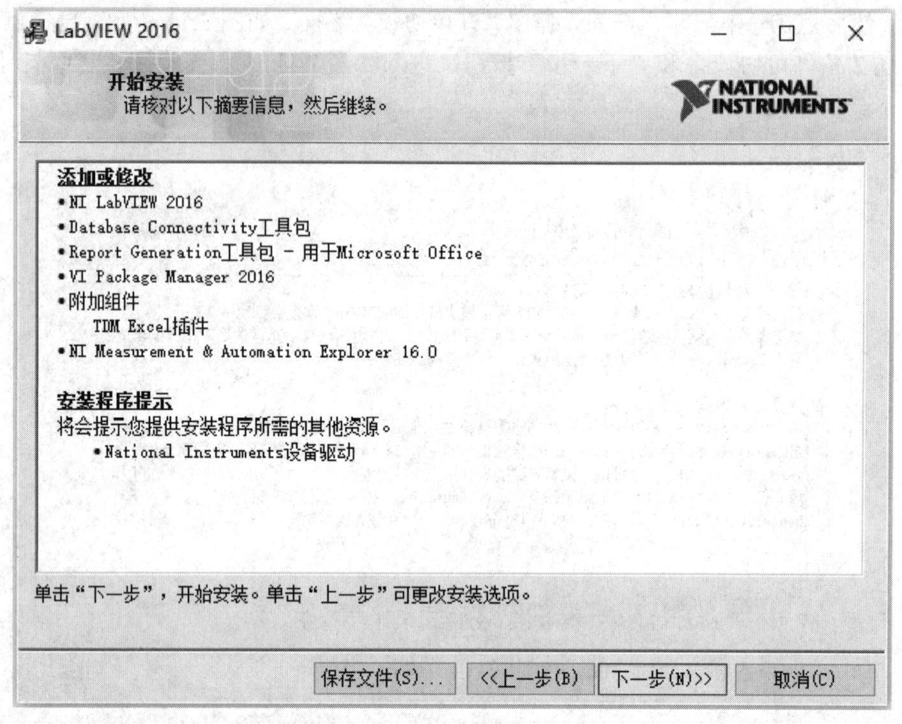

图 2.12　LabVIEW 2016 摘要信息核对界面

步骤八：在接近安装进度条结束时，如图 2.13 所示，会弹出“安装 LabVIEW 硬件支持”界面，我们选择“不需要支持”按钮，然后直接选择“下一步”按钮，进入“安装完成”界面，如图 2.14 所示，选择“下一步”按钮，又会弹出“NI 客户体验改善计划设置”界面，我们选择“否，不加入 NI 客户体验改善计划”，然后点击“确定”按钮。接下来会提醒重启计算机，选择“稍后重启”。

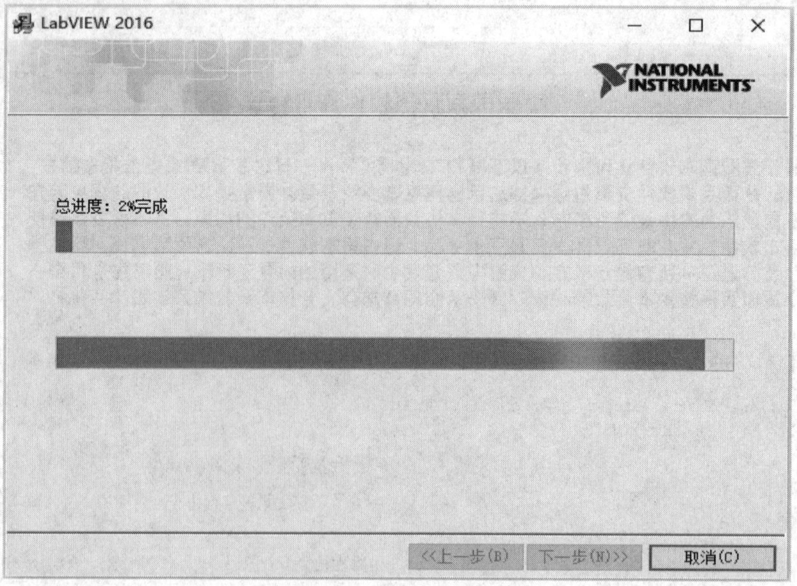

图 2.13　LabVIEW 2016 安装进度

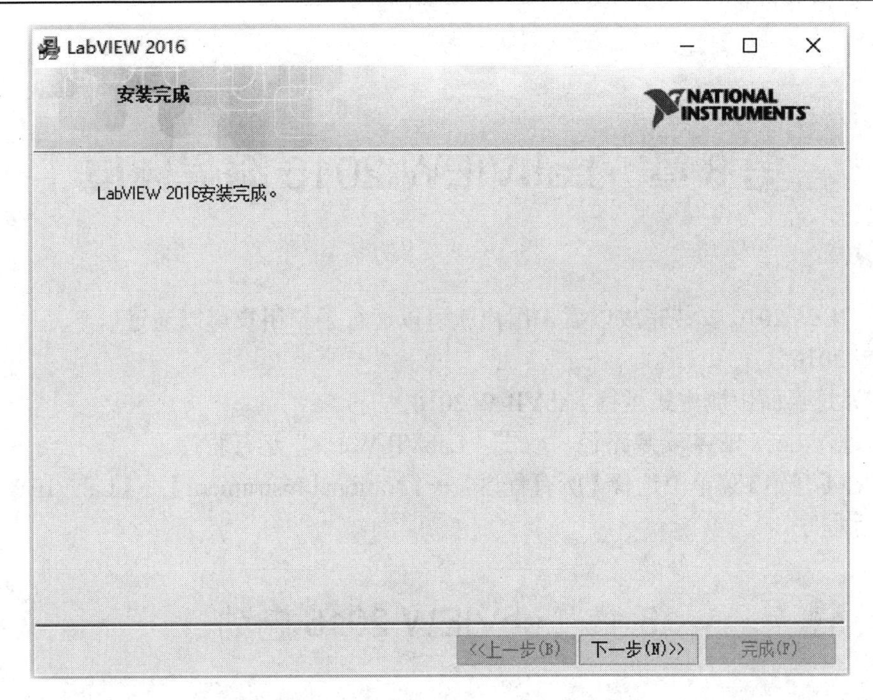

图 2.14　“LabVIEW 2016 安装完成”界面

步骤九：接着我们双击“NI_License Activator 1.1.exe”应用程序，运行该程序出现如图 2.15 所示界面，右键点击每个方框图标，然后选择 Activate，将界面中的九个方框变为绿色。这样软件就安装完成，重启电脑之后，就可以正常使用 LabVIEW 2016 集成开发环境了。

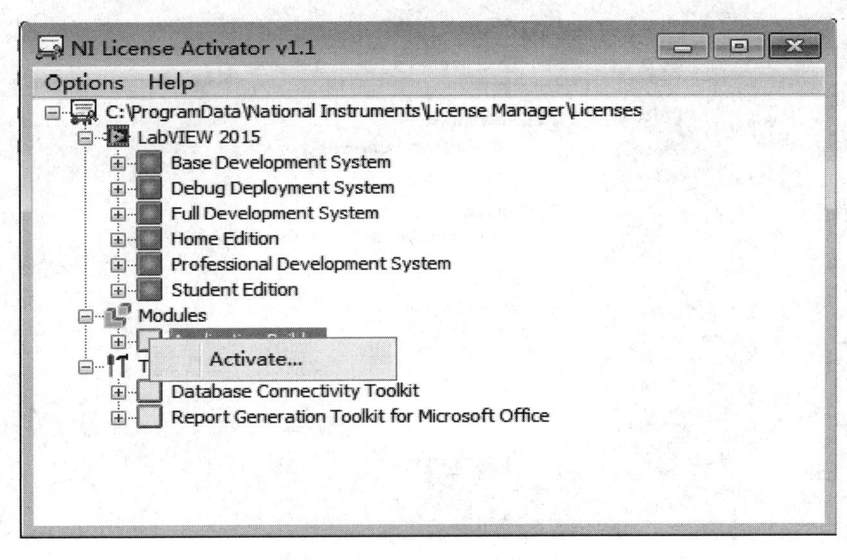

图 2.15　激活破解软件界面

第 3 章　LabVIEW 2016 编程环境

LabVIEW 2016 安装完成以后，用户就可以运行了。用户可以通过以下几种方式启动 LabVIEW 2016。

(1) 通过桌面快捷方式运行 LabVIEW 2016 程序。

(2) 进入 LabVIEW 安装路径，双击“LabVIEW.exe”运行程序。

(3) 在【开始】菜单中选择【所有程序】→【National Instrument】→【LabVIEW 2016(32 位)】运行程序。

3.1　LabVIEW 2016 启动

启动 LabVIEW 2016 应用程序，启动完成后进入如图 3.1 所示的启动窗口。首次启动时会弹出“欢迎使用 LabVIEW”的对话框，为了使以后启动不再显示该对话框，可以将“启动时显示”的钩去掉，然后点击“关闭”按钮，以后启动就不会弹出此窗口。

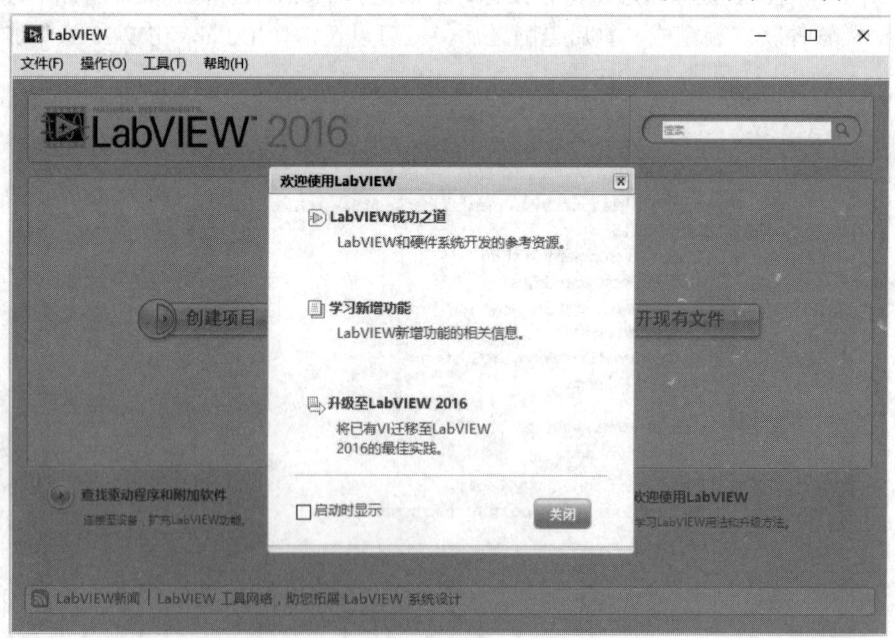

图 3.1　LabVIEW 2016 的启动窗口

如图 3.2 所示的 LabVIEW 2016 的启动界面左边“创建项目”按钮用于创建一个新的工程项目。图中右边“打开现有文件”按钮可打开创建的现有文件，右下方主要列出了所有近期文件、近期项目、近期 VI，直接单击名称可以快速打开近期打开过的项目。

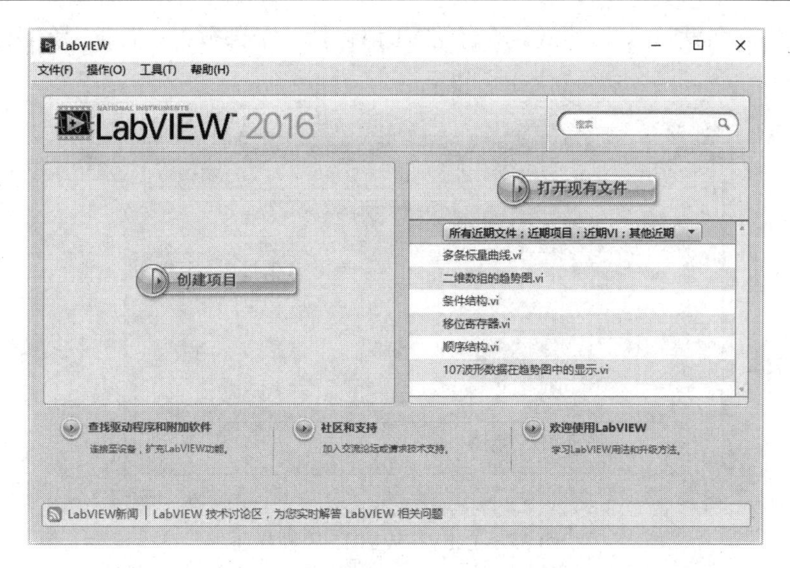

图 3.2　LabVIEW 2016 的启动界面

启动窗口界面可以直接创建项目和打开现有文件，我们一般从启动窗口中选择【文件】→【新建(N)】选项，即可进入 LabVIEW 2016 开发环境，如图 3.3 所示。

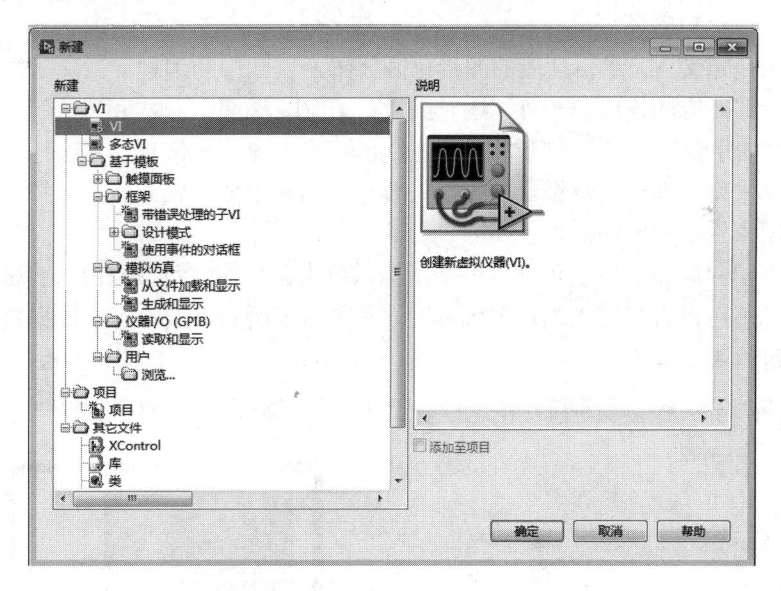

图 3.3　LabVIEW 2016“新建”界面

打开已有文件或创建文件以后，启动窗口会自动消失；关闭所有已打开的程序后，启动窗口会再次出现。在程序运行中，可以通过在前面板或程序框图窗口的菜单栏中选择【查看】→【启动窗口】显示启动窗口。

3.2　LabVIEW 2016 编程界面

LabVIEW 与虚拟仪器有着非常紧密的联系，在 LabVIEW 中开发的程序都被称为 VI(虚拟仪器)，其扩展名默认为.vi 格式。所有的 VI 都包括三个部分：前面板、程序框图和图标，如图 3.4 所示。

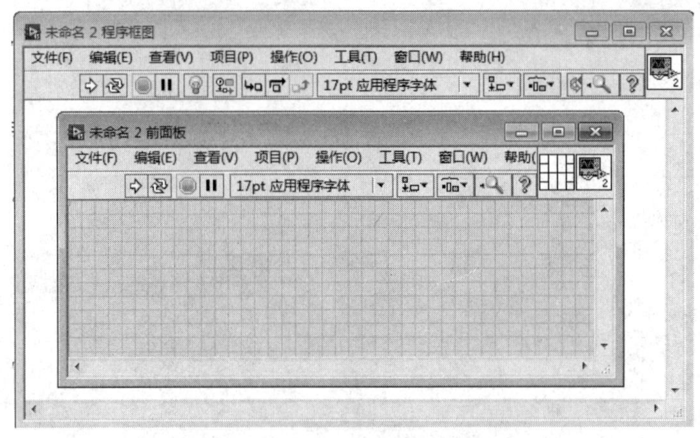

图 3.4　LabVIEW 2015 编程界面

前面板是图形化用户界面，也是 VI 的前面板，该界面上有交互式的输入和输出两类对象，分别称为控制器和显示器。控制器包括开关、按钮、旋钮和其他各种输入设备；显示器包括图形、LED 和其他显示输出设备。该界面可以模拟真实仪器的显示界面，用于设置输入数值和观察输出量。

程序框图是定义 VI 逻辑功能的图形化源代码，框图中的编程元素除了与前面板上的控制器和显示器对应的连线端子外，还有函数、子 VI、常量、结构和连线等。在程序框图中对 VI 编程的主要工作是从前面板上的控制器获得用户输入信息，并进行计算和处理，最后在显示器中将处理结果反馈给用户。只要在前面板中放有输入或显示控件，用户就可以在程序框图中看到相应的函数。

在程序框图和前面板右上角都有一个图标，单击鼠标右键可以修改 VI 属性和编辑图标，双击图标就可以直接进入编辑图标界面，如图 3.5 所示。用户可以根据自己的需要和爱好对图标进行重新编辑。

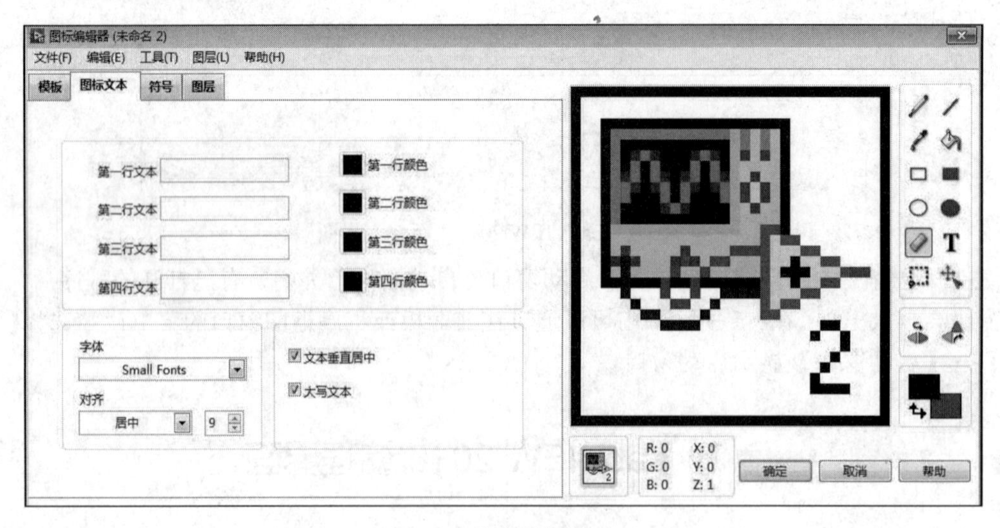

图 3.5　编辑图标界面

3.3　LabVIEW 2016 菜单栏

要熟练地使用 LabVIEW 2016 工具编写程序，首先需要了解其编程环境。在 LabVIEW 2016 中，菜单栏是编程环境的重要组成部分，如图 3.6 所示。

文件(F)　编辑(E)　查看(V)　项目(P)　操作(O)　工具(T)　窗口(W)　帮助(H)

图 3.6　LabVIEW 2016 菜单栏

1. “文件(F)”菜单

LabVIEW 2016 的“文件”菜单几乎包括了对其程序操作的所有命令，如图 3.7 所示。下面依次介绍其功能。

(1) 新建 VI：创建一个空白的 VI 程序。

(2) 新建(N)：打开“新建 VI”对话框，可以选择新建空白 VI，也可以根据需要选择模板创建 VI 或者创建其他类型的 VI。

(3) 打开(O)：打开一个 VI。

(4) 关闭(C)：关闭当前 VI。

(5) 关闭全部(L)：关闭打开的所有 VI。

(6) 保存(S)：保存当前编辑过的 VI。

(7) 另存为(A)：另存为其他路径或名称的 VI。

(8) 保存全部(V)：保存当前打开的所有 VI。

(9) 保存为前期版本(U)：可以保存修改前的 VI。

(10) 还原(R)：当打开错误时可以还原 VI。

(11) 创建项目：新建项目文件。

(12) 打开项目(E)：打开已有的项目文件。

(13) 保存项目(J)：保存项目文件。

(14) 关闭项目：关闭项目文件。

(15) 页面设置(T)：设置打印当前 VI 的一些参数。

(16) 打印：打印当前 VI。

(17) 打印窗口(P)：可以对打印参数进行相关设置。

(18) VI 属性(I)：查看和设置当前 VI 的一些属性。

(19) 近期项目：查看最近打开过的项目。

(20) 近期文件(F)：查看最近打开过的文件菜单。

(21) 退出(X)：退出 LabVIEW 2016 开发环境。

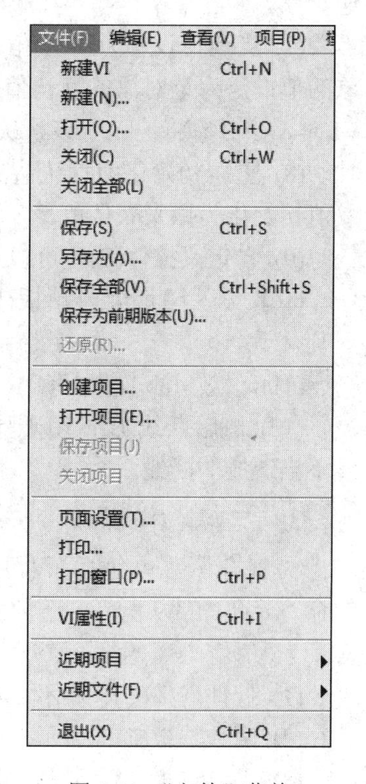

图 3.7　“文件”菜单

2. “编辑(E)”菜单

“编辑”菜单中列出了几乎所有对 VI 及其组件编辑的命令，如图 3.8 所示。下面详细介绍其中一些重要的编辑命令。

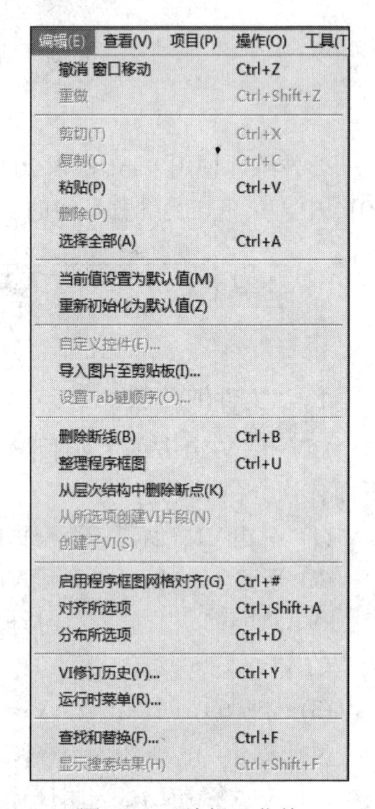

图 3.8　“编辑”菜单

(1) 撤销窗口移动：用于撤销上一步操作，恢复到上一次编辑之前的状态。

(2) 重做：执行和撤销相反的操作，执行上一次撤销所做的修改。

(3) 剪切(T)：删除选定的文本、控件或者其他对象，并将其放到剪贴板中。

(4) 复制(C)：用于将选定的文本、控件或者其他对象复制到剪贴板中。

(5) 粘贴(P)：用于将剪贴板中的文本、控件或者其他对象从剪贴板中放到当前光标位置。

(6) 删除(D)：删除当前选定的文本、控件或者其他对象。

(7) 当前值设置为默认值(M)：将当前前面板上对象的值设定为该对象的默认值，这样当下一次打开该 VI 时，该对象将被赋予该默认值。

(8) 重新初始化为默认值(Z)：将前面板上对象的取值初始化为原来默认值。

(9) 自定义控件(E)：可以自己定义控件。

(10) 导入图片至剪贴板(I)：用来从文件中导入图片。

(11) 设置 Tab 键顺序(O)：可以设定用 Tab 键切换前面板上对象的顺序。

(12) 删除断线(B)：用于除去 VI 程序框图中由于连线不当造成的断线。

图 3.9　“查看”菜单

3. “查看(V)”菜单

“查看”菜单包括了程序中所有与显示操作有关的命令，如图 3.9 所示。下面详细介绍其中一些重要的命令。

(1) 控件选板(C)：显示 LabVIEW 2016 的控件选板。

(2) 函数选板(F)：显示 LabVIEW 2016 的函数选板。

(3) 工具选板(T)：显示 LabVIEW 2016 的工具选板。

(4) 快速放置：可以生成放置列表进行快速选择。

(5) 断点管理器(B)：对程序中的断点进行设置。

(6) VI 层次结构(H)：显示该 VI 与调用的子 VI 之间的层次关系。

(7) 浏览关系(R)：浏览程序中所使用的所有 VI 之间的相对关系。

(8) 类浏览器(A)：浏览程序中使用的所有类。

4. “项目(P)”菜单

“项目”菜单包括了所有与项目操作有关的命令，如图 3.10 所示。下面详细介绍一些重要的命令。

(1) 创建项目：新建一个项目文件。

(2) 打开项目(O)：打开一个已有的项目文件。

(3) 保存项目(S)：保存当前项目文件。

(4) 关闭项目(C)：关闭当前项目文件。

(5) 添加至项目(A)：将 VI 或其他文件添加到现有的项目文件中。

(6) 属性(P)：显示当前项目属性。

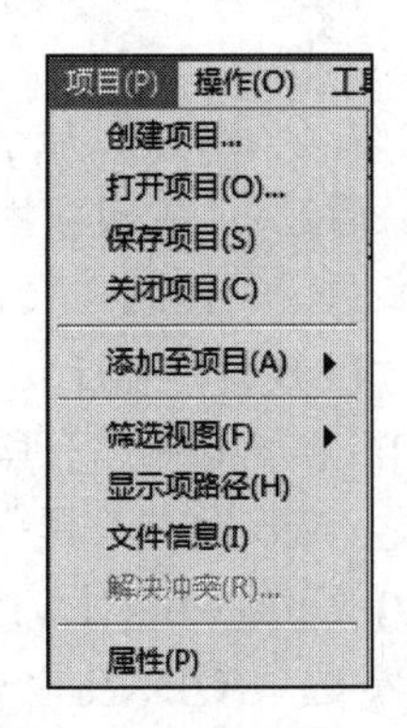

图 3.10　“项目”菜单

5. “操作(O)”菜单

“操作”菜单中包括了对 VI 操作的基本命令，如图 3.11 所示。下面介绍“操作”菜单中主要命令的使用方法。

(1) 运行(R)：运行当前 VI 程序。

(2) 停止(S)：中止当前 VI 程序运行。

(3) 单步步入(N)：单步执行进入程序单元。

(4) 单步步过(V)：单步执行完成程序单元。

(5) 单步步出(E)：单步执行之后跳出程序。

(6) 调用时挂起(U)：当 VI 被调用时，挂起程序。

(7) 结束时打印(P)：当 VI 运行结束后打印该 VI。

(8) 结束时记录(L)：当 VI 运行结束后，记录运行结果到记录文件。

(9) 数据记录(O)：设置记录文件的路径。

(10) 切换至运行模式(C)：切换到运行模式。

(11) 连接远程前面板(T)：设置与远程的 VI 连接或通信。

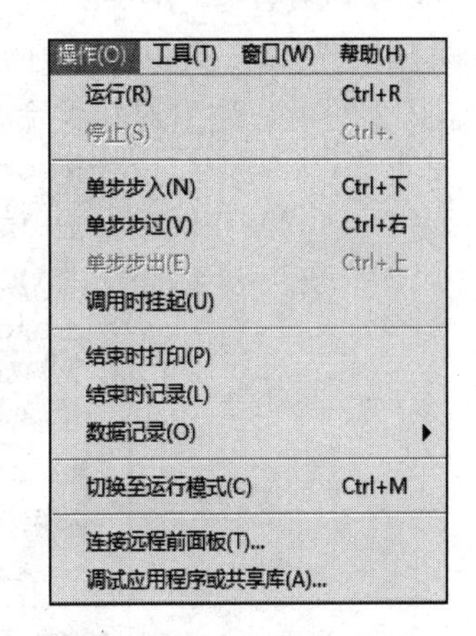

图 3.11　“操作”菜单

6. “工具(T)”菜单

“工具”菜单中包含了进行编程的所有工具，如图 3.12 所示。下面介绍“工具”菜单中主要命令的使用方法。

(1) Measurement & Automation Explorer(M)：打开 MAX 程序。

(2) 仪器(I)：可以选择连接 NI 的仪器驱动网络，或者导入 CVI 仪器驱动程序。

(3) 比较(C)：比较两个 VI 的不同之处。假如两个 VI 非常相似，却又比较复杂，用户想要找出两个 VI 中的不同之处时，可以使用此项功能。

(4) 合并(E)：将多个 VI 或 LLB 程序合并在一起。

(5) 性能分析(P)：可以查看内存及缓存状态，并对

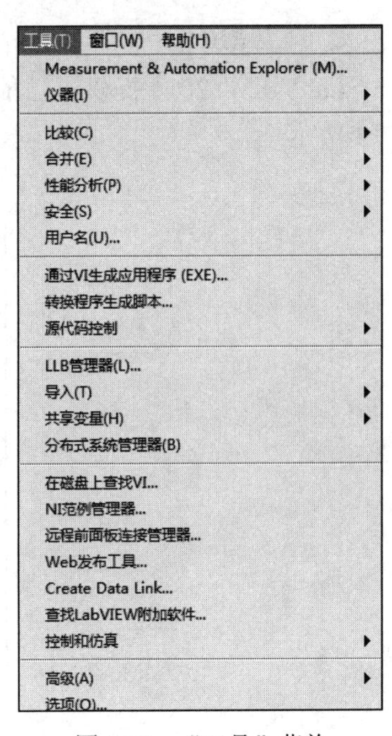

图 3.12　“工具”菜单

VI 进行统计。

(6) 安全(S)：可以进行密码保护措施设置。

(7) 通过 VI 生成应用程序(EXE)：可以产生编辑的程序的相关信息。

(8) 源代码控制：设置和进行源代码的高级控制。

(9) LLB 管理器(L)：对库文件进行新建、复制、重命名、删除及转换等操作。

(10) 分布式系统管理器(B)：对本地硬盘上的分布式系统和网络上的分布式系统综合管理。

(11) Web 发布工具：可以将程序发布到网络上。

(12) 高级(A)：对 VI 操作的高级工具。

(13) 选项(O)：设置 LabVIEW 及 VI 的一些属性和参数。

7. “窗口(W)”菜单

利用“窗口”菜单可以打开各种窗口，如前面板窗口、程序框图窗口及导航窗口等，如图 3.13 所示。这里对相关命令的功能就不再赘述了。

窗口(W) 帮助(H)
显示程序框图 Ctrl+E
显示项目(W)
左右两栏显示(T) Ctrl+T
上下两栏显示(U)
最大化窗口(F) Ctrl+/
1 未命名 1 前面板
2 未命名 1 程序框图
3 学生成绩管理系统.lvproj - 项目浏览器
全部窗口(W)... Ctrl+Shift+W

图 3.13　“窗口”菜单

8. “帮助(H)”菜单

LabVIEW 2016 提供了功能强大的帮助功能，集中体现在它的“帮助”菜单上，如图 3.14 所示。

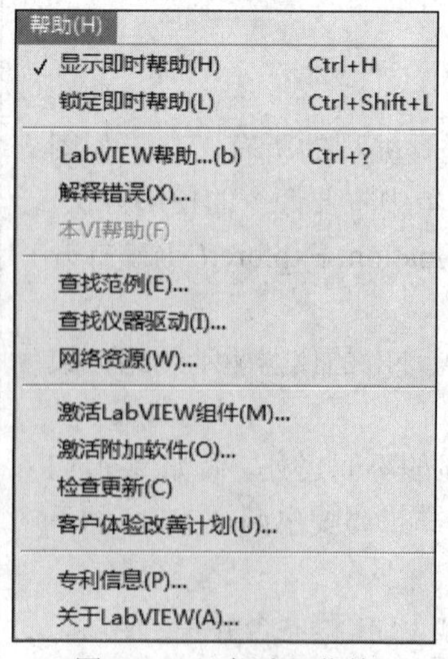

图 3.14　“帮助”菜单

下面详细介绍“帮助”菜单中主要命令的使用。

(1) 显示即时帮助(H)：打开即时帮助窗口，当鼠标放在控件或函数上时会提示该对象的作用或函数的使用说明信息。

(2) 锁定即时帮助(L)：可以将即时帮助固定在前面板或程序框图中。

(3) LabVIEW 帮助：打开 LabVIEW 帮助文档。

(4) 解释错误(X)：输入错误代码可以知道该错误的原因。

(5) 查找范例(E)：查找 LabVIEW 开发环境中带有的所有范例。

(6) 网络资源(W)：在 NI 公司的官方网站查找程序的帮助信息。

(7) 专利信息(P)：显示 NI 公司所有的相关专利。

3.4　LabVIEW 2016 工具栏

在编辑前面板时，可以通过界面上方工具栏上的工具按钮快速访问一些常用的程序功能。编辑状态下的前面板工具栏如图 3.15 所示。

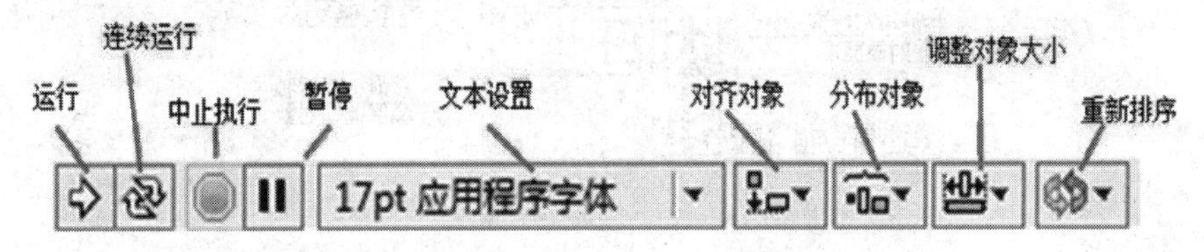

图 3.15　前面板工具栏

下面详细介绍各个按钮的功能：

(1) 运行：点击该按钮可运行当前 VI，运行中该按钮变为➡，如果按钮变为➡，表示当前 VI 中存在错误，无法运行，点击此按钮即可弹出对话框，显示错误原因。

(2) 连续运行：点击此按钮可重复连续运行当前 VI。

(3) 中止执行：当 VI 运行时，此按钮变亮，点击此按钮中止当前 VI 运行。

(4) 暂停：点击此按钮可暂停当前 VI 的运行，再次点击继续运行。

(5) 文本设置：对选中文本的字体、大小、颜色、风格、对齐方式等进行设置。

(6) 对齐对象：用于将前面板或框图上的多个选中对象在某一规则下对齐，可用的对齐方式如图 3.16 所示。

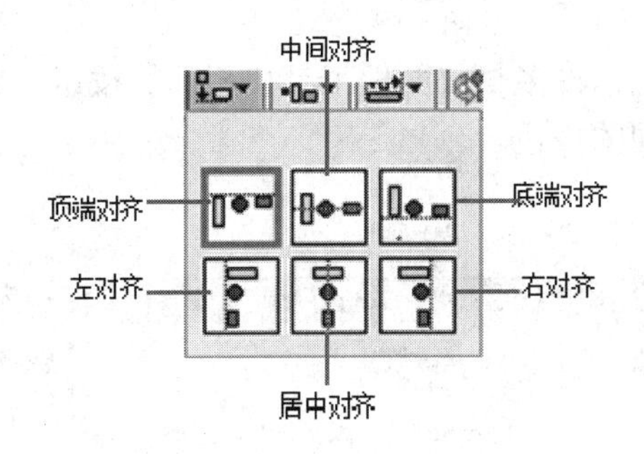

图 3.16　对齐对象

(7) 分布对象：用于改变多个被选中对象的分布方式，具体分布方式如图 3.17 所示。

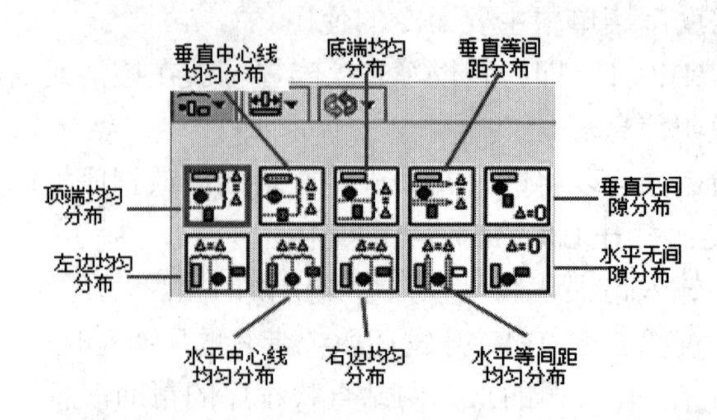

图 3.17　分布对象

(8) 调整对象大小：使用不同方式对选中的若干前面板控件的大小进行调整，也可精确指定某控件的尺寸，具体方式如图 3.18 所示。

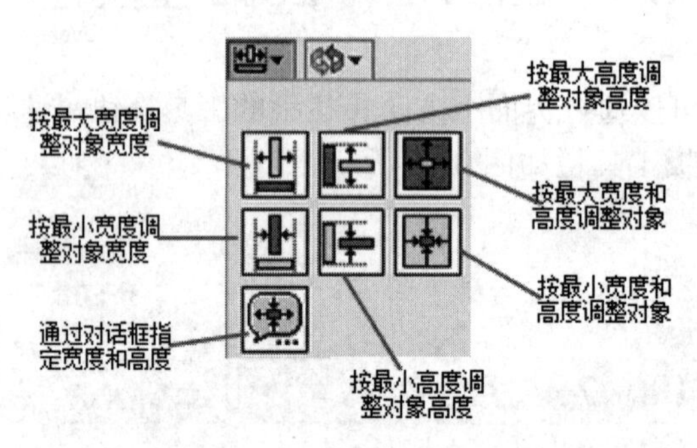

图 3.18　调整对象大小

(9) 重新排序：用于组合对象、锁定对象位置以及改变对象纵深层次和叠放次序，具体如图 3.19 所示。

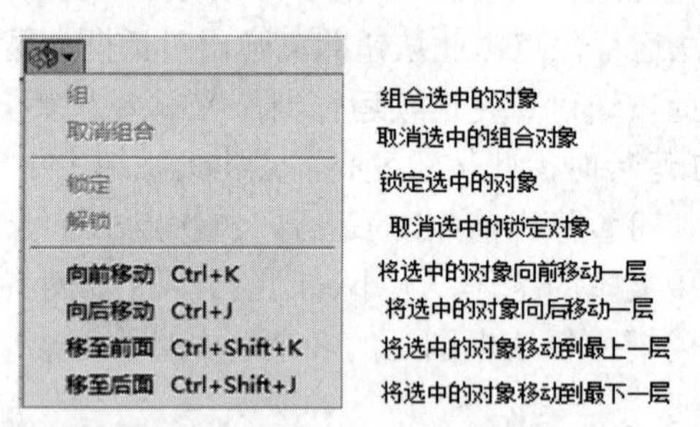

图 3.19　重新排序

程序框图中的工具栏包括许多与前面板工具栏相同的按钮，如图 3.20 所示，我们下面仅介绍与前面板工具栏不同的按钮。

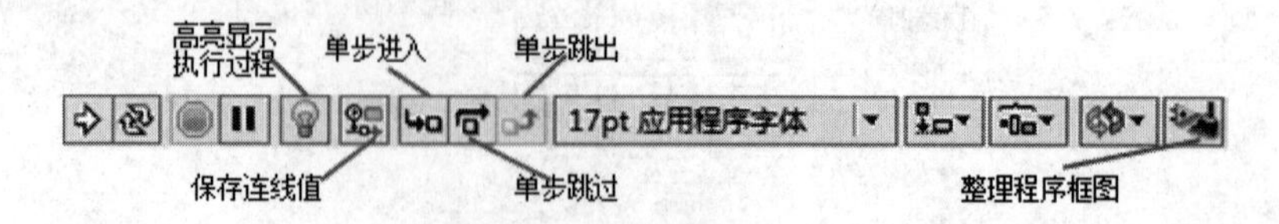

图 3.20　程序框图工具栏

(1) 高亮显示执行过程：点击该按钮，变为 后，VI 运行时变慢，并可观察到数据流在框图中的流动过程，对初学者理解数据流运行方式很有帮助。

(2) 保存连线值：点击该按钮后，可使 VI 运行后为各条连线上的数据保留值，可用探针直接观察数据值。

(3) 单步进入：调试时使程序单步进入循环或者子 VI，允许进入节点，一旦进入节点，就可在节点内部单步执行。

(4) 单步跳过：单步跳过节点，单步执行时不进入节点或子 VI 内部而有效地执行节点。

(5) 单步跳出：单步进入某循环或者子 VI 后，点击此按钮可使程序执行完该循环或者子 VI 剩下的部分并跳出。

(6) 整理程序框图：对整个程序框图按照默认分布重装整理。

3.5　LabVIEW 2016 选板

选项板是我们应用 LabVIEW 开发环境开发项目最有利的帮手，在 LabVIEW 中主要有三种选项板，分别是控件选板、函数选板和工具选板。

3.5.1　“控件”选板

“控件”选板用来给前面板放置各种所需的输出显示对象和输入控件对象，每个图标代表一类子模板。如果“控件”选板不显示，可以用“查看”菜单的“控件选板”功能打开它，也可以在前面板的空白处，点击鼠标右键，则弹出“控件”选板。“控件”选板有多种可见类别和样式，读者可以根据自己的需要来选择，“控件”选板中常用控件有“新式”、“银色”、“系统”和“经典”四种显示风格，如图 3.21 所示。

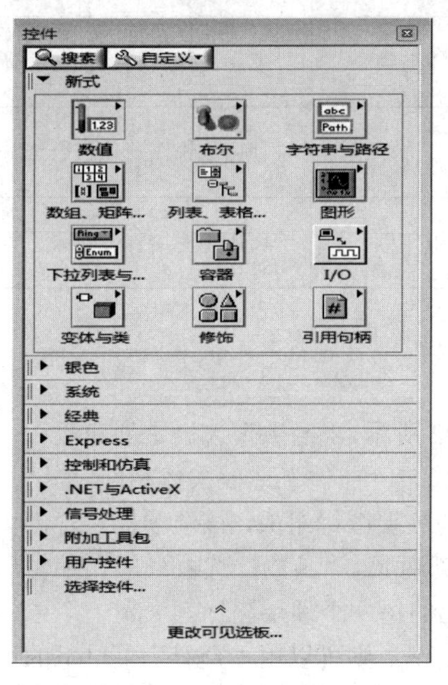

图 3.21　“控件”选板

注意：只有打开前面板时才能调用该选板。

控件选板的“新式”控件选板中各子模板的功能见表 3.1。

表 3.1　“新式”控件选板功能表

序号	图标	子模板名称	功　能
1		数值	数值的控制和显示。包含数字式、指针式显示表盘及各种输入框
2		布尔	逻辑数值的控制和显示。包含各种布尔开关、按钮以及指示灯等
3		字符串和路径	字符串和路径的控制和显示
4		数组和簇	数组和簇的控制和显示
5		列表和表格和树	列表和表格的控制和显示
6		图形	显示数据结果的趋势图和曲线图
7		下拉列表与枚举	下拉列表与枚举的控制和显示
8		容器	使用容器控件组合其他控件
9		输入/输出功能	输入/输出功能，用于操作 OLE、ActiveX 等功能
10		变体与类	使用变体和类控件与变体和面向对象的数据交互
11		修饰	使用修饰图形化组合或分隔前面板对象
12		引用句柄	可用于对文件、目录、设备和网络连接等进行操作

3.5.2　“函数”选板

“函数”选板如图 3.22 所示，“函数”选板是创建流程图程序的工具，其工作方式与“控件”选板大体相同。“函数”选板由表示子选项板的顶层图标组成，该选项板包含创建程序框图时可使用的全部对象，“函数”选板只能在编辑程序框图时使用。该选板上的每一个顶层图标都表示一个子模板。若“函数”选板不出现，则可以用“查看”菜单下的“函数选板”功能打开它，也可以在流程图程序窗口的空白处点击鼠标右键以弹出“函数”选板。

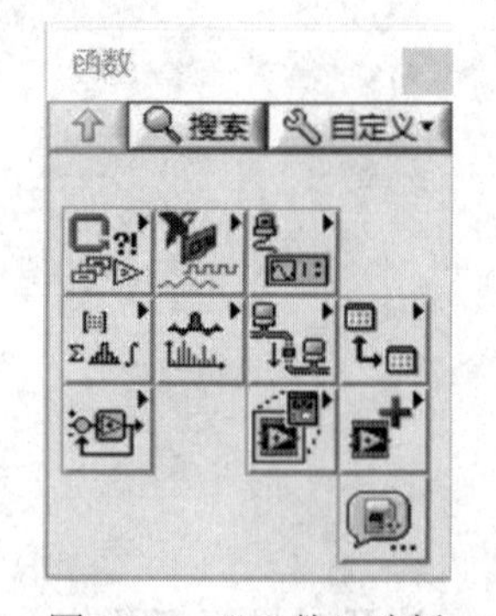

图 3.22　“函数”选板

注意：只有打开了程序框图窗口，才能出现此选板。

最常见的以及函数最全的选板是编程选板，所以下面介绍编程选板中的函数及其功能见表 3.2。

表 3.2　“编程”选板函数功能表

序号	图标	子模板名称	功　能
1		结构	包括程序控制结构命令，例如循环控制等，以及全局变量和局部变量
2		数值	包括各种常用的数值运算，还包括数制转换、三角函数、对数、复数等运算以及各种数值常数
3		布尔	包括各种逻辑运算符以及布尔常数
4		字符串	包含各种字符串操作函数、数值与字符串之间的转换函数及字符(串)常数等
5		数组	包括数组运算函数、数组转换函数以及常数数组等
6		簇、类与变体	包括簇的处理函数以及群常数等，这里的群相当于 C 语言中的结构
7		比较	包括各种比较运算函数，如大于、小于、等于等
8		定时	提供时间计数器、时间延迟、获取时间日期、设置时间标志常量等
9		对话框与用户界面	提供对话框、错误处理机制、前面板管理、事件管理、光标和菜单等
10		同步	提供通知器操作、队列操作、信号量和首次调用等功能
11		文件 I/O	包括处理文件输入/输出的程序和函数
12		波形	各种波形处理工具
13		应用控制	包括动态调用 VI、标准可执行程序的功能函数
14		图形与声音	用于 3D 图形处理、绘图和声音的处理
15		报表生成	提供生成各种报表和简单打印 VI 前面板或说明信息等功能

3.5.3　“工具”选板

“工具”选板是特殊的鼠标操作模式，使用“工具”选板可完成特殊的编辑功能，这些工具的使用类似于标准的画图程序工具，如图 3.23 所示。如果启动 LabVIEW 2016 后“工具”选板没有显示，可通过选择“查看”菜单中的“工具选板”来显示，或者按住 Shift 键再用鼠标点击选板空白处来显示“工具”选板。光标对应于选板上所选择的工具图标，可选择合适的工具对前面板或者程序框图上的对象进行操作和修改。

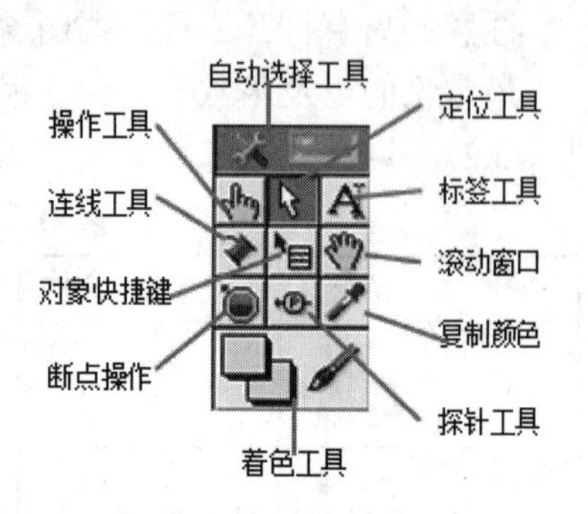

图 3.23　“工具”选板

使用浮动的工具选板中的定位工具可创建、修改和调试 VI。使用“自动选择工具”可以提高 VI 的编辑速度，如果“自动选择工具”已经打开，“自动选择工具”指示灯呈现高亮状态，当光标移到前面板或程序框图的对象上时，LabVIEW 将自动从“工具”选板中选择相应的工具。如需取消“自动选择工具”功能，可以点击“工具”选板上的自动选择工具按钮，指示灯呈现灰色状态，表示“自动选择工具”功能已经关闭。按 Shift + Tab 组合键或点击“自动选择工具”按钮，可重新打开“自动选择工具”功能。工具选板的可选工具与功能见表 3.3。

表 3.3　“工具”选板功能表

序号	图标	名　称	功　　能
1		操作工具	用于操作前面板的控制和显示。使用它向数字或字符串控件中输入值时，工具会变成标签工具
2		定位工具	用于选择、移动或改变对象的大小，当它用于改变对象的连框大小时，会变成相应形状
3		标签工具	用于输入标签文本或者创建自由标签，当创建自由标签时它会变成相应形状
4		连线工具	用于在流程图程序上连接对象。如果联机帮助的窗口被打开时，把该工具放在任一条连线上，就会显示相应的数据类型
5		对象快捷键	用鼠标左键可以弹出对象的弹出式菜单
6		滚动窗口	使用该工具就可以不需要使用滚动条而在窗口中漫游
7		断点操作	使用该工具在 VI 的流程图对象上设置断点
8		探针工具	可在框图程序内的数据流线上设置探针，通过控针窗口来观察该数据流线上的数据变化状况
9		复制颜色	使用该工具来提取颜色用于编辑其他的对象
10		着色工具	用来给对象定义颜色，它也显示出对象的前景色和背景色

3.6　LabVIEW 2016 帮助

LabVIEW 的帮助系统为不同的用户提供了详尽的、全面的帮助信息和编程范例。利用这些帮助信息有助于用户快速获取所需的帮助，掌握 LabVIEW 程序开发。这些帮助信息形式多样、内容丰富，主要包括显示即时帮助、LabVIEW 帮助、查找范例以及网络资源等。

3.6.1　显示“即时帮助”

显示“即时帮助”是 LabVIEW 2016 提供的实时快捷帮助窗口，即时帮助信息对于 LabVIEW 2016 初学者来说是非常有用的。

选择菜单栏中的“帮助”下的“显示即时帮助”选项，即可弹出“即时帮助”窗口。如果用户需要获得 VI、节点或控件的帮助信息，只需将鼠标移动到相关的 VI、节点或控件上面，“即时帮助”窗口将显示其基本的功能说明信息。默认的“即时帮助”窗口显示的是“加”节点的帮助信息，如图 3.24 所示。

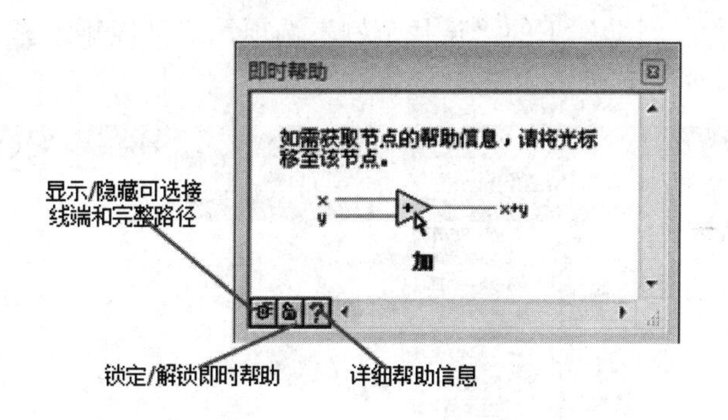

图 3.24　“即时帮助”窗口

3.6.2　LabVIEW 帮助

如果用户找不到相关的控件或函数，可以利用“LabVIEW 帮助”。“LabVIEW 帮助”是一个 Windows 标准风格的窗口，操作简单快捷，它包含了 LabVIEW 全部详尽的帮助信息。选择菜单栏中的“帮助”下的“LabVIEW 帮助”选项，即可弹出如图 3.25 所示的“LabVIEW 帮助”窗口。

LabVIEW 帮助包含 LabVIEW 编程理论、编程分步指导以及 VI、函数、选板、菜单和工具等参考信息。通过窗口左侧的目录、索引和搜索可浏览整个帮助系统，用户可以方便地查找到自己感兴趣的帮助信息。

在 LabVIEW 的编程过程中，如果用户想获取某个 SubVI 或者函数节点的帮助信息，可以在目标 SubVI 或者函数节点上点击鼠标右键弹出快捷菜单，通过选择快捷菜单上的“帮助”功能选项可以打开“LabVIEW 帮助”窗口，在这个窗口上即可获取到该目标 SubVI

或者函数节点相关的帮助信息。

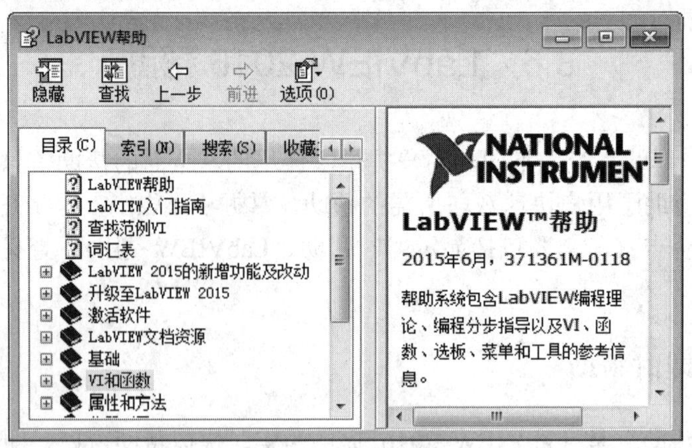

图 3.25　LabVIEW 帮助窗口

3.6.3　查找范例

LabVIEW 范例包含了 LabVIEW 各个功能模块的应用实例，对于初学者来说，认真学习范例，借鉴 LabVIEW 提供的典型范例无疑是快速学习 LabVIEW 的一个好方法。在启动界面上，选择菜单栏“帮助”下的“查找范例”选项，即可打开如图 3.26 所示的“NI 范例查找器”对话框。

图 3.26　“NI 范例查找器”对话框

“NI 范例查找器”中的“任务”和“目录结构”的浏览方式可供用户浏览、查找 LabVIEW 范例。另外，用户可以使用“搜索”功能查找感兴趣的例程，同时也可以向 NI Developer Zone 提交自己编写的程序作为例程与其他用户共享代码。

在 LabVIEW 的学习过程中，读者应该充分利用这些 LabVIEW 自带例程，这些例程编程规范，编程思路活跃，通过学习、借鉴这些例程可以帮助读者事半功倍地掌握 LabVIEW 的编程方法。

在 LabVIEW 的应用程序开发过程中，用户只要对一些相关的例程进行部分修改后，就可以直接应用到自己的 VI 中，这样可以大大减少设计工作量，提高开发效率。

3.6.4 网络资源

LabVIEW 网络资源包括 LabVIEW 论坛、培训课程以及 LabVIEW Zone 等。在启动界面下，单击菜单栏“帮助”下的“网络资源”选项，即可链接到 NI 公司的官方网站(http://www.ni.com/LabVIEW/zhs/)，该网站提供了大量的网络资源和相关链接。值得一提的是 LabVIEW Zone，在这个论坛上用户可以提问，发表看法，与全世界的 LabVIEW 用户交流 LabVIEW 编程心得。另外一个值得关注的是 Knowledge Base，上面几乎包括了所有常见的问题解答。

3.7 自定义编程环境

当 LabVIEW 安装完成并启动后，LabVIEW 环境的所有窗口、选板和系统运行参数都是默认设置状态的，用户可以根据个人喜好定制自己的编程环境。

3.7.1 定制控件和函数选板

选择主菜单“工具”下“高级”选项中的“编辑选板”，即可弹出如图 3.27 所示的“编辑控件和函数选板”对话框，在这个对话框中可以重新排列已经建立的选板、创建或移动子选板等。

使用鼠标右键点击需要修改的选板，会弹出如图 3.28 所示的选板编辑快捷菜单，通过选择相应的选项可以编辑选板，如插入子选板、移动子选板、复制选板图标、重新命名子选板等功能。

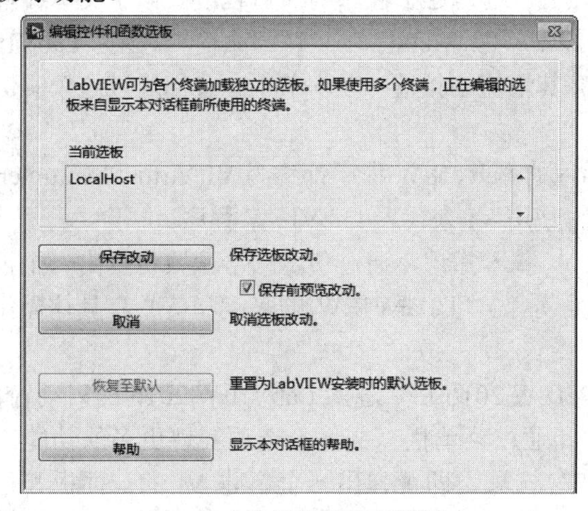

图 3.27　选板编辑器对话框

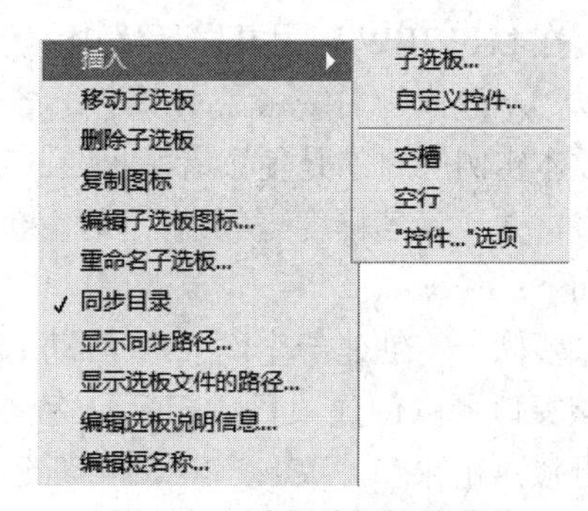

图 3.28　选板编辑快捷菜单

3.7.2　环境参数设置

在 LabVIEW 窗口菜单栏中选择“工具”下的“选项”命令，即可弹出如图 3.29 所示的“选项“对话框，在这个对话框中的左边的“类别”栏中列出了可以进行设置的各类选项，选中任何一个选项，右边都会自动显示一系列可选设置或参数供用户选择。

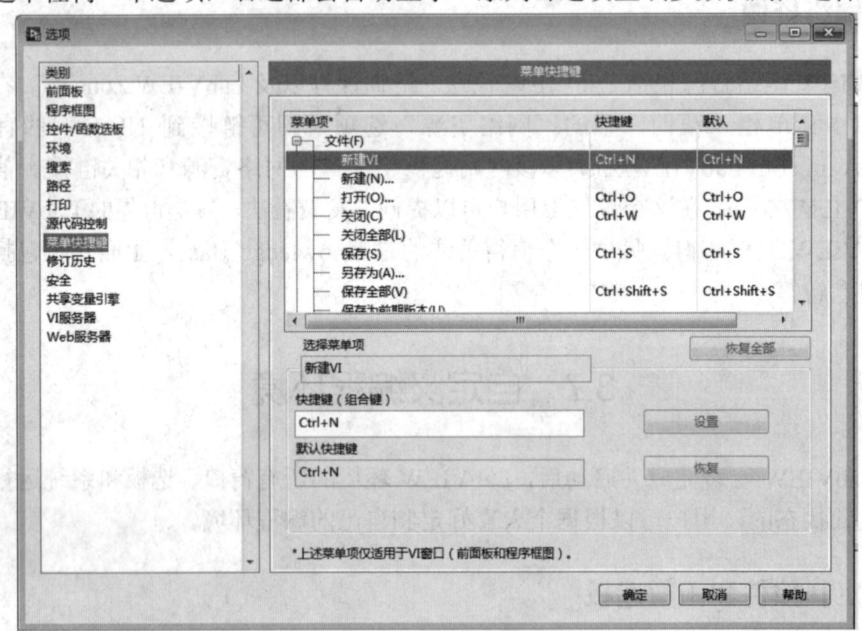

图 3.29　“选项”对话框

3.8　LabVIEW 应用开发实例

在正式介绍了 LabVIEW 2016 编程环境以后，可以编写一个简单的 LabVIEW 程序来体验一下 LabVIEW 2016 编程的简单与强大。编写这个程序的简单程度类似于文本编程语言中的“Hello World!”程序，但是它的功能却不像“Hello World!”那么简单。因为 LabVIEW 程序可以实现仿真一个正弦信号，并计算其幅值与频谱。在本节中，我们通过这个实例的学习，进一步掌握 VI 的基本编程步骤。

在 LabVIEW 应用开发环境中，所编程的 LabVIEW 程序都称为 VI(Virtual Instrument)，并以“.vi”作为后缀名，本书中，将一直使用 VI 来代表 LabVIEW 程序。

本实例的目的是使读者掌握 LabVIEW 基本知识，通过仿真信号函数仿真出一个正弦信号，并计算其幅度与频谱，以此来增强读者学习 LabVIEW 的兴趣和信心。具体操作步骤如下：

步骤一：创建一个新 VI。启动 LabVIEW 2016 后，进入 LabVIEW 2016 的启动窗口。在该窗口可以创建项目、打开现有文件和通过菜单栏“文件”选项实现更多的功能。这里直接点击菜单“文件”下的“新建 VI”选项，即可弹出一个新建 VI 的前面板和程序框图。

步骤二：添加前面板控件。在前面板的控件选板中选择【新式】→【数值】→【数值输入控件】，添加到前面板中，并修改其标签为“幅值”；同理添加一个数值输入控件为“频率”的数值输入控件；继续在前面板的“控件选板”中选择【新式】→【图形】→【波形图】，并把控件添加到前面板上，修改其标签为“仿真信号波形图”；同理添加另外两个波形图，分别命名为“幅度波形图”和“相位波形图”。整个前面板控件的界面如图 3.30 所示。

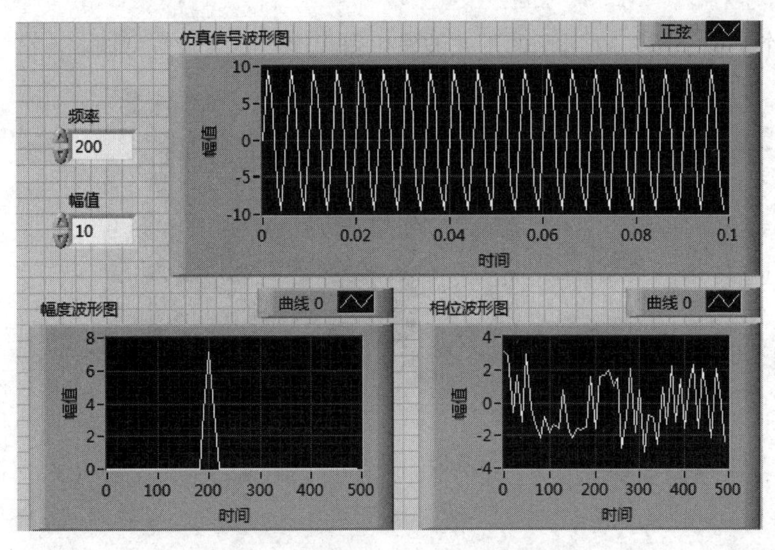

图 3.30 测量仿真信号频谱前面板图

步骤三：编辑程序框图。在程序框图函数选板中选择【编程】→【波形】→【模拟波形】→【波形生成】→【仿真信号】函数添加到程序框图中，继续选择【编程】→【波形】→【模拟波形】→【波形测量】→【FFT 频谱(幅度-相位)】函数添加到程序框图中。将“幅值”和“频率”两个图标分别连接到“仿真信号”的“幅值”和“频率”输入端；将“仿真信号”的“正弦”输出端同时连接“仿真信号波形图”的输入端和“FFT 频谱(幅度-相位)”的“时间信号”输入端；将“FFT 频谱(幅度-相位)”的“幅度”和“相位”输出端分别连接“幅度波形图”和“相位波形图”的输入端。整个程序框图的程序编程结果如图 3.31 所示。

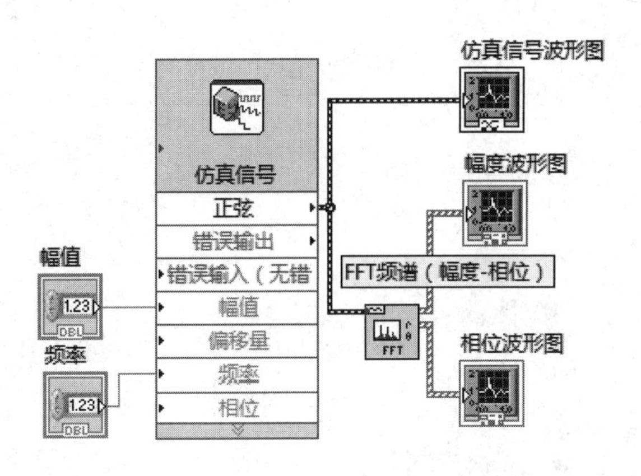

图 3.31 测量仿真信号频谱程序框图

步骤四：运行 VI。在前面板的“频率”和“幅值”两个数值输入控件中分别输入 200 和 10，点击工具栏中的“运行”按钮，即可查看运行结果，如图 3.30 所示；然后保存程序并命名，关闭程序。

思考与练习

编写一个类似于图 3.32 所示的正弦波发生器程序，要求幅值可调。

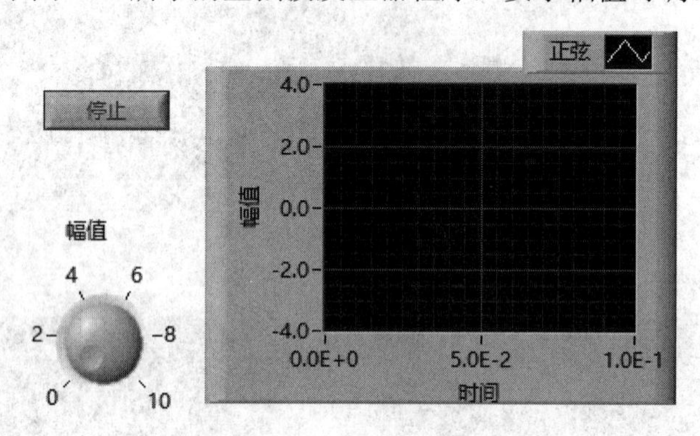

图 3.32　思考与练习

第 4 章　数据类型与基本操作

作为一种通用的编程语言，LabVIEW 与其他文本编程语言一样，数据类型和操作是最基本的要求。LabVIEW 几乎支持所有常用的数据类型和数据操作，同时还拥有其特殊的一些数据类型。本章主要介绍一些基本数据类型、字符串、数组、簇、矩阵和一些基本的数据操作。

4.1　基本数据类型

数据类型是程序设计的基础，不同的数据类型在 LabVIEW 中存储的方式是不一样的，选择合适的数据类型不但能提高程序的性能，而且能节省内存。在 LabVIEW 编程中会用到一些基本的数据类型与数据操作，基本数据类型包括数值型、布尔型、枚举型、日期型和变体。下面针对不同的数据类型进行详细讲解。

4.1.1　数值型

数值型是 LabVIEW 中的一种基本的数据类型，可分为浮点型、整型和复数型三种基本类型形式。LabVIEW 中以不同的图标和颜色来表示不同的数据类型，其详细分类和图标如图 4.1 所示，主要类型的详细内容见表 4.1。

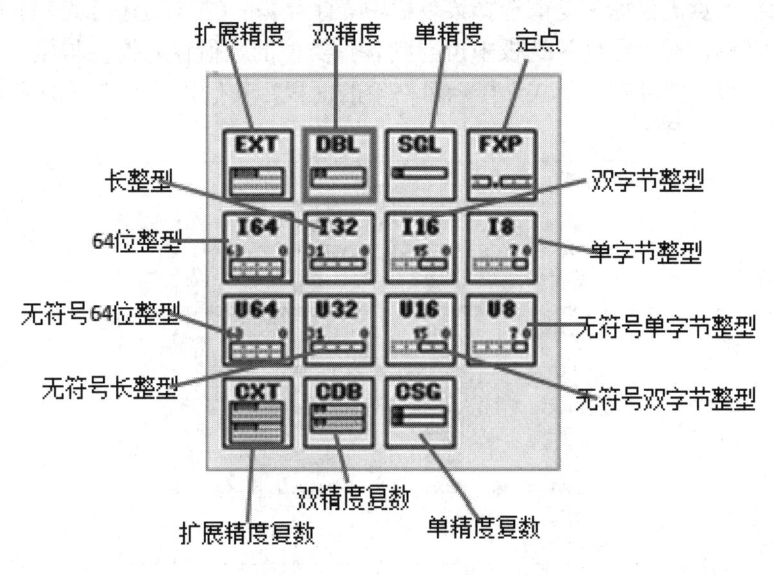

图 4.1　数值型数据分类图标

表 4.1　主要数值型数据的详细信息

数据类型	存储位数	数值范围	数据类型	存储位数	数值范围
64 位整型	64	−18 446 744 073 709 551 616～18 446 744 073 709 551 615	长整型	32	−2 147 483 648～2 147 483 647
无符号 64 位整型	64	0～18 446 744 073 709 551 615	无符号长整型	32	0～4 394 967 295
双字节整型	16	−32 768～32 767	无符号双字节整型	16	0～65 535
单字节整型	8	−128～127	无符号单字节整型	8	0～255
双精度浮点型	64	最小正数：4.94E − 324 最大正数：1.79E + 308 最小负数：−4.94E − 324 最大负数：−1.79E + 308	双精度复数浮点型	128	实部与虚部分别与双精度浮点型相同
单精度浮点型	32	最小正数：1.40E − 45 最大正数：3.40E + 38 最小负数：−1.40E − 45 最大负数：−3.40E + 38	单精度复数浮点型	64	实部与虚部分别与单精度浮点型相同
扩展精度浮点型	128	最小正数：6.48E − 4966 最大正数：1.19E + 4932 最小负数：−6.48E − 4966 最大负数：−1.19E + 4932	扩展精度复数浮点型	256	实部与虚部分别与扩展精度浮点型相同
定点浮点型	32	−2.147484E + 9～+2.147484E + 9			

在前面板上点击鼠标右键或选择菜单栏中【查看】→【控件选板】选项，即可弹出“控件”选板对话框，在“控件”选板中可看到各种类型的数值输入控件与显示控件。图 4.2 所示为数值型数据控件在“新式”显示风格下的面板，其他显示风格下的界面用户可以在实际运用中加以熟悉。

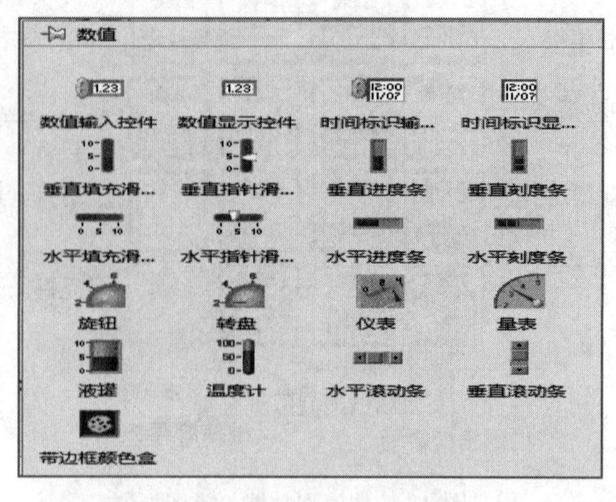

图 4.2　数值型数据控件界面

数值控件选板中包括多种不同形式的控件和指示器，如数值控件、时间控件、滚动条、旋钮、进度条、颜色盒等。这些控件本质上都是数值型的，它们大多功能相似，只是在外观上有所不同，只要掌握了其中一种的用法也就掌握了全部数值对象的用法。

对于前面板或程序框图中的数值型数据，用户可以根据需要来改变数据的类型。在前面板或程序框图中鼠标右键点击目标对象，从弹出的快捷菜单中选择“表示法”选项，从该界面中可以选择该控件所代表的数据类型，如图 4.1 所示。

不同的数据类型转换可分为强制转换和显式转换两类，当进行强制转换时，强制转换点(红色小圆点)会出现在输入参数节点上。一般将两种不同类型的数据连接在一起时会出现强制转换现象，LabVIEW 会对不同的参数进行转换以适合运算。强制类型转换往往意味着要消耗较多的存储空间和运行时间，这就要求在设计 VI 时尽可能保证传递的数据一致。显示转换通过 LabVIEW 数据类型转换函数实现，LabVIEW 提供了丰富的数据类型转换函数供设计人员使用。显示转换函数位于函数选板“数值”下的“转换”子选板中，如图 4.3 所示。

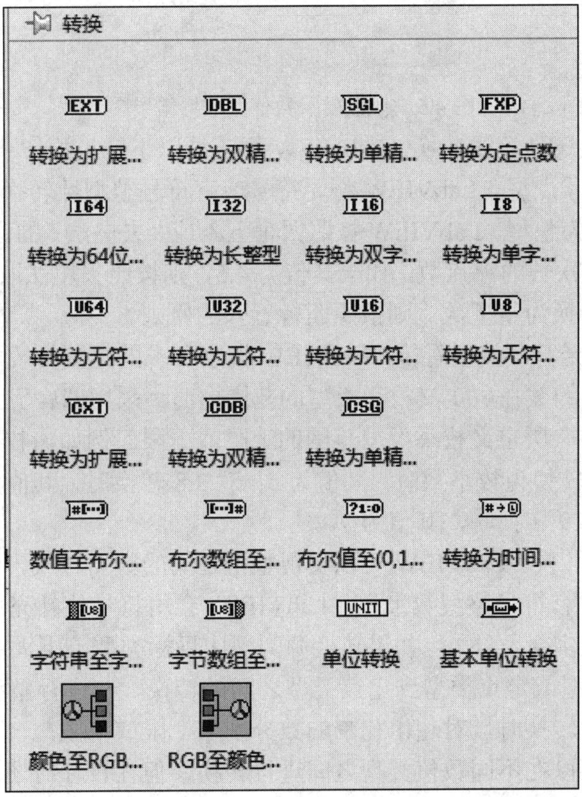

图 4.3　显示转换函数面板

下面我们通过一个具体实例来实现强制转换。该实例先获取类型为 8 位无符号整型(U8)数组的长度，除以 2 以后得出 For 循环处理的次数 N 值；随后使用 For 循环结构将数组中的元素两两合并转换为 16 位有符号整型(I16)数，并组合成新数组(新数组的长度是原来数组长度的一半)；For 循环结束后将新数组中的各元素均放大 1.5 倍输出。由于新数组为 I16 类型，而放大因子是双精度浮点型(DBL)，因此数组必须在参加乘法计算前被强制转换为双精度浮点类型，这使原来长度为 2B 的每个数组元素变为 8B，存储缓冲空间同时增加了

4 倍。程序框图如图 4.4 所示，运行结果如图 4.5 所示。

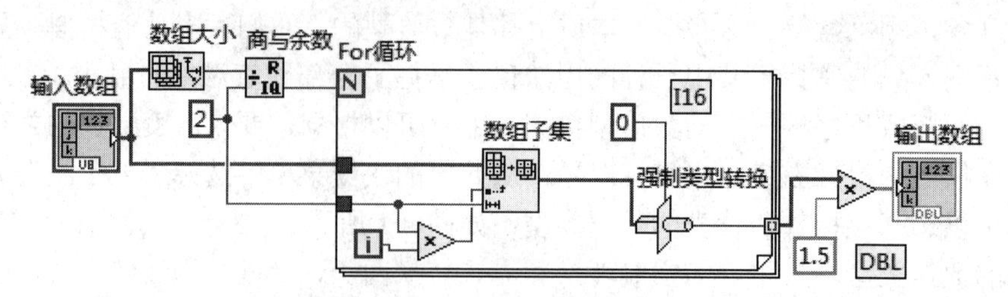

图 4.4　强制转换数值型数据程序框图

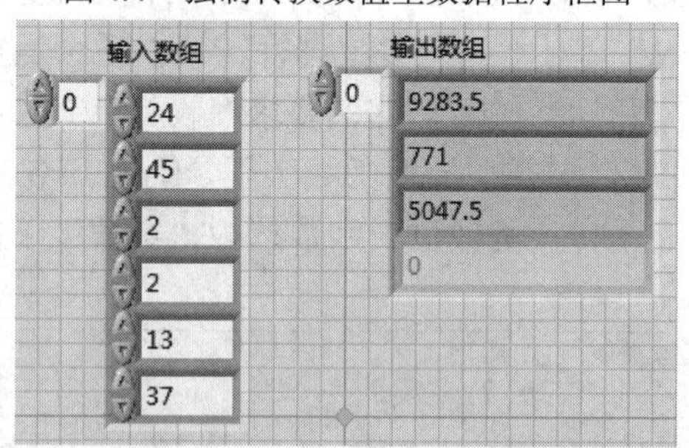

图 4.5　强制转换数值型数据结果图

无论是强制转换还是显式转换，LabVIEW 均遵循以下转换规律：

(1) 整型转换为浮点型。LabVIEW 将无符号或有符号整型数转换为最近似的浮点数。

(2) 浮点数转换为整型。LabVIEW 按照四舍五入或“去尾法”的原则进行转换。例如，对于连接至 For 循环次数的浮点数，如果其值为 4.5，则按照去尾法取值 4 而非 5；而运算时如果涉及浮点数转换为整型数，则按照四舍五入的原则。

(3) 将枚举数当无符号整型看待。LabVIEW 按照要求的范围将枚举类型匹配至适当的整数类型。当要转换的数在所定义枚举类型的范围内时，采用四舍五入的原则，如果超出范围，则按就近原则取所定义枚举类型范围的上限或下限。例如，枚举类型范围为 0～7，当需要将浮点数 5.2 转换为枚举数时，其值为 5；对 3.8 转换时，其值为 4；对于 -2.8 转换时，其值为 0；对 18.9 转换时，其值为 7。

(4) 整型之间的转换。LabVIEW 可以实现整型之间的数据转换，如果转换源类型比目标类型范围小，则对有符号整型数来说，LabVIEW 会用符号位补充所有多余位，对无符号整型数来说，将在多余位补 0；如果转换源类型比目标类型范围大，则仅取低位部分。

(5) 整型、浮点型或定点类型到定点类型之间的转换。在进行整型、浮点型或定点类型到定点类型之间的转换时，对超出范围的数分别取上限或下限。

虽然设计人员可以在不同数值类型之间进行转换，但在设计时还是经常会用 I32 来代表整型数，用双精度浮点数代表浮点数。单精度浮点数基本上不会节省太多空间和处理时间，还经常会溢出，扩展的浮点数只在必要时才使用。当连接多个不同类型的数据到一个函数时，通常 LabVIEW 会先按照精度较高、范围较大的类型为目标来转换所有数据类型后再进行计算。在 LabVIEW 的数值操作函数中，还包括一些底层的字节和位处理的一些函数，这些函数对设计与硬件相关的一些应用极其有用。例如，在设计与单片机通信的程序或数据报文处理的程序时，使用它们非常灵活。

如果用户希望更改数值型控件的属性，用户同样可以在前面板或程序框图中通过鼠标右键点击目标对象，从弹出的快捷菜单中选择“属性”选项，会弹出如图 4.6 所示的对话框。

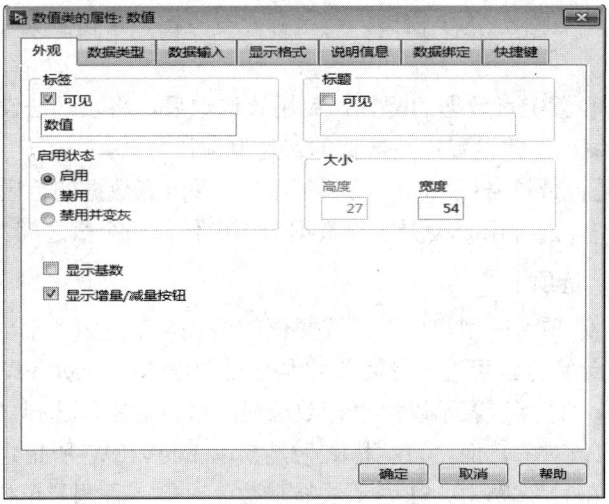

图 4.6　“数值类的属性：数值”对话框

该对话框共包括七个选项卡，分别为外观、数据类型、数据输入、显示格式、说明信息、数据绑定和快捷键。下面分别对其中几个选项卡的功能进行简要的介绍。

1. “外观”选项卡

在“外观”选项卡中可以设置数值控件的外观属性，包括标签、标题、启用状态、显示基数、显示增量/减量按钮、大小等，各选项功能介绍如下：

(1) 标签：用于识别前面板和程序框图上的对象。勾选上“可见”选项，可以显示对象的自带标签并启用标签文本框对标签进行编辑。

(2) 标题：同标签相似，但该选项对常量不可用。勾选上“可见”选项，可以显示对象的标题并使标题文本框可编辑。

(3) 启用状态：勾选上“启用”选项，表示用户可操作该对象；勾选上“禁用”选项，表示用户无法对该对象进行操作；勾选上“禁用并变灰”选项，表示在前面板窗口中显示该对象并将对象变灰，用户无法对该对象进行操作。

(4) 显示基数：显示对象的基数，使用基数改变数据的格式，如十进制、十六进制、八进制等。

(5) 显示增量/减量按钮：用于改变该对象的值。

(6) 大小：分为“高度”、“宽度”两项，对数值输入控件而言，其“高度”不能更改，只能修改控件“宽度”数据。

与数值输入控件的外观属性配置选项卡相比，滚动条、旋钮、转盘、温度计、液罐等其他控件的外观属性配置选项卡稍有不同。如针对旋钮输入控件的特点，在外观属性配置选项卡又添加了定义指针颜色、锁定指针动作范围等特殊外观功能项。

2. “数据类型”选项卡

在“数据类型”选项卡中可以设置数据类型和范围等。应当注意，在设定最大值和最小值时，不能超出该数据类型的数据范围，否则设定值无效。数据类型选项卡各部分功能介绍如下：

(1) 表示法：为控件设置数据输入和显示的类型，例如整型、双精度浮点型等。在数据类型选项卡中有一个表示法的小窗口，用鼠标左键点击，可得到如图 4.1 所示的数值类型选板。

(2) 定点配置：设置定点数据的配置，启用该选项后，将表示法设置为定点，可配置编码或范围设置。“编码”即设置定点数据的二进制编码方式，“带符号与不带符号”选项用于设置定点数据是否带符号；“范围”选项用于设置定点数据的范围，包括最大值和最小值；“所需 Delta 值”选项用来设置定点数据范围中任何两个数之间的差值。

3. “显示格式”选项卡

在“显示格式”选项卡中用户可以设置数值的格式与精度。各部分功能介绍如下：

(1) 类型：数值计数方法可选“浮点”、“科学计数法”、“自动格式”和“SI 符号”四种，其中，用户选择“浮点”表示以浮点计数法显示数值对象，选择“科学计数法”表示以科学计数法显示数值对象，而“自动格式”是指以 LabVIEW 所指定的合适的数据格式显示数值对象，“SI 符号”表示以 SI 表示法显示数值对象，且测量单位出现在值后。

(2) 精度类型和位数：显示不同表示法的精度位数或者有效数字位数。

(3) 隐藏无效零：表示当数据末尾的零为无效零时不显示，但如数值无小数部分，该选项会将有效数字精度之外的数值强制为零。

(4) 以 3 的整数倍为幂的指数形式：显示时采用了工程计数法表示数值。

(5) 使用最小域宽：当数据实际位数小于用户指定的最小域宽时，用户选中此选项，则在数据左端或者右端将用空格或者零来填补额外的字段空间。

(6) 高级编辑模式：选中高级编辑模式时，页面中的内容发生变化。其中“格式字符串”用于格式化数值数据的格式符；“合法”指示灯表示格式字符串的格式是否合法；“还原”按钮用来将不合法的字符串格式恢复到上一个合法的格式；“格式代码显示”用于格式字符串中的格式代码，双击“格式代码”或选中“格式代码”后再单击“插入格式字符串”按钮可将其插入格式字符串。

(7) 时间格式：当数值对象格式为绝对时间或相对时间时，设置控件中的时间显示格式为“自定义时间格式”、“系统时间格式”和“不显示时间”；时间格式包括 24 小时制、AM/PM(12 小时制)、HH:MM(小时:分钟)和 HH:MM:SS(小时:分钟:秒数)。

(8) 日期格式：当数值对象格式为绝对时间或相对时间时，设置控件中的日期显示格式为“自定义日期格式”、“系统日期格式”和“不显示日期”；日期格式包括 M/D/Y(月/日/年)、D/M/Y(日/月/年)、Y/M/D(年/月/日)、不显示年份、显示两位年份和显示四位年份。

4. “说明信息”选项卡

用户可以在“说明信息”选项卡中根据具体情况在说明和提示框中加注描述信息，用于描述该对象并给出使用说明。提示框用于 VI 运行过程中当光标移到一个对象上时显示对象的简要说明。

5. “数据绑定”选项卡

“数据绑定”选项卡用于将前面板对象绑定至网络发布项目项以及网络上的发布-订阅协议(PSP)数据项。

(1) 数据绑定选择：指定用于绑定的服务器，包括三个选项：“未绑定”表示对象未绑定至网络发布的项目或 PSP 数据项；“共享变量引擎(NI-PSP)”表示通过共享变量引擎将对象绑定至发布的项目项或网络上的 PSP 数据项；“DataSocket”表示通过 DataSocket 服务器、OPC 服务器、FTP 服务器或 Web 服务器将对象绑定至一个网络上的数据项。

(2) 访问类型：指定正在配置的对象的访问类型，包括三个选项：“只读”指定对象从网络发布的项目项或从网络上的 PSP 数据项读取数据；“只写”指定对象将数据写入到网络发布的项目项或网络上的 PSP 数据项；“读/写”指定对象从网络发布的项目项读取数据，向网络上的 PSP 数据项写入数据。

(3) 路径：指定与当前配置的共享变量绑定的共享变量或数据项的路径，点击“浏览”按钮可打开“选择项源”对话框，选择用于绑定对象的共享变量或数据源。

6. “快捷键”选项卡

“快捷键”选项卡用于设置控件的快捷键。

(1) 选中：为该控件设置一个选中快捷键。

(2) 增量：为该控件设置一个增量快捷键。

(3) 减量：为该控件设置一个减量快捷键。

(4) 现有绑定：列出已使用的按键分配。如果选择列表框中的现有按键分配，LabVIEW 将把该按键分配指定给当前控件，并删除之前的按键分配。

(5) Tab 键动作：定位至该控件时控制 Tab 键的动作，勾选“按 Tab 键时忽略该控件”复选框时忽略该控件。

4.1.2　布尔型

1. 基本功能

布尔型数据在 LabVIEW 中的应用比较广泛，因为 LabVIEW 程序设计很大一部分功能体现在仪器设计上，而在仪器设计时经常会有一些控制按钮和指示灯之类的控件，这些控件的数据类型一般为布尔型。另外，在程序设计过程中进行一些判断时也需要用到布尔型数据。

布尔型的值为 1 或者 0，即真(True)或者假(False)，通常情况下，布尔型又称逻辑型。在前面板上点击鼠标右键或者直接在菜单栏中选择【查看】→【控件选板】，即可弹出“控件选板”对话框，在对话框中就可找到布尔子选板，如图 4.7 所示。

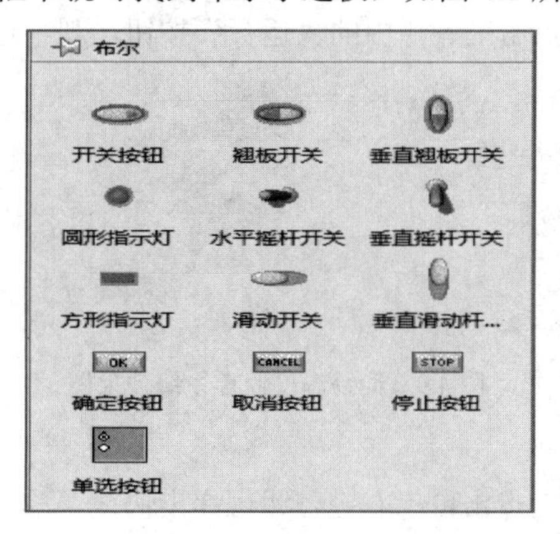

图 4.7　新式风格布尔子选板

从图中可以看到各种布尔型输入控件和显示控件，如开关、指示灯、按钮、单选按钮等，用户可以根据需要选择合适的控件。布尔控件用于输入并显示布尔值(True/False)。

2. 设计实例

下面介绍一个简单温度监控系统的设计，该系统可用于监控一个实验室的温度，当温度超过设定温度时，警示灯亮，以示警告。

程序设计过程如下：

步骤一：打开 LabVIEW 2016，新建一个 VI。在前面板添加一个布尔型的指示灯和一个浮点型的数值显示控件。

步骤二：打开程序框图，首先在函数选板选择【编程】→【结构】→【While 循环】结构，添加到程序框图中，对“循环条件”端子点击鼠标右键选择“创建输入控件”；其次，选择【编程】→【数值】→【随机数(0-1)】将函数添加到 While 循环体内，选择【编程】→【数值】→【乘】命令对随机数放大 50 倍，把计算的结果显示在数值显示控件内；再次，选择【编程】→【比较】→【大于?】命令将函数添加到程序框图中，把放大 50 倍的随机数与常量 35 进行大小比较，由于比较结果是布尔型数据，最后把比较结果连接到“温度警示灯”输入端子。

步骤三：添加延时函数。在函数选板中选择【编程】→【定时】→【等待(ms)】，将所选函数添加到 While 循环体内，在输入端子创建一个常量，常量数据为 1000，表示每一秒钟运行一次该程序，实现循环运行的效果。程序连线如图 4.8 所示。

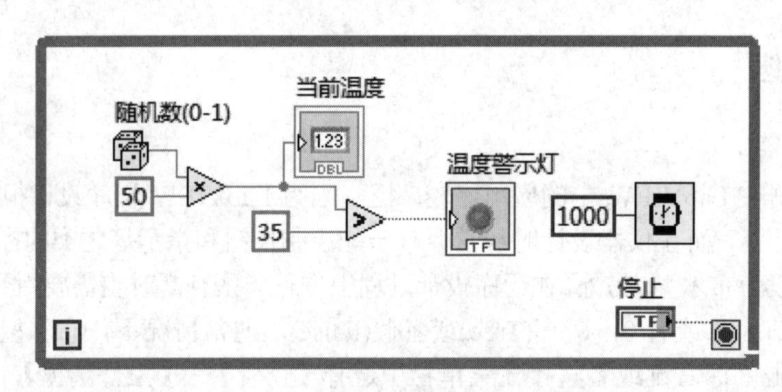

图 4.8　简易温度监控系统程序框图

步骤四：运行程序，点击工具栏中的“运行”按钮，观察运行效果，如图 4.9 所示。

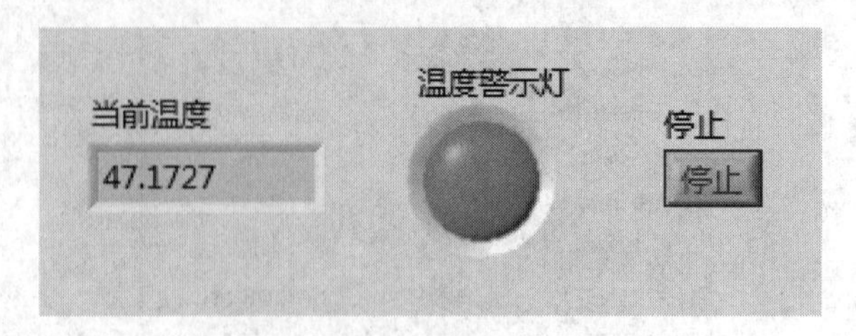

图 4.9　简易温度监控系统效果图

3. 布尔属性配置

在前面板的布尔控件上点击鼠标右键，即可弹出快捷菜单，选择“属性”选项，则可打开如图 4.10 所示的“布尔类的属性”对话框。

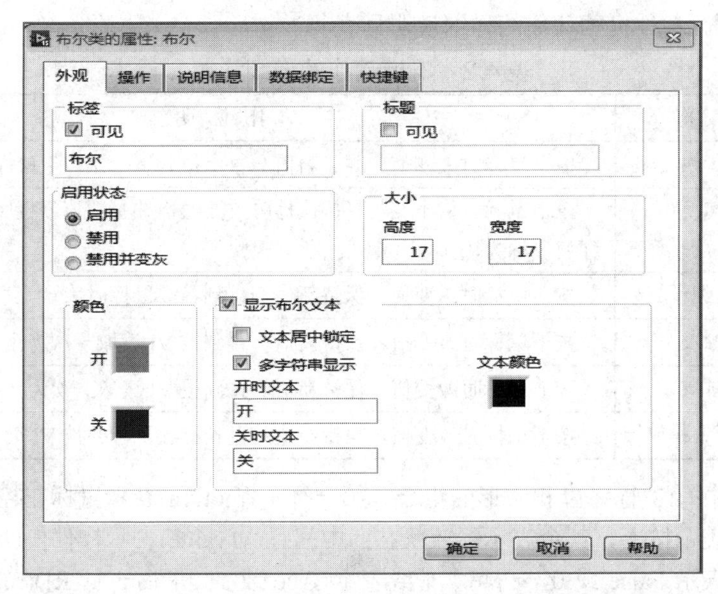

图 4.10　“布尔类的属性”对话框

下面对其属性配置选项卡中的“外观”选项卡和“操作”选项卡进行介绍。

1) “外观”选项卡

打开布尔控件属性配置对话框，“外观”选项卡为默认选项卡。可以看到该选项卡与数值外观配置选项卡基本一致。下面介绍一些与数值控件外观选项卡不同的选项及其相应的功能。

(1) 开：设置布尔对象状态为真时的颜色。

(2) 关：设置布尔对象状态为假时的颜色。

(3) 显示布尔文本：在布尔对象上显示用于指示布尔对象状态的文本，同时使用户能够打开“开时文本”和“关时文本”文本框进行编辑。

(4) 文本居中锁定：将显示布尔对象状态的文本居中显示。也可使用锁定布尔文本居中属性，通过编程将布尔文本锁定在布尔对象的中部。

(5) 多字符串显示：允许为布尔对象的每个状态显示文本。如取消勾选，在布尔对象上将仅显示“关时文本”文本框中的文本。

(6) 开时文本：布尔对象状态为真时显示的文本。

(7) 关时文本：布尔对象状态为假时显示的文本。

(8) 文本颜色：说明布尔对象状态的文本颜色。

2) “操作”选项卡

“操作”选项卡用于为布尔对象指定按键时的机械动作，包括按钮动作、动作解释、所选动作预览和指示灯等选项，各选项的功能如下。

(1) 按钮动作：设置布尔对象的机械动作，共有六种机械动作可供选择，如图 4.11 所示。用户可以通过前面板，右键点击输入布尔型控件，在弹出的快捷菜单中选

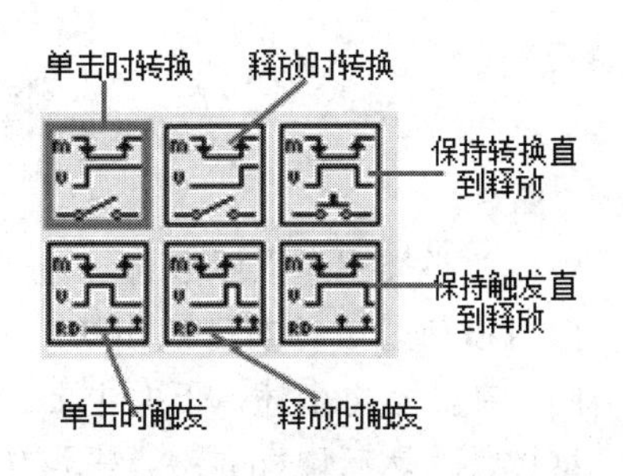

图 4.11　布尔对象的机械动作

择“机械动作”。各种机械动作的详细说明见表 4.2。

表 4.2　机械动作的详细说明

动 作 名 称	动 作 说 明
单击时转换	按下鼠标时改变值，并且新值一直保持到下一次按下鼠标为止
释放时转换	按下鼠标时值不变，释放鼠标时改变值，并且新值一直保持到下一次释放鼠标为止
保存转换直到释放	按下鼠标时改变值，保持新值一直到释放鼠标时为止
单击时触发	按下鼠标时改变值，保持新值一直到被 VI 读取一次为止
释放时触发	释放鼠标时改变值，保持新值一直到被 VI 读取一次为止
保持触发直到释放	按下鼠标时改变值，保持新值一直到释放鼠标并被 VI 读取一次为止

动作图例中有 3 行字母和图形的组合。第一行 m(motion)表示鼠标在控件上的动作，图形中凹下时表示按下，其余表示释放状态；中间行 v(value)表示控件值的变化情况，图中凹下水平线表示 False 或 0，凸起水平线表示 True 或 1；最后一行 RD(read)表示程序读取控件值，图形中的脉冲表示读取的时刻。

(2) 动作解释：具体描述说明选中的机械动作。

(3) 所选动作预览：显示所有所选动作的按钮，用户可以测试按钮的动作。

(4) 指示灯：当预览按钮的值为真时，指示灯变亮。

4.1.3　枚举类型

1. 基本功能

LabVIEW 中的枚举类型和 C 语言中的枚举类型定义相同，它提供了一个选项列表，其中每一项都包含一个字符串标识和数字标识，数字标识与每一选项在列表中的顺序一一对应。枚举类型包含在控件选板的“下拉列表与枚举”子选板中，而枚举常量包含在函数选板的“数值”子选板中，如图 4.12 所示。

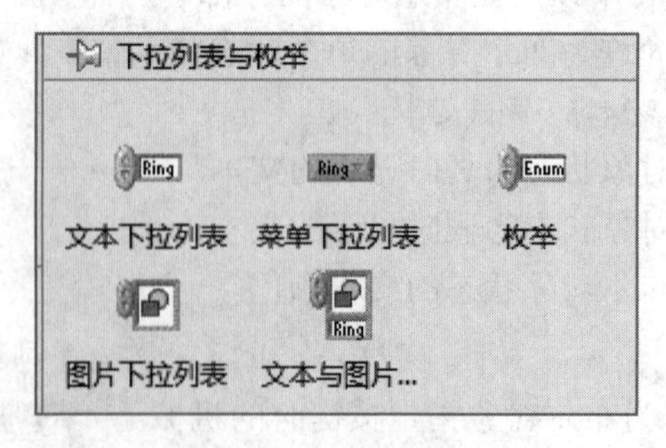

图 4.12　枚举类型控件

枚举类型可以以 8 位、16 位或 32 位无符号整型数据表示，这三种表示方式之间的转换可以通过鼠标右键点击快捷菜单中的属性选项实现，其属性的修改与数值对象基本相同，在此不再赘述。下面主要讲一下如何实现枚举类型，首先在前面板中添加一个枚举类型控件，然后鼠标右键点击该控件，从快捷菜单中选择“编辑项”选项，即可弹出“枚举类的属性”对话框，如图 4.13 所示，在该对话框中通过“插入”按钮可以往枚举控件中添加字符串数据。

图 4.13　“枚举类的属性”对话框

2. 枚举控件信息的获取

怎样获取枚举控件里面的相关信息呢？下面我们通过一个简单的实例来实现。本实例就是从枚举控件中获取用户选择的星期几信息，显示在字符串显示控件中。

步骤一：打开 LabVIEW 2016，新建一个 VI。在前面板添加一个枚举型控件，鼠标右键点击该对象，在弹出的快捷菜单中选择“编辑项”选项，然后往枚举控件中添加星期日到星期六的七个选项信息。继续在前面板添加一个数值显示控件和字符串显示控件，分别用来显示用户选中项的字符串标识(项)和数字标识(值)。

步骤二：打开程序框图，为枚举类型控件创建一个属性节点。鼠标右键点击该对象，在弹出的快捷菜单中，选择【创建】→【属性节点】→【下拉列表文本】→【文本】节点，添加到程序框图中。连接相关对象连线端子，如图 4.14 所示。

图 4.14　枚举类型实例

步骤三：运行程序，查看结果。在工具栏中选择“连续运行”按钮，选择枚举控件中的不同选项，可以在字符串显示控件中看到选中的星期几信息，在数值显示控件中看到该星期几在编辑项的数字标识，如图 4.14 所示。

4.1.4　时间类型

1. 基本功能

时间类型是 LabVIEW 中特有的数据类型，用于输入与输出时间和日期。时间标识控件位于控件选板的“数值”子选板中，时间常数位于函数选板的“定时”子选板中。

鼠标右键点击时间标识控件，在弹出的快捷菜单中选择“显示格式”选项，或者选择“属性”选项，再选择“显示格式”选项卡，在对话框中就可以设置时间和日期的显示格式和显示精度，与数值属性的修改类似。单击时间日期控件旁边的时间与日期选择按钮，可以打开如图 4.15 所示的“设置时间和日期”对话框。

图 4.15　“设置时间和日期”对话框

在时间类型中，有几个比较重要的常用函数介绍如下。

(1) “获取日期/时间(秒)”函数。

该函数的实现功能是返回一个系统当前时间的时间戳。LabVIEW 计算该时间时采用的是自 1904 年 1 月 1 日星期五 0 时 0 分 0 秒起至当前的秒数差，并利用“转换为双精度浮点数”函数将该时间戳的值转为浮点数类型。其调用路径为【编程】→【定时】→【获取日期/时间(秒)】，如图 4.16 所示。

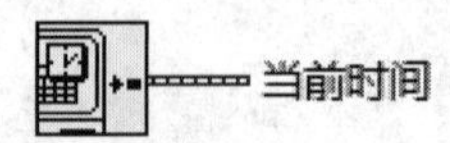

图 4.16　“获取日期/时间(秒)”函数

(2) “格式化日期/时间字符串”函数。

该函数的功能是使用时间格式代码指定格式，并按照该格式将时间标识的值或数值显示出来。如图 4.17 所示，给出了该函数的接线端子。只要在“时间格式字符串(%c)”输入端输入不同的时间格式代码，该函数就会按照指定的显示格式输出不同的日期/时间值；“时间标识”输入端通常连接在“获取日期/时间(秒)”函数上；“UTC 格式”输入端可以输入一个布尔值，当其输入为 True 时，输出为格林尼治标准时间，其默认为 False，输出为本机系统时间。

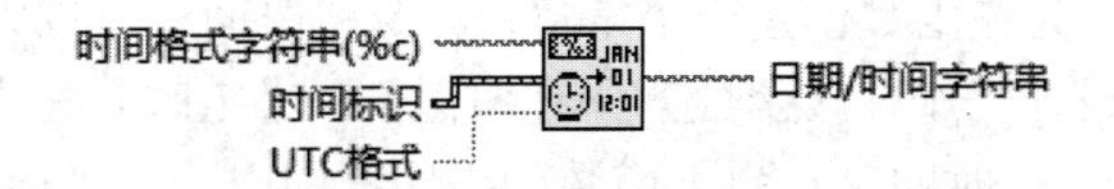

图 4.17　“格式化日期/时间字符串”函数

通过对时间格式字符串的不同输入，可以提取不同的时间标识信息，如输入字符串为“%a”显示星期几，其他的输入格式与对应的显示信息见表 4.3。

表 4.3　时间格式代码列表

输入字符	显示格式	输入字符	显示格式	输入字符	显示格式
%a	星期名缩写	%I	时，12 小时制	%x	系统当前日期
%b	月份名缩写	%m	月份	%X	系统当前时间
%c	本机日期/时间	%M	分钟	%y	两位数年份
%d	日期	%p	am/pm 标识	%Y	四位数年份
%H	时，24 小时制	%S	秒	%<digit>u	小数秒<digit>位精度

(3) “获取日期/时间字符串”函数。

该函数的功能是使时间标识的值或数值转换为计算机配置的时区的日期和时间字符串，其连接端子如图 4.18 所示。“时间标识”输入端通常连接在“获取日期/时间(秒)”函数上也可以不输入信息;“日期格式(O)”用于选择日期字符串的格式，一般有“short”、“long”和“abbreviated”三种；“需要秒？(F)”端子控制时间字符串中是否显示秒数；“日期字符串”是函数依据指定的日期格式返回的字符串；“时间字符串”是依据计算机上配置的时区返回的格式化字符串。

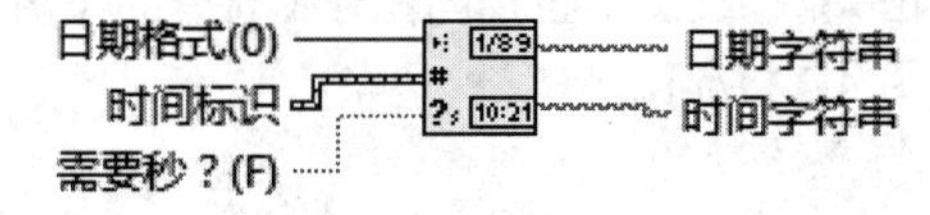

图 4.18　“获取日期/时间字符串”函数

2. 设计实例

下面通过一个获得系统当前时间的实例，将获得的系统当前日期和时间按照指定的格式显示出来，从而为读者提供一个从计算机时钟获取日期和时间的综合运用范例。

步骤一：打开 LabVIEW 2016 工具，创建一个 VI，命名为获得系统当前时间.vi。

步骤二：前面板设计。在控件面板中，选择【新式】→【字符串与路径】→【字符串显示控件】，添加三个字符串显示控件在前面板上，依次作为输出星期、当前日期和当前时间的字符串文本框；选择【新式】→【数值】→【时间标识显示控件】添加在前面板上，作为显示系统当前日期/时间文本框。

步骤三：添加 While 循环。在程序框图中添加一个 While 循环结构，移动光标到“循环条件”端子，点击鼠标右键，从弹出的快捷菜单中执行“创建输入控件”命令，创建一个“停止”按钮节点。

步骤四：添加延时节点。选择【函数】→【编程】→【定时】→【等待(ms)】函数添加到 While 循环体内，为该函数创建一个常量作为延时时间，单位为毫秒。

步骤五：主程序设计。选择【函数】→【编程】→【定时】→【获取日期/时间(秒)】函数和【格式化当前日期/时间字符串】函数到程序框图中，在“格式化当前日期/时间字符串”函数的“格式化时间字符串”端子上，创建字符串常量，分别输入“%a”、“%x”、“%X”等字符。将各函数输出端与相应的函数节点连接起来，如图 4.19 所示。运行程序，查看结果，如图 4.20 所示。

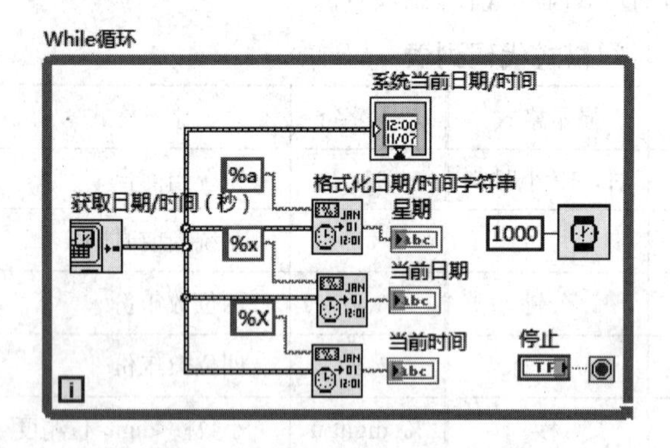

图 4.19　获得系统时间程序框图

图 4.20　获得系统时间效果图

4.1.5　变体类型

变体数据类型和其他的数据类型不同，它不仅能存储控件的名称和数据，而且能携带控件的属性。例如，当要把一个字符串转换为变体数据类型时，它既保存字符串文本，还标识这个文本为字符串类型。LabVIEW 中的任何一种数据类型都可以使用相应的函数来转换为变体数据类型。该数据类型包含在前面板控件选板的“变体与类”子选板中，如图 4.21 所示。该数据类型的相关函数位于程序框图函数选板的【编程】→【簇、类和变体】→【变体】子选板中，如图 4.22 所示。

图 4.21　“变体与类”子选板

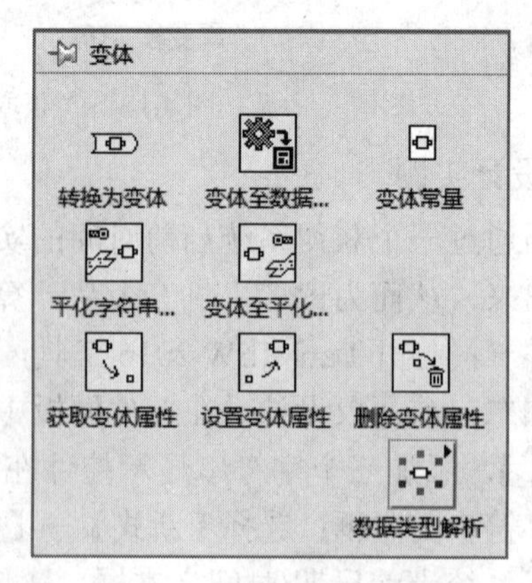

图 4.22　变体函数子选板

变体数据类型主要用在 ActiveX 技术中，以方便不同程序间的数据交互。在 LabVIEW 中可以把任何数据都转换为变体数据类型。

变体函数子面板中各个子函数的主要功能如下：

(1) 转换为变体：将任意 LabVIEW 数据转换为变体数据，也可以用于将 ActiveX 数据转换为变体数据。

(2) 变体至数据转换：将变体数据转换为可为 LabVIEW 所显示或处理的 LabVIEW 数据类型，也可用于将变体数据转换为 ActiveX 数据。

(3) 平化字符串至变体转换：将平化数据转换为变体数据。

(4) 变体至平化字符串转换：将变体数据转换为一个平化的字符串以及一个代表了数据类型的整型数组。ActiveX 变体数据无法平化。

(5) 获取变体属性：根据是否连接了名称参数，从某个变体的所有属性或值中获取名称和值。

(6) 设置变体属性：用于创建或改变变体数据的某个属性或值。

(7) 删除变体属性：删除变体数据中的属性和值。

4.2 数 据 运 算

LabVIEW 提供了丰富的数据运算功能，除了基本的数据运算外，还有许多功能强大的函数节点，并且还支持通过一些简单的文本脚本进行数据运算。它与文本语言的区别在于，在文本语言编程中都具有运算符优先级和结合性的概念，而 LabVIEW 是图形化语言编程，不具有这些概念，运算是按照从左到右沿数据流的方向顺序执行的。

4.2.1 数值函数选板

数值函数选板包含在函数选板的“数值”子选板中，主要实现加、减、乘、除等基本功能。LabVIEW 中的数值函数选板的输入端能够根据输入数据类型的不同自动匹配合适的类型，并且能够自动进行强制数据类型转换。该选板中还有转换节点、数据操作节点、复数节点、缩放节点和数学与科学常量节点等，如图 4.23 所示。

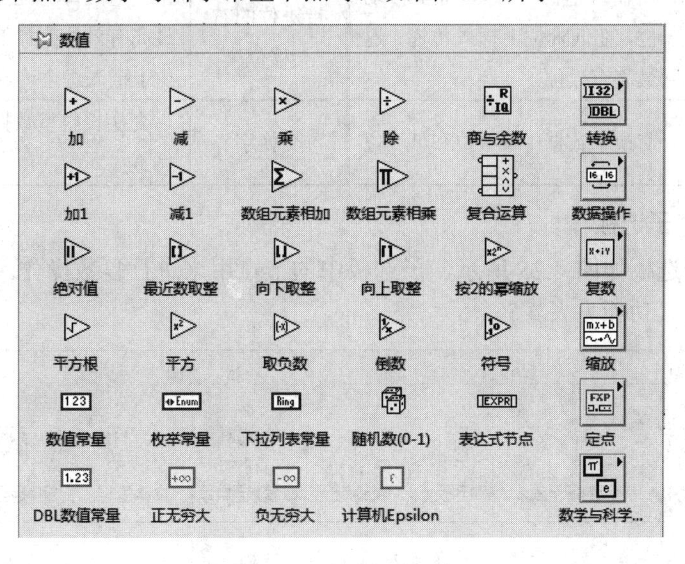

图 4.23　数值函数选板

下面对数值选板中的几种子选板进行简单介绍。

1. “数据操作”子选板

“数据操作”子选板如图 4.24 所示，其中的节点用来改变 LabVIEW 中的数据类型。“数据操作”子选板中的节点名称及其功能见表 4.4。

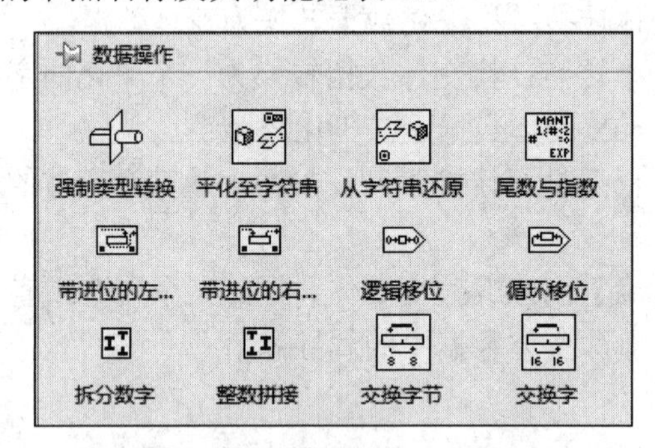

图 4.24 “数据操作”子选板

表 4.4 “数据操作”子选板节点名称及其功能表

节点名称	作用及功能	节点名称	作用及功能
强制类型转换	将输入数据 x 强制转换为指定的数据类型	逻辑移位	将输入数据 x 左移 y 位，如果 y < 0，则右移 −y 位
平化至字符串	将任意输入平化为字符串	循环移位	将输入数据 x 循环移动 y 位
从字符串还原	将平化字符串转换为原数据类型	拆分数字	基于字节或字长拆分数字，拆为高位和低位
尾数及指数	计算输入数据对于 2 的指数幂和尾数	整数拼接	将高位和低位拼接起来，形成一个新的数
带进位的左移位	在输入值的每个位向左移动一位，在低阶位上插入传递，返回最高有效位	带进位的右移位	使值的每一位向右移动一位(从最高有效位到最低有效位)，在高位上插入进位，返回最低有效位
交换字节	交换字数据中高 8 位和低 8 位	交换字	交换长整型数据中高 16 位和低 16 位

2. “复数”子选板

“复数”子选板如图 4.25 所示，子选板中的节点用来进行复数操作。“复数”子选板中的节点名称及其功能见表 4.5。

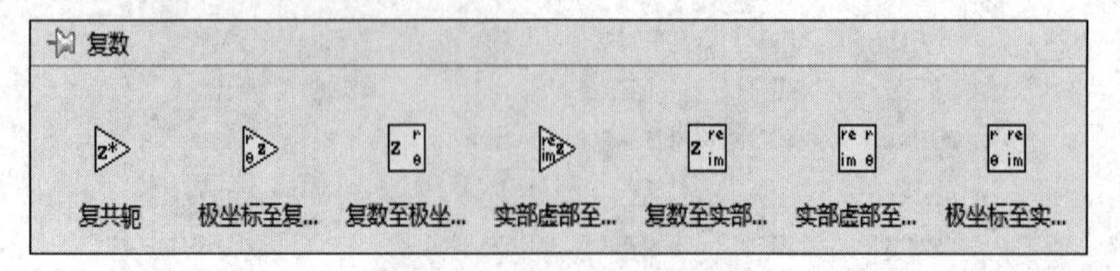

图 4.25 复数子选板

表 4.5　“复数”子选板节点名称及其功能表

节点名称	作用及功能	节点名称	作用及功能
复共轭	输出 x + yi 的复共轭 x − yi	复数至实部虚部转换	提取输入复数 x+yi 的实部 x 和虚部 y
极坐标至复数转换	将极坐标值模 r 和角度 θ 转换为复数	实部虚部至极坐标转换	将实部为 x、虚部为 y 的复数转换为极坐标值
复数至极坐标转换	将复数转换为极坐标值	极坐标至实部虚部转换	将极坐标值模 r 和角度 θ 转换为复数实部 x 和虚部 y
实部虚部至复数转换	输入实部 x 和虚部 y 组成复数 x+yi		

3. “缩放”子选板

“缩放”子选板如图 4.26 所示，子选板中的节点用来将电压读数转换为温度或应变单位等。“缩放”子选板中的节点名称及其功能见表 4.6。

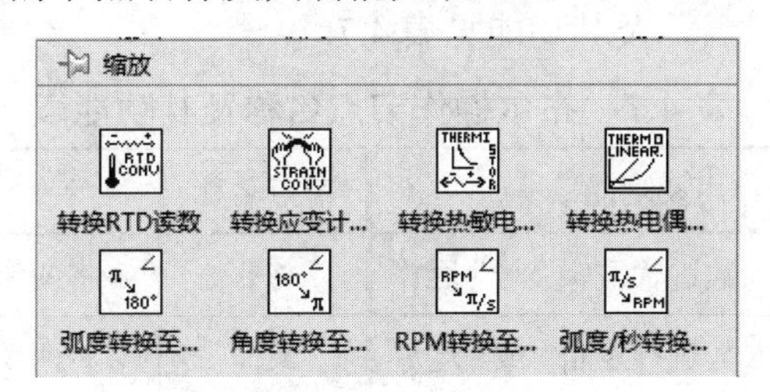

图 4.26　“缩放”子选板

表 4.6　“缩放”子选板节点名称及其功能表

节点名称	作用及功能	节点名称	作用及功能
转换 RTD 读数	将 RTD 读取的电压值转换为摄氏温度值；输出可以是波形或标量	转换应变计读数	将应变计的电压读数转换为应变值；输入可以是波形或标量
转换热敏电压读数	将热敏电压值转换为温度值；输入可以是波形或标量	转换热电偶读数	将热电偶读取的电压值转换为温度值；输入可以是波形、数组或标量
角度转换至弧度	将数据从角度转换为弧度	弧度/秒转换至 RPM	将数据从弧度/秒转换为每分钟转数(RPM)
弧度转换至角度	将数据从弧度转换为角度	RPM 转换至弧度/秒	将数据从每分钟转数(RPM)转换为弧度/秒

4.2.2　布尔函数选板

布尔函数选板包含在函数选板中的“布尔”子选板中。布尔函数选板的输入数据类型可以是布尔型、整型、元素为布尔型或整型的数组和簇，如图 4.27 所示。

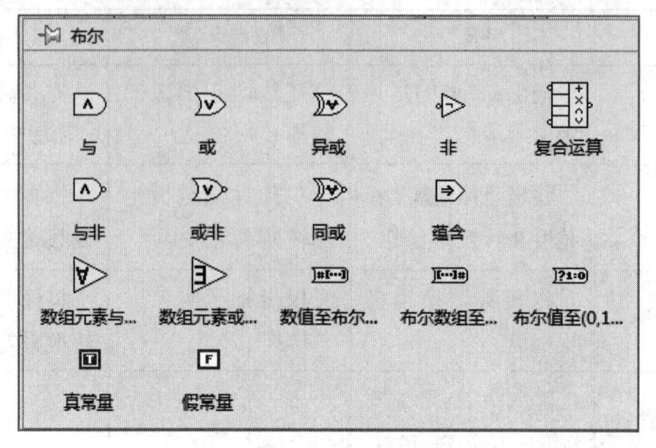

图 4.27　布尔函数选板

输入数据为整型时，在进行布尔运算前，布尔函数选板会自动将整型数据转换成相应的二进制数，然后再逐位进行逻辑运算，得到二进制数运算结果，再将该结果转换成十进制数输出。输入数据为浮点时，布尔函数选板能够自动将它强制转换成整数型后再运算。“布尔”子选板函数节点名称及其功能见表 4.7。

表 4.7　布尔操作节点名称及其功能表

节点名称	作用及功能	节点名称	作用及功能
与	将两个输入数进行逻辑“与”运算	与非	将两个输入数进行“与非”运算
或	将两个输入数进行逻辑“或”运算	或非	将两个输入数进行“或非”运算
异或	将两个输入数进行逻辑“异或”运算	同或	将两个输入数进行“同或”运算
非	将两个输入数进行逻辑“非”运算	蕴含	将一个输入进行“非”操作后的结果与另一个输入进行“或”操作
复合运算	将输入的多个对象进行操作，操作可以选择加、乘、与、或、异或	数组元素与操作	将数组所有元素进行“与”操作；数组元素都为 True 时输出为 True，否则输出为 False
数组元素或操作	将数组所有元素进行“或”操作；数组元素都为 False 时输出为 False，否则输出为 True	数值至布尔数组转换	将十进制数值转换为二进制，再按位转换为布尔型数组
布尔数组至数值转换	将布尔型数组转换为二进制数，再转换为十进制数值	布尔值至(0，1)转换	将布尔型值真、假转换为数值 1、0

4.2.3　比较函数选板

比较函数选板包含在函数选板中的“比较”子选板中，用户使用比较函数选板可以进行数值比较、布尔值比较、字符串比较、数组比较和簇比较。比较函数选板如图 4.28 所示。

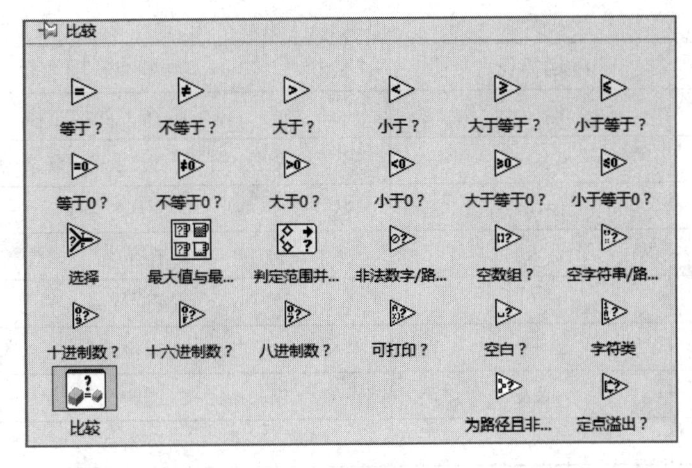

图 4.28　比较函数选板

不同数据类型的数据在进行比较时使用的规则不同，下面简单介绍一些基本规则。

(1) 布尔值比较：实际上就是 0 和 1 两个值的比较。

(2) 数值比较：相同数据类型直接进行比较；数据类型不同时，比较函数选板的输入端能够自动进行强制性数据类型转换，然后再进行比较。

(3) 字符串比较：因为两个字符的比较是按照其 ASCII 的大小来比较的，所以两个字符串的比较是从字符串的第一个字符开始逐个进行比较，直到两个字符不相等为止。

(4) 数组比较和簇比较：与字符串的比较类似，从数组或簇的第一个元素开始比较，直到有不相等的元素为止。进行簇比较时，簇中的元素个数、元素的数据类型及顺序的比较与数组相同。

4.2.4　表达式节点

表达式节点包含在函数选板的“数值”子选板中。使用表达式节点可以计算包含一个变量的数学表达式，该节点允许使用除复数外的任何数值类型。在表达式节点中可以使用的函数有 abs、acos、acosh、asin、asinh、atan、atanh、ceil、cos、cosh、cot、csc、exp、expml、floor、getexp、getman、int、intrz、ln、lnpl、log、log2、max、min、mod、rand、rem、sec、sign、sin、sinc、sinh、sqrt、tan、tanh 等。

在表达式节点可以使用许多运算符，其中有很多是双目和三目运算符，由于表达式节点是单变量输入的节点，所以在双目和三目运算符中除输入变量外只能使用常量。表 4.8 中从上到下的运算符是按优先级由高到低的顺序排列的，同一行中的运算符优先级是一样的。

表 4.8　表达式节点的运算符表

次序	运算符	功 能 说 明
1	**	指数运算
2	+、–、!、~	正、负、逻辑非、按位取反
3	*、/、%	乘、除、求余
4	+、–	加、减

续表

次序	运算符	功 能 说 明
5	>>、<<	算术右移、算术左移
6	>、<、>=、<=	大于、小于、大于等于、小于等于
7	!=、==	不等于、等于
8	&	按位与
9	^	按位异或
10	→	按位或
11	&&	逻辑与
12	→→	逻辑或
13	? :	条件判断运算符

下面我们用一个实例来体验表达式节点的应用。给定任意 x，求表达式 y = x**5 + cos(x)/exp(x)的值。

步骤一：打开 LabVIEW 2016 工具，新建一个 VI。

步骤二：打开前面板，添加一个数值输入控件和一个数值显示控件。

步骤三：在程序框图中添加一个表达式节点，在表达式节点中输入 x**5+cos(x)/exp(x)。连接相关端子连线，如图 4.29 所示。

步骤四：运行程序，查看运行结果，如图 4.30 所示。

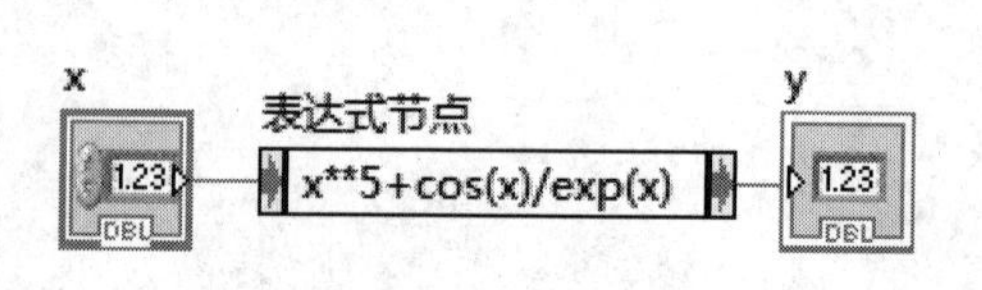

图 4.29　表达式节点实例框图

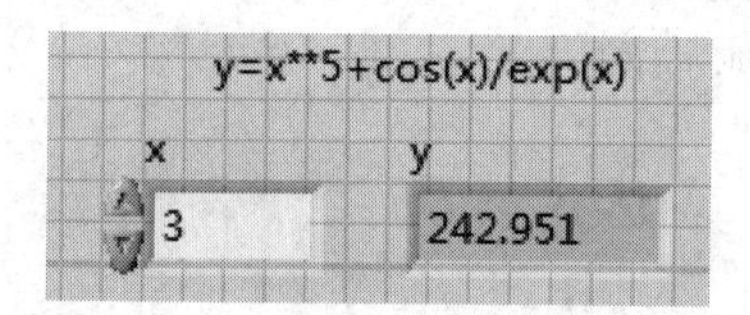

图 4.30　表达式节点实例前面板

4.3 数　组

在程序设计语言中，数组是一种常用的数据类型，是多个相同数据类型的元素，按照一定顺序排列的集合，是一种存储和组织相同类型数据的良好方式。LabVIEW 也不例外，它提供了丰富的数组函数供用户在编程时调用。

数组由元素和维度组成，元素是组成数组的数据，维度是数组的长度、高度或深度。数组可以是一维的，也可以是多维的，每一维可以多达 21 亿个数据。数组中的每一个元素都有其唯一的索引数值，对每个数组成员的访问都是通过索引数值来进行的。索引值从 0 开始，一直到 n－1，n 是数组成员的个数。

4.3.1　创建一维数组

一维数组是最基本的数组，表示一行或一列数据，描绘的是平面上的一条直线，多维数组是在一维数组的基础上创建的。一维数组的创建过程如下：

步骤一：创建数组框架。在前面板窗口“控件”选板中，选择【新式】→【数组、矩阵与簇】→【数组】控件，如图 4.31 所示，将所选控件置于前面板窗口空白处。数组框架由左侧的索引号和右侧的元素区域两部分组成，如图 4.32 所示。通过索引号直接定位到数组的行、列，行、列索引都从 0 开始计算。空的数组框架默认为一维，而且不包含任何元素，需要用户设置维数并添加元素。

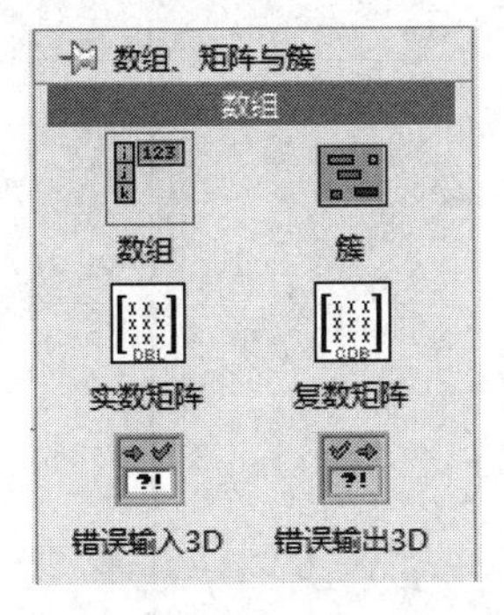

图 4.31　数组控件

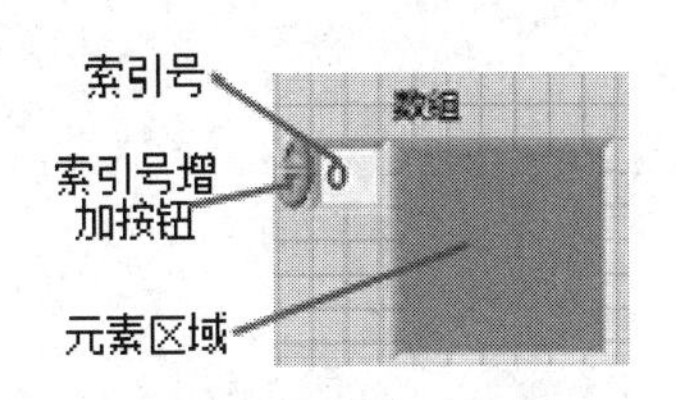

图 4.32　数组框架

步骤二：添加数组元素。数组框架放置完成以后，选择一种简单类型的数据控件置于元素区域内，就形成了具体数据类型的数组。

步骤三：设置数组元素和显示数组元素。数组类型确定以后，为数组元素设置具体的数据值和显示元素。将光标移至元素区域右下角处，当光标变为三角梯形状时，点击并拖动鼠标可以改变数组显示元素的个数，然后设置每一个元素的具体数据。注意，一维数组只能横向或纵向拖动形成一维队列，不能沿对角线拖动，多维数组才可以沿对角线拖动。

一维数组的长度由其中包含的元素个数决定，前面板中灰色元素不包含在数组中。如果需要删除、插入、复制、剪切某一个元素时，可以用鼠标右键点击该元素，在弹出的快捷菜单中选择“数据操作”选项，进入子菜单选择相应的选项就可以了。

4.3.2　创建多维数组

创建多维数组首先要在一维数组基础上修改维数，修改数组维数通常有以下几种方法。

(1) 改变索引框大小来增减维数，这也是最简单、最常用的方法。将光标移至索引号四周，出现改变大小的箭头，点击鼠标拖动箭头改变索引框的大小和索引号的个数。索引号的个数就代表数组的维数，如图 4.33 所示为拖出了两个索引号，成为二维数组，然后再改变元素区域大小显示出二维数组。

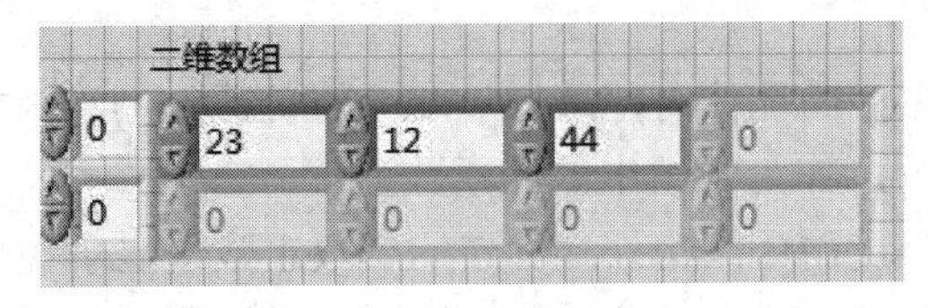

图 4.33　拖动索引号创建二维数组

(2) 通过索引号的右键快捷菜单选项“添加维度”来增加数组的维数，通过“删除维度”选项来减少数组的维数。

(3) 选择数组的右键快捷菜单“属性”选项，在弹出的“数组类的属性”对话框中改变数组的维数，如图 4.34 所示，在对话框“大小”选项卡的“维”数字框中即可设置维数。

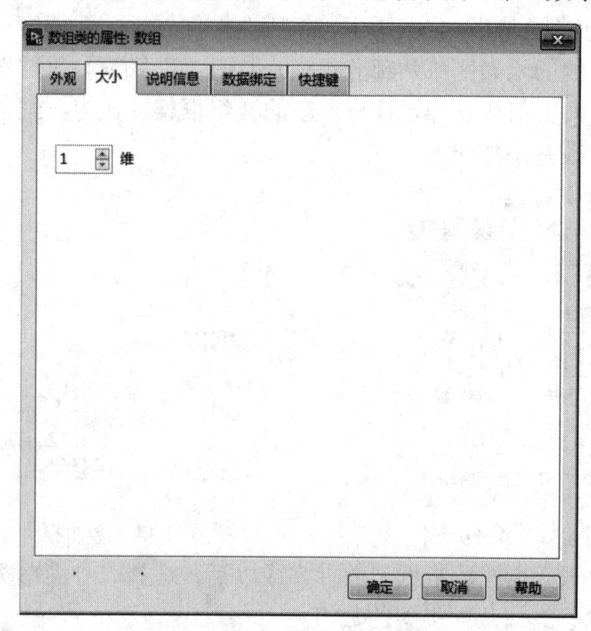

图 4.34　“数组类的属性”对话框

在前面板窗口中，既可以创建输入控件数组，也可以创建显示控件数组。在添加元素时选择添加显示控件即可创建显示控件数组。

在程序框图中可以创建数组常量。在程序框图函数选板中选择【编程】→【数组】→【数组常量】选项，将函数置于程序框图窗口中。数组常量框架类似于前面板数组框架，包括索引号和元素区域。创建数组常量的过程与创建输入控件数组类似，设置显示的元素和增减维数的方法也相同。首先在数组常量框架中添加一个常量元素，然后设置数组元素。

4.3.3　循环结构创建数组

在创建数组过程中可能会重复很多的内容，所以，很多时候利用循环结构来创建数组。下面我们通过生成 100 以内的随机整数创建一个 4 × 4 的二维数组，可按照以下步骤进行。

步骤一：创建一个 VI，在程序框图中添加一个 For 循环结构，设置循环次数为 4，用来创建数组列。

步骤二：在第一个 For 循环结构中，再添加一个 For 循环结构，同样设置循环次数为 4，用来创建数组行。

步骤三：在第二个 For 循环体内，添加一个“随机数(0-1)”函数，将生成的随机数扩大 100 倍后，取整数部分，作为数组中的元素数据。

步骤四：在第一个 For 循环结构外，创建一个数组数值显示控件，将“最近数取整”函数的输出端连接数组的输入端。注意，要使两个 For 循环输出数据端口为启用索引状态，如果不是，可以通过“自动索引隧道”的右键快捷菜单中选择【隧道模式】→【索引】选项即可，如图 4.35 所示。

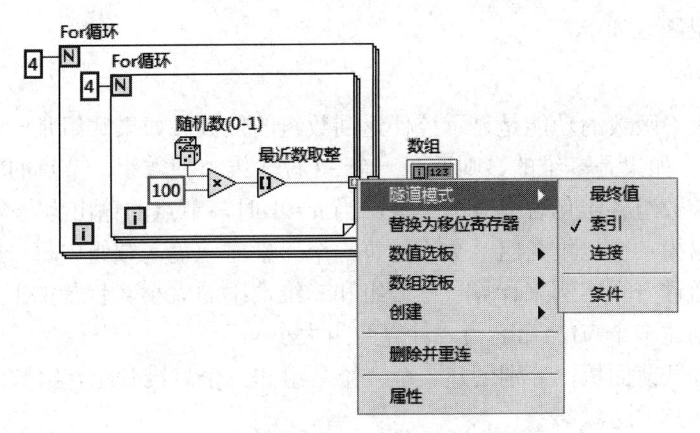

图 4.35　循环结构创建数组框图和自动索引

步骤五：运行程序，在前面板窗口中显示结果，如图 4.36 所示。

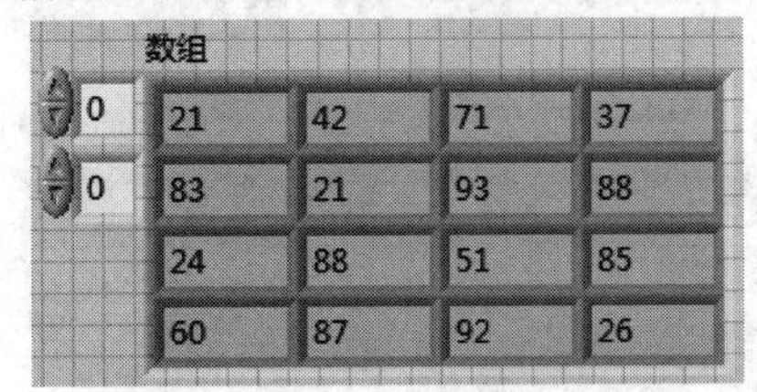

图 4.36　循环创建数组结果

4.3.4　数组函数

数组函数用于对一个数组进行操作，主要包括求数组的长度、替换数组中的元素、取出数组中的元素、对数组排序或初始化数组等运算。LabVIEW 的数组选板中有丰富的数组函数可以实现对数组的各种操作。函数是以功能函数节点的形式来表现的。数组函数选板在“编程”下的“数组”子选板内，如图 4.37 所示。

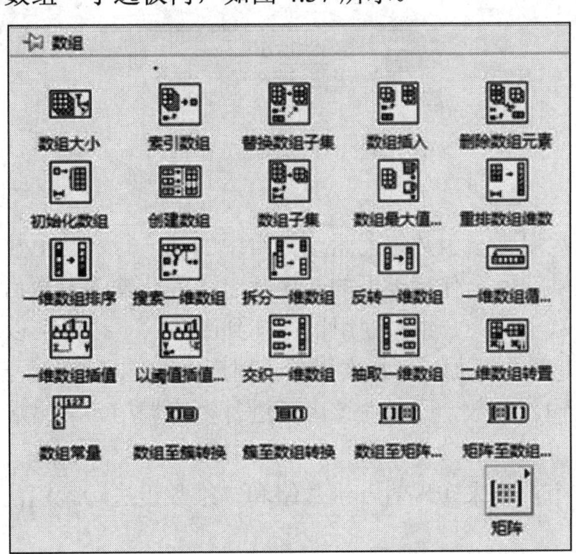

图 4.37　“数组”函数选板

常见的数组函数如下。

1. 数组大小

“数组大小”函数的功能是显示控件返回数组的位数。如果数组是一维的，则返回一个 32 位整数值，如果是多维的，则返回一个 32 位一维整型数组。节点的输入为一个 n 维数组，输出为该数组各维包含元素的个数。当 $n = 1$ 时，节点的输出为一个标量；当 $n > 1$ 时，节点的输出为一个一维数组，数组的每一个元素对应输入数组中每一维的长度。

下面我们通过一个实例来计算一维数组和二维数组的大小，步骤如下：

步骤一：创建一个 VI，命名为“计算数组大小.vi”。

步骤二：打开前面板，分别创建一个一维数组和一个二维数组，给数组元素赋予一些初始值，如图 4.38 所示。

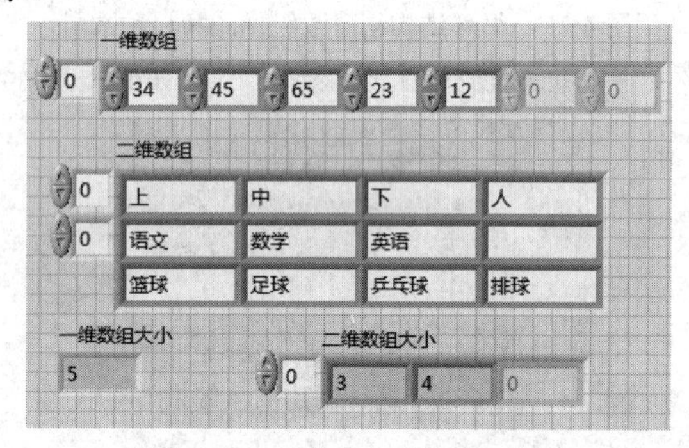

图 4.38　计算数组大小前面板

步骤三：打开程序框图，添加“数组大小”函数，连接相关接线端如图 4.39 所示。

步骤四：运行程序，在前面板窗口中显示结果，如图 4.38 所示。

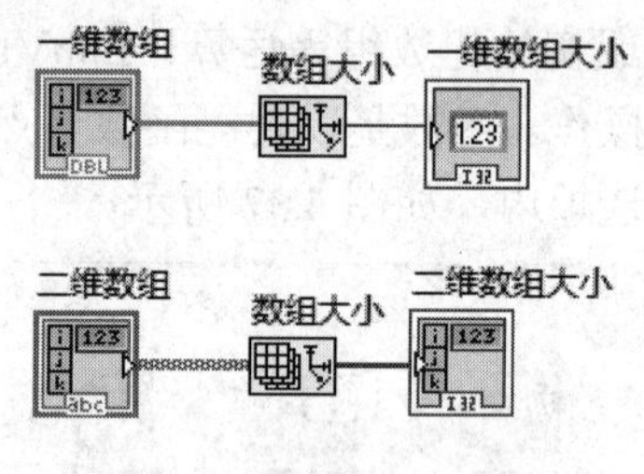

图 4.39　计算数组大小框图

2. 索引数组

“索引数组”函数用来索引数组元素或数组中的某一行，此函数会自动调整大小以匹配连接的输入数组维数。一个任意类型的 n 维数组接入此输入参数后，自动生成 n 个索引端子组，这 n 个索引端子作为一组，使用鼠标拖到函数的下边沿可以增加新的输入索引端子组，这和数组的创建过程相似。每组索引端子对应一个输入端口。建立多组输入端子时，相当于使用同一数组输入参数，同时对该函数进行多次调用。输出端口返回索引值对应的标量或数组。

下面我们通过一个实例来实现对一维数组和二维数组进行索引的结果，程序操作步骤如下。

步骤一：新建一个 VI，命名为“数组索引实例.vi”，并保存。

步骤二：打开前面板，创建一个一维数组和一个二维数组，如图 4.40 所示，为数组元素赋初始值。

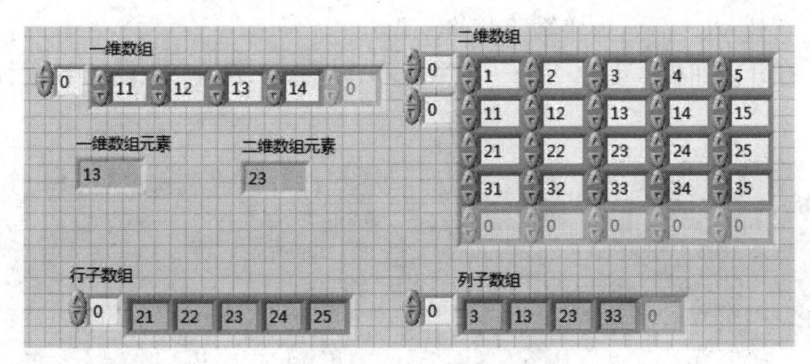

图 4.40　索引数组实例前面板

步骤三：打开程序框图，添加“索引数组”函数，对于一维数组在“索引”端子输入值设为 2 (数组下标)，表示第三个元素，在输出端子点击鼠标右键，在快捷菜单中选择【创建】→【显示控件】创建一个数值显示控件。对于二维数组的“索引数组”函数，拖动函数下边沿添加索引组，在第一个索引组的列端子和行端子都输入 2，表示该二维数组的第三行第三列的元素；在第三个和第四个索引组只对其行端子或列端子输入数据 2，表示第三行所有元素构成的一维数组和第三列所有元素构成的一维数组。同样创建显示控件，如图 4.41 所示。

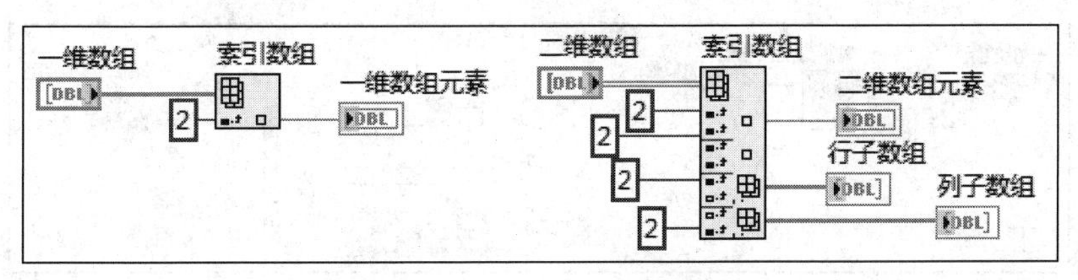

图 4.41　索引数组实例框图

步骤四：运行程序，在前面板窗口中显示结果，如图 4.40 所示。

3. 替换数组子集

“替换数组子集”函数的功能是从索引中指定的位置开始替换数组中的某个元素或子数组，拖动“替换数组子集”函数下边沿可以增加新的替换索引，其接线端子如图 4.42 所示。其中：“n 维数组”是要替换元素、行、列或页的数组，可以输入任意类型的 n 维数组；“索引 0，…，索引 n－1”指定数组中要替换的元素、行、列或页，如未连线该输入端，“新元素/子数组”输入的维数可确定 n 维数组的元素数，从元素 0 开始，函数进行替换；“新元素/子数组”是数组或元素，用于替换由 n 维数组指定的数组中的元素、行、列或页；“输出数组”函数返回的数组已经对元素、行、列或页进行了替换。

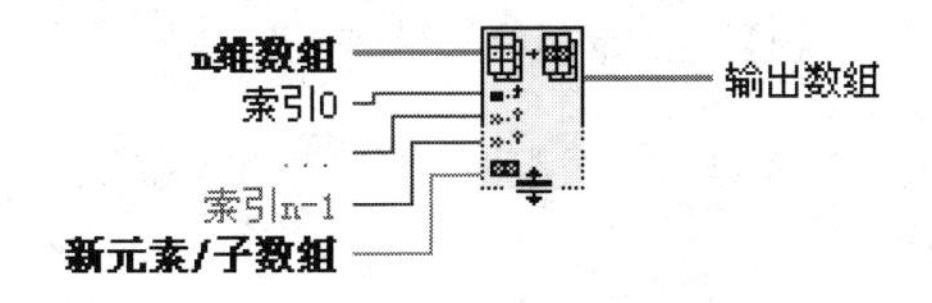

图 4.42　“替换数组子集”函数接线端子

下面我们用一个实例实现一维数组元素的替换和二维数组元素和子数组的替换，程序步骤如下。

步骤一：新建 VI，命名为“数组替换.vi”。

步骤二：打开前面板，创建一个一维数组和一个二维数组，如图 4.43 所示，为数组元素赋初始值。

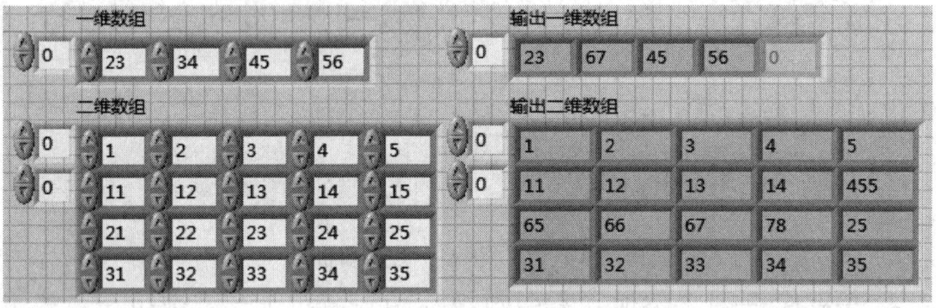

图 4.43　数组替换实例前面板

步骤三：打开程序框图，添加一个“替换数组子集”函数，连接一维数组输出端至 n 维数组输入端，“索引”端子输入常量 1，“新元素”端子输入常量 67，表示把一维数组的第二个元素替换为 67；再添加一个“替换数组子集”函数，连接二维数组输出端至 n 维数组输入端，鼠标拖动“替换数组子集”函数下边沿增加新的替换索引组，对不同索引组的索引行、索引列、新元素/子数组端子输入不同的数据，如图 4.44 所示。

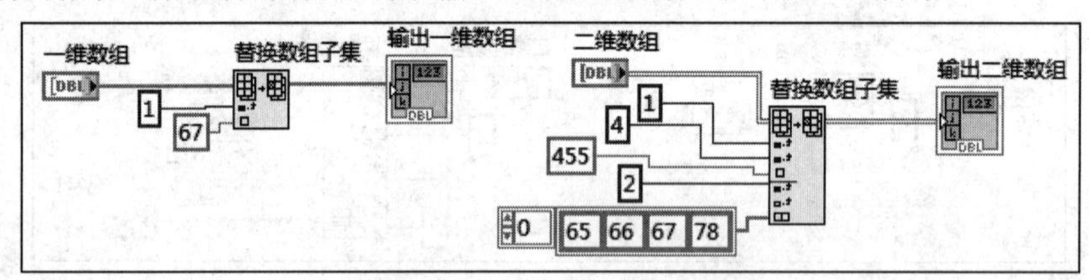

图 4.44　数组替换实例程序框图

步骤四：运行程序，在前面板窗口中显示结果，如图 4.43 所示。

4. 数组插入

“数组插入”函数的功能是向数组中插入新的元素或子数组，其接线端子如图 4.45 所示。“n 维数组”是要插入元素、行、列或页的数组，输入可以是任意类型的 n 维数组；“索引 0，…，索引 n－1”端子指定数组中要插入元素、行、列或页的点；“n 或 n－1 维数组”端子是要插入 n 维数组的元素、行、列或页。其使用与“替换数组子集”函数基本相同，此处不再赘述。

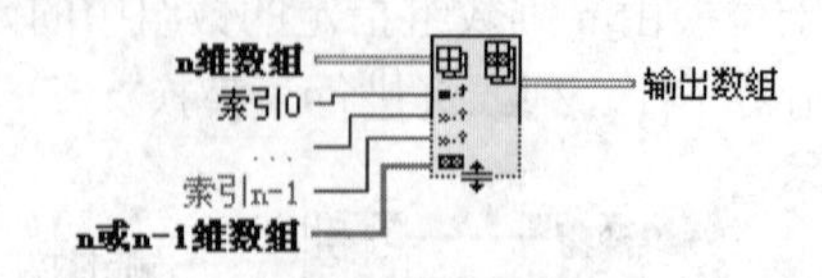

图 4.45　“数组插入”函数接线端子

5. 删除数组元素

“删除数组元素”函数的功能是从数组中删除元素，可删除的元素包括单个元素或子数组。该函数的接线端子如图 4.46 所示，删除元素的位置由索引的值决定，“长度”端子指定要删除元素、行、列或页的数量，“索引”端子指定要删除的行、列或元素的起始位置。对二维及二维以上的数组不能删除某一个元素，只有一维数组允许删除指定元素。其用法与“索引数组”函数基本相同，这里不再赘述。

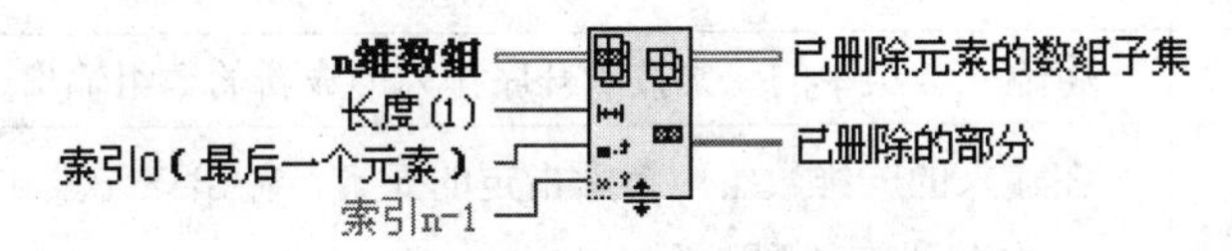

图 4.46　“删除数组元素”函数接线端子

6. 初始化数组

“初始化数组”函数的功能是创建一个新的数组，数组可以是任意长度，每一维的长度由选项“维数大小”所决定，元素的值都与输入的参数相同。初次创建的是一维数组，使用鼠标拖动函数的下边沿，可以增加新的数组元素，从而增加数组的维数。如图 4.47 是一个“初始化数组”函数应用的实例，具体步骤这里就不再赘述，读者根据程序框图自己编写。

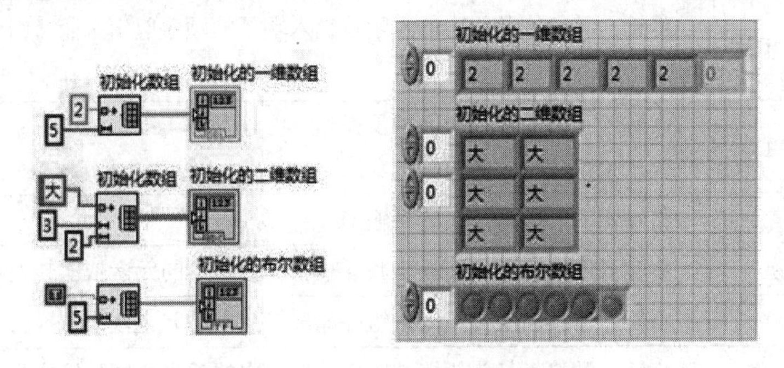

图 4.47　“初始化数组”函数实例

7. 创建数组

“创建数组”函数的功能是把若干个输入数组和元素组合为一个新的数组。函数有两种类型的输入：标量和数组。此函数可以接收数组和单值元素的输入，当此函数首次出现在框图窗口时，自动带一个标量输入。要添加更多的输入，可以在函数左侧弹出菜单选择增加输入，也可以将鼠标放置在对象的一个角上拖动鼠标来增加输入。此函数在合并元素和数组时，按照出现的顺序从顶部到底部合并。如果需要把多个一维数组连接起来，仍然构成新的一维数组，可以鼠标右键点击该对象，在弹出的快捷菜单中选择“连接输入”即可。

其他一些数组函数的功能说明见表 4.9。

表 4.9　其他数组函数功能说明表

数组函数名称	功 能 说 明
数组子集	在输入数组指定的“索引”提取指定“长度”的子数组并输出
数组最大值与最小值	如果输入为一维数组，则输出数组最大值、最小值及其位置(索引号)； 如果输入为多维数组，则输出整个数组中的最大值、最小值和行列位置构成的数组；如果有多个最值，显示序号最小的位置

续表

数组函数名称	功 能 说 明
重排数组维数	将输入数组转换成新的 n 维数组，第 i 维的长度由“维数大小”决定，数组中元素按顺序保留
一维数组排序	将输入数组中的元素按照升序排列形成新的数组输出
搜索一维数组	在输入的一维数组中搜索指定的元素，输出该元素在数组中的位置(索引号)；如果没有找到则输出 –1
拆分一维数组	从指定位置将一维数组分割成两个部分，并输出这两个子数组
反转一维数组	将输入的一维数组前后翻转(数组中元素前后对换)后输出
一维数组循环移位	将输入的一维数组中元素循环后移 n 位并输出；如果 n 为负整数，则循环前移 –n 位
一维数组插值	计算输入的一维数组指定位置处的线性插值并输出
以阈值插值一维数组	在输入的按升序排列的一维数组中找输入插值在数组中的位置
交织一维数组	将输入的一维数组中的元素按输入端子的顺序取出来交替组合成新的数组输出
抽取一维数组	函数“一维数组插值”的反操作，将输入的一维数组中元素逐个按输出端子取出来形成多个数组输出
二维数组转置	将输入的二维数组转置后输出
数组至簇转换	将输入的一维数组转换为簇并输出，数组中的元素依次转换为簇中的元素
簇至数组转换	将输入的簇转换为一维数组并输出，簇中的元素依次转换为数组中的元素
数组至矩阵转换	将输入数组转换为矩阵并输出，数组中的元素按序号转换为矩阵中的元素
矩阵至数组转换	将输入矩阵转换为数组并输出，矩阵中的元素按序号转换为数组中的元素

4.4 字 符 串

字符串是 ASCII 字符的集合，包括可显示的字符(如 abc、123 等)和不可显示的字符(如换行符、制表符等)。字符串提供了一个独立于操作平台的信息和数据格式，LabVIEW 支持操作系统中各种字体，包括中文字体。LabVIEW 中常用的字符串数据结构有字符串、字符串数组等；在前面板中，字符串以文本输入框、标签和表格等形式出现。

4.4.1 字符串与路径

字符串是 LabVIEW 中一种基本的数据类型，LabVIEW 为用户提供了功能强大的字符串控件和字符串运算函数功能。

路径也是一种特殊的字符串，专门用于对文件路径的处理。在前面板点击鼠标右键，打开控件选板，选择【新式】→【字符串与路径】子面板，可以看到有关字符串与路径的所有控件，如图 4.48 所示。

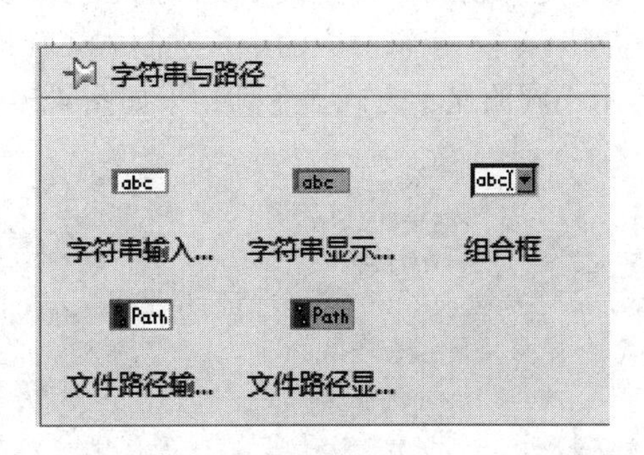

图 4.48　“字符串与路径”子面板

由图可知，“字符串与路径”子选板共有三种对象供用户选择：字符串输入/显示控件、组合框控件和文件路径输入/显示控件。下面对几种控件进行详细介绍。

1. 字符串控件

字符串控件用于输入和显示各种字符串，其属性配置选项卡与“数值”选项卡、“布尔”选项卡相似，读者可以参考前面的介绍，这里就不再赘述。在字符串控件中最常用的是“字符串输入”和“字符串显示”两个控件，如果需要为字符串添加背景颜色可以使用工具选板中的设置颜色工具；如果需要修改字符串控件中文字的大小、颜色、字体等属性，需要先使用工具选板中的编辑文本工具选定字符串控件中的字符串，然后打开前面板工具栏中文本设置工具栏，选择符合用户需求的字体属性。

鼠标右键点击字符串控件弹出的快捷菜单如图 4.49 所示。由图中可知，关于定义字符串的显示方式有四种，每种显示方式及其含义如下。

(1) 正常显示：在这种显示模式下，除了一些不可显示的字符如制表符、声音、Esc 等，字符串控件显示可打印的所有字符。

(2) “\”代码显示：选择这种显示模式，字符串控件除了显示普通字符以外，用“\”形式还可以显示一些特殊控制字符，表 4.10 列出了一些常见的转义字符。

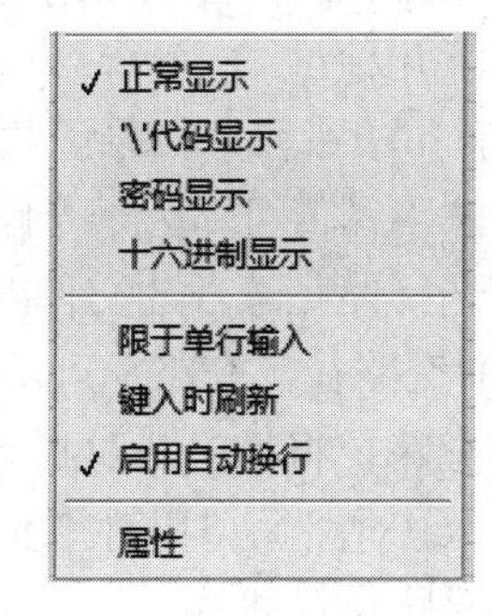

图 4.49　字符串右键部分快捷菜单

表 4.10　“\”代码转义字符列表

字符	ASCII 码值	控制字符	功能含义
\n	10	LF	换行
\b	8	BS	退格
\f	12	FF	换页
\s	20	DC4	空格
\r	13	CR	回车
\t	9	HT	制表位
\\	39		反斜杠\

(3) 密码显示：主要用于输入密码，该模式下键入的字符均以“*”显示。

(4) 十六进制显示：将显示输入字符对应的十六进制 ASCII 码值。

同一个字符串内容，用不同的显示方式显示其结果如图 4.50 所示。

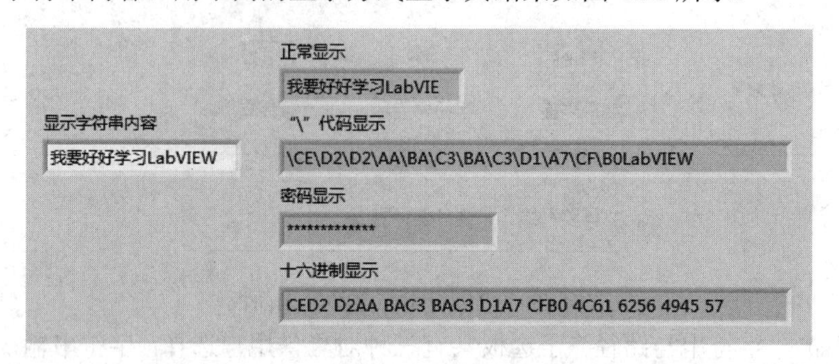

图 4.50　同一字符串不同显示方式

注意：在 LabVIEW 中，如果反斜杠后接的是大写字符，并且是一个合法的十六进制整数，则把它理解为一个十六进制的 ASCII 码值；如果反斜杠后接的是小写字符，而且是表中的一个命令字符，则把它理解为一个控制字符；如果反斜杠后接的既不是合法的十六进制整数，也不是表中的任何一个命令字符，则忽略反斜杠。

2. 路径控件

路径控件用于输入或返回文件或目录的地址。路径控件与字符串控件的工作原理相似，但 LabVIEW 会根据用户使用操作平台的标准句法将路径按一定格式处理。路径通常分为以下几种：

(1) 非法路径。如果函数未成功返回路径，该函数将在显示控件中返回一个非法路径值，非法路径值可作为一个路径控件的默认值来检测用户何时未提供有效路径，并显示一个带有选择路径选项的文件对话框。

(2) 空路径。空路径可用于提示用户指定一个路径，将一个空路径与文件 I/O 函数相连时，空路径将指向映射到计算机的驱动器列表。

(3) 绝对路径和相对路径。相对路径是文件或目录在文件系统中相对于任意位置的地址；绝对路径描述从文件系统根目录开始的文件或目录地址。使用相对路径可避免在另一台计算机上创建应用程序或运行 VI 时重新指定路径。

3. 组合框控件

组合框控件可用来创建一个字符串列表，在前面板上可按次序循环浏览列表。组合框控件类似于文本型或菜单型下拉列表控件，但是，组合框控件是字符串型数据，而下拉列表控件是数值型数据。

编辑组合框控件内容需要鼠标右键点击“组合框”控件，在弹出的快捷菜单中选择“编辑项…”选项，进入字符串编辑对话框；或者选择“属性”选项，在弹出的“组合框属性”对话框中选择“编辑项”选项卡，如图 4.51 所示。勾选复选框“值与项值匹配”表示值与项内容一致，项确定以后不能修改值。选择右侧“插入”按钮添加项，选择“删除”按钮删除选中的项，选择“上移”或“下移”按钮用来上移或下移选中项在控件中显示的位置；勾选复选框“允许在运行时有未定义值”表示可以有没有赋值的空项存在。

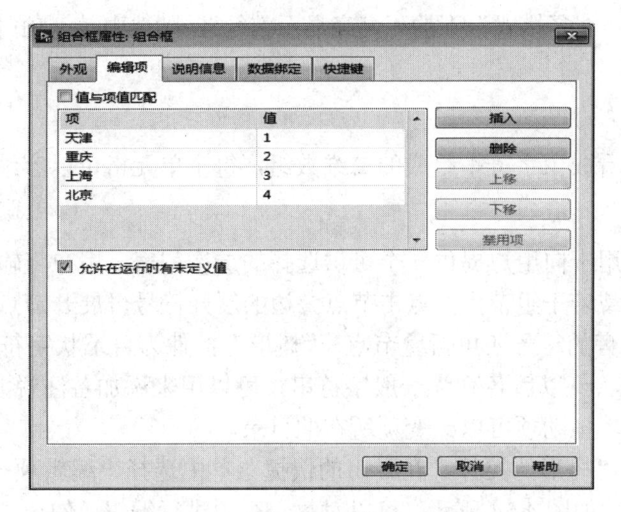

图 4.51　“组合框属性”对话框

获取组合框控件的字符串内容，需要通过组合框控件的文本属性节点来获取。创建组合框控件的文本属性节点的方法是在程序框图中，鼠标右键点击“组合框”对象，在弹出的快捷菜单中选择【创建】→【属性节点】→【文本】→【文本节点】，然后再创建一个显示控件即可。其函数代码和运行效果如图 4.52 所示。

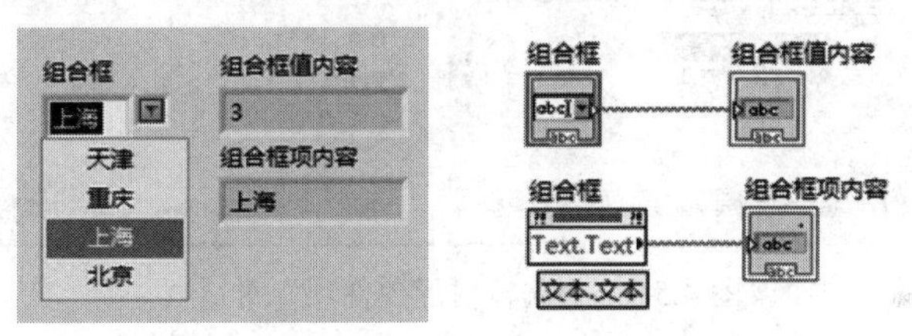

图 4.52　组合框实例

4.4.2　字符串数组控件

字符串数组控件可以向用户提供一个可供选择的字符串项列表。字符串数组控件位于控件面板的【新式】→【列表、表格和树】子选板中，如图 4.53 所示。字符串数组控件包括列表框、多列列表框、表格和树形等，这几个控件的具体应用将在用户界面设计章节详细讲解。

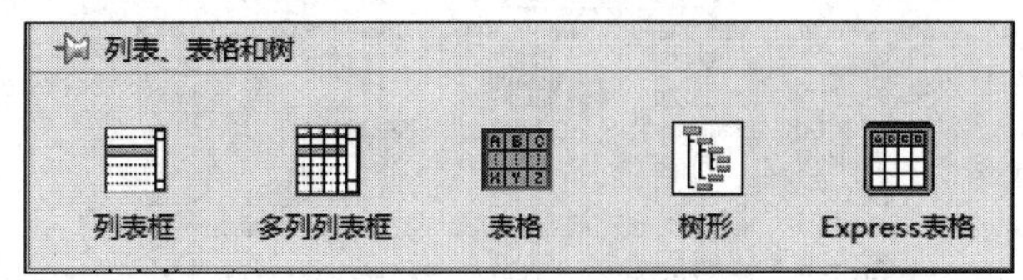

图 4.53　字符串数组控件面板

1. 列表框

“列表框”控件可配置为单选或多选，“多列列表框”可显示更多项信息。在运行时向“列表框”键入字符，LabVIEW 将在“列表框”中选择以键入字符开头的第一项。按左右箭头键可选择与键入字符相匹配的上一项或下一项。鼠标右键点击“列表框”并从弹出的快捷菜单中选择“选择模式”下的“高亮显示整行”，则选中某一项时，整行内容将以高亮显示。

2. 表格

“表格”可以看成由字符串组成的二维数组，每个单元格可以容纳一个字符串。

3. 树形

“树形”控件用于向用户提供一个可供选择的层次列表。用户将输入“树形”控件的项组织为若干组项或若干组节点，点击节点旁边的展开符号可展开节点，显示该节点中的所有项；点击节点旁的符号还可折叠节点。“树形”控件为目录状字符串，其第一列字符串可形成树形目录状，以后各列为一般字符串，可以用来添加备注说明等；“树形”控件的每一行是一个项，拖动项可以改变项所在的目录。

鼠标右键点击“树形”控件，在弹出的快捷菜单中选择“编辑项…”，弹出“编辑树形控件项”对话框，如图 4.54 所示，可以对每一行项进行编辑。勾选“仅作为子项？”复选框时表示该项只能作为子项，不能包含任何下层项了；勾选“禁用？”复选框后项呈现灰色，表示该项被禁用。

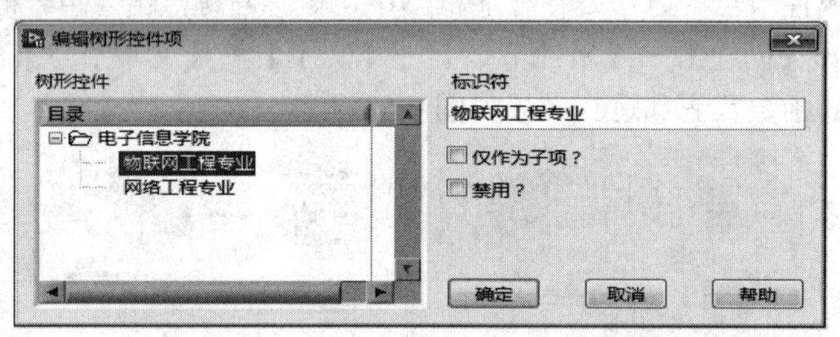

图 4.54　“编辑树形控件项”对话框

4.4.3　字符串函数

LabVIEW 提供了用于对字符串进行操作的内置 VI 和函数，可对字符串进行格式化、解析字符串等编辑操作。字符串操作函数位于程序框图函数选板的【编程】→【字符串】子选板中，如图 4.55 所示。

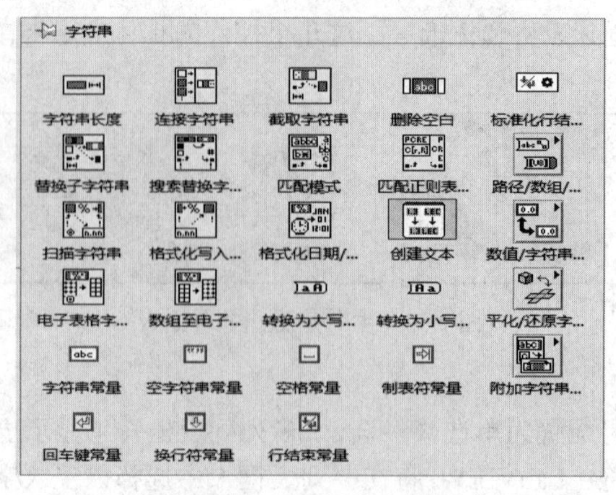

图 4.55　“字符串”子选板

下面对一些常用的字符串函数的使用方法进行详细的介绍。

1. 字符串长度

“字符串长度”函数的功能是用于返回字符串、数组字符串、簇字符串等所包含的字符个数。图 4.56 所示为一个返回字符串和数组字符串的长度。“字符串长度”函数有时作为其他函数如 For 循环的输入条件使用。

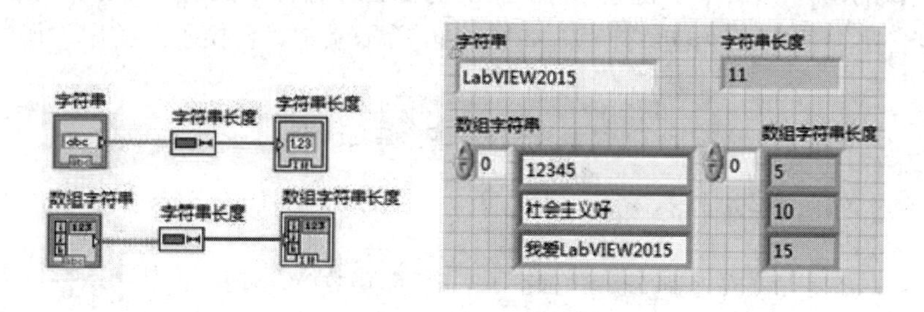

图 4.56　“字符串长度”函数使用

2. 连接字符串

“连接字符串”函数的功能是将两个或多个字符串连接成一个新的字符串，拖动“连接字符串”函数下边框可以增加或减少字符串输入端个数。如果连接字符串中需要换行，则可以在函数的输入端两个需要换行的字符串中间添加一个端口接入回车键常量、换行符常量或者行结束常量，如图 4.57 所示。

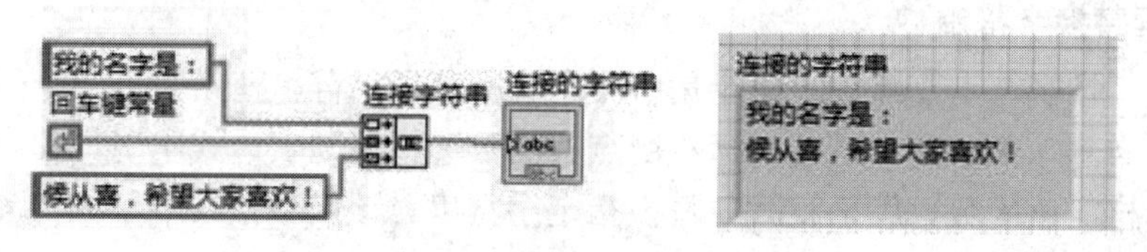

图 4.57　“连接字符串”函数使用

3. 截取字符串

“截取字符串”函数的功能是返回输入字符串的子字符串，从偏移量位置开始，第一个为 0，输出由长度端子输入数据个数的字符。如图 4.58 所示就是“截取字符串”函数和“连接字符串”函数的结合使用。

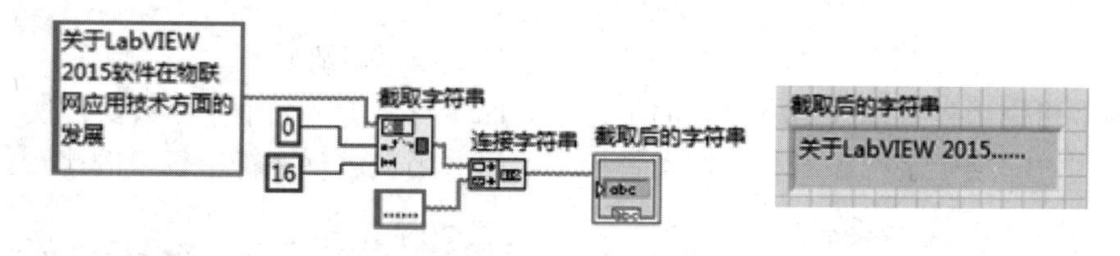

图 4.58　“截取字符串”函数和“连接字符串”函数的使用

4. 替换子字符串

“替换子字符串”函数的功能是插入或替换子字符串，偏移量在字符串中指定，可以显示被替换的子字符串。该函数从偏移量位置开始在字符串中删除长度端子输入个数的字符，并使删除的部分替换为子字符串。如长度为 0，“替换子字符串“函数在偏移量位置插入子字符串；如字符串为空，该函数在偏移量位置删除“长度”端子输入个数的字符。该函数的接线端子如图 4.59 所示，其中“字符串”端子输入的是要替换字符的字符串；“子字符串”端子输入包含用于替换字符串中位于偏移量处的“长度”端子输入个数的字符的子字符串；“偏移量”端子输入确定输入字符串中开始替换子字符串的位置；“长度”端子确定字符串中替换子字符串的字符数，如子字符串为空，则删除从偏移量开始的“长度”端子输入个数的字符；“结果字符串”端子输出包含已经进行替换的字符串；“替换子字符串”端子输出包含字符串中替换的字符串。如图 4.60 所示就是“替换子字符串”函数的使用。

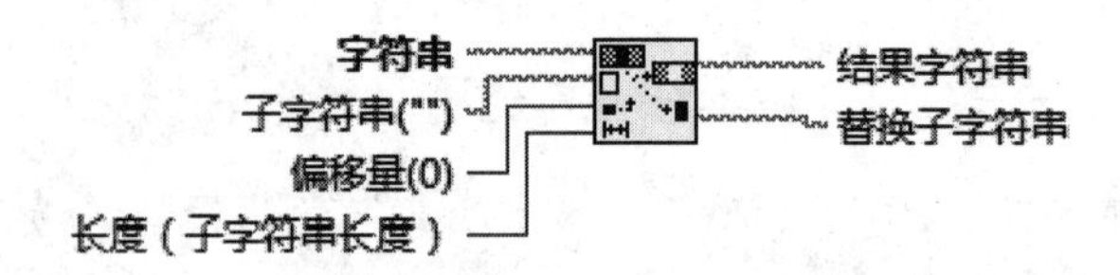

图 4.59　“替换子字符串”函数接线端子

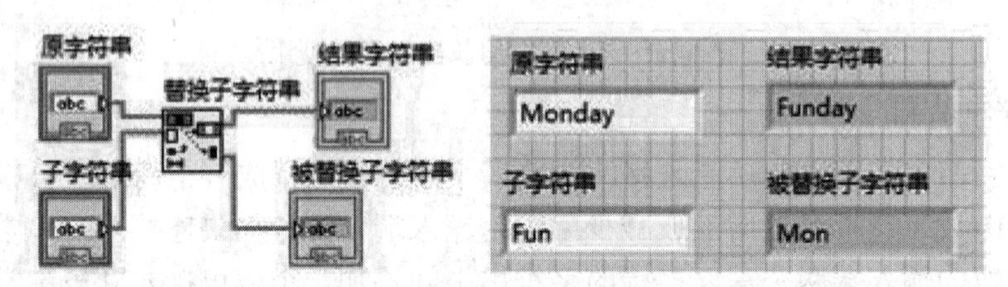

图 4.60　“替换子字符串”函数的应用

5. 搜索替换字符串

“搜索替换字符串”函数的功能是将一个或所有子字符串替换为另一个子字符串。如需包括多行布尔输入，则可通过鼠标右键点击函数选择正则表达式实现。和“替换子字符串”函数一样，该函数也用于查找并替换指定字符串。该函数接线端子如图 4.61 所示。

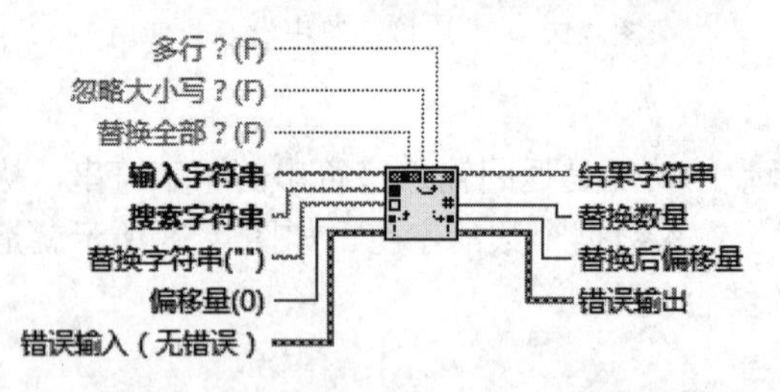

图 4.61　“搜索替换字符串”函数接线端子

该函数可用于多处修改错误拼写的字符串，比“替换子字符串”函数要方便。图 4.62 所示为使用“替换子字符串”和“搜索替换字符串”函数进行字符串替换的比较。

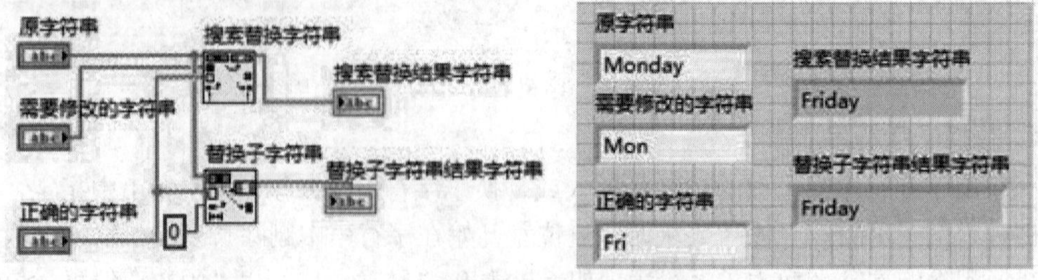

图 4.62　两种替换子字符串方法的比较

6. 格式化写入字符串

“格式化写入字符串”函数的功能是将字符串、数值、路径或布尔量按指定格式转换成字符串，添加至初始字符串后输出，该函数的接线端子如图 4.63 所示。“格式字符串”端子指定函数转换输入参数为结果字符串的方法，默认状态可匹配输入参数的数据类型，时间标识只能按照时间格式，否则返回错误，鼠标右键点击函数，在快捷菜单中选择“编辑格式字符串”，可编辑格式字符串，通过特殊转义代码，可插入不可显示的字符、反斜杠和百分号。“初始字符串”端子指定可通过扩展参数组成结果字符串的基本字符串。“输入 1，…，输入 n”端子指定要转换的输入参数，该参数可以是字符串、路径、枚举型、时间标识、布尔或任意数值数据类型，对于复数数据类型，该函数只转换实部。该函数不能用于数组和簇。

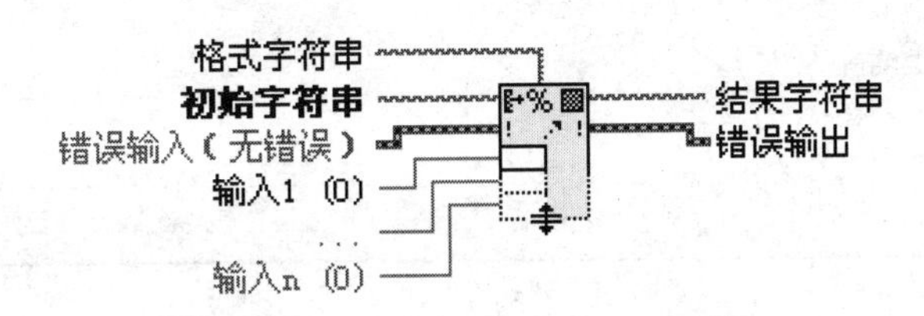

图 4.63　“格式化写入字符串”函数接线端子

下面我们通过一个将数值型数据转换成字符串并与其他字符串组合在一起输出的实例，来熟悉掌握“格式化写入字符串”函数的应用。步骤如下：

步骤一：创建前面板控件。在前面板中，添加一个字符串输入控件“初始字符串”，添加两个数值输入控件“甲数”和“乙数”；添加将“初始字符串”和数值相加的结果组合成字符串输出的字符串显示控件“结果字符串”，并添加计算字符串长度的“字符串长度”显示控件，如图 4.64 所示。

步骤二：创建程序框图函数节点。在程序框图中，采用字符串操作函数“格式化写入字符串”，将函数的“初始字符串”接线端与字符串输入控件接线端相连，函数的输入接线端分别连接控件“甲数”接线端、字符串“+”、“乙数”接线端、字符串“=”和数值相加的结果。将函数“格式化写入字符串”的输出端和字符串显示控件“结果字符串”接线端相连；添加函数“字符串长度”，将函数输出端和数值显示控件“字符串长度”的接线端相连，如图 4.65 所示。

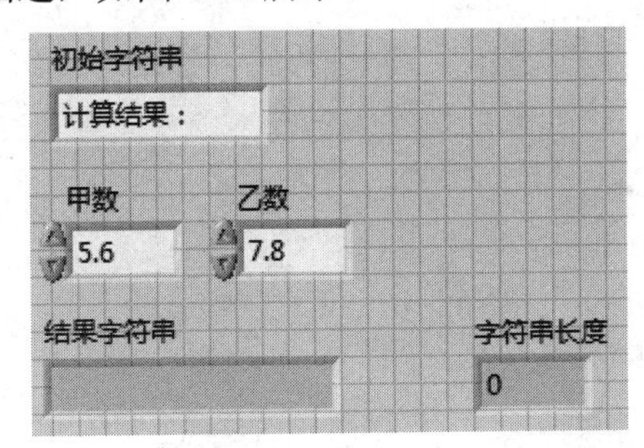

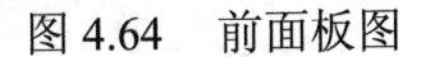

图 4.64　前面板图

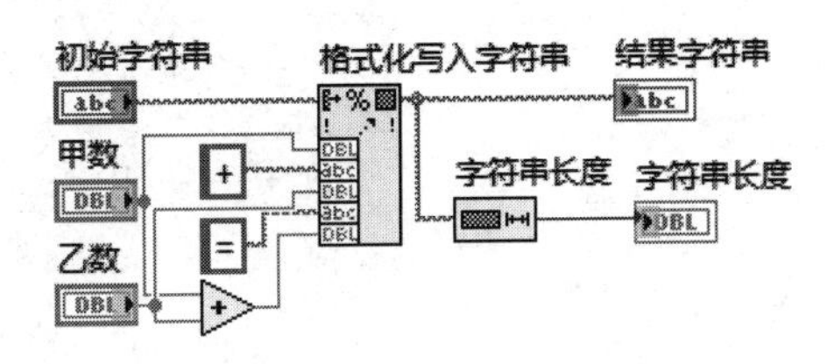

图 4.65　程序框图

步骤三：设置函数输入格式。鼠标右键点击函数“格式化写入字符串”，在弹出的快捷菜单中选择“编辑格式字符串”，弹出对话框，如图 4.66 所示。在“编辑格式字符串”

对话框中的“当前格式顺序”栏中依次为五个输入；“已选操作(范例)”栏为选中格式对应的操作，“选项”栏为操作选项，选择“右侧调整”和“用空格填充”，小数点最大位数为2；“对应的格式字符串”栏显示已经选择的格式所对应的代码。

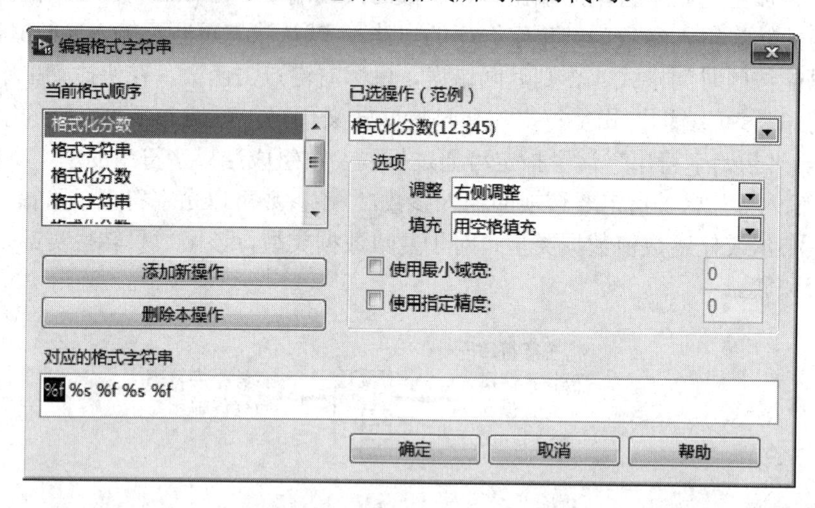

图 4.66　“编辑格式字符串”对话框

如果了解格式字符串代码，可以直接修改代码来编辑格式。格式字符串代码及其含义见表 4.11。

表 4.11　格式字符串代码及其含义表

代　码	含　义	代　码	含　义
%g	自动选择格式	%x	十六进制数
%f	十进制浮点数	%o	八进制数
%e	科学计数法	%b	二进制数
%d	十进制整数	%s	字符串

步骤四：运行程序，前面板的结果如图 4.67 所示。

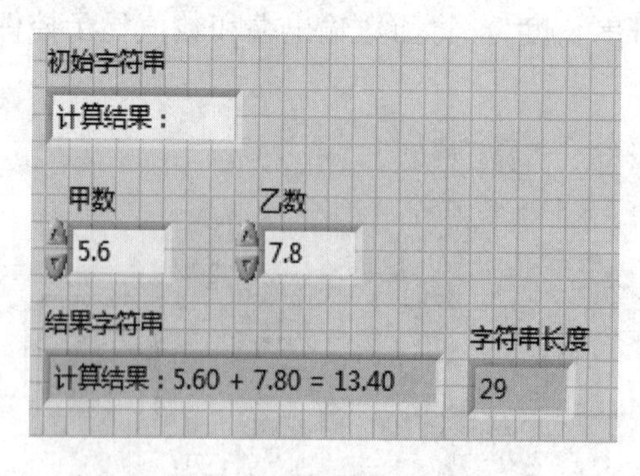

图 4.67　前面板结果图

7. 其他字符串函数

其他一些字符串函数的功能说明见表 4.12。

表 4.12　其他字符串函数功能说明表

函 数 名 称	功 能 说 明
匹配模式	从指定偏移量开始搜索字符串，以此字符串头尾为限将原字符串分割成三个字符串输出
匹配正则表达式	从指定偏移量开始搜索字符串，以此字符串头尾为限将原字符串分割成三个字符串输出，比匹配模式搜索范围更广但速度慢
格式化日期/时间字符串	按指定格式输出系统时间字符串
扫描字符串	在输入字符串搜索指定格式，输出指定格式的偏移位置，根据此位置将输入字符串分割成前后两个子字符串输出
电子表格字符串至数组转换	将电子数据表类型的字符串转换成数组类型输出
数组至电子表格字符串转换	将数组转换成电子数据表类型的字符串输出
删除空白	删除字符串两端的空白；“位置(两端)”为 0 表示删除输入字符串两端的空白；为 1 表示删除字符串首端的空白；为 2 表示删除输入字符串末端的空白
转换为大写字母	将输入字符串中所有字母都转换成大写形式
转换为小写字母	将输入字符串中所有字母都转换成小写形式

8. Express VI

1) 功能介绍

字符串操作函数子选板中还包含一个 Express VI 即“创建文本”，对文本和参数化输入进行组合，创建输出字符串；如果输入的不是字符串，该 Express VI 将根据配置把输入转化为字符串，其图标和接线端如图 4.68 所示。新建的“创建文本”Express VI 包含输入接线端“起始文本”，用来预置一段输入文本，作为该 Express VI 输出结果的起始段；输出接线端“结果”返回基于 Express VI 配置的结果数据。在该 Express VI 使用过程中，除了“起始文本”这一输入接线端以外，还可以通过添加参数来添加输入文本。

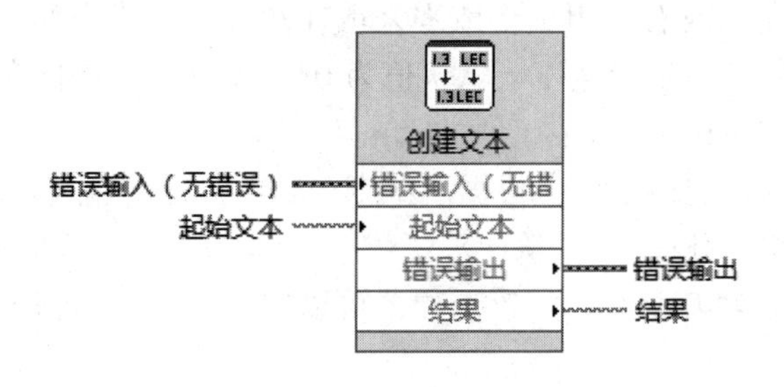

图 4.68　“创建文本”图标和接线端

在添加该 Express VI 时会自动出现配置框，选择右键快捷菜单选项“属性”也可打开配置框，如图 4.69 所示。

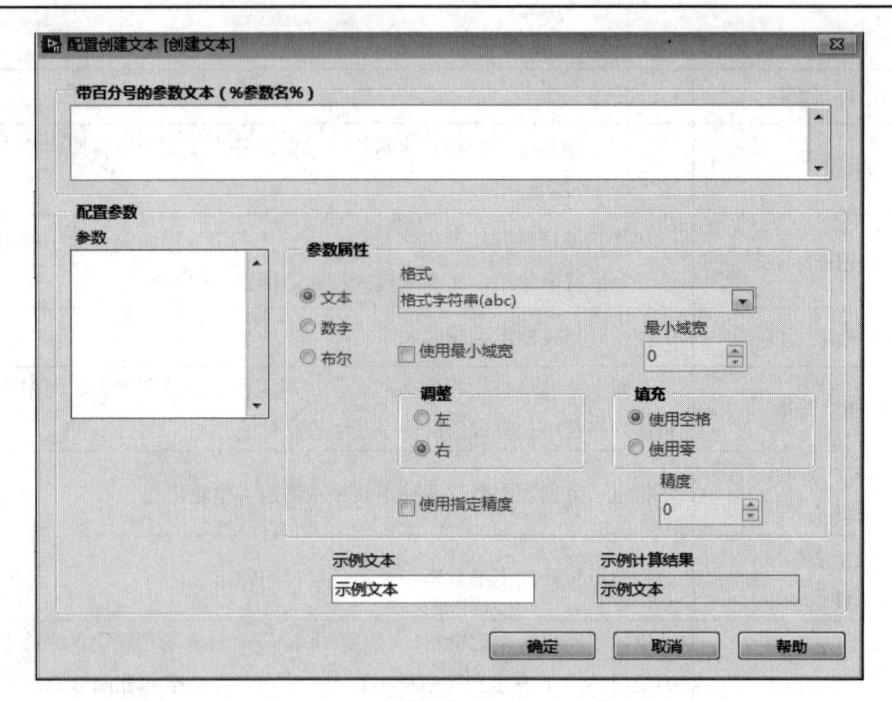

图 4.69　“配置创建文本”对话框

2) “配置创建文本”对话框包括如下选项：

(1) 带百分号的参数文本(%参数名%)。

用来指定需要创建的文本，可通过在两个百分号符号之间添加文本来定义，每个参数仅可在创建的文本中使用一次。

(2) 配置参数。

包括“参数”、“参数属性”、“示例文本”和“示例计算结果”。

“参数”列举在“带百分号的参数文本(%参数名%)”中定义的所有变量。

“参数属性”指定选中参数对应的属性，选中单选框“文本”、“数字”、“布尔”表示分别将参数格式化为文本字符串、数值、布尔值，“格式”根据参数的数据类型为其提供格式化选项，各种格式的范例会在格式名称后的括号中显示。

勾选复选框“使用最小域宽”表示如果数据实际位数小于用户指定的最小域宽，将在文本、数字或布尔的左端或右端用空格或零来填补额外的字段空间；“最小域宽”用来指定文本、数字或布尔的最小字段宽度，默认值为 0；“调整”可以向左侧或右侧调整参数；“填充”是以空格或零填充数字。

勾选复选框“使用指定精度”会根据“精度”框中指定的精度将数字格式化，只有选择格式下拉菜单的“格式化分数/科学计数法数字(12345)”、“格式化分数(12345)”或“格式化科学计数法数字(1.234E1)”时，该选项才可以用；“精度”可修改表中数值的精度，默认值为 0。

“示例文本”根据参数属性中设置的选项，示范文本配置结果。

“示例计算结果”根据参数属性的选项，显示在示例文本、示例数或示例布尔输入的值。

3) 实例

下面我们通过将字符串控件“X”、“Y”与其值用“创建文本” Express VI 组合起来的实例，让我们更深层次地认识“创建文本”函数的应用。操作步骤如下：

步骤一：创建前面板控件。在前面板中，添加一个字符串输入控件“起始文本”，添加两个字符串输入控件“X”和“Y”，添加两个数值输入控件“xValue”和“yValue”；添加一个将输出所有字符串和数值组合起来的结果的字符串显示控件“结果”，如图 4.70 所示。

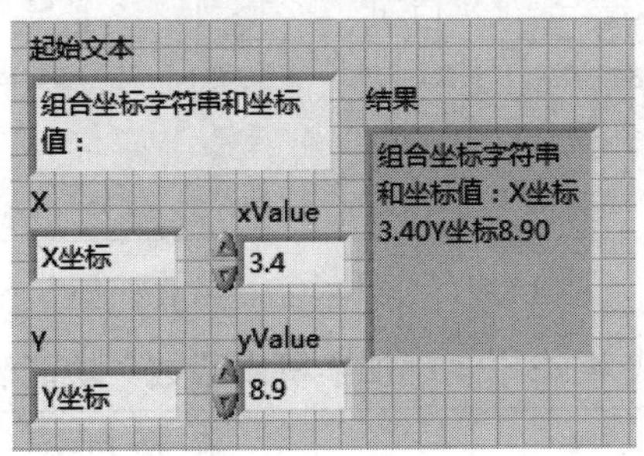

图 4.70　前面板图

步骤二：创建程序框图函数节点。在程序框图中，添加字符串操作函数“创建文本”，将函数的“起始文本”接线端与字符串起始文本输入控件接线端相连，将函数的“结果”接线端与字符串结果输入控件接线端相连。

步骤三：配置创建文本属性对话框。鼠标右键点击函数创建文本，在弹出的快捷菜单中选择属性选项，弹出“配置创建文本”对话框如图 4.71 所示。在“带百分号的参数文本”中设置需要输出的字符串，使用字符串“%参数名%”的格式添加输入参数；添加后，参数会自动添加到下方的“参数”项中；选中参数，可在右侧“参数属性”项中设置变量的格式，本例设置“X”和“Y”为“文本”类型，设置“xValue”和“yValue”为“数字”类型，“格式”为“格式化分数”，“精度”设为 2；如图 4.72 连接相关节点连线端。

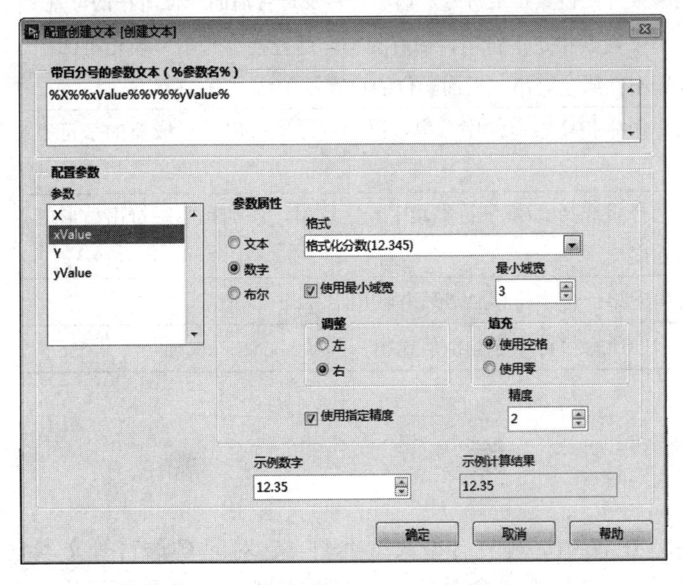

图 4.71　“配置创建文本”对话框

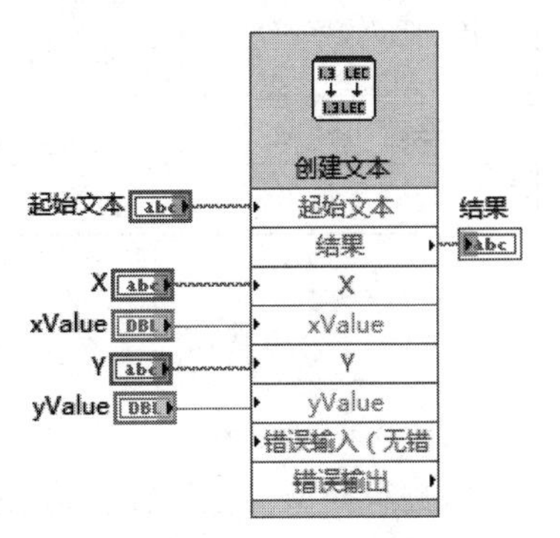

图 4.72　程序框图

步骤四：运行程序，前面板的结果如图 4.70 所示。

此外，字符串选板中还有“附加字符串函数”子选板，如图 4.73 所示。该子选板提供的字符串操作函数功能见表 4.13。

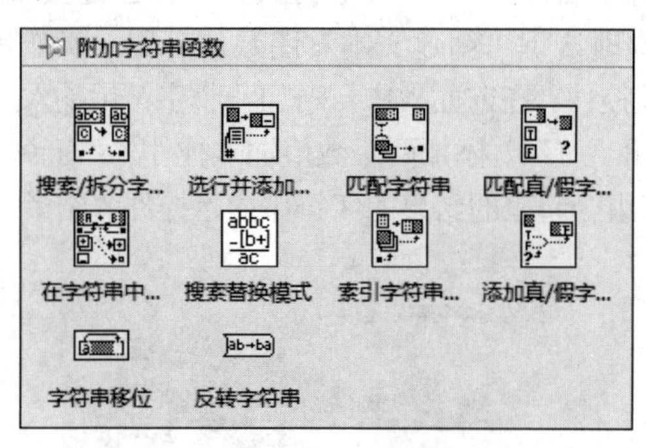

图 4.73　“附加字符串函数”选板

表 4.13　“附加字符串函数”功能表

函数名称	函 数 功 能
搜索/拆分字符串	从输入字符串指定偏移量开始搜索指定字符串，输出指定字符串所在位置，并根据此位置将原字符串分为前后两个字符串输出
选行并添加至字符串	在多行字符串中选择指定行索引这一行，添加至原字符串后形成新的字符串输出
匹配字符串	在字符串组中搜索字符串，输出相匹配的字符串及其在原字符串组中的序号
匹配真/假字符串	检查输入字符串的开头是否与指定的真/假字符串一致；如果有一致，则将输入字符串一致的部分删除后输出，并输出对应的布尔值；如果两者都有一致部分，则较短的字符串有效
在字符串中搜索标记	从指定偏移量开始搜索指定符号，输出符号及符号后面一位所在的位置
搜索替换模式	在原字符串中搜索指定字符串，如有相符，用替换字符串替换相符部分后输出，并输出在原字符串中后面一位的位置
索引字符串数组	选择字符串组中指定索引的字符串，添加到原字符串后形成新的字符串输出
添加真/假字符串	根据布尔选择量选择真/假字符串其中一字符串，添加到原字符串后形成新的字符串输出
字符串移位	将原字符串中第一个字符移至最后并输出
反转字符串	将原字符串中所有字符顺序颠倒后输出，例如 abcde→edcba

4.5　簇

与数组类型类似，簇也是 LabVIEW 中一种复合型数据类型，它对应 C 语言等文本编程语言的结构体变量。不同的是，数组中只能包含一种简单数据类型，而簇中则可以包含多种数据类型的元素，包括简单数据类型和复合数据类型。

由于簇可以包含不同的数据类型，创建簇时要将不同类型的数据打包；访问簇中的元素时要先将簇解包，这一点也和访问数组中的元素不同；另外，在运行过程中，数组的长度可以自由改变，而簇的元素个数是固定的。

4.5.1　簇的创建

簇位于控件面板中的“新式”下的“数组、矩阵与簇”子选板中。簇的创建方法与数组的创建方法类似，首先选择簇控件，将其拖入前面板中，创建一个空簇，然后在簇中可以添加不同类型的对象控件，如数值型控件、布尔型控件和字符串控件等。将光标移到簇框架四周，光标变成调整大小的斜箭头，点击并拖动箭头可以改变簇框架的大小。

创建完成的簇作为一个复合型数据，只能选择输入控件或显示控件其中之一的属性，不能同时拥有输入控件和显示控件两种属性。当选择一种属性以后，簇中所有元素都为此属性。簇输入控件或显示控件的性质由最初添加的数据决定，可以通过右键快捷菜单选项进行转换。如图 4.74 的簇为输入控件簇，选择簇框架的右键快捷菜单选项“转换为显示控件”可以将簇转换成显示控件簇，此时所有元素都变成显示控件。

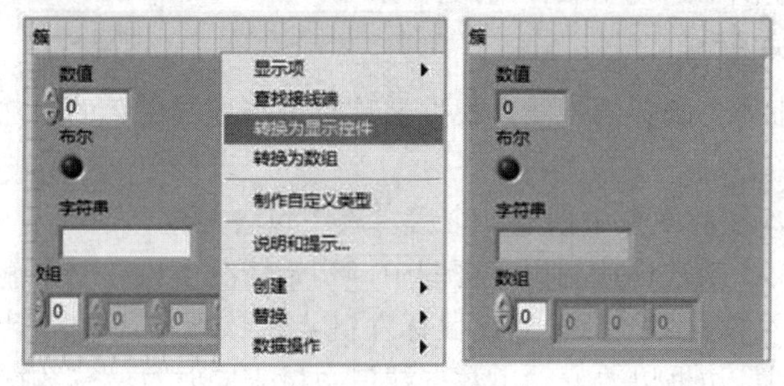

图 4.74　簇控件的属性

簇中的元素是有次序的，簇中元素的次序按照元素放入簇中的先后顺序排列。如果两个簇中元素相同，但排列次序不同，那么这两个簇是不同的簇。

若要对簇中元素的次序进行修改，不必删除簇中元素而重新添加，可以在簇框架的边框上点击鼠标右键，通过弹出的簇的右键快捷菜单中的“重新排序簇中的控件…”选项，进入次序设置窗口，重新设置簇中元素的次序，如图 4.75 所示。

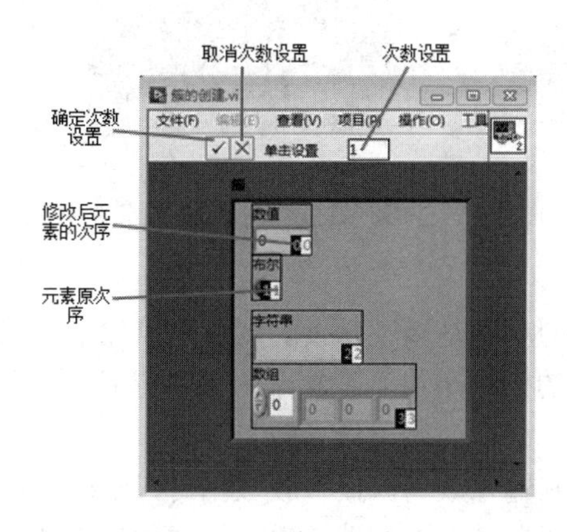

图 4.75　次序设置窗口

设置次序的具体操作过程为：在工具栏“次序设置”框中，通过键盘输入设置元素次序号(一般从 0 开始)；将光标移至窗口，在需要设置次序的元素区域框上依次点击鼠标，完成该元素顺序的设置。

4.5.2 簇函数

簇函数位于函数选板下“编程”下的“簇、类与变体”子选板中，如图 4.76 所示。

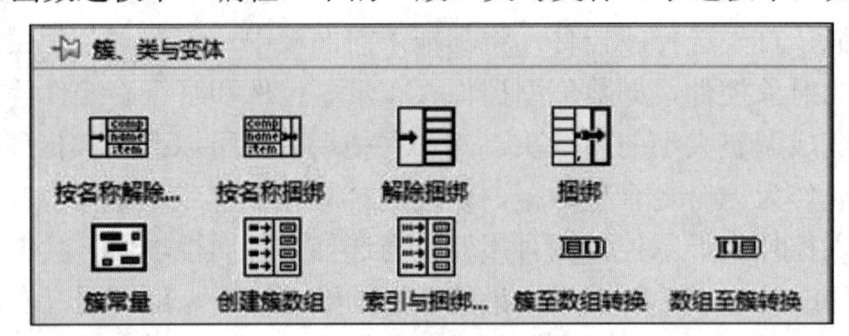

图 4.76　簇函数选板

下面对常用的簇函数的使用做详细的介绍。

1. 按名称解除捆绑

“按名称解除捆绑”函数的功能是根据名称有选择地输出簇的内部元素，其中元素名称就是指元素的标签。

如图 4.77 所示，在前面板中创建一个簇，簇中包含数组、滚动条和字符串三个数据。将“按名称解除捆绑”函数拖放到程序框图中，初始情况下只有一个输出接线端，类型默认为簇中第一个输入数据类型，可通过鼠标左键点击该端口选择希望解除捆绑的数据类型，或者下拉函数图标边框以改变输出数据端口数量来同时对原簇数据中的几个值进行解除捆绑。

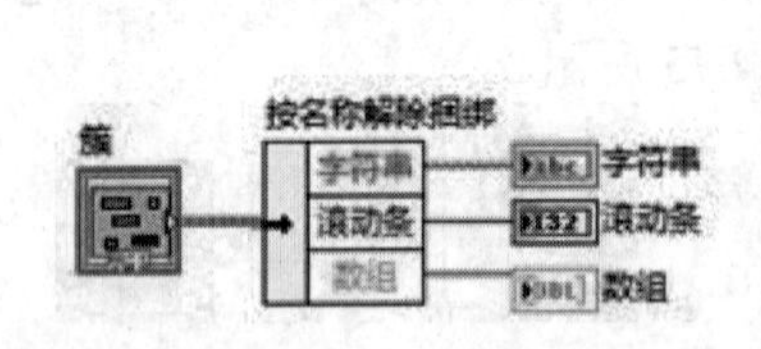

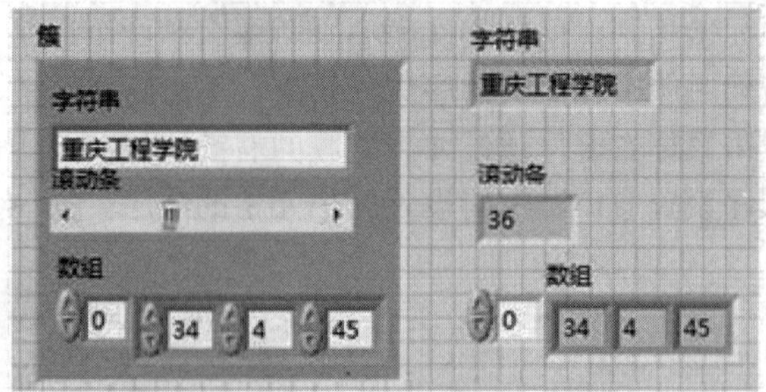

图 4.77　“按名称解除捆绑”函数的使用

2. 按名称捆绑

“按名称捆绑”函数的功能是通过元素的名称来给簇的内部元素赋值，形成一个新的簇并输出。参考簇是必需的，该函数通过参考簇来获得元素的名称。

与“按名称解除捆绑”函数类似，将“按名称捆绑”函数拖放到程序框图中时，默认只有一个输入接线端，当其输入簇端口接入簇数据时，左侧的接线端口默认为第一个簇数据类型。同样可以通过鼠标左键点击该端口选择希望替换的数据类型并赋值；也可以利用函数图标下拉，通过改变赋值元素数量来同时对原簇数据中的几个值进行赋值。

下面通过编程来实现温度显示器对数据的显示。用一个温度配置器来设置显示方式和温度上限，用 0～100 的随机数来产生模拟数据，程序设计步骤如下。

步骤一：打开 LabVIEW 2016 工具，创建一个 VI，并保存为“簇温度显示器.vi”。

步骤二：创建前面板控件。打开前面板，向面板中添加两个簇控件，分别为“温度配置器”和“温度显示器”；在“温度配置器”簇中添加一个布尔型的水平摇杆控件，作为温度模式选择方式控件，开为华氏模式，关为摄氏模式；添加一个数值输入控件，作为“温度上限”值的设置控件；在“温度显示器”簇中添加一个数值型温度计控件，作为模拟温度数据的显示控件；添加三个布尔型的圆形指示灯控件，分别显示是否报警、摄氏模式和华氏模式；添加一个数值型显示控件，作为设置“报警上限”值的显示控件。

步骤三：编写程序框图。在本框图中有一些结构需要我们在后面的章节中学习，我们这里只是简单应用，不做具体解释。打开程序框图，在函数面板中选择【编程】→【结构】子面板，选择 While 循环结构添加到程序框图中，并且把两个簇对象放到循环体内；选择【编程】→【定时】子面板，选择“等待(ms)”函数，设置输入端子常量为 1000；添加一个数值型的“随机数(0-1)”函数，并扩大 100 倍，产生模拟温度数据；添加一个“按名称解除捆绑”函数，获取“温度配置器”簇里面的元素值；添加一个“条件结构”并在条件为“真”的框图中添加一个“公式节点”结构，在“公式节点”结构中输入华氏度与摄氏度的计算方法；添加一个“簇常量”对象为参考簇，在参考簇中添加不同的五个常量，分别表示簇的内部元素名称和类型；添加“按名称捆绑”函数，实现“温度显示器”簇内部元素的赋值功能；连接相应的接线端如图 4.78 所示。

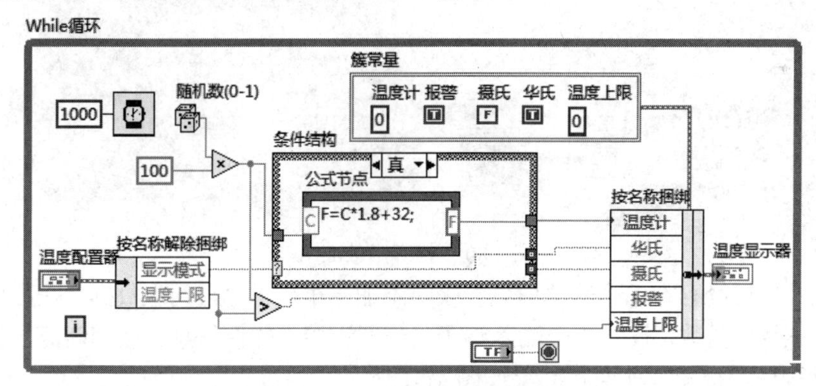

图 4.78　温度显示器程序框图

步骤四：运行程序，查看运行结果，如图 4.79 所示。

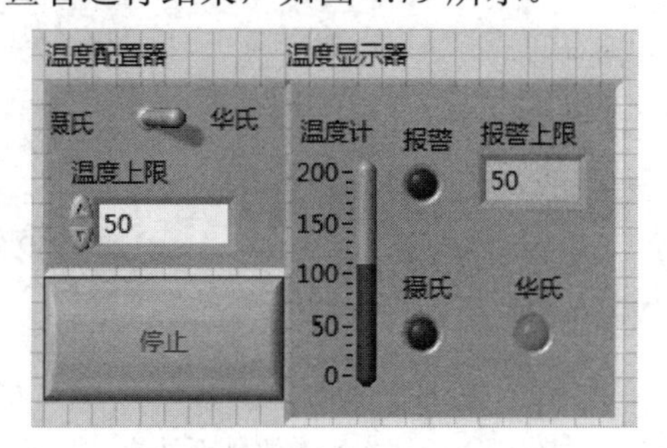

图 4.79　温度显示器前面板

3. 解除捆绑

“解除捆绑”函数的功能是解开簇中各个元素的值。默认情况下，它会根据输入簇自动调整输入端子的数目和数据类型，并按照内部元素索引的顺序排列，在每一个输出接线端对应一个元素，并在接线端上显示出对应元素的数据类型；同时，接线端上数据类型出现的顺序与簇中元素的数据类型顺序一致，但是可以选择输出元素的个数。

4. 捆绑

“捆绑”函数用来为参考簇中各元素赋值。一般情况下只要输入的数据顺序和类型与簇的定义匹配，就不再需要参考簇，但是当簇内部元素较多，或者用户没有太大把握的时候，建议加上参考簇。参考簇必须与输出簇完全相同，可以直接鼠标右键点击需要赋值的簇，选择“创建”下的“常量”选项来创建一个与输出簇完全相同的常量簇作为参考簇。

下面我们通过一个将不同类型的数据打包形成一个簇，然后再向簇中添加元素的实例，来熟悉“捆绑”函数的应用。程序设计步骤如下。

步骤一：打开 LabVIEW 2016 工具，创建一个 VI，并保存为“簇捆绑.vi”。

步骤二：创建前面板。在前面板中创建一个软件相关的信息数据，数据类型分别为字符串、数值、布尔类型。在程序框图中，添加“捆绑”函数，设置三个输入端子，分别连接三个数据。在输出端口选择创建一个显示控件“软件信息”，运行程序，框图和前面板中结果如图 4.80 所示。

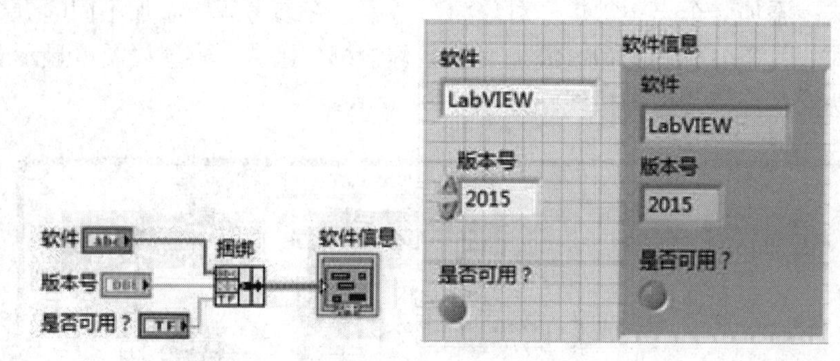

图 4.80　捆绑函数应用

步骤三：向已经存在的“软件信息”簇中添加一个新的“公司”数据。在程序框图中，继续添加“捆绑”函数，设置两个输入端子，分别连接“软件信息”簇和新添加的“公司”数据，运行程序，框图和前面板结果如图 4.81 所示。

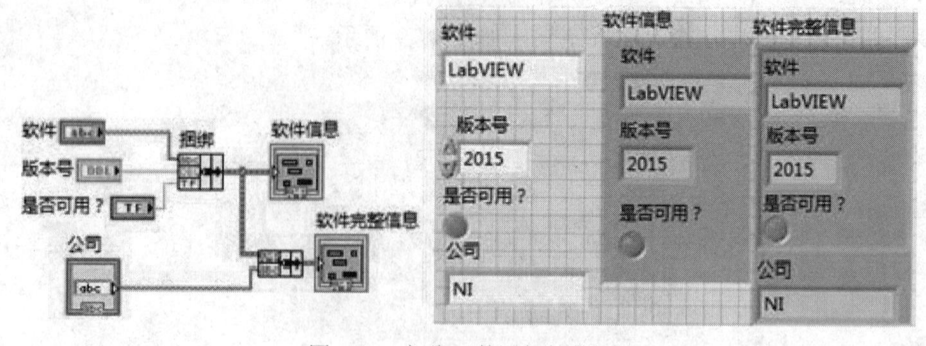

图 4.81　捆绑函数添加新数据

5. 创建簇数组

“创建簇数组”函数的功能是将每个组件的输入捆绑为簇，然后将所有组件簇组成以簇为元素的数组，每个簇都是一个成员。

如图 4.82 所示，首先需要将输入的两个一维数组转成簇数据，然后再将簇数据组成一个一维数组。生成的簇数组中有两个元素，每个元素均为一个簇，每个簇则含有一个一维数组。在使用簇数组时，要求输入数据类型必须一致。

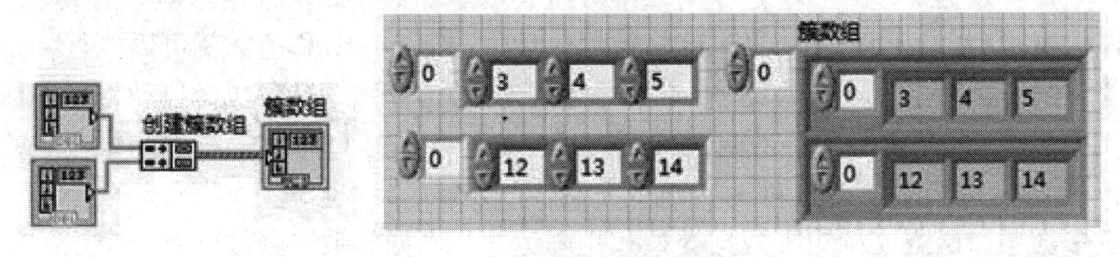

图 4.82　创建簇数组函数的应用

6. 簇至数组转换/数组至簇转换

簇与数组转换函数的功能是将相同数据类型元素组成的簇转换为数据类型相同的一维数组；数组至簇转换函数的功能是将一维数组转换为簇，簇元素与一维数组元素的数据类型相同。

把数组转换为簇时，必须指定簇的元素数量，因为 LabVIEW 无法预料输入数组的数量。默认的簇有 9 个元素，因此在使用“数组至簇转换”函数时，在创建的空簇中必须放入 9 个元素，当输入数组的值不足 9 个时，簇则默认为 0。可以通过鼠标右键点击函数图标，在快捷菜单中选择“簇大小”选项，弹出如图 4.83 所示的“簇大小”对话框，来改变簇元素的个数，最大可达到 256 个。

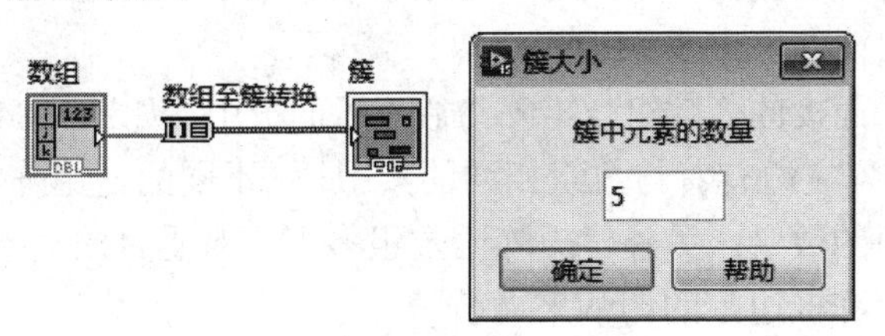

图 4.83　“簇大小”对话框

4.6 矩　　阵

矩阵(Matrix)，在数学上是指纵横排列的二维数据表格，最早来自于方程组的系数及常数所构成的方阵，这一概念由 19 世纪英国数学家凯利首先提出。矩阵是高等代数中常见的工具，也常见于统计分析等应用数学学科中。在物理学中，矩阵于电路学、力学、光学和量子物理中都有应用；在计算机科学中，三维动画制作也需要用到矩阵。矩阵的运算是数值分析领域的重要问题，将矩阵分解为简单矩阵的组合可以在理论和实际应用上简化矩阵的运算。

LabVIEW 8 之前的版本只能通过二维数组来实现矩阵的操作，但是数组的运算方法和矩阵的运算方法有很大的区别，比如两个数组相乘是直接将相同索引的数组元素相乘，而矩阵的相乘必须按照线性代数中规定的方法相乘，因此，用数组实现矩阵运算是非常麻烦的。LabVIEW 8 版本加入了对矩阵运算的支持，从而把矩阵运算变得非常简单。

4.6.1　矩阵概念

矩阵可存储实数或复数标量数据的行和列，故在矩阵运算(尤其是一些线性代数运算)中应使用矩阵数据类型，而不是使用二维数组表示矩阵数据。执行矩阵运算的数学 VI 接收矩阵数据类型并返回矩阵结果，这样数据流后续的多态 VI 和函数就可以执行特定的矩阵运算，如不执行矩阵运算的数学 VI 可支持矩阵数据类型，则该 VI 会自动将矩阵数据类型转换为二维数组，如将二维数组连接至默认为执行矩阵运算的 VI，根据二维数组的数据类型，该 VI 会自动将数组转换为实数或复数矩阵。

大多数数值函数支持矩阵数据类型和矩阵运算，例如，乘法函数可将一个矩阵与另一个矩阵或数字相乘。通过基本数值数据类型和复数线性代数函数，可创建执行精确矩阵运算的数值算法。

一个实数矩阵包含双精度元素，而一个复数矩阵包含双精度数组成的复数元素。矩阵只能是二维的，不能创建以矩阵为元素的数组。捆绑函数可联合两个或者更多的矩阵以创建一个簇。与数组一样，矩阵也有其限制。

数组函数可对矩阵中的元素、行和列进行操作。数组函数返回的是数组数据类型而非矩阵数据类型。例如，索引数组函数可提取矩阵的一行或一列将生成一个标量值的一维数组，而非一行或一列矩阵；创建数组函数可将该一维数组与其他数组相联合，生成一个标量值的二维数组而非矩阵二维数组。如 VI 减少了矩阵维数，则需要将数据转换成一维数组或一个双精度浮点数或复数，如使用一维数组或数字重新创建一个二维结构，LabVIEW 将生成一个二维数组而非原来那个矩阵。

矩阵控件在控件面板的“数组、矩阵与簇”子面板中，如图 4.84 所示，只有实数矩阵和复数矩阵两种。矩阵左边有着与数组相同的索引框，不同的是矩阵的索引框中有两个值，不能增加或减少索引的数量。另外，矩阵比数组多了一对垂直滚动条和水平滚动条，矩阵的大小也可以通过矩阵框边上的句柄来调节。

矩阵函数位于【函数】→【数组】→【矩阵】 子面板中，如图 4.85 所示；也可以通过【数学】→【线性代数】→【矩阵】子面板找到相关的矩阵函数。

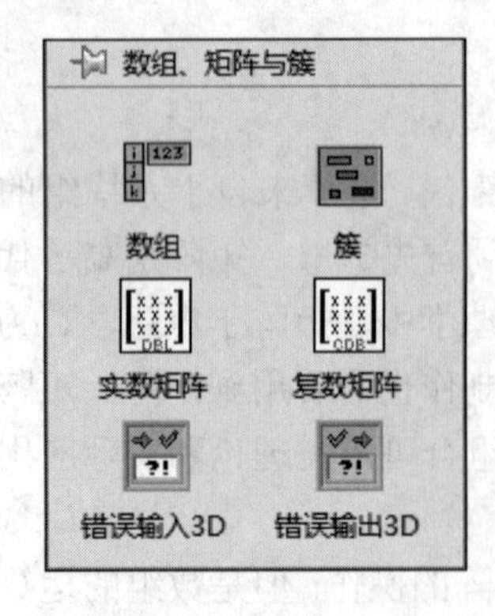

图 4.84　矩阵控件

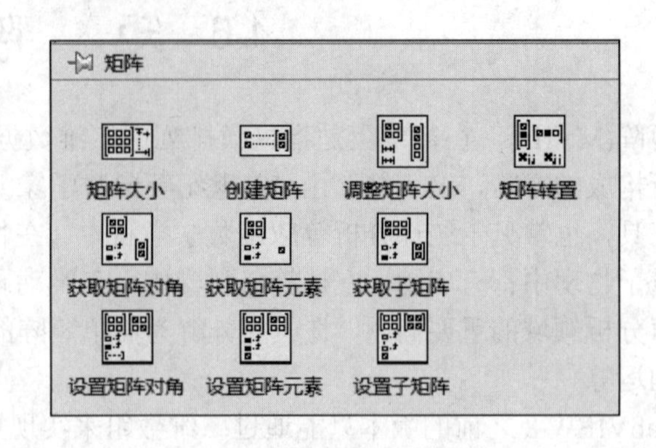

图 4.85　“矩阵”函数子面板

4.6.2　矩阵转置

矩阵转置是对输入矩阵进行转化，如输入矩阵是一个复数矩阵，则该 VI 进行共轭装置。连接至输入矩阵输入端的数据类型决定了所使用的多态实例，它的接线端口如图 4.86 所示。

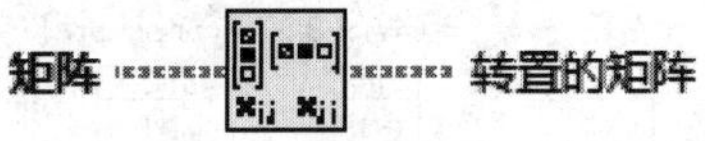

图 4.86　矩阵转置函数

下面对一个矩阵进行转置，生成一个新的转置矩阵，再创建一个显示矩阵，它的具体编程如下。

步骤一：在程序的前面板，先创建一个“实数矩阵”为输入矩阵，再创建一个“转置的矩阵”为显示矩阵。

步骤二：在程序框图中，添加“矩阵转置”函数，把“实数矩阵”输出端连接“矩阵转置”的输入端口，把“矩阵转置”函数的输出端子连接到“转置的矩阵”输入端子；添加“矩阵大小”函数，分别创建各个端子的默认显示控件，连接线如图 4.87 所示。

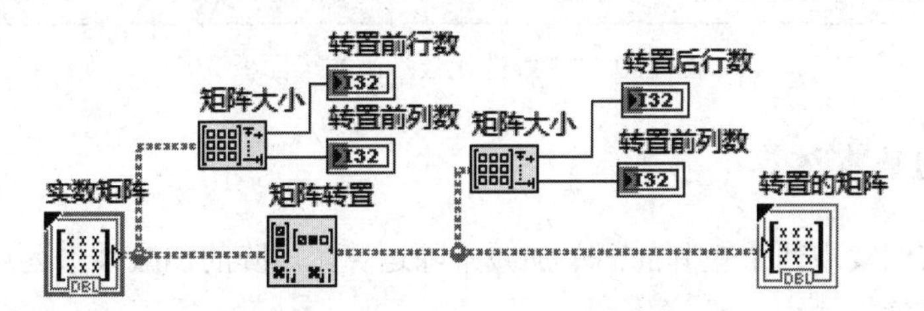

图 4.87　矩阵转置程序框图

步骤三：运行程序，前面板结果如图 4.88 所示，可以看到矩阵的行数和列数的值发生了交换。

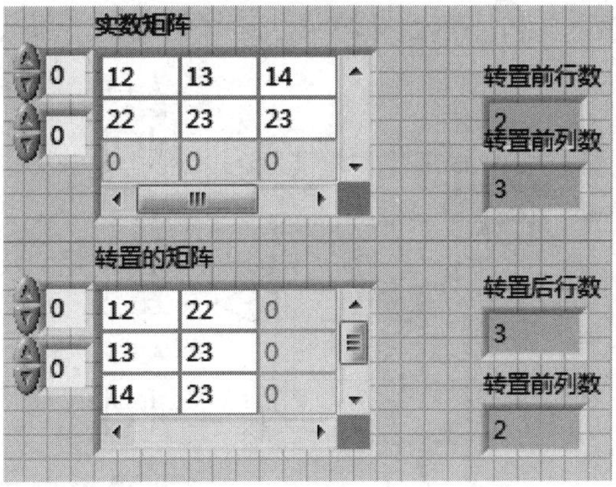

图 4.88　矩阵转置的前面板

除此之外，LabVIEW 还提供了丰富的线性代数运算函数，它们位于函数选板中的“数学”下的“线性代数”子面板中，如图 4.89 所示，这里就不再讲解了，读者可以根据帮助文档自己去学习体会。

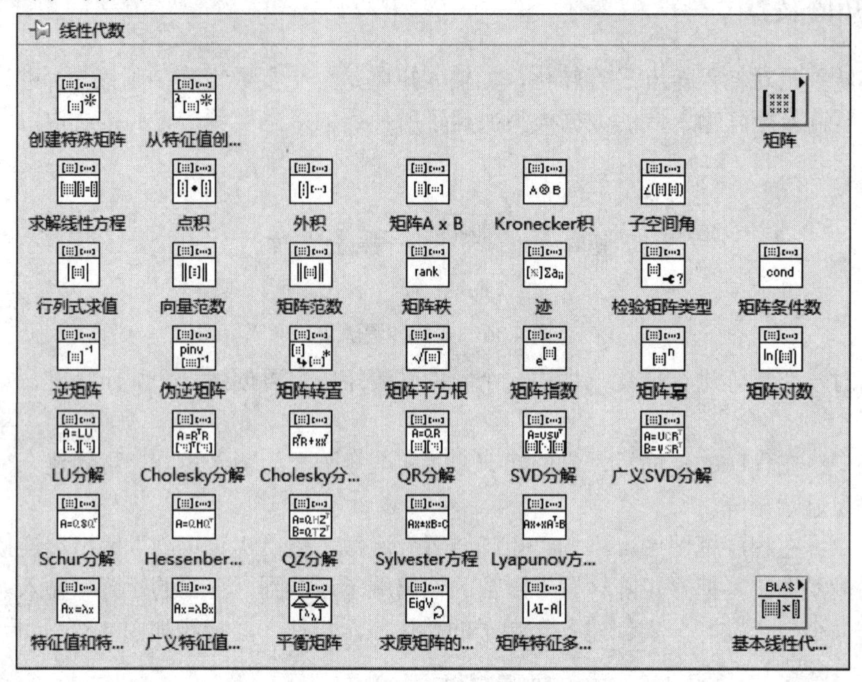

图 4.89　“线性代数”函数子面板

4.6.3 矩阵的基本运算

本节通过实例实现两个矩阵的简单加减乘除运算，矩阵的加减乘除运算都是按照矩阵的运算规则运算的。

首先，在前面板创建两个矩阵控件并赋值，然后在程序框图中添加加减乘除函数，分别将加减乘除函数的两个输入端与两个矩阵控件的接线端相连，最后在各个函数的输出端创建显示控件，如图 4.90 所示。运行程序，查看运行结果如图 4.91 所示。在矩阵的乘法运算过程中，如果两个输入矩阵不满足矩阵乘法运算的规则，那么结果为空矩阵。

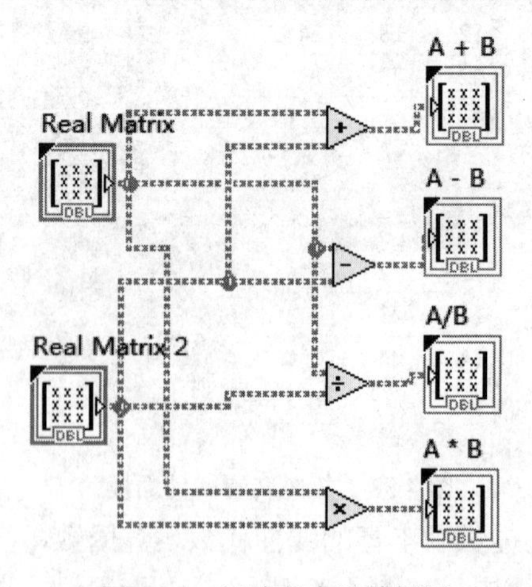

图 4.90　矩阵基本运算框图

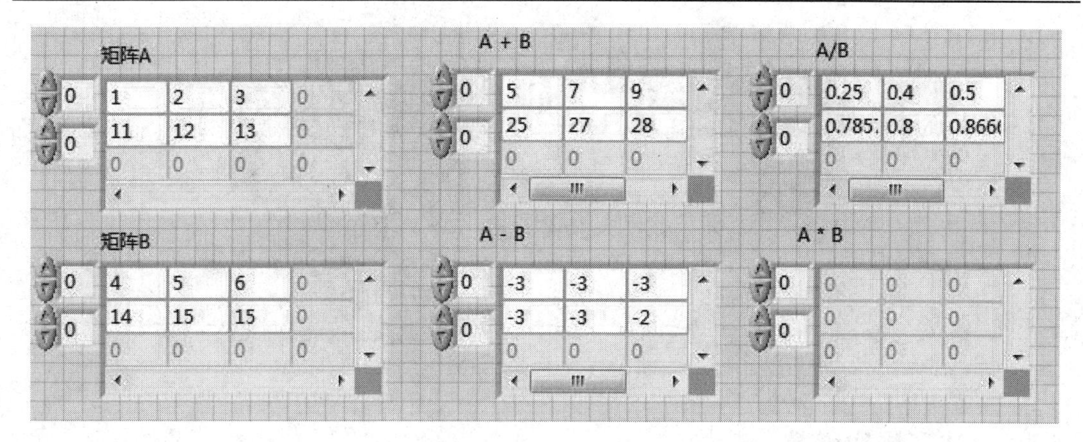

图 4.91　矩阵基本运算前面板

4.7 波　　形

作为虚拟仪器语言，LabVIEW 在程序设计过程中和信号采集、处理和输出等操作有密切的联系。为了数据处理和程序设计的方便，LabVIEW 提供了一种独特的数据类型——波形数据。波形数据的结构和簇类似，可以看成是一种特殊类型的簇。

4.7.1　波形数据

在前面板中，“波形”数据控件位于控件选板的【新式】→【I/O】→【波形】，选择控件置于前面板中，如图 4.92 所示。

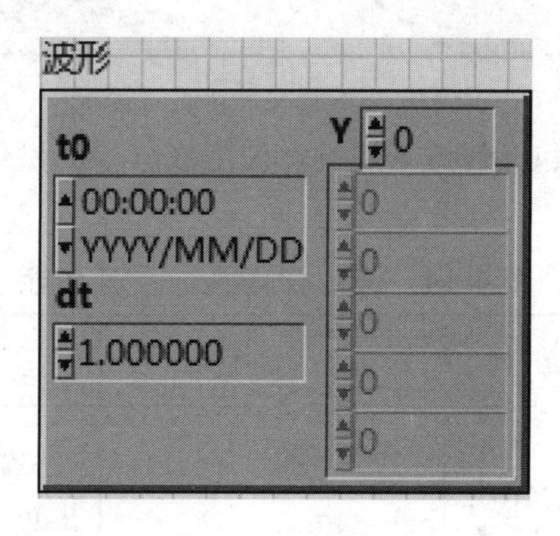

图 4.92　“波形”数据

波形数据包含以下几个组成部分。

(1) 起始时间 t0，为时间标识类型；

(2) 时间间隔 dt，为双精度浮点类型；

(3) 波形数值 Y，为双精度浮点数组。

另外还有一个隐藏部分“波形属性”，为变量类型，在波形数据上点击鼠标右键，在弹出的快捷菜单中选择“显示项”下的“属性”，即可显示，如图 4.93 所示。

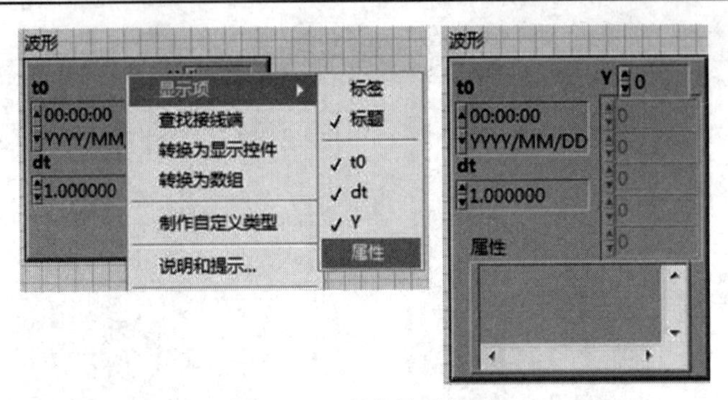

图 4.93　完整显示波形

4.7.2　波形操作函数

LabVIEW 提供了一些波形操作函数和子 VI 对波形数据进行操作，波形操作函数和子 VI 位于程序框图函数选板中的“编程”下的“波形”子面板中，如图 4.94 所示。

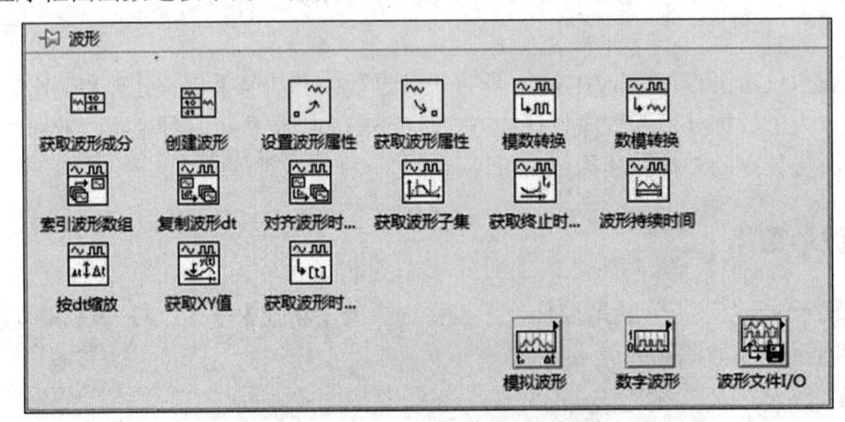

图 4.94　波形操作函数子面板

波形操作函数和子 VI 包括对波形属性、波形成分等的操作，表 4.14 详细列出了波形操作函数、子 VI 及其功能。

表 4.14　波形操作函数及其功能

函数名称	图 标 及 端 口	功　能　说　明
获取波形成分	波形　t0　波形成分　Y　波形成分	将输入的波形解包，有选择地输出 t0、dt、Y 等数据
创建波形	波形　波形成分　Y　波形	根据输入的数据(t0、dt、Y 等)创建波形或修改输入的波形并输出
设置波形属性	波形　名称　值　错误输入（无错误）　波形输出　替换　错误输出	给输入的波形添加属性(名称和值)后输出

续表一

函数名称	图 标 及 端 口	功 能 说 明
获取波形属性	波形；名称；默认值（空变体）；错误输入（无错误）；波形副本；找到；值；错误输出	从输入波形中读取指定“名称”的属性值，输出原输入波形和属性值，如果没有找到则输出默认属性值
模数转换	压缩数字(T)；模拟波形；分辨率（16位）；满刻度范围（峰 - 峰）；错误输入（无错误）；数据格式（二进制偏移量）；数字波形；分辨率（输出）；满刻度范围（输出；错误输出	根据指定“分辨率(16 位)”和“满刻度范围(峰-峰)”将输入的模拟波形转换为数字波形输出
数模转换	数字波形；满刻度范围（峰 - 峰）；错误输入（无错误）；数据格式（二进制偏移量）；模拟波形；分辨率（输出）；满刻度范围（输出；错误输出	模数转换的反操作，将输入的数字波形转换为模拟波形并输出
索引波形数组	波形数组；索引；错误输入（无错误）；波形；错误输出	提取输入波形数据中指定“索引”的波形并输出
复制波形 dt	波形输入；索引；错误输入（无错误）；波形输出；错误输出	将输入波形中所有 dt 数值替换为指定“索引”处 dt 数值
对齐波形时间标识	波形输入；索引；错误输入（无错误）；波形输出；错误输出	将输入波形中所有时间戳 t0 替换为指定“索引”处 t0
获取波形子集	开区间？(T)；开始/持续期格式；波形输入；起始采样/时间；持续时间；错误输入（无错误）；波形输出；实际起始采样/时间；实际持续期；错误输出	从输入波形指定的“起始采样/时间”处开始提取指定“持续期”的波形输出；并输出“实际起始采样/时间”值和“实际持续期”值，因为 dt 不连续可能导致实际起始值和持续值与输入值不完全相同
获取终止时间值	开区间？(T)；波形输入；错误输入（无错误）；波形输出；tf；错误输出	提取输入波形最后一个波形值输出(tf)并保持原输入波形不变输出
波形持续时间	开区间？(T)；波形输入；错误输入（无错误）；波形输出；持续时间；错误输出	计算输入波形的长度输出并保持原输入波形不变
按 dt 缩放	波形输入；缩放因子；错误输入（无错误）；波形输出；错误输出	将输入波形中所有 dt 数值乘上“缩放因子”后输出

续表二

函数名称	图 标 及 端 口	功 能 说 明
获取 XY 值	波形输入、Y位置格式、Y位置、错误输入（无错误）；X值、波形输出、实际Y位置、Y值、错误输出	返回波形或数字数组集合的 X 和 Y 值并保持原输入波形不变输出；另外输出提取波形值的实际位置，因为 dt 不连续可能导致实际位置与输入值不完全相同
获取波形时间标识数组	波形输入、匹配转换数组、错误输入（无错误）；X数组、错误输出	提取输入波形中所有的时间戳并组成一个数组输出

思考与练习

1. 写一个 VI 判断两个数的大小，如图 4.95 所示：当 A>B 时，指示灯亮。

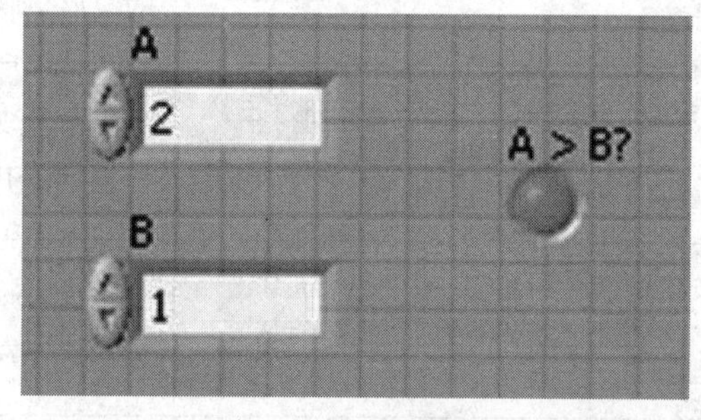

图 4.95　思考与练习(1)

2. 利用局部变量写一个计数器，每当 VI 运行一次计数器就加一。当 VI 关闭后重新打开时，计数器清零。

3. 写一个 VI 获取当前系统时间，并将其转换为字符串和浮点数。

4. 写一个温度监测器，如图 4.96 所示，当温度超过报警上限而且开启报警时，报警灯点亮。温度值可以由随即数发生器产生。

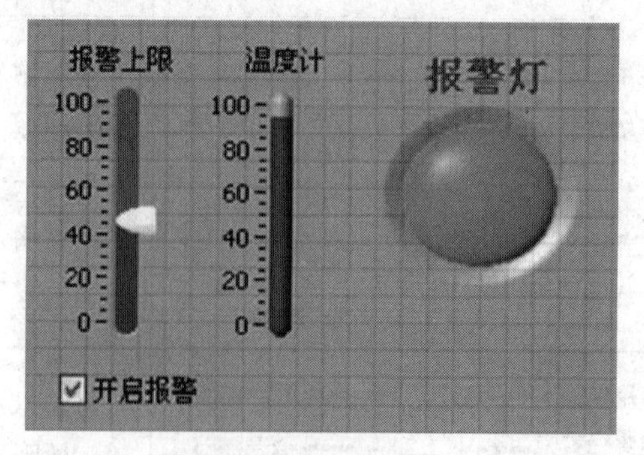

图 4.96　思考与练习(2)

5. 对字符串进行加密，规则是每个字母后移五位，例如 A 变为 F，b 变为 g，x 变为 c，

y 变为 d…如图 4.97 所示。

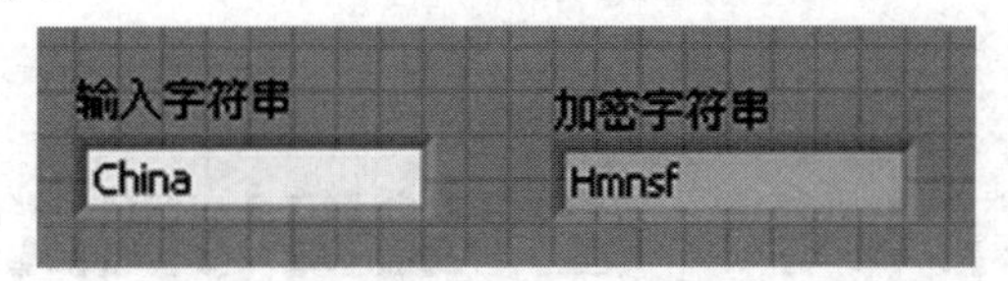

图 4.97　思考与练习(3)

6. 产生一个 3 × 3 的整数随机数数组，随机数要在 0 到 100 之间，然后找出数组的鞍点，即该位置上的元素在该行上最大，在该列上最小，也可能没有鞍点，如图 4.98 所示。

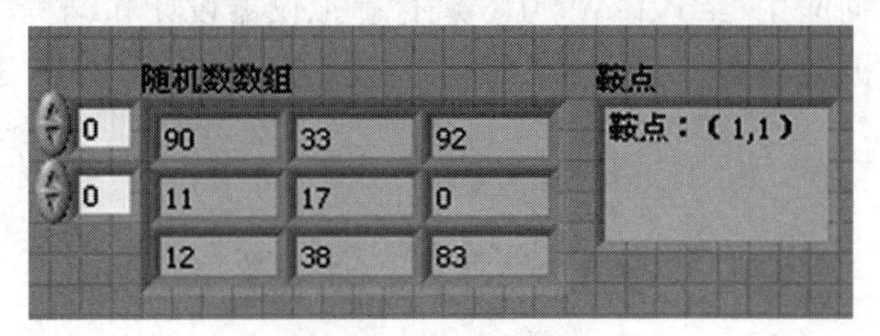

图 4.98　思考与练习(4)

7. 参照图 4.99 所示，设计一个程序提取个人信息，功能如下：

(1) 验证用户输入的身份证是否正确，正确则指示灯亮。

(2) 通过用户输入的身份证计算出当前的年龄。

(3) 显示用户的姓名和年龄。

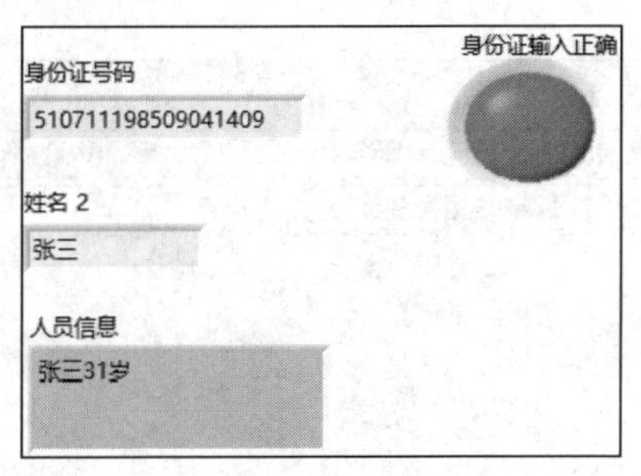

图 4.99　思考与练习(5)

8. 利用簇模拟汽车控制，如图 4.100 所示，控制面板可以对显示面板中的参量进行控制。油门控制转速，转速 = 油门 × 100；档位控制时速，时速 = 档位 × 40；油量随 VI 运行时间减少。

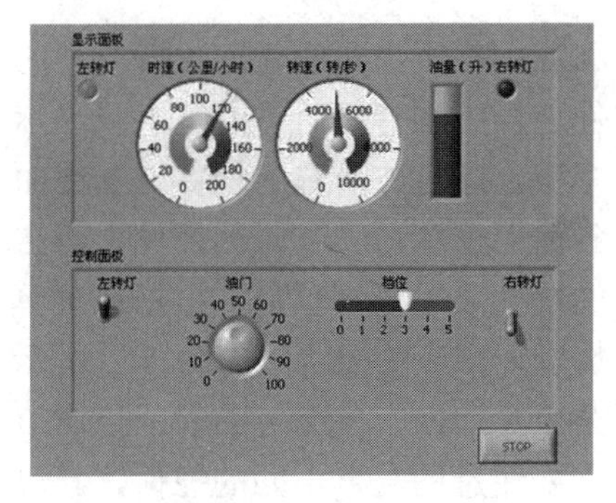

图 4.100　思考与练习(6)

第 5 章　程序编辑与调试

本章主要讲述如何应用 LabVIEW 2016 进行虚拟仪器设计和编程、如何调试程序以及程序错误处理三个方面的内容，使读者尽快学会使用 LabVIEW 2016 进行编程来解决实际应用问题。

5.1　VI 的 创 建

在熟悉了 LabVIEW 的编程环境，也学会了创建自己的第一个 VI 程序以后，下一步开始进入 VI 的具体学习。在启动窗口中选择菜单栏的“文件”下的“新建 VI”即可新建一个空白的 VI 程序。此时系统将自动显示 LabVIEW 的前面板工作界面，如图 5.1 所示，在该面板中可以添加所需要的控件对象。下面分别从前面板、程序框图和图标三个部分详细讲解 LabVIEW 程序的创建。

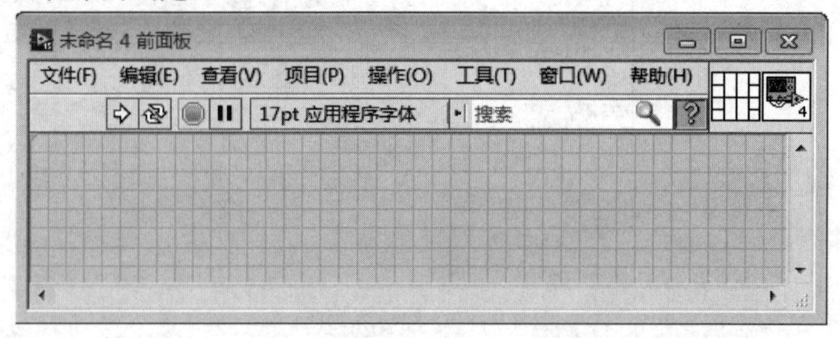

图 5.1　VI 前面板

5.1.1　前面板的创建

在前面板窗口中，可以添加用户所需要的任何数据类型的输入控件和显示控件。从控件选板中选择好所需的输入或显示控件，点击鼠标左右任何一个键，即可将所选的控件置于前面板窗口工作区。在已经添加到前面板窗口工作区的控件上点击鼠标右键，即可弹出该控件的快捷菜单选择项目，根据该菜单选择项目可以对该控件的参数进行相应的配置。如图 5.2 所示为一个数值显示控件的快捷菜单，后面有省略号的表示点击该选项会弹出相应的对话框。需要注意的是，不同的控件，其快捷菜单中的选项也是不同的。控件的右键快捷菜单主要选项及功能见表 5.1。

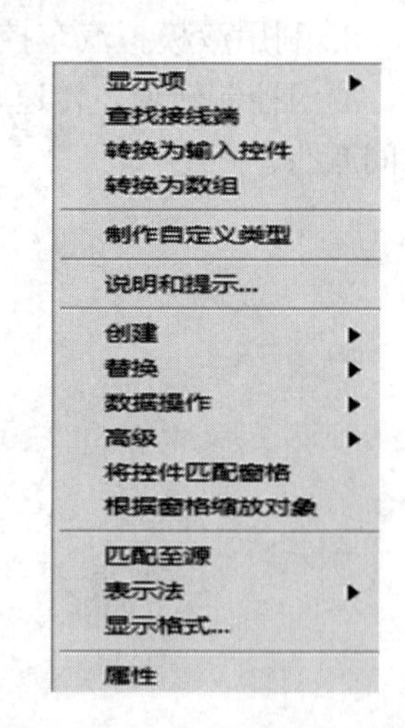

图 5.2　控件的右键快捷菜单

表 5.1　控件的右键快捷菜单主要选项及功能表

菜单选项	功能说明
显示项	在前面板中显示或隐藏项，如标签、标题等
查找接线端	查找该控件在程序框图窗口中对应的连线端
转换为输入控件	将该输入(显示)控件转换为显示(输入)控件
说明和提示	为该控件添加或修改说明和提示信息
创建	为该控件创建变量、引用、节点等
替换	从弹出的控件选板中选择一个控件替换该控件
数据操作	对数据进行操作，如设置默认值、复制、剪切等
高级	自定义该控件、快捷菜单等操作
将控件匹配窗格	调整控件大小与窗格匹配
根据窗格缩放对象	根据窗格调整控件大小
表示法	设置数据的表示精度，有单精度、双精度、整型等
属性	对控件所有属性进行设置，如外观、显示格式等

除了必要的输入和显示控件外，还可以在前面板窗口中添加辅助性的注释文字。使用过文本语言编程的读者都知道，在编写程序时往往在一些语句或程序段中增加一些文本注释行来解释程序的功能，这样可以增加程序的可读性。同样，在 LabVIEW 图形化编程中适当添加文字注释也非常必要。在前面板或程序框图中添加注释都比较简单，双击任意位置然后直接输入注释文本即可，如图 5.3 所示。

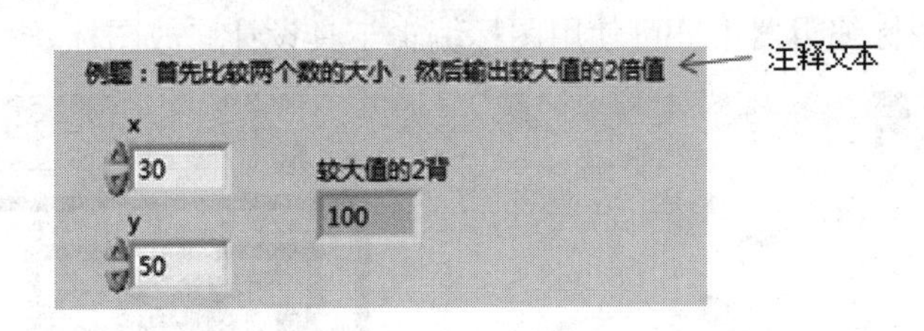

图 5.3　注释文本的添加

5.1.2　程序框图的创建

创建前面板后，前面板窗口中的控件在程序框图中对应为接线端。在前面板窗口的菜单栏中选择“窗口”下的“显示程序框图”即可切换到程序框图界面，也可以用快捷键 Ctrl + E 进行前后面板的切换。用鼠标右键点击程序框图空白处就会弹出函数选板，从该选板中可以选择或添加所需要的函数对象、编辑对象等各种和编程有关的函数对象。

在程序框图中添加节点对象的方法与在前面板中添加控件的方法类似。从函数选板中选择相应的节点对象放置于程序框图中，同样也可以对节点进行相关操作，用鼠标右键点击节点对象将会弹出如图 5.4 所示的快捷菜单，需要注意的是，不同的函数节点其右键快捷菜单的选项也是不一样的。这些快捷菜单选项功能可以参照控件的右键快捷菜单选项功能对照学习，这里就不再赘述了。

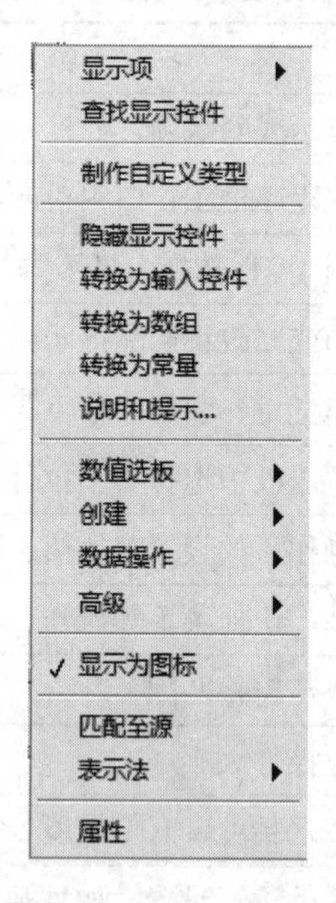

图 5.4　数值节点的右键快捷菜单选项

5.1.3　图标的创建

创建 VI 图标就是使用图标编辑器对 VI 图标进行编辑。在前面板和程序框图的右上角有一个系统的默认图标，双击该图标即可弹出“图标编辑器”对话框，或者鼠标右键点击该图标，从弹出的快捷菜单中选择“编辑图标”选项，也会弹出“图标编辑器”对话框，如图 5.5 所示。在图标编辑器中，可使用图标编辑工具设计修改图标。

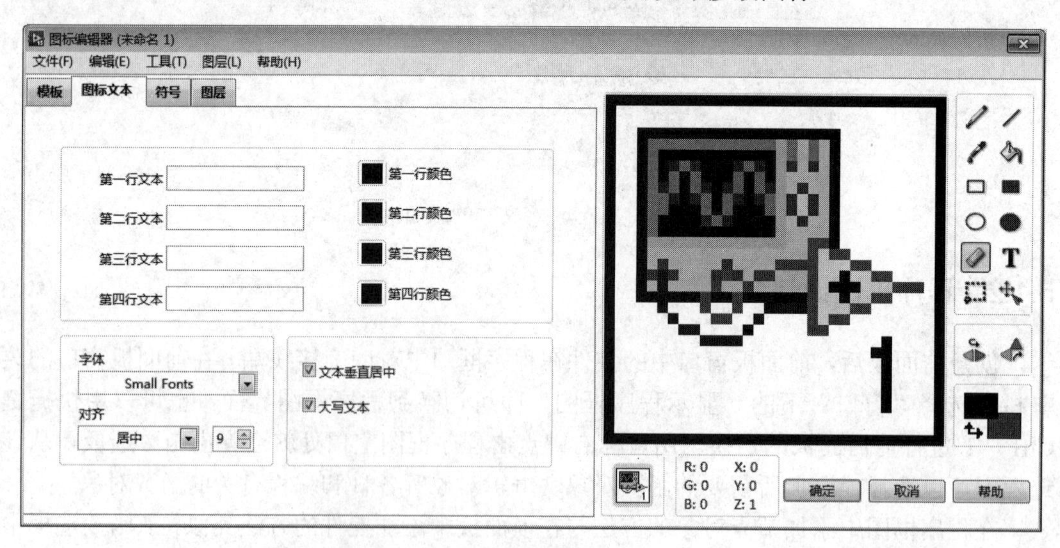

图 5.5　“图标编辑器”对话框

利用图标编辑器编辑自己喜欢的图标，既简单又灵活。图标编辑的步骤大致如下：

(1) 选择菜单栏中的“编辑”下的“清除所有”选项，即可清除工作区的所有图形，再在空白工作区编辑图标。

(2) 在图标编辑工具中点击“线条颜色”或“填充颜色”，即可弹出“颜色”选板，供用户选择喜欢的颜色来应用。

(3) 使用画笔、直线、填充、矩形等文本工具，选择“模板”、“图标文本”、“符号”和“图层”等相关内容来编辑自己喜欢的图标。

(4) 图标编辑完成以后，点击图标编辑器右下角的“确定”按钮，即可保存自己编辑好的图标。

5.2 VI的编辑

在创建 VI 之后，需要通过定制前面板对象的外观、连接程序框图中的函数等方法进行具体的编辑工作。下面将对选择、移动、增减、编辑对象和连线等各种具体方法进行介绍。

5.2.1 选择对象

选择对象时必须使鼠标处于工具选板中的“定位工具”状态下。调出工具选板的方法是从菜单栏中选择“查看”下的“工具选板”选项，如图 5.6 所示，工具选板的具体内容我们在第 3 章中已经讲解过，这里就不重复了，从中用鼠标选择定位工具即可。

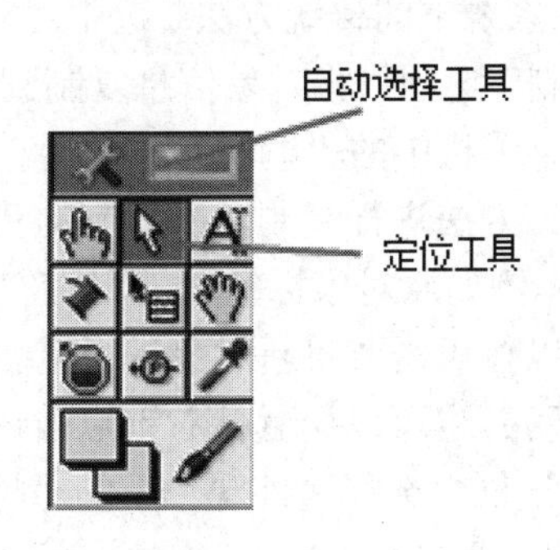

图 5.6　工具选板

在默认状态下，系统一般使用的是“自动选择工具”功能，在进行对象选择时会自动切换为所需的工具，不必手动切换到“定位工具”功能下。

鼠标位于定位工具状态下之后，要选择单个对象，只需用鼠标点击该对象选中即可，如果需要选中多个对象或者框图上的一块程序区域，可以用以下两种方法：

(1) 鼠标点击某处后，自由拖曳出一块矩形区域，将待选区域或待选对象包括在其中即可。此种方法简单快捷，尤其适合选择框图上的大块连续程序区域，或者位于连续区域内的多个对象。

(2) 鼠标点击某个对象选中后，按住 Shift 键，再选择其他待选择的对象、连线或程序体，就可添加到所选区域中。此种方法多用于对多个对象的精确选择，或者位于非连续区域内的多个对象的选择。若对已选对象按住 Shift 键再点击一次，可从所选区域中删除。

已经选中的对象周围会出现虚线，表示该对象已经进入所选集合。如果要取消已选区域，直接点击前面板或框图上的任何空白区域，或者直接进行新的选择即可。

5.2.2 移动对象

移动某对象或某区域的基本方法是：首先选中该对象或区域，然后用鼠标点中其中的一部分不放，直接进行拖动，直到所需停下的新位置为止，拖动过程中该对象或区域的轮廓会以虚线形式跟随鼠标移动，以帮助用户判断相对位置。

如果鼠标拖动之前先按住 Shift 键，再进行拖动，可以使得拖动方向严格限制在水平方向或者垂直方向上，这对于需要严格控制方向的移动非常实用。

用键盘上的方向键也可以进行移动，在选中对象或区域后，按下键盘的“↑”、“↓”、“←”、“→”键即可分别进行上、下、左、右四个方向上的移动，但移动速度较慢，是以像素为单位进行移动的，若需较快速度的移动，可以按住 Shift 键后进行移动，直到松开该键为止。

如果想在当前移动完成之前取消本次移动过程，可以将该对象或区域一直拖到所有已打开窗口之外并且虚线区域消失，然后释放鼠标即可。当然，如果移动过程已经完成，也可以使用菜单栏中的“编辑”下的“撤销移动”选项，或者使用 Ctrl + Z 快捷键，取消上一次移动过程。

5.2.3 复制和删除对象

复制对象可沿用 Windows 系统下的传统方法：选中对象后，使用 Ctrl + C 快捷键或者菜单栏中的“编辑”下的“复制”选项，将对象信息复制到 Windows 剪贴板中，然后在待复制处使用 Ctrl + V 快捷键或菜单栏中的“编辑”下的“粘贴”选项进行粘贴。

如果在同一个 VI 中使用该方法进行复制，所复制的新对象名会以原对象标签名为基础自动递增数字序号为默认名，例如原对象标签名为“字符串”，则新对象名为“字符串 2”、“字符串 3”等。当然，也可以按照需要将新对象进行重新命名，用鼠标双击其标签进入名称编辑状态并键入新名称即可；也可以用鼠标右键点击该对象，在弹出的快捷菜单中选择“属性”选项，在弹出的对话框中选择“外观”下的“标签”选项进行编辑修改即可。如果在不同的 VI 之间进行复制，且目标 VI 中没有同名标签，则该对象的新标签名与原标签名相同，否则也会与前面一样自动改变名称。

另一种与复制对象操作过程非常相似的方法是克隆对象。克隆对象的基本方法是：选中待克隆对象后，按住 Ctrl 键，同时拖动对象到空白的目标区域，然后释放鼠标，就可得到原对象的复制品。

克隆对象与复制对象在大部分情况下效果相同，但是在对程序框图内的局部变量和属性节点进行操作时有所不同，克隆操作只产生该局部变量或属性节点的完全相同的副本，而复制操作会产生一个新的前面板控件(输入控件或显示控件)，并产生与该控件相对应的局部变量或属性节点。因此，如果只想复制局部变量或属性节点而不产生新的控件，用直接复制的操作是不可行的，只能使用克隆操作实现。

删除对象时，只需选中待删除的对象，按下 Delete 键或 Backspace 键即可，或者执行菜单项中的【编辑】→【删除】选项，也可以进行删除操作。

当前面板上的输入控件或显示控件又或者框图上的端子被删除后，它在该 VI 中对应的局部变量也会因为失去源变量而不可用，表现为其图标中央的名称变为问号，这时需要重新指定到其他源变量，或者将其删除，否则 LabVIEW 环境会认为存在语法错误，不执行该 VI。

对于属性节点和全局变量，也有类似的情况，在源变量被删除后，其他引用该变量的地方都会变为不可用，因此，往往需要多处手工指定新的源变量或进行删除。

在框图中删除某块程序时，除了依照上述类似方法进行删除外，还需注意以下几点：

(1) 如果选中某个程序结构(如循环结构、条件结构、顺序结构、事件结构等)后直接进行删除，会将该程序结构体内的所有代码与该结构一起删除。

(2) 如果只想删除结构体内的代码，需要在结构体内选择然后删除，切勿选中结构体本身。

(3) 如果想保留结构体内代码而删除结构本身，则需要在结构边缘上点击鼠标右键，从弹出的快捷菜单中选择“删除***结构”之类的删除命令进行删除。

5.2.4　对齐和分布对象

使用鼠标和键盘手动移动对象往往不够精确，不能达到理想的效果，这时可以使用工具栏上的对齐对象和分布对象工具，精确调整多个对象之间的位置。

对齐对象工具用于将多个对象沿边缘或者中线对齐。点击工具栏上的对象工具，就可以调出该选板，如图 5.7 所示。图中包含了六个子工具，分别为上边缘对齐、水平中线对齐、下边缘对齐、左边缘对齐、垂直中线对齐、右边缘对齐等，可分别实现不同形式的对齐效果。各个子工具的图标也是非常形象的，有助于记忆和阅读。使用时，先选中需要对齐的多个对象，然后调出选板，选择所需对齐效果即可。

分布对象工具用于精确均匀地调整多个对象之间的间距。分布对象工具选板紧邻对齐对象工具，同样，点击工具栏就可调出该选板，如图 5.8 所示，图中包含了十个子工具，分别为按上边缘等距分布、按垂直中心等距分布、按下边缘等距分布、垂直间距等距分布、垂直压缩零距离分布、按左边缘等距分布、按水平居中等距分布、按右边缘等距分布、水平方向等间隔分布、水平压缩零距离分布等。使用方法与对齐对象工具相同，选中多个对象后，再选择调用所需的分布效果即可。

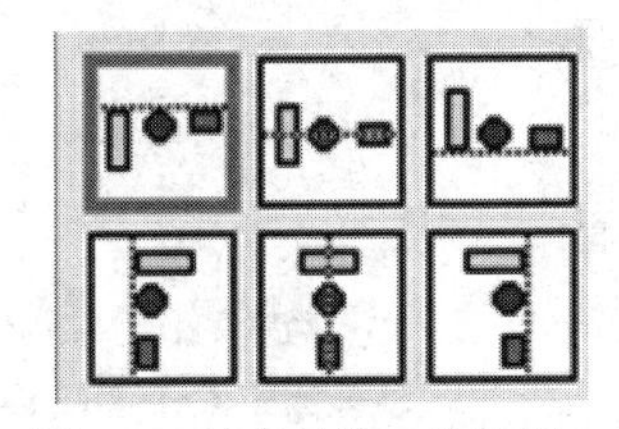

图 5.7　对齐对象工具选板

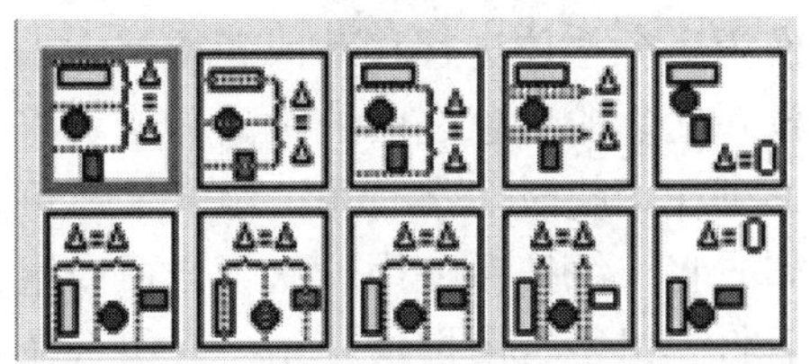

图 5.8　分布对象工具选板

5.2.5　调整对象大小

前面板上对象的大小需要调整时，可以使用鼠标手动调整，基本方法为：在鼠标处于定位工具状态下时，将鼠标放在对象边缘或四角，当对象周围出现小的方形手柄(对于矩形对象)或者圆形手柄(对于圆形对象)且鼠标变为双箭头时，在所需方向进行适当的拖曳，到所需尺寸大小后释放鼠标就可调整成功。

上述方法每次只是对单个对象大小进行调整，如果需要将多个对象的大小严格进行调整，就需要使用工具栏上的调整对象大小工具。点击工具栏上的调整对象大小工具，调出该选板，如图 5.9 所示，图中包括调至最大宽度、调至最大高度、调至最大宽度和高度、调至最小宽度、调至最小高度、调至最小宽度和高度、使用对话框精确指定宽度和高度七个工具，可分别实现不同形式的调整大小效果。

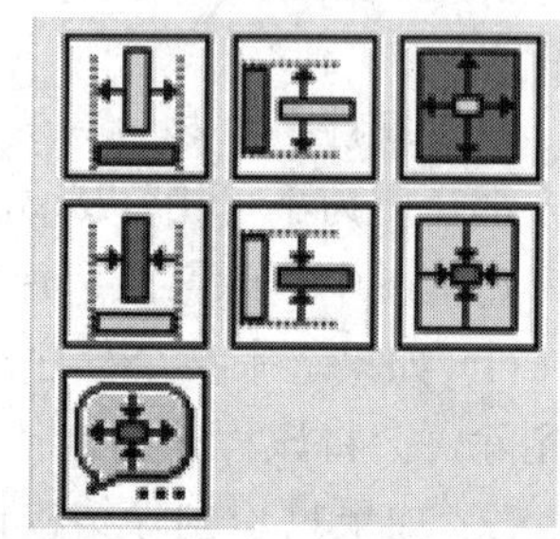

图 5.9　调整对象大小工具选板

调整对象大小工具的使用方法与对齐对象工具相同，选中多个对象后，再选择调用所需调整大小效果即可。在前面板对象的右键快捷菜单中，还有两个调整大小的选项，分别为“将控件匹配窗格”和“根据窗格缩放对象”，下面简单介绍这两个选项的应用。

(1) 将控件匹配窗格：在前面板对象上点击鼠标右键，可以看到该选项，可使该控件的大小与当前前面板相同，完全充满前面板。

(2) 根据窗格缩放对象：使对象自动跟随前面板大小的改变按比例进行缩放，一个前面板中只能有一个对象被勾中该选项，勾中后，该对象周围会出现水平和垂直方向的灰色延长线，这些延长线将整个前面板划分为若干区间，区间内的其他对象在前面板大小改变时，会依照与这些延长线的相对位置自动改变尺寸和位置，以保持整个面板上各个对象比例和位置的协调。

5.2.6　重新排序

前面板上的对象一般情况下为分开排列的，但是有时需要重叠前面板上的控件以产生特殊显示效果，这时可以使用前面板工具栏中的重新排序工具进行调整。重新排序工具选板在调整对象大小工具选板旁边，点击鼠标即可调出该选板，如图 5.10 所示。

下面详细介绍该选板中各个子工具的功能。

(1) 组：将多个对象捆绑在一起，被组合后的各个对象之间的大小比例和相对位置总是固定的，因此组合后的组合体可以作为一个整体进行移动或者调整大小。这在需要固定多个位置紧邻的对象之间的距离，或者将功能相似的一组对象捆绑在一起时非常有用。组合关系可以分级多层组合，例如先将一组按钮使用一次组合命令组合为一个组合体，然后将一组字符串控件使用一次组合命令组合为一个组合体，再将这两个组合体使用一次组合命令组合为一个新的组合体。

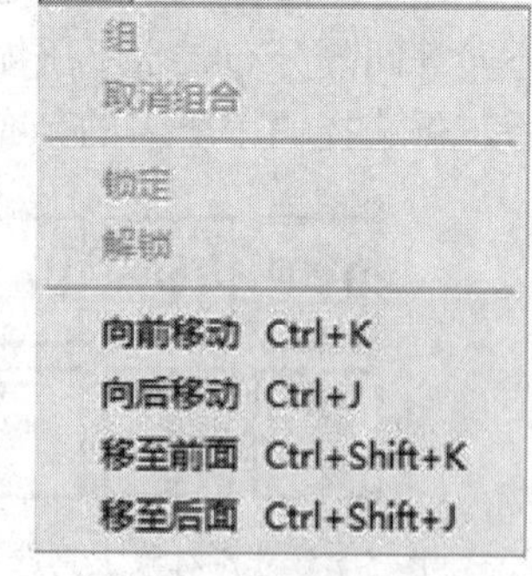

图 5.10　重新排序选板

(2) 取消组合：取消组合体中的组合关系。在取消分级组合时也需多次调用取消组合命令。

(3) 锁定：固定对象或者组合体在前面板的位置，在用户已经编辑好某些对象或者组合体的外观和位置后，不希望误删除或误移动时，可以调用该命令进行锁定。锁定之后的对象或组合体不能被删除，也不能被移动。在对象启用了“根据窗格缩放对象”功能时也不遵循位置相对移动规则，除非使用“解锁”工具解除锁定。

(4) 解锁：解除锁定的对象或组合体的锁定关系。

(5) 向前移动：把选中的对象在重叠的多个对象中向前移动一层。

(6) 向后移动：把选中的对象在重叠的多个对象中向后移动一层。

(7) 移至前面：把选中的对象移到最前层。

(8) 移至后面：把选中的对象移到最后层。

5.2.7　修改对象外观

框图上的对象外观一般不需要改变，按默认的标准方式易于阅读即可，但如果前面板作为与用户交互的窗口，则其上的各个对象外观往往需要精心修改和编辑，以实现最为友好美观且便于使用的用户界面。下面将介绍如何对前面板上对象的标签、颜色和字体等主要用户界面元素进行修改和编辑。

1. 标签的编辑方法

标签是用于标识对象或者注释说明的文本框。前面板和程序框图上的每一个对象(包括输入控件、显示控件、子 VI、函数、结构等)都含有固定标签，可以通过勾选右键快捷菜单的“显示项”来选择是否显示标签。

除了子 VI 的标签名与 VI 文件名相同且不可更改外，其他对象的标签名都可以修改。从工具选板中选择“编辑文本”工具，然后在标签上点击鼠标；或者在“自动选择工具”状态下，在标签上直接双击鼠标；或者鼠标右键点击该对象，在弹出的快捷菜单中选择“属性”选项，都可进入标签编辑状态；再键入新的标签名，最后按“回车”键确认保存就可完成修改。

在 LabVIEW 中，输入控件和显示控件的标签名就是其变量名，在局部变量和属性节点对其引用时，也会沿用其变量名。虽然同一个 VI 中允许变量名重名，LabVIEW 会自动区分重名的变量而不产生语法错误；但是重名变量十分容易混淆，为正确而清晰地编程带来了不便的影响，因此在编程过程中应尽量避免重名现象。

除了用于标识对象的固定标签外，还有一类用于添加注释说明信息的自由标签，该类标签不与任何对象联系，只起注释作用。

自由标签的创建方法是：用鼠标选择工具选板中的编辑文本工具，或者直接用鼠标双击前面板或程序框图空白处，然后键入所需加注的信息即可。

前面板上的自由标签一般用于向用户提示操作信息或做简单说明，程序框图中的自由标签则一般用于添加程序注释，以便日后程序维护和升级时阅读。

2. 颜色的修改方法

除了框图端子、函数、子 VI 和连线外，LabVIEW 中的其余大部分对象以及前面板和程序框图的空白区域都可以更改颜色，以创建丰富多彩的外观。

更改对象颜色时需要用到工具选板上的设置颜色工具和获取颜色工具。着色工具面板上的两个方块显示了当前前景色和背景色，用鼠标点击后可以调出调色板，如图 5.11 所示，用鼠标在其中选择所需颜色即可。

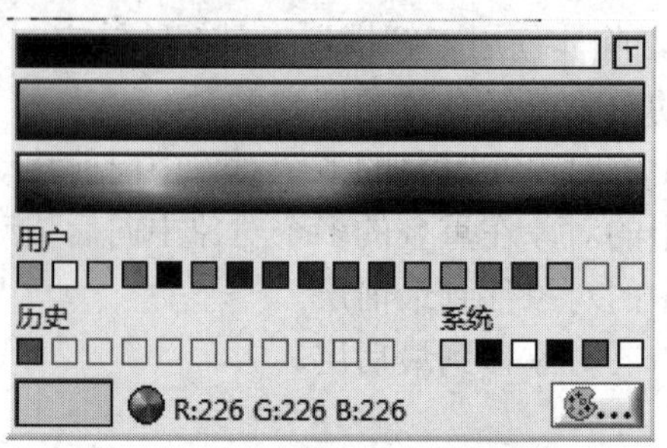

图 5.11　工具选板的调色板

在调色板左下角的预览窗口可以即时显示颜色效果。调色板的第一行为灰度色谱，仅有灰度区分而无色彩，右上角为透明，即无色，对象的某部分被设为透明色后将显示出下一层对象或背景的颜色；第二层和第三层分别为柔和色谱和明亮色谱，建议分别用于界面控件和高亮提醒的着色。右下角的按钮点击后可弹出新的颜色调配对话框，用于精确设置用户所需的颜色。

选择好前景色和背景色后，在设置颜色工具状态下，直接点击对象或对象的某部分即可完成着色。工具选板上的获取颜色工具可用来获取对象的前景色和背景色，在该工具状态下，用鼠标直接点击需要获取的对象，获得的前景色和背景色将显示在着色工具的颜色方框内，可用来设置其他对象的颜色。获取颜色工具和设置颜色工具通常配合使用来精确设置多个具有相同前景色和背景色的对象。

3. 字体的修改方法

前面板和程序框图上的所有文本都可以进行颜色、大小和字体的修改设置，这些修改设置可以通过工具栏上的“文本设置”菜单进行。使用时，只需先选中需要更改字体大小的文本，然后点击工具栏上的“文本设置”下拉列表，从弹出的“文本设置”菜单中选择相应功能即可。

字体菜单中，当前字体的大小和名称显示在列表框中，第一个菜单项“字体对话框”可用来全面设置字体的各种属性。应用程序字体、系统字体和对话框字体为 LabVIEW 中预定义的字体，可用来保证在不同平台之间移植程序时字体尽量相似。大小、样式、调整、颜色等菜单项均含有下一级子菜单，可分别用来设置字体的大小、样式、对齐形式和颜色。最下方列出了本操作系统中所有已安装的字体，可供用户选择。

5.2.8　连线

LabVIEW 程序是以数据流形式组织的，每一个 VI 框图中的各个对象需要通过线段连接起来，以保证数据的正常流动。根据数据流原理，数据流只能由输出端流向输入端，因此两个输入端或两个输出端都是无法连接的。对象的连线方法可以分为手动连线和自动连线。

1. 手动连线

首先在工具选板中选择“进行连线 ”按钮，当光标放在对象的接线端或连线上时，接线端或连线处于闪烁状态。点击鼠标，然后移动鼠标，此时会出现一条虚线随鼠标一起移动。当连线需要转折时，点击鼠标左键，最后点击另一个接线端即可。如果在连线过程中，需要撤销连线的上次操作，可以按住 Shift 键，然后点击程序框图的任意位置；如果要撤销整个连线操作，鼠标右键点击程序框图的任意位置即可。

最简单的办法就是使用鼠标点击源对象的源端口引出线段，然后连至目标对象的目标端口，再次点击鼠标即可完成连线。

2. 自动连线

在 LabVIEW 的默认编程环境中，自动连线功能是处于激活状态的，自动连线功能只有在添加新的节点时有效。在向程序框图中添加节点时，若其输入(或输出)接线端与其他对象的输出(或输入)接线端比较靠近时会显示有效的连线方式，这时放开鼠标后就完成自动连线。自动连线功能只对数据类型匹配的接线端有效，在添加节点时，可以使用空格键来切换自动连线功能。

3. 选择连线

对连线进行选择主要有下面几种选择方法：首先要在工具选板中点击“定位/调整大小/选择”按钮。点击连线选中的是该连线的一个直线段，也可以按住 Shift 键同时选中多段直线段；双击连线选中的是一个连线分组；连续点击连线三次选中的是整体连线。最简单的办法是按住鼠标左键后拖动鼠标选择任意连线。

虽然连线的方法比较简单，但需注意以下几点：

(1) 线段的颜色、粗细和样式代表了通过该线传递的数据类型，比如浮点型数据为橙色，标量为细实线，而一维数组较粗些，二维数组更粗，每增加一维数组，线就增粗一些，簇类型数据用花线表示。这些线的外观有助于用户直接判断数据类型，虽然在不同类型的变量之间连线时，LabVIEW 可以自动完成数据类型的转换，但一般来说应尽量在同种数据类型之间传递数据，或者在不影响效率的情况下通过显式类型转换函数先进行类型转换后再传递，这样更便于阅读，而且可以提前避免数据溢出等可能潜在的错误。

(2) 如果程序框图窗口未包含全部程序，需要连线至当前窗口外的对象，可以在引线状态下将鼠标稍稍放在窗口之外一些，窗口会自动在该方向进行滚动，展现剩余部分的代码。

(3) 与其他框图对象一样，连线也可以被选中、复制、移动和删除。

(4) 进行多次连线和删除后，有可能会产生一些连线错误，或者不完整的断线头，可以将鼠标放到连线错误处，LabVIEW 会自动提示错误信息，帮助用户改正。如果想一次清除所有断线和连接错误，可以使用 Ctrl + B 快捷键或者主菜单项中的“编辑”下的“删除断线”选项。

5.3　VI 的运行和调试

在程序编写完成之后，必须经过运行和调试来测试编写的程序是否能够产生预期的运行结果，从而找出程序中存在的一些问题。LabVIEW 2016 提供了许多的工具帮助用户来完成程序的调试。

5.3.1 运行调试工具

程序框图工具栏中与运行调试有关的按钮如图 5.12 所示。

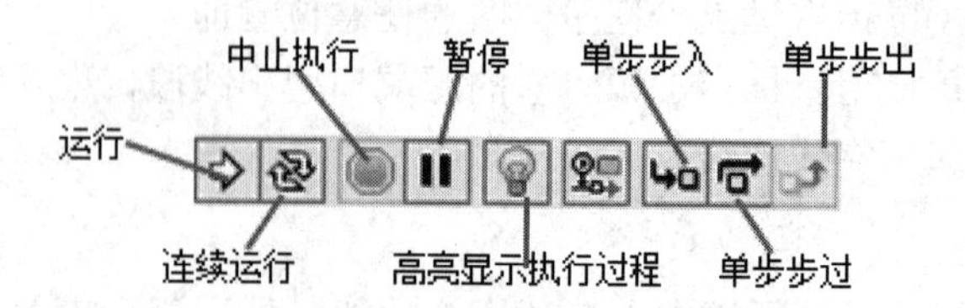

图 5.12　运行调试相关按钮

下面对主要运行调试按钮功能进行详细说明：

(1) 运行：LabVIEW 中有两种方法运行程序，即运行和连线运行。点击前面板或者程序框图工具栏中的运行按钮，就可以运行 VI 一次，当 VI 正在运行时，运行按钮变为状态。

(2) 连续运行：点击前面板或者程序框图工具栏中的连续运行按钮，可以连续运行程序，这时按钮变为状态，在这种状态下，再点击此按钮就可以停止连续运行。

(3) 中止执行：当程序运行时，中止执行按钮由编辑时的不可用状态变为可用状态，点击此按钮可强行停止程序的运行。如果调试程序使程序无意中进入死循环或无法退出状态，则这个按钮可以强行结束程序运行。

(4) 暂停：前面板或者程序框图工具栏中的暂停按钮用来暂停程序的运行。点击一次暂停程序，再次点击此按钮又恢复程序的运行。

(5) 单步步入：单步执行 VI 是在程序框图中按照程序节点的逻辑关系，沿连线逐个节点来执行程序。点击工具栏上的单步步入按钮，按单步步入方式执行 VI，点击一次执行一步，遇到循环结构或子 VI 时，跳入循环或子 VI 内部继续单步执行程序。

(6) 单步步过：点击工具栏上的单步步过按钮，按单步跳过方式执行 VI，点击一次执行一步，但是在遇到循环结构或者子 VI 节点时，把它们作为一个节点来执行，不再跳入其内部执行程序。

(7) 单步步出：点击工具栏上的单步步出按钮，可跳出单步执行 VI 的状态，且暂停运行程序。

5.3.2 高亮显示执行过程

LabVIEW 语言的一大特点就是数据流驱动，程序中每一个节点(包括函数、子 VI、各种结构等)只有在获得它的全部输入数据后才能够被执行，而且节点的输出只有当它的功能完成时才是有效的。于是通过数据线连接各个节点，从而控制程序的执行顺序，这也形成了同步运行的数据通道，而不像文本语言程序那样受到顺序执行的约束。因此，数据流驱动模式使得 LabVIEW 应用程序的开发不仅更为简洁高效，还可以自然而有效地支持多线程并行执行。

使用工具栏上的“高亮显示执行过程”按钮可以切换 VI 是否以高亮方式运行，即是否显示数据流在框图中的流动过程。在该按钮变为的高亮执行状态下，VI 运行速度变得缓慢，并以流动的橙色小圆点代替数据在线上的流动过程。再次点击此按钮，程序又恢复正常运行方式，这非常有助于编程者在调试时正确理解程序的执行过程。

下面我们通过一个汽车车速测量系统的例子来学习高亮显示执行过程的效果。在汽车车速测量系统的程序中，需要通过计数器获得车轮的转速，由于车轮的直径已知，可以通过计算得知当前行驶速度，再判断是否超速(以 100 km/h 为准)，最后以 LED 指示灯的开关状态表示判断结果。

步骤一：打开 LabVIEW 2016 工具，新建一个 VI。

步骤二：创建前面板。鼠标右键点击前面板空白处，在弹出的控件面板中，选择【新式】→【数值】→【数值输入控件】作为车轮转速的输入控件；选择【系统】→【数值】→【系统数值】控件作为已知的车轮直径数据，单位为 cm；选择【新式】→【数值】→【仪表】控件作为车速的显示仪表；选择【新式】→【布尔】→【圆形指示灯】控件作为显示是否超速的指示标记。前面板设计如图 5.13 所示。

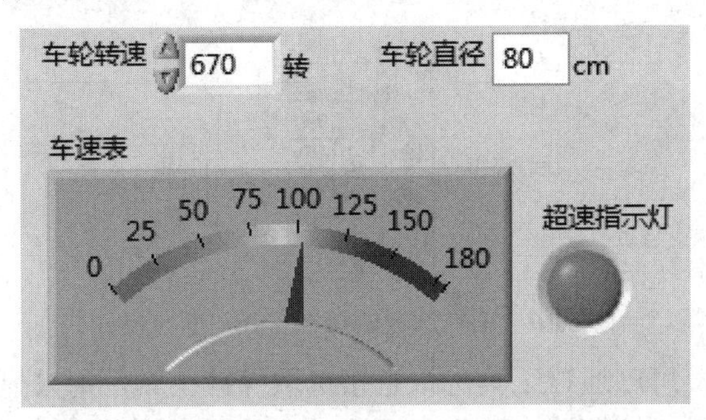

图 5.13　汽车速度测量前面板

步骤三：编辑程序框图。打开程序框图，通过车轮每分钟的转速乘以 60 来表示车轮每小时的转速，通过车轮的直径乘以 3.14 计算其车轮周长；每小时的转速乘以车轮周长就可计算出车的时速，然后转换单位为 km；由于汽车的速度是波动的，我们添加一个随机生成函数，乘以 5 表示给车有 0～5 km/h 的波动速度；最后添加一个“大于”函数，比较当前速度是否大于 100，结果作为判断汽车是否超速的条件。其程序框图如图 5.14 所示。

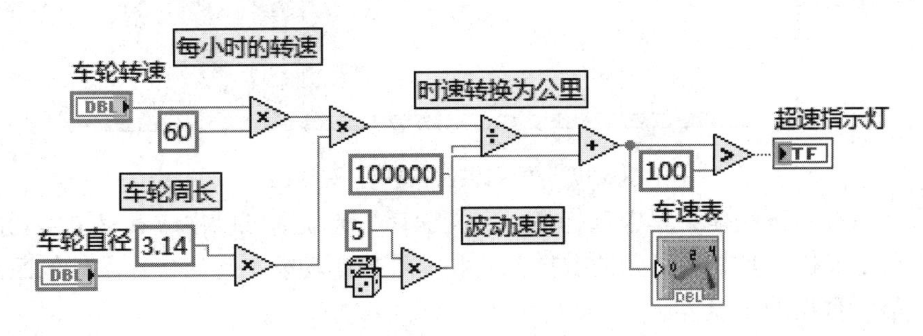

图 5.14　汽车速度测量程序框图

步骤四：保存程序，在前面板的数值控件中输入相应的数据，运行程序，发现当转速到 660 左右时，超速指示灯开始闪烁，车速表在 100 左右波动，如图 5.13 所示。

步骤五：打开工具栏中的“高亮显示执行过程”按钮，运行程序，我们发现程序运行速度明显变慢，并且在程序框图中看到数据的传输过程，如图 5.15 所示。

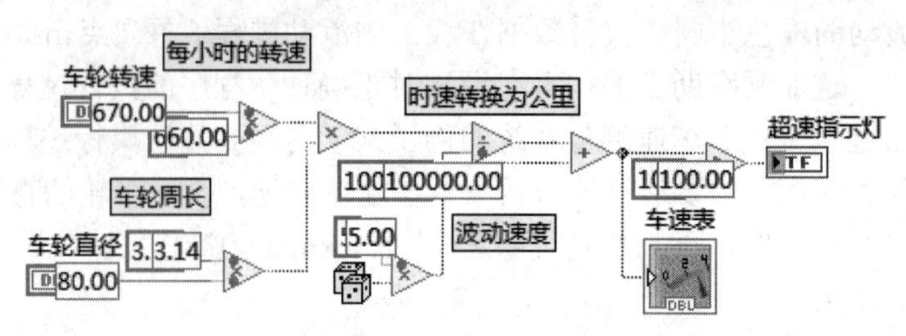

图 5.15　高亮显示执行程序框图效果图

5.3.3　探针与断点诊断

除了高亮执行外，LabVIEW 2016 还提供了探针工具和断点操作工具，方便用户实时观察变量值和控制程序的执行。探针工具和断点操作均在工具选板上可以找到，如图 5.16 所示。

图 5.16　工具选板的探针工具与断点操作

调试运行 VI 时，可以通过工具选板直接选取探针工具，用来显示流过该线的即时数据值，或者从鼠标右键快捷菜单中选择“探针”选项，都会弹出“探针监视窗口”对话框，也可添加探针，同时在连线上标示一个探针号。“探针监视窗口”对话框如图 5.17 所示。

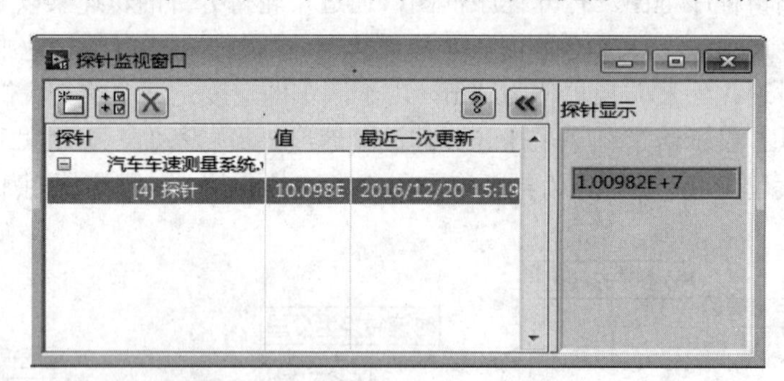

图 5.17　“探针监视窗口”对话框

如果从鼠标右键快捷菜单中选择“自定义探针”选项则可以生成具有更多功能的自定义探针，自定义探针具有更复杂的数据探测和流程控制功能，比如特殊条件的断点功能以及波形图显示数据的功能等。

程序调试过程中还经常将断点操作与探针工具配合使用，断点的创建方法为：调试运行 VI 前，从 VI 工具选板中选取断点操作，在数据线、节点或子 VI 上点击就可添加断点，或者在数据线、节点或子 VI 上点击鼠标右键，在弹出的快捷菜单中选择【断点】→【设置断点】选项，添加断点。

添加了断点的数据线会出现一个红色圆点“—●—”，添加了断点的节点或者子 VI 四周会出现红色实线，用来代表断点。需要清除断点时再次用断点工具点击该对象，或者从鼠标右键快捷菜单中选择【断点】→【清除断点】选项即可。

程序运行后，数据流流至任一断点时，会暂停执行；如果断点设置在函数、节点或子 VI 上，会不断闪烁引起用户注意，此时如果点击工具栏上的暂停按钮，程序就会运行到下一个断点或直到程序运行结束。用户可配合探针工具观察变量数据，或者使用单步调试工具逐步继续执行程序。

下面我们通过用波形生成函数产生一个带噪声的正弦波并利用不同的探针来观察线路总的数据实例，学习探针在程序调试中的具体应用。

步骤一：打开 LabVIEW 2016，创建一个新 VI。打开程序框图，在函数面板选择【编程】→【结构】→【While 循环】，鼠标右键点击右下角循环条件的输入端，选择【创建】→【输入控件】。

步骤二：添加噪声仿真信号。在程序框图中，点击鼠标右键，在函数面板上选择【编程】→【波形】→【模拟波形】→【波形生成】→【仿真信号】函数，放置在循环体内，会弹出如图 5.18 所示的对话框。在对话框中勾选上“添加噪声”复选框，点击“确定”按钮即可。

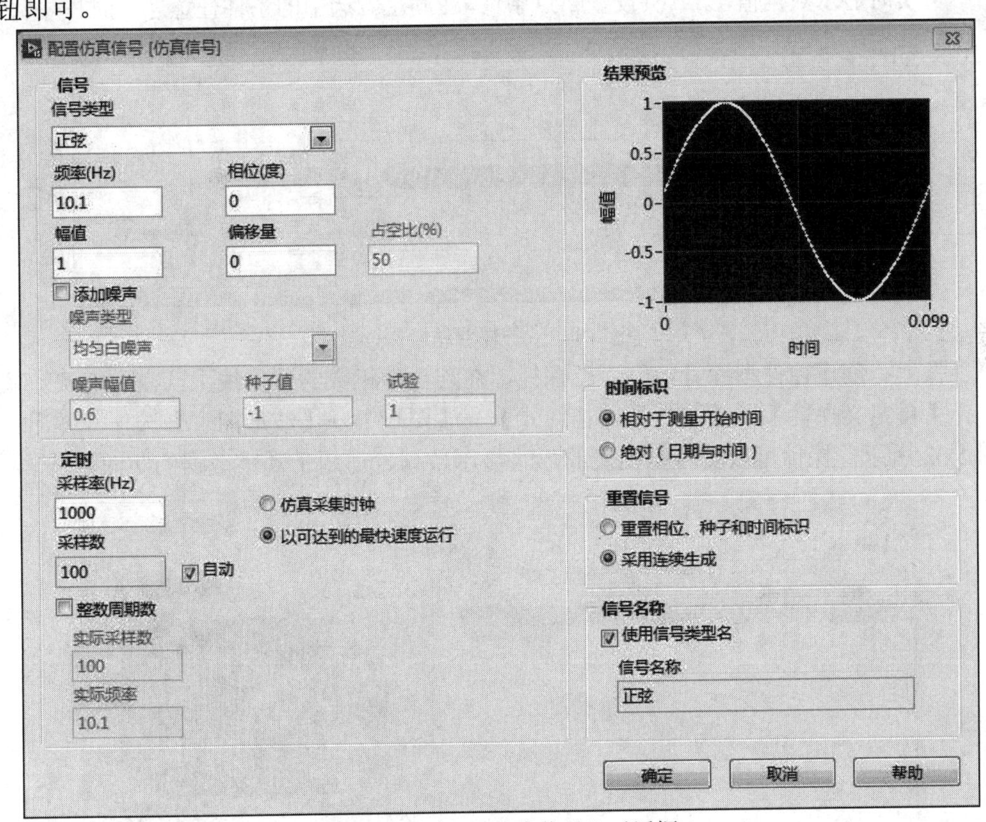

图 5.18　“配置仿真信号”对话框

步骤三：编辑前面板。打开前面板，在控件面板中选择【新式】→【图形】→【波形图】，将显示控件放在前面板上即可。

步骤四：编写程序框图。从函数面板选择【编程】→【数值】→【随机数(0→1)】函数，放置在程序框图中；将随机数连接至“仿真信号”的“幅值”输入端，并将“仿真信号”函数的“正弦与均匀噪声”输出端与“波形图”输入端连接起来，如图 5.19 所示。

步骤五：创建通用探针。在连至波形图的数据线上点击鼠标右键，在弹出的快捷菜单中选择“自定义探针”下的“通用探针”选项，即可创建一个通用探针，如图 5.20 所示。通用探针只有显示数值的功能。

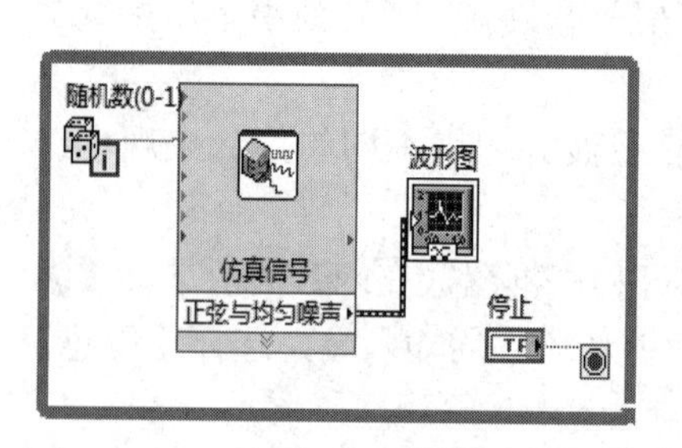

图 5.19　创建仿真信号程序框图

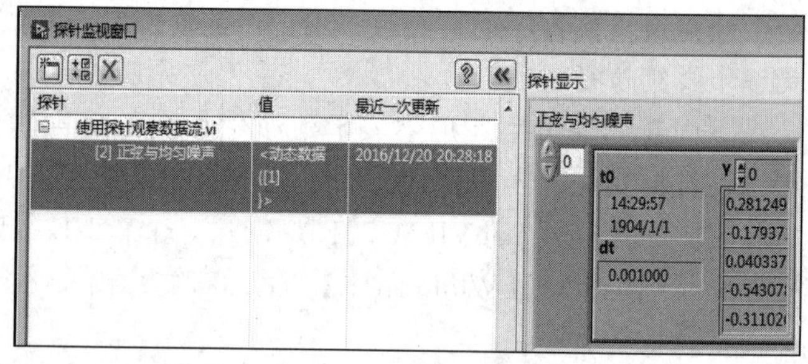

图 5.20　通用探针

步骤六：创建带条件双精度探针。删除原探针，在连至随机数的数据线上，在右键快捷菜单中选择“自定义探针”下的“带条件双精度探针”选项，弹出窗口如图 5.21 所示。探针第一页实时显示数据值，第二页设置断点条件，在满足勾选中的条件任意之一时程序暂停。

图 5.21　带条件双精度探针

步骤七：创建控件型探针。删除原探针，在连至随机数的数据线上，在右键快捷菜单中选择【自定义探针】→【控件】→【新式】→【图形】→【波形图表】选项，弹出窗口如图 5.22 所示。探针可以实时以图表的形式显示数据，适用于观察数据的实时趋势。

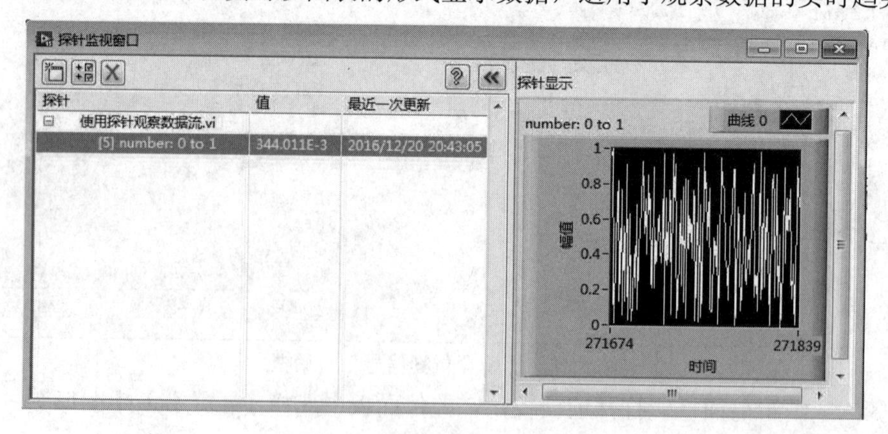

图 5.22　控件型自定义探针

本例中为了观察数据及信号分别创建了三种最常见的探针，实际上在自定义探针菜单项里还有更多其他形式灵活的自定义探针，适用于不同场合，读者可结合工程实际应用去体会。

5.3.4　程序调试技巧

程序错误一般分为两种：一种为程序编辑错误或编辑结果不符合语法，程序无法正常运行；另一种为语义和逻辑上的错误，或者是程序运行时某种外部条件得不到满足引起的运行错误，这种错误很难排除。

LabVIEW 2016 工具对用户的编程过程进行实时语法检查，对于不符合规则的连线或不必连线的端子，工具栏中的运行按钮会变为 状态。系统对于错误的准确定位，能够有效地提高调试程序的效率。点击 按钮，会弹出“错误列表”对话框，如图 5.23 所示。

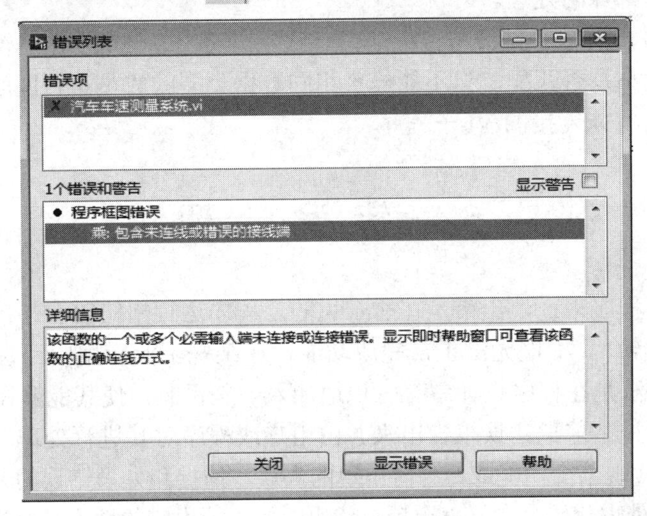

图 5.23　“错误列表”对话框

在“错误列表”对话框中详细地列出了所有的错误信息，并在对话框的最下边显示对每个错误的详细描述及如何修改错误的一些建议。用户可以通过访问 LabVIEW 2016 的帮助文件来了解有关该程序的相关问题，以便及时准确修改程序。

一般来说，上述的程序错误很多都是显而易见的，不改正程序的错误会直接导致程序无法运行。而在很多情况下，程序虽然可以运行，但是无法得出期望的结果，这种错误一般较难发现，对于这种错误，查找过程可以按以下步骤进行：

(1) 检查连线是否连接得当。可在某条连线上连续三次点击鼠标左键，则虚线显示与此连线相连的所有连线，以此来检查连线是否存在问题。

(2) 使用“帮助”下拉菜单中的“显示即时帮助”功能来动态显示鼠标所指向的函数或子程序的用法介绍以及各端口的定义，然后对比当前的连线检查连线的正确性。

(3) 检查某些函数或子程序的端口默认值，尤其是当函数或子程序的端口类型是可选型的时候，因为如果不连接端口，则程序在运行时将使用默认值作为输入参数来进行传递。

(4) 在菜单栏中选择“查看”下的“VI 层次结构”选项，通过查看程序的层次结构来发现是否有未连接的子程序。因为有未连接的子程序时，运行程序图标会变为状态，所以很容易找到。

(5) 通过使用高亮执行方式、单步执行方式以及设置断点等手段来检查程序是否是按照预定要求运行的。

(6) 通过使用探针工具来获取连线上的即时数据以及检查函数或子程序的输出数据是否存在错误。

(7) 检查函数或子程序输出的数据是否是有意义的数据。在 LabVIEW 2016 中，有两种数据是没有意义的：一种是 NaN，表示非数字，一般是由无效的数字运算得到的；一种是 InF，表示无穷大，一般是由运算产生的浮点数。

(8) 检查控件和指示器的数据是否有溢出。因为 LabVIEW 不提供数据溢出警告，所以在进行数据转换时存在数据丢失的风险。

(9) 当 For 循环的循环次数为 0 时，需要注意此时将会产生一个空数组，当调用该空数组时需要事先作特殊的处理。

(10) 检查簇成员的顺序是否与目标端口一致。LabVIEW 2016 在编辑状态下能够检查数据类型和簇的大小是否匹配，但不能检查相同数据类型的成员是否匹配。

(11) 检查是否有未连接的 VI 子程序。

5.4 错误处理

对于一个应用程序来说，出错是在所难免的。程序运行出错时会超出程序员的控制，使得程序“南辕北辙”，不仅无法正常完成功能，在某些工业应用中，甚至会导致悲剧发生。有效的解决方法是在程序设计中有意识地加入一些机制，使其能够在运行时捕捉发生的错误，在错误失控之前把错误报告出来并由用户或程序对其进行处理。

错误(Error)是实现某个功能或任务时出现的失误。捕捉和处理错误的方法多种多样，最常见的情况是错误处理代码分布于整个项目代码中，可能出错的地方都有进行错误处理的代码。这种方法的好处就是阅读代码时能够直接看到错误处理情况；但这种办法使应用程序的核心代码晦涩难懂，难以看出程序功能是否正确实现，这样就使代码的理解和维护更加困难。

与常见的错误处理的方法不同，LabVIEW 2016 程序的错误处理遵循数据流模式。程序中的函数和 VI 分别以错误代码和输入、输出错误簇(Error Cluster)返回错误信息。设计时，从起始函数或 VI 将错误信息一直连接到终点函数或 VI，错误信息就会像数据值一样流经各个函数和 VI。默认情况下，LabVIEW 通过挂起、高亮显示出错的子 VI 或函数，并以显示错误信息对话框的方式自动处理每个错误，这至少为每个虚拟仪器项目提供了错误处理功能。如果开发的项目对错误处理要求不高，就可以直接拿来使用。当然，如果需要以其他方式处理程序发生的错误，例如，在某些工业应用场合中可能并不希望错误对话框出现，就可以禁用 VI 的自动处理错误功能，在代码中采用自定义的错误处理方式。

通常，禁用了 LabVIEW 的自动错误处理功能后，就可以将程序中的各个函数和 VI 错误端子连接起来传递错误的信息，并使用分支结构在每个执行节点中检测错误，把正常执行的代码放置在没有错误发生的分支中，而只通过错误分支传递错误信息。这样，在没有发现任何错误时，节点将正常执行。如果 LabVIEW 检测到错误，则该节点的代码并不执行，只是快速将错误信息传递到下一节点，以此类推，直到错误信息被传递到终点为止。基于这种原理，我们就不必在每个节点上报告或处理错误，而是将这些工作集中在某些关键节点或者最终节点之后完成。这种基于数据流模式“分点捕获、集中处理” 的错误处理方法可以使程序的主要功能一目了然。

5.4.1　错误簇

LabVIEW 程序的错误信息通过错误输入和错误输出簇(如图 5.24 所示)在各 VI 和函数节点之间传递。错误输入和错误输出簇包含一个表示状态的布尔量、一个表示错误代码的整型常量和一个表示错误具体信息的字符串常量，它们的作用如下：

(1) 状态(status)是一个布尔类型的量，用于表示是否有错误发生，当其值为 True 时，表示发生错误。

(2) 代码(Code)是一个 32 位带符号的整数，可以通过它来索引详细的错误或警告信息。

(3) 源(Source)是用来说明哪个函数或 VI 发生的错误或者警告，也包含了错误或警告的具体信息。

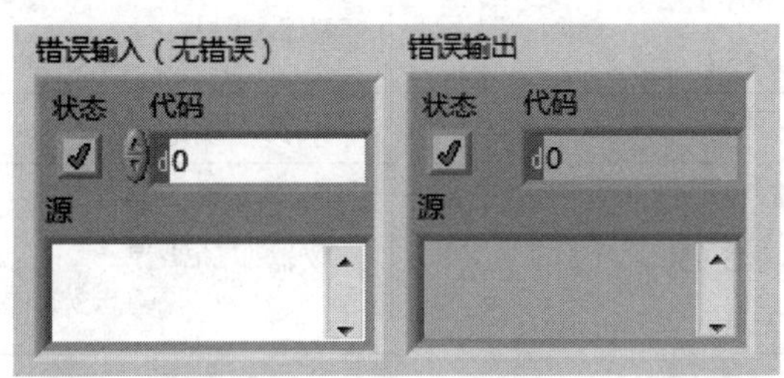

图 5.24　错误输入和错误输出簇

默认境况下，错误簇的值为：状态为 False，代码为 0，源为空字符串。如果状态的值等于 True，则表示发生了错误，此时不等于 0 的代码值可以表示错误详细信息索引代码，源字符串用来指明错误的确切位置；而如果状态的值等于 False 并且代码的值不等于 0，则表示一个警告。一般来说，警告并不会导致严重后果，或者说，警告比错误造成的后果要轻一些。

对于系统错误，代码都有预先的定义，可以通过选择菜单栏中“帮助”下的“解释错误”选项打开“解释错误”对话框来查找该错误代码的更详细解释。“解释错误”对话框如图 5.25 所示。具体错误代码范围如表 5.2 所示。

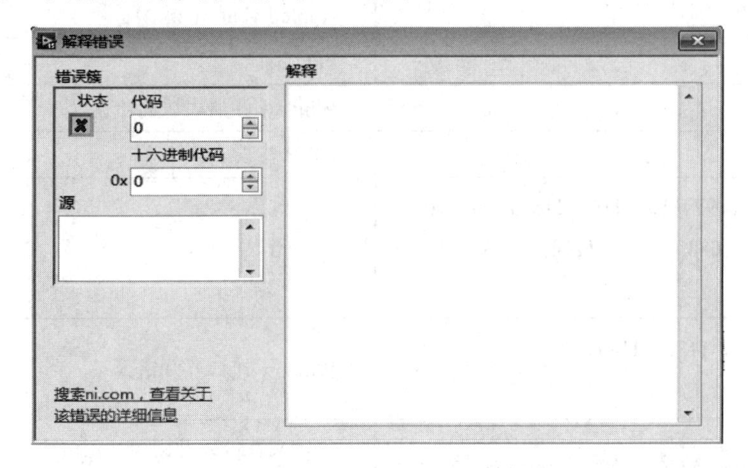

图 5.25　“解释错误”对话框

表 5.2 LabVIEW 错误代码范围

代 码 范 围	错误代码类别
1046～1050、1053	MATLAB 脚本(MATLAB Script) 错误
1158～1169	实时菜单(Run-Time Menu) 错误
16 211～16 554	SMTP 错误
0	信号处理、 GPIB、VISA 错误，仪器驱动、公式解析错误
61～65	串口错误
53～66、−2 147 467 263～−1 967 390 460、108～113、1087～1185	网络错误
−1 073 807 360～−1 073 807 192、1 073 676 290～1 073 676 457	VISA 错误
−41007～−41000	报表生成错误
−1300～1210、102～103、−1 074 003 967～−1 074 003 950、1 073 479 937～1 073 479 940	仪器驱动错误
−23 096～−23 081	公式解析错误
−23 096～−23 000	数学错误
−20 699～−20 601	信号处理工具错误
−20 999、−20 103～−20 001、−20 337～−20 301、20 020、20 334、20 351～20 353	信号处理错误
−20 207～−20 201	逐点错误
−10 943～−10 001	数据采集错误
−1809～−1800、1800～1809	波形错误
−1719～−1700	Apple Event 错误
−932～−900	PPC 错误
−620～−600	Window 注册表访问错误
1～20、30～41	GPIB 错误
1～52、67～91、97～100、116～118、1000～1045、1051～1086、1088～1157、1174～1188、1190～1194、1196	一般错误
92～96、1172、1173、1189、1195、14050～14053	Window 接口互联错误
−8999～−8000、5000～9999、500 000～599 999	自定义警告或者错误。正值通常用于警告，负值用于错误

从表 5.2 中可以看出，LabVIEW 将 −8999～−8000、5000～9999 和 500 000～599 999 之间的代码预留给开发人员用于自定义错误。如果要在 VI 中标记一个 LabVIEW 错误数据库中未定义的错误或警告，就可以选用上述范围内的某个错误代码。通常，用该范围内的正值来表示警告，用负值来表示错误。LabVIEW 错误数据库中的某些错误代码可同时适用于一组或多组 VI 和函数。例如，错误 65 不仅表示串口错误代码(表示串口超时)，还可以表示网络错误代码(表示网络连接已建立)。有关错误的详细信息，可以在开发时参阅 LabVIEW 帮助文档。

5.4.2 错误捕获

如前所述，建议采用“分点捕捉、集中处理”的方法构建 LabVIEW 程序的错误处理功能。首先需要使程序在运行时能检测是否有错误发生，并设法将捕获的错误信息发送到进行集中报告或处理的地方。

错误捕获的方法多种多样，一般常用以下几种方法：

(1) 使用错误信息链顺序传递错误信息。

(2) 合并错误信息。

(3) 使用移位寄存器捕获所有循环迭代中的错误。

(4) 在大型项目中使用队列将错误信息传递到对其集中报告或处理的地方。

1. 使用错误信息链顺序传递错误信息

在程序中使用错误信息链顺序传递错误信息是最常用的错误捕获手段。大多数 LabVIEW 函数和子 VI 都有输入和输出错误簇接线端，而且它们一般都会被设计成发生错误时忽略功能代码执行而仅仅传递错误信息的结构。因此，只要根据程序运行顺序，从起始函数或 VI 依次连接各个节点的输入/输出错误簇，就可以在发生错误时快速地将错误信息通过错误链传递到终点。

错误信息链除了传递错误信息外，其本质上会基于数据流构成函数之间的数据依赖关系；也就是说，所有在错误信息链上的函数或子 VI 都会顺序执行。通常，在设计时也基于这一特点，确定那些没有明显数据依赖关系程序片段的执行顺序。但一定要注意，不能仅仅为了创建数据依赖而忽略了错误信息链报告和处理错误的主要功能。

要使错误信息链快速传递错误信息，就必须保证错误链上的各个节点在发生错误时及时地将错误信息向后传递。如前所述，大多数 LabVIEW 函数一般都会在错误发生时忽略子 VI 功能代码执行而仅仅传递错误信息结构。由于通常功能代码的执行耗时较多，而且在错误发生时执行功能代码可能会因等待某个正常参数耗费更长时间，甚至导致不可预料的后果；因此，在错误情况下避免执行功能代码而仅传递错误信息，不仅可以提高函数或 VI 的响应速度，还可以避免因错误引发不可预料的后果。

基于上述理念，建议在创建子 VI 时，基于图 5.26 所示的程序框图模板来设计。在图所示模板中，输入错误簇被连接到条件结构的条件选择器接线端，条件选择器标签显示“无错误”和“错误”两个选项，同时条件结构边框的颜色也变成错误时为红色，无错误时为绿色。如果在无错误分支添加程序功能代码，那么错误发生时，程序功能代码就不会被执行，而错误分支就会很快地传递错误信息到下一节点。

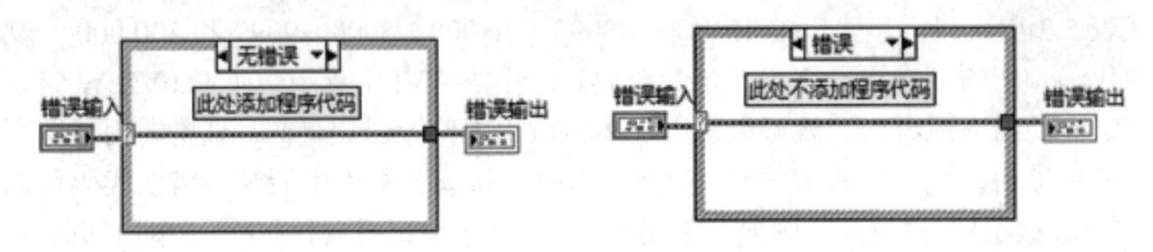

图 5.26　带错误处理的程序框图模板

2. 合并错误信息

如果程序中同时存在多个错误信息链并行执行，就可以使用“合并错误”函数，将各个错误链中最后一个节点的错误输出端合并。“合并错误”函数位于函数选板的“编程”下的“对话框与用户界面”子面板中，该函数可以对连接至输入端的多个错误信息进行合并，如图 5.27 所示。

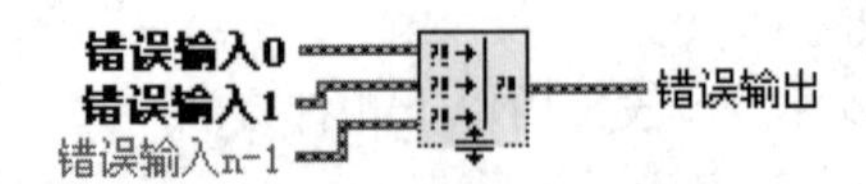

图 5.27　合并错误函数

合并错误信息时要遵循以下原则：

(1) 从第一个错误输入(错误输入 0 端)开始，依次寻找错误。

(2) 如果发现错误，立即返回该错误。例如，如果在错误输入端 1 中未发现错误而在错误输入端 2 中发现错误，就立即返回错误输入端 2 中的错误。

(3) 如果未发现所有输入端有错误，它就开始从第一个错误输入查找警告，并返回第一个发现的警告。

(4) 未发现所有输入端有警告，VI 将返回无错误。

3. 使用移位寄存器捕获错误

在循环中捕获错误，较理想的方法是使用移位寄存器来传递错误信息。由于移位寄存器可以将前一次循环迭代结束时的错误输出作为下一次循环迭代的输入，因此，当某个循环迭代中发生错误时，后续迭代中的读取串口函数并不执行操作，而只是传递错误信息。这不仅保证了所有错误可以被正确捕获，还能使错误信息在 While 循环退出后正确向后传递。和 While 循环类似，使用移位寄存器捕获错误信息也是在 For 循环各个迭代中传递错误数据的最好方法。一方面，由于大多数节点在错误发生时只传递错误信息，使得移位寄存器捕获错误的方法效率非常高；另一方面，使用这种方法时，只有一个错误簇被保存在内存中，因此内存使用效率也非常高。此外，移位寄存器还保证了错误信息在循环迭代时连续传递，每次迭代开始时循环的输入错误都不会被重置。

使用错误信息链、合并并行错误信息链和循环中使用移位寄存器捕获错误的方法在开发一般 VI 时较常用。但是，在为大型虚拟仪器项目构建错误处理机制时，通常会使用队列把在程序的不同部分捕获的错误发送到错误处理模块集中进行报告和处理。程序中的错误处理线程会不断地从错误队列中取出错误，按照进入队列的先后顺序对错误进行报告或处理。这种模式不仅可以使大型多线程程序的错误处理有效地进行，还可以保证发生错误时，用户可以优雅地结束程序。

5.4.3　错误报告

捕获到错误后，可以将其报告给用户，以便用户采取措施进行纠正。在 LabVIEW 程序中，可以使用以下几种方法报告错误给用户：

(1) 使用对话框或主界面上的提示窗口报告错误。

(2) 使用错误日志文件报告错误。

(3) 使用 Email 或短信通知用户。

1. 使用对话框报告错误

使用对话框报告错误相对比较容易。LabVIEW 提供了两个错误报告函数来支持这种方案，分别是简易错误处理器函数(Simple Error Handler)和通用错误处理器函数(General Error Handler)，这两个函数都位于函数选板的【编程】→【对话框与用户界面】子面板中。这两个函数都会检测错误输入端的错误，在 LabVIEW 错误代码数据库中查找与错误代码对应的错误描述，并生成包含错误代码、错误源和详细错误描述的对话框显示给用户。默认情况下，这个对话框需用户确认后才关闭。

简易错误处理器函数和通用错误处理器函数的详细信息如图 5.28 所示。

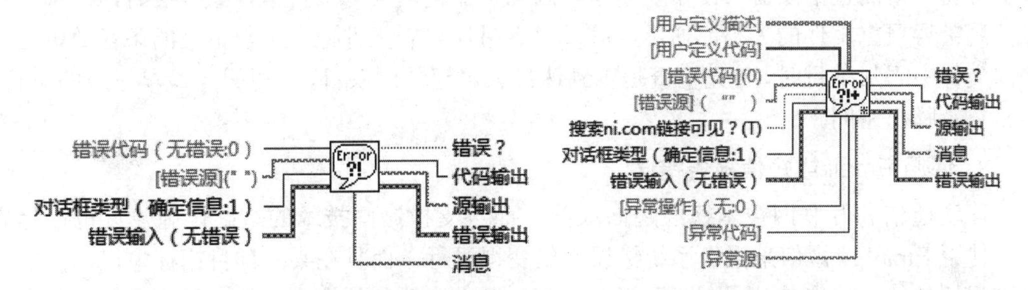

图 5.28　简易错误处理器函数和通用错误处理器函数

如果双击“简易错误处理器”函数图标查看它的程序框图，如图 5.29，不难发现它只是使用了较少输入和输出参数来调用通用错误处理器函数，因此，它本质上只是对通用错误处理器函数进行了再次封装。这种简单的封装除了减少部分连接参数外，并没有增加任何其他价值；相反，增加函数调用次数为系统带来不必要的开销。由于通用错误处理器函数本身就没有很多参数，这种减少参数的封装反而降低了它的灵活性；因此，在使用对话框来报告错误时，笔者强烈建议直接使用通用错误处理器函数，使程序更灵活、高效。

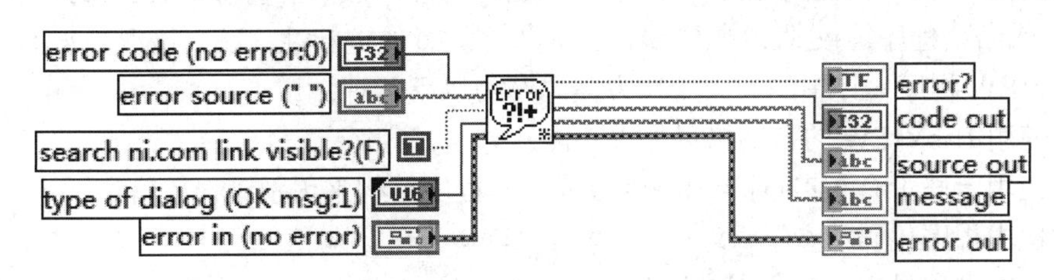

图 5.29　简易错误处理器函数的程序框图

2. 使用错误日志文件报告错误

需要确认的错误对话框有时可能会混淆或妨碍许多用户操作，而且使用它时，系统并不会保存报告的错误信息。但是，大型项目中的故障记录和回放功能往往非常重要，例如，对无人值守或者远程控制的项目，总希望不弹出错误对话框，而是记录故障信息供用户对系统进行诊断或维护，因此，使用错误日志文件保存错误信息就非常重要。

在创建错误日志文件时，通常至少应保存下列与错误相关的信息：

(1) 错误发生的时间(如日期、时、分、秒等)。

(2) 错误源。

(3) 错误代码。

(4) 错误描述。

(5) 错误类别和操作员账号等其他信息。

从程序设计的角度看，可以使用位于 LabVIEW 函数选板的【编程】→【定时】子选板中的“获取日期/时间字符串”函数，生成 ASCII 码格式的日期和时间字符串；使用“通用错误处理器”函数获取与错误相关的错误源、错误代码和详细的错误描述。这时一般需要配置它的“对话框类型”输入端为“无对话框”，禁止它弹出对话框。对每个需要报告的错误，把这些信息组合在一起，并使用 Tab 分割符分开后写入文件中即可。

由于对特别大的日志文件操作效率往往较低，而且如果不加控制地向文件中添加记录，可能会塞满整个硬盘，使系统崩溃。因此，在使用文件报告错误的方法时，特别要注意控制错误日志文件的大小。通常，可以限定错误日志文件保存错误记录的条目数，当程序向文件中添加条目时，首先检查是否到达最大可记录的条目，可以丢弃最早记录的条目，为新记录腾出空间。

3. 使用 Email 或短信报告错误

移动通信和互联网技术已经趋向成熟，而且支撑这些技术的基础设施建设也日趋完善，使用 Email 或短信来报告系统错误不仅变得可行，而且在某些项目招标中已经变成一项必需的功能。LabVIEW 提供了使用 SMTP 发送电子邮件的函数集，使用这些函数可以很容易地将错误信息送到指定的用户邮箱中。至于使用短信发送错误信息，可以使用串口连接一部手机，向其发送 AT 命令来发送错误信息。这种方式速度相对较慢，如果需要大量群发短信，则可以使用 GSM-SM Modem(俗称短信猫)或通过运营商提供的短信网关来实现。

5.4.4 错误处理

捕获错误并报告错误的目的是希望用户或程序能采取适当的措施(如消除错误，使程序恢复运行或结束程序等)处理这些错误，提高程序运行的健壮性，减少错误带来的损失。

LabVIEW 程序设计中的错误处理方案总结为以下几种：

(1) 使用 LabVIEW 的自动错误处理功能。

(2) 使用一些带有布尔量的 VI、函数或基本程序结构来识别错误簇信息。

(3) 使用程序代码消除错误。

(4) 在大型项目中，对错误进行分级和分类处理。

默认情况下，LabVIEW 为每个 VI 自动进行错误处理。如果激活了该功能，当错误发生时，LabVIEW 就会通过挂起程序执行、高亮显示出错的子 VI 或函数以及显示错误对话框的方式自动处理每个错误。但是，LabVIEW 的自动错误处理功能有很多不尽如人意之处。例如，在程序框图中把 VI 的错误输出参数与另一个输入参数或错误输出显示控件连接构成错误信息链，VI 的自动处理错误功能就会被禁用，也就是说，它不能保证错误信息每次都会报告给用户。因此，多数大型商用项目开发中都会禁用 LabVIEW 的自动错误处理功能，而通过代码为程序添加错误处理能力。如果要禁用或使能某一个 VI 的自动处理错误功能，可以选择 VI 菜单栏中的“文件”下的“VI 属性”，并从所弹出对话框的“类别”下拉菜单中选择“执行”选项，选择或取消选择复选框“启用自动错误处理”，如图 5.30 所示。

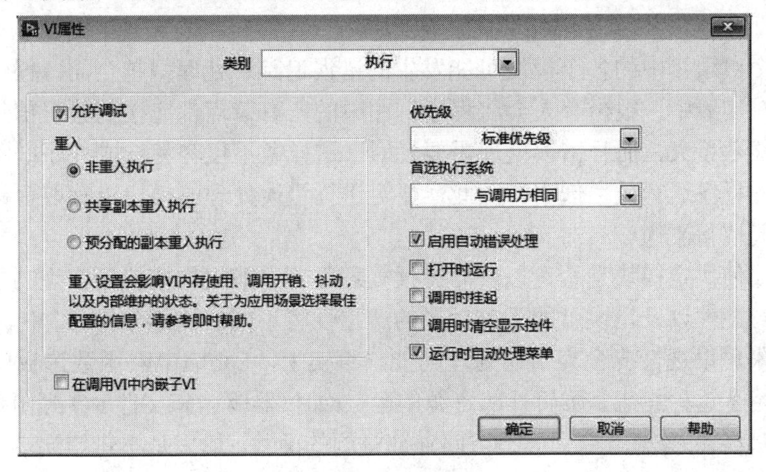

图 5.30　启用单个 VI 错误处理功能

如果要启用或关闭项目中所有新创建 VI 的自动错误处理功能，并配置 VI 在发生错误时弹出或不弹出错误对话框，可以在菜单栏中选择“工具”下的 “选项”，并从弹出选项对话框的“类别”列表中选择“程序框图”，在“错误处理”栏，选择或取消“在新 VI 中启用自动错误处理”和“启用自动错误处理对话框”复选框即可，如图 5.31 所示。

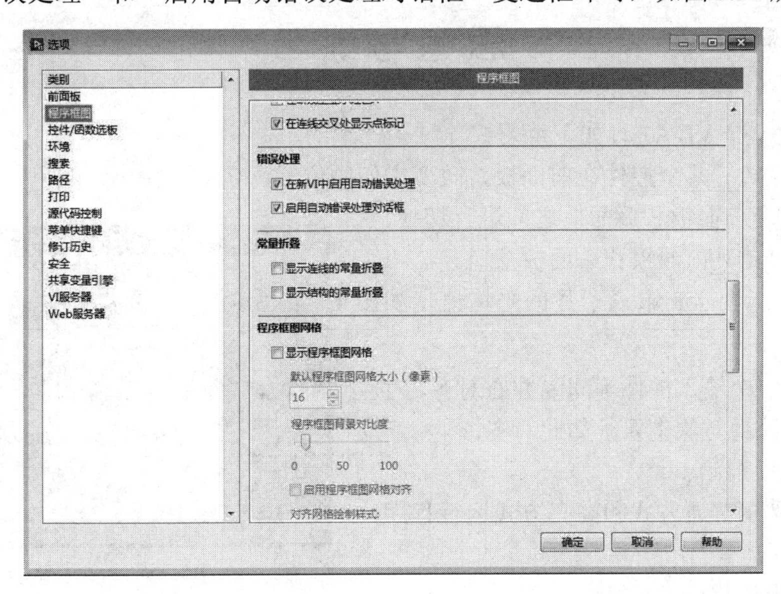

图 5.31　设置新创建 VI 错误处理功能对话框

通过 LabVIEW 程序框图处理错误的一种常见方法是使用一些带有布尔量的 VI、函数或基本程序结构来识别错误簇中传递的错误信息。前面讲到把一错误簇连接到条件结构的条件接线端，来区分是执行程序的功能代码还是仅传递错误信息的方法就是一个很好的例子。虽然它很简单，但却是保证 LabVIEW 程序发生错误时 VI 作出快速响应的基础。

使用代码清除错误的最基本思想是针对某一错误进行修复后，将错误簇中的各个元素的值复位到无错误的状态。

在进行大型虚拟仪器项目开发时，往往涉及使用代码对发生的错误进行纠正的自动纠错模块开发。无论自动纠错模块的功能有多复杂，只要把握复位输出错误簇至无错状态这个核心原则即可。

理论上，对项目中的各个模块可能发生的错误追踪、处理得越全面，程序的可靠性就越高。但是在实践中，很少有人会将程序框图中的所有节点都连接到错误信息链上。事实上，由于连线数量大，而且错误处理需要耗时，这样做不仅容易造成程序框图上的连线重叠，还会导致程序运行效率低下。因此，要对进行错误处理的模块进行取舍，在运行效率和可靠性之间取得平衡。

那么，如何决定模块是否可以舍弃错误处理呢？一般根据模块所实现功能的重要性、错误发生的可能性以及错误可能带来后果的严重性将不同模块划分为高、中、低三个级别，级别低的模块可以视情况舍弃错误处理功能。事实上，LabVIEW 函数选板中的函数的错误处理就使用了这种思想。访问外部资源的函数(如仪器驱动和文件 I/O 等函数)级别最高，其次是带有错误输入/输出端子但不访问外部资源的函数，最后是不带错误端子的函数，如算术运算和逻辑运算函数等。

参照 LabVIEW 对自带函数的分类方法，在虚拟仪器项目开发时，也可以将要求执行 I/O 操作的模块划分为优先级最高，把不进行 I/O 操作但需要监测其运行情况的模块划分为中级类别而忽略相对可靠模块的错误处理。

思考与练习

1. 新建一个 VI，进行如下练习：

(1) 任意放置几个控件在前面板，改变它们的位置、名称、大小、颜色等。

(2) 在 VI 前面板和后面板之间进行切换。

(3) 并排排列前面板和后面板窗口。

2. 编写一个 VI 求三个数的平均值，如图 5.32 所示。

要求对三个输入控件等间隔并右对齐，对应的程序框图控件对象也要求如此对齐。

(1) 添加注释。

(2) 分别用普通方式和高亮方式运行程序，体会数据流向。

(3) 单步执行一遍。

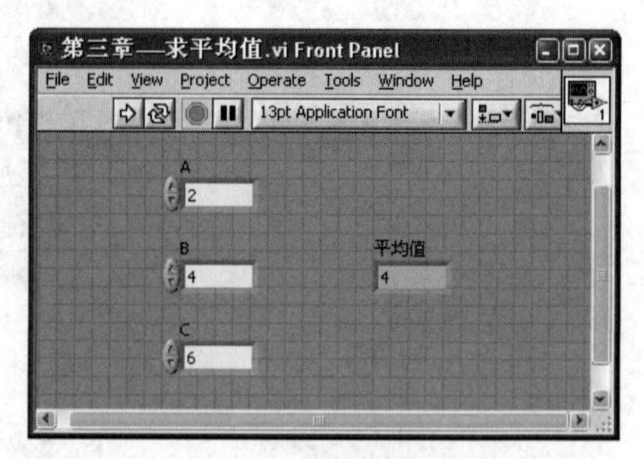

图 5.32　思考与练习题

第 6 章　程序结构设计

程序的流程控制是程序设计的一项重要内容，直接关系到程序的质量和执行效率。对于LabVIEW 这种基于图形方式和数据流驱动的语言，程序流程显得更为重要。在 LabVIEW 中，结构是程序流程控制的节点和重要因素，结构控制函数在代码窗口中是一个大小可调的方框，方框内编写该结构控制的图形代码，不同结构间可以通过连线交换数据。

本章主要介绍 LabVIEW 2016 的六种基本结构：顺序结构、条件结构、循环结构、事件结构、定时结构和禁用结构，同时也介绍公式节点、反馈节点和变量的使用方法。在程序框图窗口中，程序结构都位于函数选板的“编程”下的“结构”子选板中，如图 6.1 所示。

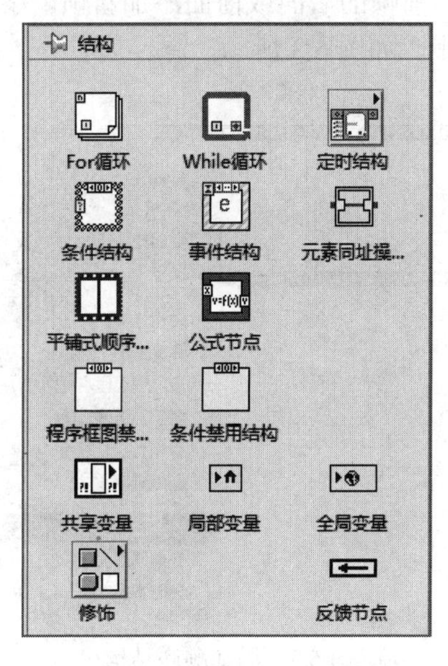

图 6.1　程序结构子面板

6.1 顺 序 结 构

LabVIEW 最大的特点就是数据流驱动，所以程序不一定按图形代码的先后顺序执行，这是与传统的文本编程语言最大的不同。如果用户一定要指定某段代码的先后执行顺序，则可以用顺序结构来实现。顺序结构包含一个或多个按顺序执行的子程序框图或帧，程序中用帧结构来控制程序的执行顺序，执行完某一帧中的程序以后再执行下一帧中的程序。

LabVIEW 中的顺序结构有两种形式：平铺式顺序结构和层叠式顺序结构。它们的功能是相同的，只是形式不同，层叠式可以节省更多的空间，让整个程序代码看上去更加整齐。

6.1.1　平铺式顺序结构

平铺式顺序结构位于函数选板的“编程”下的“结构”子选板中，选择“平铺式顺序结构”对象，拖放到程序框图中，按住鼠标左键，向右下方拖动到一定大小松开，就创建好了一个平铺式顺序结构，如图 6.2 所示。

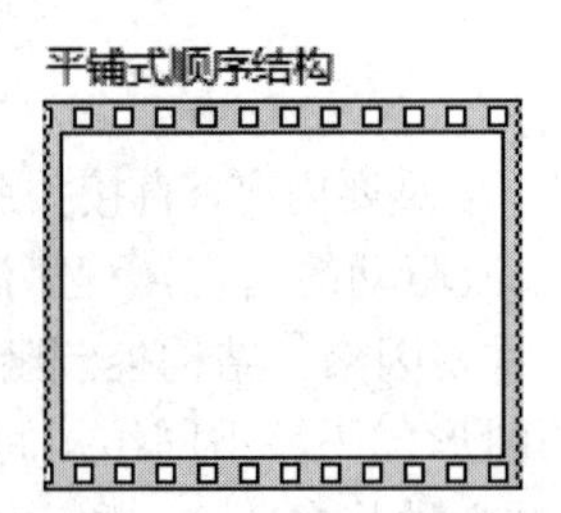

图 6.2　平铺式顺序结构

新建的平铺顺序结构只有一帧，可以通过右键快捷菜单选择“在后面添加帧”选项或“在前面添加帧”选项，在当前帧的后面或前面添加新帧。添加的帧平行排列，通过拖动四周的方向箭头可改变其大小，如图 6.3 所示。

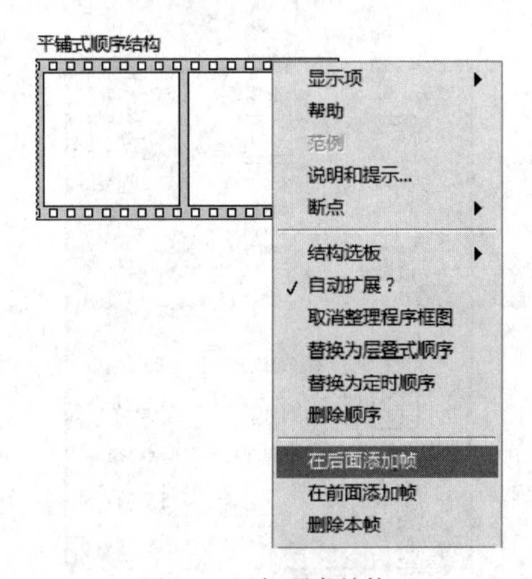

图 6.3　添加顺序结构

如图 6.4 所示，在程序框图中创建平铺式顺序结构，先在第一帧中编辑加法运算，然后在后面添加一帧，在此帧中编辑减法运算，减法运算的被减数为第一帧中的和。平铺式顺序结构中两个帧之间的数据传递可以通过直接连线的方法来实现，因此可以将第一帧中加法函数的输出端直接连接到第二帧中减法函数的被减数输入端口上。

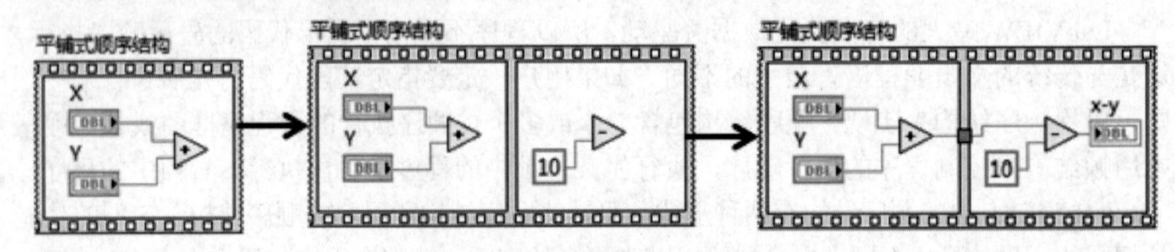

图 6.4　平铺式顺序结构的使用

6.1.2　层叠式顺序结构

在 LabVIEW 2016 集成开发环境中，没有专门创建层叠式顺序结构的函数。层叠式顺序结构的创建方法是通过平铺式顺序结构转换而来，在平铺式顺序结构对象中，选择右键快捷菜单中的“替换为层叠式顺序”选项，即可创建层叠式顺序结构。层叠式顺序结构添加帧的方法与平铺式顺序结构相同，只是展现在用户面前的形式不同，对于层叠式顺序结构，用户只能看到一个帧，其他帧是层叠起来的，如图 6.5 所示，代码按“0，1，2，…”的帧结构顺序执行，顺序框图上方显示的是当前帧的序号和帧的总数，例如“0[0..3]”表示这个程序共用四帧，当前为第一帧。

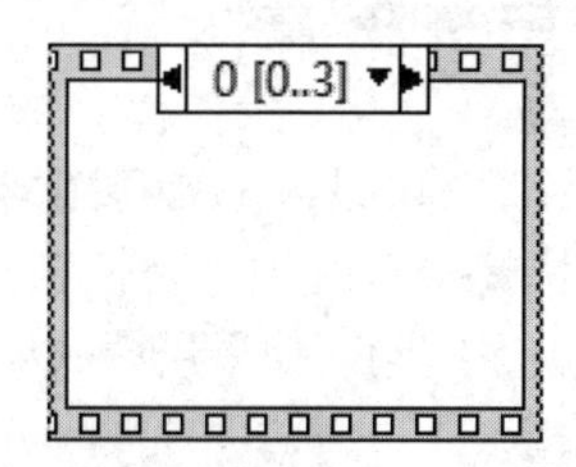

图 6.5　层叠式顺序结构

对于平铺式顺序结构，前后帧的数据可以通过数据连线直接传递，而对于层叠式顺序结构的数据传递，则要借助于局部变量来实现。

创建层叠式顺序结构局部变量的方法是在顺序结构的边框上点击鼠标右键，在快捷菜单中选择“添加顺序局部变量”选项，这样，在每一帧的对应位置会出现一个方框。小方框可以沿框四周移动，颜色随传输数据类型的系统颜色发生变化，如传输数据为浮点数据变量时其颜色为橙色。对于添加代码的顺序结构框体，添加局部变量后，方框中有一个箭头，如果箭头朝外，则表示数据向外传递，反之，则表示数据向内传递；对于未添加代码的顺序结构框体，添加代码后只是出现方框，而没有表示数据流向的箭头，如图 6.6 所示。在顺序结构中，数据只能从编号小的帧向编号大的帧传递，而不能反向。

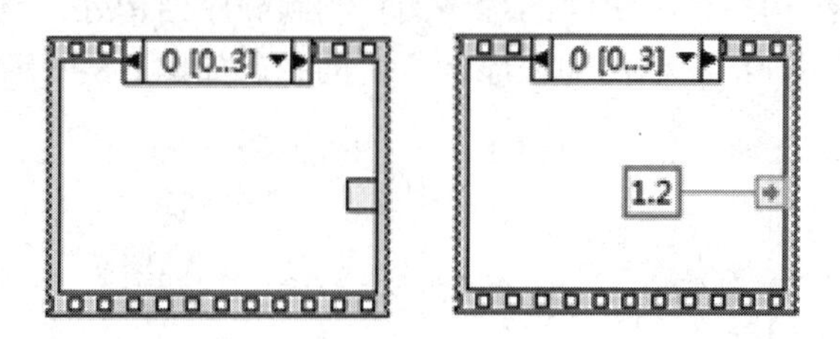

图 6.6　顺序结构局部变量

删除层叠式局部变量的方法是在局部变量小方框上点击鼠标右键，在弹出的快捷菜单中选择“删除”选项，将删除选中的局部变量。

6.1.3　顺序结构之间的转换

平铺式顺序结构和层叠式顺序结构功能相同，相互之间可以方便地进行转换。通过平铺式顺序结构的右键快捷菜单选项“替换为层叠式顺序”，可以将平铺式顺序结构转换为层叠式顺序结构。如果平铺式顺序结构帧之间有数据线连接，则相应地转换为局部变量，如图 6.7 所示。

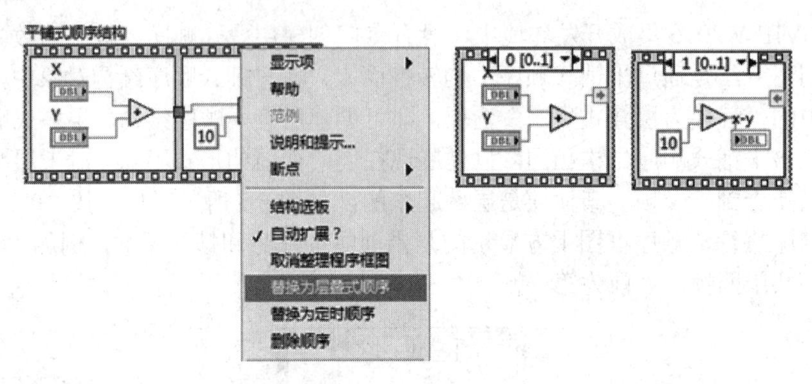

图 6.7　平铺式顺序结构转换为层叠式顺序结构

通过层叠式顺序结构的右键快捷菜单选项“替换”下的“替换为平铺式顺序”，可以将层叠式顺序结构转换为平铺式顺序结构，如果层叠式顺序结构有局部变量，则转换为数据连线。

顺序结构是一种强制的串行机制，虽然可以保证执行顺序，但同时也阻止了并行操作。在 LabVIEW 程序设计过程中，应充分利用 LabVIEW 固有的并行机制，避免使用过多的顺序结构。

为了查看顺序结构中代码的执行顺序，加深对顺序结构功能的理解，我们通过下面的实例来查看顺序结构中代码的执行顺序。程序创建过程如下。

步骤一：新建一个 VI，切换到程序框图，创建一个平铺式顺序结构，在结构边框上点击鼠标右键，在弹出的快捷菜单中选择“在后面添加帧”选项，创建一个新帧。

步骤二：在第一帧中添加两个数值常量为 x 和 y，同时添加一个“加”函数，将 x+y 的值通过显示控件显示出来。在第二帧中添加两个 DBL 数值常量为 a 和 b，同时添加一个“乘”函数，将 a*b 的值通过显示控件显示出来。

步骤三：将顺序结构两个帧里面的程序图复制到顺序结构外。点击工具菜单的“高亮显示”按钮，运行程序，程序框图和程序运行时的状态如图 6.8 所示。

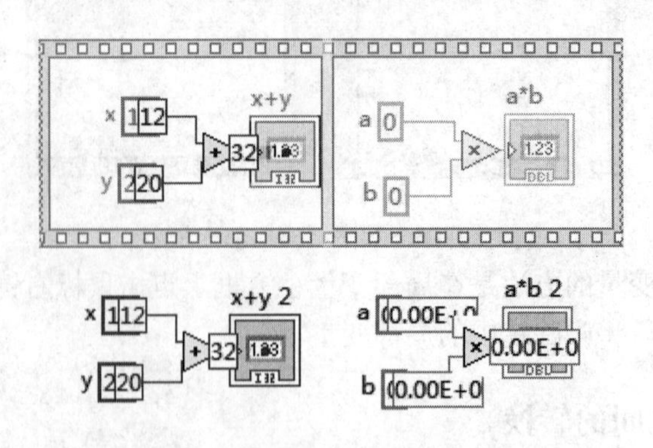

图 6.8　顺序结构代码执行顺序

图中高亮显示的部分为当前正在运行的代码，未高亮显示部分表示等待执行的代码，从中可以直观地看出程序运行的顺序。

为了观察层叠式顺序结构局部变量的数据流向，下面同样通过一个实例来说明。程序创建步骤如下。

步骤一：新建一个 VI。在前面板放置两个数值输入控件，命名为 x 和 y，再放置两个数值显示控件，命名为“x+y”和“(x+y)^2”。

步骤二：切换到程序框图，创建一个层叠式顺序结构，并在后面添加一个帧。在第一帧中放置一个“加”函数，输入分别与 x 和 y 连接，输出与“x+y”对象连接。

步骤三：创建一个层叠式顺序结构的局部变量，将第一帧中的 x+y 连接到局部变量。

步骤四：点击帧标签，切换到第二帧，添加“平方”函数，将输入连接到局部变量，输出连接到“(x+y)^2”对象。

步骤五：点击工具菜单的“高亮显示”按钮，运行程序，显示结果如图 6.9 所示，用户可以改变控件 x 和 y 的值，观察变化。

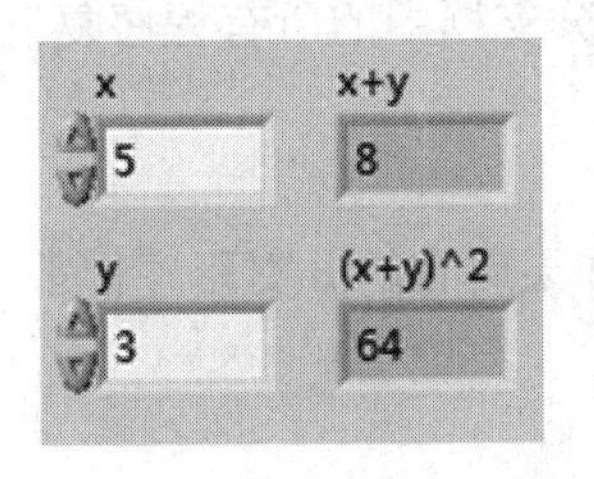

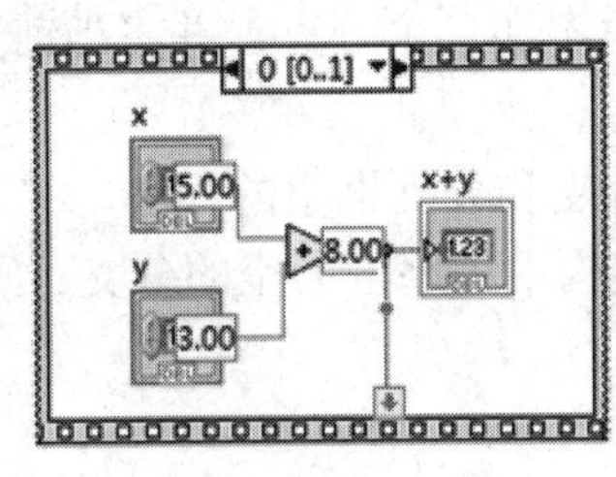

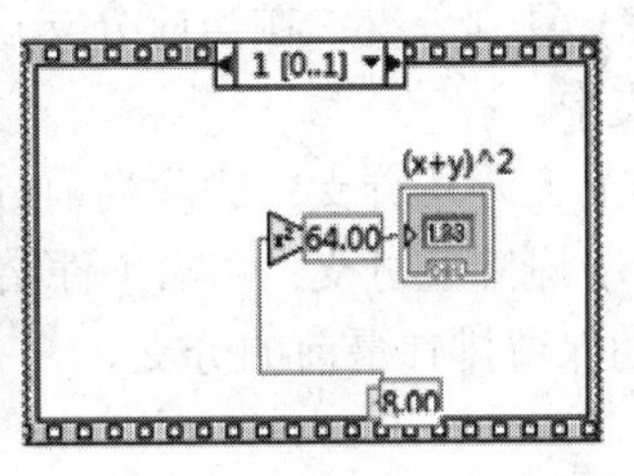

图 6.9　“层叠式顺序结构”局部变量应用

6.2　条 件 结 构

条件结构类似于文本编程语言中的 Switch 语句、If else 结构或 Case 结构，条件结构的创建与顺序结构相似，位于函数选板的“编程”下“结构”选项中的“条件结构”。条件结构包含多个子程序框图，根据传递给该结构的不同输入值执行相应的子程序框图。条件结构每次只能显示一个子程序框图，并且每次只执行一个条件分支。条件结构框由条件选择器标签、分支选择器和分支子程序框组成，如图 6.10 所示。

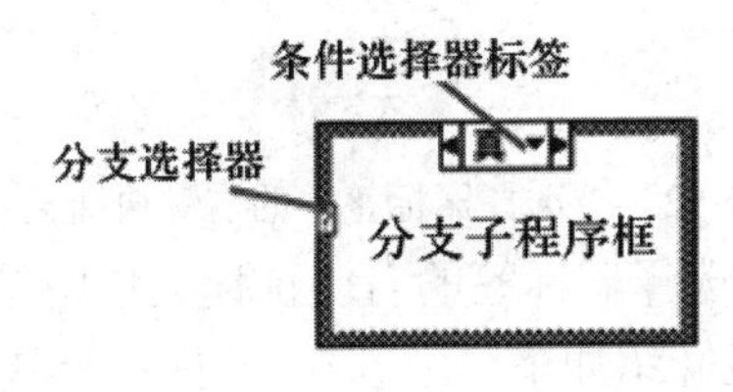

图 6.10　条件结构框图

6.2.1　条件选择器标签

位于条件结构顶部的条件选择器标签由结构中各个条件分支对应的选择器值名称以及两边的递增、递减箭头组成，用来添加、删除、编辑和选择浏览不同的分支。

在新建一个条件结构框时，默认为布尔型条件结构，选择器标签中包含“真”分支和“假”

分支，如图 6.11 所示。点击递增、递减箭头可以滚动浏览已有条件分支；也可以点击条件名称旁边的向下箭头▾，从下拉菜单中选择一个条件分支，标记"√"的标签表示被选中标签。

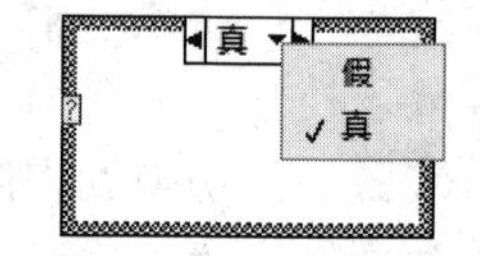

图 6.11　条件结构选择器标签

当默认的布尔型条件结构不符合程序设计的要求或需要更多的条件分支时，可以通过选择器标签右键快捷菜单来进行修改。选择器标签右键快捷菜单如图 6.12 所示，其中第三栏和第四栏中的选项是对条件分支进行操作，菜单中主要选项功能介绍如下。

(1) 在后面添加分支：在当前分支后添加一个分支，分支框中为空。

(2) 在前面添加分支：在当前分支前添加一个分支，分支框中为空。添加分支的位置不同影响着分支的顺序。

(3) 复制分支：在当前分支后添加一个分支，并将当前分支框中的所有程序复制至新的分支中。

(4) 删除本分支：删除当前分支和分支框中的程序。

(5) 删除空分支：删除条件结构中程序框为空的分支。如果所有的分支程序框都为空，则自动保留排在最前的分支。

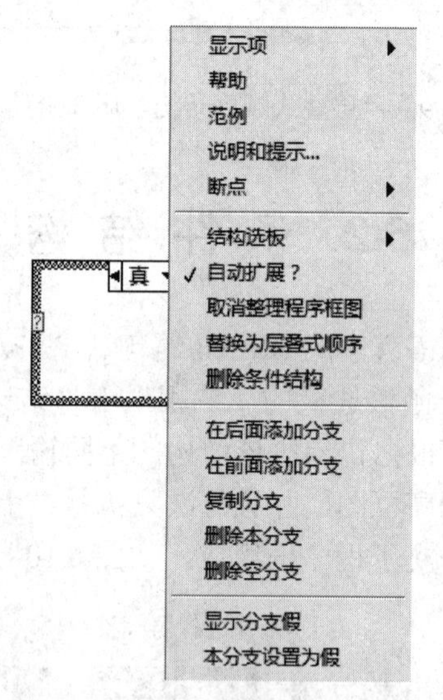

图 6.12　"选择器标签"的右键快捷菜单

当分支个数超过两个时，选择器标签的右键快捷菜单中第四栏的选项会发生变化，如图 6.13 所示，其主要选项功能介绍如下。

(1) 显示分支：从子菜单中选择分支和选择器标签上点击"▾"显示分支下拉菜单作用相同。

(2) 将子程序框图交换至分支：将当前分支程序框图中所有程序和选中的分支程序框图中程序进行互换，并跳转至选中的分支。

(3) 重排分支…：调整分支顺序，打开"重排分支"对话框，如图 6.14 所示。在"分支列表"中选择一个分支拖曳到新位置，可以改变分支顺序；在"分支选择器全名"中可以改变分支名称或条件。

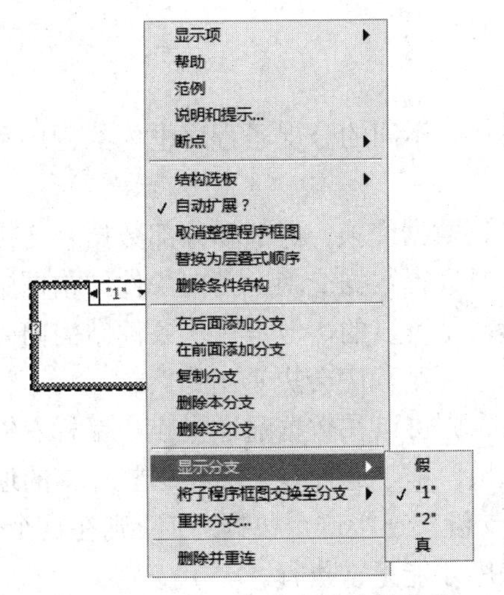

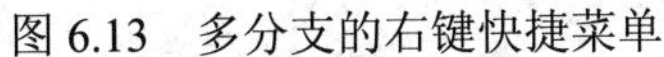

图 6.13　多分支的右键快捷菜单

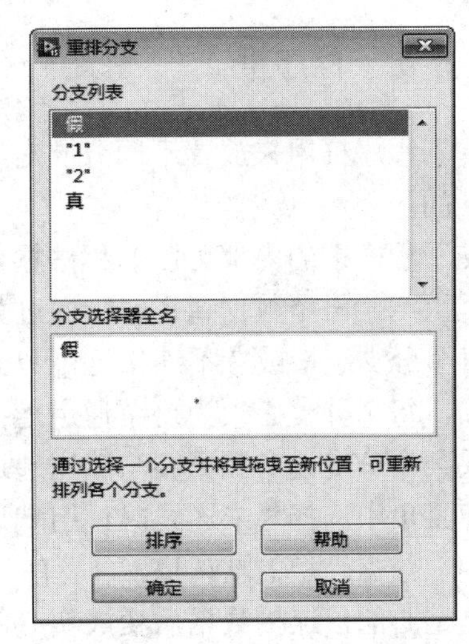

图 6.14　“重排分支”对话框

6.2.2　分支选择器

根据分支标签的不同，分支选择器端子连接的数据类型也不同，可以是整型、布尔型、字符串型和枚举型。当分支结构中有两个分支时一般使用布尔型，包括“真”和“假”分支；当分支结构中有多个分支时使用整型、字符串型或枚举型。

选择器接线端常用的类型有布尔型和整型，默认连接布尔型变量。当选择器接线端连接整型变量时，默认的布尔型分支标签自动变为数值 0 和 1，并设置一个默认分支，如图 6.15 所示。如果将默认分支删除了或者没有默认分支，就要选择一个分支作为默认分支，否则程序会提示错误。当选择器接线端连接整型量时，选择器标签可以在十进制、十六进制、八进制和二进制之间转换。选择选择器标签右键快捷菜单“基数”子菜单中的数值进制选项即可进行转换，如图 6.16 所示。

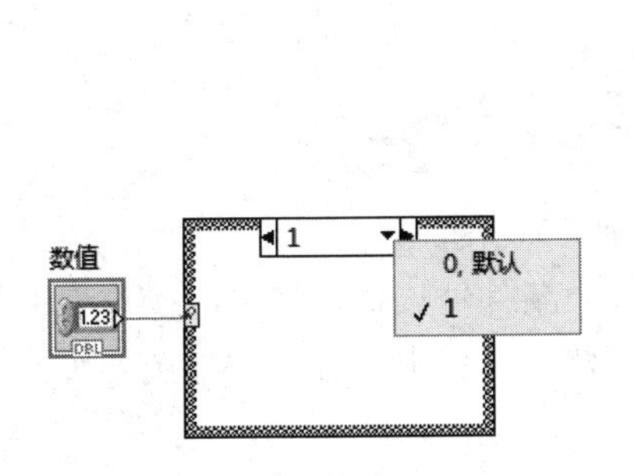

图 6.15　整型分支选择端子

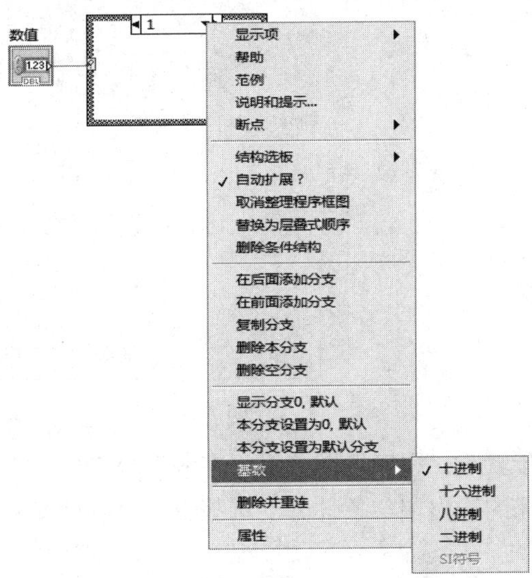

图 6.16　分支选择端子数值进制转换

6.2.3　分支子程序框

分支子程序框用来放置不同分支对应的程序，不同的分支子程序框内的程序和变量是相互独立的。

分支子程序框的内部可以和程序框外部进行数据交换，内部和外部数据相连接时在条件结构框上产生一个数据通道，并通过数据通道进行数据交换。当向条件结构框中输入数据时，每个分支连接或者不连接这个数据通道都是可以的，但是在从条件结构向外输送数据的时候，每个分支必须为这个通道连接数据，否则程序会提示出错。

如果某个分支没有数据要与输出通道连接，则可以在数据通道上点击鼠标右键，在弹出的快捷菜单中选择“未连线时使用默认”选项，程序运行时，会在这些分支的通道节点处输出相应数据类型的默认值。如果有一个分支没有连接这个数据通道，则在这个分支中，该通道是空心的，连接数据后变成实心的，程序才能正常执行。

下面我们通过条件结构分别实现两个数的加、减、乘、除四种运算操作并输出相应的结果这个实例，来熟悉条件结构的具体应用。程序设计步骤如下。

步骤一：新建 VI。打开前面板界面，添加两个数值输入控件，命名为 x 和 y；添加一个下拉列表控件，命名为“操作”；添加一个数值显示控件，命名为“结果”。

步骤二：编辑下拉列表操作项。鼠标右键点击下拉列表控件，在弹出的快捷菜单中选择“编辑项”选项或选择“属性”选项，进入编辑“下拉列表类的属性”对话框，插入“加”、“减”、“乘”、“除”四个项，分别对应 0、1、2、3 这四个值，如图 6.17 所示，然后点击“确定”按钮。

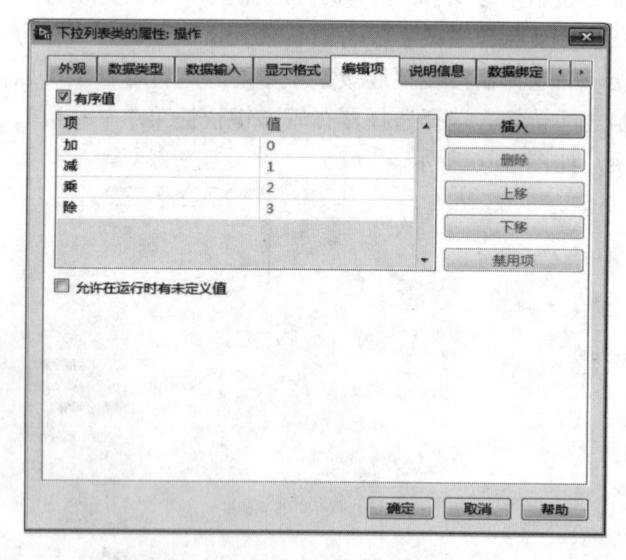

图 6.17　“下拉列表类的属性”对话框

步骤三：程序框图编辑。在程序框图中，新建一个条件结构框，连接“操作”下拉列表对象的输出端与条件分支选择器。并在“条件选择器”标签中将分支添加至四个，分别为 0、1、2、3。

步骤四：为各分支添加分支程序。在分支 0、1、2、3 中分别添加加、减、乘、除操作函数，结果输出至“结果”显示控件，如图 6.18 所示。

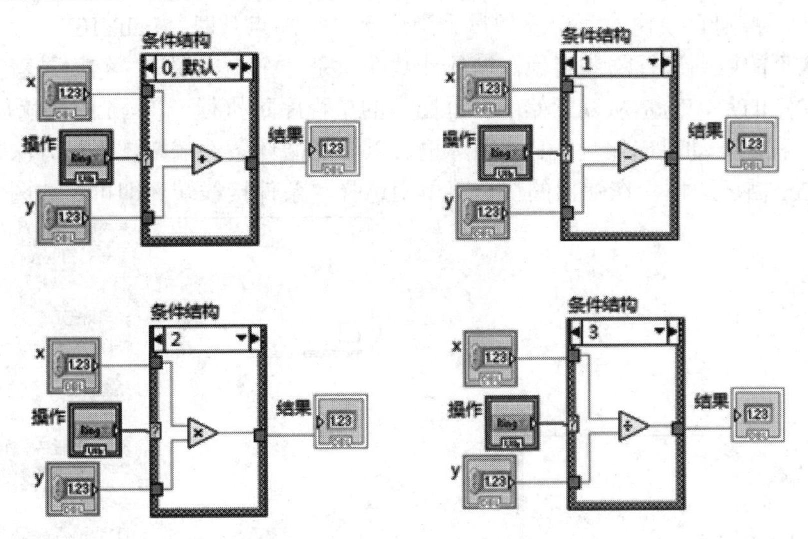

图 6.18　分支子程序框图

步骤五：完善分支结构数据通道。鼠标右键点击数据通道，选择“未连线时使用默认”选项。

步骤六：运行程序，显示结果。在前面板窗口中，为“x”和“y”控件添加任意数值，选择下拉列表任意选项，点击工具栏中的“运行”按钮，就可以看到各种运算结果，如图 6.19 所示。

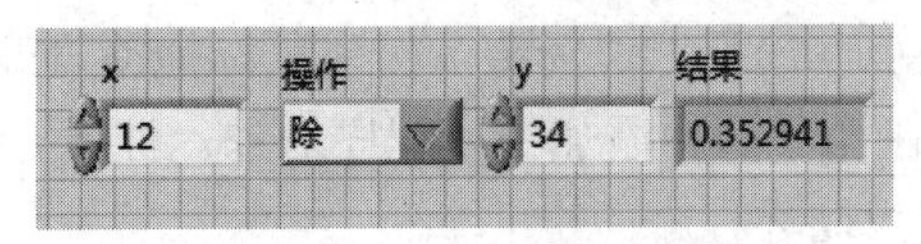

图 6.19　前面板运行结果

6.3 循环结构

LabVIEW 2016 提供两种循环结构：For 循环和 While 循环。两种循环结构的功能基本相同，但使用上有一些差别：For 循环必须指定循环总次数，到指定循环次数后自动退出循环；而 While 循环则不用指定循环次数，只需要指定循环退出条件，如果循环退出条件成立，则退出循环。

在程序框图窗口中，两种循环结构都位于“函数”选板“编程”下的“结构”子面板中。循环结构提供重复执行一些代码的操作，在程序设计中有很重要的作用，和文本语言的功能类似。

6.3.1 For 循环

For 循环按照设定好的循环总次数 N 执行结构内的对象，它包含两个端子：循环总数(输入端口)和循环计数(输出端口)，如图 6.20 所示。

循环总数端口 N 用于指定框图代码的执行总次数，它是一个输入端口，除非应用了自动索引功能，否则必须输入一个整型量。当连接一个浮点数时，LabVIEW 会自动对它按“四舍五入”的原则进行强制转换。循环计数端口是一个输出端口，它记录着当前的循环次数，要注意的是，它是从 0 开始的，框图内的子程序每执行一次，i 的值就是自动加 1，直到 N−1，程序自动跳出循环。For 循环也可以添加循环条件端口，添加方法是：鼠标右键点击减 For 循环边框，在弹出的快捷菜单中选择“条件接线端”即可，如图 6.21 所示。

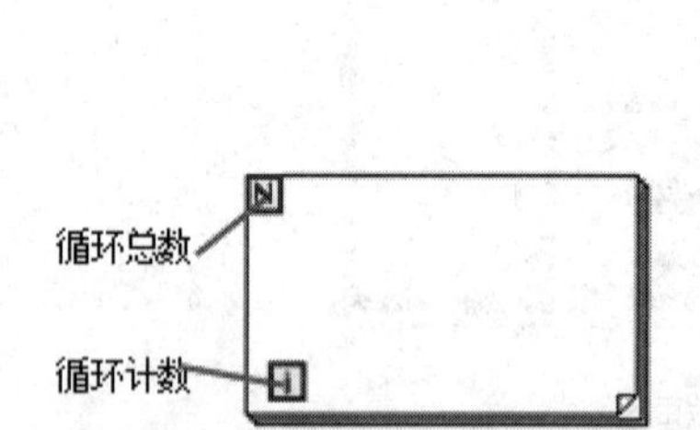

图 6.20　For 循环结构图

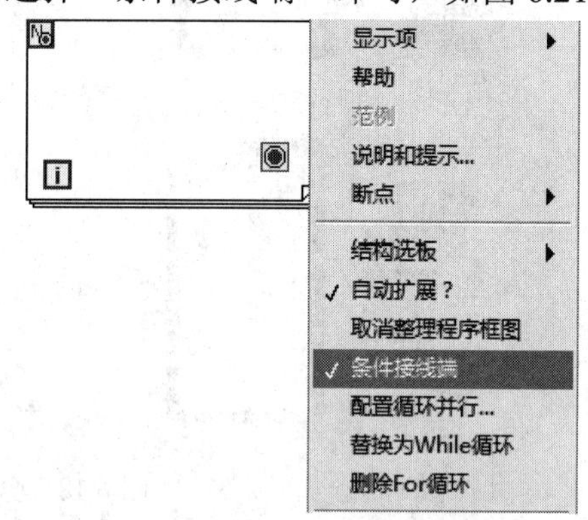

图 6.21　For 循环添加循环条件端口

建立 For 循环结构需要以下几个步骤。

(1) 放置 For 循环框。在“函数”选板的“编程”下的“结构”子面板上，点击鼠标左键或右键选择“For 循环”，然后在程序框图窗口空白区域点击鼠标左键，向右下方拖动鼠标使虚线框达到合适大小，再点击鼠标左键即完成 For 循环框的放置。For 循环框创建完成后，将鼠标移至边框上，出现方位箭头，按住鼠标拖动可改变框的大小。

(2) 添加循环程序。在循环框中添加循环程序对象。注意，循环程序的所有对象都要包含在框内，否则不被视为循环程序。

(3) 设置循环次数。设置循环次数有直接设置和间接设置两种方法。直接设置方法就是直接给 N 赋值来设置循环次数，即在 N 上点击鼠标右键，从弹出菜单中选择“创建变量”，在该变量控件中输入数值常量，就是循环次数 N。N 为整型量，如果所赋值不是整型量，则将按“四舍五入”的原则强制转换为最接近的整型量。间接设置方法则是利用循环结构的自动索引功能来控制循环次数。

6.3.2　While 循环

While 循环重复执行循环体内的代码，直到满足某种条件为止。While 循环包含两个端口：循环计数(输出端口)和循环条件(输入端口)，如图 6.22 所示。

图 6.22　While 循环结构图

While 循环的循环条件输入端口是一个布尔型的量，默认情况下，是当条件满足时循环停止，如图 6.23 中有“1”的图所示，用户也可以将它设置成当满足条件时循环，如图 6.23 中有“2”的图所示，具体方法为：点击循环条件端口。

图 6.23　While 循环

创建 While 循环的步骤和创建 For 循环类似，需要以下几个步骤。

(1) 放置 While 循环框。在“函数”选板的“编程”下的“结构”子面板上，点击鼠标左键或右键选择“While 循环”，然后在程序框图窗口空白区域点击鼠标左键，向右下方拖动鼠标使虚线框达到合适大小，再点击鼠标左键即完成 While 循环框的放置。While 循环框创建完成后，将鼠标移至边框上，出现方位箭头，按住鼠标拖动可改变框的大小。

(2) 添加循环对象。同样，循环程序的所有对象都要包含在框内。

(3) 设置循环条件判断方式。在循环条件端口点击鼠标右键，弹出如图 6.24 所示快捷菜单。可以选择条件判断方式“真(T)时停止”或“真(T)时继续”，默认设置为“真(T)时停止”；选择“创建输入控件”，可以添加一个控件来控制布尔量，此时前面板窗口出现一个按钮用来进行判断条件的控制。

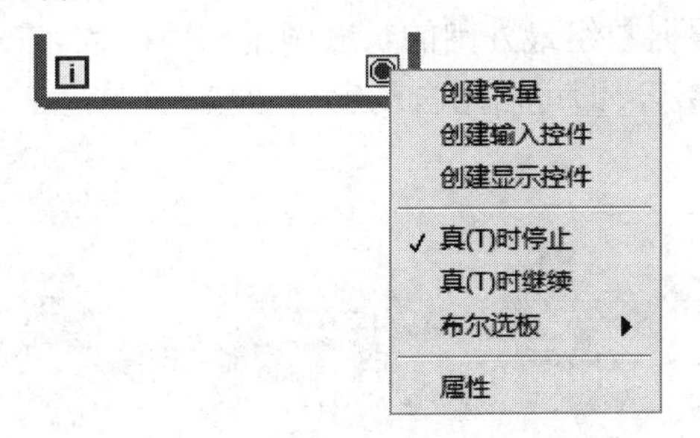

图 6.24　While 循环条件判断方式

6.3.3　循环结构数据通道与自动索引

循环结构数据通道是循环结构内数据与结构外数据交换(输入/输出)的必经之路，位于循环结构框上，显示为小方格，图 6.25 所示为 For 循环结构和 While 循环结构的数据通道。通道的数据类型和输入的数据类型相同，通道的颜色也和数据类型的系统颜色相同，如浮点数据通道颜色为橙色。

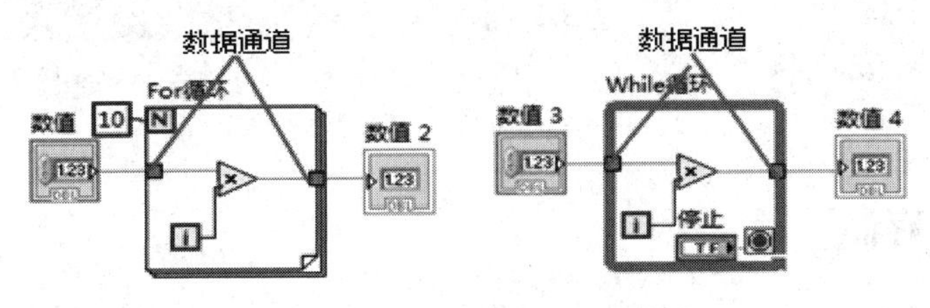

图 6.25　循环结构数据通道

添加循环结构的输入数据通道，以图 6.25 为例，在程序框图界面中，点击工具选板上的“进行连线”工具，连接数值输入控件输出端口和乘法函数对象的输入端口后，系统自动生成数据通道。对于循环结构的输出数据通道，如果直接连接可能出错，当出现错误标识时，可以鼠标右键点击数据通道，在弹出的快捷菜单中选择“隧道模式”下的“最终值”即可，如图 6.26 所示。

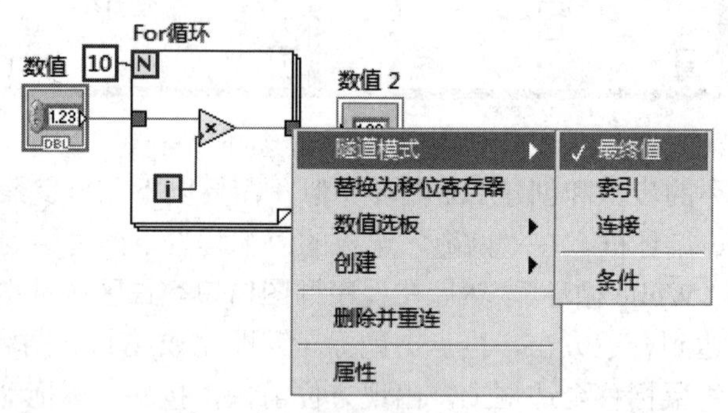

图 6.26 数据通道隧道模式

在执行循环程序过程中，循环结构内的数据是独立的，即输入循环结构中的数据是在进入循环结构之前完成的，进入循环结构以后不再输入数据；而循环结构输出数据是在循环执行完毕以后进行的，循环执行过程中不再输出数据。

当循环结构外部和数组相连接时，在数据通道可以选择自动索引的功能。自动索引自动计算数组的长度，并根据数组最外围的长度确定循环次数。在数据通道上点击鼠标右键，选择快捷菜单中的“索引”，即可启用自动索引功能，如图 6.27 所示。

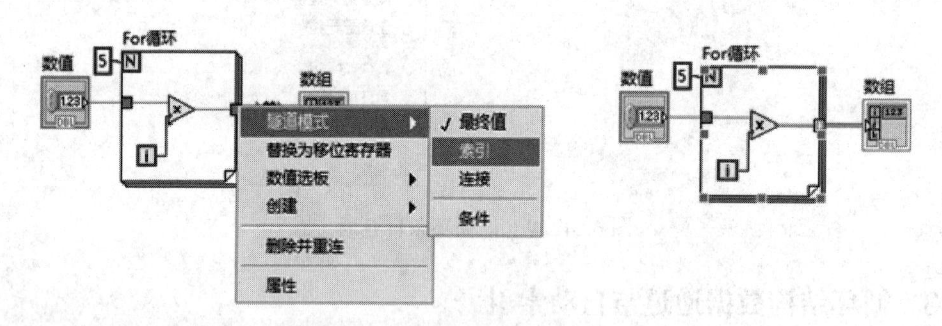

图 6.27 启动自动索引功能

启动自动索引功能后，For 循环结构的输出数据通道发生了变化，变为两侧分别连接不同维数的数据，此时，前面板的界面运行结果如图 6.28 所示。

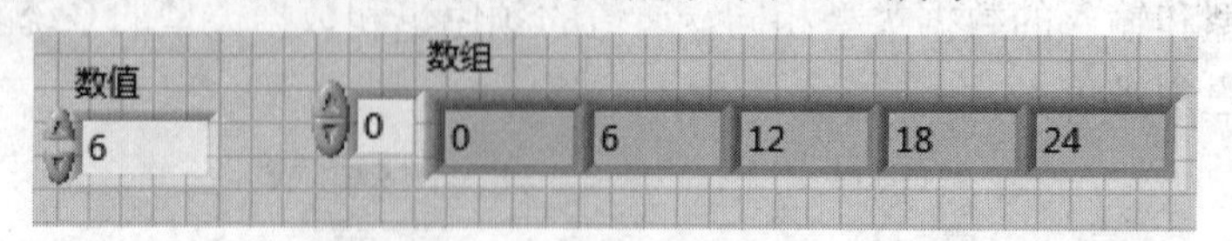

图 6.28 前面板运行结果

6.3.4 移位寄存器

在循环结构中经常用到一种数据处理方式，即把第 i 次循环执行的结果作为第 i+1 次循环的输入，LabVIEW 循环结构通过移位寄存器实现这种功能。

在循环体的边框上点击鼠标右键，在弹出的菜单中选择“添加移位寄存器”即可完成移位寄存器的创建，这时，在循环体的两个竖边框上会出现两个相对的端口，它们的颜色是黑色，只有将它们连接到相应的数据端时，才会显示相应的数据类型的颜色，如图 6.29 所示，其中，右侧的端口用来存放本次循环的结果，左侧的端口用来存放上次循环的结果。

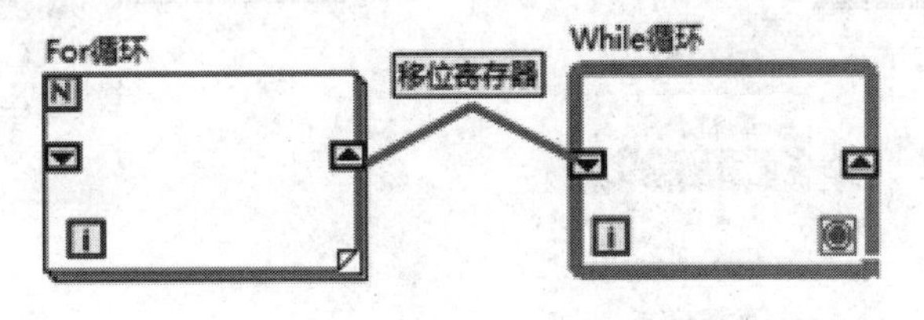

图 6.29　循环结构移位寄存器

移位寄存器的左右端口可以成对出现，也可以“一对多”存在。在“一对多”的情况下要特别注意的是，只能是右侧的一个端口对应左侧的多个端口，而不能反向。添加“一对多”端口时，在移位寄存器上点击鼠标右键，在弹出的快捷菜单中选择“添加元素”，可为左侧端子添加一个元素；选择“删除元素”，可删除一个元素；选择“删除全部”，则删除整个移位寄存器。在一个循环框中，可以添加多个移位寄存器。

移位寄存器可以存储的数据类型有数值型、布尔型、数组、字符串型等，给移位寄存器赋初值称为“显示初始化”。LabVIEW 支持移位寄存器的“非初始化”，当首次执行时，程序自动给寄存器赋初值 0，对于布尔型的数据，则为“False”。后一次程序执行时就调用前一次的值，只要 VI 不退出，则寄存器一直保持前一次的值。

6.3.5　反馈节点

除了使用移位寄存器实现前后两次数据的交换之外，还可以用反馈节点来实现。反馈节点的基本功能与移位寄存器是相似的，它的优点在于可以节省空间，使程序看上去更加紧凑。

反馈节点位于“函数”选板“编程”下的“结构”子面板上，用来在循环结构之间传递数据，相当于只有一个左侧端子的移位寄存器。当它没有与任何数据连接之前，是黑色的，与数据连接之后就变成与数据类型相应的颜色，如图 6.30 所示。和移位寄存器一样，反馈节点也要进行初始化，否则会造成不可预料的结果出现。

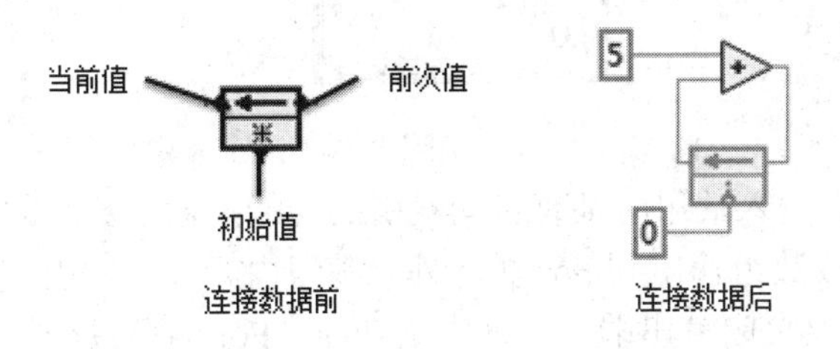

图 6.30　反馈节点

反馈节点和有一个左侧端子的移位寄存器可以相互转换。在移位寄存器的右键快捷菜单中选择“替换为反馈节点”，可将移位寄存器转换为反馈节点；在反馈节点的右键快捷菜单中选择“替换为移位寄存器”，可将反馈节点转换为移位寄存器，如图 6.31 所示。

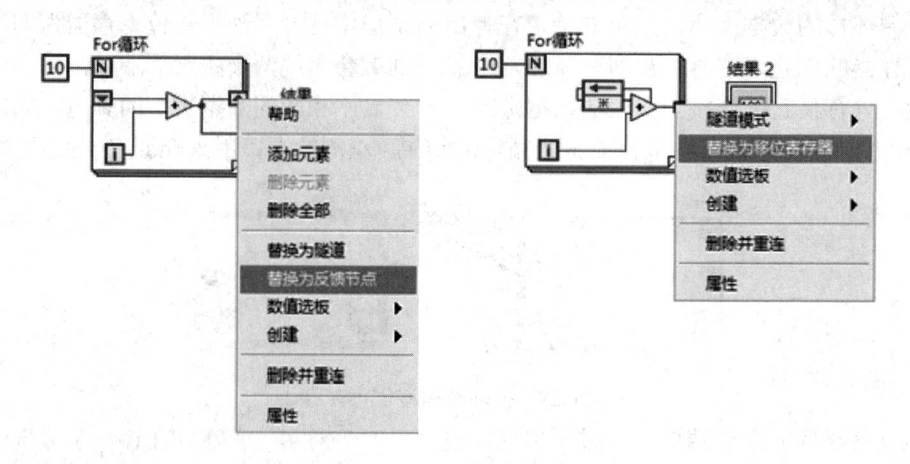

图 6.31　反馈节点与移位寄存器相互转换

6.3.6　循环结构应用实例

下面我们通过几个实例来让读者更加熟悉循环结构的应用。

第一个实例是求前 100 个自然数的和，创建程序的步骤如下。

步骤一：新建 VI。打开程序框图，添加一个 For 循环结构。

步骤二：设置循环次数。在循环体的“N”端点击鼠标右键，选择“创建”下的“常量”，默认值为 0，双击“0”，改为 100。

步骤三：添加移位寄存器。在 For 循环的结构边框上点击鼠标右键，在弹出的快捷菜单中选择“添加移位寄存器”，并给左端的移位寄存器端子赋初值为“0”。

步骤四：添加加法函数。在循环体内添加一个加法函数，将其中的一个输入端连接左端移位寄存器的输出端；将循环次数 i 增加 1 后连接加法函数的另一个输入端子；将加法函数的输出端连接右端移位寄存器输入端；通过右端移位寄存器的输出端创建一个显示控件，如图 6.32 所示。运行程序，查看前面板的显示控件结果为 5050。

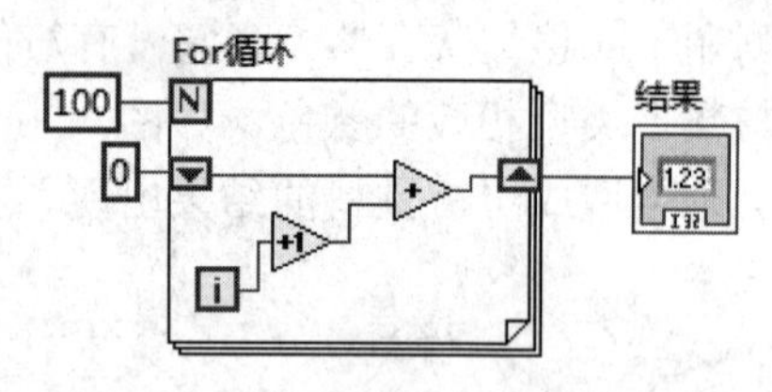

图 6.32　“For 循环”添加加法函数

For 循环在输出和输入数组时都有自动索引的功能，输出数组的索引功能能够将每次循环得到的结果组合成数组输出到 For 循环外，数组内元素的索引值与产生该元素 For 循环的“i”值相同。如果关闭输出端的自动索引功能，For 循环只会将最后一次循环得到的结果传输到 For 循环外。向 For 循环输入数组时，输入端的索引功能也会自动打开，这时不需要设置 For 循环的“N”值，循环的总次数与数组的元素数量相同。

第二个实例是利用 For 循环进行二维数组运算，该实例中的内外两个 For 循环均不需要设置“N”值，外部 For 循环的循环次数与二维数组的行数相同，内部 For 循环的循环次数与二维数组的列数相同。在外部循环的“i”值为 0 时，二维数组的第一行子数组进入循环体再输入至内部 For 循环，内部循环按照该行的元素顺序依次将元素输入；内部 For 循环结束后，外部循环的“i”值自动加为 1 进入下一轮外部循环。程序框图如图 6.33 所示。

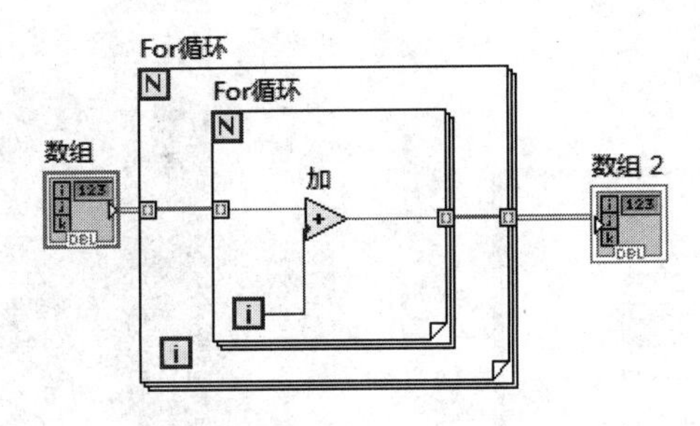

图 6.33　For 循环实现二维数组的循环运算程序框图

该程序框图运行结果如图 6.34 所示，我们根据结果可以发现二维数组的第一列数据增加了 0，第二列数据增加了 1，第三列数据增加了 2。这个增加值就是外部循环的“i”值。

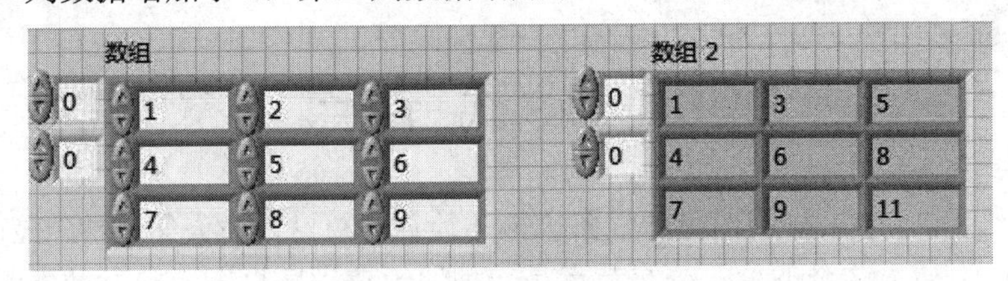

图 6.34　For 循环实现二维数组的循环运算效果图

第三个实例为了掌握 While 循环的基本功能和用法，使用 While 循环实现波形图的连续显示。程序设计步骤如下。

步骤一：新建 VI，在程序框图中添加 While 循环结构，并为循环条件创建一个输入控件。

步骤二：在 While 循环体内，添加“仿真信号”函数。选择【编程】→【波形】→【模拟波形】→【波形生成】→【仿真信号】函数，设置函数的属性，使函数能够生成连续正弦信号。

步骤三：在前面板添加“波形图”显示控件，将“仿真信号”函数产生的信号接入波形图控件的接线端。

步骤四：程序编辑完成后，点击前面板的“运行”按钮，可以看到程序一直在运行，波形图显示控件正在连续显示正弦波。

在程序运行时，打开计算机的“任务管理器”窗口，可以看到计算机 CPU 的使用率一直很高。这是因为在没有给 While 循环设定循环时间间隔的情况下，计算机会以 CPU 的极限速度运行 While 循环，在很多情况下这样做是没有必要而且极其危险的。如果 LabVIEW 程序较大，这样有可能会导致计算机死机。因此，用户在使用 While 循环时需要设定一个循环间隔，即在 While 循环体内增加等待定时器。

LabVIEW 中的定时器位于函数选板的“编程”下的“定时”子面板中，等待定时器主要有两种：一种是“等待(ms)”，图标为 ，等待指定时间；另外一种是“等待下一个整数倍毫秒”，图标是 ，即等待到计时器的时间是输入值的整数倍为止。一般情况下，两种定时器是一样的。

步骤五：添加等待定时器。选择“等待(ms)”定时器添加到循环体内，在输入端创建一个常量，输入 100，表示每 100 毫秒运行一次这个程序。程序框图如图 6.35 所示。

步骤六：运行程序，查看前面板结果，如图 6.36 所示。再查看计算机的任务管理器，与没添加定时器相比，计算机的 CPU 使用率大幅度降低了。因此，使用 While 循环时一定要注意的两点便是添加循环条件和定时器。

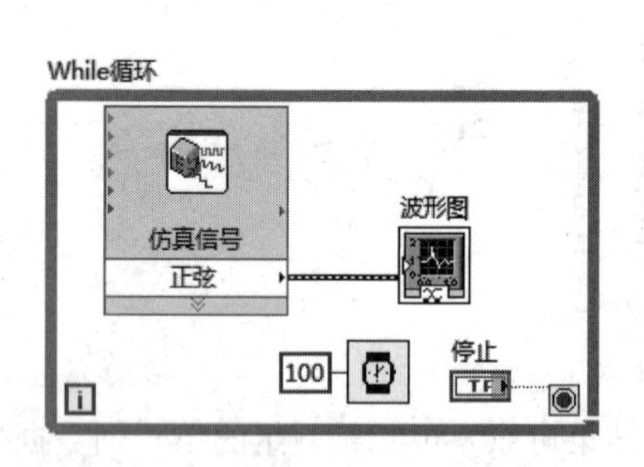

图 6.35　While 循环显示波形框图

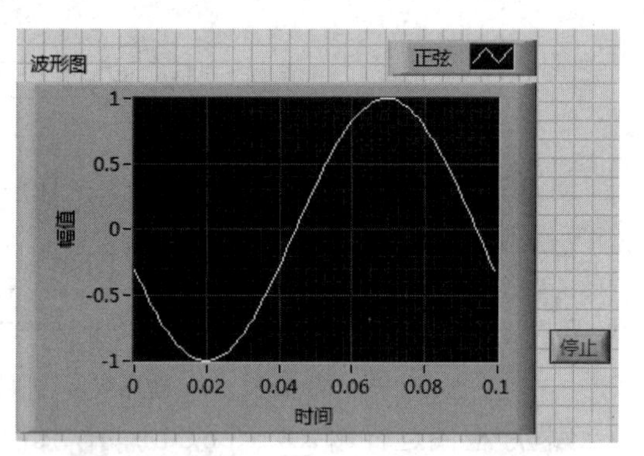

图 6.36　While 循环显示波形效果图

6.4　公 式 节 点

在程序设计中，如果只用图形和线条来描述计算和算法过程，有时候会显得比较繁琐。公式节点工具弥补了这个不足。公式节点是一种便于在程序框图上执行数学运算的节点，在公式节点中可以使用算术表达式来实现算法过程，用户无需使用任何外部代码或应用程序，在创建方程时无需连接任何基本算术函数。除接收文本方程表达式外，公式节点还接收 C 语言中的 If 语句、While 循环、For 循环、Do 循环等，这些程序的组成元素与在 C 语言程序中的元素相似，但不完全相同。

公式节点特别适用于含有多个变量和较为复杂的方程以及对已有文本代码的利用。用户可通过复制、粘贴的方式将已有的文本代码移植到公式节点中，无需通过图形化的编程方式再次创建相同的代码。

公式节点位于函数选板的“编程”下的“结构”子面板中，新建的公式节点为类似于循环结构的方框，但公式节点中不是子程序框图，而是一个或多个用分号隔开的类似于 C 语言的语句。

6.4.1　公式节点变量

公式节点在程序中的作用相当于一个数值运算子程序，可以进行参数的输入和输出，参数传递通过输入变量和输出变量来实现。

需要添加输入和输出变量时，鼠标右键点击公式节点边框，在弹出的快捷菜单中选择“添加输入”，添加一个输入变量，选择“添加输出”添加一个输出变量。输入和输出变量在节点框上，可以沿框四周移动。在变量中添加变量名，即完成变量的定义。图 6.37 的公式节点中定义了 x、y 两个输入变量和一个输出变量 z。

在变量上点击鼠标右键，在弹出的快捷菜单中选择“删除”将删除该变量；选择“转换为输出”将输入变量转换为输出变量；选择“转换为输入”将输出变量转换为输入变量，如图 6.38 所示。

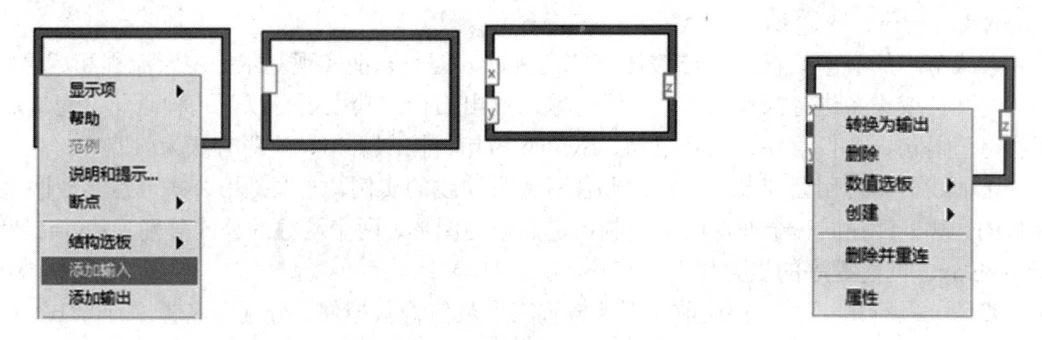

图 6.37　“公式节点”的输入和输出变量　　图 6.38　“公式节点”变量操作

下面我们分别用图形化编程和公式节点编程来计算表达式 z=x^2+y^2+x*y 的值，用公式节点编程和图形化编程的程序框图如图 6.39 所示。

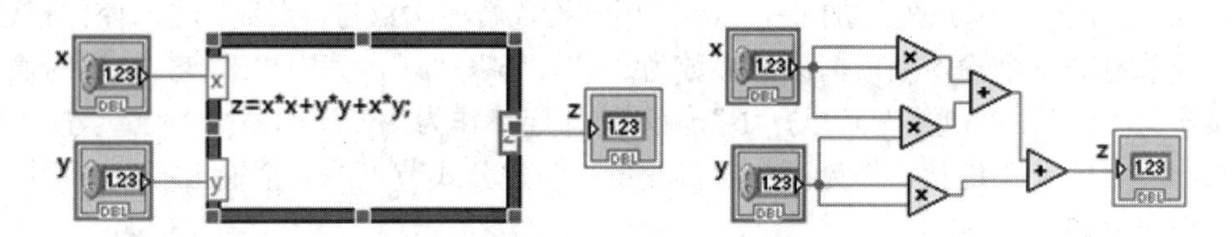

图 6.39　公式节点和图形化程序比较

通过图 6.39 可以看出，公式节点在一定程度上简化了程序设计，在变量较多、计算过程较复杂的数值运算过程中，公式节点的优势更为明显。

在应用公式节点时要注意以下几个方面。

(1) 一个公式节点中包含的变量或方程的数量不限。

(2) 两个输入或两个输出不能同时使用相同的名称，但一个输入和一个输出可以名称相同。

(3) 可以使用公式节点的右键快捷菜单选项添加输入变量，但不能像 C 语言中声明变量一样在公式节点里声明输入变量。

(4) 输出变量的名称必须与在公式节点内部声明的输出变量名称相匹配。

(5) 公式节点内部可以声明和使用一个与输入变量或输出变量无关的变量。

(6) 输入端不能置空，所有的输入端必须有连接。

(7) 所有的变量不能有单位。

6.4.2　公式节点运算符和函数

公式节点中的公式描述和文本编程语言中的描述比较相似。公式节点中会使用到一些运算符，而且分别有不同的优先级。

在公式节点中可以使用的运算符和函数与前面的表达式节点完全相同。数学函数有：abs、acos、acosh、asin、asinh、atan、atan2、atanh、ceil、cos、cosh、cot、csc、exp、expm1、floor、getexp、getman、int、intrz、ln、lnp1、log、log2、max、min、mod、pow、rand、 rem、sec、sign、sin、sinc、sinh、sizeOfDim、sqrt、tan 和 tanh。支持的运算符有：=、+=、-=、*=、/=、>>=、<<=、&=、^=、→=、%=、**=、+、-、*、/、^、!=、==、>、<、>=、<=、&&、→→、→、&、%、**、!、++、→、~。

公式节点的文本编程语言与 C 语言非常接近，但是只能实现基本的逻辑流程和运算，不能对文件或设备进行操作或通信，没有输入输出语句。其主要有以下几种语句：变量声明和赋值语句、条件语句、循环语句、Switch 语句、控制语句、注释方法为//或/*……*/。

下面我们学习用公式节点进行绘制任意函数曲线的实例，本例是用公式节点实现两个函数的计算，并在同一个波形图中绘制指定点数的图形，两个函数的公式分别为：$y_1=ax^{1/2}$ 和 $y_2=b\ln x$。创建程序的步骤如下。

步骤一：新建一个 VI，在前面板上放置三个数值输入控件，分别命名为“a”、“b”和“点数”，一个“波形图”显示控件，拉伸图例曲线显示为两条，分别命名为“y1”和“y2”。

步骤二：编写程序框图。打开程序框图，添加一个公式节点，在程序框内输入公式 y1=a*sqrt(x)和 y2=b*ln(x)的表达式。

步骤三：在公式节点外添加一个 For 循环结构，循环次数与“点数”输入控件相连接。创建公式节点的三个输入端口，添加参数为“a”、“b”、“x”，其中“a”与“a”的输入控件连接作为“y1”的系数，“b”与“b”输入控件连接作为“y2”的系数，“x”与“For 循环”的计数端口“i”连接，作为函数的自变量；创建公式节点的两个输出端口，添加参数为“y1”和“y2”。

步骤四：添加“创建数组”函数，选择【函数】→【编程】→【数组】→【创建数组】函数，添加到 For 循环外部，将“y1”、“y2”两个输出参数连接“创建数组”函数的两个输入端，二维数组输出端与波形图连接，程序框图如图 6.40 所示。

步骤五：运行程序，查看前面板效果如图 6.41 所示。用户可以改变系数“a”和“b”的值与绘制图形的“点数”值，观察波形的变化。

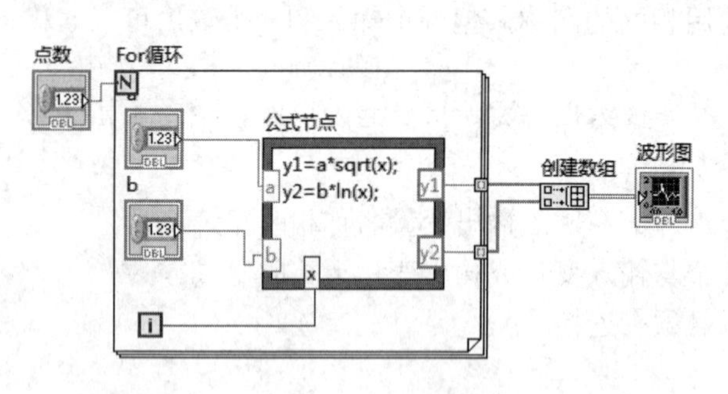

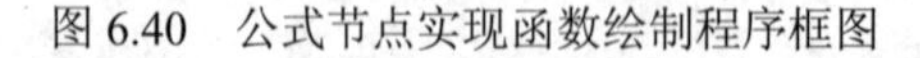
图 6.40　公式节点实现函数绘制程序框图

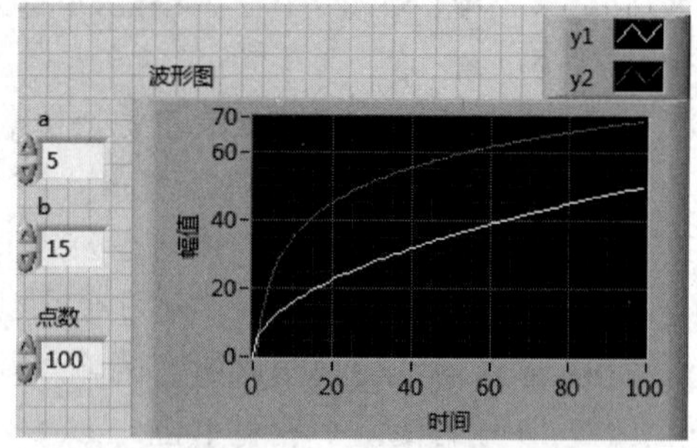

图 6.41　公式节点实现函数绘制效果图

6.5　事件结构

事件结构用来响应用户界面操作，如点击鼠标、按下键盘、退出程序等操作。事件结构的工作原理和内置的条件结构相似。在 VI 程序中设置事件就可以对数据流进行编程控制，在事件没有发生之前一直处于等待状态，如果事件触发就响应执行相应的代码。

事件结构可包含多个分支，一个分支对应一个独立的事件处理程序。一个分支配置可处理一个或多个事件，但每次只能发生这些事件中的一个事件。事件结构执行时，将等待一个之前指定事件的发生，待该事件发生后即执行事件相应的条件分支。一个事件分支处理完毕后，事件结构也就执行完毕。事件结构并不通过循环来处理多个事件。

事件结构位于函数选板的【编程】→【结构】子面板中，创建事件结构的方法和创建循环结构类似，在程序框图上拖动鼠标即可创建一个事件结构的代码框，如图 6.42 所示。

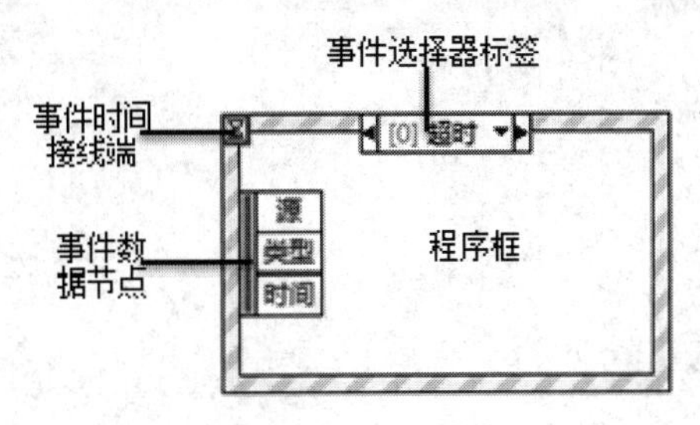

图 6.42　事件结构

事件结构主要包括事件选择器标签、事件时间接线端、事件数据节点和程序框。“事件时间接线端”连接值，用于指定事件结构等待某个事件发生的时间，以毫秒为单位，默认值为“–1”，即永不超时。“事件数据节点”用于识别事件发生时 LabVIEW 返回的数据，根据事先为各事件分支所分配的事件，该节点可显示事件结构每个分支中不同的数据，如配置单个分支处理多个事件，则只有被所有事件类型所支持的数据才可用。“事件选择器标签”显示当前事件分支的名称。

6.5.1　事件选择器标签

和条件结构中的分支选择器标签作用类似，事件选择器标签用来添加、删除、编辑和选择所处理的事件。

在事件结构边框上点击鼠标右键，弹出快捷菜单如图 6.43 所示。快捷菜单的第三栏是对事件进行操作选择：选择“添加事件分支…”添加一个新事件；选择“复制事件分支…”添加一个新事件并复制当前事件框代码至新事件；选择“编辑本分支所处理的事件…”编辑当前事件；如果有两个或两个以上事件分支，可以选择“删除本事件分支…”，则删除当前事件。

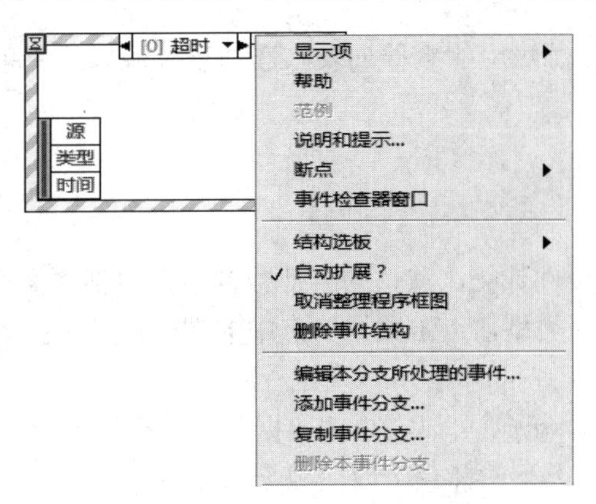

图 6.43　事件结构右键快捷菜单

选择“添加事件分支…”或“编辑本分支所处理的事件…”，弹出如图 6.44 所示的“编辑事件”对话框。

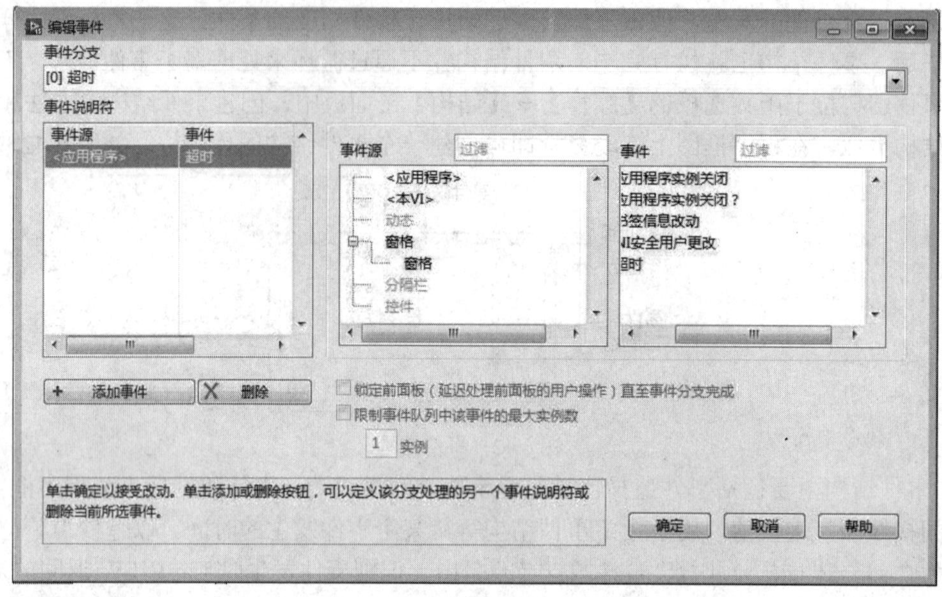

图 6.44　“编辑事件”对话框

“编辑事件”对话框包括以下几个部分。

(1) 事件分支：列出事件结构分支的总数及名称。从下拉菜单中选择一个条件分支并为该分支编辑事件；切换到其他条件分支时，事件结构将更新，从而在程序框图上显示选中的条件分支；每个条件分支可以包含多个事件，这些事件被触发时分支都会作出响应。

(2) 事件说明符：列出事件源(应用程序、VI、动态或控件)和事件结构当前分支处理的所有事件名称。分为左右两栏，左侧栏为事件源，右侧栏为事件名称，如图 6.44 所示，“<应用程序>”为事件源，“超时”为事件。“事件源”和“事件”高亮显示“事件说明符”部分选定的事件名。点击不同的“事件源”和“事件”，可以改变“事件说明符”部分高亮显示的项；点击“添加事件”和“删除”按钮分别可以添加和删除事件。

(3) 事件源：列出按类排列的事件源。在配置的事件中选择一个事件或添加一个事件后可在此列表中选择事件源。

(4) 事件：列出事件源对应的事件列表。选择事件源以后就可以在此列表中选择其中包含的事件。

6.5.2　事件数据节点

事件数据节点提供事件数据，默认的事件数据节点包括“类型”和“时间”两个数据端子。若要改变数据端子类型，点击数据节点中的端子，从下拉列表中选择其他类型数据端子即可。

如果需要更多的数据端子，可以在事件数据节点上添加元素。添加元素的方法有两种：

(1) 拖动数据端子框上下的箭头，改变数据端子框的大小，其中元素个数也会发生相应的变化，然后再更改数据端子类型。

(2) 在数据端子上点击鼠标右键，在弹出的快捷菜单中选择“添加元素”添加端子。

反过来，如果要删除数据端子，同样有拖动上下箭头减小端子框大小或在右键快捷菜单中选择“删除元素”两种方法。

6.5.3 事件结构的设置

1. 事件结构的设置步骤

对于事件结构的设置，一般可分为以下几个步骤。

(1) 创建一个事件结构。

(2) 设置超时参数。

(3) 添加或删除事件分支。

(4) 编辑触发事件结构的事件源。

(5) 设置默认分支结构(系统默认将超时分支作为默认分支)。

(6) 创建一个 While 循环，将事件结构包含在 While 循环体内。

2. 事件结构的使用建议

事件结构的应用非常广泛，对事件结构在程序设计过程中的使用有以下几个建议。

(1) 避免在循环外使用事件结构。

(2) 将事件触发源控件放置在相应的事件分支中。

(3) 不要使用不同的事件数据将一个分支配置为处理多个过滤事件。

(4) 如含有事件结构的 While 循环基于一个触发停止的布尔控件的值而终止，记得在事件结构中处理该触发停止布尔控件。

(5) 如无需通过程序监视特定的前面板对象，考虑使用“等待前面板活动”函数。

(6) 用户界面事件仅适用于直接的用户交互。

(7) 避免在一个事件分支中同时使用对话框和“鼠标按下？”过滤事件。

(8) 避免在一个循环中放置两个事件结构。

(9) 使用动态注册时，确保每个事件结构均有一个“注册事件”函数。

(10) 使用子面板控件时，含有该子面板控件的顶层 VI 将处理时间。

(11) 如需在处理当前事件的同时生成或处理其他事件，考虑使用“事件回调注册”函数。

(12) 请谨慎选择通知或过滤事件。用于处理通知事件的事件分支，将无法影响 LabVIEW 处理用户交互的方式；如要修改 LabVIEW 是否处理用户交互，或 LabVIEW 怎样处理用户交互，可使用过滤事件。

(13) 不要将前面板关闭通知事件用于重要的关闭代码中，除非事先已采取措施确保前面板关闭时 VI 不中止。例如，用户关闭前面板之前，确保应用程序打开对该 VI 的应用，或者可使用“前面板关闭？”过滤事件，该事件在面板关闭前发生。

3. 事件结构的应用实例

下面我们用事件结构编写一个登录界面验证程序，当用户输入的用户名是“向守超”且密码是“123456”时，单击“确定”按钮后，弹出“登录成功”对话框；当用户输入用户名和密码信息是其他的内容时，单击“确定”按钮后，弹出“用户名和密码错误，请重新输入”对话框；当用户点击“取消”按钮时，则清除用户名和密码文本框中的信息；当用户点击“停止”按钮时，程序结束运行。创建程序步骤如下。

步骤一：新建一个 VI，打开前面板，从【控件】→【新式】→【字符串与路径】子面板中选择“字符串输入控件”添加到前面板上，修改标签为“用户名”，用同样的方法添加一个“密码”输入控件，并用鼠标点击控件，选择快捷菜单中的“密码显示”，这样在输入字符时显示的是“*”。 从【控件】→【新式】→【布尔】子面板中选择“确定”按钮、“取消”按钮和“停止”按钮添加到前面板中，前面板设置如图 6.45 所示。

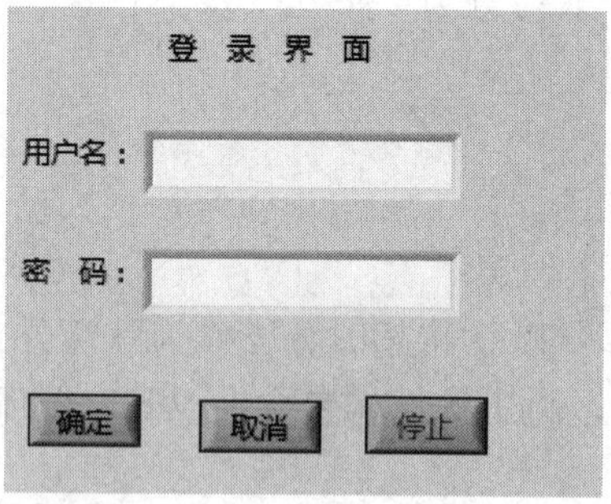

图 6.45　登录界面

步骤二：添加事件结构。打开程序框图，选择【编程】→【结构】子面板中的“事件结构”对象，添加到程序框图中。设置“事件超时”端口的输入值为常量 100；鼠标右键点击事件结构边框，在弹出的快捷菜单中选择“添加事件分支…”选项，则弹出“编辑事件”对话框，在对话框中的“事件源”栏选择“确定按钮”，在“事件”栏选择“值改变”，如图 6.46 所示，然后点击“确定”按钮，这样就为“确定”按钮添加了事件，用同样的方法为“取消按钮”添加取消事件。

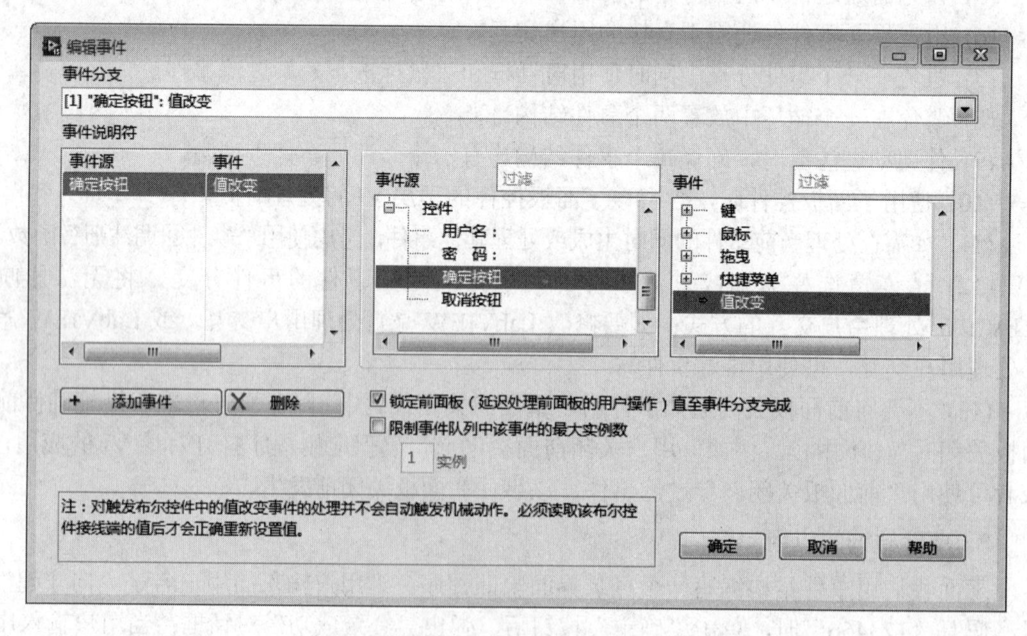

图 6.46　添加“确定按钮”事件对话框

步骤三：添加 While 循环结构。在程序框图中添加一个 While 循环结构，把“停止按钮”输出端与循环条件端口连接，并在循环体内添加一个“定时器”对象，设置定时时间为 100。

步骤四：编辑按钮事件程序。在“确定按钮：值改变”事件程序框中，添加两个“等于？”函数对象、一个“与”函数对象。第一个“等于？”函数对象实现验证用户名框输入信息与字符串常量“向守超”是否相同，第二个“等于？”函数对象实现验证密码框输入信息与字符串常量“123456”是否相同，“与”函数对象实现对前面两个信息的比较结果验证。在事件框中添加一个条件结构，在“真”分支中添加一个“单按钮对话框”对象，并设置其“消息”输入端为字符串常量“登录成功”，如图 6.47 所示。在“假”分支中添加一个“单按钮对话框”对象，并设置其“消息”输入端为字符串常量“用户名和密码错误，请重新输入”。

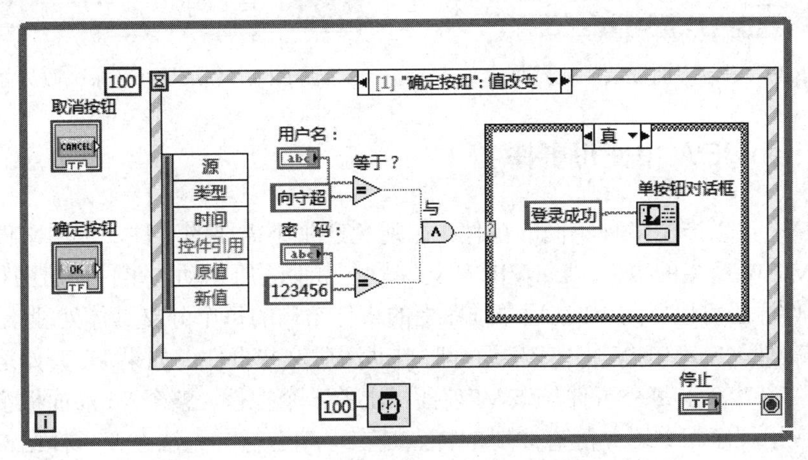

图 6.47　“确定按钮：值改变”事件框图

步骤五：编辑取消按钮事件程序。首先在程序框图中右击“用户名”对象，在弹出的快捷菜单中选择【创建】→【局部变量】选项，为“用户名”对象创建一个局部变量。用同样的方法为“密码”对象创建一个局部变量。在“取消按钮：值改变”事件框图中添加一个“空”字符串常量，并把输出端分别连接两个局部变量的输入端，这样就可以对前面板两个文本框的内容清空了，如图 6.48 所示。

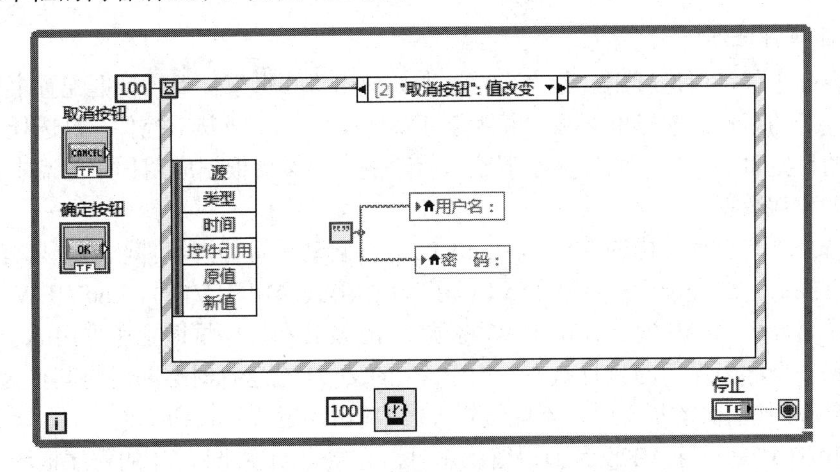

图 6.48　“确定按钮：值改变”事件框图

步骤六：运行程序，查看结果。当在前面板两个文本框中输入正确的用户名和密码时，点击“确定”按钮，运行效果如图 6.49 所示；当在前面板两个文本框中输入不正确的用户名和密码时，点击“确定”按钮，运行效果如图 6.50 所示。当用户点击“取消”按钮时，两个文本框中的信息都被清空，点击“停止”按钮，程序运行停止。

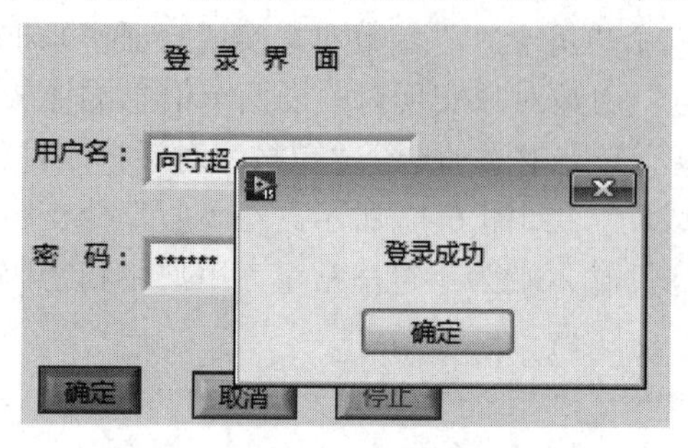

图 6.49　登录界面登录成功界面

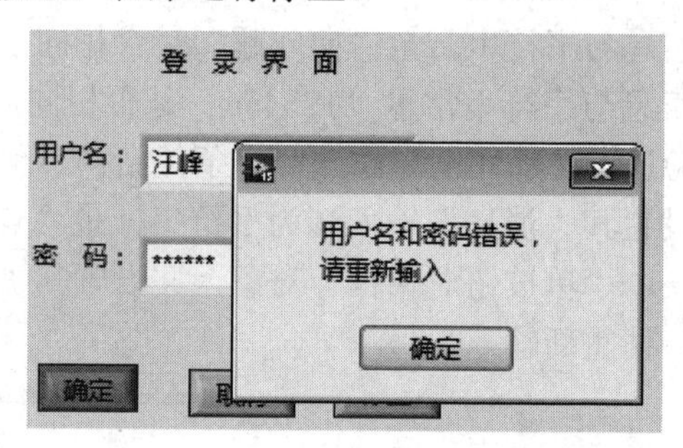

图 6.50　登录界面登录失败界面

6.5.4　在 LabVIEW 中使用事件

LabVIEW 可以产生多种不同的事件，为避免产生不需要的事件，可用事件注册来指定希望 LabVIEW 产生的事件。LabVIEW 支持静态事件注册和动态事件注册两种模式。

静态事件注册可以指定 VI 在程序框图上的事件结构的每个分支具体处理该 VI 在前面板上的哪些事件。LabVIEW 将在 VI 运行时自动注册这些事件，如果 VI 开始运行，事件结构便开始等待事件。每个事件与该 VI 前面板上的一个控件、整个 VI 前面板窗口或某个 LabVIEW 应用程序相关联。静态注册的特点是在程序运行时无法改变事件结构所处理的事件，不能配置一个事件结构来处理前面板上不同 VI 的事件。

动态事件注册通过将事件注册与 VI 服务器相结合，允许程序在运行过程中使用应用程序、VI 和控件引用来指定希望产生事件的对象。与静态注册相比，动态注册在控制 LabVIEW 产生何种事件和何时产生事件方面更加灵活；但是动态注册比静态注册更复杂，动态注册需要将 VI 服务器应用同程序框图函数一起使用以明确地注册和取消注册事件，而无法通过事件结构配置信息来进行事件的自动处理注册。

1. 静态事件注册

用户界面事件可以进行用户静态事件注册，使用“编辑事件”对话框配置事件结构来处理静态注册的事件。选择事件源，事件源可以是程序、VI 或某个控件；再选择一个事件源可产生的特定事件，如前面板大小调整、值改变等；然后根据应用程序的需求，编辑该分支来处理事件数据。

运行一个含有事件结构的 VI 时，LabVIEW 会自动进行静态事件注册。只有在 VI 处于运行状态或另一个处于运行状态的 VI 以子 VI 的形式调用该 VI 时，LabVIEW 才产生该 VI 的事件。运行一个 VI 时，LabVIEW 将顶层 VI 及其在程序框图上所调用的子 VI 的层次结构设置一个称为保留的执行状态。由于 VI 的父 VI 在运行时会随时将其作为子 VI 调用，所以当 VI 处于保留状态时，不能编辑 VI 或单击“运行”按钮。

当 LabVIEW 将一个 VI 设置为保留状态时，它将自动注册该 VI 的程序框图上所有事件结构中被静态配置的事件。当顶层 VI 结束运行时，LabVIEW 会将该 VI 及其所有子 VI 层次结构设置为空闲执行状态，并自动将该事件的注册取消。

2. 动态事件注册

动态事件注册可完全控制 LabVIEW 产生的事件的类型和时间。动态事件可使事件仅在应用程序的某个部分发生，也可在应用程序运行时改变产生事件的 VI 或控件。使用动态注册，可在子 VI 中处理事件而不是仅在产生事件的 VI 中处理事件。

处理动态注册的事件主要包括以下四个步骤。

(1) 获取要处理的事件对象的 VI 服务器引用。

(2) 将 VI 服务器引用连接至“注册事件”函数以注册对象的事件。

(3) 将事件结构放在 While 循环中，处理对象事件直至出现终止条件为止。

(4) 通过“取消注册事件”函数以停止事件发生。

要动态注册对象事件，必须先获取该对象的 VI 服务器引用。可通过打开应用程序引用和打开 VI 引用函数来获取应用程序和 VI 的引用。要获取控件引用，可使用属性节点查询 VI 的控件，或用鼠标右键点击该控件，从弹出的快捷菜单中选择【创建】→【引用】来创建控件引用常量。

使用“注册事件”函数可动态注册事件，“注册事件”函数位于函数选板的【编程】→【对话框与用户界面】→【事件】，拖动上下箭头可调整“注册事件”函数的大小以显示一个或多个事件源输入端。将应用程序、VI 或控件引用连接到每一个事件源输入端，鼠标右键点击每一个输入端，从快捷菜单的“事件”中选择想要注册的事件，所能选择的事件取决于连接到事件源输入端的 VI 服务器引用类型。

“事件”快捷菜单上的事件与静态注册事件是在“编辑事件”对话框出现的事件相同。“注册事件”函数执行时，LabVIEW 将对每个事件源输入引用句柄相关联的对象上的事件进行注册。一旦注册了事件，LabVIEW 将按事件发生的顺序将事件放入队列，直到事件结构来处理这些事件。除非有另一个对象在函数执行之前已经注册了事件，否则将不会产生事件。

动态事件接线端类似于移位寄存器，可鼠标右键点击“事件结构”并从弹出的快捷菜单中选择“显示动态事件接线端”来获取。左接线端接受“事件注册引用句柄”或“事件注册引用句柄”的簇；如果不连接内部的右接线端，右接线端的数据将与左接线端相同；但是，可通过“注册事件”函数将“事件注册引用句柄”或“事件注册引用句柄”的簇连接至内部的右接线端并动态地修改事件注册。

要停止产生事件，可将事件结构右侧的动态事件接线端连接至位于“注册事件”函数左上角的“事件注册引用句柄”输入端。“取消注册事件”函数位于函数选板的【编程】→【对话框与用户界面】→【事件】，其处于含有该事件结构的 While 循环。“取消注册事件”函数执行时，LabVIEW 将把该“事件注册引用句柄”所指定的一切事件注册取消，销毁与该“事件注册引用句柄”相关的事件队列，同时放弃任何尚在队列中的事件。如果用户不取消注册事件，而包含事件结构的 While 循环执行结束后用户又执行了可产生事件的操作，那么 LabVIEW 将无限地查询事件。如果事件配置已被前面板锁定，则此时 VI 无响应，在这种情况下，LabVIEW 将在 VI 空闲时销毁事件队列。

3. 动态事件修改

如果动态地注册事件，可在运行时修改注册信息以改变 LabVIEW 产生事件的对象。若要修改与引用句柄相关的已有注册而不是创建一个新注册，可连接“注册事件”函数左上角的“事件注册引用句柄”输入端。

当连接“事件注册引用句柄”输入端时，该函数会自动调整大小以显示在“注册事件”函数中指定的相同引用类型的相同事件。“注册事件”函数最初创建了“事件注册引用句柄”，当“事件注册引用句柄”输入端已连好线时，不能手动改变该函数大小或重新配置该函数。

如果将一个对象引用连接到“注册事件”函数左侧的“事件源”输入端，且“事件注册引用句柄”输入端已连接，则该函数将替换先前通过原来“注册事件”函数的相应“事件源”输入端完成注册的所有引用。可通过将非法引用句柄常量连接至“事件源”输入端来取消单个事件的注册。如果不连接“事件源”输入端，LabVIEW 将不改变该事件的注册信息。若要取消与某一“事件注册引用句柄”相关的所有事件的注册，可使用“取消注册事件”函数。

6.6　使能结构

使能结构是从 LabVIEW 8 中开始新增的功能，用来控制程序是否被执行。使能结构有两种：一种是程序框图禁用结构，其功能类似于 C 语言中的/*……*/，可用于大段地注释程序；另一种是条件禁用结构，用于通过外部环境变量来控制代码是否执行，类似于 C 语言中通过宏定义来实现条件编译；它们的使用方法与“条件结构”类似。这两种使能结构都在函数面板的【编程】→【结构】子面板中。

6.6.1　程序框图禁用结构

在 C 语言中，如果不想让一段程序运行，则可以用/*……*/的方法把它注释掉，但是在 LabVIEW 8 以前的版本中只能通过“条件结构”来实现，从 LabVIEW 8 开始增加了程序框图禁用结构，能实现真正的注释功能，而且使用方法非常简单，只要把需要注释的代码放置到框图中，并使之成为“禁用”状态即可，如果要恢复此段代码，则选择“启用”状态即可，如图 6.51 所示。

图 6.51　程序框图禁用结构

下面我们为了掌握程序框图禁用结构的基本应用方法，用它来实现加法运算的“启用”和“禁用”，创建程序的步骤如下。

步骤一；新建一个 VI，在前面板上放置两个“数值输入”控件和一个“数值显示”控件，分别命名为“x”、“y”和“x+y”。

步骤二：编写程序框图。切换到程序框图，选择一个“加”函数，将两个输入端子分别与“x”和“y”对象连接，输出端与“x+y”对象连接。

步骤三：添加程序框图禁用结构。在函数面板的【编程】→【结构】子面板中选择“程序框图禁用结构”，将“加”函数框到其中，默认情况下，它是将加法运算禁用了，运行程序，结果如图 6.52 所示。

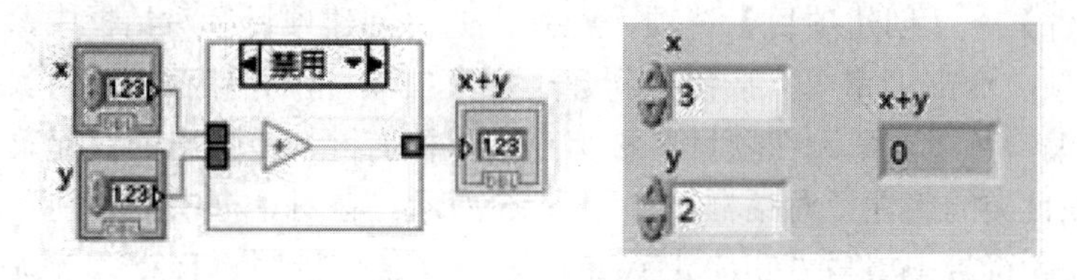

图 6.52　禁用加法运算

步骤四：在“程序框图禁用结构”点击鼠标右键，在弹出的快捷菜单中选择“启用本子程序框图”选项，运行程序，结果如图 6.53 所示。

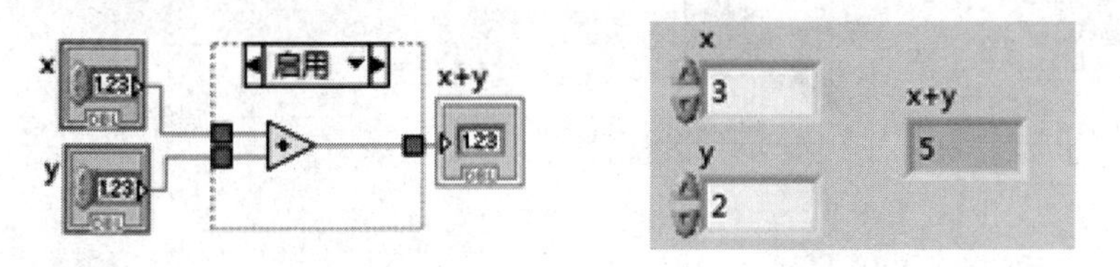

图 6.53　启用加法运算

6.6.2　条件禁用结构

条件禁用结构的功能类似于 C 语言中的宏定义功能，即通过外部环境变量来控制代码是否执行，此外，还可以通过判断当前操作系统的类型来选择执行哪段代码。

条件禁用结构的建立方法与程序框图禁用结构类似，建立后的条件禁用结构如图 6.54 所示。

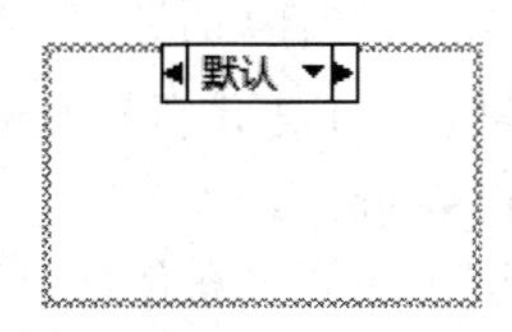

图 6.54　条件禁用结构

条件禁用结构包括一个或多个子程序框图，LabVIEW 在执行时根据子程序框图的条件配置只使用其中的一个子程序框图。需要根据用户定义的条件禁用程序框图上某部分的代码时，使用该结构。用鼠标右键点击结构边框，可添加或删除子程序框图。添加子程序框图或用鼠标右键点击结构边框，在快捷菜单中选择“编辑本子程序框图的条件”，可在配置条件对话框中配置条件。点击“选择器标签”中的递增和递减箭头可滚动浏览已有的条件分支。创建条件禁用结构后，可添加、复制、重排或删除子程序框图。

程序框图禁用结构可用于使程序框图上某部分代码失效。用鼠标右键点击“条件禁用结构”的边框，从快捷菜单中选择“替换为程序框图禁用结构”，即可完成转换。

下面我们学习用条件禁用结构控制代码的运行实例，本例是用条件禁用结构控制一段代码的执行，当满足条件 Global_switch=True 时，执行此分支中的代码，禁用“默认”分支中的代码；反之则执行“默认”分支中的代码，禁用“Global_switch=True”分支中的代码，创建程序的步骤如下。

步骤一：新建一个工程，保存名为“条件禁用结构”。在 LabVIEW 2016 的启动界面中，选择【文件】→【创建项目】选项，在弹出的“创建项目”对话框中，选择【全部】→【项目】选项，点击“完成”按钮，新建一个空白项目，并保存该项目。

步骤二：编辑环境变量。在项目名称上点击鼠标右键，在弹出的快捷菜单中选择“属性”，打开“项目类的属性”对话框，如图 6.55 所示。在对话框中“类别”项选择“条件禁用符号”；在新符号中填写“Global_switch”，在新值中填写“True”，然后点击“添加”按钮，则编辑环境变量完成，点击“确定”按钮。

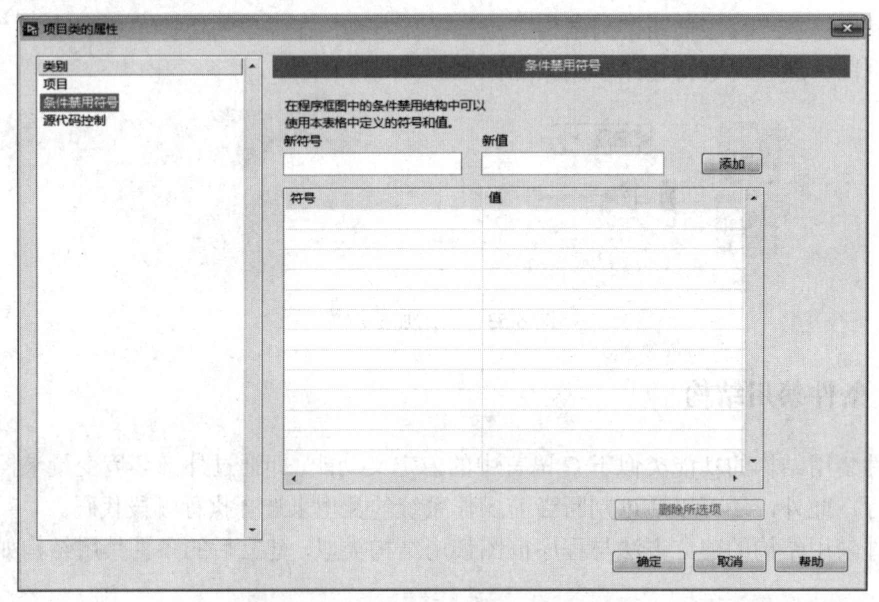

图 6.55　“项目类的属性”对话框

步骤三：新建一个 VI。在项目名称上点击鼠标右键，在快捷菜单中选择“新建”，打开一个新的 VI，保存名为“Global_switch”。

步骤四：创建“条件禁用结构”。选择“条件禁用结构”添加到程序框图上，从【函数】→【编程】→【对话框与用户界面】子面板中选择“单按钮对话框”对象放置到“条件禁用结构”的默认分支上，设置显示内容为“默认”，如图 6.56 所示。

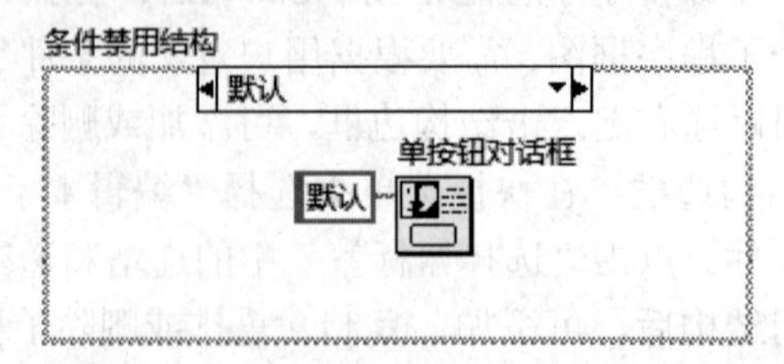

图 6.56　默认“条件禁用结构”分支

步骤五：添加子程序框图。在“条件禁用结构”边框上点击鼠标右键，在弹出的快捷菜单中选择“在后面添加子程序框图”选项，弹出“配置条件”对话框，如图 6.57 所示。细心的读者可能会发现图中符号下拉列表中除了前面配置的“Global_switch”选项，还有 OS、CPU、TARGET TYPE 等选项，它们可以用来判断当前的操作系统、CPU 类型等。在对话框“符号”下拉列表中选择“Global_switch”选项，在“值”文本框中填写“True”，点击“确定”按钮，则添加子程序框图完成。

图 6.57　“配置条件”对话框

步骤六：在新添加的分支中放置一个“单按钮对话框”，设置显示内容为“Global_switch”，如图 6.58 所示。

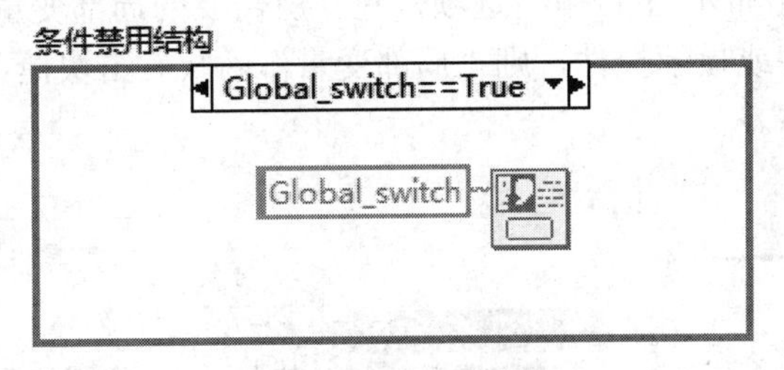

图 6.58　新添加“条件禁用结构”分支

步骤七：运行程序，结果如图 6.59 所示，从图中可以看到条件不满足的分支呈灰色显示。鼠标右键点击新添加的“条件禁用结构分支”边框，在弹出的快捷菜单中选择“编辑本子程序框图的条件…”选项，在弹出的配置条件对话框中将“==”改为“!=”，再运行程序，结果如图 6.60 所示。

图 6.59　默认“条件禁用结构”运行结果　　图 6.60　改变禁用条件后的运行结果

6.7 变　　量

由于 LabVIEW 图形化编程的特点，在有些情况下要在同一 VI 的不同位置或在不同的 VI 中访问同一个控件，这时控件对象之间的连线就无法实现；这时候就需要用到局部变量或全局变量，通过局部变量或全局变量可以在程序框图中的多个地方读写同一个控件。LabVIEW 的变量可以分为三类：局部变量、全局变量和共享变量。本节只对局部变量和全局变量进行讲解。

6.7.1 局部变量

局部变量主要用于在程序内部传递数据，它既可以作为控制量向其他对象传递数据，也可以作为显示量接收其他对象传递过来的数据。

创建局部变量的方式有两种：一种是先从【函数】→【编程】→【结构】子面板中直接选择“局部变量”放置到程序框图上，然后点击鼠标右键，在快捷菜单中选择“选择项”，连接要连接的对象；第二种方法是在要创建局部变量的已有对象上点击鼠标右键，在弹出的快捷菜单中选择【创建】→【局部变量】即可。

对于第一种方式，当“局部变量”放置到程序框图上时，局部变量没有与任何对象连接，此时局部变量显示为“▶♠?”，连接对象后，“？”改为显示对象的名称。例如先在前面板添加一个数值输入控件、一个布尔控件和一个字符串控件，然后在程序框图中添加一个“局部变量”函数，鼠标右键点击“局部变量”函数，就可以在弹出的快捷菜单中选择“选择项”下的“数值/布尔/字符串”选项，建立所需要的局部变量，如图 6.61 所示。如果前面板没有输入控件或显示控件，则“局部变量”函数右击快捷菜单中的“选择项”变为灰色，即不可用状态。

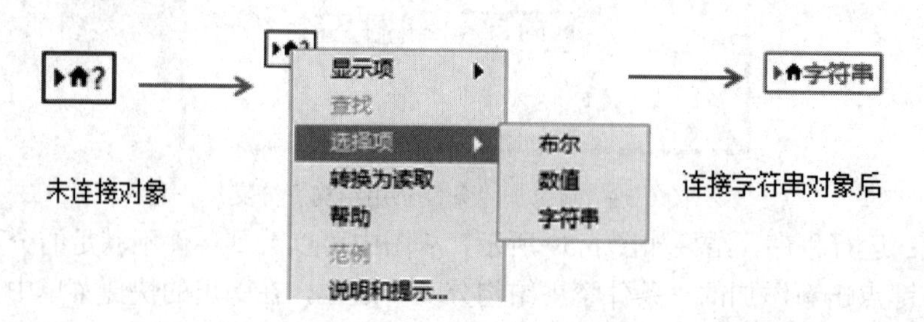

图 6.61　第一种方法创建局部变量

对于第二种方式，我们仍以创建字符串的局部变量为例，在前面板添加一个字符串控件，在程序框图中鼠标右键点击对象，在弹出的快捷菜单中选择“创建”下的“局部变量”即可，如图 6.62 所示。

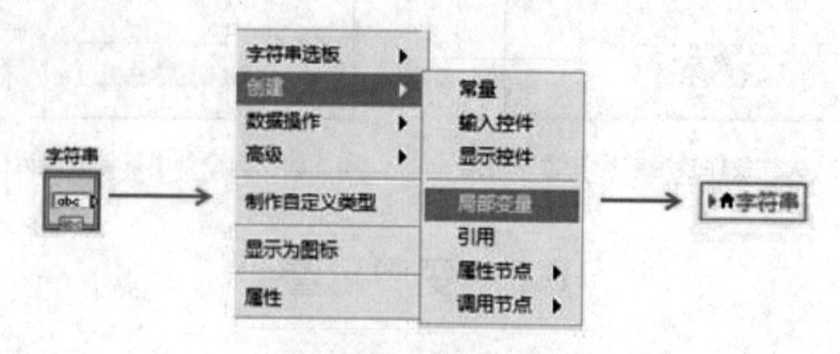

图 6.62　直接创建对象局部变量

一个对象可以创建多个局部变量，局部变量既可以作为输入控件，也可以作为显示控件，给对象赋值。局部变量创建时，默认都是作为输入控件，点击鼠标右键，在弹出的快捷菜单中选择“转换为读取”选项就可以将其转换为显示控件，如图 6.63 所示。从图中可以看出，作为输入控件时，连接端口在左侧，细框；转换为显示控件后，连接端口在右侧，细框变为粗框。

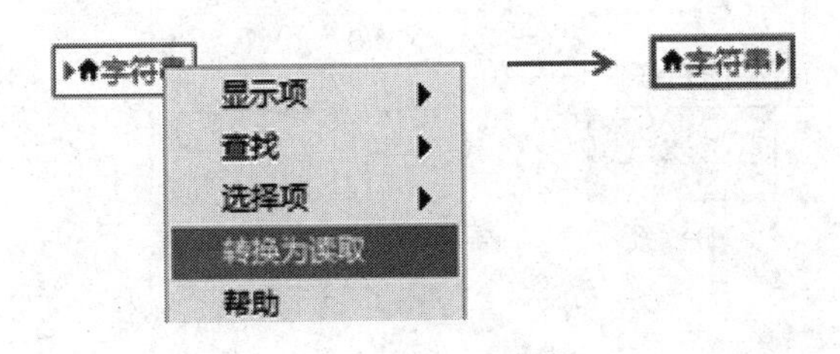

图 6.63　局部变量转换

下面我们学习利用局部变量制作一个计时器的实例，本例的计时器可以暂停，暂停后继续计时。用“已用时间”对象获取计时时间，单位秒，然后通过获取的时间计算其时、分、秒的数据。暂停后的计时值、“已用时间”对象的重置控制、显示控件初始化通过局部变量实现。创建程序步骤如下。

步骤一：新建一个 VI，在前面板上添加四个数值显示控件，分别命名为“时”、“分”、“秒”、“毫秒”，将数据显示类型更改为“I32”(具体方法为用鼠标右键点击控件，在“表示法”中选择 I32)；打开“时”、“分”和“秒”的属性对话框，在“显示格式”选项卡中，设置相关参数如图 6.64 所示。“毫秒”只是将“使用最小域宽”设置为 3，其余一样。

图 6.64　“秒”控件的属性设置

步骤二：在前面板中添加两个数值显示控件，分别命名为“计时数”和“暂停前计数值”；在【控件】→【经典】→【经典布尔】子面板中选择“带标签方形按键”控件，放置到前面板上，命名为“开始/暂停”；打开其属性对话框的外观选项卡，设置“开时文本”为“开始”，“关时文本”为“暂停”；添加一个“停止”按钮和一个布尔型的方形指示灯控件，将方形指示灯控件命名为“重置”。前面板设计如图 6.65 所示。

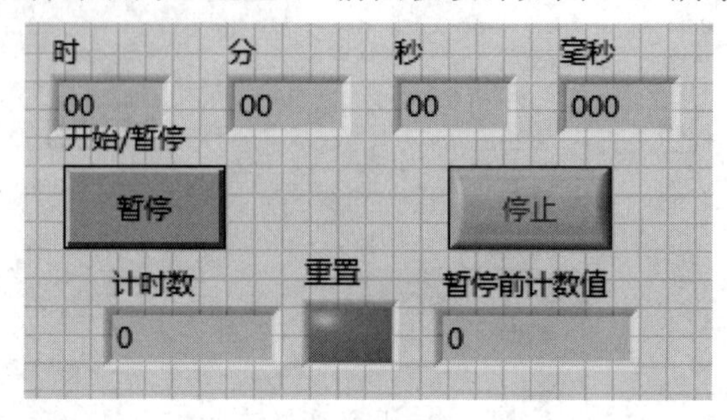

图 6.65　计时器前面板设计

步骤三：切换到程序框图，添加一个条件结构，并将“开始/暂停”对象的输出端连接分支选择器；在整个条件结构外添加一个 While 循环结构，设置时间间隔为 10 ms，并将“停止按钮”连接循环条件端子。

步骤四：在条件结构的“真”分支中添加一个平铺式顺序结构，并将顺序结构前后各添加一帧。从【函数】→【编程】→【定时】子面板中选择“已用时间”对象，添加到顺序结构的中间帧内，“重置”对象放置在第一帧中，并与“已用时间”对象的重置端口连接；创建一个“重置”对象的局部变量，放置在第三帧中，并在输入端连接一个布尔“假”常量。这样做的目的是实现暂停计时并重新再计时后，将“已用时间”对象在暂停时的计时数清零，因为只要程序不停，“已用时间”对象就会一直计数。

步骤五：用鼠标右键点击“计时数”对象，在快捷菜单中选择“创建”下的“局部变量”选项，创建一个“计时数”对象的局部变量添加到“假”分支中，并将它转换为读取状态，同时创建该局部变量的显示控件，命名为“暂停前计数值”，这一步的作用是保存暂停时的计时数与“重置”对象一起完成暂停后累加计时的功能。同样创建“重置”对象的局部变量，放置到“假”分支中，并给其输入端连接布尔型的“真”常量，如图 6.66 所示。

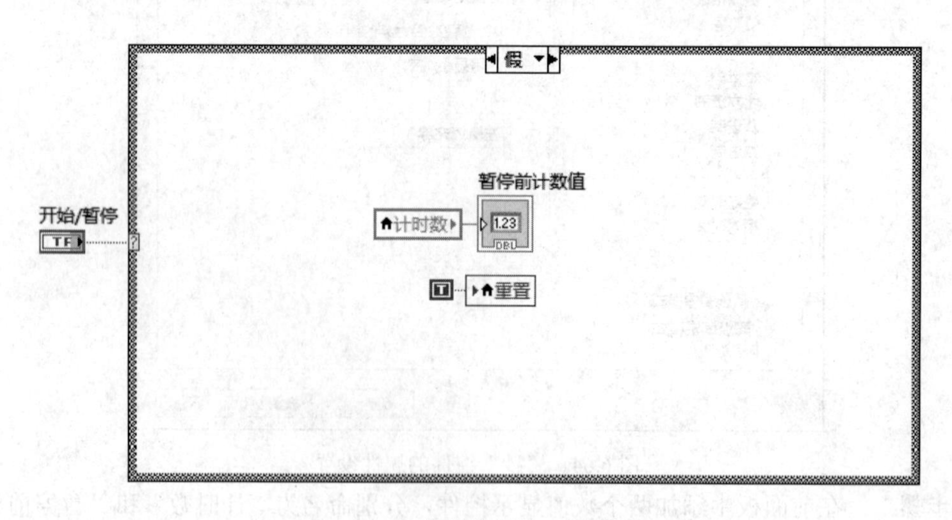

图 6.66　条件结构“假”分支框图

步骤六：在 While 循环的外侧创建一个平铺式顺序结构，在前面添加一帧，把“时”、“分”、“秒”、“毫秒”等对象以及“计时数”和“暂停前计数值”的局部变量放置到第一帧中并初始化为 0。

步骤七：创建“时”、“分”、“秒”、“毫秒”和“暂停前计数值”等对象的局部变量，添加“加”、“乘”、“商与余数”对象放置到“真”分支中顺序结构的中间帧中，按图 6.67 进行连接，完成计时器功能的主要程序设计。

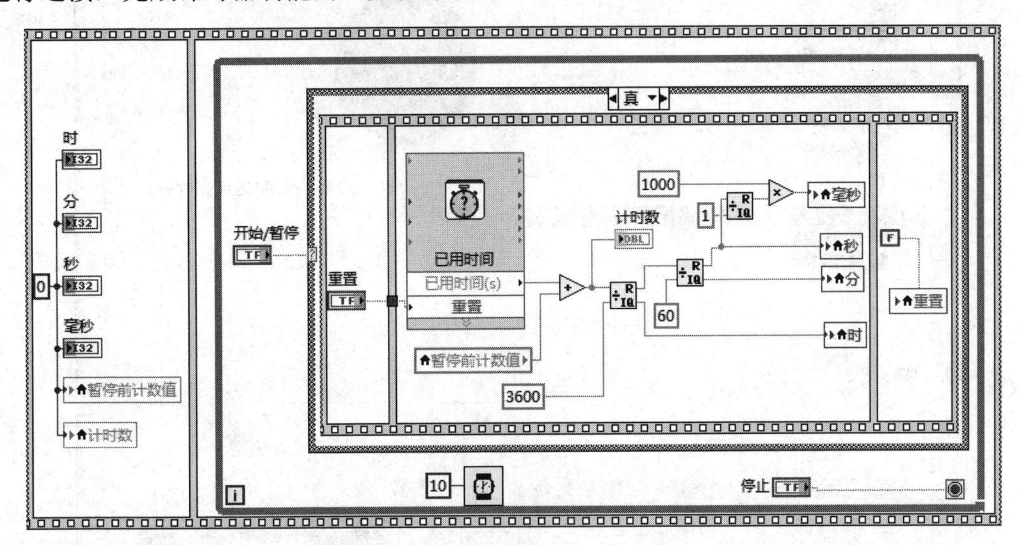

图 6.67　计时器程序主要框图

步骤八：运行程序，查看结果，如图 6.68 所示。

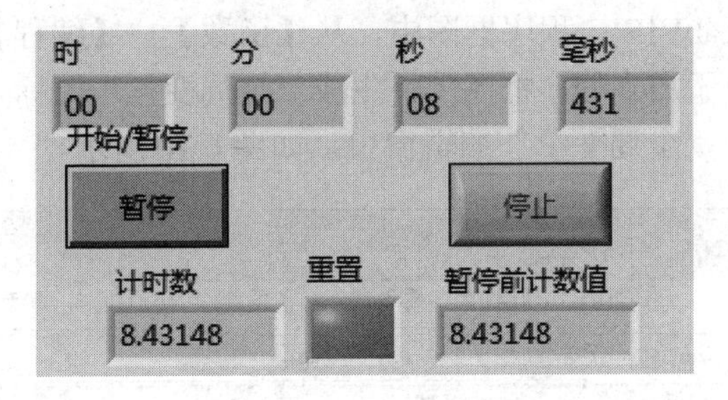

图 6.68　计时器运行图

6.7.2　全局变量

前面介绍了局部变量的建立和使用方法，局部变量通常用于程序内部的数据传递，对于程序间的数据传递就无能为力了，而全局变量可以解决这个问题。LabVIEW 中的全局变量是以独立的 VI 文件形式存在的，这个 VI 文件只有前面板，没有程序框图，不能进行编程。通过全局变量可以在不同的 VI 之间进行数据交换，一个全局变量的 VI 文件中可以包含多个不同数据类型的全局变量。

全局变量的创建方式也有两种，第一种方法是在 LabVIEW 2016 的启动界面中，选择“文件”下的“新建”选项，即可弹出“新建”对话框，在“新建”对话框选择“全局变量”，如图 6.69 所示，单击“确定”按钮后，打开“全局变量”的编辑窗口，如图 6.70 所示，这是一个没有程序框图的 LabVIEW 程序，即它仅是一个盛放前面板控件的容器，没有任何代码，在其中加入控件，保存成一个 VI 后便创建了一个全局变量。

图 6.69　新建“全局变量”窗口

第二种方法是在 LabVIEW 程序框图中，从【函数】→【编程】→【结构】子面板中选择“全局变量”对象添加到程序框图上，生成“全局变量”图标“ ”，鼠标双击“全局变量”图标即可打开“全局变量”编辑窗口，如图 6.70 所示。

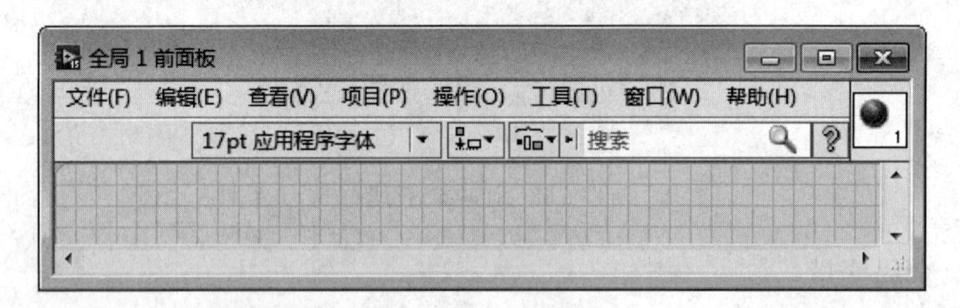

图 6.70　“全局变量”编辑框

下面通过一个用全局变量在不同 VI 之间传递数据的实例来说明全局变量的使用方法。本例创建两个 VI 和一个全局变量，一个 VI 产生正弦波形，通过全局变量传递后，在另一个 VI 中显示，创建程序的步骤如下。

步骤一：创建一个“全局变量”。打开“全局变量”编辑框后，在上面放置一个波形图显示控件，命名为“波形全局变量”，如图 6.71 所示，保存该 VI，命名为“波形全局变量.vi”。

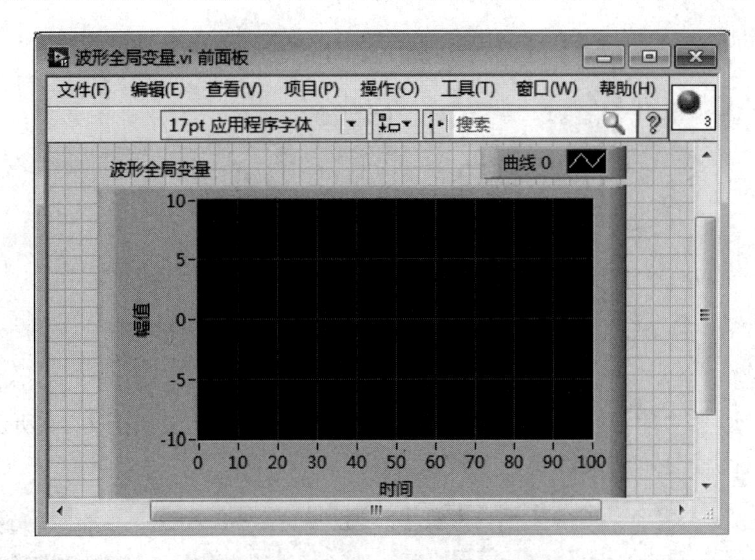

图 6.71　创建“波形全局变量”

步骤二：创建信号产生 VI。创建一个 VI，保存 VI 为“信号产生”。在前面板上放置一个波形图控件，命名为“信号产生波形显示”，切换到程序框图，从【编程】→【波形】→【模拟波形】→【波形生成】子面板中选择“仿真信号”对象放置到程序框图上，使用默认设置来产生一个正弦信号，输出端与“信号产生波形显示”连接。在函数面板上点击“选择 VI”，在打开的对话框中选择第一步中创建的“波形全局变量”与“仿真信号”的输出端相连，在“仿真信号”的“频率”输入端口创建一个输入控件。创建一个 While 循环将所有程序框图上的对象框到其中，设置时间间隔为 100 ms，程序框图如图 6.72 所示。

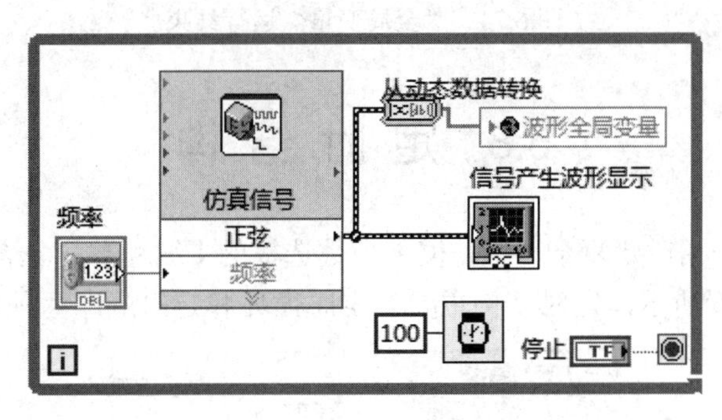

图 6.72　信号产生程序框图

步骤三：创建信号显示 VI。创建一个 VI，命名为“信号显示”。在前面板中放置一个波形图控件，命名为“变量传递后波形显示”。切换到程序框图，从“编程”下的“波形”子面板中选择“创建波形”对象添加到框图上，拉伸后，鼠标右键点击各个端口，在弹出的快捷菜单中的“选择项”分别选择“Y”、“t0”、“dt”，在函数面板上点击“选择 VI”，在打开的对话框中选择第一步中创建的“波形全局变量”，点击鼠标右键选择“转换为读取”，与“创建波形”对象的“Y”相连；在“t0”端口创建一个时间常量，在“dt”端口创建一个常量 0.001。创建一个 While 循环将所有程序框图上的对象框到其中，设置时间间隔为 100 ms，程序框图如图 6.73 所示。

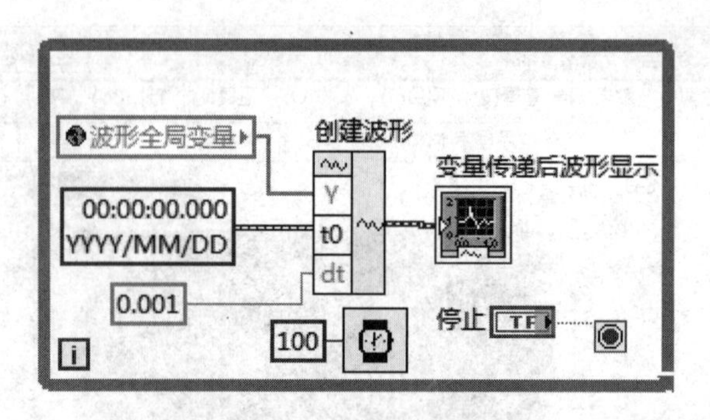

图 6.73　信号显示程序框图

步骤四：运行“信号产生”和“信号显示”两个 VI，结果如图 6.74 所示，改变不同的信号频率，比较显示结果都完全一致。

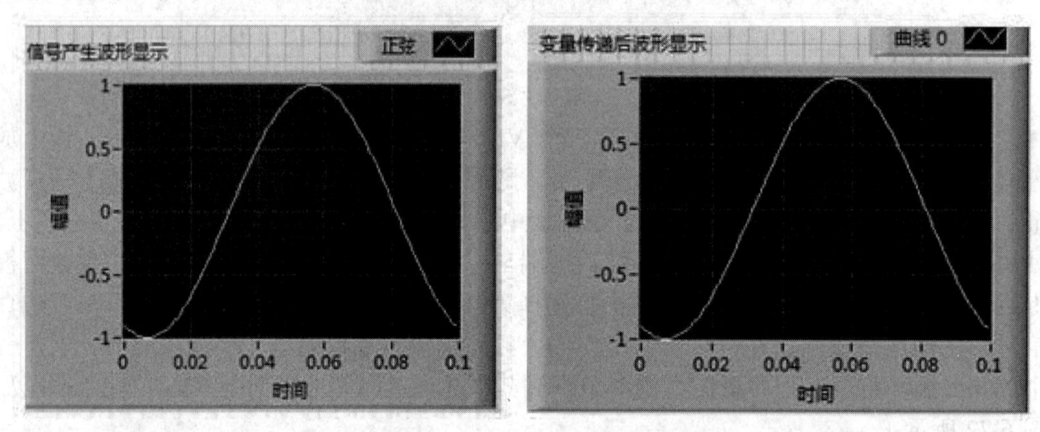

图 6.74　“全局变量”运行结果

6.8　定 时 结 构

定时结构的用法相对要复杂一些，位于函数选板的【编程】→【结构】→【定时结构】子面板中，如图 6.75 所示，定时结构主要有定时循环和定时顺序两种。

图 6.75　“定时结构”子面板

6.8.1　定时循环

定时循环根据指定的循环周期顺序执行一个或多个子程序框图或帧。在以下情况中可以使用定时循环结构：开发支持多种定时功能的 VI、精确定时、循环执行时返回计算值、动态改变定时功能或者多种执行优先级。用鼠标右键点击结构边框可添加、删除、插入及合并帧。在【编程】→【结构】→【定时结构】子面板中选择“定时循环”对象，在程序框图上拖动鼠标即可建立定时循环，如图 6.76 所示。

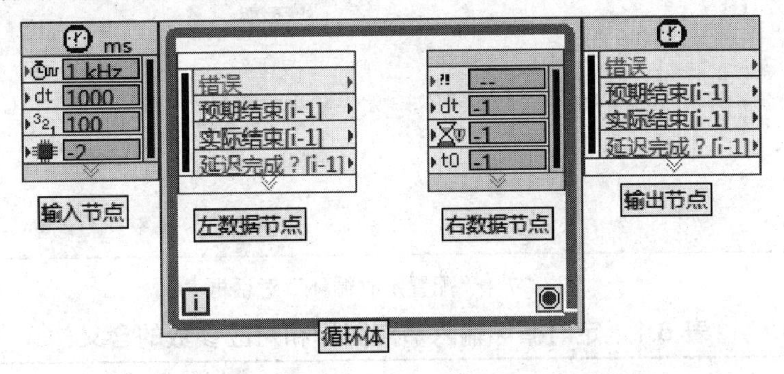

图 6.76　定时循环框图

定时循环结构主要包含五部分内容，分别为输入节点、左数据节点、右数据节点、输出节点和循环体。下面具体介绍这五部分功能。

(1) 输入节点：用于设置定时循环的初始化参数，确定定时循环的循环时序、循环优先级和循环名称等参数。

(2) 左数据节点：用于返回配置信息以及运行状态信息等，提供上一次循环的时间和状态信息，例如上一次循环是否延迟执行、上一次循环的实际执行时间等。

(3) 右数据节点：用于配置下一轮及以后循环的时间参数，从而实现循环参数的动态改变。

(4) 输出节点：返回时间状态信息以及错误信息，参数含义与左数据节点的同名参数一致。

(5) 循环体：和 While 循环类似，定时循环的循环体包括循环计数端口和循环条件输入端口，前者用于指示当前的循环次数，后者连接一个布尔型变量，指示循环退出或者继续的条件。

定时循环结构是在 While 循环的基础上发展起来的，其循环体的使用规则和 While 循环一样，包括自动索引功能和移位寄存器。不同之处在于四个对循环时间和状态进行设定和输出的节点，While 循环中的循环时间间隔在这里不再适用。下面对定时循环中循环时间和状态的设定进行重点介绍。

在定时循环结构的输入节点上双击，或者点击鼠标右键，在弹出的快捷菜单中选择“配置输入节点”选项，即可打开如图 6.77 所示的“配置定时循环”对话框。

对输入节点参数的设定可以在配置对话框中完成，也可以直接在框图输入端完成，默认情况下框图只显示部分参数，用户可以通过拉伸输入节点显示更多的参数，表 6.1 列出了输入节点框图中的图标和配置对话框中对应参数的含义。

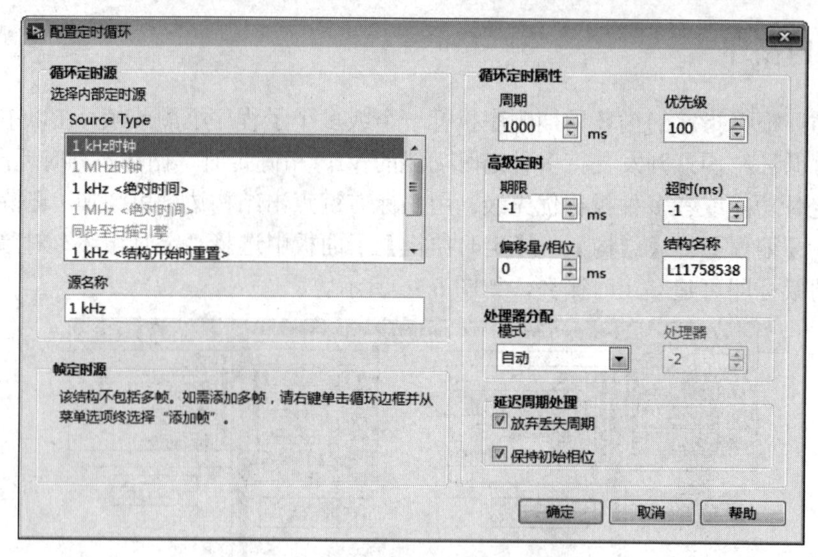

图 6.77　“配置定时循环”对话框

表 6.1　定时循环输入节点图标和对应参数的含义

图标	参　数	含　义
	源名称	指定用于控制结构的定时源的名称。定时源必须通过创建定时源 VI 在程序框图上创建，或从配置定时循环对话框中选择
	期限	指定定时源的周期、单位与源名称指定的定时源一致
	结构名称	指定定时循环的名称
	偏移量	指定定时循环开始执行前的等待时间。偏移量的值对应于定时循环的开始时间，单位由定时源指定
	周期	定时循环的时间
	优先级	指定定时循环的执行优先级。定时结构的优先级用于指定定时结构相对于程序框图上其他对象的执行开始时间，优先级的输入值必须为 1 到 65535 之间的正整数
	模式	指定定时循环处理执行延迟的方式，共有五种模式：无改变，根据初始状态处理错过的周期，忽略初始状态处理错过的周期，放弃错过的周期维持初始状态，忽略初始状态放弃错过的周期
	处理器	指定用于执行任务的处理器，默认值为 –2，即 LabVIEW 自动分配处理器。如需手动分配处理器，可以输入介于 0 到 255 之间的任意值，0 代表第一个处理器。如果输入的数量超过可用处理器的数量，将导致运行时错误且定时结构停止执行
	超时	指定定时循环开始执行前的最长等待时间，默认值为 –1，表示未给下一帧指定超时时间。超时的值对应于定时循环的开始时间和上一次循环的结束时间，单位由帧定时源指定
	错误	在结构中传递错误。接收到错误状态时，定时循环将不执行

对于其他节点更详细的说明请读者参考 LabVIEW 相应的说明和帮助文档。

下面我们来看一个简单的定时循环实例，该实例设置定时循环的初始周期为 0 ms，每循环一次周期时间增加 100 ms，共循环五次结束，因此整个循环结束共耗时为 0 + 100 + 200 + 300 + 400 = 1000 ms。程序的程序框图和运行效果图如图 6.78 所示。

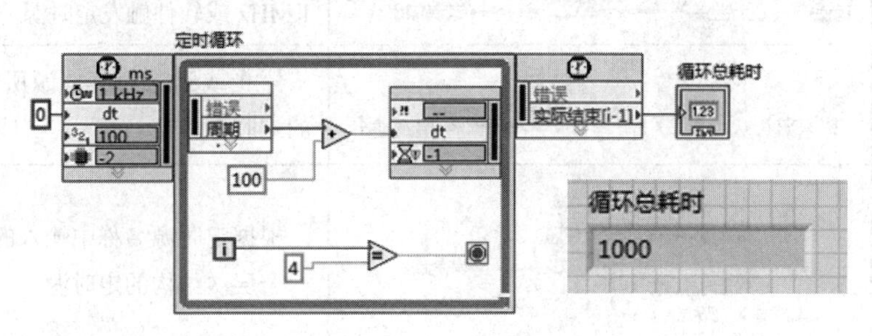

图 6.78　定时循环实例

6.8.2　定时顺序

定时顺序结构由一个或多个子程序框图(也称帧)组成，在内部或外部定时源控制下按顺序执行。与定时循环不同，定时顺序结构的每个帧只执行一次，不重复执行。定时顺序结构适于开发只执行一次的精确定时、执行反馈、定时特征等动态改变或有多层执行优先级的 VI。用鼠标右键点击定时顺序结构的边框可添加、删除、插入及合并帧。定时顺序框图如图 6.79 所示。

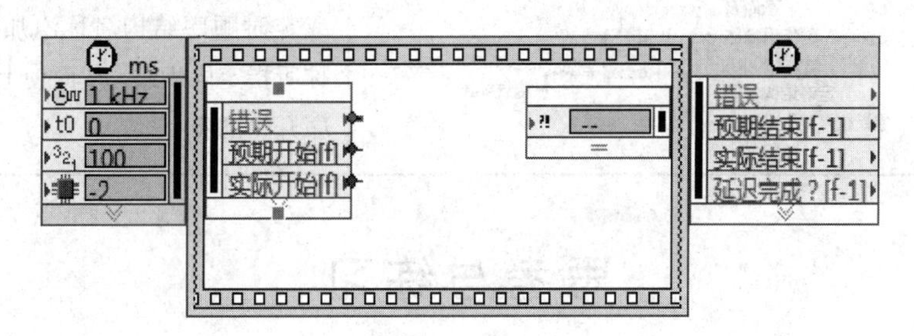

图 6.79　定时顺序框图

定时顺序结构也包括输入节点、左数据节点、右数据节点、输出节点，它们的作用和定时循环中的节点一样，设定方法和功能也与其类似。

While 循环结构、顺序结构、定时结构、条件结构之间可以互相转换，具体方法是在结构体的代码框上点击鼠标右键，从菜单中选择相应的结构进行替换，替换后要注意更改各个结构运行的参数。

6.8.3　定时 VI

对于一般的程序，通过以上节点的设置完全能够实现一个程序中的多种运行速度，但对于一些高级编程，可能还需要提供自定义的定时时钟标准，有些还需要多个定时循环的同步，这些功能需要一些辅助的 VI 来实现，下面对它们的基本功能做一个简单说明，见表 6.2。

表 6.2　定时 VI 的基本功能

名　称	图标和端口	基 本 功 能
创建定时源	名称（输入）　名称（输出） 错误输入（无错误）　错误输出	创建用于控制定时结构执行的 1 kHz、1 MHz 或软件触发定时源
清除定时源	名称　父 错误输入（无错误）　错误输出	停止或删除为其他源所创建或指定的定时源
创建定时源层次结构	替换(F) 层次结构名称 父 定时源名称 错误输入（无错误）　错误输出	根据定时源名称中输入的名称，创建一个层次结构的定时源
发射软件触发定时源	触发ID　触发ID输出 计时数量 错误输入（无错误）　错误输出	使用创建定时源 VI 创建软件触发定时源
定时结构停止	优先级 名称 错误输入（无错误）　错误输出	停止名称中输入的定时循环或定时顺序
同步定时结构开始	清除(F) 替换(T) 同步组名称 超时毫秒(10000)　定时结构名称输出 定时结构名称　错误输出 错误输入（无错误）	将定时结构名称中输入的定时循环或定时顺序结构名称添加到同步组名称所指定同步组，从而使上述循环或顺序开始同步

思考与练习

1. 利用顺序结构和 timing 面板下的 tick count VI，计算 For 循环 1 000 000 次所需的时间。

2. 利用顺序结构设计交通信号灯，首先绿灯亮 15 s 后熄灭，黄灯亮 3 s 后熄灭，最后红灯亮 20 s 后进行到下一次循环。

3. 利用循环结构写一个跑马灯，如图 6.80 所示，5 个灯从左到右不停地轮流点亮，闪烁间隔由滑动条调节。

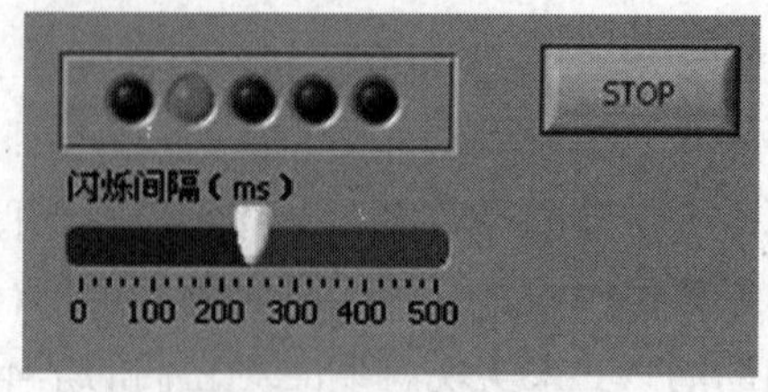

图 6.80　思考与练习(1)

4. 给出百分制成绩，要求输出等级 A、B、C、D、E。90 分以上为 A，80～89 为 B，70～79 为 C，60～69 为 D，60 分以下为 E，如图 6.81 所示。

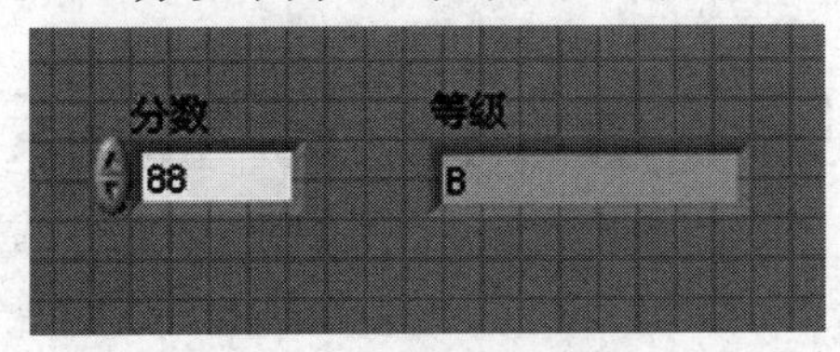

图 6.81　思考与练习(2)

5. 利用事件结构实现在数字输入控件中，每当用户按下一个数字后，累加值就将新数字累加上去。例如按下 34 时，累加值为 7；按下 345 时，累加值为 12…，如图 6.82 所示。

图 6.82　思考与练习(3)

第 7 章　图 形 显 示

图形化显示具有直观明了的优点，能够增强数据的表达能力，许多实际仪器和示波器都提供了丰富的图形显示。在虚拟仪器程序设计的过程中，也秉承了这一优点，LabVIEW 对图形化显示提供了强大的支持。

LabVIEW 提供了两个基本的图形显示工具：图和图表。图采集所有需要显示的数据，并可以对数据进行处理后一次性显示结果；图表将采集的数据逐点地显示为图形，可以反映数据的变化趋势，类似于传统的模拟示波器、波形记录仪。图显示的类型包括波形图、XY 图、强度图和 3D 图；图表显示的类型包括波形图表和强度图表。图形显示控件位于前面板控件选板中的“新式”下的“图形”子面板中，如图 7.1 所示。本章的主要内容有波形图和波形图表、XY 图、强度图和强度图表、三维曲面图和三维参数图及三维曲线图等。

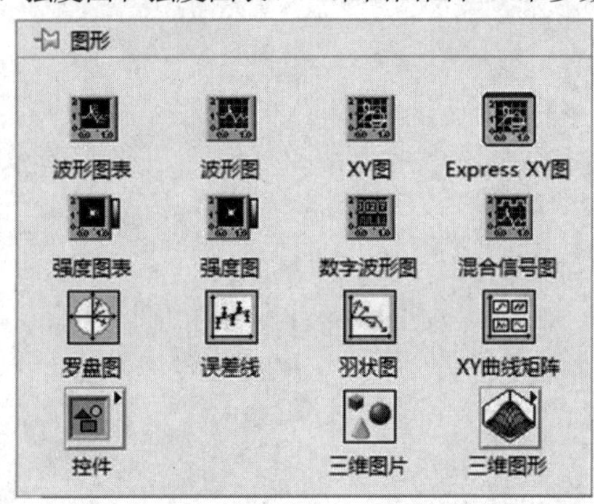

图 7.1　图形控件子面板

7.1　波 形 显 示

波形显示分为波形图和波形图表两种，波形图和波形图表是在数据显示中用得最多的两个控件。波形图表是趋势图的一种，它将新的数据添加到旧数据尾端后再显示出来，可以反映数据的实时变化。它和波形图的主要区别在于波形图是将原数据清空后重新画一张图，而趋势图保留了旧数据，保留数据的缓冲区长度是可以通过鼠标右键点击控件并选择“图表历史长度”来设定的。

7.1.1　波形图

波形图用于显示测量值为均匀采集的一条或多条曲线。波形图仅绘制单值函数，在波形图接收所有需要显示的数据后一次性显示在前面板窗口中，其显示的图形是稳定的波形。在下一次接收数据时，波形图不保存上一次的历史数据，数据全部更新，在前面板窗口中只显示当前接收的数据。

波形图位于前面板控件面板的“新式”下的“图形”子面板中。波形图窗口默认显示的内容包括图形区、标签、图例和刻度(X 刻度和 Y 刻度)；还有一些元素没有显示在前面板窗口中，选择波形图的右键菜单的“显示项”，如图 7.2 所示，可以显示这些元素，完整显示结果如图 7.3 所示。或者在鼠标右键点击弹出的快捷菜单中选择“属性”选项，弹出“图形属性”对话框，在“外观”选项卡里选择要显示的项目，如图 7.4 所示。

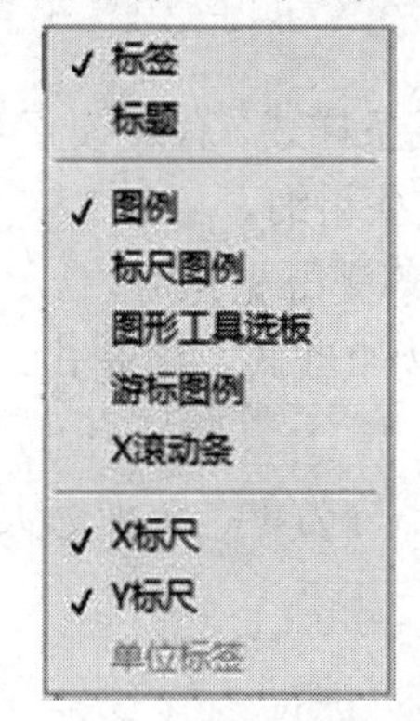

图 7.2 波形图右键快捷菜单

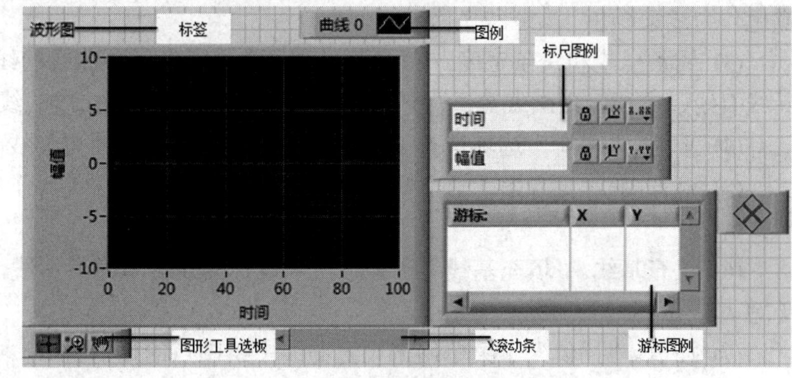

图 7.3 波形图完整显示项

图 7.4 “图形属性”对话框

下面介绍波形图右键快捷菜单主要选项。

1. 图例

图例位于波形图的右上角，用来定义图中曲线的颜色和样式。默认情况下图例只显示一条曲线，若想要显示多条曲线的图例，直接将图例往下拉即可。鼠标右键点击“图例”，弹出如图 7.5 所示的右键快捷菜单，在弹出的菜单中可以对曲线的颜色、线型和显示风格等进行设置，双击“图例”文字可以改变曲线名称。下面对图例的快捷菜单的主要选项内容进行详细说明。

(1) 常用曲线。“常用曲线”子菜单用来设置曲线的显示方式，如图 7.6 所示，其中上排显示方式依次为平滑曲线、数据点方格、曲线同时数据点方格；下排显示方式依次为填充曲线和坐标轴包围的区域、直线图、直方图。

(2) 颜色。“颜色”子菜单用来设置线条的颜色，设置时可以从系统颜色选择器中选择颜色作为线条颜色，如图 7.7 所示。

(3) 线条样式和线条宽度。“线条样式”子菜单用来设置曲线的线条样式，有连续直线、断线直线、虚线、点画线等；“线条宽度”子菜单用来设置曲线的线条粗细。

(4) 平滑。“平滑”选项选择是否启用防锯齿功能，启用可使线条变得更光滑。

(5) 直方图。“直方图”子菜单用来设置直方图的绘制方式，分为直线式、填充式、柱状式等。

(6) 填充基线。“填充基线”子菜单用来设置曲线的填充参考线，分为零、负无穷大和无穷大。

(7) 插值。“插值”子菜单用来设置曲线中绘图点的插值方式。

(8) 点样式。“点样式”子菜单用来设置图中绘图点的样式，包括圆点、方块、叉、星号等。

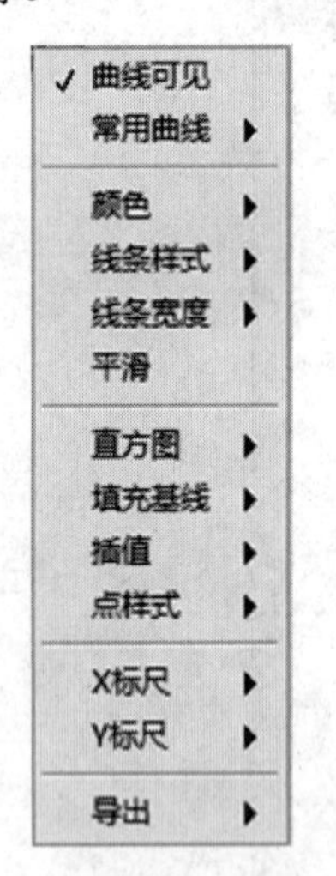

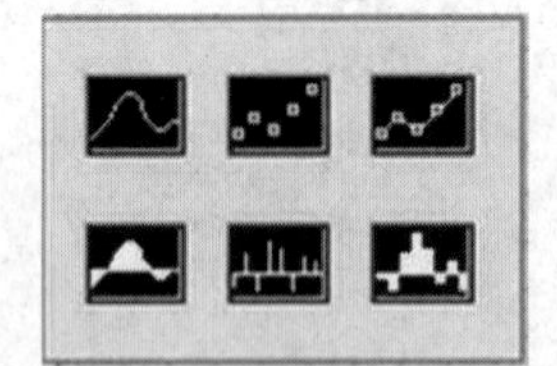

用户
历史
系统
R:255 G:255 B:255
单击空格键可切换所选颜色。

图 7.5　“图例”快捷菜单　图 7.6　常用曲线菜单　图 7.7　颜色菜单

2. 标尺图例

“标尺图例”用来定义标尺标签和配置标尺属性。“标尺图例”的第一行对应水平坐标参数，第二行对应垂直坐标参数。

图标 锁定开关，用来锁定刻度，点击该图标可在刻度锁定和解锁状态之间切换。

图标 用来标识刻度锁定状态，绿灯亮表示为刻度锁定状态。

图标 下拉菜单用来设置坐标刻度数据的属性，包括格式、精度、映射模式、网格颜色和显示标尺选项等。

3. 图形工具选板

通过“图形工具选板”可进行游标移动、缩放、平移显示图像等操作。“图形工具选板”还包括信号信息的各种属性，下列按钮从左到右依次为游标移动工具、缩放工具、平移工具。

游标移动工具用来移动所显示图形上的游标。

缩放工具用来放大或缩小图形，点击该图标出现下拉列表，包括六种缩放方式，如图 7.8 所示，上排从左到右依次为放大选择的矩形框、放大选择的水平范围、放大选择的垂直范围；下排从左到右依次为取消上一次缩放操作、按光标所在的位置放大、按光标所在的位置缩小。

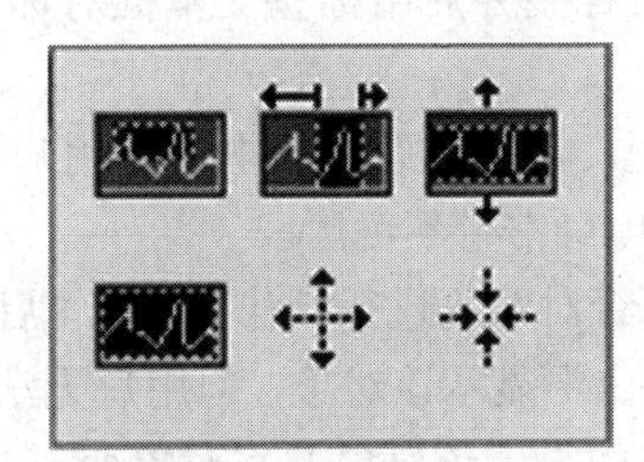

图 7.8 图形缩放方式

平移工具用来在显示区域内选中并移动曲线。

4. 游标图例

“游标图例”用来显示图形中的游标，在图形上用游标可读取绘图区域上某个点的确切值，游标值会显示在游标图例中。

选择“游标图例”右键快捷菜单的“创建游标”，在图形中添加游标。创建游标时，游标模式定义了游标位置，共有三种模式：自由、单曲线和多曲线，如图 7.9 所示。在同一个图形中可创建多个游标。

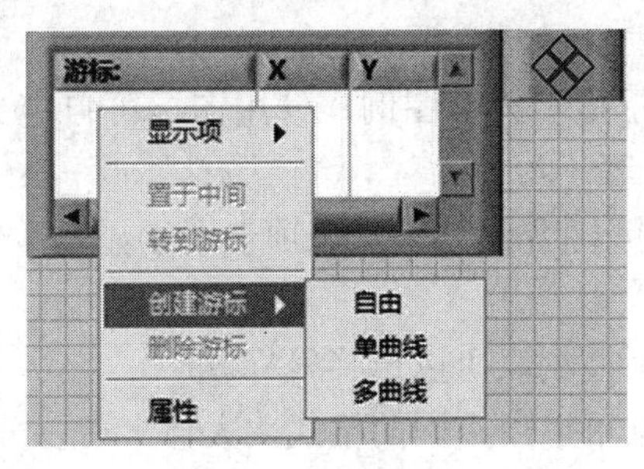

图 7.9 创建游标

自由模式不考虑曲线的位置，游标可以在整个图形区域自由移动。

单曲线模式表示仅将游标置于与其关联的曲线上，游标可在曲线上移动。鼠标右键点击“单曲线”游标图例，从弹出的快捷菜单中选择“关联至”，可将游标与一个或所有曲线实现关联。多曲线模式将游标置于绘图区域内的特定数据点上。

多曲线游标可显示与游标相关的所有曲线在指定 X 值处的值。游标可置于绘图区域内的任意曲线上。鼠标右键点击“多曲线”游标图例，从弹出的快捷菜单中选择“关联至”，可将游标与一个或所有曲线实现关联。该模式只对混合信号图有效。

5. X 滚动条

“X 滚动条”用来滚动显示图形或图表中的数据，使用滚动条可查看图形或图表当前未显示的数据。

6. “图形属性”对话框

“图形属性”对话框包括八个选项卡：外观、显示格式、曲线、标尺、游标、说明信息、数据绑定和快捷键。

(1) “外观”选项卡。“外观”选项卡用来设置图标签、标题、图形工具选板、游标图例、标尺图例、水平滚动条等对象是否可见，主要包括以下几个选项。

① 标签：显示对象的自带标签并启用标签文本框对标签进行编辑。标签用于识别前面板和程序框图上的对象。

② 标题：显示对象的标题，启用标题文本框后，用户即可编辑标题。使用标题对前面板控件作详细的说明，该选项对常量不可用。

③ 启用状态：设置用户可否对对象进行操作。选择“启用”，表示用户可操作该对象；选择“禁用”，表示在前面板窗口中显示该对象，但用户无法对该对象进行操作；选择“禁用并变灰”，表示在前面板窗口中显示该对象并将对象变灰，用户无法对该对象进行操作。

④ 大小：设置对象的大小，以像素为单位。“高度”是对象的整个显示高度，以像素为单位。不能设置数值对象的高度；“宽度”是对象的界面的宽度，以像素为单位。

⑤ 显示图像工具选板：表示是否在前面板显示图形工具选板，打钩表示显示。

⑥ 显示图例：表示是否显示曲线图例。该图例可用来定义各种曲线，包括曲线样式、线条样式、宽度、点样式等。

⑦ 根据曲线名自动调节大小：表示根据图例中可见的最长曲线名称的宽度自动调节图例大小。

⑧ 曲线显示：可设置在图例中显示的曲线数。

⑨ 显示水平滚动条：表示显示水平滚动条。

⑩ 显示游标图例：表示显示游标图例，使用图标可自定义各游标，包括游标样式、线条样式、宽度、端点样式等。

(2) “显示格式”选项卡。“显示格式”选项卡用于显示数值对象的显示格式，主要包括以下几个选项。

① 坐标轴设置：通过下拉列表可以选择坐标。

② 类型：对显示的数据可以用不同的格式，大体上可以分为数值、进制、时间三类。

③ 位数：数据的个数，如精度类型为精度位数，该字段表示小数点后显示的数字位数；如果精度类型为有效数字，该栏表示显示的有效数字位数，如格式为十六进制、八进制或二进制，则该选项有效。对于单精度浮点数，如精度类型为有效位数，建议为该字段使用 1～6 范围内的值；对于双精度浮点数和扩展精度浮点数，如精度类型为有效位数，建议为该字段使用 1～13 范围内的值。

④ 精度类型：设置显示精度位数或者有效数字。如需要位数栏显示小数点后显示的位数，可选择精度位数；如需要位数栏显示小数点后显示的有效位数，可选择有效数字；

如格式为十六进制、八进制或二进制，则不用该选项。

⑤ 隐藏无效零：删除数据末尾的无效0。如果数值无小数部分，该选项会将有效数字精度之外的数值强制为0。

⑥ 使用最小域宽：数据实际位数小于用户指定的最小域宽时，在数据左端或者右端将用空格或者0来填补多余的空间。

(3) “曲线”选项卡。“曲线”选项卡用于配置图形或图标上的曲线外观，主要包括以下几个选项。

① 曲线：设置要配置的曲线。

② 名称：曲线名称，可使用曲线名属性，通过编程命名曲线。

③ 线条样式：曲线线条的样式，该选项对数字波形图不可用，可用线条样式属性通过编程设置线条样式。

④ 线条宽度：曲线线条的宽度，该选项对数字波形图不可用，可用线条宽度属性通过编程设置线条宽度。

⑤ 点样式：曲线的点样式，该选项对数字波形图不可用，可用点样式属性通过编程设置点样式。

⑥ 曲线插值：曲线的插值，该选项对数字波形图不可用，可用曲线插值属性通过编程指定插值。

⑦ 线条颜色：曲线线条的颜色，可用曲线颜色属性通过编程设置颜色。

⑧ 点填充颜色：表示点和填充的颜色，数字波形图不可使用该选项，可使用填充点颜色属性通过编程设置颜色。

⑨ Y标尺：表示设置与曲线相关联的Y标尺，数字波形图不可使用该选项。

⑩ X标尺：表示设置与曲线相关联的X标尺。

(4) “标尺”选项卡。“标尺”选项卡用于为图形或图表格式化标尺或网格，主要包括标尺名称、是否显示标尺和标尺标签、调整标尺的最大值和最小值、缩放量和缩放系数、刻度样式与颜色、网格样式与颜色等几个选项。

① 显示标尺标签：显示图形或图表上的标尺标签。

② 自动调整标尺：表示连接到图形或图表的数据。

③ 显示标尺：显示图形或图表上的标尺。

④ 对数：使用对数坐标，如取消该复选框的选择，则表示取线性标尺。

⑤ 反转：交换标尺上最小值和最大值的位置。

(5) “游标”选项卡。“游标”选项卡用于为图形添加游标并配置游标的外观，主要包括以下几个选项。

① 游标：设置要配置的游标，可使用游标属性通过编程设置要配置的游标。

② 名称：游标的名称，可使用游标名属性通过编程来命名游标。

③ 线条样式：游标的线条表现样式，可使用线条样式属性通过编程来设置游标的线条样式。

④ 线条宽度：游标的线条宽度，可使用线条宽度属性通过编程来设置游标的线条宽度。

⑤ 点样式：游标的点样式，可使用游标点样式属性通过编程命名游标的点样式。

⑥ 游标样式：游标样式设置，可使用游标样式属性通过编程设置游标样式。

⑦ 游标颜色：使用游标颜色属性通过编程设置游标颜色。

⑧ 显示名称：在图形上显示游标名，可使用游标名称可见属性通过编程在图形上显示游标名称。

⑨ 允许拖曳：允许用户在图形上拖曳游标。

⑩ 游标锁定：设置游标的锁定形式，可使用游标模式属性通过编程设置游标的锁定方式。

⑪ 游标关联曲线：与游标相关联的曲线，可使用游标关联曲线属性通过编程关联游标和曲线。

⑫ 添加：用于添加一个新游标。

⑬ 删除：用于删除所选游标。

⑭ 显示游标：在图形上显示游标，也可使用可见属性通过编程在图形上显示游标。

其他的属性较为简单也会经常用到，与一般控件属性对话框中的内容和功能一致，不再详细说明。关于这些属性的应用相当广泛，前面有些章节已使用过，不再赘述。

7.1.2 波形图显示实例

波形图可以接收和显示多种类型和格式的数据，数据类型包括数组、簇、波形数据等，数据格式包括一维数组、多维数组、簇数组等。

1. 实例一

第一个实例是根据输入的数组和簇绘制波形图曲线，程序框图如图 7.10 所示。

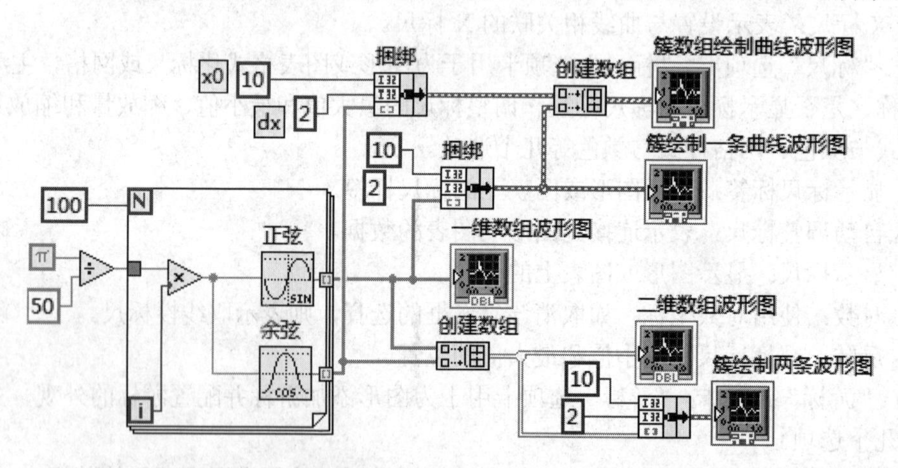

图 7.10　波形图显示实例

程序首先利用 For 循环分别产生在 0～2π 之间均匀分布的 100 个正弦曲线数据点和 100 个余弦曲线数据点作为波形图的基本数据点，然后再将这些数据点转换成不同的数据格式分别作为波形图的输入。

(1) 一维数组绘制一条曲线。将 100 个正弦函数数据点组成一个一维数组直接输入波形图中，运行效果如图 7.11 所示。

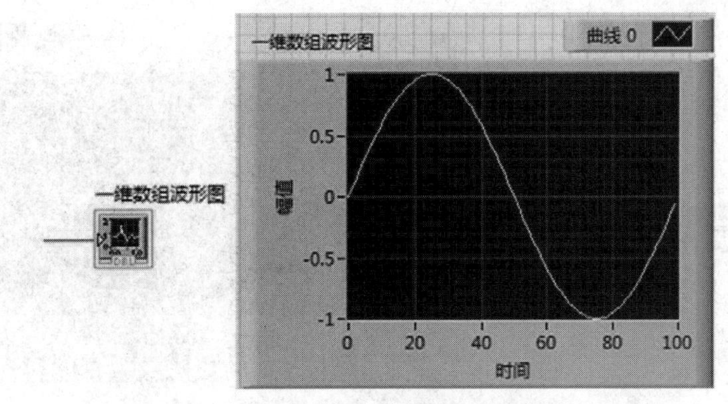

图 7.11　一维数组绘制一条曲线

(2) 二维数组绘制两条曲线。将 100 个正弦函数数据点数组和 100 个余弦函数数据点数组构成一个二维数组作为新的波形图输入，运行效果如图 7.12 所示。

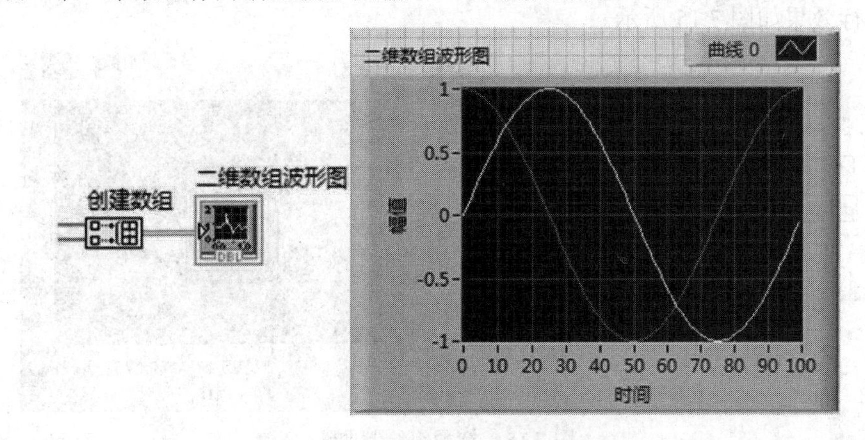

图 7.12　二维数组绘制两条曲线

(3) 簇绘制一条曲线。将 x0、dx 和 100 个正弦函数数据点数组构成一个簇，输入新的波形图中，对应效果(x0 = 10，dx = 2，Y)如图 7.13 所示。

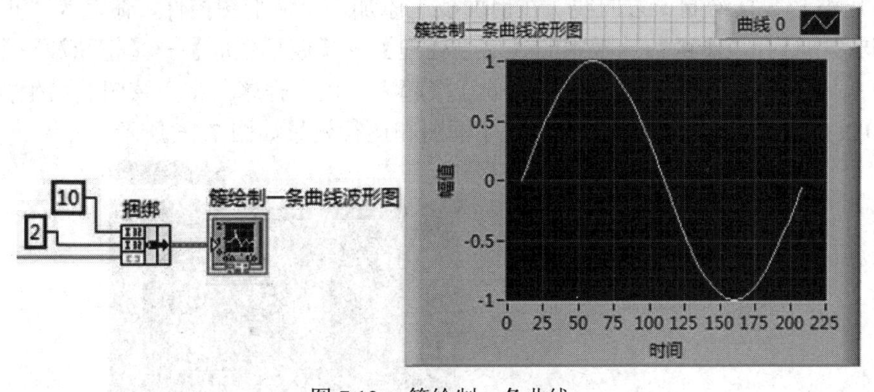

图 7.13　簇绘制一条曲线

(4) 簇绘制两条曲线。将 100 个正弦函数数据点数组和 100 个余弦函数数据点数组构成一个二维数组，将 x0、dx 和这个二维数组构成一个簇，输入新的波形图中，对应效果(x0 = 10，dx = 2，Y)如图 7.14 所示。

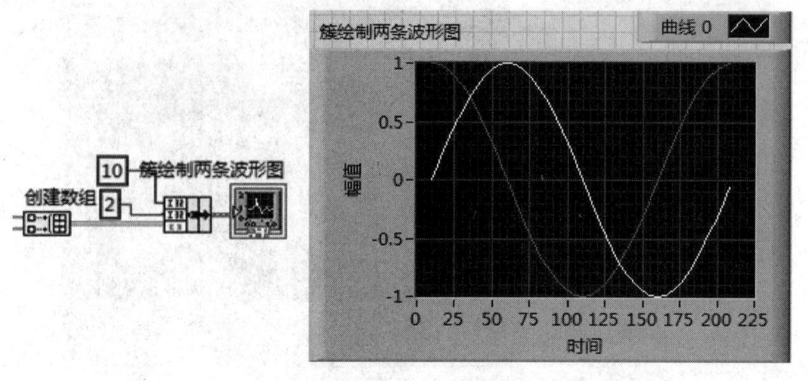

图 7.14　簇绘制两条曲线

(5) 簇数组绘制曲线。将 x0、dx 和 100 个正弦函数数据点数组构成一个簇，将 x0、dx 和 100 个余弦函数数据点数组构成一个簇，将两个簇构成一个二维数组作为新的波形图输入，运行效果如图 7.15 所示。

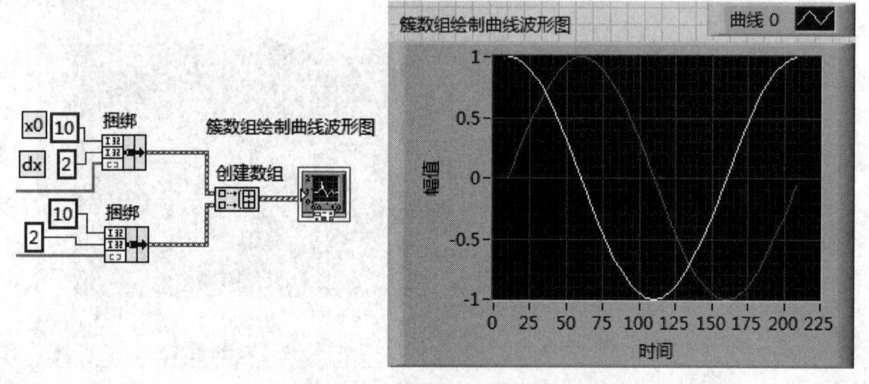

图 7.15　簇数组绘制曲线

2. 实例二

本节的第二个实例是根据输入的波形数据显示波形图。

(1) 用波形数据绘制一条曲线。在前面板上添加一个波形图控件，命名为“正弦图”；在程序框图中选择位于函数选板中的【信号处理】→【波形生成】→【正弦波形】函数，将函数的信号输出端和“正弦图”接线端连接起来。运行程序，将正弦图的横坐标最大值更改为 0.2(直接双击数字更改即可)，程序框图和运行效果如图 7.16 所示。

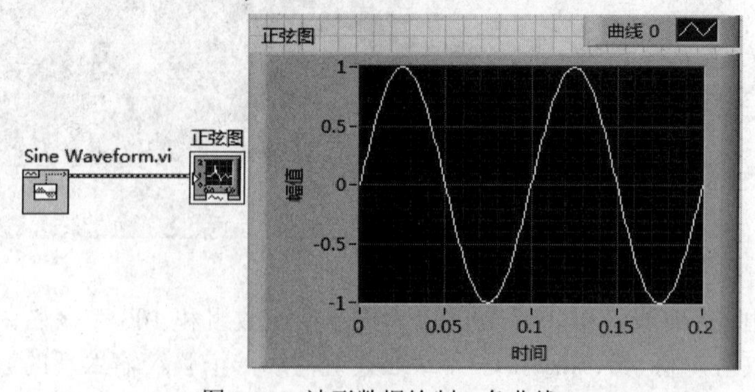

图 7.16　波形数据绘制一条曲线

(2) 用波形数据绘制两条曲线。在用波形数据绘制一条曲线的程序基础上，在前面板上添加波形图控件，命名为“混合图”。在程序框图中添加位于函数选板中的【信号处理】→【波形生成】→【锯齿波形】函数，添加函数【编程】→【数组】→【创建数组】，将正弦波和锯齿波的信号输出端组合形成数组，并将数组输出和“混合图”接线端连接起来。运行程序，将图中的横坐标最大值设为0.2，程序框图和运行效果如图7.17所示。

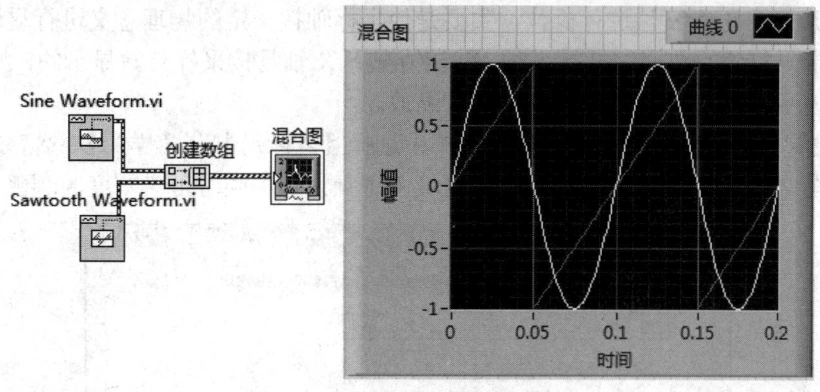

图7.17　波形数据绘制两条曲线

7.1.3　波形图表

波形图表是显示一条或多条曲线的特殊波形显示控件，一般用来显示以恒定采样率采集得到的数据。与波形图不同的是，波形图表并不一次性接收所有需要显示的数据，而是可以逐点地接收数据，并逐点地在前面板窗口中显示，在保留上一次接收的数据同时显示当前接收的数据。这时因为波形图表有一个缓冲区可以保存一定数量的历史数据，当数据超过缓冲区的大小时，最早的数据将被舍弃，相当于一个先进先出的队列。

波形图表位于前面板控件选板的【新式】→【图形】子面板中，如图7.18所示。波形图表窗口和属性对话框与波形图窗口和属性对话框有很多类似，有些具体的设置可以参阅波形图中的介绍。

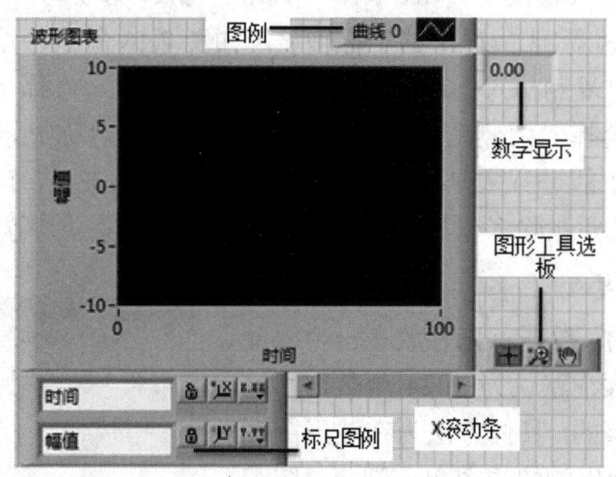

图7.18　波形图表完整显示项

1. 设置坐标轴显示

(1) 自动调整坐标轴。如果用户想让Y坐标轴的显示范围随输入数据变化，可以用鼠标右键点击波形图表控件，在弹出的快捷菜单中选择【Y 标尺】→【自动调整 Y 标尺】选项即可，如果取消“自动调整”选项，则用户可任意指定 Y 轴的显示范围，对于 X 轴的操作与之类似。这个操作也可在属性对话框中的“标尺”选项卡中完成，如图 7.19 所示，勾选自动调整标尺复选框或直接指定最大值和最小值。

(2) 坐标轴缩放。在图 7.19 的“缩放因子”区域内，可以进行坐标轴的缩放设置。坐标轴的缩放一般是对 X 轴进行操作，主要是使坐标轴按一定的物理意义进行显示。例如，对用采集卡采集到的数据进行显示时，默认情况下 X 轴是按采样点数显示的，如果要使 X 轴按时间显示，就要使 X 轴按采样率进行缩放。

(3) 设置坐标轴刻度样式。在右键菜单中选择【X 标尺】→【样式】，然后进行选择，也可以在图 7.19 的“刻度样式与颜色”区域中进行设置，同时可对刻度的颜色进行设置。

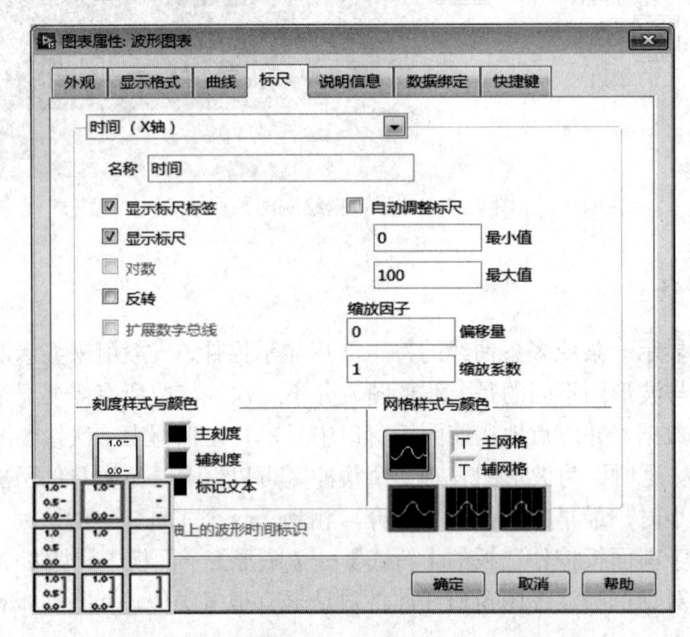

图 7.19　“图表属性”对话框“标尺”选项卡

(4) 多坐标轴显示。默认情况下的坐标轴显示如图 7.18 所示，鼠标右键点击坐标轴，在弹出的菜单中选择“复制标尺”选项，此时的坐标轴标尺与原标尺同侧；再右键点击标尺，在弹出的菜单中选择“两侧交换”，这样坐标轴标尺就对称显示在图表的两侧了。对于波形图表的 X 轴，不能进行多坐标轴显示，而对于波形图来说，可以按上述步骤实现 X 轴的多坐标显示。如果要删除多坐标显示，则在右键弹出的菜单中选择“删除标尺”即可。

2. 更改缓冲区长度

在波形图表显示时，数据首先存放在一个缓冲区中，这个缓冲区的大小默认为 1024 个数据，这个数值大小是可以调整的，具体方法为在波形图表上点击鼠标右键，在弹出的快捷菜单中选择“图表历史长度…”选项，在弹出的“图表历史长度”对话框中更改缓冲区的大小，如图 7.20 所示。

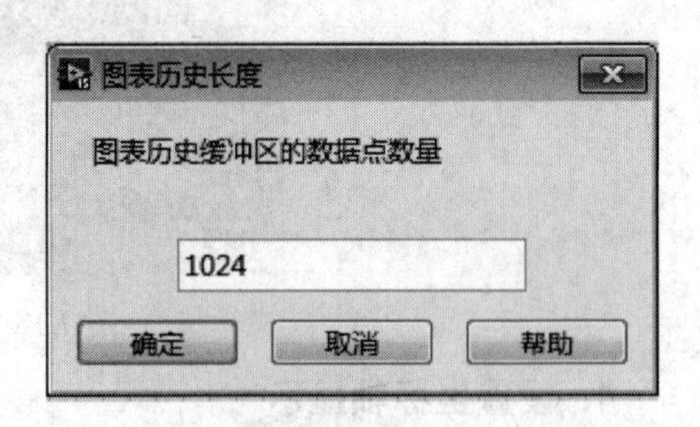

图 7.20　“图表历史长度”对话框

3. 刷新模式

数据刷新模式设置是波形图表特有的，波形图没有这个功能。在波形图表上点击鼠标右键，在弹出的快捷菜单中选择【高级】→【刷新模式】即可完成对数据刷新模式的设置，如图7.21所示。

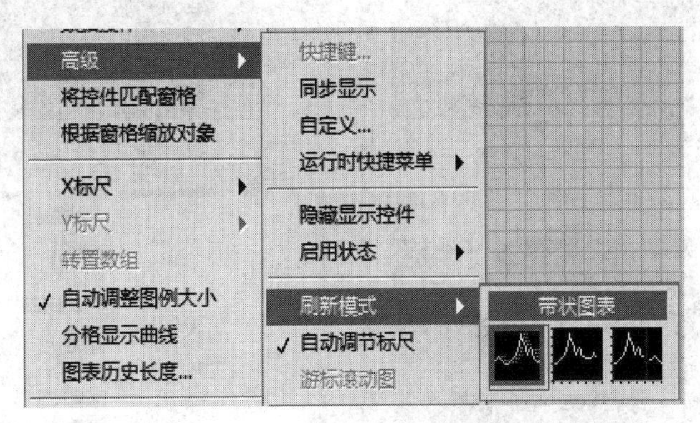

图7.21 设置波形图表刷新模式

波形图表的刷新模式有三种。

(1) 带状图表：类似于纸带式图表记录仪。波形曲线从左到右连线绘制，当新的数据点到达右部边界时，先前的数据点逐次左移，而最新的数据会添加到最右边。

(2) 示波器图表：类似于示波器，波形曲线从左到右连线绘制，当新的数据点到达右部边界时，清屏刷新，然后从左边开始新的绘制。

(3) 扫描图表：与示波器模式类似，不同之处在于当新的数据点到达右部边界时，不清屏，而是在最左边出现一条垂直扫描线，以它为分界线，将原有曲线逐点右推，同时在左边画出新的数据点。

示波器图表模式及扫描图表模式比带状图表模式运行速度快，因为它无需像带状图表那样处理屏幕数据滚动而另外开销时间。

下面我们通过一个实例用三种不同的刷新模式显示波形曲线，程序设计步骤如下。

步骤一：新建一个VI。打开前面板，选择【控件】→【新式】→【图形】→【波形图表】对象，添加三个到前面板中，分别修改标签名称为“带状图表”、“示波器图表”和“扫描图表”。

步骤二：设置刷新模式。在“带状图表”控件上点击鼠标右键，选择【高级】→【刷新模式】→【带状图表】选项，将它设置成带状图表模式的显示形式，按相同方法分别设置其他两个控件的显示方式为“示波器图表”模式和“扫描图表”模式。

步骤三：编辑程序框图。打开程序框图，在【函数】→【信号处理】→【信号生成】子面板中选择“正弦信号”对象，放置到程序框图中，用它来产生正弦信号。将“正弦信号”输出端分别与“带状图表”、“示波器图表”和“扫描图表”对象的接线端相连。添加一个While循环，将程序框图上的对象都置于循环程序框内，设置程序运行时间间隔为100 ms。

步骤四：运行程序，分别用带状图表模式、扫描图表模式、示波器图表模式来显示正弦波，效果和程序框图如图7.22所示。

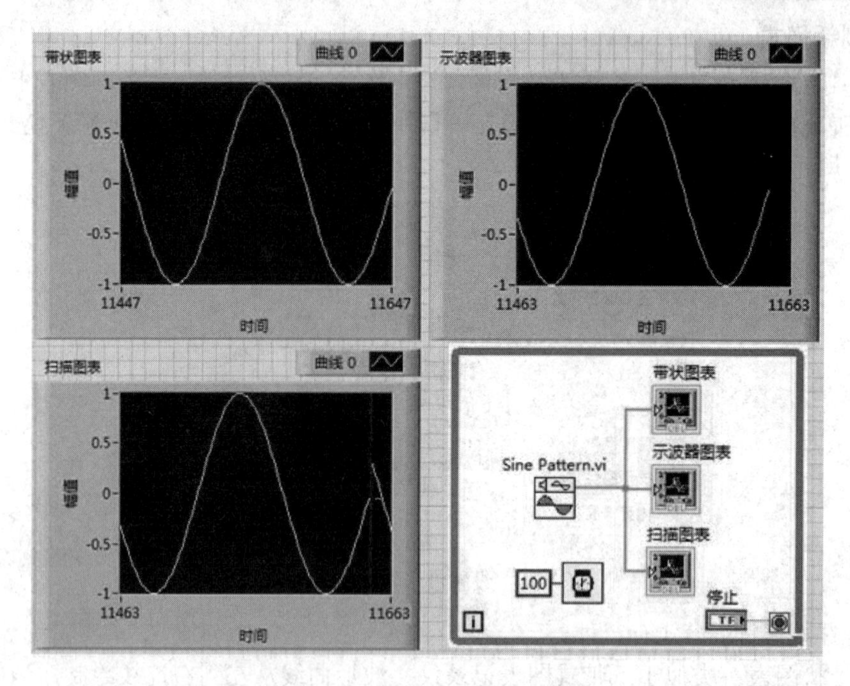

图 7.22　三种不同刷新模式显示正弦信号波形

7.1.4　波形图表实例

下面我们用两个实例来学习波形图表的实际应用。第一个实例是利用波形图表显示正弦和余弦两条曲线。程序的设计是利用 For 循环分别产生在 0～2π 之间均匀分布的 100 个正弦曲线数据点和 100 个余弦曲线数据点；添加位于函数选板中的【编程】→【簇、类与变体】→【捆绑】对象在循环结构框中；将正弦和余弦两组数据捆绑作为波形图表的输入。程序框图和程序运行过程中随时间变化的结果如图 7.23 所示。

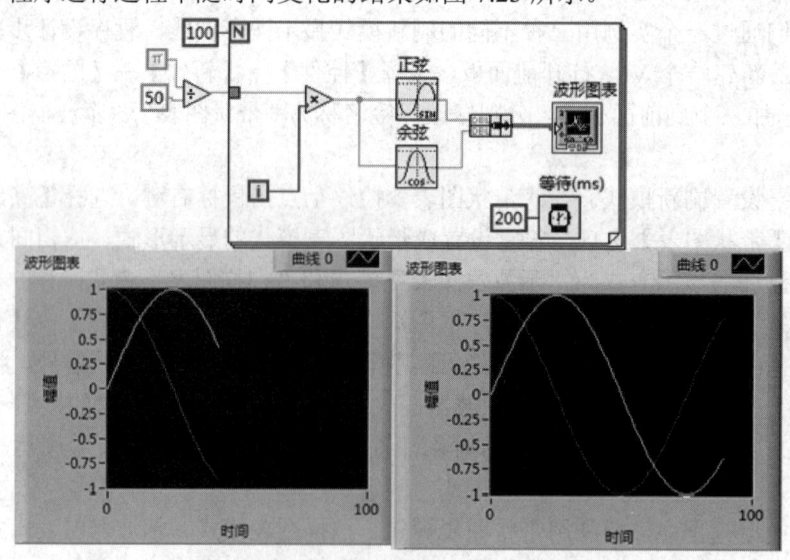

图 7.23　波形图表显示正弦和余弦曲线

从上面的例子可以看出波形图和波形图表一些不同之处。单独看显示正弦曲线时，波形图接收 100 个点组成的一维数组后显示一条曲线，波形图表每次接收一个数据，循环 100 次以后显示完整波形；显示正弦和余弦两条曲线时，波形图表每次接收由一个正弦点和一个余弦点组成的簇，循环 100 次以后显示完整波形。

我们的第二个实例是分格显示曲线，每条曲线用不同样式表示。分格显示曲线是波形图表特有的功能，鼠标右键点击波形图表控件，在弹出的菜单中选择“分格显示曲线”选项即可实现此功能，当然也可以在属性对话框的“外观”选项卡中进行设置。程序设计步骤如下。

步骤一：新建一个 VI。打开前面板，添加一个波形图表控件，修改标签名称为“分格显示”。

步骤二：切换到程序框图，添加一个 While 循环结构，设置程序运行时间间隔为 100 ms。

步骤三：在函数面板中，选择【数学】→【初等与特殊函数】→【三角函数】子面板中的“正弦”对象，添加到 While 循环体内，将输入端与“循环次数”端子 I 相连。

步骤四：在函数面板中，选择【编程】→【簇、类与变体】子面板中的“捆绑”对象，添加到 While 循环体内，拉伸成三个端口，分别与“正弦”对象的输出端相连，形成簇数组，与“分格显示”波形图表控件相连。

步骤五：切换到前面板，在波形图表上点击鼠标右键，在弹出的快捷菜单中选择“分格显示曲线”选项；拉伸波形图表的图例，显示三条曲线图例，点击每一个图例，在弹出的快捷菜单中选择“常用曲线”选项，设置曲线的不同样式。

步骤六：运行程序，显示效果和程序框图如图 7.24 所示。

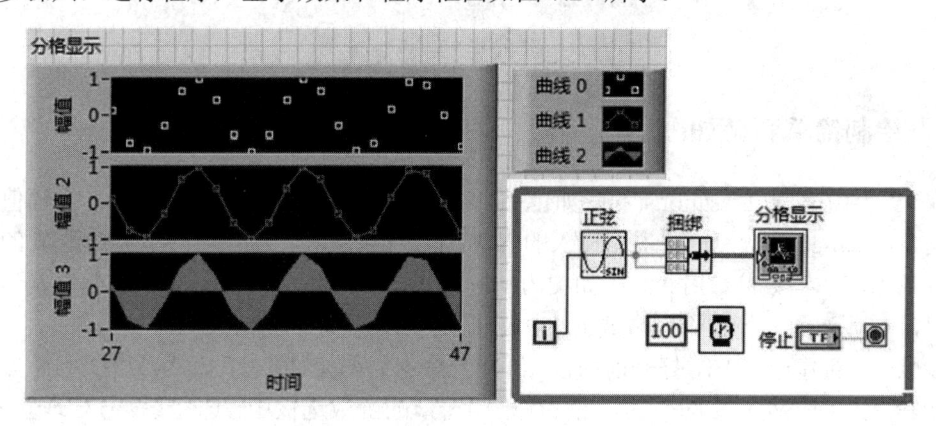

图 7.24　波形图表分格显示曲线实例

7.2　XY 图与 Express XY 图

由于波形图表与波形图的横坐标都是均匀分布的，因而不能描绘出非均匀采样得到的数据曲线，而用坐标图就可以轻松实现。LabVIEW 中的 XY 图和 Express XY 图是用来画坐标图的有效控件。XY 图和 Express XY 图的输入数据需要两个一维数组，分别表示数据点的横坐标和纵坐标的数值。在 XY 图中需要将两个数组合成一个簇，而在

Express XY 图中则只需要将两个一维数组分别和该 VI 的“X 输入端口”和“Y 输入端口”相连。

7.2.1　XY 图

XY 图是反映水平坐标和垂直坐标关系的图，是通用的笛卡尔绘图对象，用于绘制多值函数，如圆形或具有可变时基的波形。XY 图可以显示任何均匀采样或非均匀采样的点的集合。

XY 图位于前面板的【新式】→【图形】子面板中。XY 图窗口及属性对话框与波形图窗口及属性对话框相同，具体设置可以参照波形图中的介绍。XY 图窗口完整显示项如图 7.25 所示。XY 图接收的数据不要求水平坐标等间隔分布，而且数据格式和波形图也有一些区别。

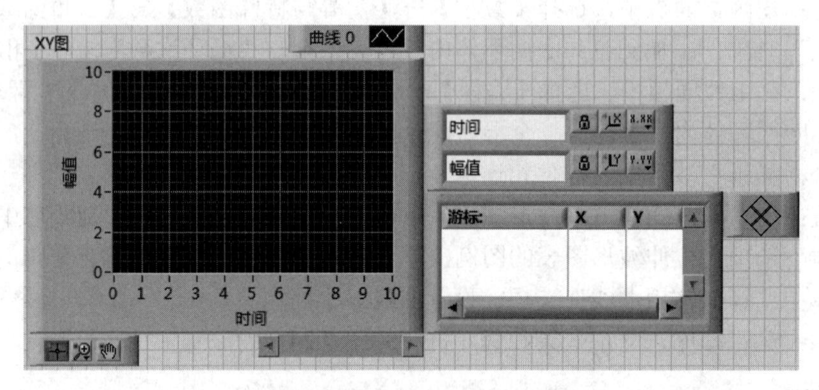

图 7.25　XY 图完整窗口

7.2.2　绘制简单利萨如图

在 XY 图中绘制 Lissajious(利萨如)图是我们学习 XY 图的一个经典实例。当幅值和频率相同，Lissajious(利萨如)图根据输入的 X 和 Y 按正弦规律发生变化；当 X 和 Y 的相位差为 0 或 180 的整数倍数时，利萨如图为斜率等于±1 的直线；当 X 和 Y 的相位差为其他数值时，利萨如图为各种不同形式的椭圆。程序设计具体步骤如下。

步骤一：新建一个 VI，打开前面板，添加一个 XY 图控件，修改标签名为“利萨如图”。

步骤二：生成输入 X 的数据。在程序框图窗口的函数选板中，选择【信号处理】→【波形生成】→【正弦波形】对象，添加到程序框图中，用来产生一个正弦波形(相位默认为 0)；然后选择【编程】→【波形】→【获取波形成分】对象添加到程序框图中，连接正弦波形的信号输出端和“获取波形成分”对象的输入端，提取波形值。鼠标右键点击“获取波形成分”对象，在弹出的快捷菜单中选择“选择项”选项里面的 t0、dt 和 Y 值。

步骤三：生成输入 Y 的数据，与输入 X 相差一定的相位。与生成输入 X 的数据相同，只是要在“正弦波形”对象的“相位”输入端创建一个输入控件，命名为“Y 的相位”。

步骤四：添加一个“捆绑”函数，将“捆绑”函数拉伸到两个接线端，输入端口分别连接 X 数据和 Y 数据的“获取波形成分”对象的“Y”输出端，构成一个簇；“捆绑”函数的输出端与“利萨如图”对象的输入端相连，如图 7.26 所示。

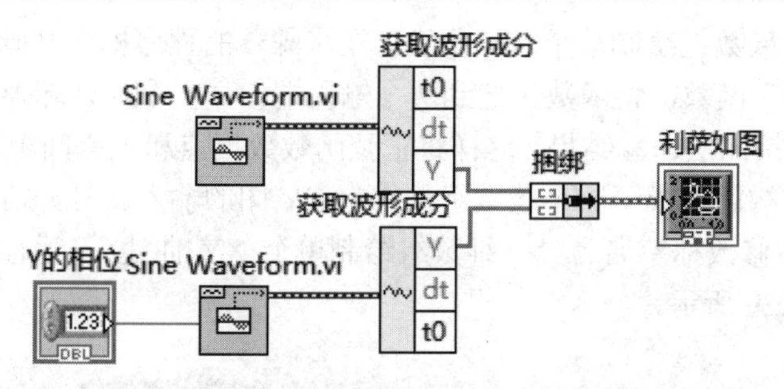

图 7.26　绘制利萨如图程序框图

步骤五：设置“Y 的相位”控件的不同数值，运行程序，结果如图 7.27 所示。

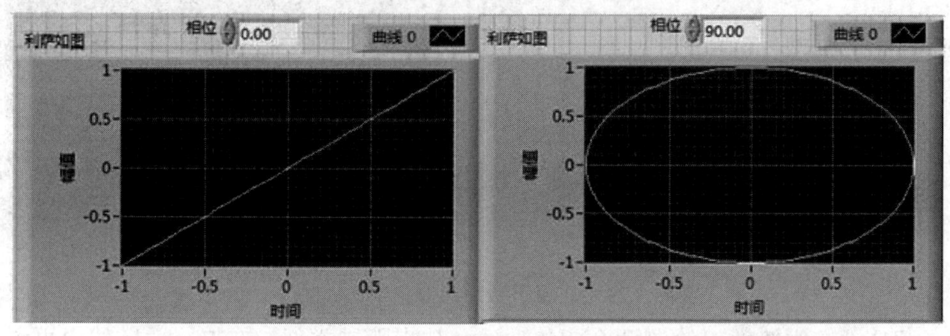

图 7.27　绘制利萨如图效果图

7.2.3　XY 图实例

XY 图的输入数据类型相对比较简单，一种是直接将 X 数组和 Y 数组绑定为簇作为输入；另一种是把每个点的坐标都绑定为簇，然后作为簇数组输入；对于这两种方式，都可以通过将多个输入合并为一个一维数组输入来实现一幅图中显示多条曲线。

本实例利用 For 循环分别产生 100 个在 0～2π之间均匀分布的正弦和余弦函数数据点，并产生不等间距的水平坐标刻度(0，1，3，6，10…)，作为 XY 图的基本数据。程序设计步骤如下。

步骤一：For 循环产生数据点。新建一个 VI，保存文件名为“XY 图显示实例.vi”，打开程序框图，添加一个 For 循环结构，在循环总数端子创建一个常量，赋值为 100；在 For 循环结构上添加一个移位寄存器，赋初始值为 0；在函数面板中，选择【数学】→【初等与特殊函数】→【三角函数】子面板中的“正弦”和“余弦”函数，添加到 For 循环体内；其他数据连线如图 7.28 所示。

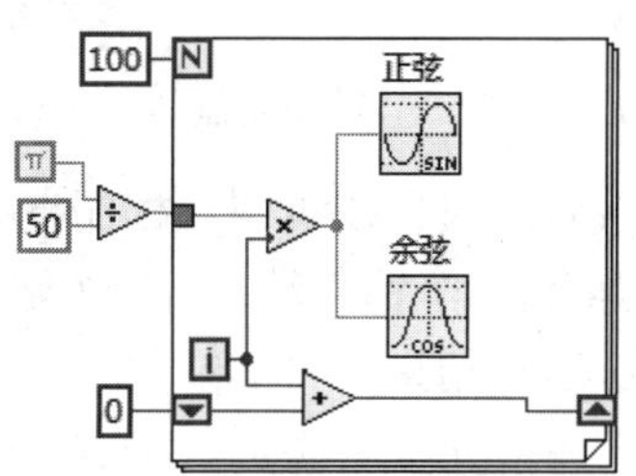

图 7.28　For 循环产生数据点

步骤二：一维簇数组绘制单个 XY 曲线。在步骤一的程序框图基础上，在 For 循环体内添加一个“捆绑”函数，将函数拉伸到两个输入端口，一个输入端连接正弦函数的输出端，一个输入端连接加法运算结果，这样将正弦函数数据点和不等间距的 X 坐标打包形成簇，再经过循环结构就形成了一个簇数组，作为 XY 图的输入。打开前面板，在前面板中添加一个 XY 图，修改标签名为“一维数组绘制单个 XY 曲线”。运行程序，其程序框图和运行效果如图 7.29 所示。

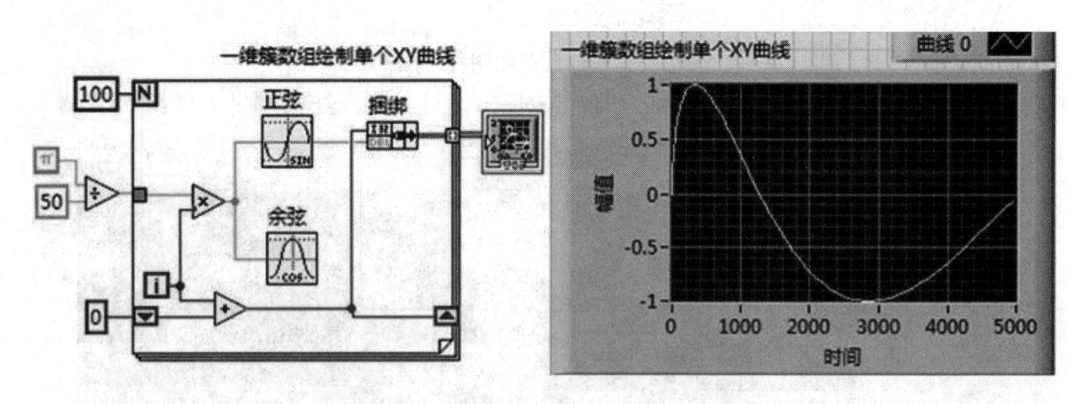

图 7.29　一维簇数组绘制单个 XY 曲线

步骤三：二维簇数组绘制两个 XY 曲线。与步骤二类似，在 For 循环体内再添加一个“捆绑”函数，将函数拉伸到两个输入端口，一个输入端连接余弦函数的输出端，一个输入端连接加法运算结果，这样将余弦函数数据点和不等间距的 X 坐标打包形成簇，再经过循环结构就形成了一个簇数组。在 For 循环体外添加两个“捆绑”函数，分别对正弦数据点数组和余弦数据点数据打包成簇，添加一个“创建数组”函数，将两个簇新建成一个二维数组，作为 XY 图的输入。打开前面板，在前面板中添加一个 XY 图，修改标签名为“二维数组绘制两个 XY 曲线”。运行程序，其程序框图和运行效果如图 7.30 所示。

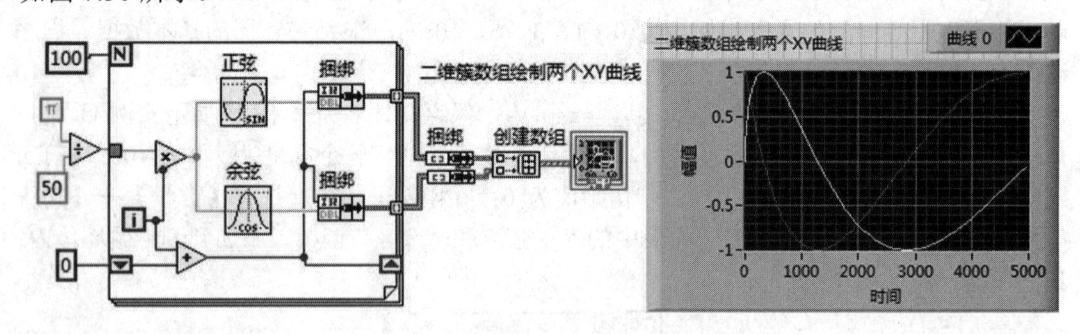

图 7.30　二维簇数组绘制两个 XY 曲线

步骤四：数组簇绘制单个 XY 曲线。在步骤一程序框图的基础上，在 For 循环体外添加一个“捆绑”函数，将函数拉伸到两个输入端口，一个输入端连接正弦函数(或余弦函数)的输出端，一个输入端连接加法运算结果，将 For 循环结果输出的两个数组打包成簇，作为 XY 图的输入。打开前面板，在前面板中添加一个 XY 图，修改标签名为“数组簇绘制单个 XY 曲线”。运行程序，其程序框图和运行效果如图 7.31 所示。

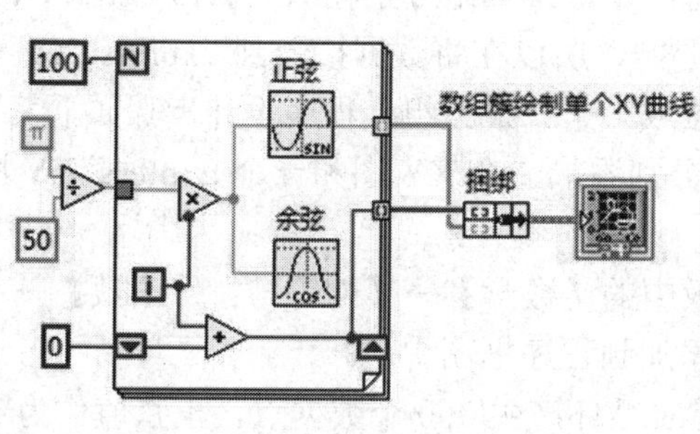

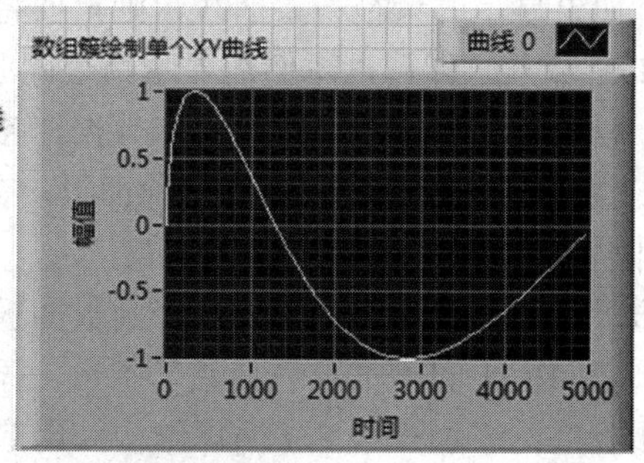

图 7.31　数组簇绘制单个 XY 曲线

步骤五：簇数组绘制两个 XY 曲线。在步骤四程序框图的基础上，在 For 循环体外继续添加一个“捆绑”函数，将函数拉伸到两个输入端口，一个输入端连接余弦函数(或正弦函数)的输出端，一个输入端连接加法运算结果，将 For 循环结果输出的两个数组打包成簇。继续添加一个“创建数组”函数，将两个簇新建成一个二维数组，作为 XY 图的输入。打开前面板，在前面板中添加一个 XY 图，修改标签名为“簇数组绘制两个 XY 曲线”。运行程序，其程序框图和运行效果如图 7.32 所示。

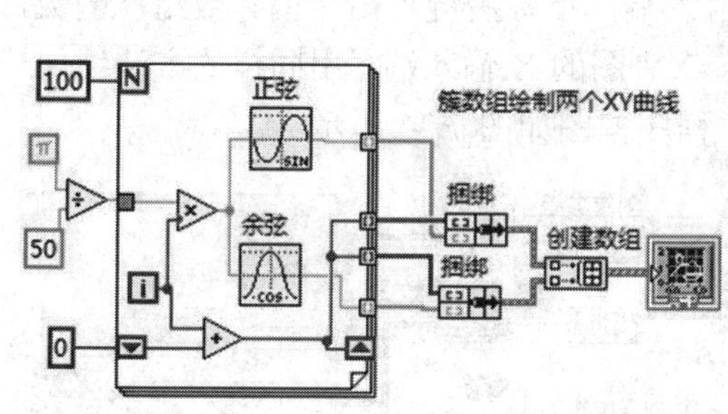

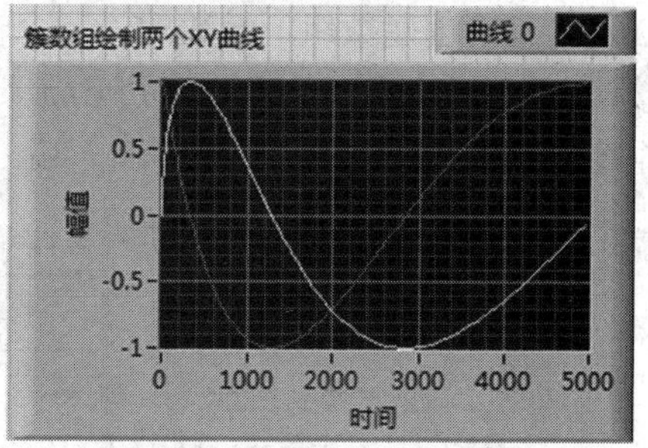

图 7.32　簇数组绘制两个 XY 曲线

7.2.4　Express XY 图

Express XY 图采用了 LabVIEW 的 Express 技术，将 Express XY 图放置到前面板上的同时，在程序框图中会自动添加一个 VI，它的 XY 轴数据为动态数据类型。因此只需要将 XY 数组数据与之相连，它就会自动添加一个转换函数将其转换为动态数据类型。双击该函数可以选择是否在画新图时先清空画面，因此使用起来非常方便。

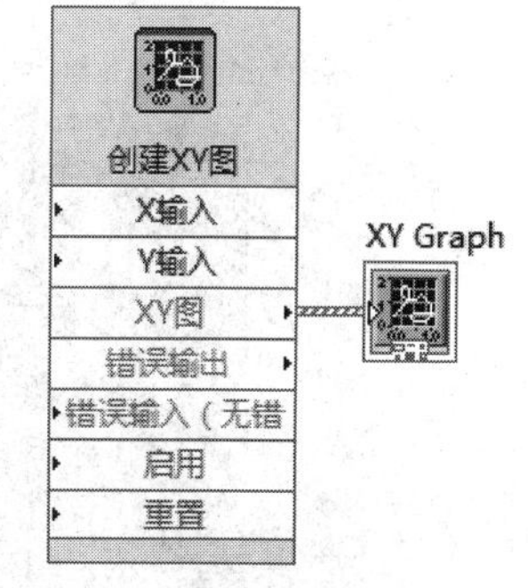

图 7.33　Express XY 图的程序图

Express XY 图和 XY 图一样，位于前面板的【新式】→【图形】子面板中。Express XY 图窗口及属性对话框与 XY 图窗口及属性对话框完全相同，只是其程序框图不一样，如图 7.33 所示。

下面我们用 Express XY 图和 XY 图绘制同心圆的实例，来比较和学习 Express XY 图和 XY 图的应用。两个圆的半径分别为 1 和 2，如前所述，用 XY 图显示的时候对数据要进行簇捆绑，用 Express XY 图显示时，如果显示的只是一条曲线，则只要将两个一维数组分别输入到 Express XY 的 X 输入端和 Y 输入端即可，本例需显示两个同心圆，所以在将数据接入到 Express XY 的输入端时，要先用“创建数组”函数将数据连接成一个二维数组，程序设计步骤如下。

步骤一：新建一个 VI，打开前面板，分别添加一个 XY 图和一个 Express XY 图。保存文件名为“XY 图绘制同心圆.vi”。

步骤二：打开程序框图，选择函数面板中的【数学】→【初等与特殊函数】→【三角函数】子面板中的“正弦与余弦”函数，添加到程序框图中。

步骤三：添加一个 For 循环结构，用 For 循环产生 360 个数据点，正弦值作为 X 轴，余弦值作为 Y 轴，这样画出来的曲线就是一个圆。在【函数】→【编程】→【簇、类与变体】子面板中选择“捆绑”函数，将“正弦与余弦”函数的输出值组成簇数据。

步骤四：在 For 循环体外添加一个“创建簇数组”函数，将其拉伸到两个输入端，将“捆绑”函数输出的数据一路直接与“创建簇数组”函数一个输入端相连，另一路乘以 2 以后再与“创建簇数组”函数另一个输入端相连，组成二维数组后与 XY 图相连。

步骤五：在 For 循环体外添加两个“创建数组”函数，将其都拉伸到两个输入端，将“正弦与余弦”的 SIN 输出端口连接到“创建数组”函数的一个输入端，将 SIN 输出端口乘以 2 连接到“创建数组”函数的另一个输入端，鼠标右键点击“创建数组”函数，选择“连接输入”，把组成的数组连接到 Express XY 图的 X 输入端，用同样的方法组成一个二维数组连接到 Express XY 图的 Y 输入端。程序框图如图 7.34 所示。

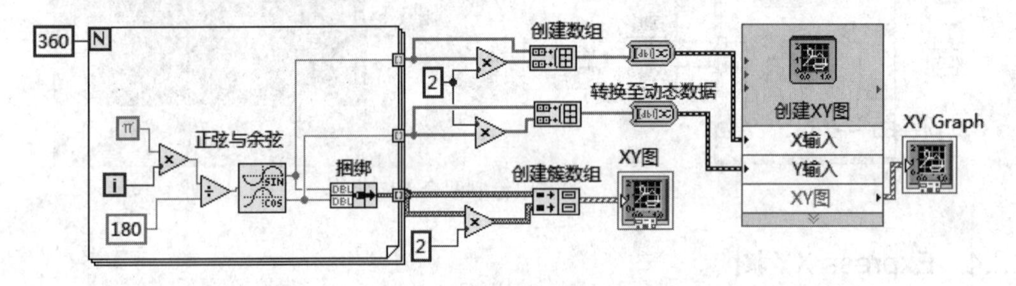

图 7.34　Express XY 图和 XY 图绘制同心圆框图

步骤六：运行程序，前面板运行结果如图 7.35 所示。

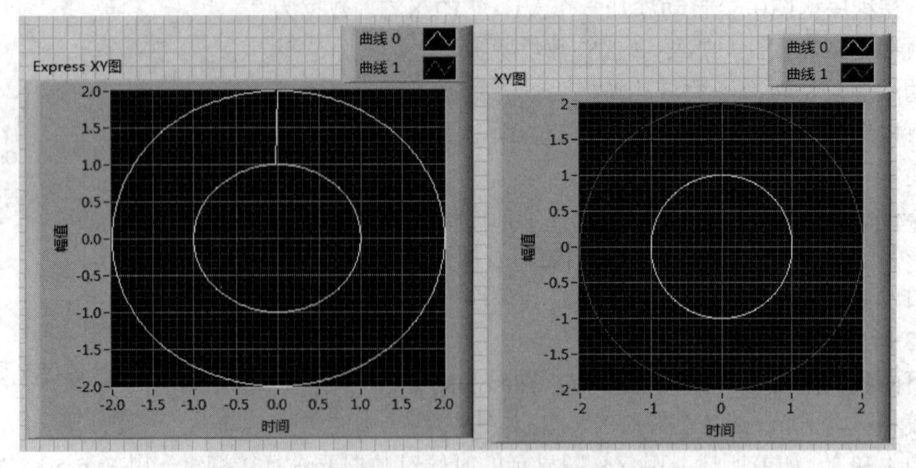

图 7.35　Express XY 图和 XY 图绘制同心圆前面板

7.3 强 度 图 形

强度图形包括强度图和强度图表。强度图和强度图表通过在笛卡尔平面上放置颜色块的方式在二维图上显示三维数据,例如强度图和强度图表可显示温度图和地形图(以量值代表高度)。

7.3.1 强度图

强度图位于前面板控件选板中的【新式】→【图形】子面板中。强度图窗口及属性对话框与波形图相同，如图 7.36 所示，具体设置可以参照波形图中的介绍。强度图用 X 轴和 Y 轴来标识坐标，用屏幕色彩的亮度来表示该点的值，它的输入是一个二维数组，默认情况下数组的行坐标作为 X 轴坐标，数组的列坐标作为 Y 坐标，也可以通过鼠标右键点击并选择“转置数组”，将数组的列作为 X 轴，行作为 Y 轴。

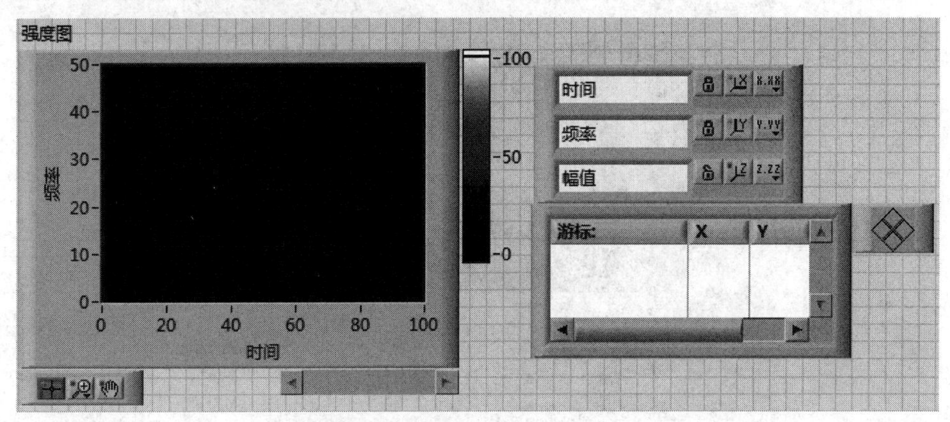

图 7.36　强度图完整窗口图

和波形图相比，强度图多了一个用颜色表示大小的 Z 轴。默认 Z 轴刻度的右键快捷菜单如图 7.37 所示，右键快捷菜单中第一栏用来设置刻度和颜色，相关知识简单介绍如下：

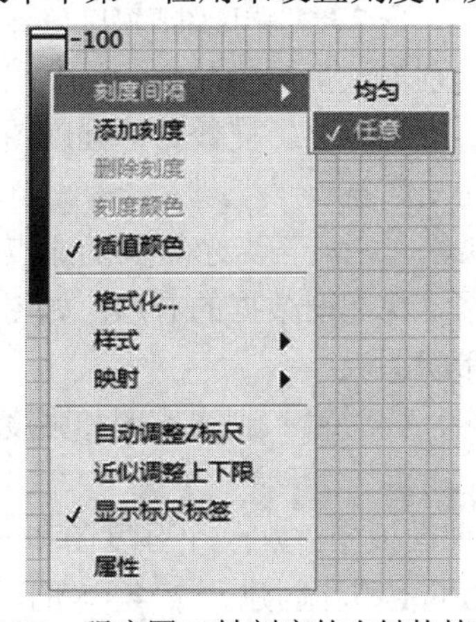

图 7.37　强度图 Z 轴刻度的右键快捷菜单

(1) 刻度间隔：用来选择刻度间隔“均匀”和“任意”分布。

(2) 添加刻度：如果“刻度间隔”选择“任意”，可以在任意位置添加刻度；如果“刻度间隔”选择“均匀”，则此项不可用，为灰色。

(3) 删除刻度：如果“刻度间隔”选择“任意”，则可以删除任意位置已经存在的刻度；同样，如果“刻度间隔”选择“均匀”，则此项不可用。

(4) 刻度颜色：表示该刻度大小的颜色，点击打开系统颜色选择器可选择颜色。在图形中选择的颜色就代表该刻度大小的数值。

(5) 插值颜色：选中表示颜色之间有插值，有过渡颜色；如果不选中，表示没有过渡颜色的变化。

7.3.2 强度图表

强度图表位于前面板控件选板中的【新式】→【图形】子面板中，强度图表窗口及属性对话框与波形图表类似，如图 7.38 所示。强度图表中 Z 轴的功能和设置与强度图相同。

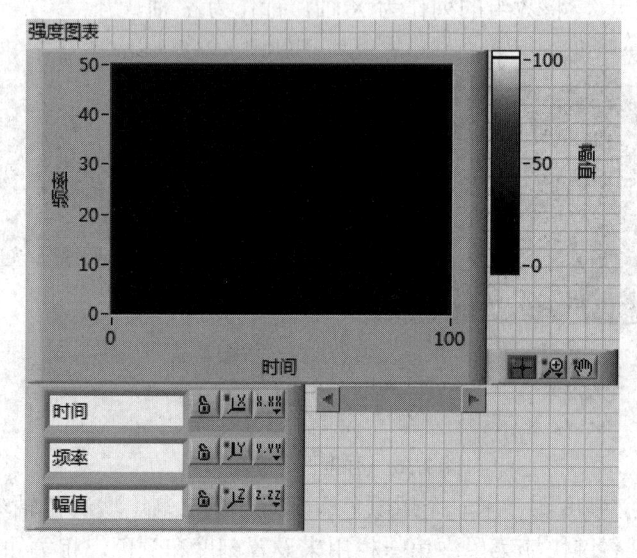

图 7.38　强度图表窗口

强度图表和强度图之间的差别与波形图中相似：强度图一次性接收所有需要显示的数据，并全部显示在图形窗口中，不能保存历史数据；强度图表可以逐点地显示数据点，反映数据的变化趋势，可以保存历史数据。

在强度图表上绘制一个数据块以后，笛卡尔平面的原点将移动到最后一个数据块的右边。图表处理新数据时，新数据出现在旧数据的右边；如图表显示已满，则旧数据从图表的左边界移出，这一点类似于带状图表。

下面我们创建一个二维数组，同时输入到强度图和强度图表，循环多次对比其结果。程序设计步骤如下。

步骤一：新建一个 VI，在前面板中添加一个强度图和一个强度图表控件。

步骤二：打开程序框图，用 For 循环创建一个 4 × 5 的二维数组，数组中元素在 0～50 之间随机产生，将二维数组输入至强度图和强度图表，如图 7.39 所示。

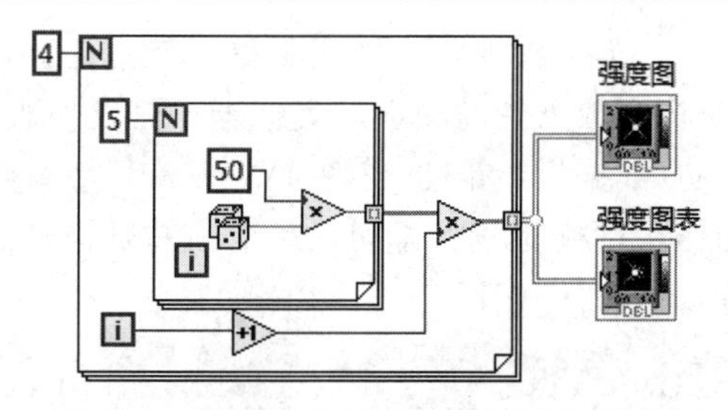

图 7.39　强度图和强度图表实例程序框图

步骤三：为了区别强度图和强度图表，多次运行程序，观察动态变化过程，如图 7.40 所示。在前面板窗口中，更改 Z 轴刻度的最大值，运行并观察结果。

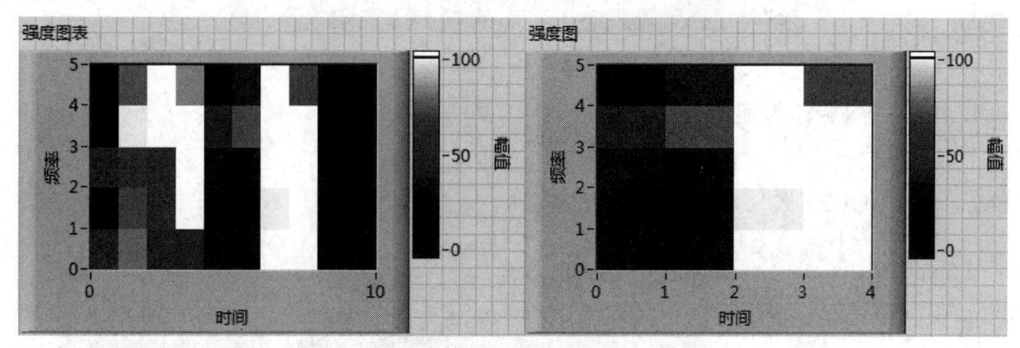

图 7.40　强度图和强度图表显示比较

从图中可以看出，强度图每次接收新数据以后，一次性刷新历史数据，在图中仅显示新接收的数据；而强度图表接收数据以后，在不超过历史数据缓冲区的情况下，将数据都保存在缓冲区中，可显示保存的所有数据。

7.4 数字波形图

在数字电路设计中我们经常要分析时序图，LabVIEW 提供了数字波形图来显示数字时序。数字波形图位于前面板控件选板中的【新式】→【图形】子面板中。数字波形图窗口及属性对话框与波形图相同，如图 7.41 所示，具体设置可以参照波形图中的介绍。

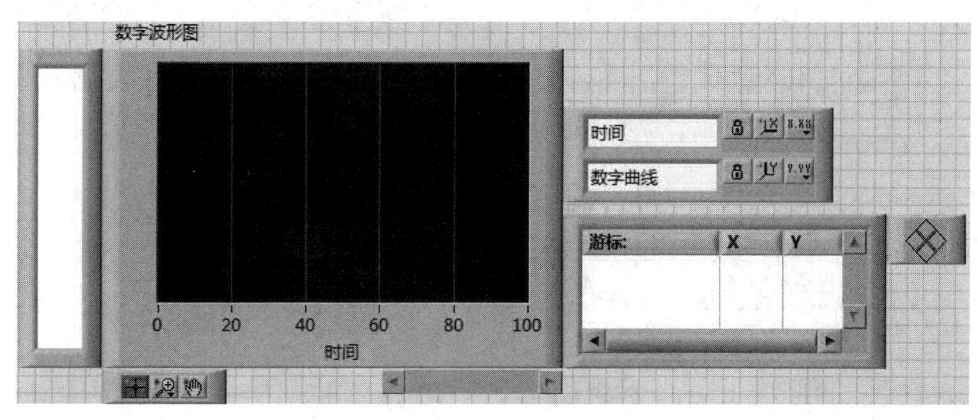

图 7.41　数字波形图完整窗口

在学习数字波形图之前，先介绍一下“数字数据”控件，该控件位于【控件】→【新式】→【I/O】子面板中。将它放置到前面板后类似于一张真值表，如图 7.42 所示。用户可以随意地增加和删除数据(数据只能是 0 或者 1)，插入行或者删除行可以通过鼠标右键点击控件并选择“在前面插入行/删除行”即可，对于列的操作则需要用鼠标右键点击控件并选择“在前面插入列/删除列即可。

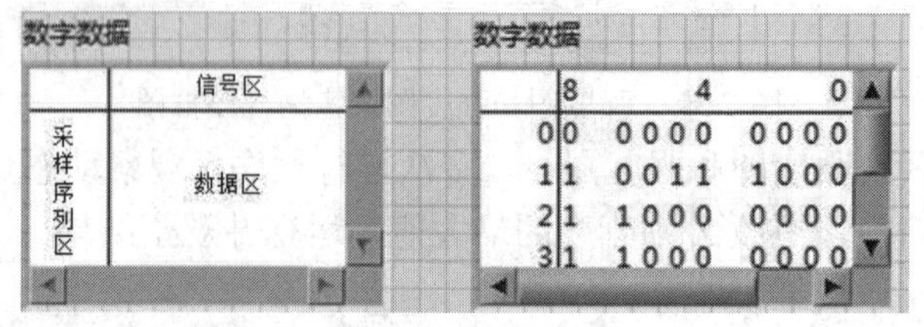

图 7.42　数字数据控件

1. 用数字数据作为输入直接显示

用数字数据作为输入直接显示，横轴代表数据序号，纵轴从上到下表示数字数据从最低位到最高位的电平变化，如图 7.43 所示。

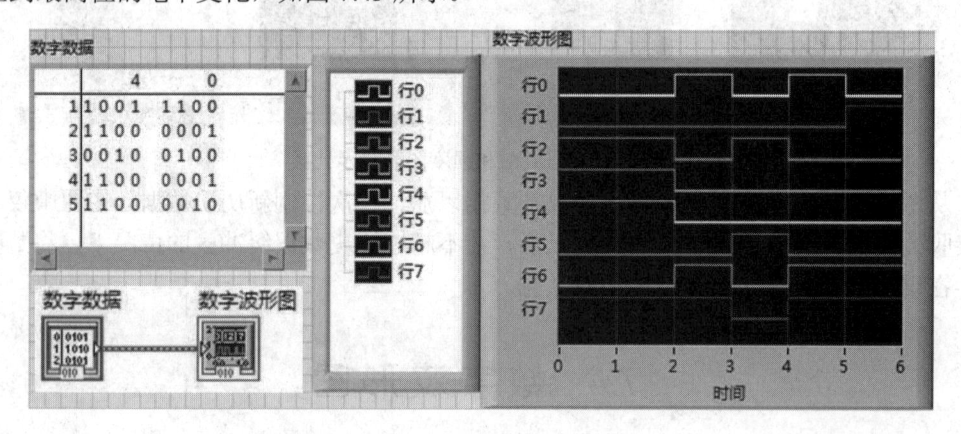

图 7.43　数字数据输入直接显示

2. 组合成数字波形后进行输出

用“创建波形”函数将数字数据与时间或者其他信息组合成数字波形，用数字波形图进行显示，如图 7.44 所示。

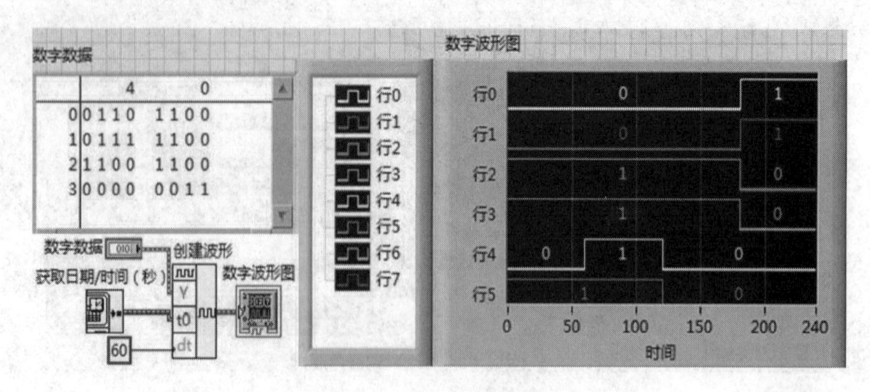

图 7.44　数字波形输出

3. 簇捆绑输出

对于数组输入，可以用“捆绑”函数对数字信号进行打包，数据捆绑的顺序为：X0、Delta x、输入数据、Number of Ports。这里的 Number of Ports 反映了二进制的位数或字长，等于 1 时为 8 bit，等于 2 时为 16 bit，依次类推。显示结果和程序框图如图 7.45 所示。

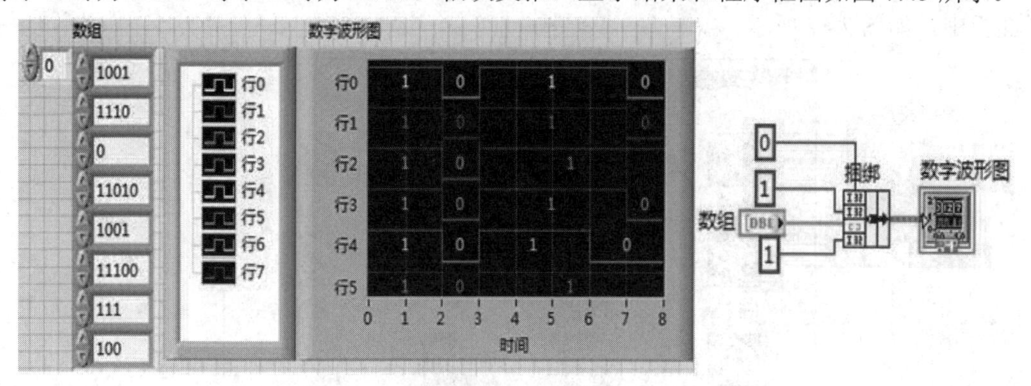

图 7.45　簇捆绑输出

4. 混合信号输出

混合信号图可以将任何波形图、XY 图或数字图接受的数据类型连线到混合图上，不同的数据类型用“捆绑”函数连接，混合信号图在不同的绘图区域绘制模拟和数字数据，如图 7.46 所示。

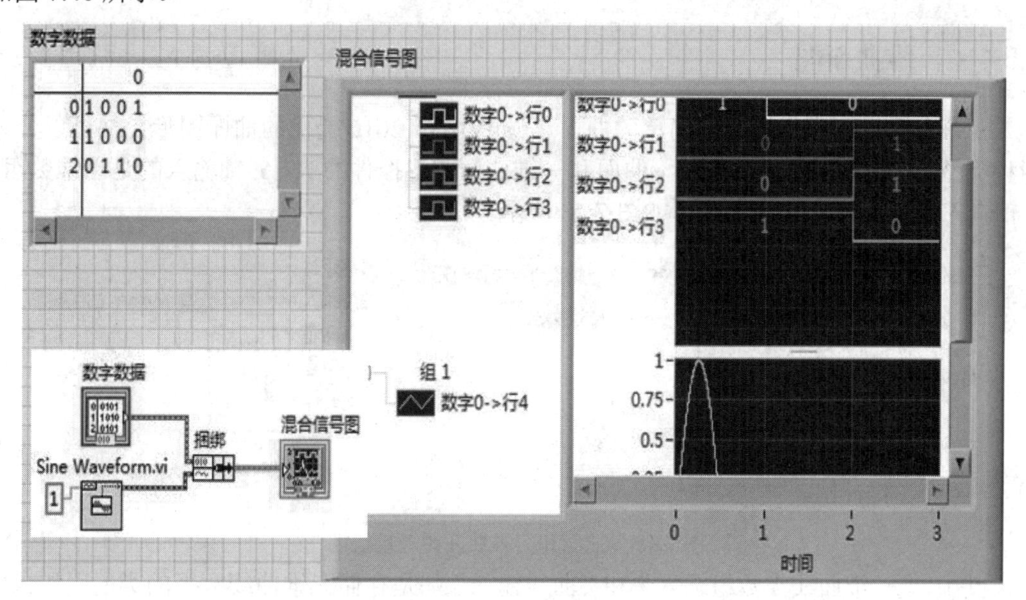

图 7.46　混合信号输出

7.5 三 维 图 形

在实际应用中，大量数据都需要在三维空间中可视化显示，例如某个表面的温度分布、联合时频分析、飞机的运动等。三维图形可令三维数据可视化，修改三维图形属性可改变数据的显示方式，为此，LabVIEW 也提供了一些三维图形工具，包括三维曲面图、三维参数图和三维曲线图。

三维图形是一种最直观的数据显示方式，它可以很清楚地描绘出空间轨迹，给出 X、Y、Z 三个方向的依赖关系。三维图形位于控件面板的【新式】→【图形】→【三维图形】子面板中，如图 7.47 所示。

图 7.47　三维图形控件

7.5.1　三维曲面图

三维曲面图用来描绘一些简单的曲面，LabVIEW 2016 提供的曲面图形控件可以分为两种类型：曲面和三维曲面图形。曲面和三维曲面图形控件的 X、Y 轴输入的是一维数组，Z 轴输入的是矩阵，其数据接口如图 7.48 所示。

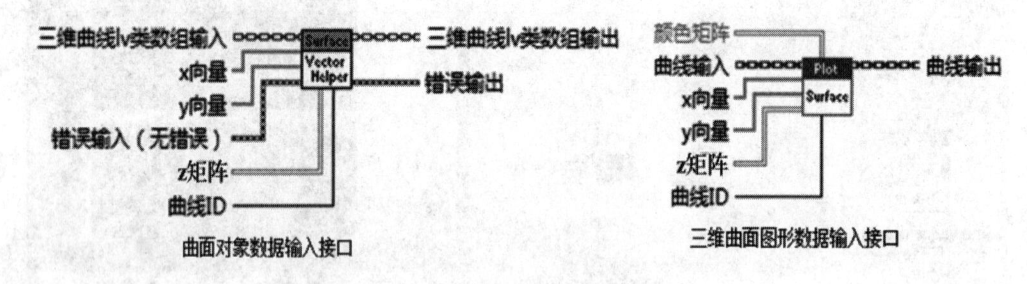

图 7.48　曲面和三维曲面图形接线端

其中，“三维曲线类数组输入”和“曲线输入”端是存储三维曲线数据的类的引用；“x 向量”端输入一维数组，表示 XY 平面上 x 的位置，默认为整型数组[0，1，2…]；“y 向量”端输入一维数组，表示 XY 平面上 y 的位置，默认为整型数组[0，1，2…]；“z 矩阵”端是指定要绘制图形的 z 坐标的二维数组，如未连线该输入，LabVIEW 可依据 z 矩阵中的行数绘制 X 轴的元素数，依据 z 矩阵中的列数绘制 Y 轴的元素数；“颜色矩阵”使得 z 矩阵的各个数据点与颜色梯度的索引映射，默认条件下，z 矩阵的值被用作索引；“曲线 ID”端指定要绘制的曲线的 ID，通过选择图形右侧颜色谱下的下拉菜单可查看每条曲线。

下面我们学习实例用曲面和三维曲面图形控件绘制正弦曲面。它们在显示方式上没有太大的差别，都可以将鼠标放置到图像显示区上，将图像在 X、Y、Z 方向上任意旋转。两者最大的区别在于，“曲面”控件可以方便地显示三维图形在某个平面上的投影，只要点击控件右下方的“投影选板”相关选项就可以。程序设计步骤如下。

步骤一：新建一个 VI，打开前面板，选择【新式】→【图形】→【三维图形】子面板中的“曲面”控件和“三维曲面图形”控件添加到前面板上。

步骤二：打开程序框图，添加一个 For 循环结构，设置循环总次数为 50 次；在函数面板中选择【信号处理】→【信号生成】→【正弦信号】函数，添加到循环体内；把“正弦信号”输出端连接“曲面”对象和“三维曲面图形”对象的 z 矩阵接线端，程序框图如图 7.49 所示。

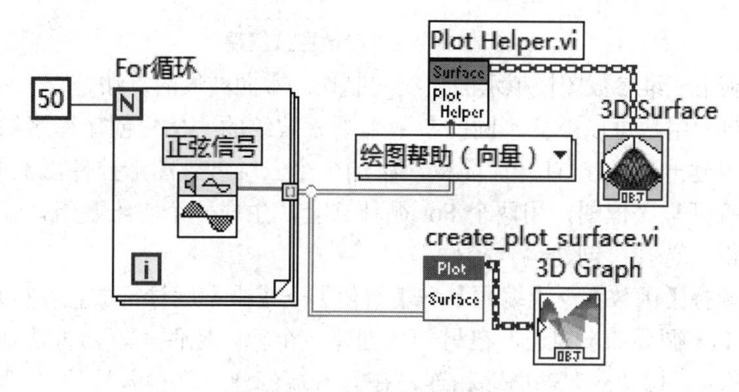

图 7.49　三维曲面程序框图

步骤三：运行程序，前面板效果如图 7.50 所示。

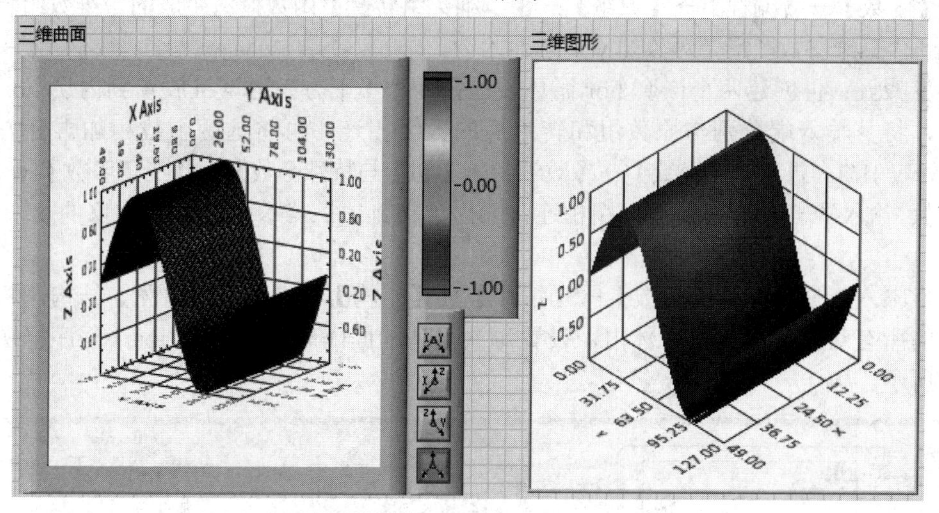

图 7.50　三维曲面效果图

7.5.2　三维参数图

相比三维曲面图只是相当于 Z 方向的曲面图而言，三维参数图是三个方向的曲面图。三维参数图与曲面图不同之处在于程序框图中的控件和子 VI，如图 7.51 所示。其中，“x

矩阵”端是指定曲线数据点的 x 坐标的二维数组，表示投影到 YZ 平面的曲面数据；“y 矩阵”端是指定曲线数据点的 y 坐标的二维数组，表示投影到 XZ 平面的曲面数据；“z 矩阵”端是指定曲线数据点的 z 坐标的二维数组，表示投影到 XY 平面的曲面数据。由于三维参数图是三个方向的曲面图，所以代表三个方向曲面的二维数组数据都是不可减少的。

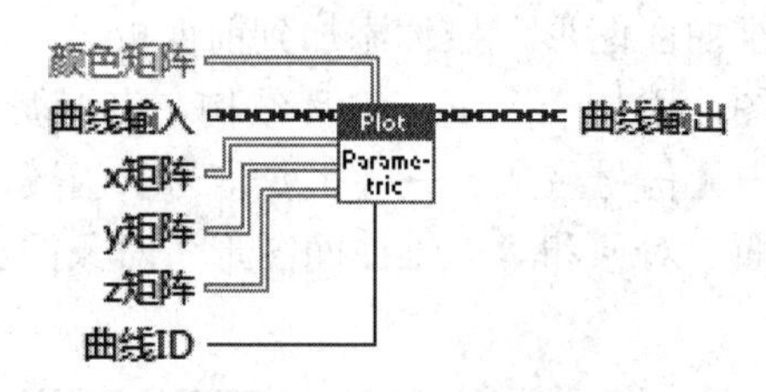

图 7.51　三维参数图接线端

下面我们利用三维参数图模拟水面波纹的制作。水面波纹的算法是 $z = \sin(\text{sqrt}(x^2 + y^2)) / \text{sqrt}(x^2 + y^2)$实现，用户可以改变不同的参数来观察波纹的变化。创建程序的步骤如下。

步骤一：新建一个 VI，打开前面板，添加一个三维参数图形控件，保存文件。

步骤二：打开程序框图，用两个 For 循环嵌套，生成一个二维数组，在循环次数输入端点击鼠标右键，选择“创建输入控件”。

步骤三：选择【函数】→【编程】→【数值】→【乘】运算符放置在内层 For 循环中，一个输入端与 For 循环的 i 相连，在另一端创建一个输入控件“x”，再选择一个“减”运算符，“被减数端”与“乘”输出端相连，在另一端创建一个输入控件“y”。

步骤四：将 For 循环生成的二维数组连接到“三维参数图形”对象的 x 矩阵输入端；选择【函数】→【编程】→【数组】→【二维数组转置】函数，将生成的二维数组转置后连接到“三维参数图形”对象的 y 矩阵输入端。

步骤五：再创建两个嵌套 For 循环，选择两个“平方”运算符放置到内层 For 循环体内，将其输入端分别与原数组和转置后的数组相连，再将这两个数相加再开方，得到$(x^2 + y^2)1/2$。再选择【函数】→【数学】→【初等与特殊函数】→【三角函数】→【Sinc 函数】，输入端与“开方”输出端相连，输出连接到“三维参数图形”对象的 z 矩阵输入端。

步骤六：最后选择【函数】→【编程】→【结构】→【While 循环】结构，将程序框图的所有对象放置到循环体内，设置每次循环的间隔时间为 100 ms。程序框图如图 7.52 所示。

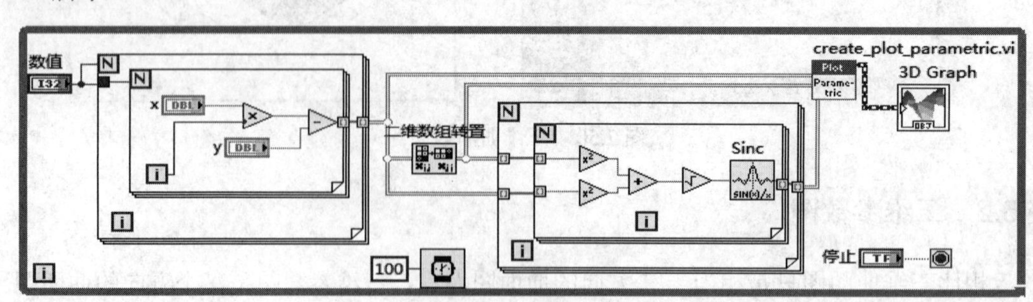

图 7.52　三维参数图模拟水面波纹框图

步骤七：运行程序，在前面板中不断修改 x、y 和数值输入控件的值，观察三维参数图形生成的模拟水波纹效果，如图 7.53 所示。

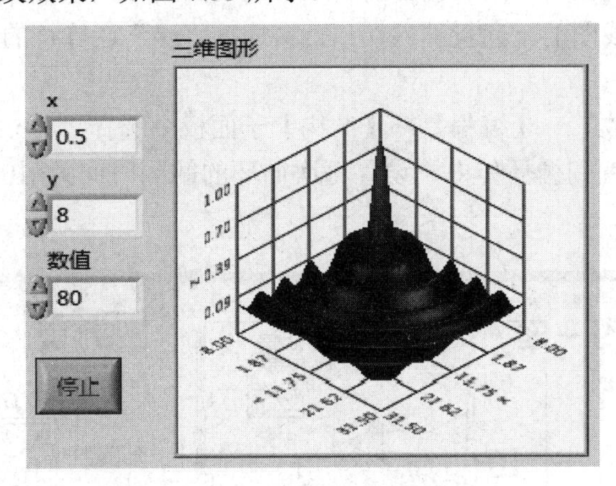

图 7.53　三维参数图模拟水面波纹效果图

7.5.3　三维曲线图

三维曲线图在三维空间显示曲线而不是曲面，它的数据接线端如图 7.54 所示，其中，“x 向量”接线端输入一维数组，表示曲线在 X 轴上的位置；“y 向量”接线端输入一维数组，表示曲线在 Y 轴上的位置；“z 向量”接线端输入一维数组，表示曲线在 Z 轴上的位置。

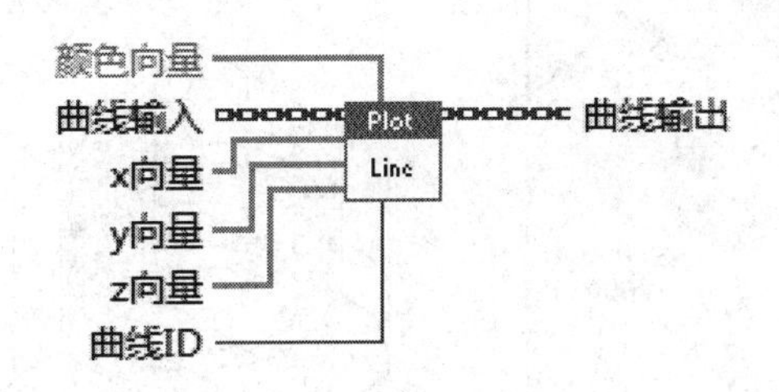

图 7.54　三维曲线图接线端

三维曲线图中三个一维数组长度相等，分别代表 X、Y、Z 三个方向上的向量，是不可缺少的输入参数，由[x(i)，y(i)，z(i)]构成第 i 点的空间坐标。

下面我们用三维曲线控件绘制螺旋曲线，创建程序的步骤如下。

步骤一：新建一个 VI，打开前面板，添加一个三维曲线图控件到前面板上，选择【控件】→【新式】→【数值】子面板中的“旋钮”控件添加到前面板，修改标签为“数据点数”，更改最大值为 10000。

步骤二：打开程序框图，添加一个 For 循环结构，循环次数输入端与“数据点数”对象输出端相连。

步骤三：从【函数】→【编程】→【数值】子面板中选择“乘”运算符放置在内层 For 循环体中，一个输入端与 For 循环的 i 相连，在另一端连接常量 π，再选择一个“除”运算符，“被除数端”与“乘”输出端相连，在另一端创建一个常量 180。选择函数面板中的【数学】→【初等与特殊函数】→【三角函数】子面板中的“正弦”和“余弦”函数，添加到循环体中。

步骤四：连接“正弦”函数的输出端和三维曲线图的 x 向量输入端；连接“余弦”函数的输出端和三维曲线图的 y 向量输入端；直接连接“除”运算符的输出端和三维曲线图的 z 向量输入端。

步骤五：从【函数】→【编程】→【结构】子面板中选择“While 循环”结构，将程序框图的所有对象放置到循环体内，设置每次循环的间隔时间为 100 ms。程序框图如图 7.55 所示。

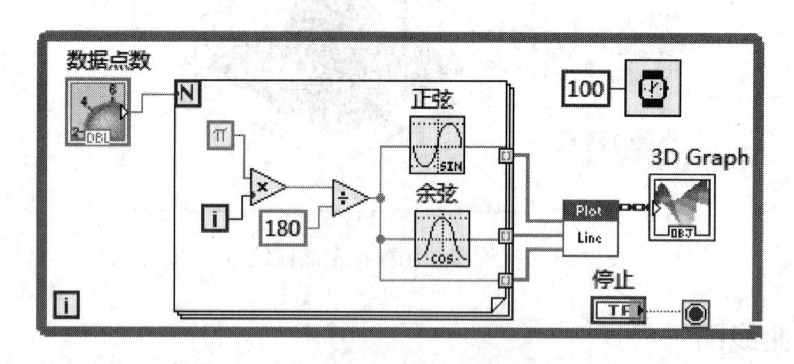

图 7.55　三维曲线绘制螺旋框图

步骤六：运行程序，在前面板中不断调整数据点数控件的值，观察三维曲线图形生成的螺旋曲线效果，如图 7.56 所示。

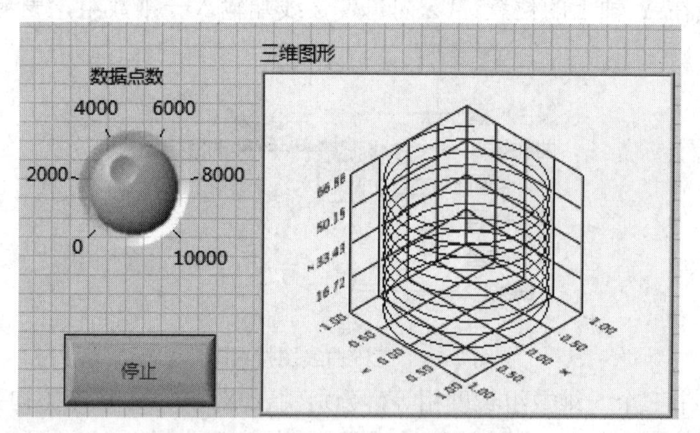

图 7.56　三维曲线绘制螺旋效果图

三维图形子面板中还提供了诸如散点图、饼图、等高线图等其他控件，这些控件的使用方法与例中所讲的控件类似，此处不再赘述。

7.6 图形控件

除了基本的图表图形控件，LabVIEW 还提供了图形控件，通过图形控件，用户可以随心所欲地画自己想要的图形；同时基于该图形控件，LabVIEW 还提供了丰富的预定义图形控件用于实现各种曲线图形，比如极坐标图、雷达图、Smith 图等。这些控件在控件面板的【新式】→【图形】→【控件】子面板中，如图 7.57 所示。

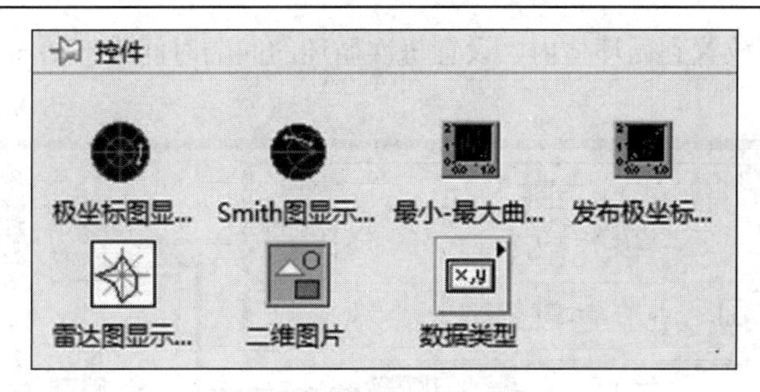

图 7.57　图形控件子面板

7.6.1　极坐标图

极坐标图位于控件面板的【新式】→【图形】→【控件】子面板中，极坐标图控件的输入/输出接口如图 7.58 所示。用户用到的接口主要是“数据数组”和“尺寸”两个接口，“数据数组”是由点组成的数组，每个点是由幅度和以度为单位的相位组成的簇，用于指定标尺的格式和精度；“尺寸”由宽度和高度两个要素组成，宽度指定右侧增加的水平坐标，高度指定底部增加的垂直坐标。

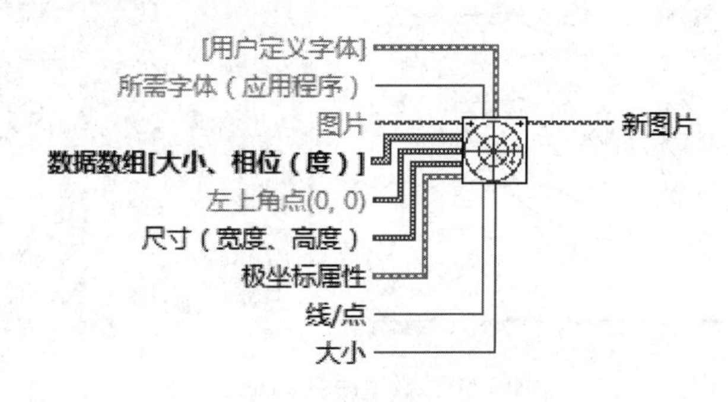

图 7.58　极坐标图输入/输出接口

下面通过一个实例学习极坐标图的使用，程序设计步骤如下。

步骤一：新建一个 VI，打开前面板，添加一个极坐标图控件，然后再添加三个数值输入控件，分别修改标签名为“样点数”、“初值”和“增加量”。

步骤二：切换到程序框图，添加一个 For 循环结构，循环次数输入端连接“样点数”对象；创建移位寄存器，初始值连接“初值”对象；选择“加”符号运算符，一端与移位寄存器左端连接，另一端连接“增加量”对象，输出端与移位寄存器的右端连接。

步骤三：选择函数面板中的【数学】→【初等与特殊函数】→【三角函数】子面板中的“正弦”函数，添加到循环体中，将移位寄存器左端数值除以 6 后连接到“正弦”函数输入端。

步骤四：添加“捆绑”函数，拉伸成两个输入端口，一个与正弦值加 2 后的数值相连，另一端连接移位寄存器的左端数值，捆绑形成的簇数组连接到极坐标图的数据数组输入端。

步骤五：在极坐标图的尺寸及属性端口上点击鼠标右键，选择【创建】→【输入控件】，这样就自动生成了极坐标参数调整的簇。

步骤六：从【函数】→【编程】→【结构】子面板中选择“While 循环”结构，将程序框图的所有对象放置到循环体内，设置每次循环的间隔时间为 100 ms。程序框图如图 7.59 所示。

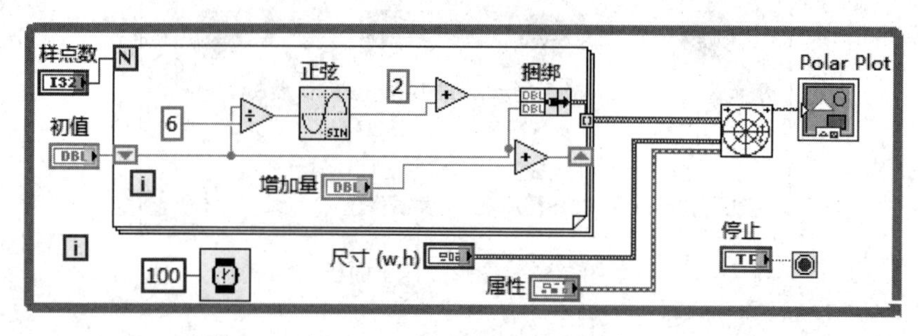

图 7.59　极坐标图实例框图

步骤七：运行程序，不断改变输入参数观察波形的变化，程序的前面板如图 7.60 所示。

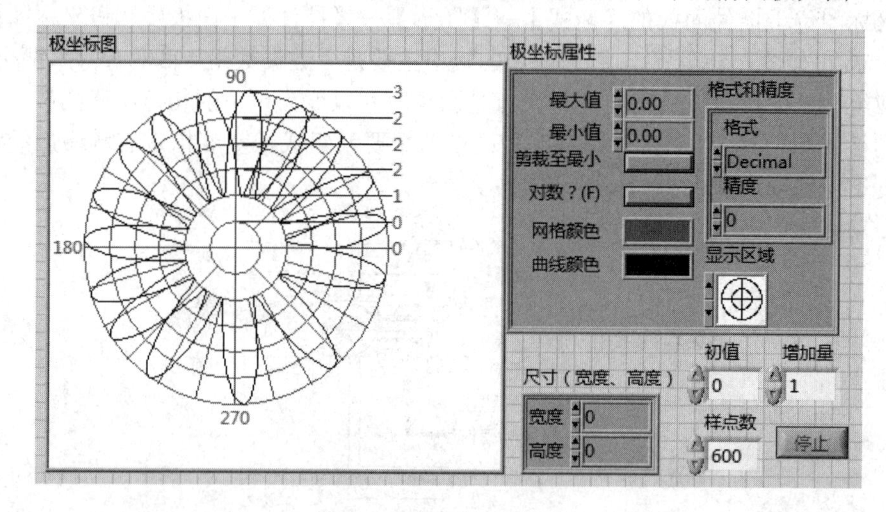

图 7.60　极坐标图前面板

7.6.2　最小-最大曲线显示控件

最小-最大曲线显示控件位于控件面板的【新式】→【图形】→【控件】子面板中，最小-最大曲线显示控件的输入/输出接口如图 7.61 所示，其中最主要的是“数据”输入端口，该点数组中的每个元素是由 X 和 Y 的像素坐标组成的簇。

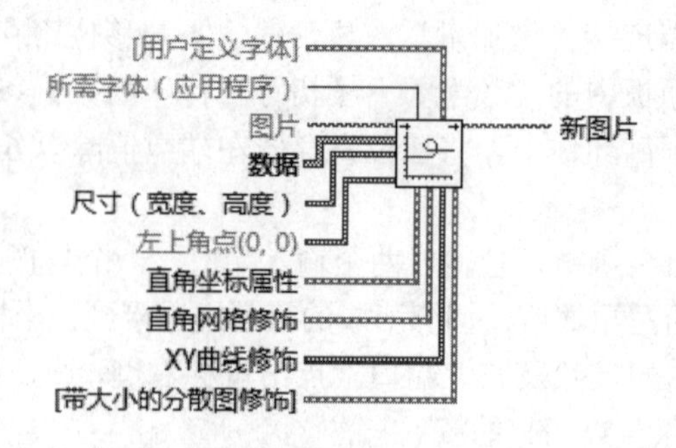

图 7.61　最小-最大曲线显示控件接线端

下面我们用最小-最大曲线显示控件显示一条螺旋曲线，创建程序的步骤如下。

步骤一：新建一个 VI，打开前面板，添加一个最小-最大曲线显示控件，保存文件。

步骤二：打开程序框图，创建一个 For 循环，循环次数设置为输入控件，更改标签名为“点数”。

步骤三：选择函数面板中的【数学】→【初等与特殊函数】→【三角函数】子面板中的“正弦与余弦”函数，添加到循环体中，将 For 循环的 i 转换成弧度后连接到“正弦与余弦”函数的输入端。

步骤四：添加“捆绑”函数，拉伸成两个输入端口，将“正弦与余弦”函数的两个输出端除以加 1 后的弧度值(加 1 的目的是为了避开起始的 0 值)连接“捆绑”函数的输入端。捆绑形成的簇数组连接到最小-最大曲线显示控件的“数据”输入端。

步骤五：在最小-最大曲线显示控件的尺寸、属性、网格、曲线等端口，鼠标右键点击选择“创建”下的“输入控件”。

步骤六：选择【函数】→【编程】→【结构】→【While 循环】结构，将程序框图的所有对象放置到循环体内，设置每次循环的间隔时间为 100 ms。程序框图如图 7.62 所示。

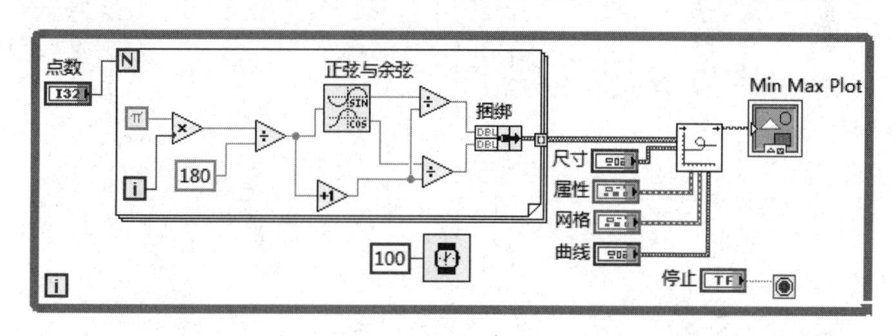

图 7.62　最小-最大曲线显示控件显示 XY 图框图

步骤七：运行程序，不断修改“点数”控件输入值，观察最小-最大曲线显示控件显示效果，如图 7.63 所示。

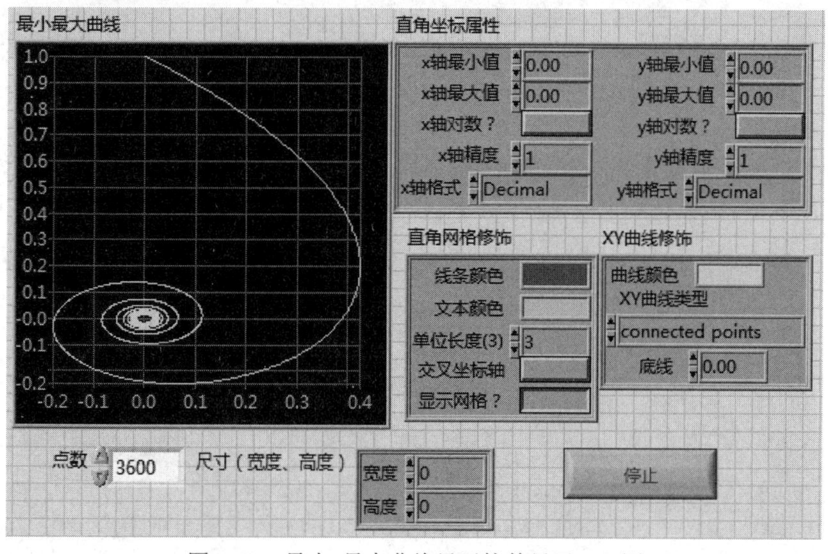

图 7.63　最小-最大曲线显示控件显示 XY 图

思考与练习

1. 利用随机数发生器仿真一个 0 到 5 V 的采样信号，每 200 ms 采一个点，共采集 50 个点，采集完成后一次性显示在 Waveform Graph 上。

2. 利用随机数发生器仿真一个 0 到 5 V 的采样信号，每 200 ms 采一个点，利用实时趋势曲线实时显示采样结果。

3. 在习题 2 的基础上再增加 1 路电压信号采集，此路电压信号的范围为 5 到 10 V。

第 8 章　快速 VI 技术(Express VI)

8.1　Express VI 简介

LabVIEW 的大部分 Express VI 可以在函数选板“Express”中找到，如图 8.1 所示，它们的共同特点是能简单快速地通过对话框等方式建立程序。

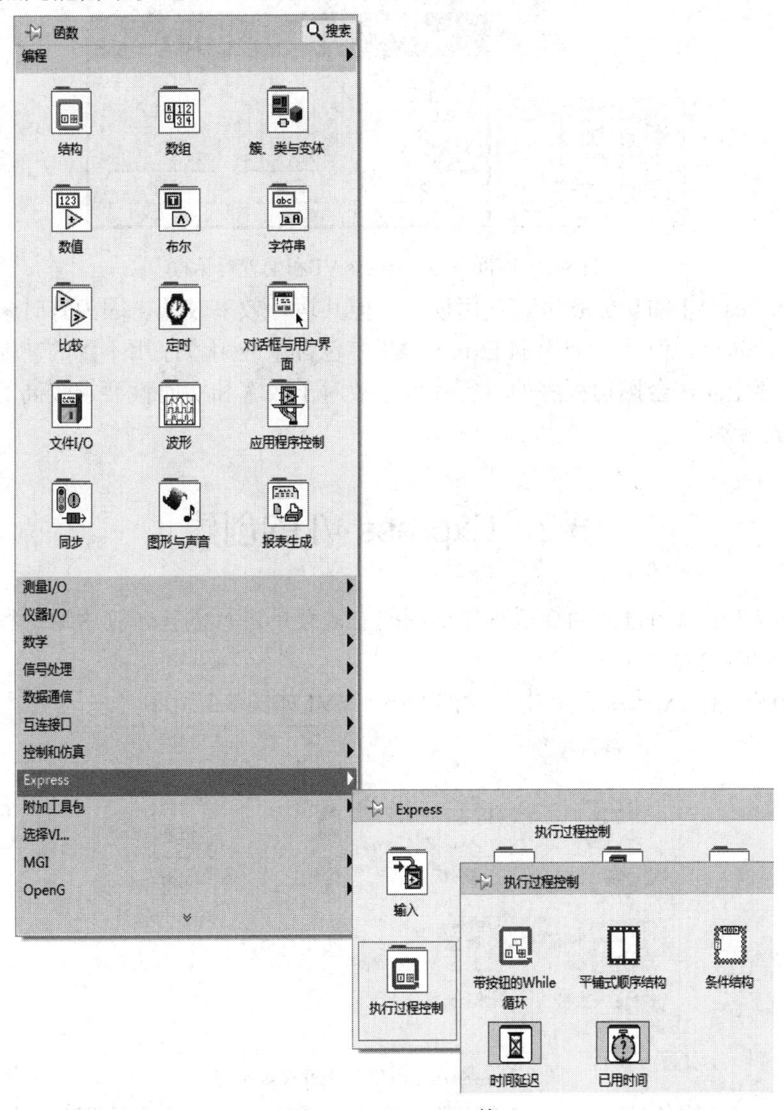

图 8.1　Express 函数

Express VI 在使用时，通常都配有一个配置对话框，如图 8.2 所示，用于设定程序运行时用到的一些数据，这样就不必在程序框图上输入数据，简化了程序框图。Express VI 可以称作快速编程技术，如基本的数据采集显示程序，仅需使用几个 Express VI 就可以实现，加之用对话框方式输入参数，因此使用它编程比较简单。

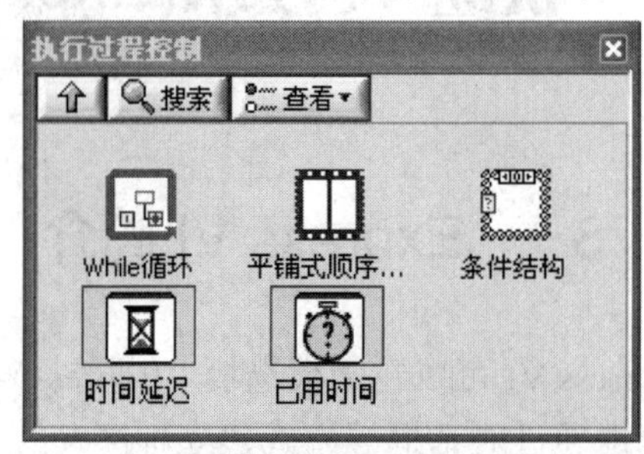

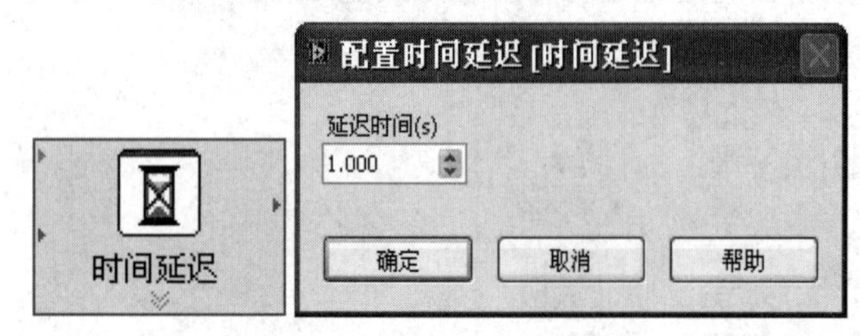

图 8.2　时间延迟 Express VI 和配置对话框

虽然 Express VI 的功能强大、使用便捷，但其运行效率较低，因为有时候应用程序的功能可能比较简单，但是其调用的 Express VI 中包含了应用程序用不到的功能，这部分功能也占用内存空间，会影响程序的运行速度，故对于效率和实时性要求较高的程序，不适合使用 Express VI。

8.2　Express VI 的创建

Express VI 可以通过前面板或程序框图的右键菜单进行创建，其中通过程序框图的函数选板进行创建较为常见。

程序框图中的 Express 菜单中包含的 Express VI 如图 8.3 所示。

图 8.3　函数选板中的 Express 菜单

通过表 8.1 中的各种 Express VI 函数，用户可以快速地搭建应用程序。这里以一个常见的波形发生器和滤波器进行示例。

表 8.1　Express VI 函数内容

函数内容	说　明
输出 Express VI	输出 Express VI 用于将数据保存到文件、生成报表、输出实际信号、与仪器通信以及向用户提示信息
输入 Express VI	输入 Express VI 用于收集数据、采集信号或仿真信号
算术与比较 Express VI	算术与比较 Express VI 函数用于执行算术运算以及对布尔、字符串及数值进行比较
信号操作 Express VI	信号操作 Express VI 用于对信号进行操作以及执行数据类型转换
信号分析 Express VI	信号分析 Express VI 用于进行波形测量、波形生成和信号处理
执行过程控制 Express VI 和函数	执行过程控制 Express VI 和函数可用在 VI 中添加定时结构，控制 VI 的执行过程

选择【函数选板】→【Express】→【输入】→【仿真信号】函数以及选择【函数选板】→【Express】→【信号分析】→【滤波器】函数，将两个 Express VI 函数放置到程序框图，并按如图 8.4 所示程序框图及前面板进行设计。

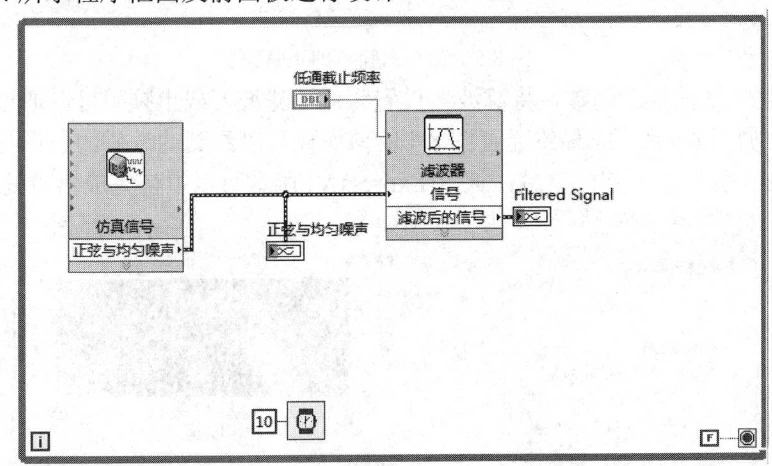

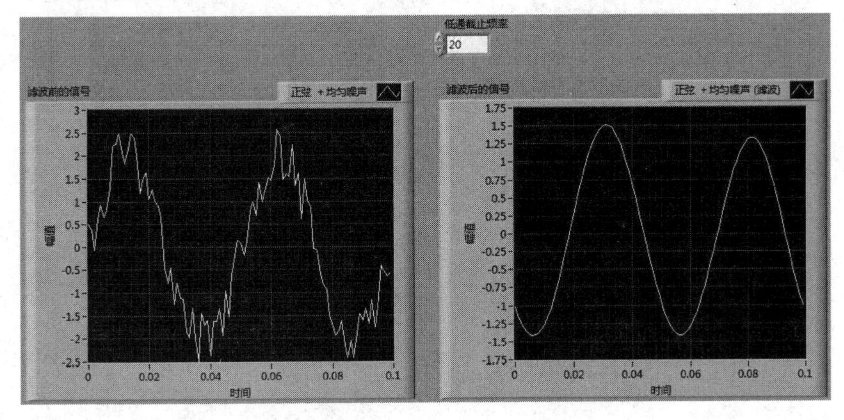

图 8.4　低通滤波器设计

鼠标双击“仿真信号”函数，将仿真信号设置为 20 Hz 带有 0.6 幅值的白噪声，如图 8.5 所示。

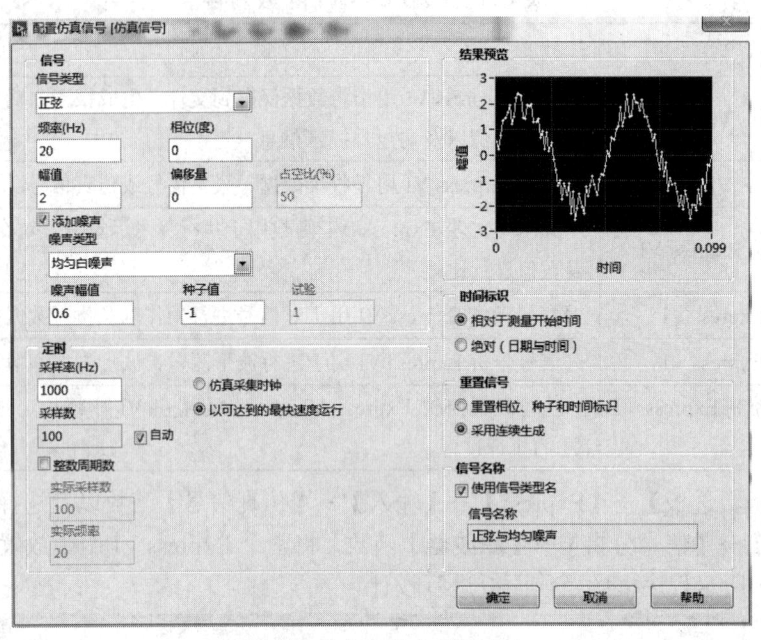

图 8.5　带有白噪声的正弦波

鼠标双击“滤波器”函数，将滤波器设置为低通滤波，截止频率可以通过输入控件设置为 25 Hz，如图 8.6 所示，最终通过图 8.4 的前面板可以看到滤波后的波形与原波形相比频域为 20 Hz，幅域有一定的衰减，通过 Express VI 函数可以很快完成信号处理任务。

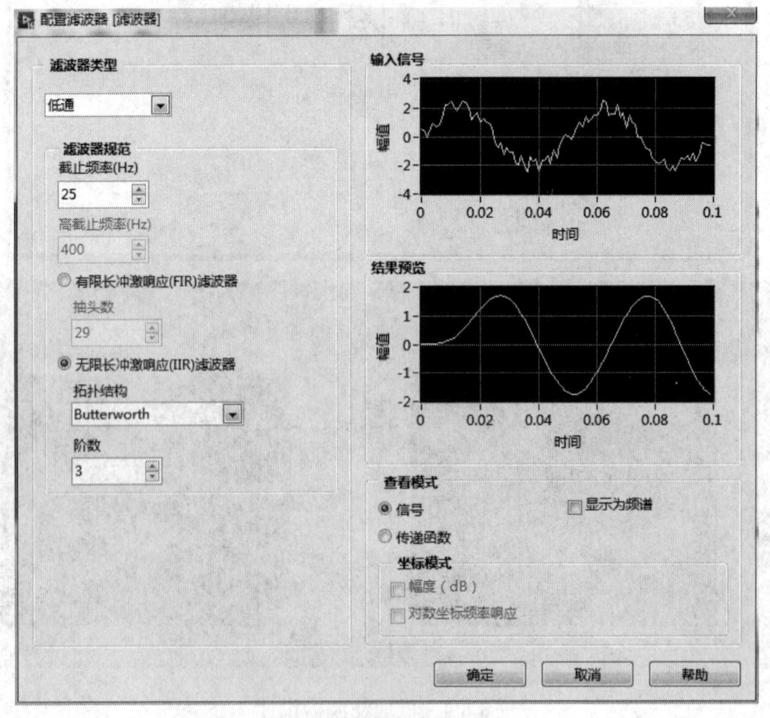

图 8.6　滤波器参数设置

8.3　波形分析示例

利用 Express VI 函数可以非常方便地进行波形分析工作，如求取波形的幅值、频率和相位等信息。选择【函数选板】→【Express】→【输入】→【仿真信号】以及【函数选板】→【Express】→【信号分析】→【播放波形】两个 Express VI 函数并放置到程序框图，设置和创建波形图表以及仿真信号为正弦波，两个旋钮分别接到正弦波的频率和幅值上，如图 8.7 所示。

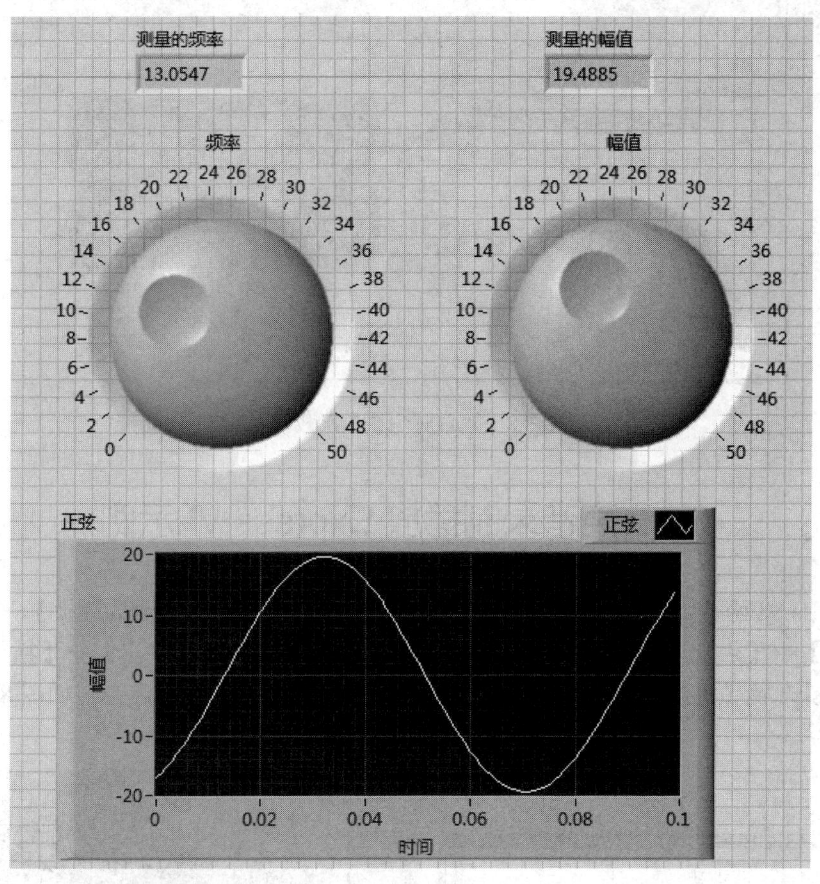

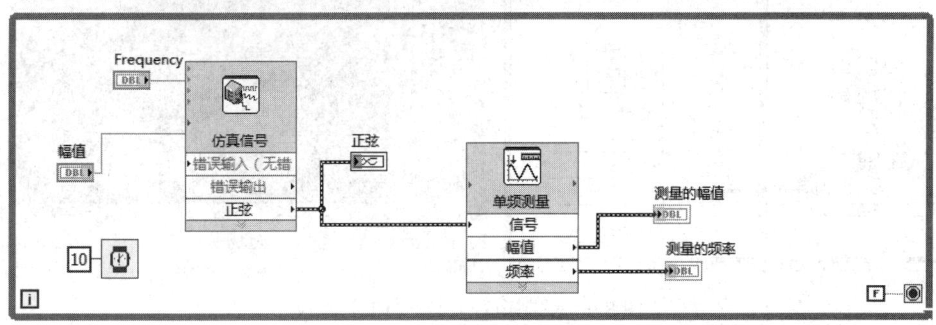

图 8.7　波形分析求取幅值和频率

可以看到通过“单频测量”函数，就可以很准确地获得采集到的波形的频率和幅值等信息，其中“单频测量”函数设置如图 8.8 所示。

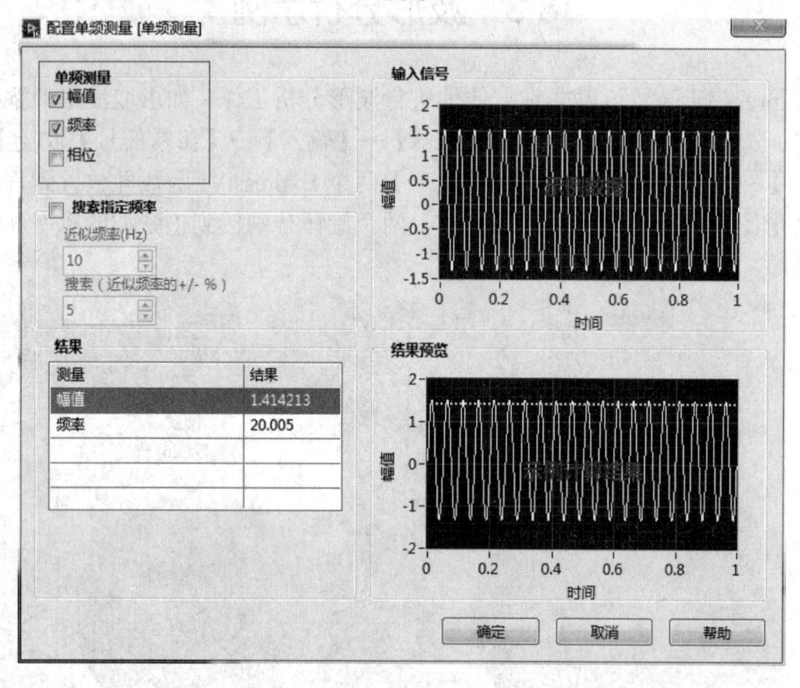

图 8.8　“单频测量”函数设置

8.4　声音录制播放 Express VI 示例

Express VI 函数还提供了快速的声音录制和播放函数，选择【函数选板】→【Express】→【输入】→【声音采集】以及【函数选板】→【Express】→【输出】→【播放波形】两个 Express VI 函数并放置到程序框图，设置顺序结构及录制 5 s 的声音，如图 8.9 所示。

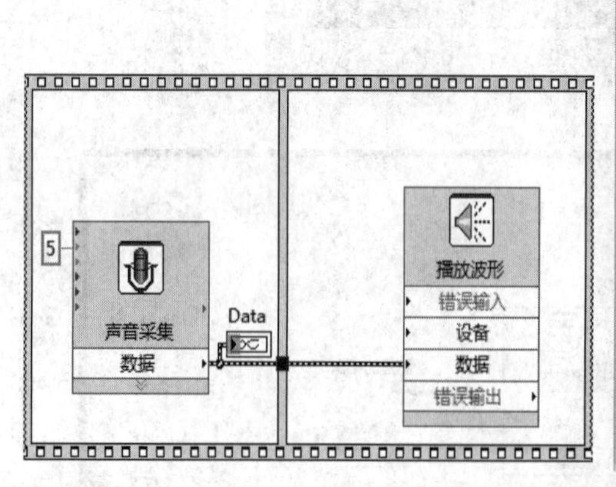

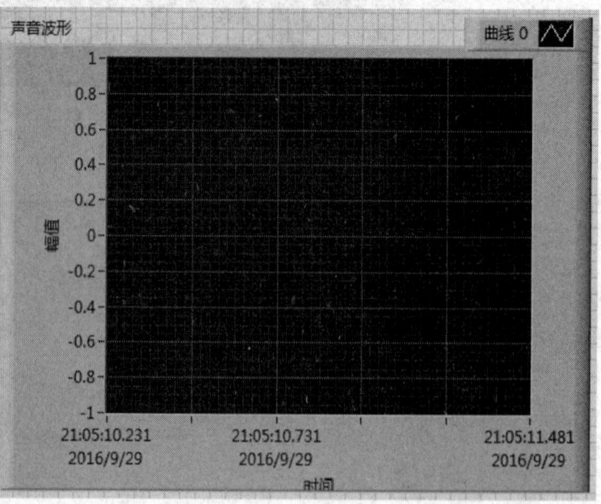

图 8.9　录制声音并播放 VI 前面板

设置“声音采集”及“播放波形”函数参数如图 8.10、图 8.11 所示(需要电脑带有麦克风硬件)。

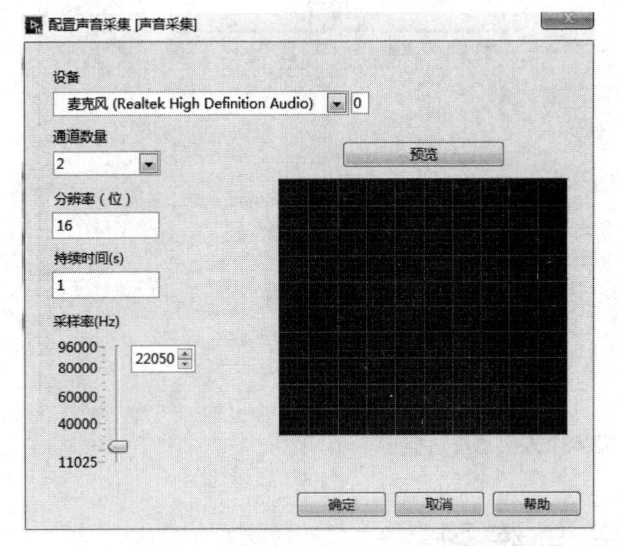

图 8.10　“声音采集”参数设置

图 8.11　“播放波形”参数设置

最终点击“运行”按钮，可以通过麦克风录制 5 s 自己的声音，通过前面板波形图表可以看到声音的波形，并最终播放出来。

8.5　弹出信息录入框 Express VI 示例

Express VI 函数提供了快速的弹出式用户输入对话框方式，选择【函数选板】→【Express】→【输入】→【输入个人信息】函数，将该路径下的“提示用户输入”函数放置到程序框图，如图 8.12 所示。

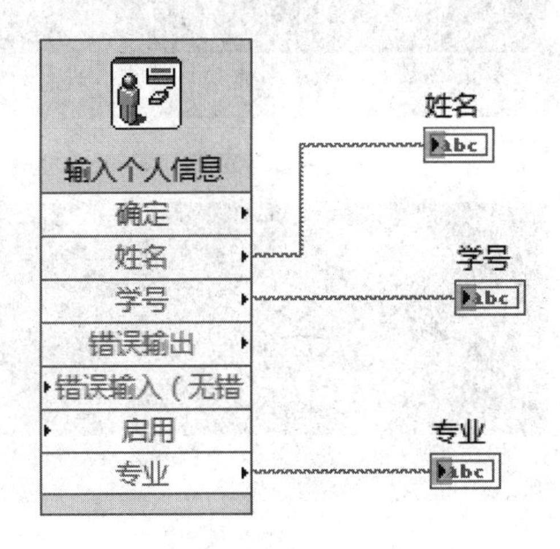

图 8.12　输入个人信息程序框图

当点击“运行”按钮时，就可以通过输入个人信息对话框来获取信息，进行各种编程操作，运行效果如图 8.13 所示。

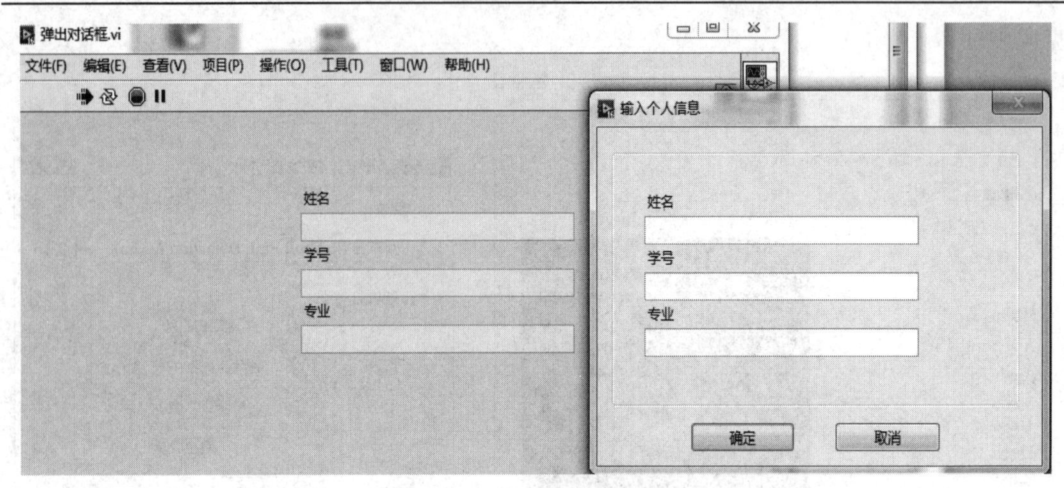

图 8.13　输入个人信息对话框

思考与练习

利用 Express VI 产生一个带白噪声的正弦信号，如图 8.14 所示，然后用功率谱分析 Express VI 对其进行功率谱分析，并将原信号与分析结果写入测量文件。

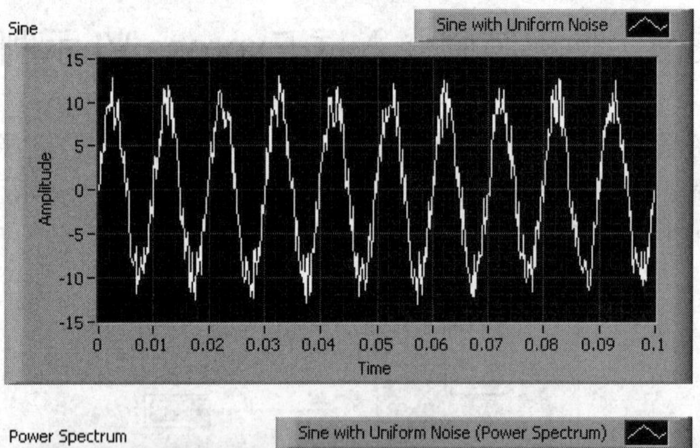

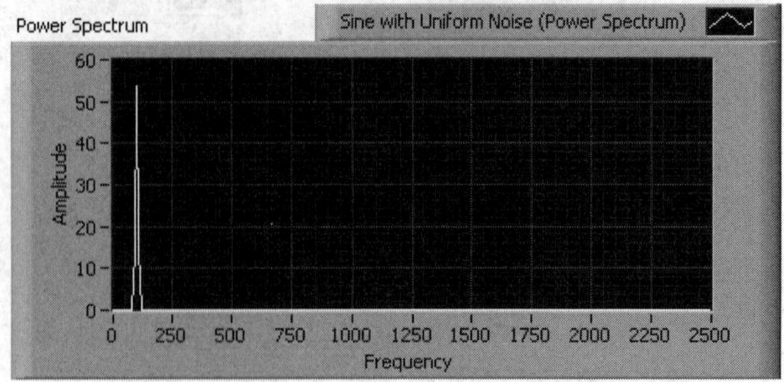

图 8.14　思考与练习图

第 9 章　子 VI 和属性节点

在 LabVIEW 图形化编程环境中，图形连线会占据较大的屏幕空间，用户不可能把所有的程序都在同一个 VI 的程序框图中实现，因此很多情况下，我们需要把程序分割为一个个小的模块来实现，这就是子 VI。在面向对象的编程中将类中定义的数据称为属性，而将函数称为方法。实际上，LabVIEW 中的控件、VI 甚至应用程序都有自己的属性和方法，例如一个数值控件，它的属性包括它的文字颜色、背景颜色、标题和名称等；它的方法包括设为默认值、与数据源绑定、获取其图像等。通过属性节点和方法节点可以实现软件的很多高级功能，而某些控件必须通过属性节点和方法节点才能使用，例如列表框和树形控件等。

9.1　子　　VI

LabVIEW 中的子 VI 类似于文本编程语言中的函数。如果在 LabVIEW 中不使用子 VI，就好比在文本编程语言中不使用函数一样，根本不可能构建大的程序。我们在前面的章节中介绍了很多 LabVIEW 函数面板中的函数，其实这些都是 LabVIEW 自带的标准子 VI，本节中我们将学习如何创建自定义 VI，并定义其相关属性。

9.1.1　创建子 VI

其实任何 VI 本身就可以作为子 VI 被其他 VI 调用，只是需要在普通 VI 的基础上多进行两步简单的操作：定义连接端子和图标。

下面先以一个简单的子 VI 创建为例来学习如何一步一步地创建子 VI。本实例就是建立一个子 VI，计算圆的面积和周长，要求只需输入圆的半径，即可得到圆的面积和周长。程序设计步骤如下。

步骤一：新建一个 VI，在前面板上添加一个“数值输入”控件，命名为“半径”，添加两个“数值显示”控件，分别命名为“面积”和“周长”。切换到程序框图，在函数面板选择三个“乘”函数、一个常量π、一个“平方”函数，连接相关接线端子如图 9.1 所示，即能够正确实现圆的面积和周长的运算。

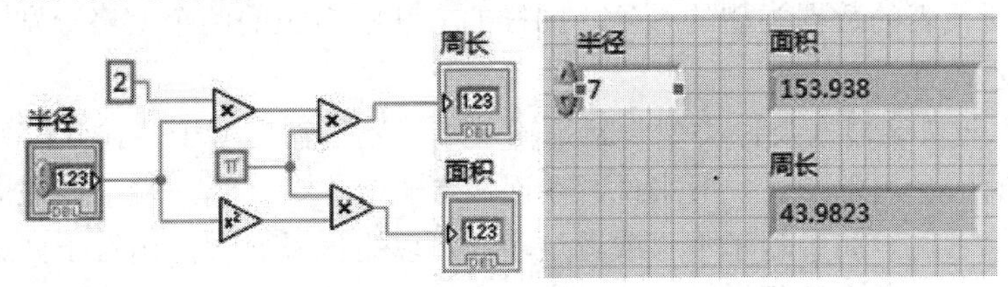

图 9.1　圆的面积和周长子 VI

步骤二：编辑子 VI 图标。鼠标右键点击前面板或程序框图右上角的图标，在弹出的快捷菜单中选择“编辑图标…”选项或直接双击图标，则会弹出如图 9.2 所示的“图标编辑器”对话框，在对话框中可以对图标进行编辑。编辑子 VI 图标是为了方便在主 VI 的程序框图中辨别子 VI 的功能，因此编辑子 VI 图标的原则是尽量通过该图标就能表明该子 VI 的用途。我们这里对本实例的图标编辑非常简单，只是选择菜单栏【编辑】→【清空所有】选项，对默认的本 VI 图标进行全部清空，也可以选择对话框中的工具栏的橡皮擦工具对部分或全部 VI 图标进行清除；然后在“图标文本”选项卡中的“第一行文本”框中填写“圆”，“第二行文本”框中填写“面积”，“第三行文本”框中填写“周长”；点击“确定”按钮即可。用户也可以选择“符号”、“图层”选项卡对图标进行更美观的设计，我们这里就不赘述了。

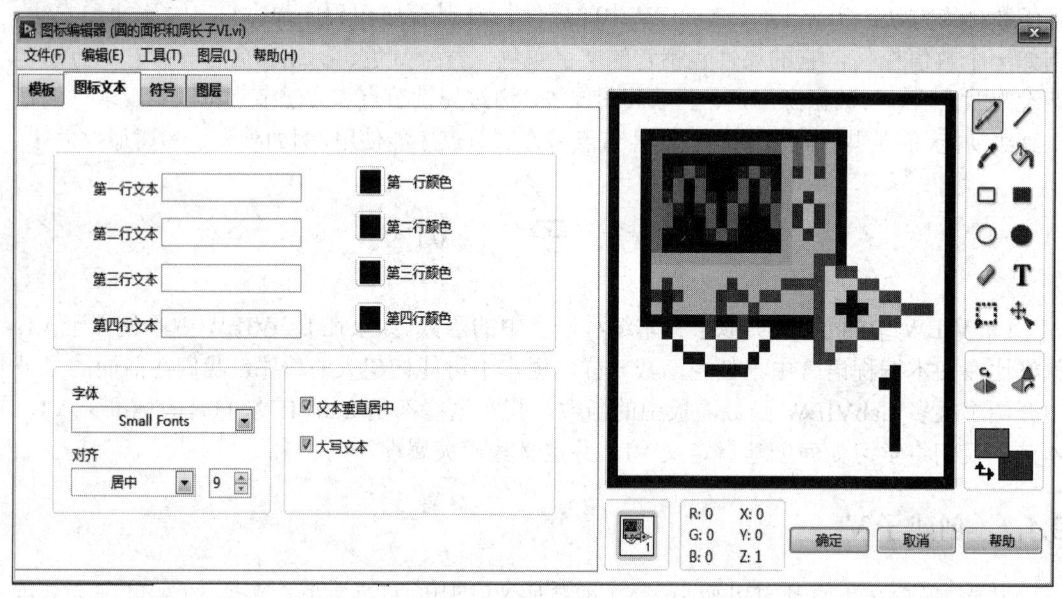

图 9.2　“图标编辑器”对话框

步骤三：建立连接端子。连接端子就好比函数参数，用于子 VI 的数据输入与输出。鼠标右键点击 VI 前面板右上角图标，在弹出的快捷菜单中选择“模式”选项，即可弹出系统默认的各种连接端子形式图集，如图 9.3 所示。初始情况下，连接端子是没有与任何控件连接的，即所有的端子都是空白的小方格组成，每一个小方格代表一个端子。在连接端子图集中选择“四端子模式”图标，右击或左击该图标，这样前面板右上角的图标就修改为用户选择图标了。点击图标左上角的小方格，光标变为线轴形状，此时点击输入控件“半径”，就实现了该端子与控件“半径”的连接，这时候该小方格就会自动更新为该控件所代表的数据类型的颜色。同样的方法将右边的两个空格分别连接“面积”和“周长”显示控件。

LabVIEW 会自动根据控件类型判断是输入端子还是输出端子，输入控件对应输入端子，显示控件对应输出端子。一般来说，在连接端子时尽量将输入端子放在图标左边，输出端子放在图标右边。如果端子不够或者过多，可以用鼠标右键点击端子并选择“添加接线端”或“删除接线端”选项来改变接线端子个数，最多可以有 28 个端子。

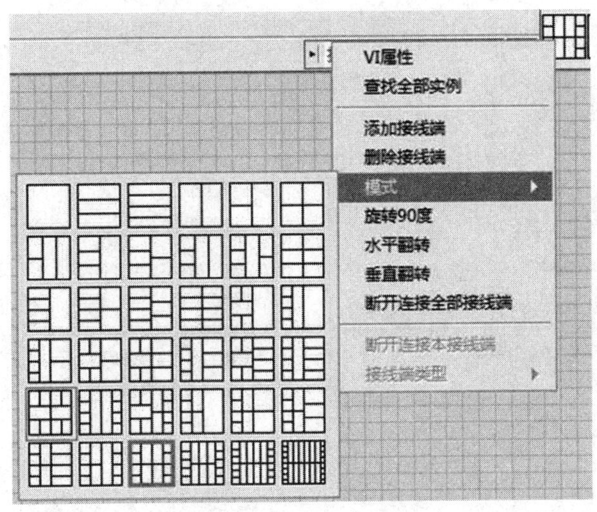

图 9.3　连接端子图集

步骤四：保存该 VI，命名为“圆的面积和周长子 VI.vi”，保存好 VI 后，就可以在其他 VI 中调用该子 VI 了。

其实也可以通过现有的程序框图自动创建子 VI。只需要在主 VI 程序框图中按住选中那段希望被创建为子 VI 的代码，然后选择【编辑】→【创建子 VI(S)】选项，这时 LabVIEW 会自动将这段代码包含到一个新建的子 VI 中，并根据选中程序框图中的控件自动建立连接端子。

子 VI 的调用比较简单，跟函数面板的其他函数调用一样。创建一个 VI，在前面板上添加三个输入和显示控件，分别为“r”、“s”和“l”。切换到程序框图，在函数面板中选择“选择 VI…”选项，即可在文件选择对话框中选择刚保存的“圆的面积和周长子 VI.vi”，添加到程序框图中，连接相关的接线端子，如图 9.4 所示，这样就实现了对该子 VI 的调用。

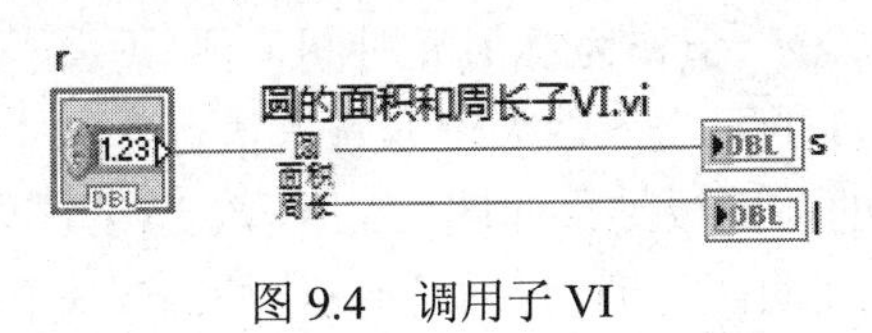

图 9.4　调用子 VI

9.1.2　定义子 VI 属性

在默认情况下，如果有两处程序框图都调用同一个子 VI，那么这两处程序框图不能并行运行，即如果当该子 VI 正在被调用执行时，其他调用就必须等待直到当前调用执行完毕。而在很多情况下，用户都希望不同的调用应该是相互独立的，这时候就需要把子 VI 设为可重入子 VI。在子 VI 的主菜单栏中选择“文件”下的“VI 属性”选项，在“VI 属性”对话框“类别”中选择“执行”选项，即进入“执行”页面，如图 9.5 所示，选中“共享副本重入执行”单选框后，该子 VI 便是可重入子 VI 了。

当使用 VI 的可重入属性后，每一处对该子 VI 的调用都会在内存中产生该子 VI 的一个副本，副本之间相互独立，因此这样不仅可以保证调用的并行性，还可以让每一处调用都保持自己的状态(在子 VI 中可以通过移位寄存器来保存上次被调用时的状态)。

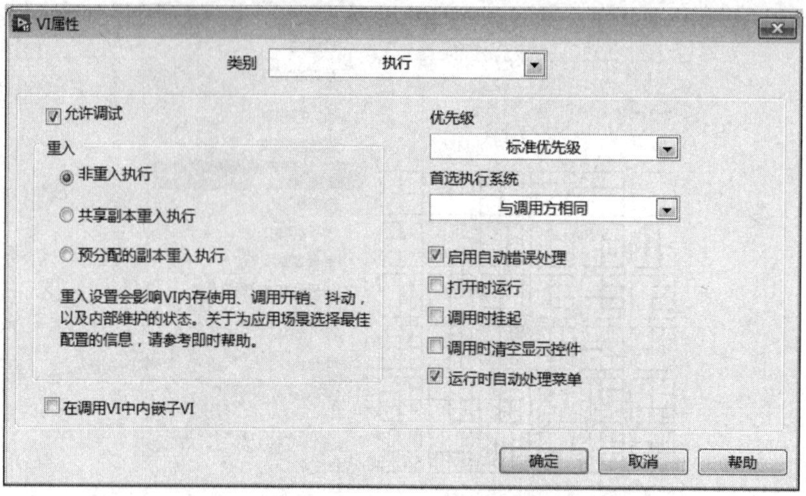

图 9.5　设置 VI 的可重入属性

下面通过一个实例来理解非重入子 VI 与重入子 VI 之间的区别。程序设计步骤如下。

步骤一：新建一个 VI，该 VI 作为子 VI，命名为“延时子 VI”，在子 VI 的前面板中添加一个布尔开关控件，在程序框图中添加一个条件结构，在条件结构的“真”页面设置等待时间为 1000 ms，在“假”页面设置等待时间为 5000 ms。

步骤二：新建一个 VI，作为主 VI，命名为“可重入子 VI 实例.vi”。在前面板添加两个布尔开关控件，命名为“真”和“假”；添加一个数值显示控件，命名为“消耗时间”。

步骤三：打开主 VI 的程序框图，添加一个平铺顺序结构，在前后各添加一帧。在中间帧里面调用“延时子 VI”函数，分别用两个布尔开关控件赋值；在第一帧中添加一个“时间计数器”控件，并将创建“真”、“假”、“消耗时间”三个控件的局部变量添加到第一帧中；在第三帧中添加一个“时间计数器”控件和“减”函数，用第三帧的“时间计数器”值减去第一帧的“时间计数器”值作为“消耗时间”值。

步骤四：分别设置子 VI 的可重入性为“非重入执行”和“共享副本重入执行”，运行程序，其程序框图和主 VI 的前面板结果如图 9.6 所示。当设置为“共享副本重入执行”时，“消耗时间”为 5000 ms，表明两处调用是并行执行的；当设置为“非重入执行”时，“消耗时间”为 6000 ms，表明两处调用是按先后顺序执行的。

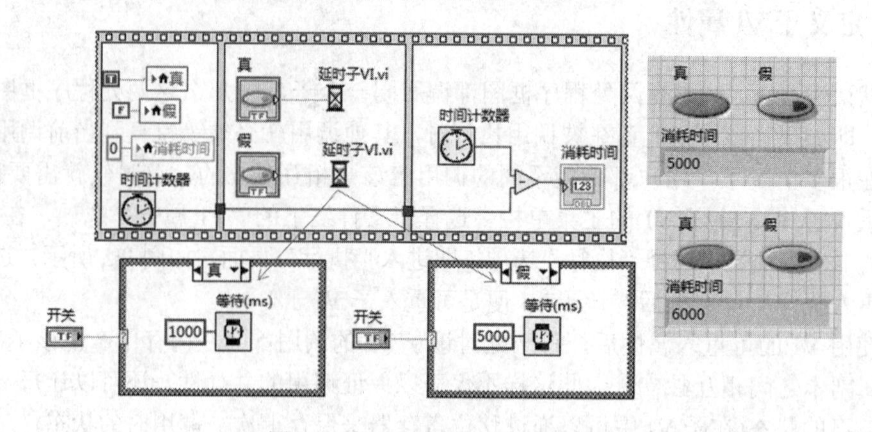

图 9.6　非重入与可重入 VI 举例

有些时候可能需要在调用子 VI 时能打开子 VI 前面板，例如利用一个子 VI 来实现登录对话框，其实实现这个功能非常简单，只需要在主 VI 中鼠标右键点击子 VI 图标，选择“设置子 VI 节点…”选项，就会弹出如图 9.7 所示的“子 VI 节点设置”对话框。

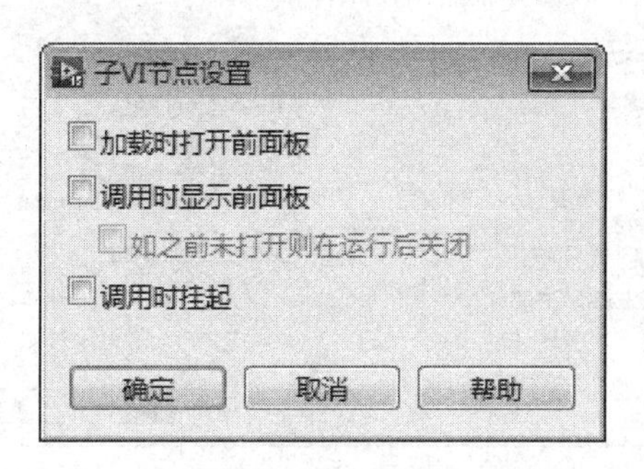

图 9.7　“子 VI 节点设置”对话框

其中“加载时打开前面板”选项表示在主 VI 打开的同时打开子 VI 的前面板，这个选项并不常用；“调用时显示前面板”表示在调用子 VI 时打开子 VI 的前面板，而“如之前未打开则在运动后关闭”表示在调用完毕后是否自动关闭子 VI 的前面板，选中这两项都可以实现前面所说的对话框功能；最后“调用时挂起”表示当子 VI 被调用时将弹出子 VI 前面板，而此时子 VI 处于“挂起”状态，直到用户点击“返回至调用方”按钮⏏后才返回到主 VI，这个选项在调试的时候可以用到。

下面我们利用显示子 VI 前面板来实现登录对话框的实例，程序设计步骤如下。

步骤一：新建一个 VI，命名为“登录对话框.vi”，作为子 VI。其前面板设计和程序框图如图 9.8 所示，其中前面板的密码文本框设置为“密码显示”，程序框图主要由 While 循环结构、事件结构和条件结构组成。设置子 VI 的 VI 属性，选择“窗口外观”页面，选择“自定义”单选按钮并点击“自定义…”按钮，在弹出的“自定义窗口外观”对话框中就可以对 VI 前面板的显示内容进行设置，如图 9.9 所示。

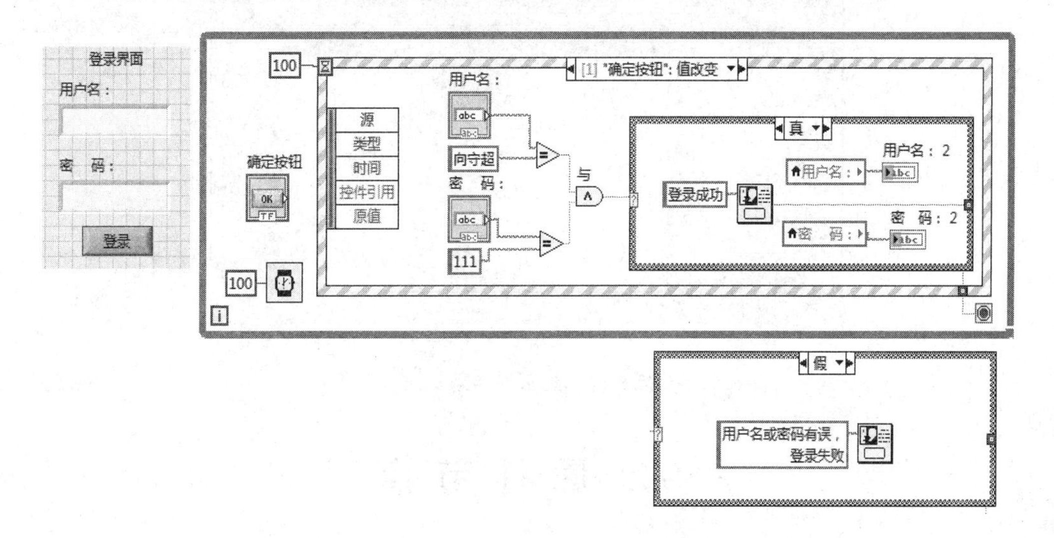

图 9.8　登录对话框 VI 程序图

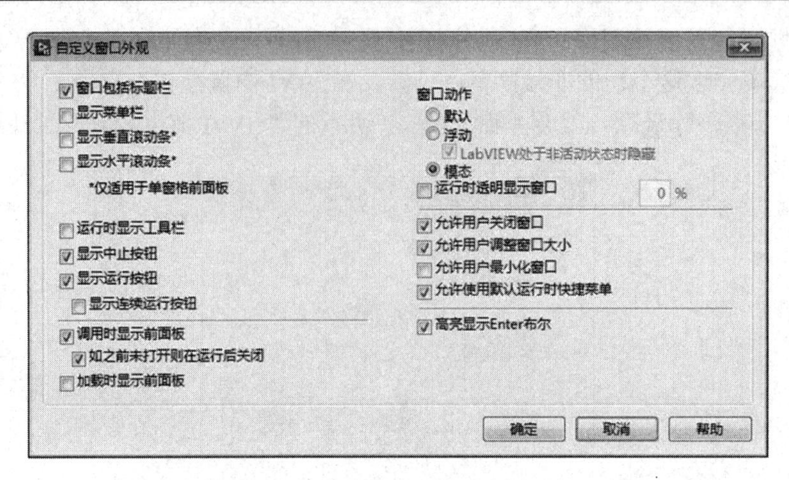

图 9.9　“自定义窗口外观”对话框

步骤二：新建一个 VI，命名为“登录主 VI.vi”，作为主 VI。其前面板设计和程序框图如图 9.10 所示。

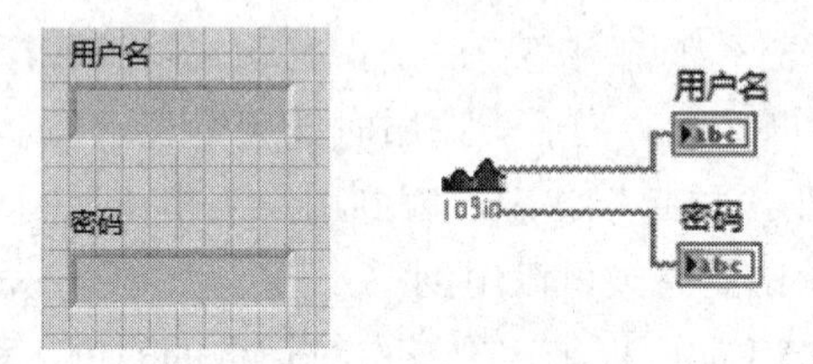

图 9.10　登录界面主 VI 程序框图

步骤三：运行程序，其效果如图 9.11 所示。输入正确的用户名和密码，验证成功，程序运行结束；输入错误的用户名或密码，验证失败，程序继续等待用户输入。用户可以改变其中的程序代码，查看其中不同的运行效果。

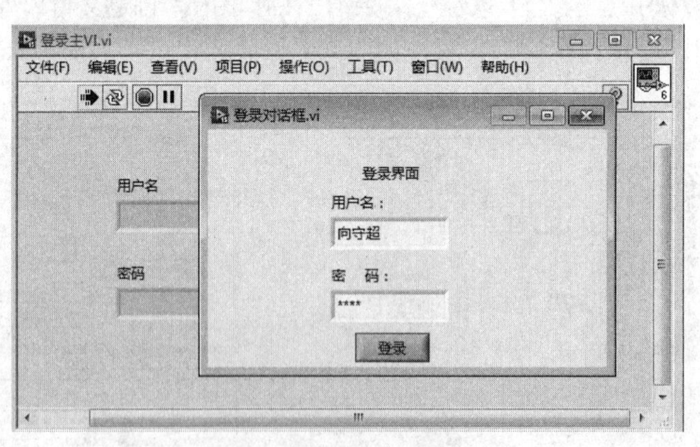

图 9.11　登录界面效果图

9.2 属 性 节 点

属性节点可以用来通过编程设置或获取控件的属性，例如在程序运行过程中，可以通过编程设置数值控件的背景颜色等属性。创建属性节点有两种方法：一种是在程序框图中直接用鼠标右键点击控件图标，在弹出的快捷菜单中选择【创建】→【属性节点】选项，在弹出的下一级菜单中就可以看到该控件相关的所有属性，选择想设置或获取的属性，就会在绘制程序框图中创建该属性节点，如图 9.12 所示；另一种方法是在函数面板中选择【编程】→【应用程序控制】→【属性节点】选项，添加到程序框图中，然后鼠标右键点击该属性节点选择“链接至”选项就能与当前 VI 中的任何一个控件关联，关联后就可以选择该控件的任何属性了，拉长属性节点可以同时显示或设置多个属性，鼠标右键点击每个属性，在弹出的快捷菜单中选择“选择属性”选项就可以选择需要设置或读取的具体某一个属性值了，默认情况下是读取该控件的属性，如图 9.13 所示。鼠标右键点击属性节点在弹出的快捷菜单中选择“全部转换为写入”选项，就可以设置该控件的各种属性。

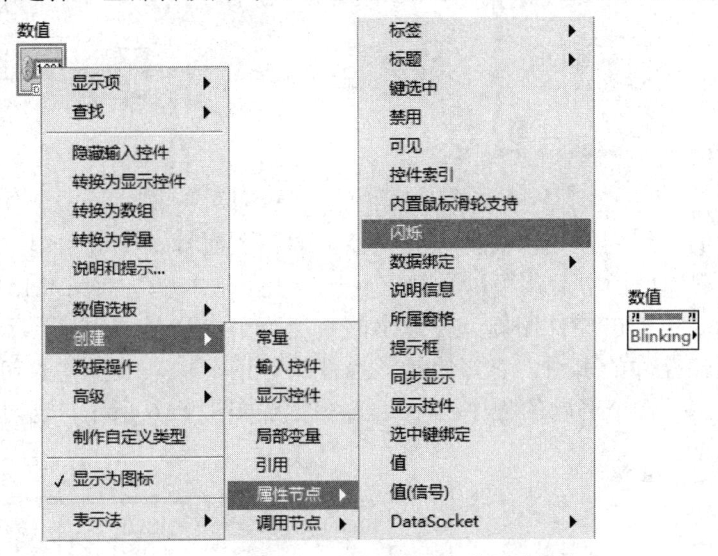

图 9.12　第一种方法创建数值控件属性节点

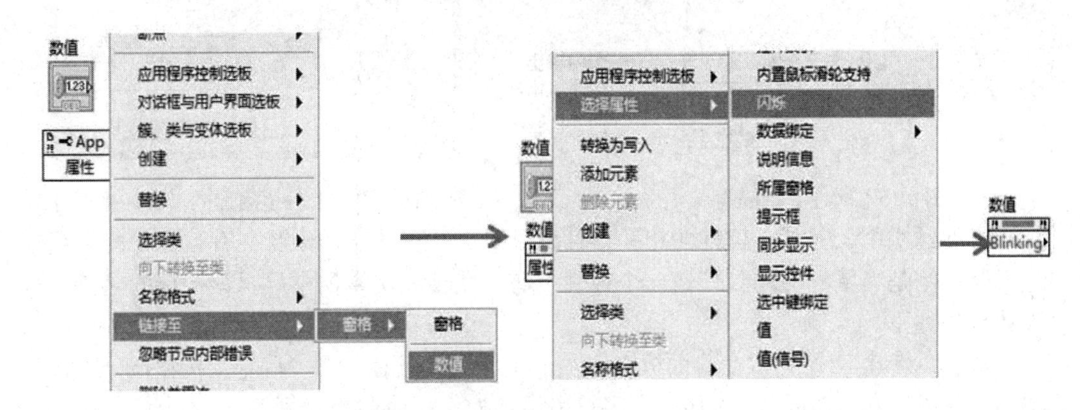

图 9.13　第二种方法创建数值控件属性节点

下面我们用圆形指示灯的可见属性来控制圆形指示灯是否可见，程序设计步骤如下。

步骤一：新建一个 VI，在前面板上添加一个开关按钮控件和圆形指示灯控件，分别命名为“可见”和“指示灯”。

步骤二：创建指示灯的可见属性节点。切换到程序框图，鼠标右键点击“指示灯”图标，在弹出的快捷菜单中选择【创建】→【属性节点】→【可见】选项，添加到程序框图中，然后再用鼠标右键点击该属性节点，选择“全部转换为写入”选项，把属性节点设置为写入状态，将“可见”图标的输出端子与“指示灯”可见属性节点的输入端子连接。

步骤三：选择【函数】→【编程】→【结构】→【While 循环】结构，将程序框图的所有对象放置到循环体内，设置每次循环的间隔时间为 100 ms。

步骤四：运行程序，在前面板中点击“可见”控件，可以看到指示灯根据用户需要可见可不见。程序框图和效果图如图 9.14 所示。

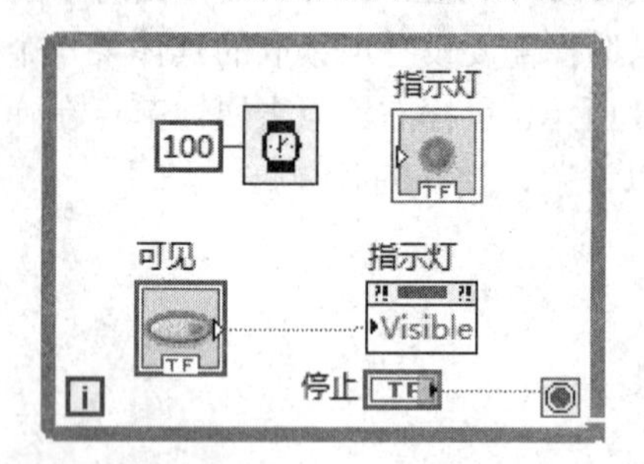

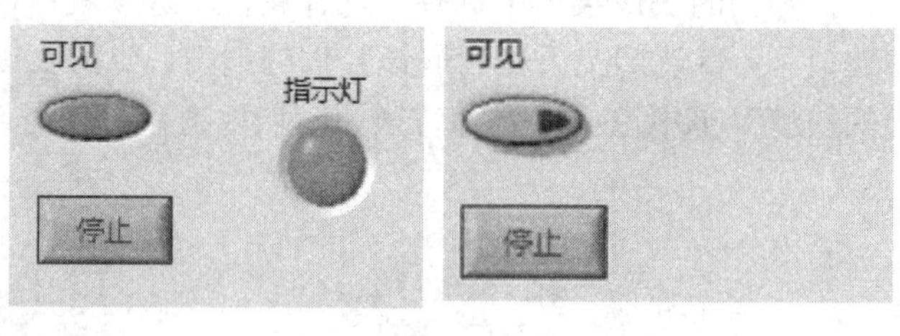

图 9.14　通过可见属性控制指示灯是否可见

通过控件的引用同样可以获得和设置控件的相关属性。将应用程序控制面板上的属性节点放到程序框图中后，可以看到它有一个引用输入端，如图 9.15 所示。在程序框图中用鼠标右键点击控件图标，在弹出的快捷菜单中选择“创建”下的“引用”选项就可以获得该控件的引用，它好比是该控件的句柄，输入该控件的句柄就可以获得该控件的属性，上一个例题的程序框图可以修改为如图 9.16 所示，通过控件引用控制指示灯是否可见。

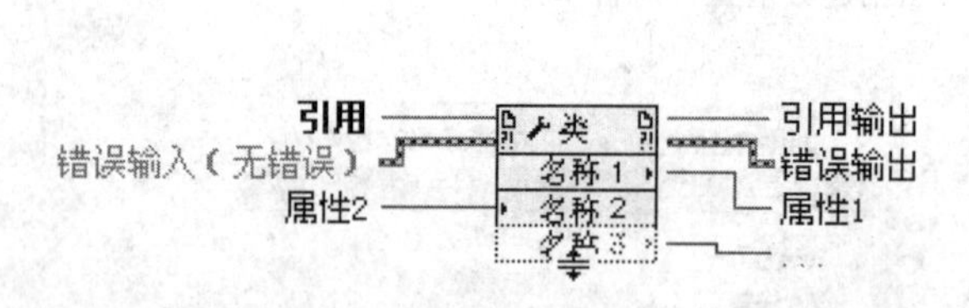

图 9.15　属性节点接线端

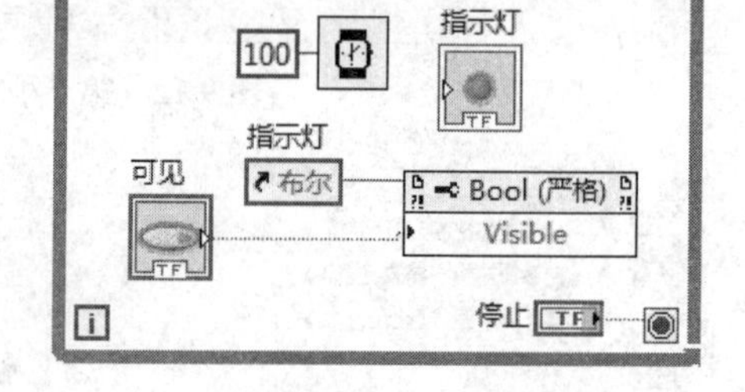

图 9.16　通过控件引用控制指示灯是否可见

在事件结构中，若某个控件的相关事件发生时，在事件结构中就会有该控件的引用输出。下面实例是当鼠标移动到任何一个控件上时，就会在文本框中显示该控件的名称，程序设计步骤如下。

步骤一：新建一个 VI，在前面板上添加一个开关按钮控件和“确定”按钮，分别修改标签为“可见”和“确定”，添加一个字符串显示控件，命名为“标签_文本”。

步骤二：切换到程序框图，添加一个事件结构，用鼠标右键点击事件结构边框，在弹出的快捷菜单中选择“添加事件分支…”选项，即可弹出“编辑事件”对话框，在对话框的“事件源”中选择每个控件，在事件栏里面选择【鼠标】→【鼠标进入】，如图 9.17 所示。

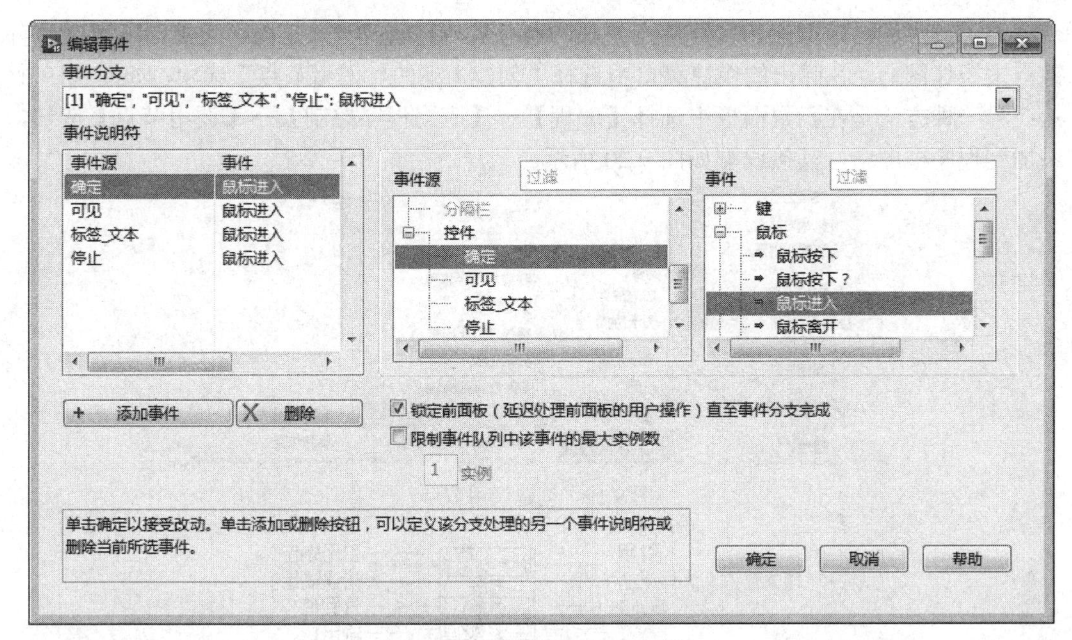

图 9.17　“编辑事件”对话框

步骤三：在“鼠标进入”事件分支中，选择【编程】→【应用程序控制】→【属性节点】选项添加到事件分支中，将“引用”输入端与“控件引用”输出端连接，用鼠标右键点击属性节点，在弹出的快捷菜单中选择【选择属性】→【标签】→【文本】选项，将该“属性节点”的输出端与“标签_文本”图标的输入端连接。

步骤四：选择【函数】→【编程】→【结构】→【While 循环】结构，将程序框图的所有对象放置到循环体内，设置每次循环的间隔时间为 100 ms。

步骤五：运行程序，在前面板中，当鼠标移动到某个控件时，可以看到该控件的标签名称显示在文本框中。程序框图和效果图如图 9.18 所示。

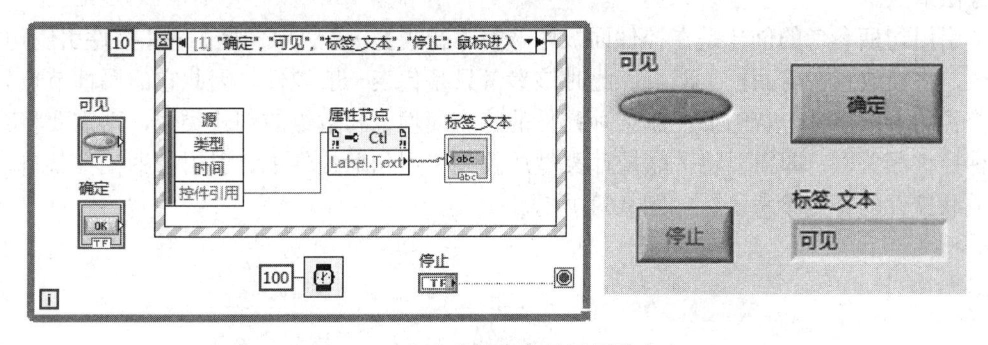

图 9.18　在事件结构中使用属性节点

9.3　调用节点和引用句柄

调用节点又称方法节点，和属性节点非常类似，调用节点就好比控件的一个函数，它会执行一定的动作，有时候还需要输入参数和返回数据。

调用节点的创建方法和属性节点一样，也有两种方法：一种是在程序框图中用鼠标右键点击控件图标，在弹出的快捷菜单中选择“创建”下的“调用节点”选项，如图 9.19 所示；另一种方法是在函数面板中选择【编程】→【应用程序控制】→【调用节点】选项，添加到程序框图中，其接线端如图 9.20 所示。

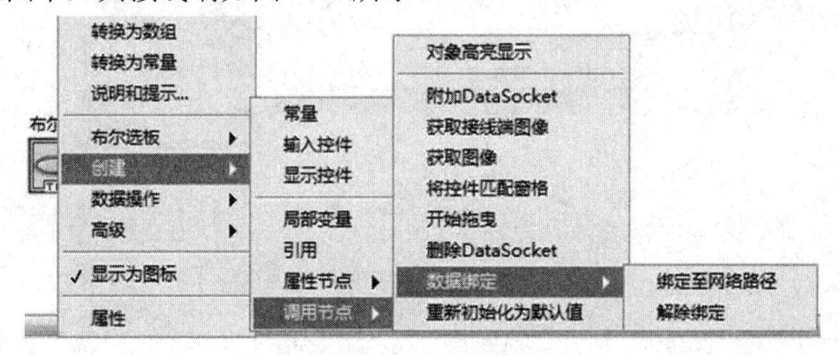

图 9.19　创建调用节点

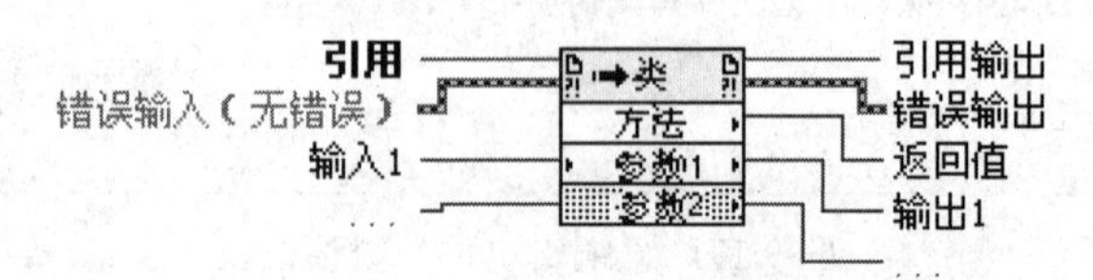

图 9.20　调用节点的接线端

调用节点同属性节点一样，也可以通过调用节点和控件引用连线的方法获得该控件的调用节点。

一般情况下，将控件作为子 VI 的输入端时只能传递控件的值，而不能传递控件的属性，类似于 C 语言中的传值调用。那么如何才能在子 VI 中调用上层 VI 中控件的属性和方法呢？这就需要使用引用句柄控件作为子 VI 的输入端子，在调用时将控件的引用与引用句柄端子连线即可。此时传递的是控件的引用，因此可以在子 VI 中调用输入控件的属性和方法节点。

引用句柄参考的创建是在控件面板中选择【新式】→【引用句柄】→【控件引用句柄】函数，将其放置在前面板上即可。此时该参考只是代表一般控件，因此它的属性节点只包含控件的一般属性。若需要控制某种控件的特有属性，和数组的创建类似，则需要将其与这种控件相关联，即需要将关联控件类型放置到引用句柄控件中，引用句柄控件就自动变成关联控件的特定参考了，如图 9.21 所示。

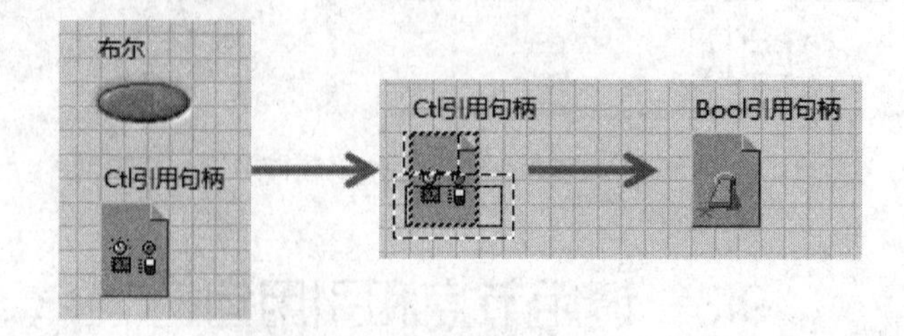

图 9.21　创建布尔引用句柄

创建好控件的参考后，在程序框图中将其与属性节点或调用节点连接就能获得该控件的各种属性和方法。下面我们用引用句柄的方式来实现指示灯控件的可见性，程序设计步骤如下。

步骤一：新建一个 VI，作为引用句柄的子 VI，在前面板添加两个开关控件和一个控件引用句柄控件参考，然后把其中一个开关控件关联到引用句柄控件中。切换到程序框图，添加一个属性节点，连接引用输入端到“Bool 引用句柄”，转换到全部写入状态，选择属性为“可见性”，连接“开关”输出端和“可见属性”输入端。然后添加接线端子和修改子 VI 图标。其程序框图和前面板如图 9.22 所示。

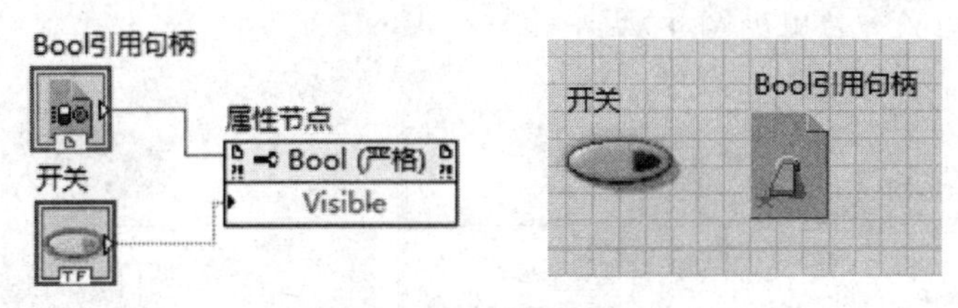

图 9.22　引用句柄子 VI 图

步骤二：新建一个 VI，在前面板添加一个开关控件和指示灯控件。在程序框图中，创建一个指示灯控件的引用；添加自定义的“引用句柄子 VI”对象到框图中，“Bool 引用端子”接线端连接指示灯的引用对象，“开关”端子连接开关控件输出端。

步骤三：选择【函数】→【编程】→【结构】→【While 循环】结构，将程序框图的所有对象放置到循环体内，设置每次循环的间隔时间为 100 ms。

步骤四：运行程序，在前面板中点击“开关”控件，可以看到指示灯根据用户需要可见可不见。程序框图和效果图如图 9.23 所示。

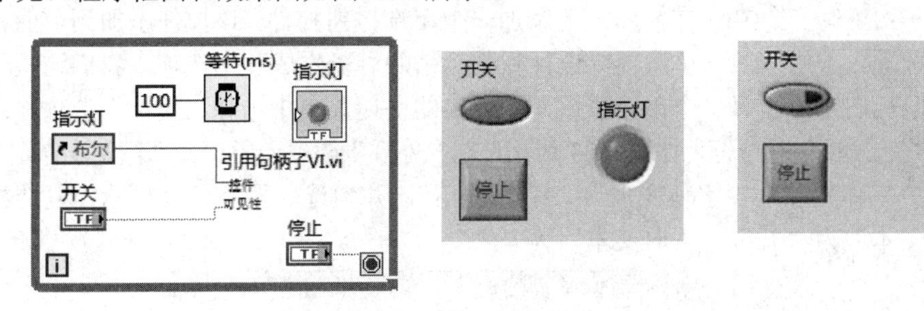

图 9.23　引用句柄控制指示灯可见性

9.4　属性节点应用实例

9.4.1　进度条

进度条是用来表示程序执行进度的控件，它有垂直进度条和水平进度条两种样式，两种功能完全一样。它位于控件面板的【新式】→【数值】子面板中。

下面我们进行用属性节点来控制进度条最大刻度值的实例学习，程序设计步骤如下。

步骤一：新建一个 VI，在前面板添加“水平进度条”和“水平刻度条”两个控件，分别命名为“进度”和“倒计时进度”；添加一个数值输入控件，修改标签为“总刻度”，作为进度条最大刻度值的输入控件。

步骤二：切换到程序框图，添加一个 For 循环结构，设置时间间隔为 500 ms；在 For 循环上添加移位寄存器，分别对“进度”和“倒计时进度”赋值。

步骤三：鼠标右键点击“进度”和“倒计时进度”图标，在弹出的快捷菜单中选择【创建】→【属性节点】→【标尺】→【范围】→【最大值】属性节点，添加到程序框图中，转换为全部写入状态，连接输入端子与“总刻度”图标的输出端子。

步骤四：运行程序，当我们改变总刻度的输入值时，会发现两个进度条的总刻度随之变化。程序框图和运行效果如图 9.24 所示。

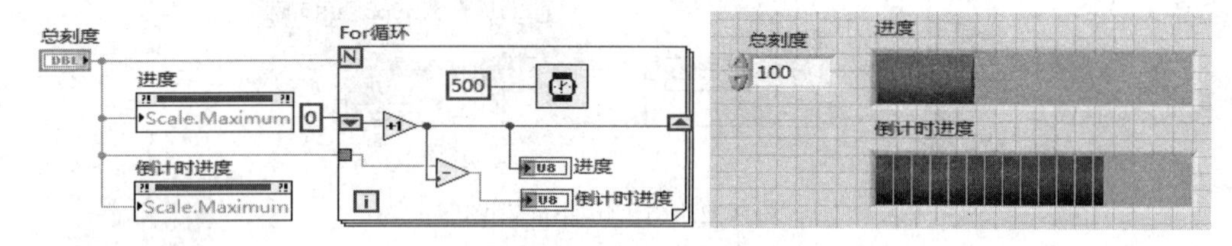

图 9.24　进度条实例

9.4.2　单选按钮

单选按钮是一种选择控件，主要是对一些项目的选择。它的功能比较强大，可以添加多个选项。单选按钮位于前面板控件面板的“新式”下的“布尔”子面板中。

下面我们通过字体不同大小和颜色属性节点来学习单选按钮的使用。程序设计步骤如下。

步骤一：新建一个 VI，在前面板上添加一个单选按钮控件，该控件添加到前面板时默认为两个选项，选中其中一个选项，进行复制、粘贴可以生成多个选项，我们这里生成四个选项，鼠标右键点击每一个单选按钮，在弹出的快捷菜单中选择“属性”选项，即可进入“布尔类的属性”对话框，如图 9.25 所示，在“外观”选项卡中更改“标签”分别为“字体变蓝”、“字体变黑”、“字体变大”、“字体变小”，并勾选“多字符串显示”复选框，设置“开时文本”为“开”，“关时文本”为“关”。

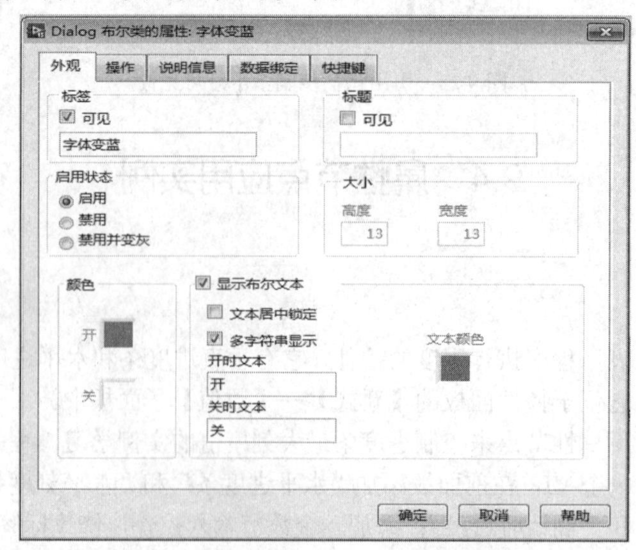

图 9.25　“布尔类的属性”对话框

步骤二：在前面板选择两个控件面板的“数值”下的“带边框颜色盒”控件，分别修改标签为“字体大小变化时颜色”和“字体背景色”；添加一个“字符串显示”控件，修改标签为“显示框”。

步骤三：创建显示框的属性节点。切换到程序框图，鼠标右键点击显示框图标，在快捷菜单中选择【创建】→【属性节点】→【文本】→【字体】→【字号】属性节点，将属性节点转换为全部写入状态，下拉属性节点到三个接线端，鼠标右键点击第二个属性节点，选择【选择属性】→【文本】→【字体】→【颜色】属性节点，第三个节点选择【选择属性】→【文本】→【文本颜色】→【背景色】属性节点。

步骤四：创建单选按钮条件结构。在程序框图中添加一个条件结构，将“单选按钮”图标的输出端连接其分支选择器，添加到四个分支，分别命名为“字体变蓝”、“字体变黑”、“字体变大”和“字体变小”，在每一个分支里面添加一个数值常量，作为字体大小设置值；在“字体变蓝”和“字体变黑”两个分支中，继续添加一个数值常量，作为字体颜色设置值，并设置显示格式为“十六进制”，鼠标右键点击该数值常量，在快捷菜单中选中【显示项】→【基数】选项。其分支结构的编程图如图 9.26 所示。

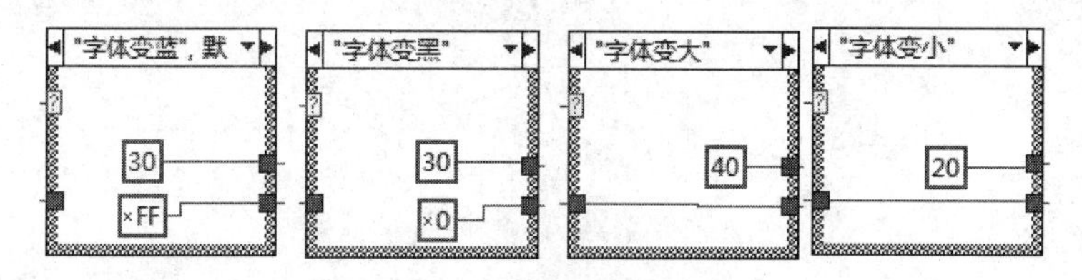

图 9.26　单选按钮分支结构

步骤五：选择【函数】→【编程】→【结构】→【While 循环】结构，将程序框图的所有对象放置到循环体内，设置每次循环的间隔时间为 100 ms。

步骤六：运行程序，查看前面板，选择单选按钮组的不同选项，设置两个颜色盒的不同颜色，在显示框控件中就会显示不同的效果，程序框图和效果如图 9.27 所示。

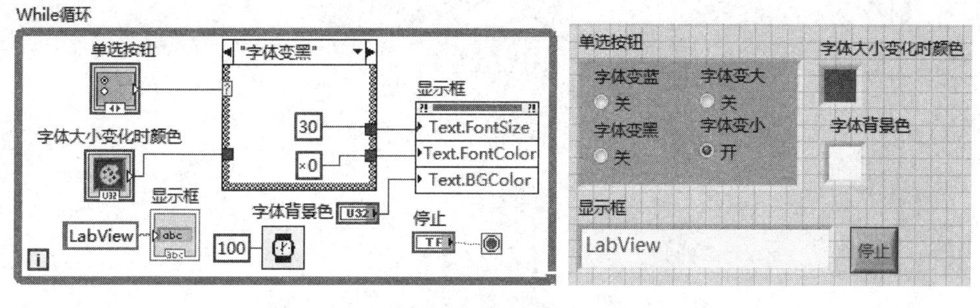

图 9.27　“单选按钮”设置字体大小颜色

思考与练习

1. 写一个子 VI 计算输入双精度数组所有元素的平均值，并在上层 VI 调用它。

2. 编写子 VI，该 VI 的功能用于返回两个输入数据中的较大值，并要求在上层 VI 调用它。

3. 在第 4 章习题 4 的基础上利用“报警信息”控件的 Blinking 属性，实现在输出报警信息的同时伴随闪烁，如图 9.28 所示。为了能看到闪烁效果，需要将采样间隔设到 5 s 以上。

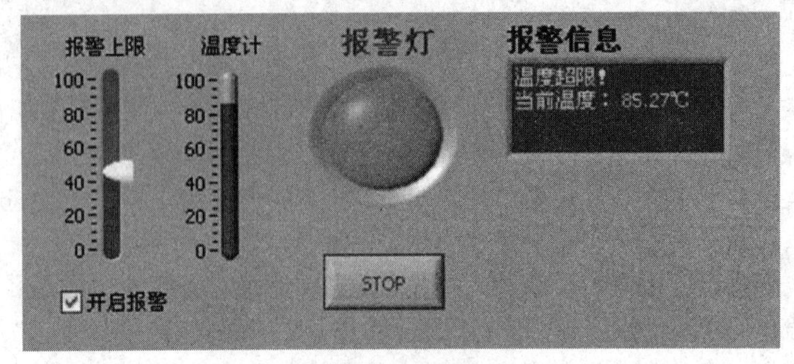

图 9.28　思考与练习

4. 设计一个程序，要求前面板有一个旋钮控件以及两个按钮控件，当点击一个按钮时，旋钮控件能够隐藏；当点击另一个按钮的时候，旋钮控件又可以显示出来。

第10章 文 件 操 作

在 LabVIEW 程序设计中，常常需要调用外部文件数据，同时也需要将程序产生的结果数据保存到外部文件中，这些都离不开文件输入/输出操作。LabVIEW 文件操作包括文件输入和文件输出两个方面，是 LabVIEW 和外部数据交换的重要方式。

10.1 文件操作基本术语

文件操作是程序设计中的一个重要概念，简称文件 I/O。在文件的输入和输出中会用到一些相关概念和术语，如文本文件、引用句柄、流盘等。一般来说，文件是存储在磁盘上的数据的集合，文件 I/O 就是要在磁盘中保存和读取数据信息的过程，以文件形式存储起来的数据具有永久性。数据文件不仅可以与 LabVIEW 语言编写的 VI 交换数据，而且可以与其他语言编写的程序交换数据，达到数据共享的目的。

10.1.1 文件的基本概念

文件路径分为绝对路径和相对路径。绝对路径指文件在磁盘中的位置，LabVIEW 可以通过绝对路径访问在磁盘中的文件；相对路径指相对于一个参照位置的路径，相对路径必须最终形成绝对路径才能访问磁盘中的文件。在 LabVIEW 中，路径可以是有效的路径名、空值或非路径。非路径是 LabVIEW 提供的一种特殊路径，是在路径操作失败时的返回值。

文件引用句柄是 LabVIEW 对文件进行区分的一种标识符，用于对文件进行操作。打开一个文件时，LabVIEW 会生成一个指向该文件的引用句柄，对打开的文件进行的所有操作均使用引用句柄来识别每个对象。引用句柄控件用于将一个引用句柄传进或传出 VI。LabVIEW 通过文件路径访问到文件后，为该文件设置一个文件引用句柄，以后通过此句柄即可对文件进行操作。文件引用句柄包含文件的位置、大小、读/写权限等信息。

文件 I/O 格式取决于所读/写的文件格式，LabVIEW 可读/写的文件格式有文本文件、二进制文件和数据记录文件三种。使用何种格式的文件取决于采集和创建的数据及访问这些数据的应用程序。

文件 I/O 流程控制保证文件操作顺序依次进行。在文件 I/O 操作过程中，一般有一对保持不变的输入、输出参数，用来控制程序流程，文件标识号就是其中之一，除了区分文件外，还可以进行流程控制。将输入、输出端口依次连接起来，可保证操作按顺序依次执行，实现对程序流程的控制。

文件 I/O 出错管理反映文件操作过程中出现的错误。LabVIEW 对文件进行 I/O 操作时，一般提供一个错误输入端和一个错误输出端用来保留和传递错误信息。错误数据类型为一个簇，包含一个布尔量(判断是否出错)、一个整型量(错误代码)和一个字符串(错误和警告信息)。在程序中，将所有错误输入端和错误输出端依次连接起来，任何一点的出错信息就可以保留下来，并依次传递下去。在程序末端连接错误处理程序，可实现对程序中所有错误信息的管理。

流盘是一项在进行多次写操作时保持文件打开的技术。流盘操作可以减少函数因打开和关闭文件与操作系统交互的次数，从而节省内存资源。流盘操作避免了对同一文件进行频繁的打开和关闭，可提高 VI 效率。

10.1.2　文件的基本类型

在 LabVIEW 文件操作过程中，涉及的文件类型也不少，主要有文本文件、二进制文件、数据记录文件、电子表格文件、波形文件、测量文件、配置文件和 XML 文件。下面对每一个文件进行简单介绍。

(1) 文本文件是最便于使用和共享的文件格式，几乎适用于任何计算机和任何高级语言。许多基于文本的程序都可以读取基于文本的文件，多数仪器控制应用程序使用文本字符串。如果磁盘空间、文件 I/O 操作速度和数字精度不是主要考虑因素，或无需进行随机读/写，可以使用文本文件存储数据，以方便其他用户和应用程序读取文件。若要通过其他应用程序访问数据，如文字处理或电子表格应用程序，可将数据存储在文本文件中。如数据存储在文本文件中，使用字符串函数可将所有的数据转换为文本字符串。

文本文件格式有三方面的缺点：一是用这种格式保存和读取文件的时候需要进行文件格式转换，例如，读取文本文件时，要将文本文件的 ASCII 码转换为计算机可以识别的二进制代码格式，存储文件的时候也需要将二进制代码转换为 ASCII 码的格式；二是用这种格式存储的文件占用的磁盘空间比较大，存取的速度相对比较慢；三是对于文本类型的数据，不能随机地访问其中的数据，当需要找到文件中某个位置的数据的时候就需要把这个位置之前的所有数据全部读出来，效率比较低。

(2) 二进制文件格式是在计算机上存取速度最快、格式最为紧凑、冗余数据也比较少的一种文件格式。用这种格式存储文件，占用的空间要比文本文件小得多，并且用二进制格式存取数据不需要进行格式转换，因而速度快、效率高。但是这种格式存储的数据文件无法被一般的文字处理软件读取，也无法被不具备详细文件格式信息的程序读取，因而其通用性较差。

(3) 数据记录文件确切地说也是一种二进制文件，只是在 LabVIEW 等 G 语言中这种类型的文件扮演着十分重要的角色，因而在这里为其建立了一个独立的文件类型。数据记录文件只能被G语言如 LabVIEW 读取，它以记录的格式存储数据，一个记录中可以存放几种不同类型的数据，或者可以说一个记录就是一个“簇”。

(4) 电子表格文件是一种特殊的文本文件，它将文本信息格式化，并在格式中添加了空格、换行等特殊标记，以便于被 Excel 等电子表格软件读取。例如用制表符来做段落标记以便让一些电子表格处理软件直接读取并处理数据文件中存储的数据。

(5) 波形文件是一种特殊的数据记录文件，专门用于记录波形数据。每个波形数据包含采样开始时间、采样间隔、采样数据三部分。LabVIEW 提供了三个波形文件 I/O 函数。

(6) 测量文件是一种只有 LabVIEW 才能读取的文件格式，因而适合于只用 LabVIEW 访问的文件，这种文件使用简单、方便。

(7) 配置文件是标准的 Windows 配置文件，用于读/写一些硬件或软件的配置信息，并以 INI 配置文件的形式进行存储。一般来说，一个 INI 文件是个键值对的列表，它将不同的部分分为段，用中括号将段名括起来表示一个段的开始，同一个 INI 文件中的段名必须唯一。每一个段内部用键来表示数据项，同一个段内键名必须唯一，但不同段之间的键名无关。键值所允许的数据类型为：字符串型、路径型、布尔型、双精度浮点型和整型。

(8) XML 文件是可扩展标记语言，实际上也是一种文本文件，但是它的输入可以是任何数据类型。它通过 XML 语法标记的方式将数据格式化，因此在写入 XML 文件之前需要将数据转换为 XML 文本，读出也一样，需要将读出的字符串按照给定的参考格式转换为 LabVIEW 数据格式。XML 纯文本文件可以用来存储数据、交换数据和共享数据，大量的数据可以存储到 XML 文件中或者数据库中。LabVIEW 中的任何数据类型都可以以 XML 文件方式读/写。XML 文件最大的优点是实现了数据存储和显示的分离，用户可以把数据以一种形式存储，用不同的方式打开，而不需要改变存储格式。

10.1.3　文件操作基本函数

针对多种文件类型的 I/O 操作，LabVIEW 提供了功能强大且使用便捷的文件 I/O 函数，这些函数大都位于函数选板的“编程”下的“文件 I/O”子选板内，如图 10.1 所示。下面对文件 I/O 函数选板中常用的几个 I/O 函数进行简单介绍。

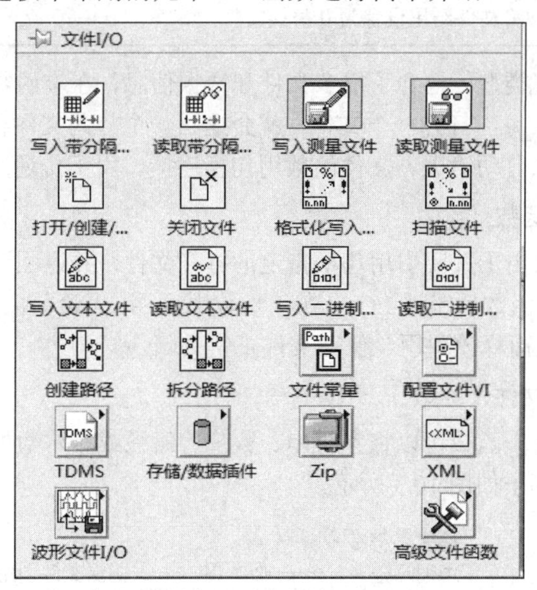

图 10.1　文件 I/O 子选板

1. “打开/创建/替换文件”函数

“打开/创建/替换文件”函数的功能是打开或替换一个已经存在的文件或创建一个新文件，它的函数接线端子如图 10.2 所示。

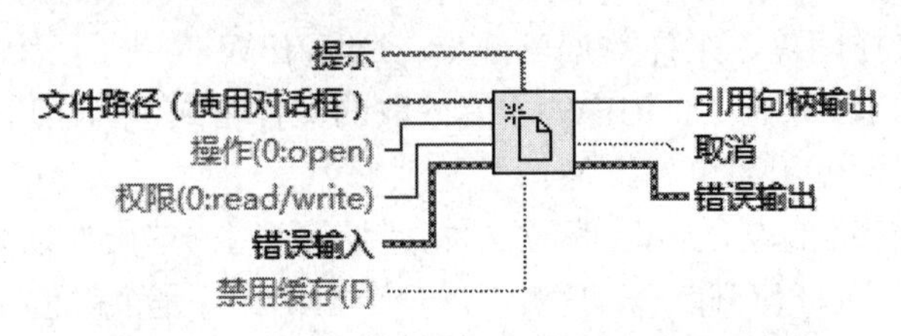

图 10.2　“打开/创建/替换文件”函数图解

“提示”端子输入的是显示在文件对话框的文件、目录列表或文件夹上方的信息；“文件路径(使用对话框)”端子输入的是文件的绝对路径，如没有连线文件路径，函数将显示用于选择文件的对话框；“操作”端子是定义打开/创建/替换文件函数要进行的文件操作，可以输入 0～5 的整数量，其每个整数所代表的意义见表 10.1。“权限”端子可以定义文件操作权限，文件操作权限有三种：0 表示可读/可写，为默认状态；1 表示只读状态；2 表示只写状态。

表 10.1　打开/创建/替换文件函数操作端子表

0	open(默认)：打开已经存在的文件
1	Replace：通过打开文件并将文件结尾设置为 0 替换已存在文件
2	Create：创建新文件
3	open or create：打开已有文件，如文件不存在则创建新文件
4	replace or create：创建新文件，如文件已存在则替换该文件，VI 通过打开文件并将文件结尾设置为 0 替换文件
5	replace or create with confirmation：创建新文件，如文件已存在且拥有权限则替换该文件，VI 通过打开文件并将文件结尾设置为 0 替换文件

句柄也是一个数据类型，包含了很多文件和数据信息，在本函数中包括文件位置、大小、读/写权限等信息，每当打开一个文件，就会返回一个与此文件相关的句柄，在文件关闭后，句柄和文件联系自动消失。文件函数用句柄连接，用于传递文件和数据操作信息。

2. “关闭文件”函数

“关闭文件”函数用于关闭引用句柄指定的打开文件，并返回至与引用句柄相关文件的路径。使用关闭文件函数后错误 I/O 只在该函数中运行，无论前面的操作是否产生错误，错误 I/O 都将关闭，从而释放引用，保证文件正常关闭。

3. “格式化写入文件”函数

“格式化写入文件”函数可以将字符串、数值、路径或布尔数据格式化为文本类型并写入文件，函数接线端子如图 10.3 所示。

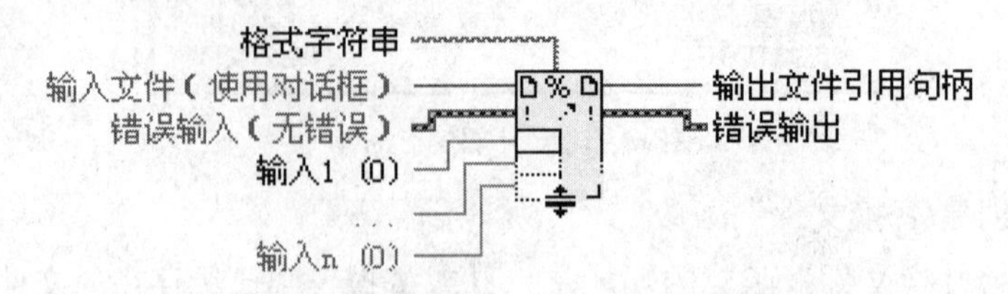

图 10.3　“格式化写入文件”函数图解

“格式字符串”端子指定如何转换输入参数，默认状态可匹配输入参数的数据类型；“输入文件(使用对话框)”端子可以是引用句柄或绝对文件路径， 如为引用句柄，节点可打开引用句柄指定的文件，如指定的文件不存在，函数可创建该文件，默认状态可显示文件对话框并提示用户选择文件；拖动函数下边框可以为函数添加多个输入；“输入”端子指定要转换的输入参数，输入可以是字符串路径、枚举型、时间标识或任意数值类型；“输出文件引用句柄”端子是 VI 读取的文件的引用句柄，依据对文件的不同操作，可连线该输入端至其他文件函数。“格式化写入文件”函数还可以用于判断数据在文件中显示的先后顺序。

4. “扫描文件”函数

“扫描文件”函数与“格式化写入文件”函数功能相对应，可以扫描位于文本中的字符串、数值、路径及布尔数据，将这些文本数据类型转换为指定的数据类型。输出端子的默认数据类型为双精度浮点型。

要为输出端子创建输出数据类型有四种方式可供选择：

(1) 通过为默认 1～n 输入端子创建指定输入类型和输出数据类型。

(2) 通过格式字符串定义输出类型，但布尔类型和路径类型的输出类型无法用格式字符串定义。

(3) 先创建所需类型的输出控件，然后连接输出端子，自动为扫描文件函数创建相应的输出类型。

(4) 鼠标双击“扫描文件”函数，将打开一个“编辑扫描字符串”窗口，可以在该窗口进行添加、删除端子和定义端子类型操作。

10.2 文 本 文 件

文本文件读写函数在函数面板中的位置为“编程”下的“文件 I/O”子面板中，主要有“写入文本文件”函数和“读取文本文件”函数。

“写入文本文件”函数根据文件路径端子打开已有文件或创建一个新文件，其接线端子如图 10.4 所示。“文件”端子输入的可以是引用句柄或绝对文件路径，不可以输入空路径或相对路径。“文本”端子输入的为字符串或字符串数组类型的数据，如果数据为其他类型，则必须先使用“格式化写入字符串”函数(位于函数面板字符串子选板内)把其他类型数据转换为字符串类型的数据。

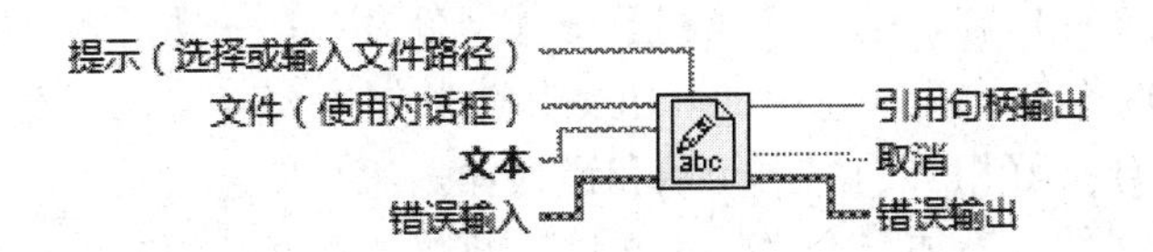

图 10.4 “写入文本文件”函数接线端子

“读取文本文件”函数将读取整个文件，其接线端子如图 10.5 所示。“计数”端子可以指定函数读取的字符数或行数的最大值，如“计数”端子输入数小于 0，将读取整个文件。

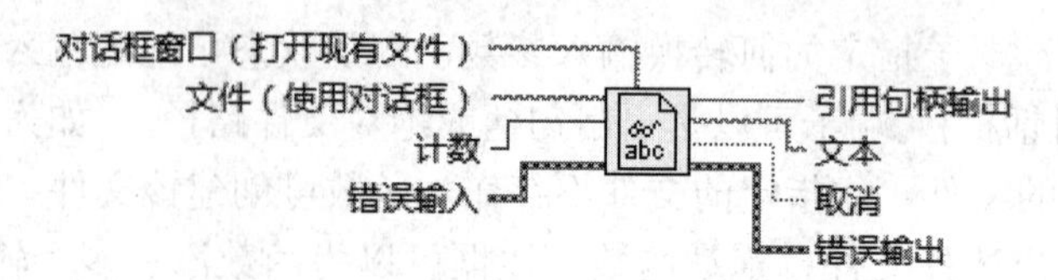

图 10.5　“读取文本文件”函数接线端子

VI 多次运行时通常会把上一次运行时的数据覆盖，有时为了防止数据丢失，需要把每次运行 VI 时产生的数据资料添加到原始数据资料上去，这就需要使用“设置文件位置”函数。设置文件位置函数位于【文件 I/O】→【高级文件函数】子面板中，用于指定数据写入的位置，其接线端子如图 10.6 所示。

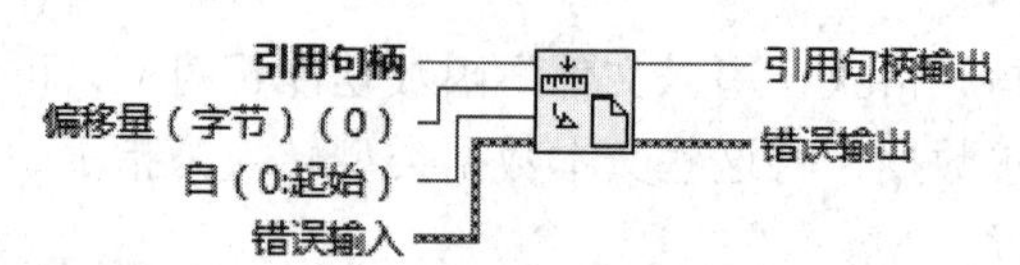

图 10.6　“设置文件位置”函数接线端子

“自”端子指定文件标记，即数据开始存放的位置，为“自”端子创建常量时，显示的是一个枚举型常量；选择 start 项表示在文件起始处设置文件标记；选择 end 项表示在文件末尾处设置文件标记；选择 current 项表示在当前文件标记处设置文件标记，为默认状态。偏移量用于指定文件标记的位置与自指定位置的距离。

下面我们通过实现向一个文本文件中写入和读取随机数的例子，来学习文本文件函数的基本应用。

步骤一：新建一个 VI，在程序框图中添加一个循环生成 100 个随机数的 For 循环，选择【编程】→【字符串】→【格式化写入字符串】函数，对生成的随机数进行格式化，转换为字符串数据类型，作为我们写入文件的数据内容。

步骤二：创建文件，选择【编程】→【文件 I/O】→【打开/创建/替换文件】函数，用鼠标右键点击“文件路径”端子为其创建一个文件路径，并添加一个绝对路径和文件名称，如果不连接任何路径，则程序会弹出“选择或输入需打开或创建的文件路径”对话框，让用户选择文件存储路径和存储文件名称，本例输入的是“D:\xsc\file.txt”。鼠标右键点击其“操作”端子，创建一个常量，并选择“open or create”。

步骤三：设置文件写入位置，选择【编程】→【文件 I/O】→【高级文件函数】→【设置文件位置】函数，鼠标右键点击其“自”操作端子，创建一个常量，并选择 end。连接好相关的引用句柄和错误输入流。注意，“设置文件位置”函数必须位于“写入文本文件”函数之前，因为需要在写入前设置好写入位置。

步骤四：写入文件内容，选择【编程】→【文件 I/O】→【写入文本文件】函数，把 For 循环生成的 100 个转换为字符串的随机数作为数据内容，输入“写入文本文件”函数的“文本”端子，连接好相关的引用句柄和错误输入流。

步骤五：关闭文件，添加一个“关闭文件”函数，对打开的文件进行关闭，节省系统资源。

步骤六：读取文件，选择【编程】→【文件 I/O】→【读取文本文件】函数，把读取出来的所有内容分别用文本的形式和波形图表的形式显示出来。文件的写入和读取程序框图如图 10.7 所示。

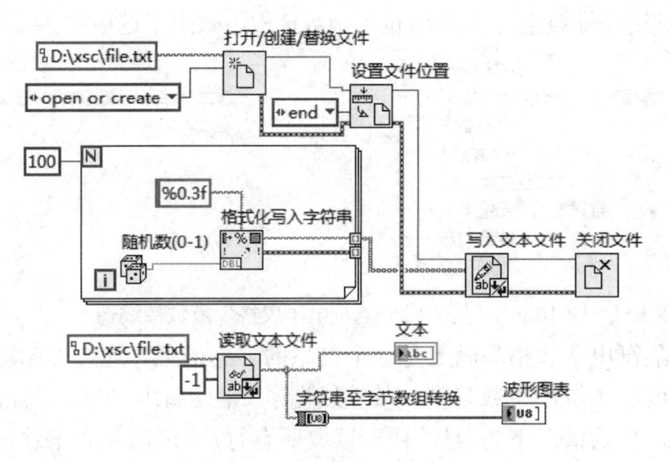

图 10.7　文本文件写入和读取随机数框图

步骤七：运行程序，前面板运行效果如图 10.8 所示，在 D 盘 xsc 文件夹下看见一个命名为 file 的文本文件，里面保存了生成随机数的数据。

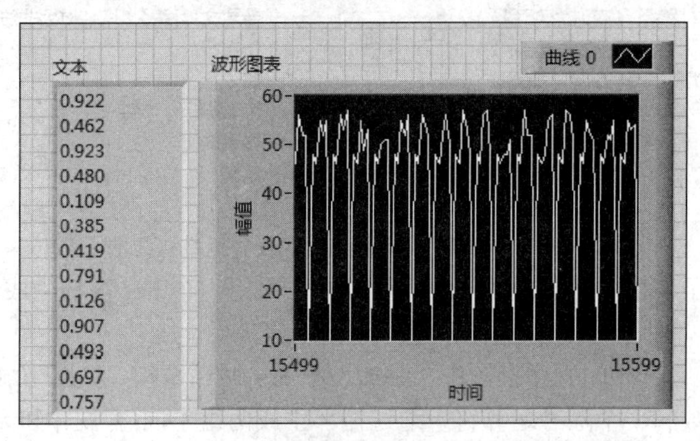

图 10.8　文本文件写入和读取随机数效果图

10.3　电子表格文件

电子表格文件用于存储数组数据，可用 Excel 等电子表格软件查看数据，实际上它也是文本文件，只是数据之间自动添加了 Tab 符或换行符。

电子表格文件读写函数位于“编程”下的“文件 I/O”子面板中，包括写入带分隔符电子表格和读取带分隔符电子表格两个函数。

“写入带分隔符电子表格”函数是将数组转换为文本字符串形式保存，其接线端子如图 10.9 所示，其中“格式”输入端子指定数据转换格式和精度；“二维数据”输入端和“一维数据”输入端能输入字符串、带符号整型或双精度类型的二维或一维数组；“添加至文件？”端子连接布尔型控件，默认为 False，表示每次运行程序产生的新数据都会覆盖原数据，设置为 True 时表示每次运行程序新创建的数据将添加到原表格中，而不删除原表格数据；

默认情况下，一维数据为行数据，当在“转置？”端子添加 True 布尔控件时，一维数据转为列数组，也可以使用二维数组转置函数(位于函数选板下数组子选板内)将数据进行转置。

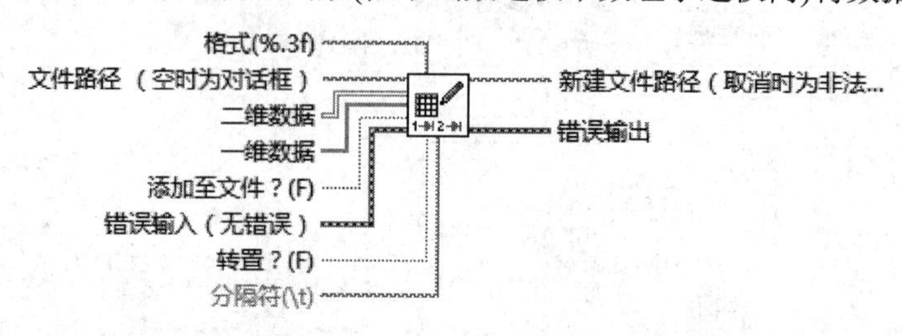

图 10.9　“写入带分隔符电子表格”函数接线端子

“读取带分隔符电子表格”函数是一个典型的多态函数，通过多态选择按钮可以选择输出格式为双精度、字符串型或整型，其接线端子如图 10.10 所示。“行数”端子是 VI 读取行数的最大值，默认情况下为 –1，代表读取所有行；“读取起始偏移量”指定从文件中读取数据的位置，以字符(或字节)为单位；第一行是所有行数组中的第一行，输出为一维数组；读后标记指向文件中最后读取的字符之后的字符。

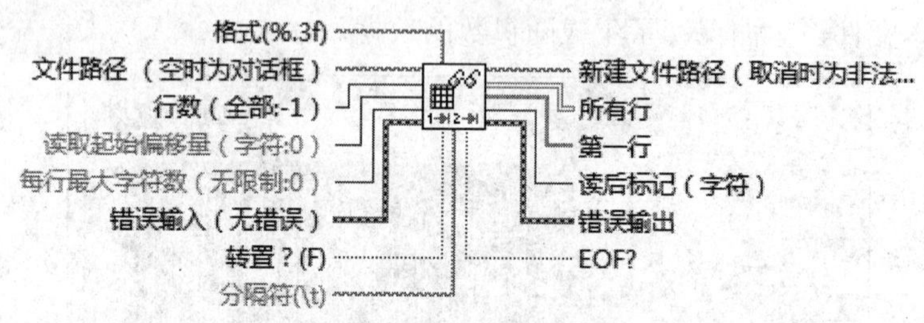

图 10.10　“读取带分隔符电子表格”函数接线端子

为了熟悉电子表格文件函数的应用，我们接下来用一个 For 循环生成两个一维数组数据保存到文件中，然后读取到前面板，步骤如下。

步骤一：在创建 VI 的程序框图中，添加一个 For 循环结构，如图 10.11 所示，添加一个随机数生成函数和一个除号运算符，通过循环生成两组不同(有规律和无规律)的数据。

步骤二：添加两个“写入带分隔符电子表格”函数，创建一个共同的文件路径，如果没有在“文件路径数据”端口指定文件路径，程序会弹出“选择待写入文件”对话框，让用户选择文件存储路径和存储文件名称。

步骤三：在“添加至文件？”端子处新建一个常量，将输入的数组做转置运算。写入带分隔符电子表格文件程序编写完成，程序框图如图 10.11 所示。

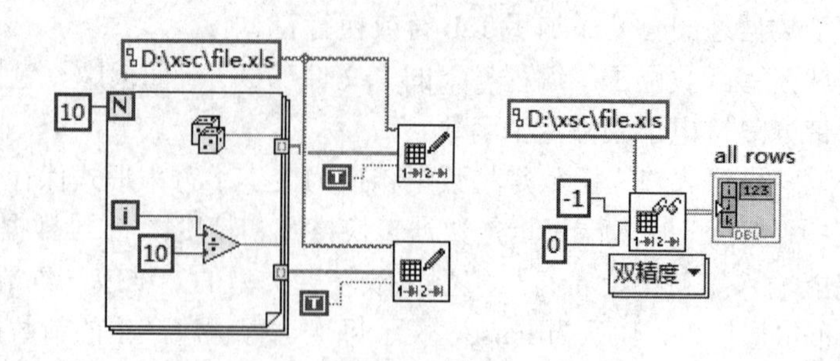

图 10.11　电子表格文件读写程序框图

步骤四：在程序框图中添加一个“读取带分隔符电子表格文件”函数，设置需要读取的文件路径，同样如果没有指定文件路径，则会弹出“选择需读取文件”对话框，让用户选择读取文件路径和名称。

步骤五：设置“行数”端子为 –1，表示全部读取，其余代码如图 10.11 所示。

步骤六：运行程序，前面板运行效果如图 10.12 所示。同样在文件保存路径下也可以看到文件的存在和文件里面的内容。

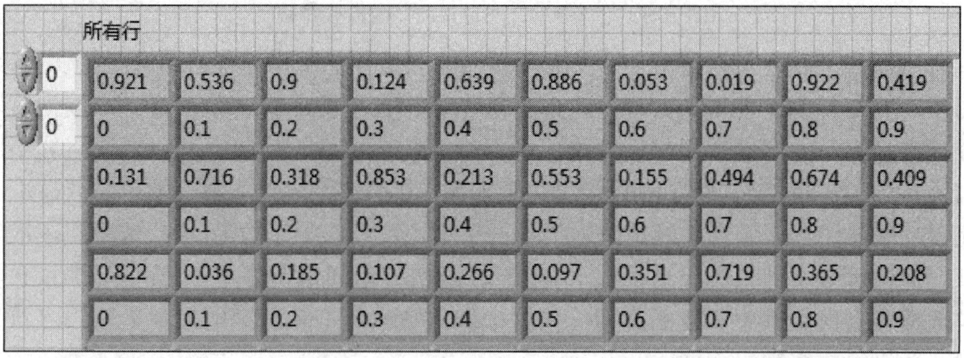

所有行

0
0

0.921	0.536	0.9	0.124	0.639	0.886	0.053	0.019	0.922	0.419
0	0.1	0.2	0.3	0.4	0.5	0.6	0.7	0.8	0.9
0.131	0.716	0.318	0.853	0.213	0.553	0.155	0.494	0.674	0.409
0	0.1	0.2	0.3	0.4	0.5	0.6	0.7	0.8	0.9
0.822	0.036	0.185	0.107	0.266	0.097	0.351	0.719	0.365	0.208
0	0.1	0.2	0.3	0.4	0.5	0.6	0.7	0.8	0.9

图 10.12 电子表格文件读写效果图

10.4 二进制文件

在众多的文件类型中，二进制文件是存取速度最快、格式最紧凑、冗余数据最少的文件存储格式，在高速数据采集时常用二进制格式存储文件夹，以防止文件生成速度大于存储速度的情况发生。

二进制文件的数据输入可以是任何数据类型，譬如数组和簇等复杂数据，但是在读出时必须给定参考，参考必须和写入时的数据格式完全一致，否则它不知道将读出来的数据翻译为写入时的格式。二进制文件读写函数在函数面板中的位置为“编程”下的“文件 I/O”子面板中，包括写入二进制文件和读取二进制文件两个函数，也可以通过设置文件位置函数设定新写入数据的位置，如写入多个数据，则读出时返回的是写入数据的数组，因此必须保证写入的多个数据格式完全一致。

“写入二进制文件”函数的接线端子如图 10.13 所示，“文件(使用对话框)”端子可以是引用句柄或绝对文件路径，如连接该路径至文件输入端，函数先打开或创建文件，然后将内容写入文件并替换任何先前文件的内容；如连线文件引用句柄至文件输入端，写入操作从当前文件位置开始；如需在现有文件后添加内容，可使用设置文件位置函数，将文件位置设置在文件结尾，默认状态将显示文件对话框并提示用户选择文件。写入的文件结构与数据类型无关，因而其“数据”输入端子输入的可以是任意数据类型；“预置数组或字符串大小？”端子输入的是布尔类型的数据，默认为 True，表示在“引用句柄输出”端子添加数据大小的信息。“字节顺序”端子设置结果数据的 Endian 形式，表明在内存中整数是否按照从最高有效字节到最低有效字节的形式表示，或者相反。函数必须按照数据写入的字节顺序读取数据，默认情况下最高有效字节占据最低的内存地址。

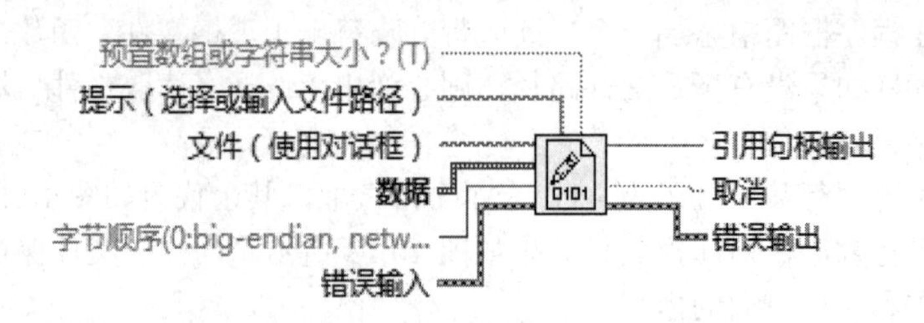

图 10.13　“写入二进制文件”函数接线端子

文件以二进制方式存储后，用户必须知道输入数据的类型才能准确还原数据，因此，使用“读取二进制文件”函数打开之前必须在数据类型端口指定数据格式，以便将输出的数据转换为与原存储数据相同的格式，否则可能会出现输出数据与原数据格式不匹配或出错。“读取二进制文件”函数接线端子如图 10.14 所示，“总数”端子是要读取的数据元素的数量，数据元素可以是数据类型的字节或实例，如总数为 –1，函数将读取整个文件，但当读取文件太大或总数小于 –1 时，函数将返回错误信息。“数据”端子包含从指定数据类型的文件中读取的数据，依据读取的数据类型和总数的设置，可由字符串、数组、数组簇或簇数组构成。

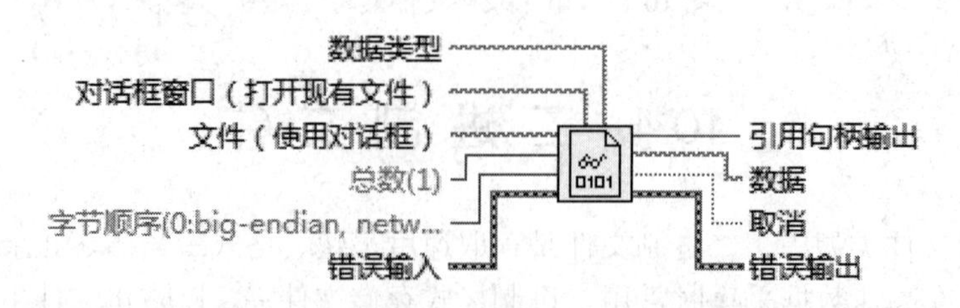

图 10.14　“读取二进制文件”函数接线端子

下面将实现一个混合单频和噪声的波形存储为二进制文件实例，熟悉二进制文件函数的使用。“写入二进制文件”函数的输入数据端口主要有四个，分别为文件路径、二维数据、一维数据和添加至文件。四个数据端口的作用分别是指明存储文件的路径、存储的二维数组数据、存储的一维数组数据以及指明是否添加到文件。

步骤一：创建一个 VI，在程序框图中添加一个 For 循环，生成由正弦单频、噪声和直流偏移组成的波形。在循环体内添加“混合单频与噪声波形”函数(位于【编程】→【波形】→【模拟波形】→【波形生成】子面板中)，其中“混合单频”端子输入为一个簇构成的数组，簇中包含频率、幅值和相位三个数值型数据；采样信息为一个含有采样率和采样数两个数值型数据的簇；噪声和偏移量为数值型数据。

步骤二：创建文件，添加“打开/创建/替换文件”函数，其中“文件路径”端子采用文件对话框形式，“操作”端子选择“open or create”操作。

步骤三：写入二进制文本文件内容，添加“写入二进制文件”函数，其中 For 循环生成的数据通过“数据”端子写入文件中。

步骤四：关闭文件和通过波形图表显示混合单频与噪声波形等操作连线如图 10.15 所示，其中隐藏错误输出控件。

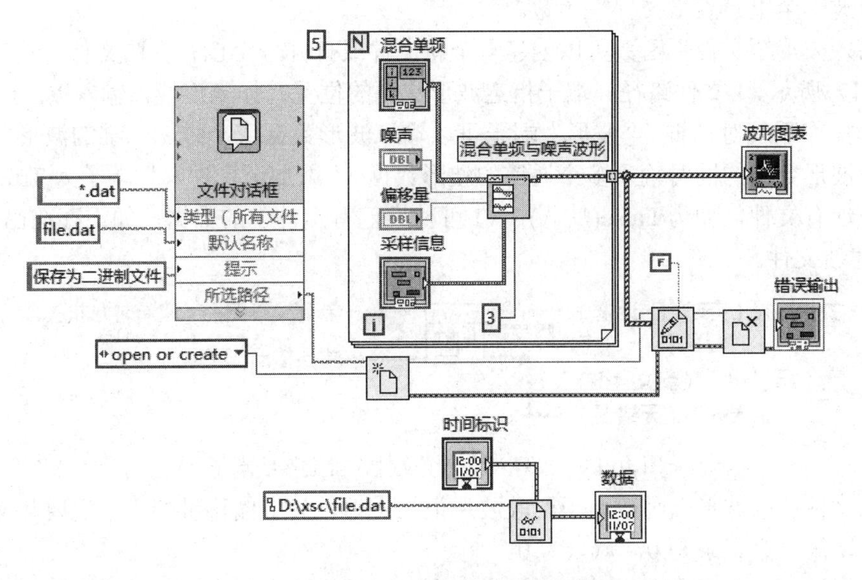

图 10.15　读写二进制文件程序框图

步骤五：读取二进制文件内容，添加“读取二进制文件”函数，“数据类型”端子设置为时间标识格式，文件为前面生成的二进制文件或选择其他文件，添加一个输出数据常量。

步骤六：运行程序，效果如图 10.16 所示。同时也可以查看相关路径下生成的二进制文件。

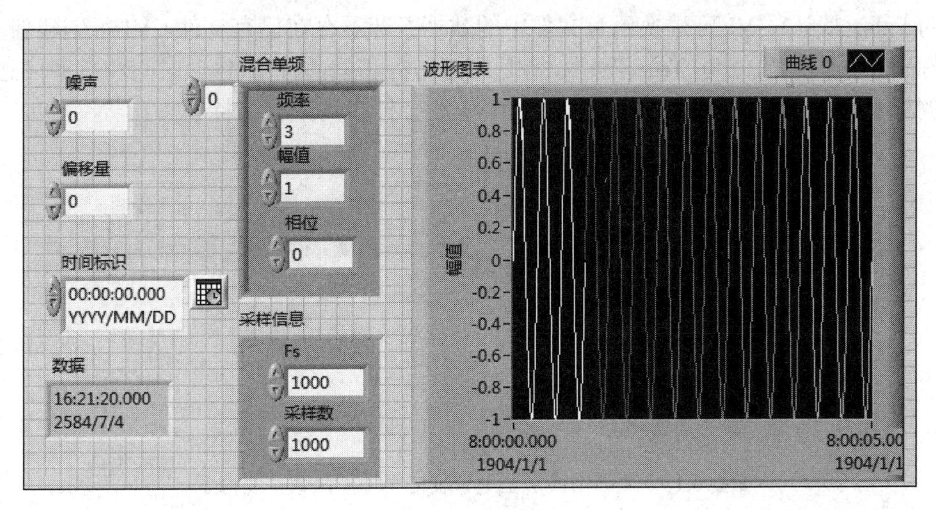

图 10.16　读写二进制文件效果图

10.5　波 形 文 件

波形文件专门用于存储波形数据类型，它将数据以一定的格式存储在二进制文件或者电子表格文件中。波形文件操作函数位于函数面板的【编程】→【波形】→【波形文件 I/O】子面板中，它只有三个函数，分别为“写入波形至文件”函数、“从文件读取波形”函数和“导出波形至电子表格文件”函数。

“写入波形至文件”函数可以创建一个新文件或打开一个已存在的文件，其接线端子如图 10.17 所示。“文件路径”端子指定波形文件的位置，如未连线该输入端，LabVIEW 可显示非操作系统对话框。“波形”端子可以输入波形数据或一维、二维的波形数组，并且在记录波形数据的同时输入多个通道的波形数据。“添加至文件？”端子为 True 时，添加数据至现有文件，如为 False(默认)，VI 可替换已有文件中的数据，如不存在已有文件，VI 可创建新文件。

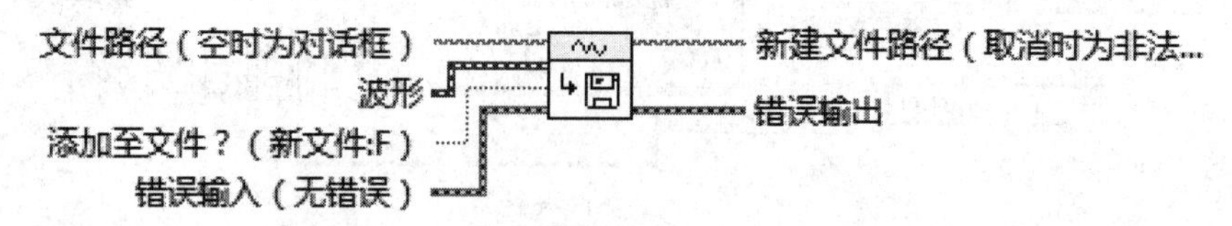

图 10.17　“写入波形至文件”函数接线端子

“从文件读取波形”函数用于读取波形记录文件，其中偏移量端子指定要从文件中读取的记录，第一个记录是 0，默认为 0。

“导出波形至电子表格文件”函数将一个波形转换为字符串形式，然后将字符串写入 Excel 等电子表格中，其接线端子如图 10.18 所示，其中“分隔符”用于指定表格间的分隔符号，默认情况下为制表符。“多个时间列？”端子用于规定各波形文件是否使用一个波形时间，如果要为每个波形都创建时间列，则需要在“多个时间列？”端子输入 True 的布尔值。“添加至文件？”端子为 True 时，添加数据至现有文件。若“添加至文件？”端子的值为 False(默认)，VI 可替换已有文件中的数据；若不存在已有文件，VI 可创建新文件。若“标题？”端子的值为 True(默认)，VI 可打印行和列的标题(包含时间和日期信息以及数据的标签)；若“标题？”的值为 False，VI 不会打印列或行的标题。

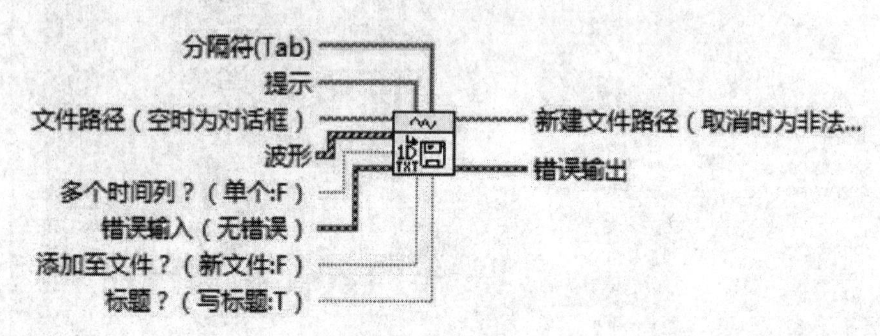

图 10.18　“导出波形至电子表格文件”函数接线端子

下面通过实现创建双通道波形并将波形写入文件的过程，熟悉波形文件函数的应用。

步骤一：创建一个 VI，并在程序框图中添加一个 While 循环。

步骤二：选择【编程】→【波形】→【模拟波形】→【波形生成】子面板中的“正弦波形”函数和“锯齿波形”函数添加在 While 循环中，选择“编程”下的“定时器”子面板中的“获取日期/时间”函数，选择“编程”下的“波形”子面板中的“创建波形”函数为两个模拟波形创建不同的波形生成函数。

步骤三：选择【编程】→【波形】→【波形文件 I/O】→【写入波形至文件】函数，为其创建文件路径，并将“添加至文件？”接线端子设置为 True。添加一个“创建数组”

函数，把 While 循环生成的两个波形数据并为一个二维数组，输入“写入波形至文件”函数的波形端子，如图 10.19 所示，则写入波形文件程序到此完成。

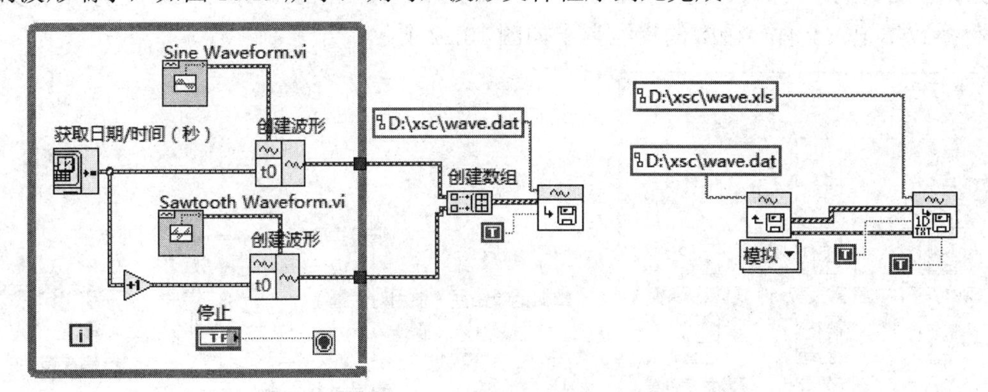

图 10.19　读写波形文件程序框图

步骤四：选择“从文件读取波形”函数，多态 VI 选择器选择“模拟”，文件路径设置为前面生成的二进制波形文件。

步骤五：选择“导出波形至电子表格文件”函数，将函数导入 Excel 文件中，设置多个“时间列”端子和“标题？”端子为常量 True，程序如图 10.19 所示。

步骤六：运行程序，查看导入的 Excel 表格，如图 10.20 所示。注意，在程序运行过程中，不能直接按下“中止执行”按钮来结束程序运行，因为数据流将在 While 循环尚未传输到“写入波形至文件”函数中便中止，应该选择 While 循环的“停止”按钮来结束程序运行。

	A	B	C	D	E
1	waveform	[0]		[1]	
2	t0	34:19.5		34:20.5	
3	delta t	0.001		0.001	
4					
5	time[0]	Y[0]	time[1]	Y[1]	
6	34:19.5	2.30E-09	34:20.5	0.00E+00	
7	34:19.5	6.28E-02	34:20.5	2.00E-02	
8	34:19.5	1.25E-01	34:20.5	4.00E-02	
9	34:19.5	1.87E-01	34:20.5	6.00E-02	

图 10.20　导出波形文件至电子表格效果图

10.6　数据记录文件

数据记录文件也是一种二进制文件，输入的数据格式也可以是任何数据类型，操作方法和二进制文件相同，只是增加了几个功能，通过这些功能可以设定或读取记录条数。

数据记录文件函数位于文件 I/O 子选板中的“高级文件函数”下的“数据记录”子选板中，如图 10.21 所示。这里我们主要介绍“打开/创建/替换数据记录文件”函数和“设置数据记录文件位置”函数，其他函数大家参考帮助文档即可。

数据记录文件和二进制文件函数的使用方法类似，也可以把各种数据类型以二进制的形式存储。与二进制函数的使用不同之处在于数据记录文件中的“打开/创建/替换数据记录文件”函数在使用时必须在“记录类型”端子添加所要记录文件的数据类型。“打开/创建/替换数据记录文件”函数的接线端子如图 10.22 所示。

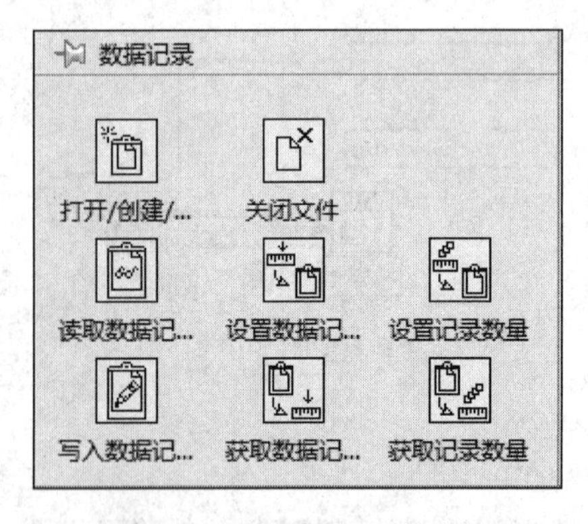

图 10.21 数据记录文件选板

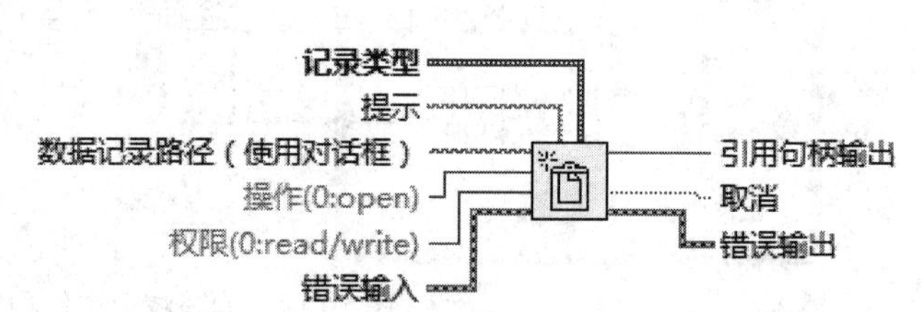

图 10.22 “打开/创建/替换数据记录文件”函数接线端子

“设置数据记录文件位置”函数用于在文件存储时指定数据存储位置，其中“自”端子和“偏移量”端子配合使用指定数据记录文件起始位置。“自”端子为 start 时，在文件起始设置数据记录位置偏移量，此时偏移量必须为正，偏移量指定函数记录的位置与“自”端子指定的位置间的记录数。默认情况下“自”端子为 current，在文件起始位置设置数据记录位置偏移量。

下面通过创建一个仿真波形并写入数据记录文件的例子，来熟悉数据记录文件函数的使用。

步骤一：在新建 VI 的程序框图中添加一个仿真信号输出正弦和均匀噪声函数。仿真信号函数在【编程】→【波形】→【模拟波形】→【波形生成】子选板下，在配置“仿真信号”对话框中，勾选“添加噪声”复选框，选择“均匀白噪声”选项即可。在前面板添加一个“波形图表”控件，“正弦和均匀噪声”端子直接连接波形图表输出。

步骤二：在程序框图中添加一个“文件对话框”函数。该函数位于“文件 I/O”下的“高级文件函数”子选板中，设置“默认名称”端子常量为“数据记录默认文件名.dat”表示在保存文件的对话框中的默认文件名，可以在保存文件时修改；设置“记录类型”(所有文件)端子常量为“.dat”表示在保存文件的对话框中会把当前目录的 .dat 文件显示出来；设置“提示”端子为“保存仿真信号文件对话框”常量，表示在保存文件的对话框的提示中显示内容。

步骤三：添加“打开/创建/替换数据记录文件”函数，指定操作类型为“open or create”，将“仿真信号”直接输入“记录类型”端子。

步骤四：添加“拒绝访问”函数，该函数位于“文件 I/O”下的“高级文件函数”子选板中，“设置限制模式”端子为“deny write-only”。限制模式指定要限制的读取或写入访问权限，它有三种选择，分别是 deny/ read/write 表示禁止对文件进行读取和写入访问，为默认状态；deny write-only 表示允许对文件进行读取访问但禁止对文件进行写入访问；deny none 表示允许对文件进行读取和写入访问。

步骤五：添加“设置数据记录位置”函数，“自”端子选择为 current，表示在当前文件记录处设置数据记录位置偏移量。

步骤六：添加“写入记录文件”函数，把“仿真信号”直接连接“记录”端子。

步骤七：添加“获取记录次数”和“获取数据记录位置”两个函数，读取文件中的相关数据，其连接方式如图 10.23 所示。

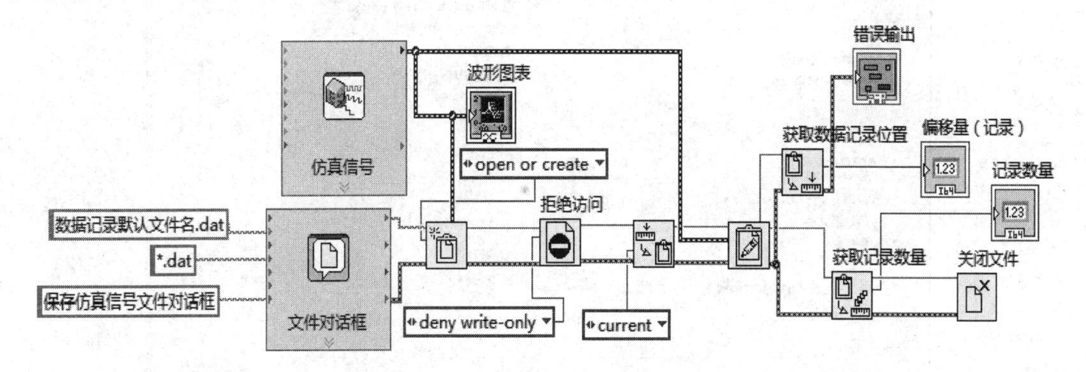

图 10.23　读写数据记录文件程序框图

步骤八：运行程序，连线多运行几次，查看结果如图 10.24 所示。

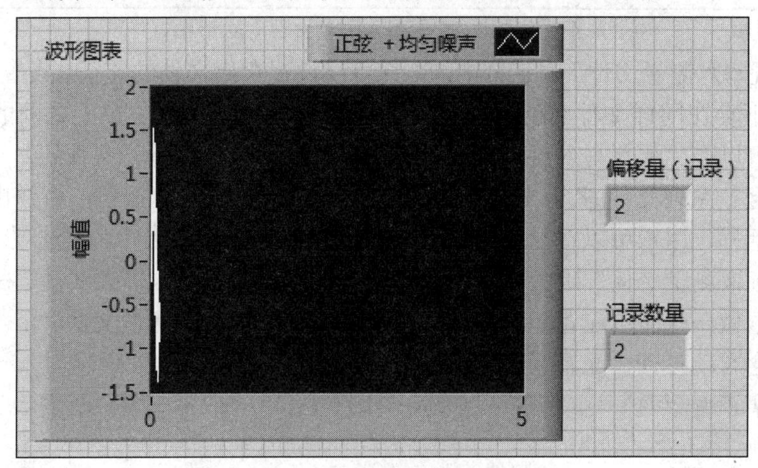

图 10.24　读写数据记录文件效果图

10.7 测 量 文 件

测量文件是一种职业 LabVIEW 才能识别的文件格式，通过“写入测量文件”函数实现文件的输入，通过“读取测量文件”函数实现文件的输出。使用这种文件格式进行文件的输入/输出的优势是使用方便，只需要对这两个函数的属性做一些简单的配置就可以很容易实现文件的输入和输出了。

测量文件函数位于文件 I/O 子选板中，包括“写入测量文件”函数和“读取测量文件”函数两个。测量文件的输入是通过“写入测量文件”函数来实现的，从函数选板中选取“写入测量文件”函数放置在程序框图上，这时，将弹出该 VI 的“配置写入测量文件”对话框，如图 10.25 所示，用户在对话框中根据需要设置存储文件的一些选项。

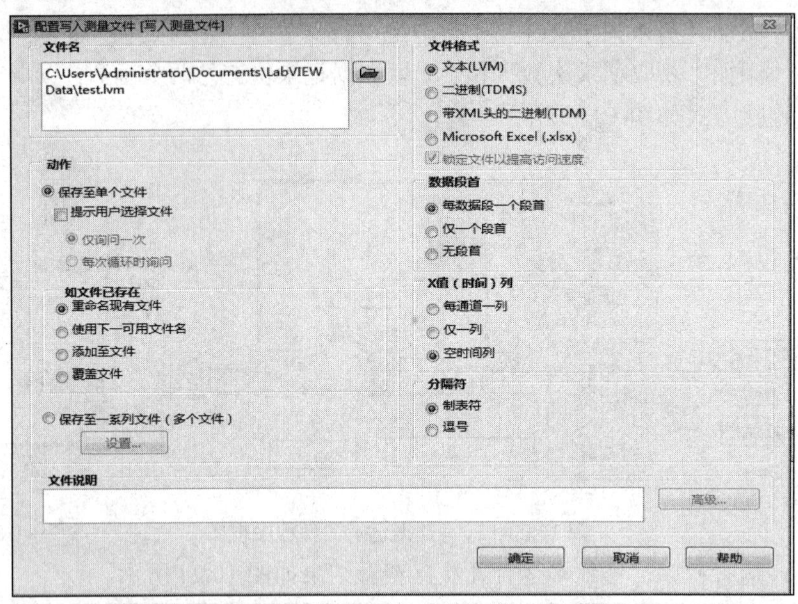

图 10.25　“配置写入测量文件”对话框

在“配置写入测量文件”对话框中，用户可以设置存储文件的路径、设置文件头信息、当存储目录下存在同样文件名的文件后的处理机制和数据文件中数据之间的分隔符等信息；同时还可以在“配置写入测量文件”对话框中设置存储为单一文件还是一系列文件，点击“保存至一系列文件(多个文件)”单选按钮，点击“设置”按钮，将弹出“配置多文件设置”对话框，用户可以在该对话框中设置存储多个文件的文件名等选项。

利用“读取测量文件”函数实现读取测量文件非常简单，只需要对其“配置读取测量文件”对话框做一些简单配置即可，从函数选板中选取“读取测量文件”函数并放置在程序图上，就会自动打开“配置读取测量文件”对话框，如图 10.26 所示。

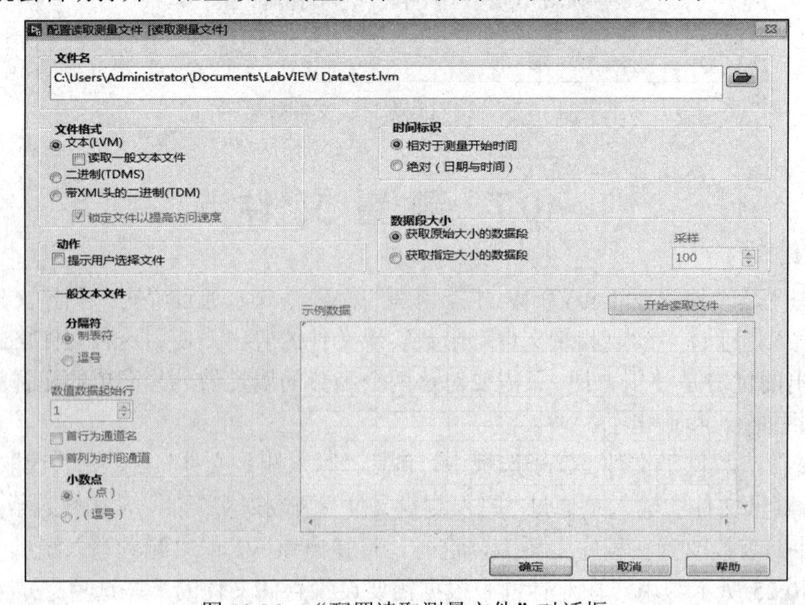

图 10.26　“配置读取测量文件”对话框

下面我们编写一个程序，进行测量文件的读写操作，用来熟悉测量文件函数的有关应用，操作步骤如下：

步骤一：在新建 VI 的程序框图中添加一个“仿真信号”输出“正弦和均匀噪声”函数。“仿真信号”函数在【编程】→【波形】→【模拟波形】→【波形生成】子选板下，在“配置仿真信号”对话框中，勾选“添加噪声”复选框，选择“均匀白噪声”选项即可。

步骤二：从函数文件 I/O 选板中选定“写入测量文件”函数放置到程序框图，在弹出的“配置写入测量文件”对话框中配置“动作”为“保存至单个文件”，并选择“提示用户选择文件”复选框，把“信号”端子与仿真信号的“正弦与均匀噪声”端子连线起来，这样写入测量文件的程序就到此结束，如图 10.27 所示。

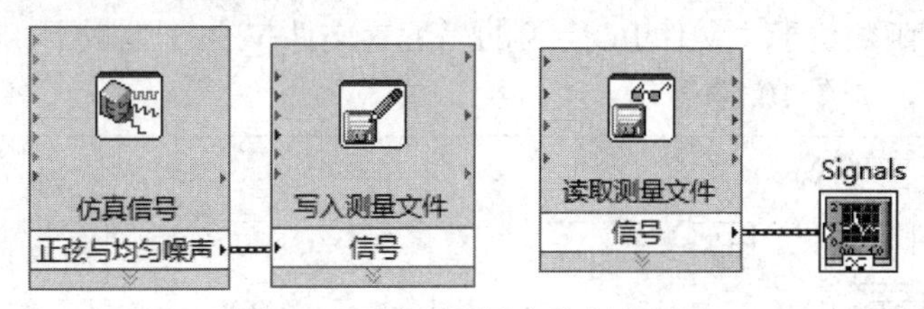

图 10.27　读写测量文件程序框图

步骤三：编写读取测量文件程序，从文件 I/O 子选板中选择“读取测量文件”函数放置到程序框图，在弹出的“配置读取测量文件”对话框中进行配置，配置“动作”为“提示用户选择文件”即可。

步骤四：单击“信号”端子，选择【创建】→【图形显示控件】，结果如图 10.27 所示。

步骤五：运行程序，查看结果，如图 10.28 所示。

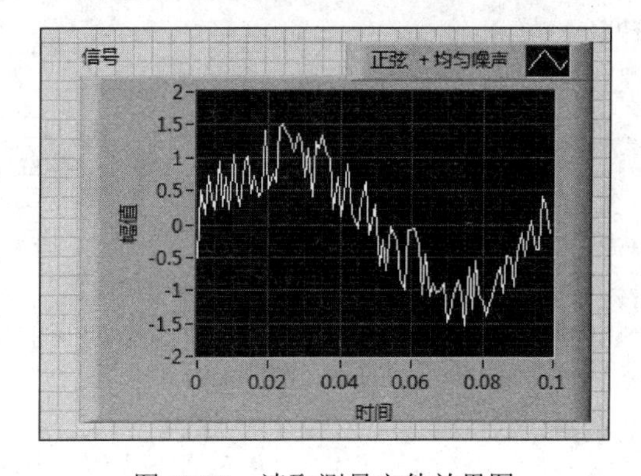

图 10.28　读取测量文件效果图

10.8　配 置 文 件

本小节的配置文件就是标准的 Windows 配置文件，即 INI 文件，它也是一种文本文件，通常用于记录配置信息。配置文件的格式如下：

```
[Section 1]
Key1 = value
Key2 = value
….
```

[Section 2]
Key1 = value
Key2 = value
….

由上可知，配置文件由段(Section)和键(Key)两部分组成。用中括号将“段(Section)”括起来表示一个段的开始，同一个配置文件中的段名必须唯一。每一个段内部用键来表示数据项，形成“键-值对”，同一个段内的键名必须唯一，不同段之间的键名可以重复。键值所允许的数据类型可以有布尔型、字符串型、路径型、浮点型和整型数据。

配置文件操作函数位于“文件 I/O”下的“配置文件 VI”子面板下，除了读写函数，还有一些操作函数，如图 10.29 所示。

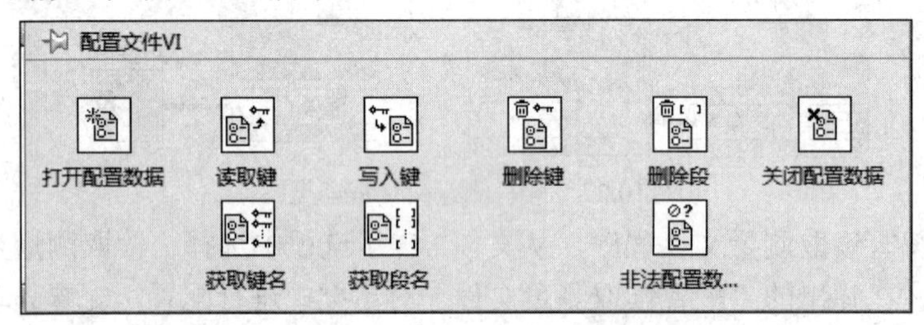

图 10.29　配置文件 VI 函数板

其中“写入键”函数和“读取键”函数的接线端子如图 10.30 所示，其中“段”端子是要写入或读取指定键的段的名称，“键”端子是要写入或读取的键的名称，“值”端子是要写入或读取的键的键值。

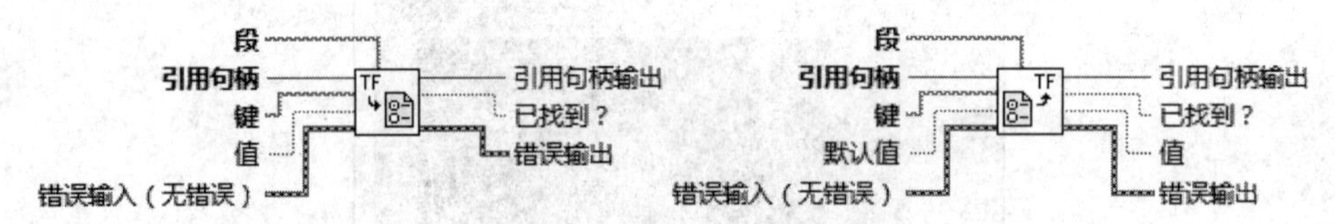

图 10.30　读写配置文件读写键的接线端子

下面通过一个实例来说明配置文件的写操作，创建一个如下的配置文件：

[文件信息]
文件路径 = "D:\xsc"
文件名称 = "配置文件.ini"
[版本信息]
版本号 = 1
更改情况 = FALSE

步骤一：创建一个新 VI，在程序框图中添加“打开配置数据”函数，其中可以设置“配置文件的路径”端子为绝对路径或相对路径，该实例我们用了相对路径，创建的配置文件和当前 VI 就保存在同一个目录下。设置“必要时创建文件”端子为 True，这样在找不到该文件时，系统自动创建一个同名称的文件。

步骤二：同时添加两个“写入键”函数，“段”端子设置配置文件中段的名称。第一个段的名称为“文件信息”，该段里包括文件路径和文件名称两个键名和相应的值。可以用鼠标右键点击“键”端子，在弹出的快捷菜单如图 10.31 所示，选择该键对应值的数据类型，默认为布尔型。

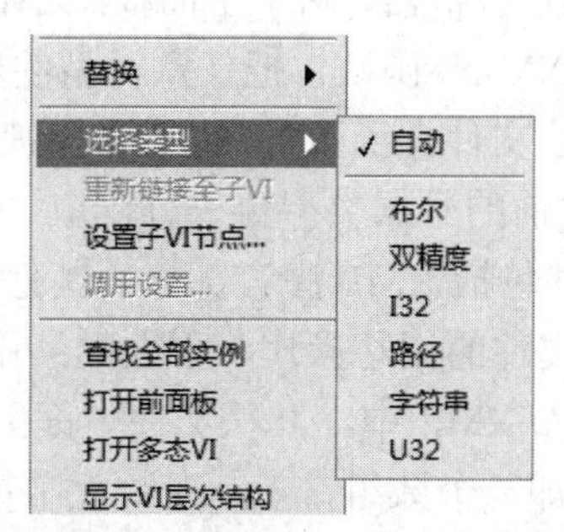

图 10.31　设置值类型的快捷菜单

步骤三：仿照步骤二的过程，添加“版本信息”段的相关内容和其他内容，如图 10.32 所示。

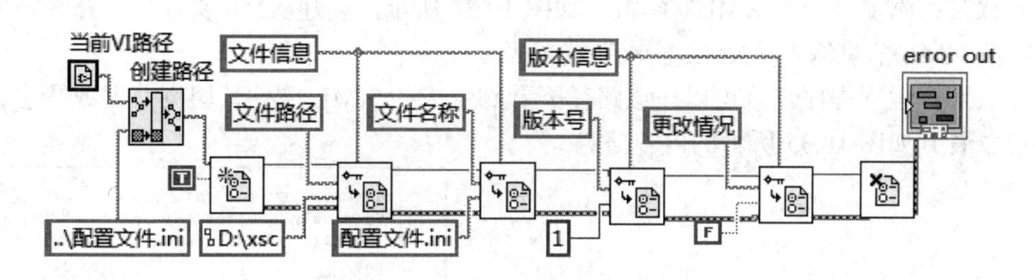

图 10.32　写入配置文件程序框图

步骤四：运行该程序，查看当前 VI 保存路径目录的文件，就可以看到多了一个“配置文件 ini”的文件，打开文件，就可以看到写入了我们所需要的内容。

配置文件的读操作与写操作类似，但是读操作必须指定读出数据的类型，将前面创建的文件内容读出来，程序框图如图 10.33 所示，具体步骤这里就不再赘述了。

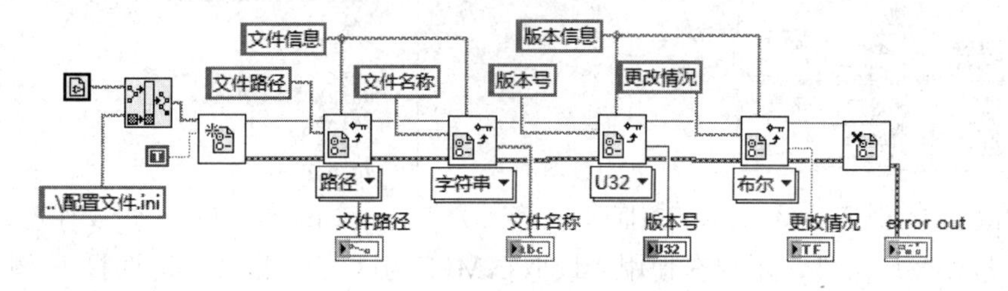

图 10.33　读取配置文件程序框图

10.9　XML 文 件

XML 一般指可扩展标记语言，是标准通用标记语言的子集，是一种用于标记电子文件使其具有结构性的标记语言；是一种简单的数据存储语言，使用一系列简单的标记描述数据，而这些标记可以用方便的方式建立。虽然 XML 比二进制数据占用更多的空间，但 XML 极其简单，易于掌握和使用。

XML 文件操作函数在函数面板的【编程】→【文件 I/O】→【XML】子面板下，里面包含“LabVIEW 模式”和“XML 解析器”两个子面板。XML 文件可以存储任意数据类型，在存储前必须先使用“平化至 XML”函数，把任意类型的数据转换为 XML 格式。在读取文件时，也要通过“读取 XML 文件”函数读取文件，然后使用“从 XML 还原”函数把 XML 文件中的数据还原为平化前的数据类型再进行读取。生成的 XML 文件可以用浏览器打开，从中可以看到 XML 文件包括 XML 序言部分、其他 XML 标记和字符数据。

为了能够简单理解 XML 文件的读写操作，下面继续用一个实例来说明。该实例以三个学生的信息为数据，要求写入 XML 中，并从文件中读出来。写入程序步骤如下：

步骤一：新建一个 VI。添加一个数组常量，在数组常量中添加簇常量，又在簇常量中添加两个字符串常量和一个数值常量，作为一个学生的姓名、班级和成绩的输入信息内容。如图 10.34 所示。

步骤二：添加一个“平化至 XML”函数，把数组常量接入“任何数据”端子。

步骤三：添加“写入 XML”函数，如图 10.34 所示，创建 XML 文件保存路径，并把平化后的 XML 信息输入“XML 输入”端子。

步骤四：运行程序，就可以在该路径下看到生成的 XML 文件，用浏览器或写字板打开就可以看到如图 10.35 所示的内容信息。

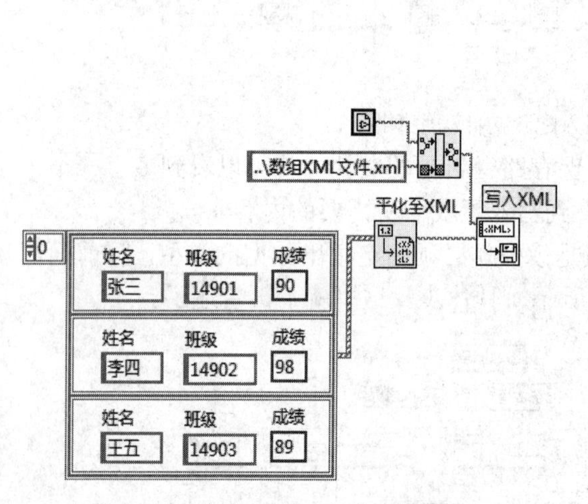

图 10.34　写入 XML 文件程序框图

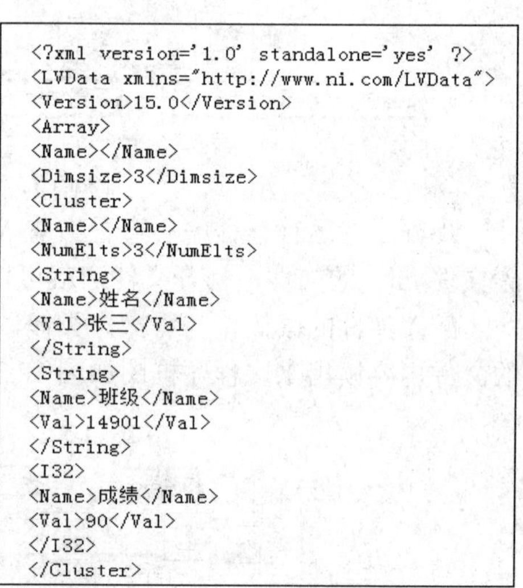

```
<?xml version='1.0' standalone='yes' ?>
<LVData xmlns="http://www.ni.com/LVData">
<Version>15.0</Version>
<Array>
<Name></Name>
<Dimsize>3</Dimsize>
<Cluster>
<Name></Name>
<NumElts>3</NumElts>
<String>
<Name>姓名</Name>
<Val>张三</Val>
</String>
<String>
<Name>班级</Name>
<Val>14901</Val>
</String>
<I32>
<Name>成绩</Name>
<Val>90</Val>
</I32>
</Cluster>
```

图 10.35　写入 XML 文件效果图

要读取 XML 文件，用户在使用“读取 XML”函数的时候要注意选择正确的多态 VI 选择器类型，还原平化数据时需要先在“从 XML 还原”函数的类型端子上设置还原的数据类型，一般要求写入的数据类型、还原的数据类型和显示的数据类型要一致，否则会报错。读取 XML 文件的程序框图如图 10.36 所示，运行效果如图 10.37 所示。

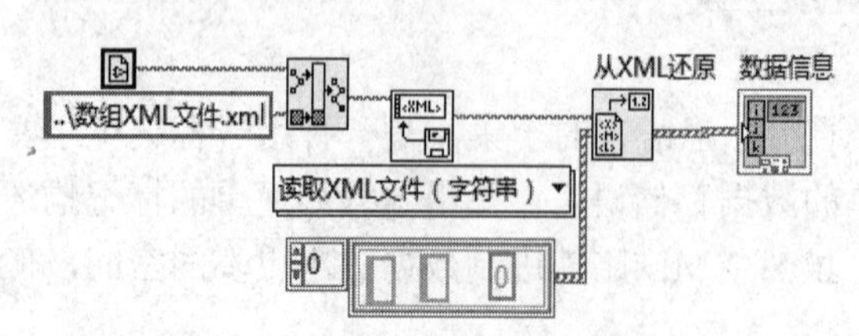

图 10.36　读取 XML 文件程序框图

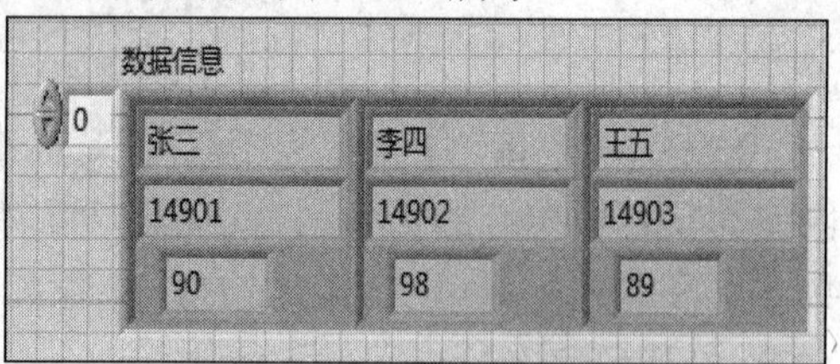

图 10.37　读取 XML 文件效果图

10.10　TDMS 文件

TDMS(Technical Data Management Streaming)文件是 NI 主推的一种用于存储测量数据的二进制文件。TDMS 文件可以被看做是一种高速数据流文件，它兼顾了高速、易存取和方便等多种优势，能够在 NI 的各种数据分析软件(如 LabVIEW、LabWindows CVI、Signal Express、NI DiAdem 等)、Excel 和 MATLAB 中之间进行无缝交互，也能够提供一系列 API 函数供其他应用程序调用。

TDMS 文件基于 NI 的 TDM 数据模型，该模型从逻辑上分为文件、通道组和通道三个层，每个层次上都可以附加特定的属性。设计时可以非常方便地使用这三个逻辑层次查询或修改测试数据。在 TDMS 文件内部，数据是通过一个个数据段来保存的，当数据块被写入文件时，实际上是在文件中添加了一个新的数据段。

LabVIEW 为 TDMS 文件操作提供了完整的函数集，这些函数又被分为标准 TDMS 函数和高级 TDMS 函数。标准 TDMS 函数用于常规 TDMS 文件操作，而高级 TDMS 函数则用来执行类似于 TDMS 异步读取和写入等高级操作，但是，错误地使用高级 VI 函数可能损坏 .tdms 文件。

TDMS 文件的操作函数位于函数选板的【编程】→【文件 I/O】→【TDMS】面板下，图 10.38 所示为标准 TDMS 函数面板，图 10.39 所示为高级 TDMS 函数面板。在多数情况下，在 LabVIEW 中操作 TDMS 文件时，使用标准 TDMS 函数就够了。我们本节也仅对标准 TDMS 函数作基本解释，高级 TDMS 函数希望大家通过帮助文档学习。表 10.2 为标准 TDMS 文件操作函数的作用说明。

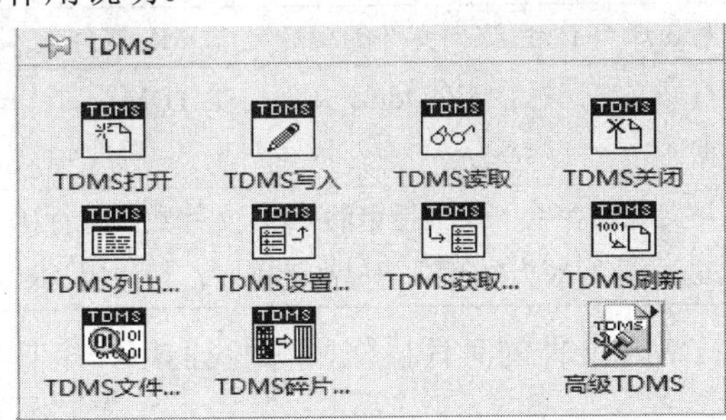

图 10.38　标准 TDMS 函数面板

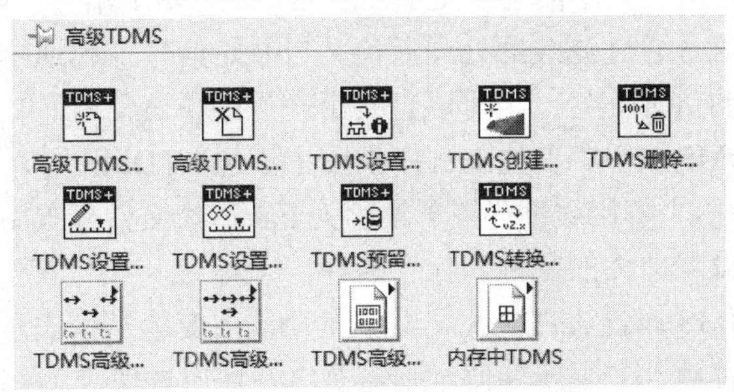

图 10.39　高级 TDMS 函数面板

表 10.2　标准 TDMS 文件操作函数功能说明表

函数名称	功　能　说　明
TDMS 打开	打开用于读写操作的.tdms 文件； 该 VI 也可用于创建新文件或替换现有文件； 通过该函数创建.tdms 文件时，还可创建.tdms_index 文件； 使用 TDMS 关闭函数可关闭文件的引用
TDMS 写入	使数据写入指定的.tdms 文件； 组名称输入和通道名称输入的值可确定要写入的数据子集
TDMS 读取	读取指定的.tdms 文件，并以数据型输入端指定的格式返回数据； 如数据包含缩放信息，VI 可自动换算数据； 总数和偏移量输入端用于读取指定的数据子集
TDMS 关闭	关闭用 TDMS 打开函数打开的.tdms 文件
TDMS 列出内容	列出 TDMS 文件输入端指定的.tdms 文件中包含的组名称和通道名称
TDMS 设置属性	设置指定.tdms 文件、通道组或通道的属性； 如果连接组名称和通道名，函数可在通道中写入属性； 如果只连接组名称，函数可在通道组中写入属性； 如未连接组名称和通道名，属性由文件决定； 如只连接通道名，运行时发生错误
TDMS 获取属性	返回指定的.tdms 文件、通道组或通道的属性； 连线至组名称或通道名输入端，该函数可返回组或通道的属性； 如果输入端不包含任何值，则函数返回指定.tdms 文件的属性值
TDMS 刷新	写入所有.tdms 数据文件的缓冲至 TDMS 文件输入指定的文件
TDMS 文件查看器	打开文件路径指定的.tdms 文件，在 TDMS 文件查看器对话框中显示文件数据
TDMS 碎片整理	对文件路径输入端中指定的.tdms 文件数据进行碎片整理； .tdms 数据较为杂乱或需提高性能时，可使用该函数对数据进行整理

为了更清楚地了解 TDMS 文件的具体操作，下面我们用一个具体实例来实现往 TDMS 文件中写入仿真信号。

步骤一：创建仿真信号。在程序框图中，添加一个“仿真信号”函数和一个“滤波器”函数，对产生的仿真信号通过滤波器处理后，又与原始信号一起通过“合并信号”函数进行合并处理，形成新的仿真信号；也可以直接用产生的仿真信号。

步骤二：创建 TDMS 文件。首先在程序框图中添加“TDMS 写入”函数，设置“操作”端子为“open or create”，“禁用缓冲”端子设置为 False，“文件格式版本”端子设置为 1.0，由“创建路径”函数设置文件的名称和保存路径。

步骤三：设置 TDMS 属性。TDMS 文件中属性值用变量类型表示，因此可以直接将属性值作为输入，若同时输入多个属性值，则需要将各种属性值类型都转换为变量类型，最好用“转换为变体”函数来完成这个任务，再构造为数组作为输入。本实例的属性名称和属性值都是通过数组直接赋值。

步骤四：TDMS 文件写入。前面第一步生成了数据，第三步设置了 TDMS 文件属性，文件写入就需要设置组名称和通道名称，然后把数据写入文件中。按照如图 10.40 所示，连好相关的线路。

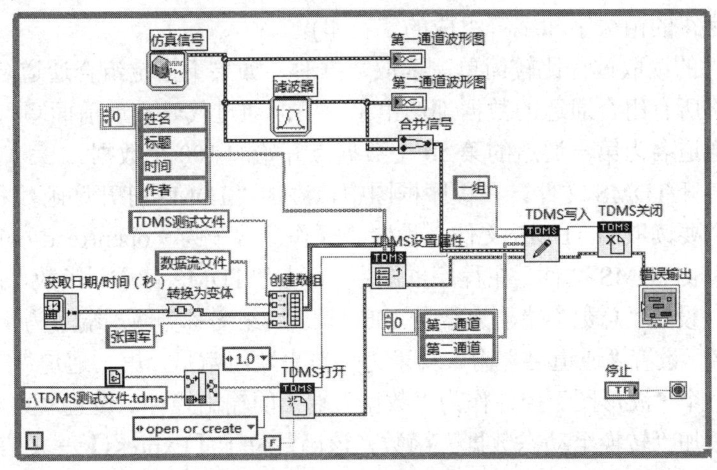

图 10.40　写入 TDMS 文件程序框图

当完成 TDMS 文件写操作后，LabVIEW 会自动生成两个文件：*.tdms 文件和 *.tdms_index 文件。前者为数据文件或主文件，后者为索引文件或头文件。二者最大的区别在于索引文件不含原始数据，而只包含属性等信息，这样可以增加数据检索的速度，并且利于搜索 TDMS 文件。

在写操作完成之后，我们可以调用“TDMS 文件查看器”函数来浏览所有的属性值，如图 10.41 所示，在“TDMS 文件查看器”对话框中，我们不仅可以查看所有的属性值，还能有选择地查看数据。通过点击对话框总的“设置”按钮，还可以打开“数据配置”对话框来输入显示数据的条件。

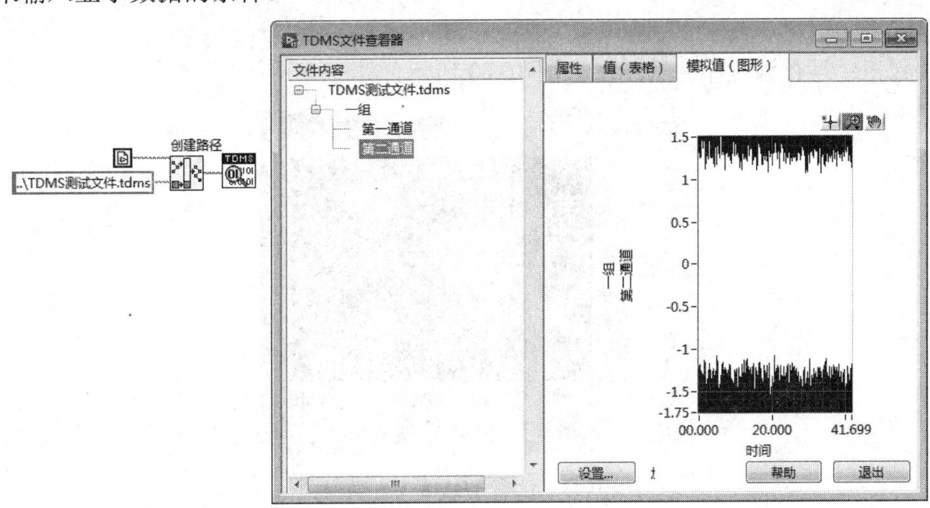

图 10.41　TDMS 文件查看器

TDMS 文件支持的数据类型有以下几种：

(1) 模拟波形或一维模拟波形数组。

(2) 数字波形。

(3) 数字表格。

(4) 动态数据。

(5) 一维或二维数组(数组元素可以是有符号或无符号整型、浮点型、时间标识、布尔型或不包含空字符的由数字和字符组成的字符串)。

TDMS 文件的读取过程比较简单，读取数据时，如果不指定组合通道名，则“TDMS 读取”函数会将所有组合通道的数据都读出来。下面通过代码实现前面写入文件的读取，在实例中读取通道名为第一通道的第 50 个数据点开始的 100 个数据。

步骤一：打开 TDMS 文件。在程序框图中，添加“TDMS 打开”函数和“创建路径”函数，打开我们要读取的 TDMS 文件，设置“操作”端子为“open(read-only)”属性值。

步骤二：读取 TDMS 文件。在程序框图中，添加“TDMS 读取”函数，设置“偏移量”端子为常量 50，设置“总数”端子为常量 100；设置“组名称”输入端子为字符串常量“一组”或其他组名，设置“通道名”输入端子为字符串数组常量“第一通道”或其他通道名；在前面板添加一个“波形图”控件作为“数据”端子的输出控件。设置“数据类型”端子，在程序框图中添加“转换至动态数据”函数，该函数位于【Express】→【信号操作】子面板下，并在“配置转换至动态数据”对话框中的输入数据类型列表框中选择“单一标量”，连接相关线路如图 10.42 所示。

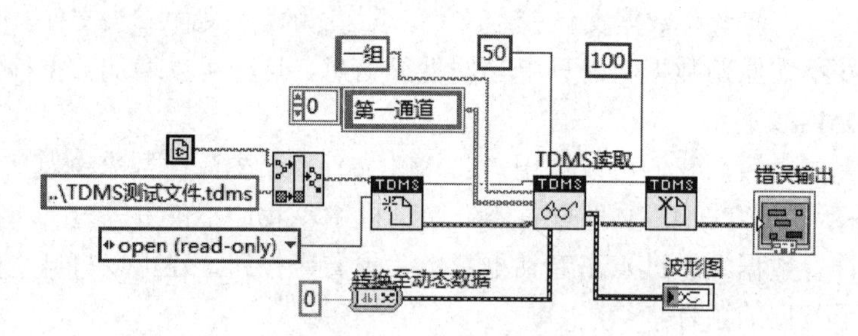

图 10.42　读取 TDMS 文件程序框图

步骤三：运行该程序，其结果如图 10.43 所示。

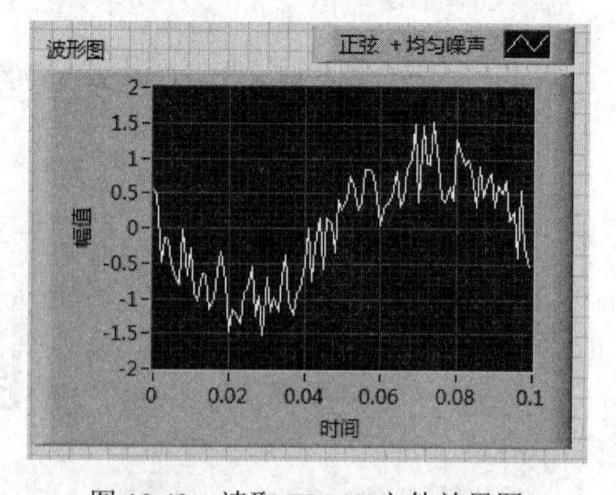

图 10.43　读取 TDMS 文件效果图

读取 TDMS 文件中的属性值和写入属性值的方法非常类似，若组名和通道名输入为空，则表示此时读出的属性为文件属性；若仅通道名为空，则表示读出的属性为组的属性；如组名和通道名输入都不为空，则表示读出的属性为通道的属性。下面我们来获取前面写入的 TDMS 文件的属性和属性值。

步骤一：打开 TDMS 文件。在程序框图中，添加“TDMS 打开”函数和“创建路径”函数，打开我们要读取的 TDMS 文件，设置“操作”端子为“open(read-only)”属性值。

步骤二：获取文件属性和属性值。在程序框图中添加“TDMS 获取属性”函数，直接创建一个字符串数组显示控件连接“属性名称”端子，创建一个变体数组显示控件连接“属性值”端子。

步骤三：获取通道属性名称和属性值。在步骤二的基础上，在“组名称”和“通道名”两个端子上连接需要获取属性的组名和通道名，连接线路如图 10.44 所示。

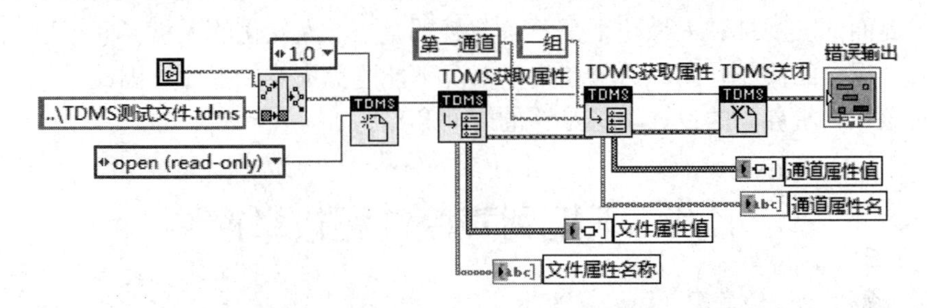

图 10.44　获取 TDMS 文件属性名称和属性值程序框图

步骤四：运行程序，效果如图 10.45 所示。

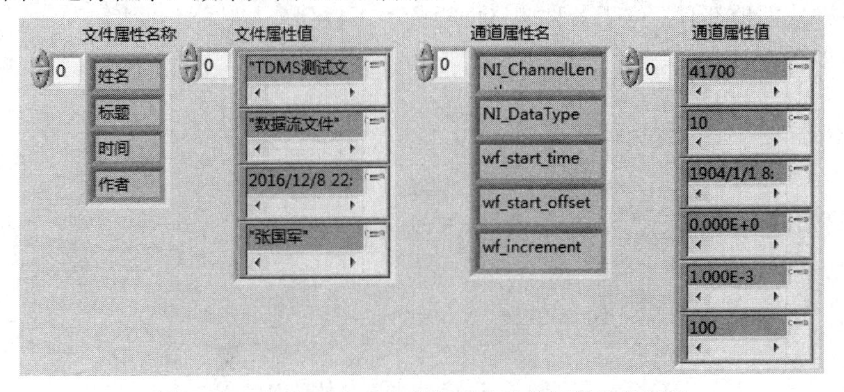

图 10.45　获取 TDMS 文件属性名称和属性值效果图

思考与练习

1. 文本文件和二进制文件的主要区别是什么？

2. 请说出下面这几种文件是文本文件还是二进制文件：数据记录文件(Datalog Files)、XML 文件、配置文件、波形文件、LVM 文件、TDMS 文件。

3. 设计一个程序，通过点击一个按钮后程序能够读取一个文本文件，将文本文件的内容显示在前面板上，其中文本文件的内容由你自己的学号、班级号码和专业名称组成，如“我的姓名是张三，学号为 150321130，班级号码为 1503211”。

4. 用 Simulate Signal Express VI 仿真产生一个采样 100000 点的正弦仿真信号，并将其写入 TDMS 文件，要求同时为该通道设置两个描述属性：频率和采样间隔。

第 11 章　人机界面设计

人机界面是人与机器进行交互的界面，虽然程序的内部逻辑是程序运行的关键所在，但是人机界面的美观性和人性化更是不可忽视的重点。人性化的人机界面可以让用户乐于使用，减少用户的操作时间，甚至在某些情况下能避免灾难的发生。因此，一个好的程序设计者应该在人机界面的设计上花足够的时间和精力。

11.1　下拉列表控件和枚举控件

下拉列表控件(Ring)和枚举控件(Enum)是最常用的人机界面设计控件，一般用来从多个选项中选择其中一个，例如选择出生日期、选择居住城市等。这两个控件在控件面板的每种风格样式面板都有，位于各种风格面板的“下拉列表与枚举”面板下。这里以新式风格为例，如图 11.1 所示。

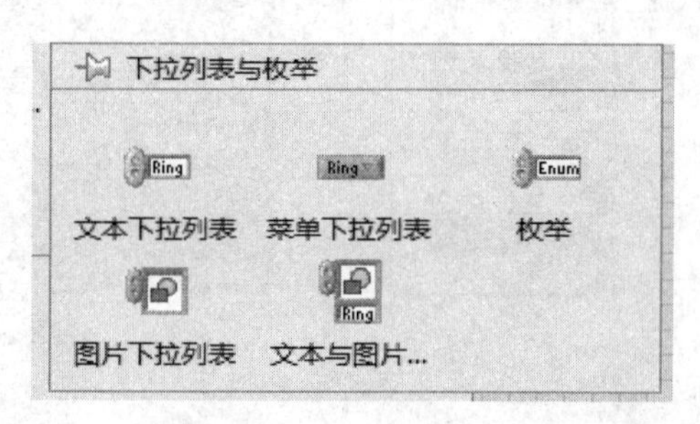

图 11.1　下拉列表与枚举控件面板

一般情况下，控件的赋值可以通过两种方式，一是在前面板设计控件时，直接为控件赋值，一般是设计比较固定的界面时使用；二是通过代码运行，动态产生控件的项目内容，一般是动态生成界面时使用。

现在我们通过具体的案例操作来实现控件赋值功能，直接通过前面板为下拉列表控件和枚举控件赋值，操作步骤如下。

步骤一：打开 LabVIEW 2016 工具，新建一个 VI，在前面板添加一个“下拉列表”控件或“枚举”控件，如图 11.2 所示。

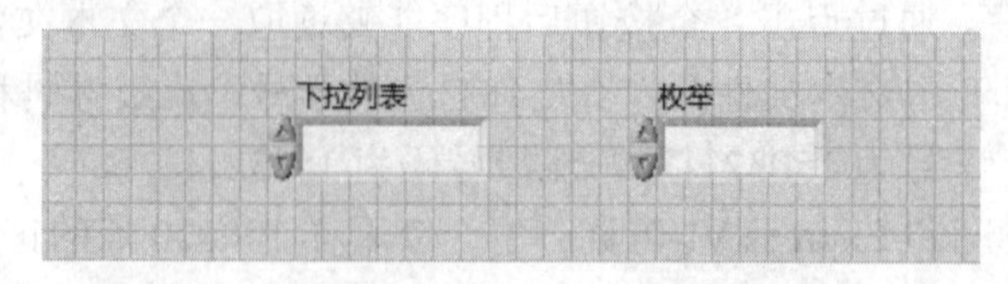

图 11.2 “下拉列表”与“枚举”控件

步骤二：鼠标右键点击控件，弹出菜单，选择“编辑项”，弹出如图 11.3 所示的编辑属性的对话框，点击“插入”按键，依次向里面添加信息。我们会发现这里的信息都是以“项值对”的形式存在的，在下拉列表属性中项的内容可以重复，而枚举属性中项的内容不能重复，它们的值都是唯一的。编辑完成以后，运行程序，就可以在控件中看到所编辑的项的内容了。如果用系统风格的这两种控件，效果会更好。

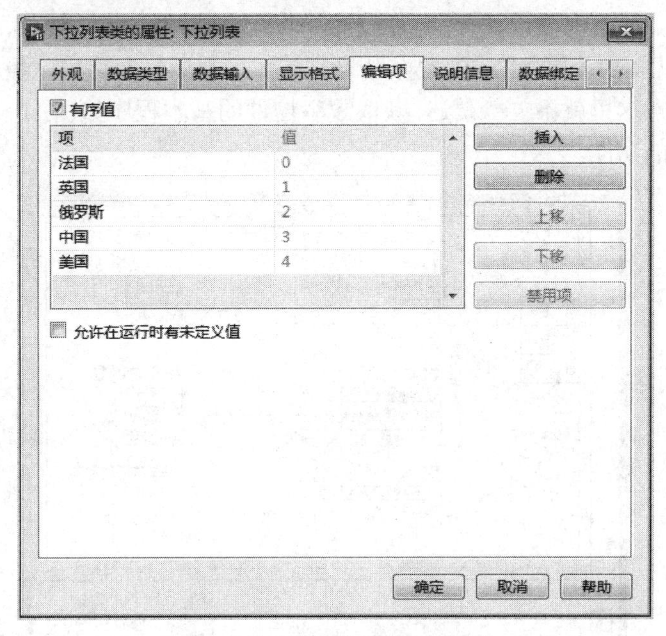

图 11.3 下拉列表属性编辑框

接下来进一步通过程序设计为下拉列表控件设置项内容，其步骤相应复杂一些，但在项目开发中却是很适用的。这种方法不能为枚举控件设置项内容。

步骤一：首先在前面板创建一个下拉列表控件。

步骤二：打开程序框图，鼠标右键点击控件图标，选择【创建】→【属性节点】→【字符串与值[]】选项，创建一个下拉列表控件的“字符串与值[]”属性节点，并转换为写入模式。

步骤三：创建一个数组常量，向数组常量中添加一个簇常量，然后再向簇常量中添加一个字符串常量作为控件显示项内容，添加一个数值常量作为控件值内容，数值常量不得重复。依次向数组的其他元素中添加类似信息，如图 11.4 所示。运行程序，会发现下拉列表控件内容完成。

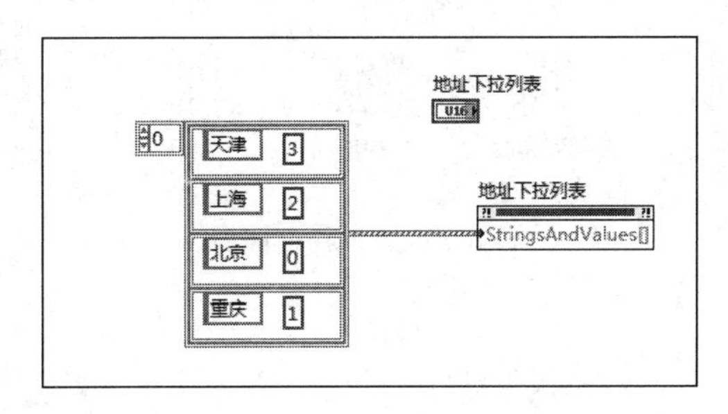

图 11.4 通过属性节点设置下拉列表控件选项

下面讨论怎样获取下拉列表控件和枚举控件当前选定项目的项内容和值内容，当然这些功能的实现必须通过相关属性节点来完成。由于这两种控件用户都是一次只能选择其中一个项目，控件输出值都是数字，这个数字就是该选项的值内容，因此可以通过数值显示控件直接读取出来。获取控件项内容可以用鼠标右键点击控件，选择【创建】→【属性节点】→【下拉列表文本】→【文本】属性节点，转换为读取模式，通过字符串输出控件就可以获取项内容；如果要获取控件的总项数，可以用鼠标右键点击控件，选择【创建】→【属性节点】→【项数】属性节点，转换为读取模式，也通过数值显示控件直接读取出来。还有其他属性节点这里就不一一赘述，获取枚举控件的基本程序如图 11.5 所示。运行程序，就能实现所需要的功能。

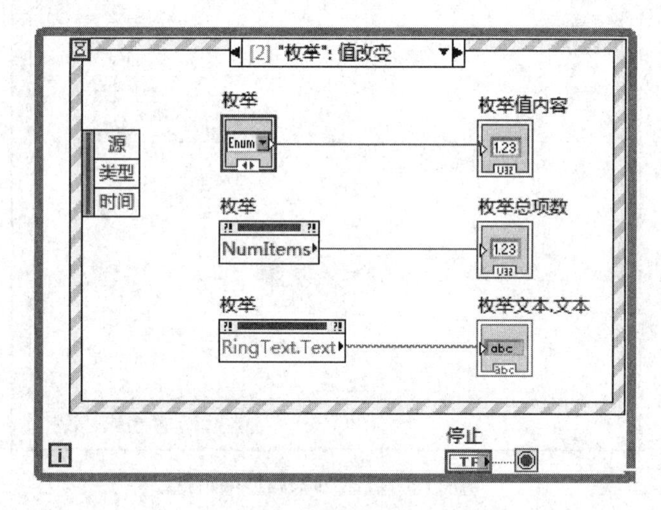

图 11.5 获取枚举控件的基本程序

11.2 列表框控件

相对于前面的下拉列表控件和枚举控件而言，列表框控件可以使用户选择一个或多个选项，也可以没有选项(选择多个选项时，用户需要按住 Ctrl 键或者 Shift 键，根据电脑而定)，列表框有单列列表框和多列列表框区分，我们一般用得较多的是单列列表框，它们在控件各风格面板的“列表、表格和树”面板下，如图 11.6 所示。

11.6 列表框控件面板

11.2.1 单列列表框

通常情况下，我们说的列表框就是单列列表框的简称。列表框里面的内容可以直接在前面板的编辑状态下编辑，这里就不详细介绍了。在编辑过程中，如果需要添加项符号，其添加方式有两种，鼠标右键点击列表框，一是选择“显示项”下的“符号”；二是选择“属性”下的“外观”对话框，勾选“显示符号”复选框，如图 11.7 所示，如果还想显示列表框里面的水平线，就勾选“显示水平线”复选框即可，点击“确定”按钮，然后在需要设置项符号的选项上点击鼠标右键，选择“项符号”，则弹出图 11.8 所示的系统提供的四十多种图标作为用户选择界面，默认为空，用户可以根据需要选择图标，也可以使用自定义图标。

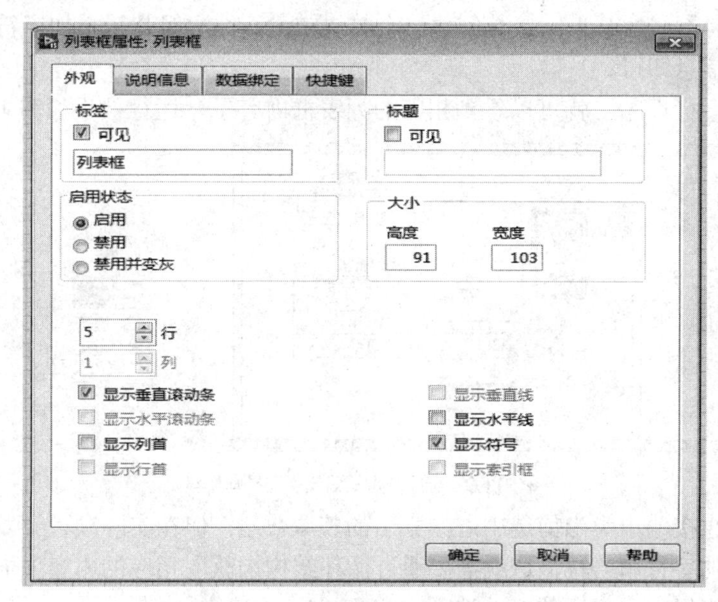

图 11.7　项符号设置选项

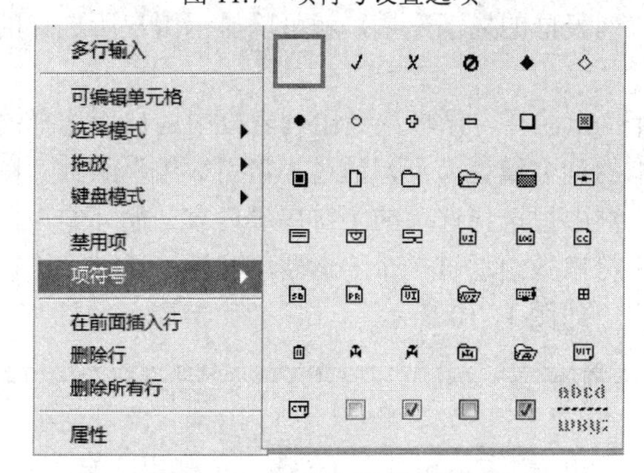

图 11.8　“项符号”选择界面

下面我们介绍如何通过程序设计来实现列表框内容的编辑。

步骤一：首先在前面板创建一个列表框控件。

步骤二：设定 SymsVis 属性为“真”，在列表框中就可以看到项符号了。方法为右击列表框控件，选择【创建】→【属性节点】→【显示项】→【显示符号】属性节点，然后设置布尔常量为“真”就可以了。

步骤三：设定列表框的选择模式。鼠标右键点击“列表框”控件，选择【创建】→【属性节点】→【选择模式】属性节点，设置“选择模式”为 2。在 LabVIEW 中用户可选定的项的选择模式有效值包括 0 (0 或 1 项)、1 (1 项)、2 (0 或多项)、3 (1 或多项)四种。

步骤四：设定列表框的项符号。首先鼠标右键点击列表框控件，选择【创建】→【属性节点】→【项符号】属性节点；接着创建一个数组常量，选择【编程】→【对话框与用户界面】→【列表框符号】控件添加到数组常量中，鼠标左键点击每个列表框符号，弹出“项符号”选择界面，根据需要设置相应的符号即可。

步骤五：设定列表框的项名。首先鼠标右键点击列表框控件，选择【创建】→【属性节点】→【项名】属性节点；接着创建一个数组常量，往数组常量添加字符串常量，输入相应的字符串信息即可。

步骤六：运行程序，就可以看到相应的列表框内容了，运行效果如图 11.9 所示。

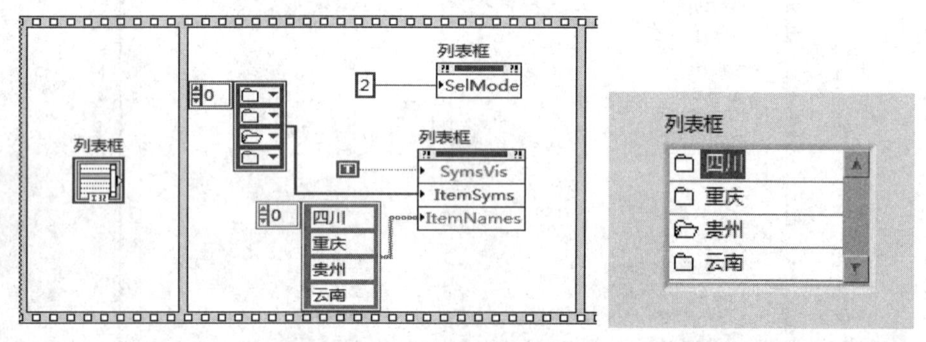

图 11.9　通过编程编辑列表框内容

列表框的直接输出为当前选中选项索引的整数数组，但在实际项目开发中，需要获取当前选中选项的字符串名称，这就需要通过循环结构来获取相应的内容。下面介绍如何通过程序获取列表框中用户所选择的选项内容。

步骤一：直接读取列表框的局部变量，就可以显示用户所选择的选项的值内容，为一个整型数组。

步骤二：通过一个 For 循环，循环次数由列表框中用户所选择的选项个数决定。在循环体中创建一个列表框的列名属性节点，通过“索引数组”函数，以用户选择的选项值内容作为索引，获取列表框中被选择选项的字符串项内容，循环结束，输出一个新的字符串数组。最后把输出的字符串数组通过一个 For 循环遍历，通过“连接字符串”函数构成一个新的字符串信息输出，如图 11.10 所示。

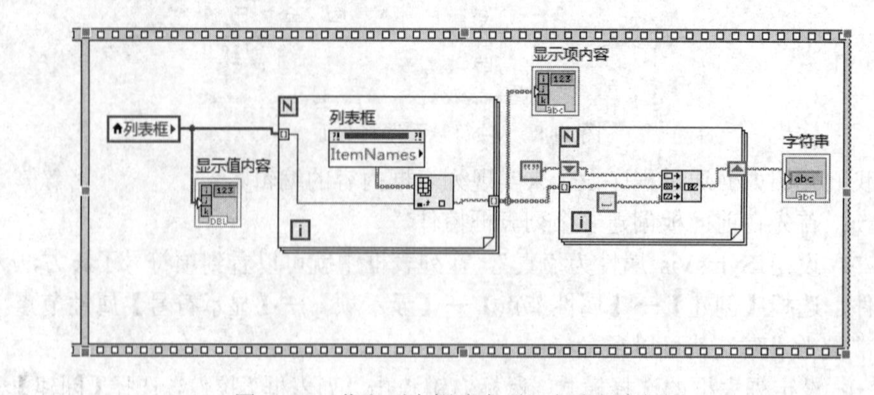

图 11.10　获取列表框选中项目名称程序框图

步骤三：运行程序，就可以看到我们所选择的信息以字符串的形式输出到字符串输出控件中，如图 11.11 所示。

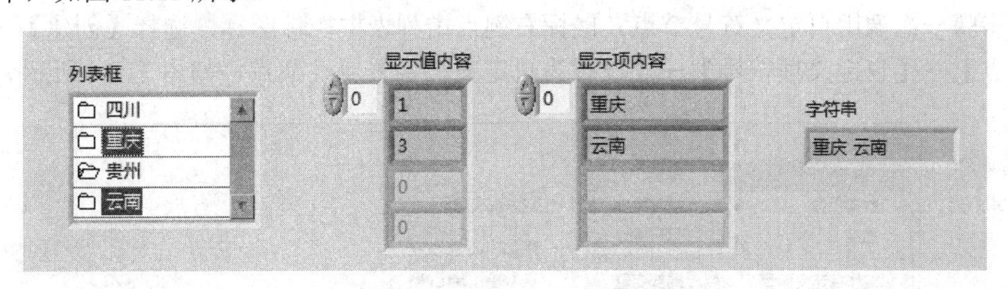

图 11.11　获取列表框选中项目名称效果图

11.2.2　多列列表框

多列列表框在项目开发中应用也比较广泛，一般用于显示数据库里查询出来的数据信息，它的内容既可以在前面板直接编辑，也可以通过程序运行动态生成，其操作过程与单列列表框基本相同，我们就其中动态生成项名和项符号的内容加以叙述。

步骤一：在前面板创建多列列表框，设定了显示的相关属性后，首先在程序框图中右击“多列列表框”控件图标，选择【创建】→【属性节点】→【项名】属性节点，设置为写入模式；接着创建一个字符串二维数组常量，编辑相应的信息到数组中；把数组写入到属性节点就可以了，如图 11.12 所示。

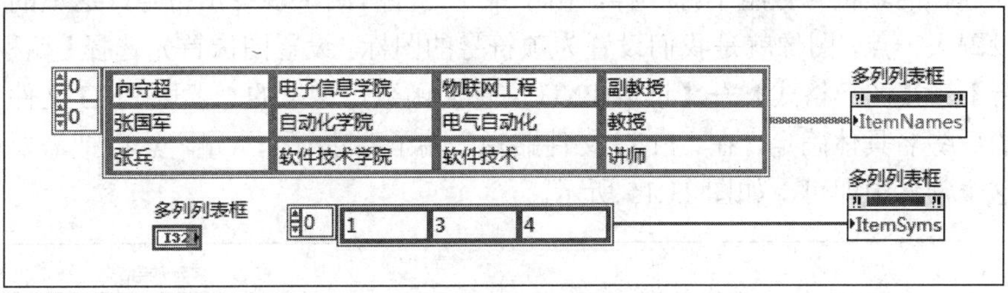

图 11.12　编辑多列列表框项目和项符号

步骤二：设定多列列表框的项符号。鼠标右键点击“多列列表框控件”图标，选择【创建】→【属性节点】→【项符号】属性节点，设置为写入模式；接着创建一个整型一维数组常量，在数值常量中输入项符号的下标数字即可，这个项符号数组是由单列列表框设置项符号的系统提供的四十多种项符号组成的。

步骤三：运行程序，就可以看到所需要的信息写到多列列表框中，如图 11.13 所示。

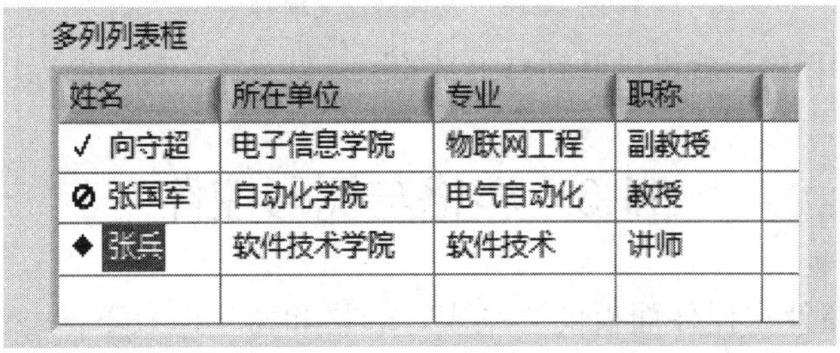

多列列表框

姓名	所在单位	专业	职称
✓ 向守超	电子信息学院	物联网工程	副教授
⊘ 张国军	自动化学院	电气自动化	教授
◆ 张兵	软件技术学院	软件技术	讲师

图 11.13　多列列表框运行效果图

前面已经说过，在设置列表框的项符号时，除了使用系统提供的四十多种符号外，还可以使用自己定义的图标作为符号。下面详细介绍具体实现自定义图标的步骤。

步骤一：调用自定义符号节点。鼠标右键点击列表框控件图标，选择【创建】→【调用节点】→【自定义项符号】→【设置为自定义符号】属性节点，如图 11.14 所示。

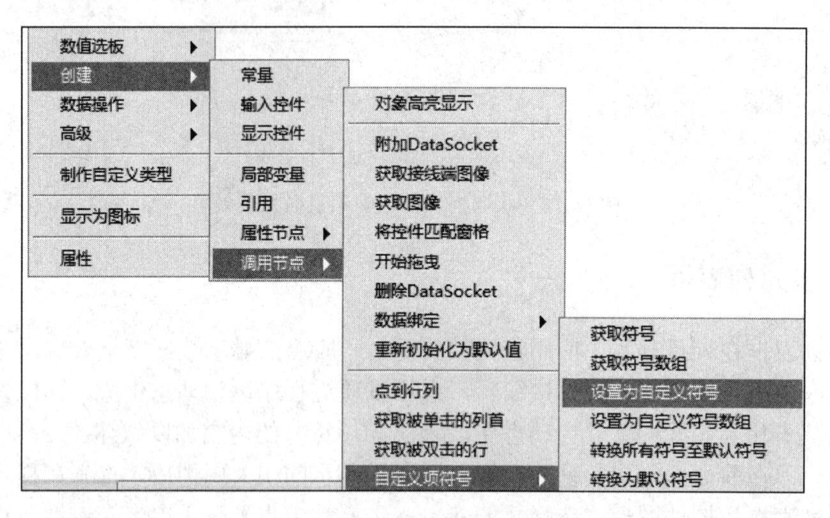

图 11.14　设置自定义符号节点图

步骤二：设置索引和图像。自定义符号节点有两个属性，即索引和图像。索引号和多列列表框选择的项符号数组下标一样，由于系统已经有四十多种项符号，这里的索引号可以稍微设置大一点，图像就是我们设置为项符号的图标。设置图像首先选择【编程】→【图形与声音】→【图形格式】→【读取 PNG 文件】函数，这里的"读取 PNG 文件"函数根据图片的后缀名具体确定，在"PNG 文件路径"端子创建一个常量，然后把需要设定的图标拖到这个常量中即可，如图 11.15 所示。

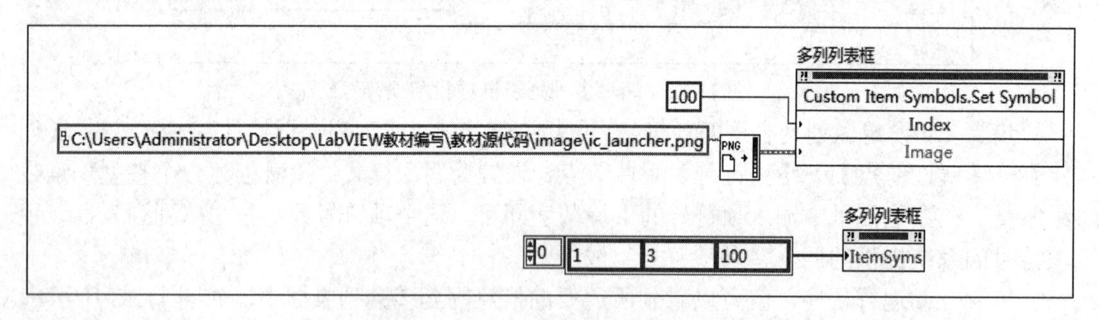

图 11.15　设置自定义项符号

步骤三：运行程序，就可以看到自定义的图标显示在列表框上。

11.3　表格与树形控件

表格和树形控件在控件面板的"列表、表格和树"面板下，与列表框在同一个面板中。

11.3.1　表格

表格实际上就是一个字符串组成的二维数组，在前面板添加了表格控件后，就可以直接用鼠标右键点击该控件编辑它的各种属性。一种方式是用鼠标右键点击控件设置“显示项”菜单里面的各种属性；另一种是选择“属性”下的“外观”对话框，设置相应的可选项，与列表框相同。表格的编辑也非常简单，用鼠标点击对应的空格就能直接编辑内容了。鼠标右键点击该控件，选择“数据操作”菜单，可以对表格进行插入或删除行/列操作，如图 11.16 所示。表格数组的大小由输入的内容所占范围决定。

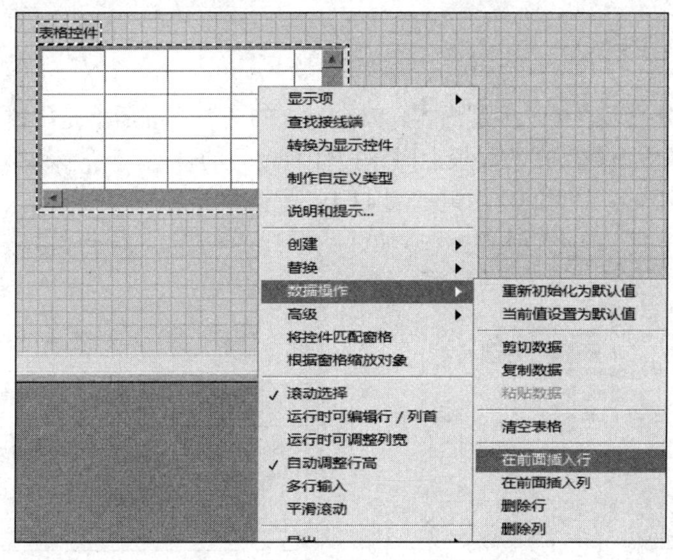

图 11.16　表格控件插入或删除行列操作

此外，在紧靠树形控件旁边还有一个“Express 表格”。放置该控件在前面板时，LabVIEW 程序框图中自动生成相应的程序代码，它用来将数据快捷转换为表格。下面我们通过生成一个 5 × 5 的 100 以内随机整数放入 Express 表格的例子来简单熟悉该控件的应用。

步骤一：在创建的 VI 前面板中添加“Express 表格”控件。

步骤二：打开程序框图，编写一个双重 For 循环结构，循环总次数都设为 5，循环体中添加一个生成 100 以内随机整数程序代码。

步骤三：连接“创建表格”的“信号”端子，代码会自动添加一个“转换至动态数据”函数，程序编写完成，如图 11.17 所示。

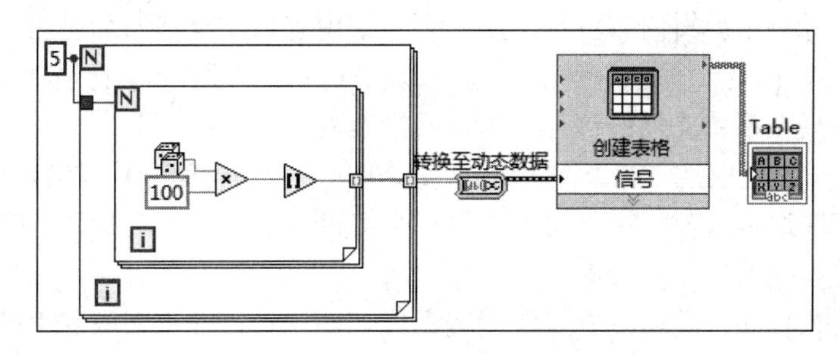

图 11.17　Express 表格使用程序框图

步骤四:运行该程序,就会看到在表格中添加了 5 × 5 的 25 个 100 以内整数,如图 11.18 所示。

表格

17.000000	16.000000	96.0000	53.0000	83.0000
24.000000	80.000000	63.0000	20.0000	20.0000
75.000000	51.000000	24.0000	66.0000	43.0000
85.000000	11.000000	62.0000	84.0000	69.0000
77.000000	17.000000	70.0000	18.0000	36.0000

图 11.18　Express 表格使用效果图

11.3.2　树形控件

树形控件以树的形式显示多层内容，Windows 的资源管理器就是用树形控件来显示文件目录的。默认放置该控件在前面板上时该控件有多列的输入，一般来说只有第一列有用，后面的列只是起到文字说明的作用，如图 11.19 所示。

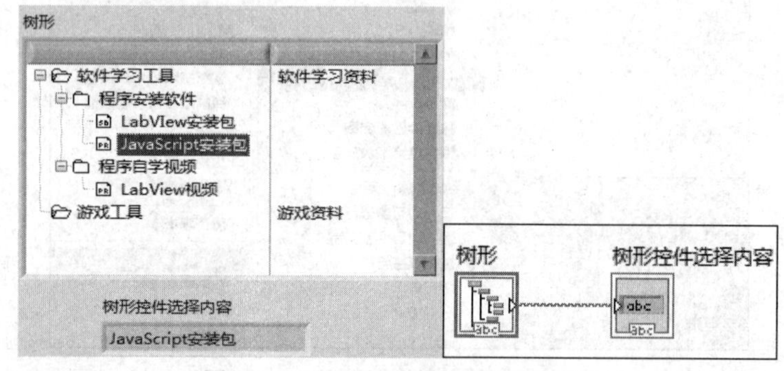

图 11.19　前面板编辑树形控件实例

在前面板编辑树形控件，直接在需要输入内容的地方点击鼠标就可以输入数据了，更多的操作只需要右击该控件，选择相应的快捷菜单就能实现；其中用鼠标右键点击控件快捷菜单中的“选择模式”表示树形控件的选择模式，使用方法与前面的列表框一样，这里就不再赘述。

下面我们通过一个具体例子来演示树形控件前面板操作过程。

步骤一：打开 LabVIEW 软件工具，创建一个 VI，在前面板添加一个树形控件。

步骤二：右击该控件，通过“显示项”菜单或“属性”菜单设置相关属性，如水平线显示、垂直线显示、滚动条显示等。

步骤三：鼠标点击编辑内容位置，从上到下把内容依次全部添加进去。

步骤四：设定项符号。鼠标右键点击需要显示项符号的项内容，在快捷菜单中选择“项符号”菜单，然后在系统提供的符号库中选择需要的项符号。

步骤五：编辑缩进层次。右击需要缩进的项内容，在快捷菜单中选择“缩进项”即可。

步骤六：获取选定内容。在前面板添加一个字符串输出控件，打开程序框图，把树形控件图标和字符串控件图标连接即可。

步骤七：运行程序，就可以看到我们编辑成功的树形控件和获取其中的选定内容了。

接下来我们介绍如何通过编程来设置树形控件的选项。树形控件的编辑必须通过属性节点和方法节点才能实现。

步骤一：在程序框图中创建一个树形控件图标，鼠标右键点击该图标，首先选择【创建】→【调用节点】→【编辑树形控件项】→【添加项】方法，将树形控件全部清空，接着通过“添加项”方法来添加项目内容，如图 11.20 所示；其中，添加项方法的各输入参数含义见表 11.1。

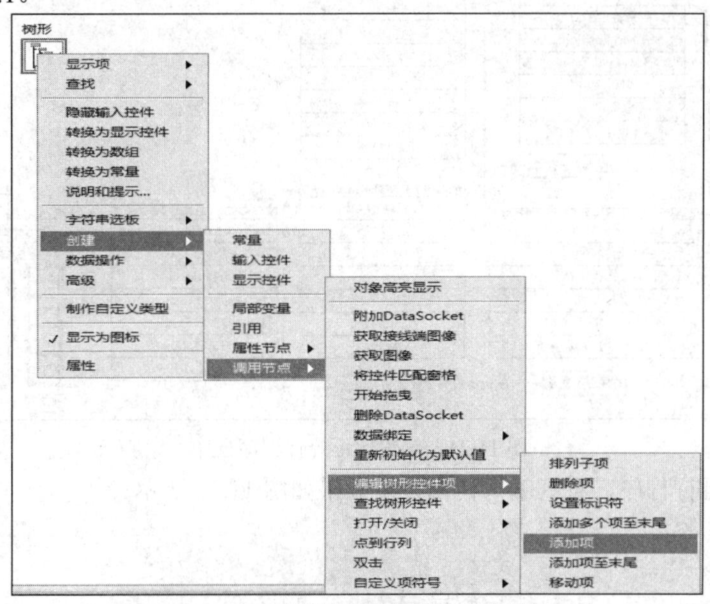

图 11.20 树形控件添加项选项位置图

表 11.1 树形控件添加项方法各参数含义表

名 称	含 义
Parent Tag	新添加的项目将作为 Parent Tag 的下一级项目。默认为空字符串，此时将新项目添加到第一级
Child Position	设置新添加的项目相对于 Parent Tag 的位置。默认为 0，此时将该项目直接添加到 Parent Tag 的下面；若为 1，则添加到该 Parent Tag 的第一个 Child Item 下面；若为 2，则添加到第二个 Child Item 下面；以此类推，若为 –1，则添加到最后一个 Child Item 下面
Left Cell String	该项目的名称
Child Text	在该项目右边其他列中显示的说明性文字内容
Child Tag	该项目的 Tag，默认情况下与 Left Cell String 相同
Child Only	如果为真，该项目下将不能再有 Child Item
Output	该项目的 Tag

步骤二：添加内容。在添加项方法中，依次按层次添加不同的数据信息，如图 11.21 所示。

步骤三：设置项符号。首先通过树形控件图标创建一个“All Tags”属性节点，方法为选择【创建】→【属性节点】→【所有标识符[]】；其次创建一个数组常量，添加列表框符号到数组中，并根据层次结构选择相应的项符号到数组中；最后创建一个 For 循环结构，在结构体中添加三个树形控件的属性节点，分别是 ActiveItemTag、Symbol 和 SymsVis，即活动项里面的标识符和符号索引与显示项里面的显示符号，如图 11.21 所示。

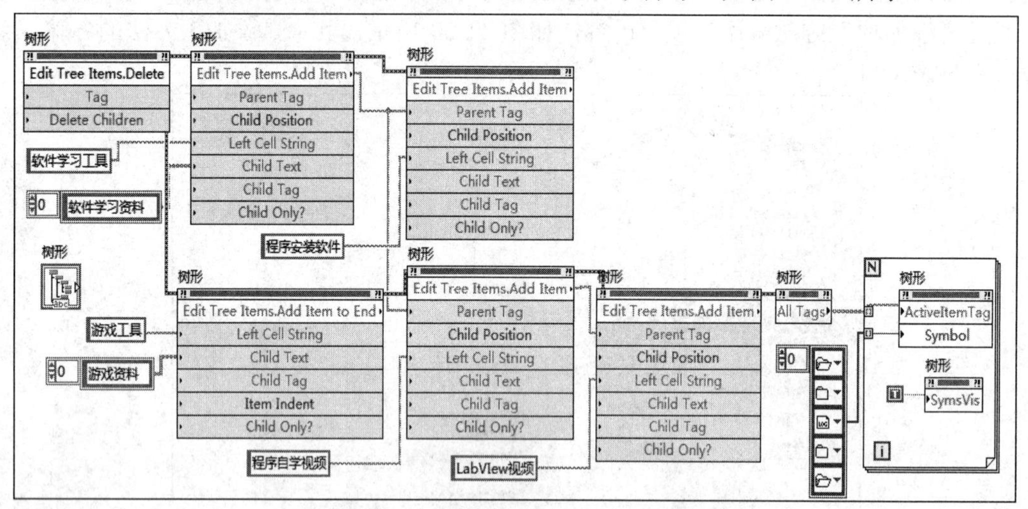

图 11.21　编辑树形控件程序框图

步骤四：运行程序，看到编辑树形控件效果如图 11.22 所示。

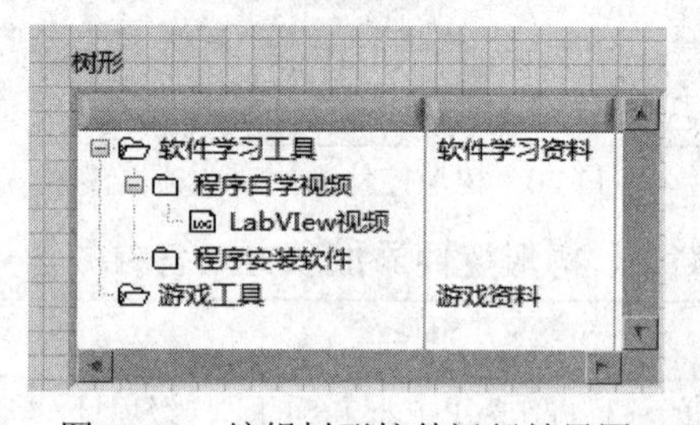

图 11.22　编辑树形控件运行效果图

从前面编辑树形控件的程序我们可以看出，如果一个一个地添加项目内容会使程序非常繁琐，极度不利于程序维护和检查。下面我们通过 For 循环自动添加项目，这样只需给定项目数组就会自动生成包含所有项目内容的树形控件，但要求每一个项目必须有完整路径，路径层次用“\”符号作为分隔符。下面给大家一个例子，希望大家看图能够完成和理解该示例，其程序框图如图 11.23 所示，运行效果如图 11.24 所示。

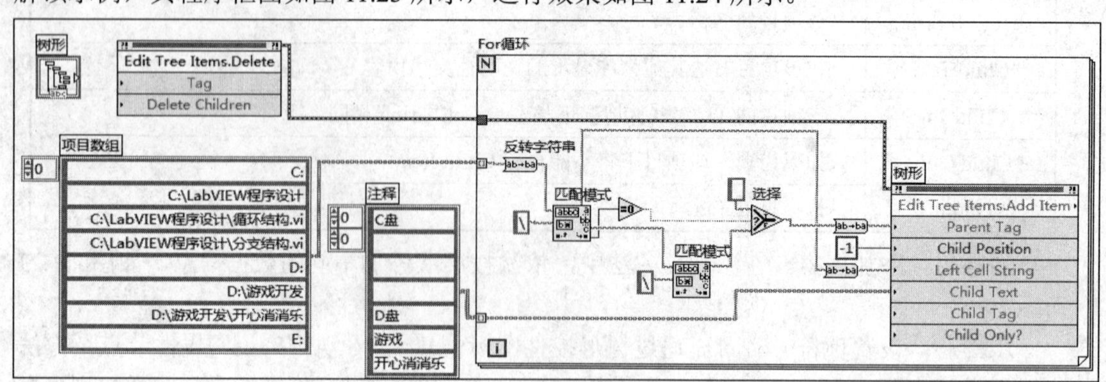

图 11.23　For 循环生成树形控件内容程序图

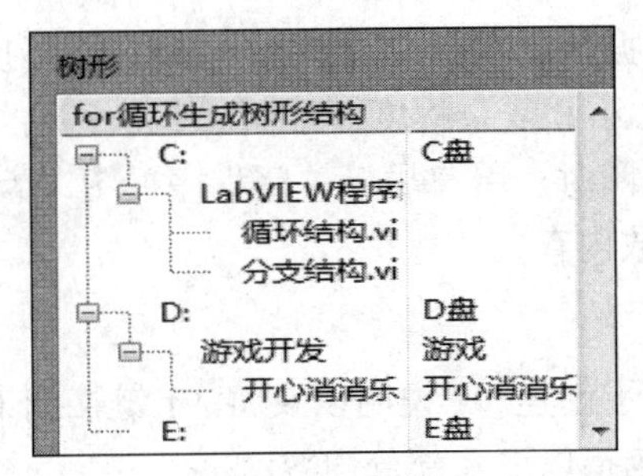

图 11.24　For 循环生成树形控件内容效果图

11.4　VI 属性设置

程序编译完成后用户可以通过“VI 属性”窗口来设置和查看 VI 的属性或者对属性进行自定义，在前面板或程序框图上选择“文件”下的“VI 属性”，或通过快捷键 Ctrl + I 来打开“VI 属性”窗口，如图 11.25 所示。在“VI 属性”窗口中有 11 种属性类别可以选择，其中默认为“常规”。下面分别对这 11 种属性类别的使用进行简要说明。

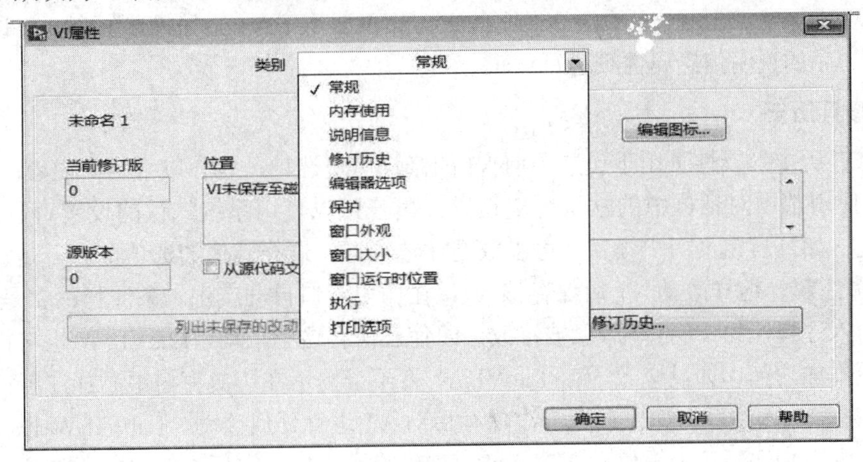

图 11.25　“VI 属性”窗口

1. 常规

“常规”属性页主要包括以下几部分内容：

(1) “编辑图标”按钮：点击后显示的是图标编辑器对话框，在编辑器中可以对图标进行修改，完成后点击“确定”按钮修改结果生效。

(2) 当前修订版：显示 VI 的修订号。

(3) 位置：显示 VI 的保存路径。

(4) 列出未保存的改动：点击弹出解释改动对话框，其中列出了 VI 每个未保存的改动和这些改动的详细信息，包括改动的内容以及改动对程序结构和程序执行带来的影响。

(5) 修订历史：点击弹出对话框，显示当前程序的所有注释和历史。

2. 内存使用

“内存使用”属性页用于显示 VI 使用的磁盘和系统内存。编辑和运行 VI 时，内存的使用情况各不相同。内存数据仅显示了 VI 使用的内存，而不反映子 VI 使用的内存。每个 VI 占用的内存根据程序的大小和复杂程度而不同。值得注意的是，程序框图通常占用大多数内存，因此不编辑程序框图时，用户尽量关闭程序框图，为其他 VI 释放空间。保存并关闭子 VI 前面板同样可释放内存。

3. 说明信息

“说明信息”属性页用于创建 VI 说明以及将 VI 链接到 HTML 文件或已编译的帮助文件。“说明信息”属性页包括以下几部分内容：

(1) VI 说明：在 VI 说明窗口输入 VI 的描述信息，完成后当鼠标移至 VI 图标后描述信息会显示在即时帮助窗口中。

(2) 帮助标识符：包括可链接至已编译帮助文件(.cnm 或.hlp)、HTML 文件名或索引关键字。

(3) 帮助路径：包含从即时帮助窗口链接到 HTML 文件或已编译帮助文件的路径或符号路径。如该栏为空，即时帮助窗口中将不会显示蓝色的详细帮助信息链接，同时详细帮助信息按钮也会显示为灰色。

(4) 浏览：打开选择帮助文件对话框，从中选择相应的帮助文件。

在 VI 中无法编辑子 VI 的帮助说明信息，如果要为子 VI 添加描述信息，可以打开子 VI，在子 VI 的说明信息属性页进行编辑。

4. 修订历史

“修订历史”属性页用于设置当前 VI 的修订历史选项，包含以下两个内容：

(1) 使用选项对话框中的默认历史设置。用户可以使用系统默认的设置查看当前 VI 修订历史，如需自定义历史设置，可以取消此选项框，选择其他的选项框。一是每次保存 VI 时添加注释，这样改动 VI 后保存该 VI，在历史窗口自动产生一条注释；二是关闭 VI 时提示输入注释，如 VI 打开后已被修改，即使已保存这些改动，LabVIEW 也将提示在历史窗口中添加注释，如没修改 VI，LabVIEW 将不会提示在历史窗口中添加注释；三是保存 VI 时提示输入注释，如在最近一次保存后对 VI 进行任何改动，LabVIEW 也将提示在历史窗口中添加注释，如没修改 VI，LabVIEW 将不会提示在历史窗口中添加注释；四是记录有 LabVIEW 生成的注释，如果在保存前此 VI 已被编辑修改过，则保存 VI 时在历史窗口中会自动生成注释信息。

(2) 查看当前修订历史。显示与该 VI 同时保存的注释历史。

5. 编辑器选项

“编辑器选项”属性页用于设置当前 VI 对齐网格的大小和创建控件时控件的默认风格。对齐网格大小指定当前 VI 的对齐网格单位的大小(像素)，包括前面板网格大小和程序框图网格大小。创建输入控件/显示控件的控件样式提供了新式、经典、系统和银色四种风格供用户选择。

6. 保护

“保护”属性页用于设置受密码保护的 VI 选项。通常在完成一个项目以后，程序人员需要对 VI 的使用权限进行保护设置，以避免程序被恶意修改或源代码泄密的情况发生。

LabVIEW 在“保护”属性页中提供了三种不同的保护级别，以供用户选择使用。

(1) 未锁定(无密码)：允许任何用户查看并编辑 VI 的前面板和程序框图。

(2) 已锁定(无密码)：锁定 VI，用户必须在该页通过保护属性页对话框解锁后才能编辑前面板和程序框图。

(3) 密码保护：设置 VI 保护密码，选中后弹出“输入密码”对话框提示输入新密码，以对 VI 进行保护，如图 11.26 所示。设定后保存并关闭 LabVIEW，当再次打开刚才保存的 VI 时，则用户只能运行此 VI，无法编辑和查看程序框图，只有用户通过“认证”对话框，才可以对此 VI 进行编辑。

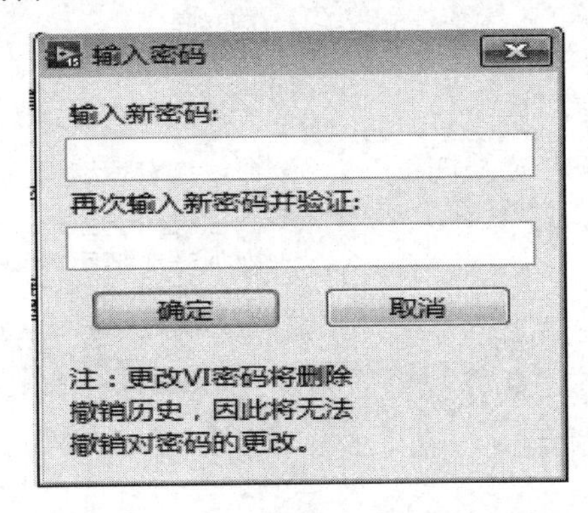

图 11.26　密码保护对话框

7. 窗口外观

“窗口外观”属性页最常用到的一个属性栏，如图 11.27 所示，用于对 VI 自定义窗口外观，通过对它的设置可以隐藏前面板菜单栏和工具栏，改变窗口的动作、外观及用户与其他 LabVIEW 窗口的交互方式，“窗口外观”属性的设置只在程序进行时生效。

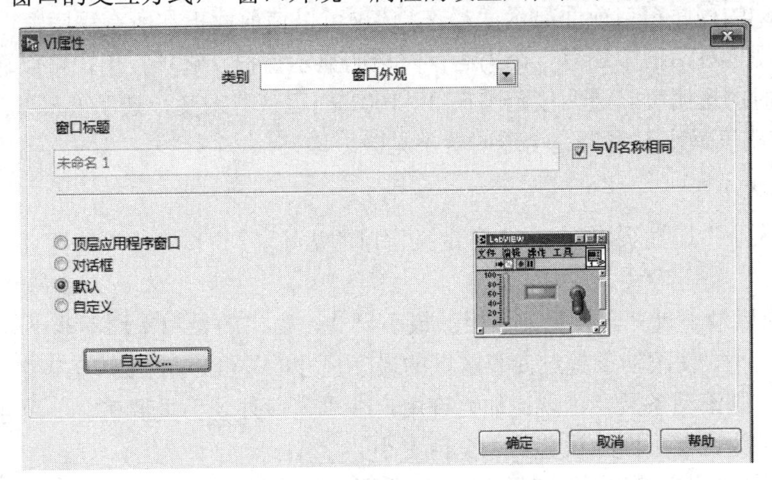

图 11.27　“窗口外观”属性页

窗口外观属性界面的窗口标题显示程序运行时窗口的标题，可以与 VI 相同，也可以自定义。“窗口外观”属性页的窗口样式包括三种 LabVIEW 中设计好的窗口样式和一种自定义的窗口样式。

(1) 顶层应用程序窗口：只显示程序窗口的标题栏和菜单栏，不显示滚动条和工具栏，不能调整窗口大小，只能关闭和最小化窗口，没有“连续运行”按钮和“停止”按钮。

(2) 对话框：和顶层应用程序窗口样式相比，对话框样式没有菜单栏，只允许关闭窗口，不能对其最小化，运行时用户不能打开和访问其他的 VI 窗口。

(3) 默认：显示 LabVIEW 默认的窗口样式，此样式和编辑调试 VI 时的窗口样式相同。

(4) 自定义：显示用户自定义的窗口样式，选中自定义选项并单击下方的“自定义”按钮，系统会弹出“自定义窗口外观”对话框，如图 11.28 所示。

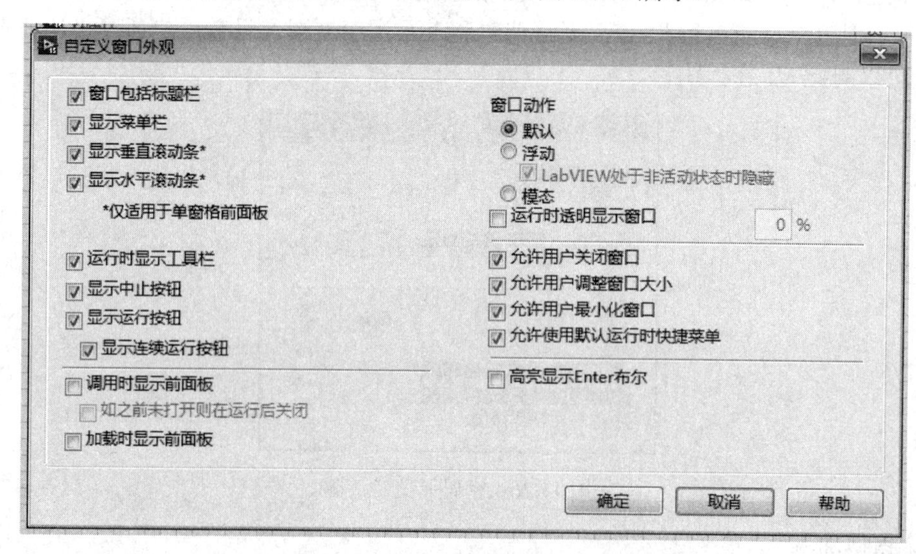

图 11.28 “自定义窗口外观”对话框

通过对窗口具体动作选项的勾选可以自定义符合用户需求的窗口风格，其中“窗口动作”选项有“默认”、“浮动”和“模态”三种动作可供选择，“浮动”选项可以使前面板在其他非浮动的程序窗口前面显示，“模态”选项可以使前面板在所有程序窗口前显示。“自定义窗口外观”对话框中还有一个“运行时透明显示窗口”选项，用户可以通过该选项改变窗口运行时的透明度。透明度范围在 0～100%间可任意改变，透明度最低为 0，最高为 100%，当透明度最高时窗口完全透明看不见。

8. 窗口大小

“窗口大小”属性页用于对 VI 自定义窗口的大小。“窗口大小”属性页包括以下几部分内容：

(1) 前面板最小尺寸。设置前面板的最小尺寸，窗口的长和宽均不能小于 1 像素，如窗口设置得过小，使滚动条超过内容区域的最小尺寸的界限，则 LabVIEW 将隐藏滚动条；如增大窗口，则滚动条又会出现；如允许用户在“窗口外观”页调整窗口尺寸，用户不能将前面板调整为比该页面上设置的长宽值更小。

(2) 使用不同分辨率显示器时保持窗口比例。对于显示器分辨率不同的计算机，VI 能自动调整窗口比例，占用的屏幕空间基本一致。使用该选项的同时，也可缩放一个或多个前面板对象。

(3) 调整窗口大小时缩放前面板上的所有对象。选中该项后前面板所有对象的大小随窗口尺寸的变化而自动调整，但文本和字符串除外。因为字体的大小是不变的，程序框图的对象不会随窗口的大小变化而变化。允许用户调整前面板窗口对象大小时，也可以用该选项。

9. 窗口运行时位置

“窗口运行时位置”属性页用于自定义运行时前面板窗口的位置和大小，如图 11.29 所示，“窗口运行时位置”属性页包括以下几部分内容：

(1) 位置：设置前面板运行时所在的位置，有不改变、居中、最大化、最小化和自定义五种类型可供用户选择。

(2) 窗口位置：设置前面板窗口在全局屏幕坐标中的位置，全局屏幕坐标指计算机显示屏幕的坐标，而非某个打开的窗口坐标。“上”设置栏表示程序窗口上边框在计算机屏幕上的位置，“左”设置栏表示程序窗口左边框在计算机屏幕上的位置。

(3) 前面板大小：设置前面板的大小，不包括滚动条、标题栏、菜单栏和工具栏。“宽度”表示程序窗口的宽度像素，“高度”表示程序窗口的高度像素。前面板的大小必须大于或等于窗口大小属性页中设置的前面板最小尺寸。

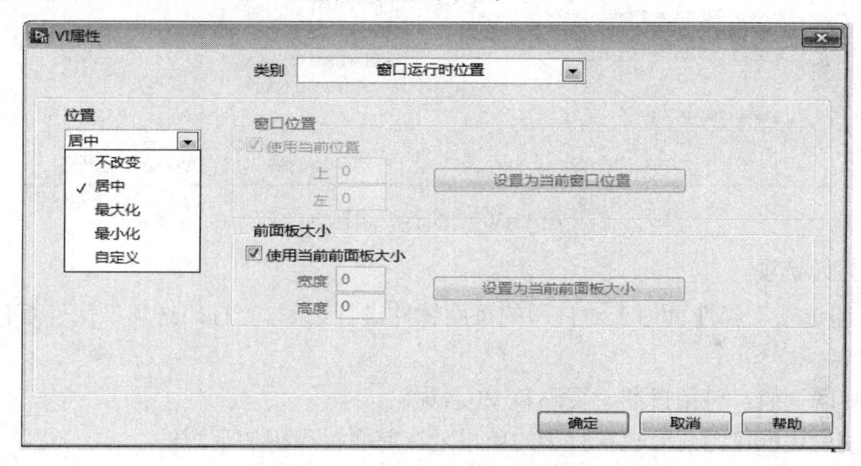

图 11.29 “窗口运行时位置”属性页

10. 执行

“执行”属性页用在 LabVIEW 中设置 VI 的优先级和为多系统结构的 VI 选择首选执行系统，如图 11.30 所示。“执行”属性页包括以下几部分内容：

(1) 优先级：VI 优先级设定 VI 在执行系统中的优先顺序，它和线程优先级无关。在下拉列表中有六种优先级可供选择，在程序设计时可以把重要的 VI 的优先级设置高一些，但通常情况下只有特殊的 VI 才使用非标准优先级。

(2) 允许调试：勾选该选项允许对 VI 进行设置断点、启用高亮显示等调试。

(3) 重入：如果一个 VI 要被两个或多个程序同时调用，需要把 VI 设置为重入执行模式。重入执行中有两种副本使用形式，使用共享副本的方式可以减少内存使用。

(4) 首选执行系统：LabVIEW 支持程序的系统同时运行，在一个执行系统中运行的 VI 能够在另一个执行系统的 VI 处于运行中途时开始运行。LabVIEW 包括六个子系统，分别是用户界面子系统、标准子系统、仪器 I/O 子系统、数据采集子系统、其他 1 子系统和其他 2 子系统。大多数情况下用户不需要根据 VI 功能硬性分配子系统。

(5) 启用自动错误处理：勾选后若程序运行错误会停止运行并弹出错误列表。

(6) 打开时运行：设置后当打开 VI 时程序自动运行，不需按运行按钮。

(7) 调用时挂起：当主程序调用子程序 VI 时，被设置为“调用时挂起”的子 VI 在被调用时会弹出前面板等待用户进行下一步操作。

(8) 调用时清空显示控件：清除本 VI 及下属子 VI 在每次程序运行时显示控件的内容。

(9) 运行时自动处理菜单：在程序运行时自动操作菜单，也可使用获取所选菜单项函数进行菜单选择。

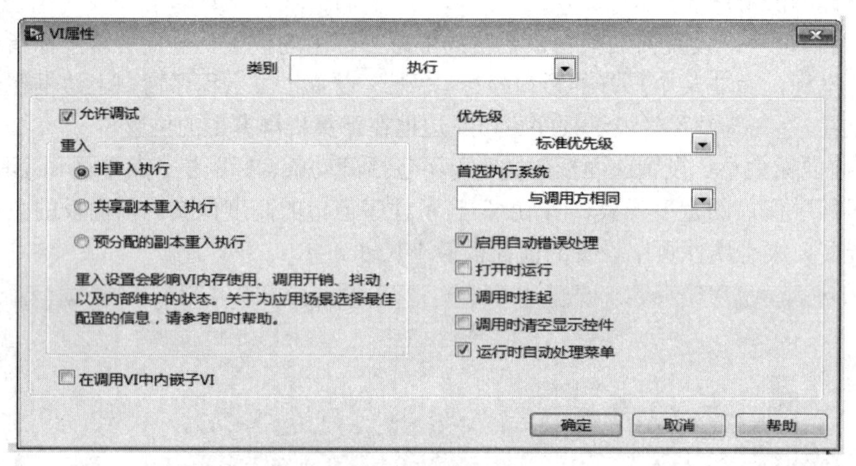

图 11.30 “执行”属性页

11. 打印选项

“打印选项”属性页用于对打印的页面属性进行设置。“打印选项”属性页包括以下几部分内容：

(1) 打印页眉：包括日期、页码和 VI 名称。

(2) 使用边框包围前面板：打印的效果是在前面板周围加上边框。

(3) 缩放要打印的前面板以匹配页面：依据打印纸张的大小自动调整前面板的大小。

(4) 缩放要打印的程序框图以匹配页面：依据打印纸张的大小自动调整程序框图的大小。

(5) 使用自定义页边距：自定义前面板打印的页边距，其设置的单位为英寸或厘米，可根据习惯选择。

(6) 每次 VI 执行结束时自动打印前面板：程序运行结束后自动打印前面板。

11.5 对 话 框

在程序设计中，对话框是人机交互界面的一个重要控件。LabVIEW 有两种方法可以实现对话框的设计：一种是直接使用 LabVIEW 函数面板中提供的几种简单对话框；另一种是通过自 VI 实现用户自定义功能较为复杂的对话框设计。

11.5.1 普通对话框

对话框 VI 函数在函数面板的【编程】→【对话框与用户界面】面板下，按类型分为两类对话框：一种是“信息显示”对话框，另一种是“提示用户输入”对话框；其中，“信息显示”对话框有下列四种：

(1) 单按钮对话框：它有三个连接端子，其中按钮名称是对话框按钮的名称，默认值为确定；消息是对话框中显示的文本，消息文本越长，显示的对话框会相应变大，函数根据对话框的大小自动为消息文本换行；“真”是点击按钮时值为返回 True。

(2) 双按钮对话框：较单按钮对话框多一个 F 按钮名称连接端子，默认值为取消，如单击 F 按钮名称对话框，可返回 False。

(3) 三按钮对话框：如图 11.31 所示，其中较前面两个对话框多了一个“窗口标题”端子，该端子输入的字符串信息显示为对话框标题，如图 11.32 所示。如果连线空字符串至按钮文本输入，该 VI 可隐藏该按钮，使三按钮对话框转换为单按钮或双按钮对话框；如连线空字符串至对话框的每个按钮，则该 VI 可显示默认的确认按钮。

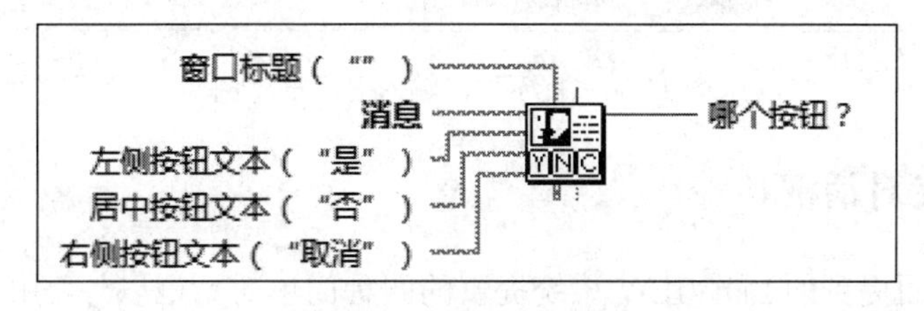

图 11.31　三按钮对话框

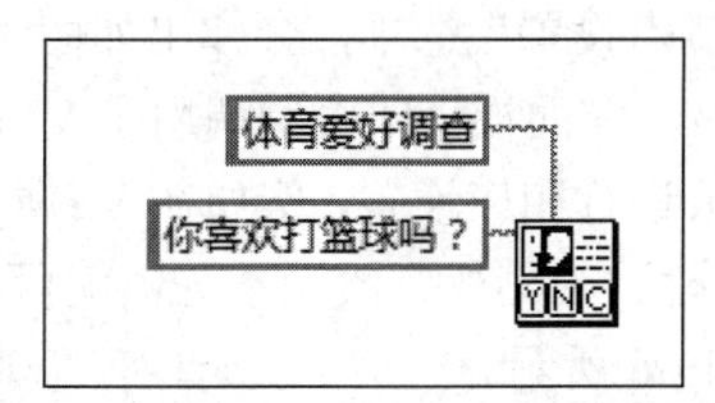

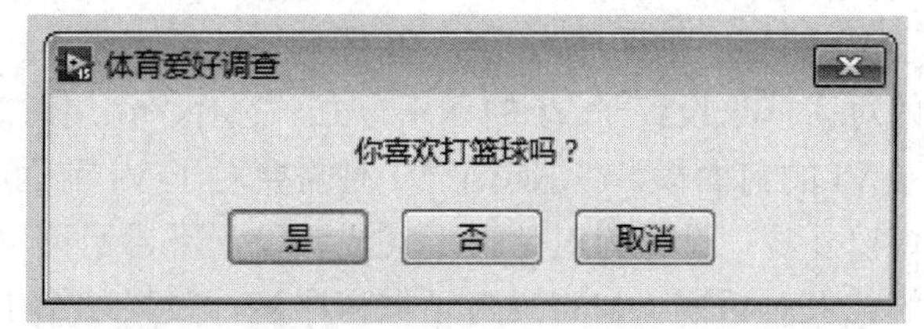

图 11.32　三按钮对话框示例

(4) 显示对话框信息：创建含有警告或用户消息的标准对话框，可以配置对话框内容和按钮个数，其配置界面和运行效果如图 11.33 所示。

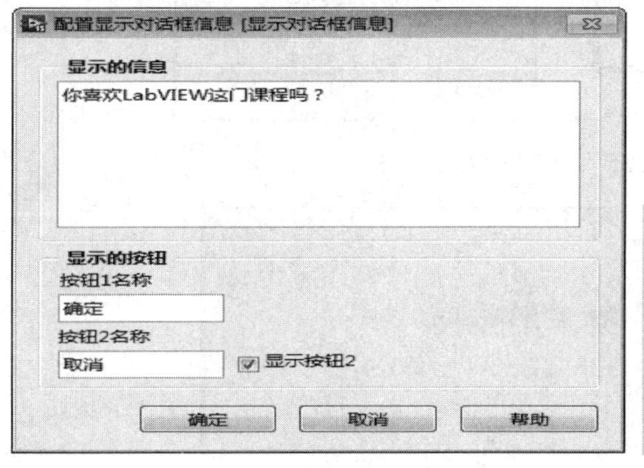

图 11.33　显示对话框信息示例

提示用户输入对话框可以输入简单的字符串、数字和布尔值，其配置界面和运行效果如图 11.34 所示。

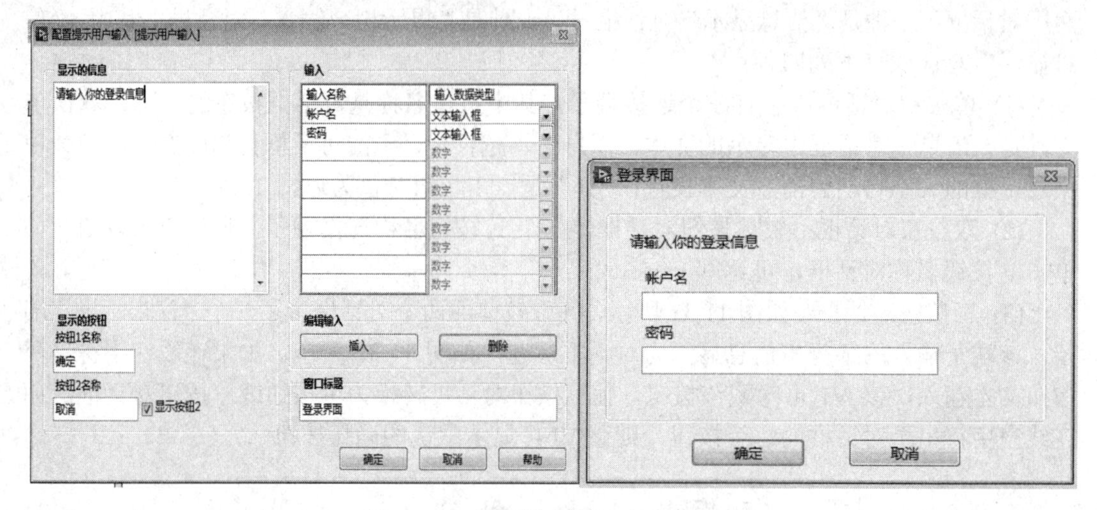

图 11.34　提示用户输入对话框示例

11.5.2　自定义对话框

除了我们前面提到的 LabVIEW 系统提供的四种简单对话框以外，用户还能通过子 VI 的方式实现用户自定义对话框。默认情况下调用子 VI 时不弹出子 VI 的运行界面，如果在调用子 VI 的程序框图中右击子 VI 图标，选择“子 VI 节点设置”选项，会弹出如图 11.35 所示的对话框来设置子 VI 的调用方式。选择“调用时显示前面板”即表示调用子 VI 时会弹出子 VI 的前面板，在编辑子 VI 时需要对子 VI 前面板进行相应设置，例如在 VI 属性中把“窗口外观”设置为对话框形式或者设置不显示菜单栏、工具栏、滚动条等，就可以作为系统载入对话框。自定义对话框程序运行效果如图 11.36 所示。

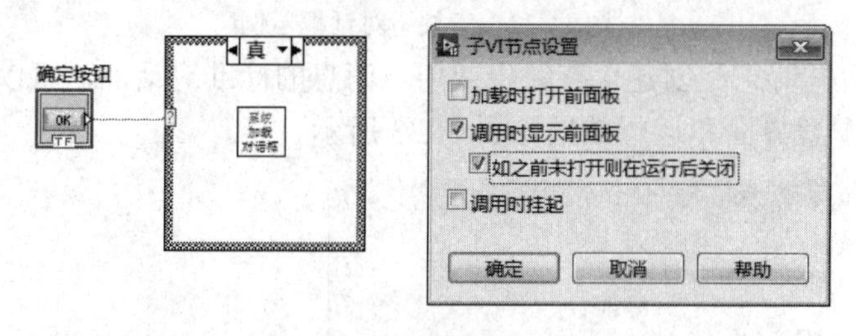

图 11.35　子 VI 节点设置图

图 11.36　自定义对话框运行效果图

11.6　菜　　单

一个良好的人机界面，菜单项是其必不可少的组成部分。在 Windows 程序中菜单无处不在，它的好处是将所有的操作隐藏起来，只有需要用到的时候才激活，因此相对于把所有的操作都作为按钮放在面板上，它节省了大量的控件。菜单有两种，一种是运行主菜单，另一种是右键快捷菜单。LabVIEW 提供了两种创建菜单的方法：一种是在菜单编辑器中完成设计，另一种是使用菜单函数选板进行菜单设计。

11.6.1　菜单函数

通过 LabVIEW 中的菜单函数选板可以对自定义的前面板菜单赋予指定操作，实现前面板菜单的功能；同时，用户使用菜单选板上的节点功能也能对前面板菜单进行定义，实现自定义菜单的设计。菜单函数选板位于函数面板下的【对话框与用户界面】→【菜单】面板下。常用的菜单函数如图 11.37 所示。

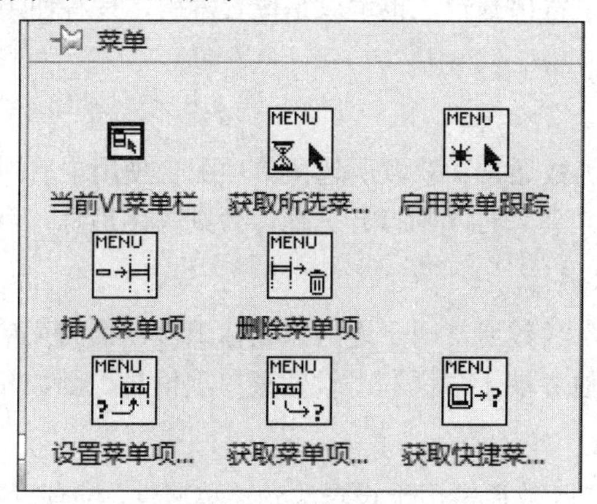

11.37　菜单函数选板

1. 当前 VI 菜单栏

“当前 VI 菜单栏”函数的接线端子返回当前 VI 的菜单引用句柄，用于连接其他菜单操作节点。LabVIEW 中使用菜单引用作为某个对象的唯一标识符，它是指向某一对象的临时指针，因此仅在对象被打开时生效，一旦对象被关闭，LabVIEW 就会自动断开连接。

2. 获取所选菜单项

“获取所选菜单项”函数的接线端子如图 11.38 所示。它通常用于设置等待时间，并获取菜单项标识用于对菜单功能进行编辑，其中“菜单引用”端子连接当前 VI 菜单栏或其他菜单函数节点的菜单引用输出端子，用于传递同一个菜单的操作函数；“菜单引用输出”端子连接的是下一函数的菜单引用输入；项标识符为字符

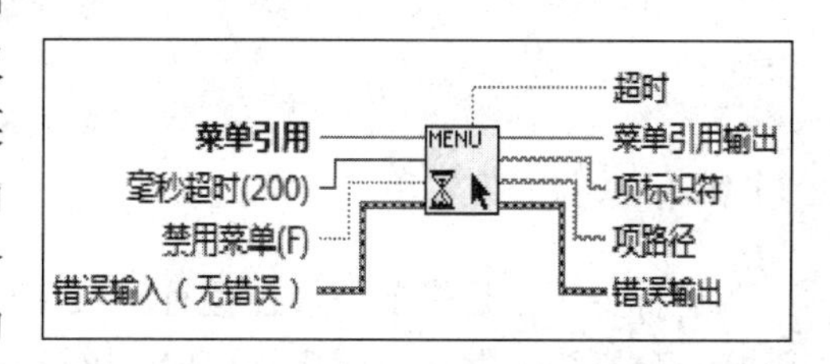

图 11.38　“获取所选菜单项”函数接线端子

串类型，通常连接条件结构的分支选择器端子，处理被选中菜单项的动作；项路径描述了所选菜单项在菜单中的层次位置，形式为用冒号(:)分隔的菜单标识符列表。例如，如选择文件菜单中的打开菜单项，项的路径为 File:Open。

3. 插入菜单项

"插入菜单项"函数通常用于在指定菜单或子菜单中插入新的菜单项。菜单项标识符输入的是插入位置的上一级菜单名称字符串，如果不指定菜单标识符，则插入菜单项为顶层菜单项；项名称确定要插入菜单的项，是在菜单上显示的字符串，可连线项名称或项标识符，名称和标识符必须相同，如只需插入项，可连线字符串至项名称；项之后端子可以直接输入要插入菜单项的项标识符字符串，也可以是要插入菜单项的位置索引，位置索引默认从 0 开始；项标识符输出端子用于返回和输出插入项的项标识，如果"插入菜单项函数"没有找到项标识符或项，则返回错误信息。

4. 删除菜单项

"删除菜单项"函数通常用于删除指定的菜单项，可以输入菜单标识符，也可以输入删除项的字符串或位置。如果没有指定菜单项标识符，则删除所有的菜单项。项输入端子可以是项标识字符串或字符串数组，也可以是位置索引，只有使用位置索引的方法可以删除分隔符。

5. 启用菜单追踪

"启用菜单追踪"函数通常和获取所选菜单项配合使用。启用端子输入的是布尔型数据，当启用端子输入为"真"时，则打开追踪，否则关闭追踪，默认为打开追踪。

6. 获取菜单项信息

"获取菜单项信息"函数通常用于返回和项标识符一致的菜单项属性，其中常用的返回属性是快捷方式，其他各端子含义和"设置菜单项信息"函数相同。

7. 设置菜单项信息

"设置菜单项信息"函数通常用于设置改变菜单属性，没有重新设置的属性不会改变。项标识符指定用户想要设置属性的菜单项或菜单数组；快捷方式用于设置菜单项的快捷方式，输入的为簇类型的数据，每个菜单在簇中有两个布尔类型和一个字符串，第一个布尔类型定义快捷键中是否包含 Shift 键，第二个布尔类型定义快捷键中是否包含 Ctrl 键，字符串中设置菜单快捷键，以配合 Shift 键或 Ctrl 键使用；已启用端子输入布尔型参数，默认为启用状态。

8. 获取快捷菜单信息

"获取快捷菜单信息"函数通常用于返回与所输入的快捷方式相同的菜单项标识符和项路径。

11.6.2　运行主菜单

运行主菜单是指前面板在运行时菜单栏所显示的主菜单。运行主菜单有三种类型可供选择，分别为：默认，即 LabVIEW 的默认菜单；最小化，即只显示最常用的一些菜单选项；自定义，用户可以在这里编辑自己喜欢和需要的菜单。我们这里讲的运行主菜单主要是自定义运行主菜单。

自定义运行主菜单在前面板编辑也比较简单，下面通过一个自定义运行主菜单实现登录系统的案例来详细解读前面板编辑运行主菜单的过程。

步骤一：打开 LabVIEW 工具，创建一个新 VI，选择“编辑”下的“运行时菜单...”选项，即可弹出“菜单编辑器”对话框，如图 11.39 所示。

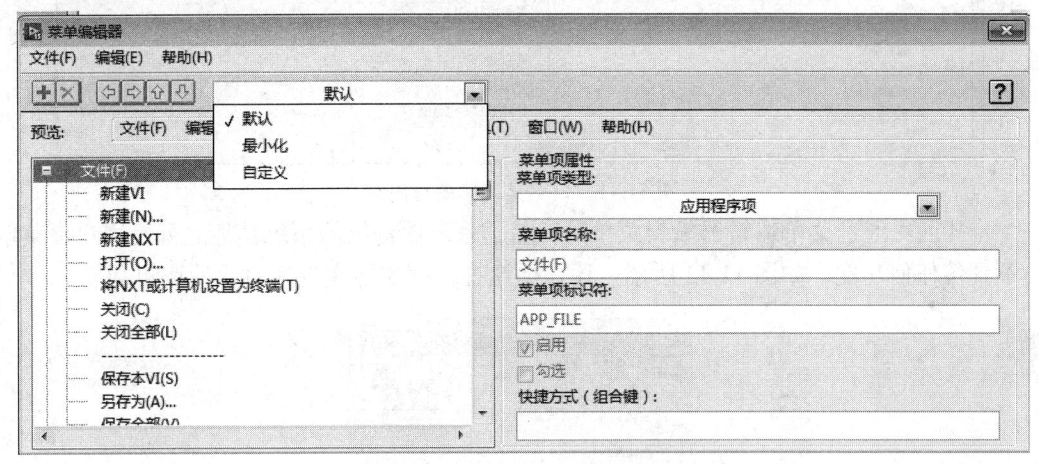

图 11.39 “菜单编辑器”对话框

步骤二：选择图 11.39 中下拉列表的“自定义”选项，弹出如图 11.40 所示的自定义菜单编辑对话框。开始编写菜单内容，“菜单项类型”选择“用户项”，通过“菜单项名称”文本框输入菜单内容，选择左上角的加号，添加新的菜单内容；左上角的上下左右键调整菜单项内容的位置，进行等级缩进和上下移动；“菜单项标识符”选择分隔符，可以添加水平线等，编写完成后如图 11.41 所示。然后选择“文件”下的“保存”选项，将其内容保存为扩展名为 .rtm 的菜单文件，最好将它与 VI 存放在同一个路径下。

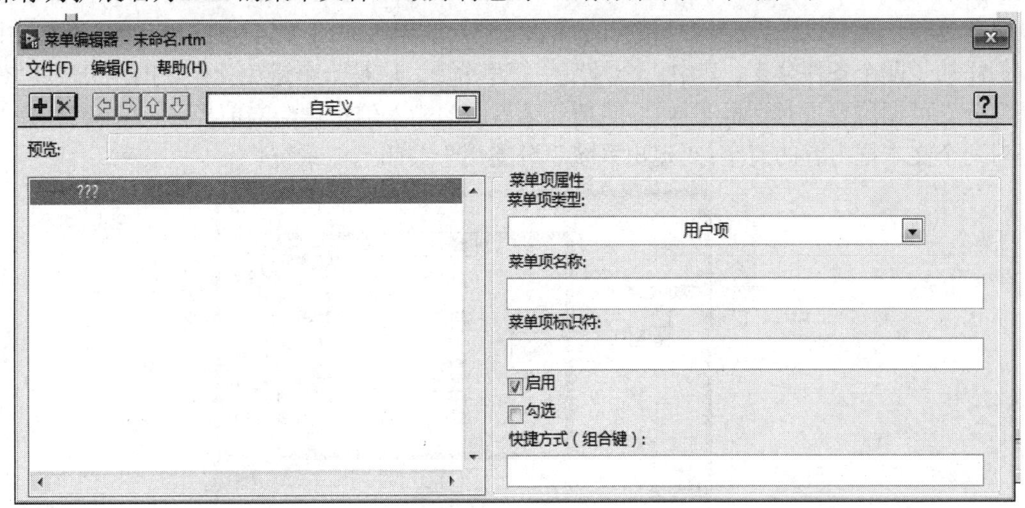

图 11.40 自定义菜单编辑对话框

步骤三：通过前面板设计一个登录系统的子 VI，编写好程序框图，定义好连接端子，设置窗口外观为对话框。

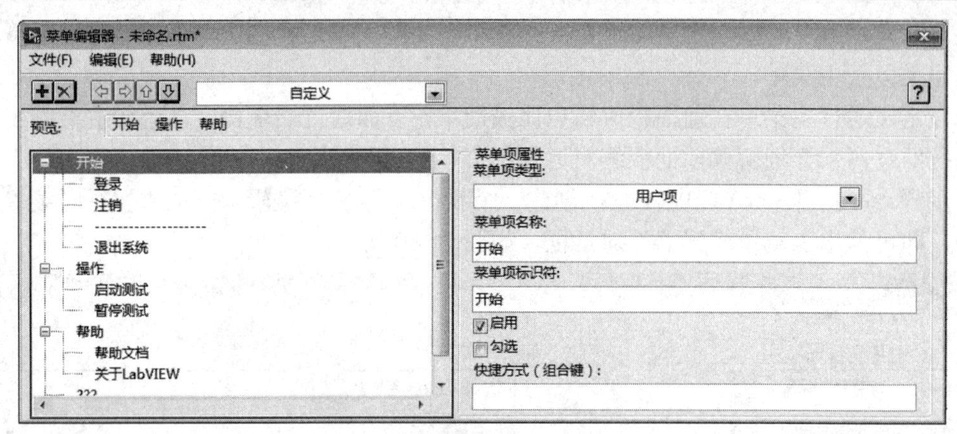

图 11.41　自定义菜单编写内容

步骤四：通过菜单编辑器编辑菜单后，除了系统项提供的系统功能之外，用户项菜单并不具备任何功能，如图 11.42 所示，还需要通过编程才能实现其对应的逻辑功能。

图 11.42　自定义运行菜单界面

步骤五：在程序框图中，打开菜单函数面板，首先选择“当前 VI 菜单栏”函数获得当前前面板的主菜单，然后在 While 循环中通过“获取所选菜单项”函数获得用户点击的菜单项选项，再通过条件结构对相应的菜单项进行编程，如图 11.43 所示。在程序框图中我们添加了四个条件分支，其中一个是空字符串分支，这是一个避免死循环的空分支；“登录”分支可调用登录对话框子 VI，并把登录界面的输入信息传给当前界面；“注销”分支是对两个文本框内容的清空；“退出系统”分支用于关闭当前系统。

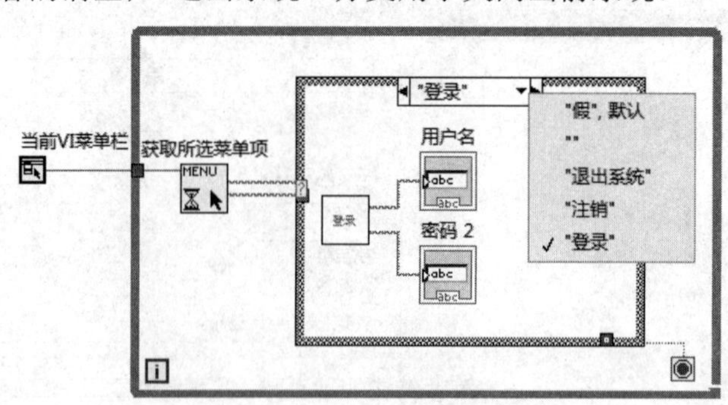

图 11.43　自定义菜单响应程序框图

自定义运行主菜单的响应程序还可以通过事件结构实现，它比通过“获取所选菜单项”函数实现要更简洁明了，在项目开发中，一般推荐使用事件结构实现。下面我们用前面制作的登录界面子 VI 和菜单文件，来完成通过事件结构实现菜单响应功能。

步骤一：加载菜单文件。新建 VI，选择“编辑”下的“运行时菜单”，进入“菜单编辑器”对话框，如图 11.39 所示；选择“自定义”，进入如图 11.40 所示的对话框，选择“文件”下的“打开”选项，选择前面编辑好的菜单文件；点击右上角关闭按钮，出现如图 11.44 所示对话框，选择“是”按钮。

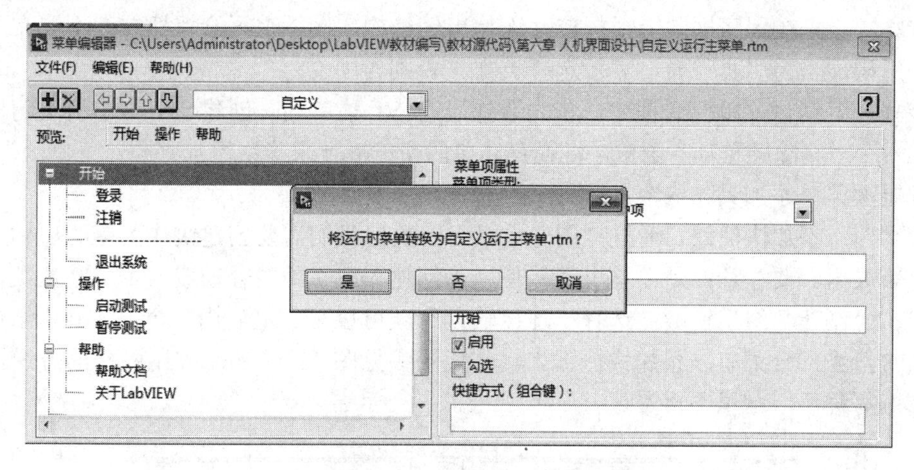

图 11.44　加载自定义菜单文件示例

步骤二：添加菜单选择(用户)事件。在 While 循环中添加一个事件结构，选择“添加事件分支”选项，在弹出的编辑事件对话框中，选择“事件源”为“<本 VI>”及“事件”为“菜单选择(用户)”，如图 11.45 所示。

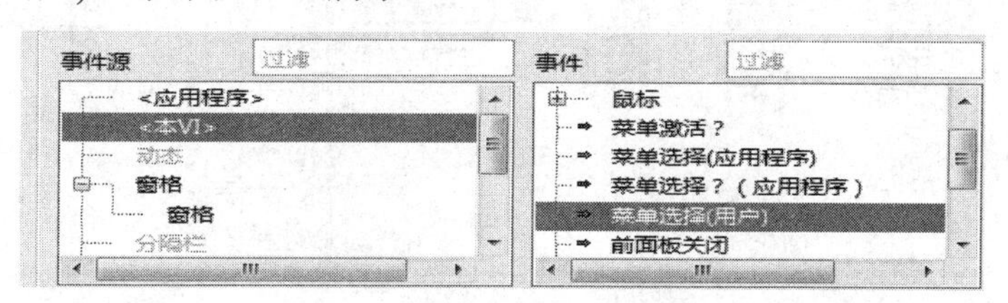

图 11.45　添加菜单选择(用户)事件

步骤三：编写程序框图。在菜单选择事件中，添加条件结构，编写代码如图 11.46 所示，里面内容与前面图 11.43 内容相同。运行程序，就可以实现整个功能了。

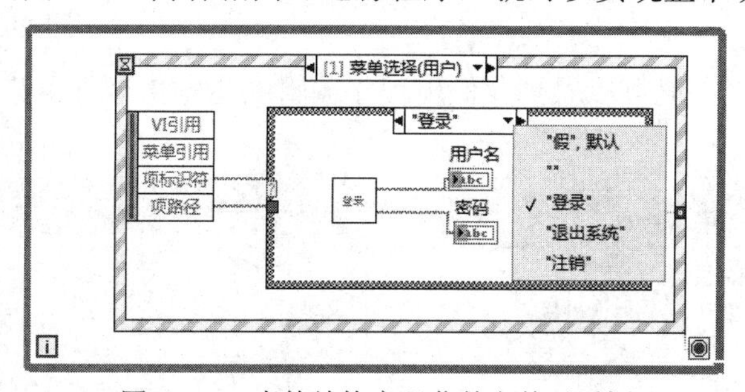

图 11.46　事件结构实现菜单文件对话框

除了可以通过菜单编辑器来编辑运行主菜单之外，还可以利用菜单面板上的 VI 函数通过编程来动态创建菜单。用菜单编辑器编辑菜单的好处是所见即所得，是在程序运行之前菜单项就已经确定了，而若通过编程来动态创建菜单，菜单项可以根据程序运行情况而作改变。

下面我们动态生成一个可以中英文操作界面互换的主菜单，在程序运行时，用户可以通过选择不同语言实现同一个主菜单操作。

步骤一：在前面板添加一个布尔型的水平摇杆开关控件，作为我们选择菜单语言的选择器，语言有中文和英文。

步骤二：先在程序框图为摇杆控件添加事件结构，接下来再给摇杆控件不同布尔值添加条件结构，当为“真”时，表示选择英文，否则为中文。

步骤三：编写菜单模式程序。首先选择当前 VI 菜单项，创建一个菜单引用句柄；然后添加一个“删除菜单项”函数，将现有菜单清空；接下来多次添加“插入菜单项”函数，为不同层次菜单添加具体内容。

步骤四：添加快捷键。通过“创建数组”函数把我们需要创建快捷菜单的项标识符构成一个新数组。要注意的是在这里直接使用“创建数组”函数会构成一个二维数组，鼠标右键点击“创建数组”函数，选择“连接输入”就可以了。最后用一个 For 循环结构和一个数组常量为部分菜单项添加快捷键。具体代码参见图 11.47 所示。用同样的方法为英文版菜单编写程序，这里不再赘述。

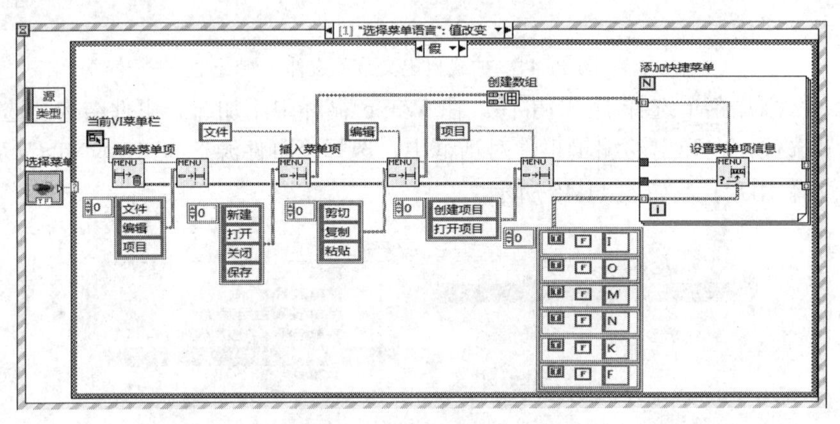

图 11.47　动态创建菜单程序图

步骤五：添加菜单选择(用户)事件。选择“添加事件分支”选项，在弹出的编辑事件对话框中，选择“事件源”为“<本 VI>”，选择“事件”为“菜单选择(用户)”。编写代码可以参考图 11.46。

步骤六：运行程序，就可以看到我们用程序编辑的自定义运行主菜单不同的语言模式，如图 11.48 所示。

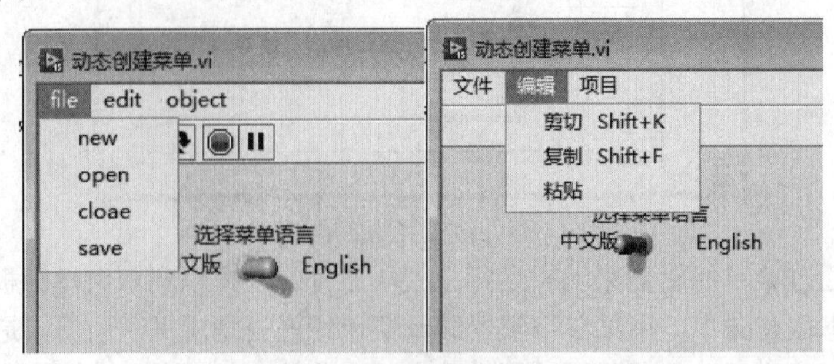

图 11.48　动态创建菜单运行效果图

11.6.3　右键快捷菜单

右键快捷菜单是为某一个具体控件设置的菜单，只有当用户用鼠标右键点击该控件时，才会弹出菜单。它更具有针对性，鼠标右键点击不同的控件可以弹出不同的菜单，因此能够满足用户更多的交互需求。

右键快捷菜单的创建方式也有两种，一种是通过菜单编辑器创建菜单，另一种是通过编程动态创建菜单。

下面我们先用菜单编辑器创建右键快捷菜单的方式，为一个温度计创建右键快捷菜单，通过该菜单，用户可以选择温度计显示方式为摄氏度还是华氏度。

步骤一：创建一个 VI，在前面板添加一个温度计控件，一个布尔型指示灯控件。

步骤二：编辑菜单项。鼠标右键点击“温度计”控件，选择【高级】→【运行时快捷菜单】→【编辑】选项，弹出如图 11.49 所示的“快捷菜单编辑器”对话框，选择“自定义”类型，添加菜单项目名称“华氏”和“摄氏”，保存控件。

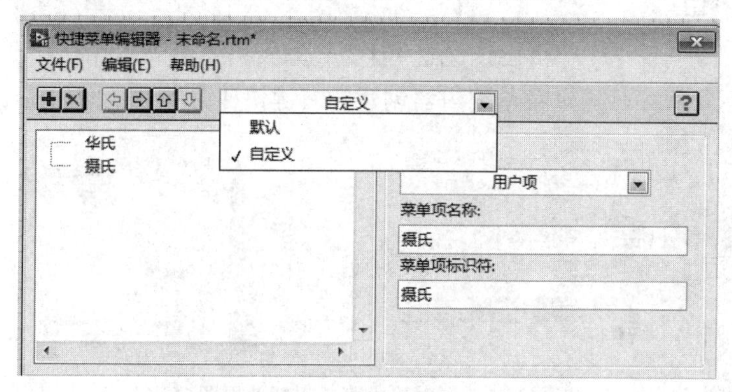

图 11.49　“快捷菜单编辑器”对话框

步骤三：选择事件。菜单项编辑完成后，编辑程序框图代码。与运行时主菜单不同的是，右键快捷菜单只能通过事件结构来实现菜单响应。在程序框图中添加事件结构，选择“添加事件分支”选项，在弹出的“编辑事件”对话框中，选择“事件源”为“温度计”，选择“事件”为“快捷菜单”下的“快捷菜单选择(用户)”选项，如图 11.50 所示。

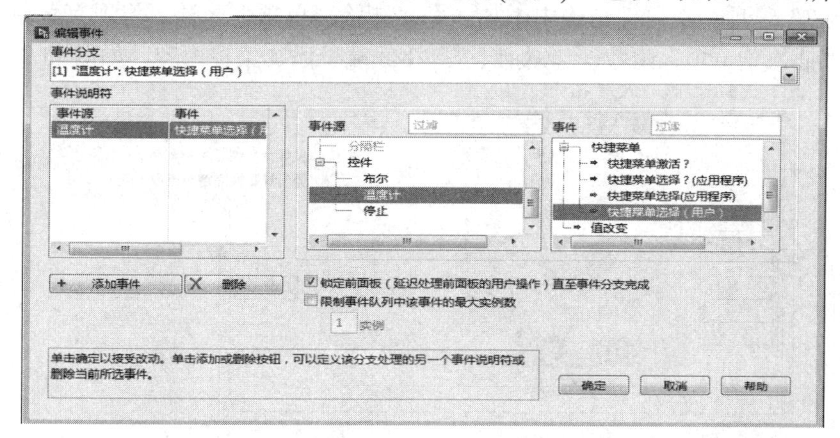

图 11.50　右键快捷菜单“编辑事件”对话框

步骤四：编写程序。在事件结构内添加条件结构，通过“项标识符”选择条件，在“摄氏”菜单项中设置温度计标题为“温度计(摄氏)”，最大值为 100，指示灯亮，指示灯标题为“摄氏温度”；在“华氏”菜单项中，设置温度计标题为“温度计(华氏)”，最大值为 200，指示灯灭，指示灯标题为“华氏温度”。程序框图代码如图 11.51 所示。

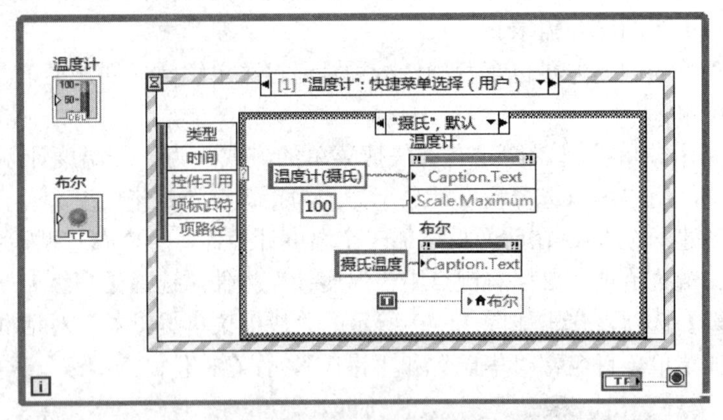

图 11.51　右键快捷菜单编辑程序框图

步骤五：运行程序，通过菜单编辑器创建的右键快捷菜单效果图如图 11.52 所示。

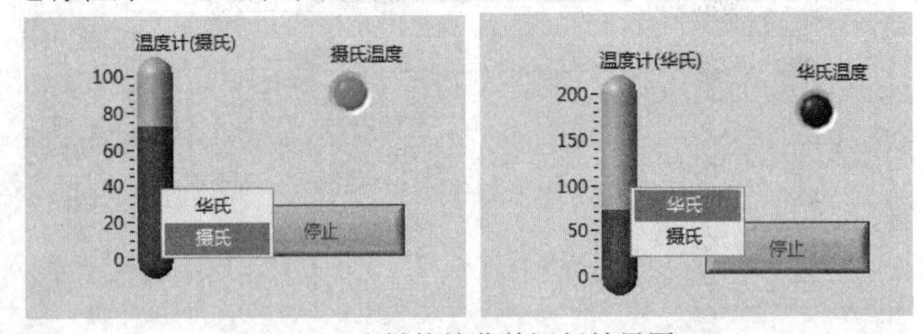

11.52　右键快捷菜单运行效果图

接下来我们通过编程动态创建右键快捷菜单的方式，同样实现上面的温度计效果。

步骤一：创建一个 VI，在前面板添加一个温度计控件，一个布尔型指示灯控件。

步骤二：在程序框图中添加事件结构，选择“添加事件分支”选项，在弹出的“编辑事件”对话框中，选择“事件源”为“温度计”，选择“事件”为“快捷菜单”下的“快捷菜单激活?”选项。在事件结构中添加一个“删除菜单项”函数，将现有菜单清空；接下来添加“插入菜单项”函数，“项标识符”接线端子添加菜单内容，如图 11.53 所示。

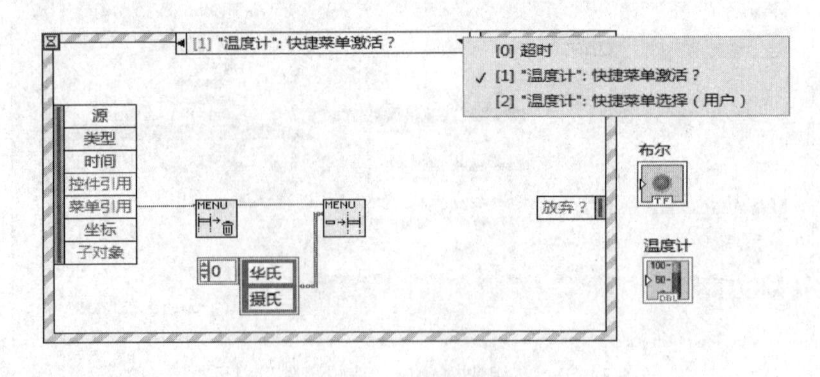

图 11.53　动态创建右键快捷菜单程序图

后面的步骤与通过菜单编辑器创建右键快捷菜单例子的步骤三、四和五相同，这里不再赘述。

11.7 选 项 卡

选项卡控件提供多个页面，每个页面都是一个容器，页面里边可以摆放各种控件来完成不同的功能。用户可以通过点击页面上边的“选项卡标签”来切换不同页面的显示。选项卡控件位于控件面板的“新式”下的“容器”子面板内。选项卡控件添加到前面板后，默认有两个选项卡标签，双击选项卡标签可以修改标签内容，右击选项卡边框，在弹出的快捷菜单中可以选择相关选项对选项卡进行添加、删除、复制、交换和创建属性节点等操作，如图 11.54 所示。

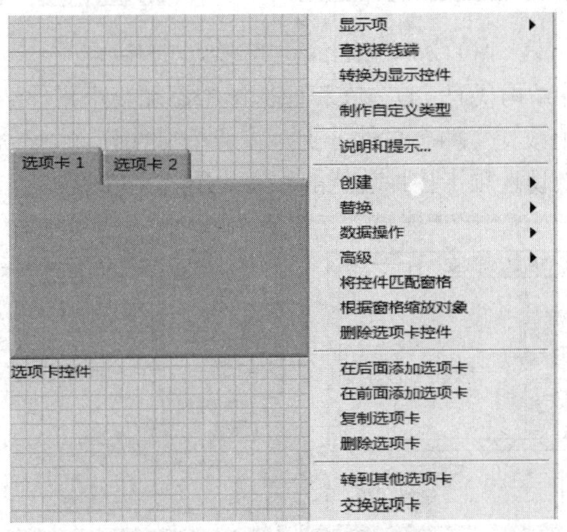

图 11.54 选项卡及其快捷菜单

选项卡功能既可以通过条件结构来完成，也可以通过事件结构来完成，在实际的项目开发过程中，一般用事件结构完成较多。下面是我们用条件结构和事件结构完成一个选项卡控件不同的算术运算实例，程序设计步骤如下。

步骤一：新建一个 VI，在前面板上添加一个选项卡控件，修改第一个选项卡标签为“相加运算”，修改第二个选项卡标签为“相乘运算”，分别在两个选项卡中添加两个数值输入控件、一个数值显示控件和一个“相加”/“相乘”按钮，分别修改标签名如图 11.55 所示。

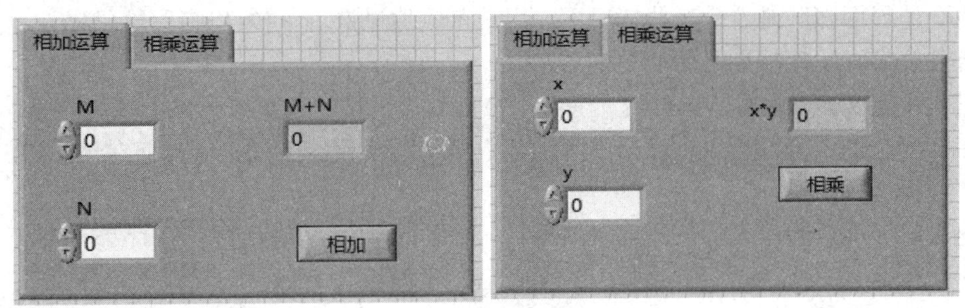

图 11.55 选项卡前面板

步骤二：切换到程序框图，添加一个条件结构，“选项卡控件”的输出端连接其分支选择器，则条件结构自动生成了“相加运算”分支和“相乘运算”分支；在每个分支中再添加一个条件结构，其分支选择器分别连接“相加”和“相乘”两个确定按钮，在其“假”分支结构中不编写程序代码，只在“真”分支中添加相关的运算程序，如图 11.56 所示。这样条件结构实现选项卡控件功能的程序代码就完成了。

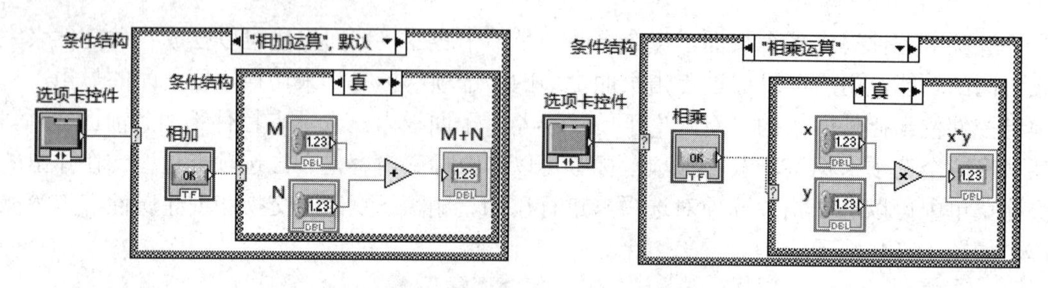

图 11.56　条件结构实现选项卡控件功能

步骤三：编写事件结构代码。首先在程序框图中添加一个事件结构，然后添加“相加：值改变”和“相乘：值改变”两个事件分支，在两个事件分支中添加程序代码如图 11.57 所示。这样事件结构实现选项卡控件功能的程序代码就完成了。

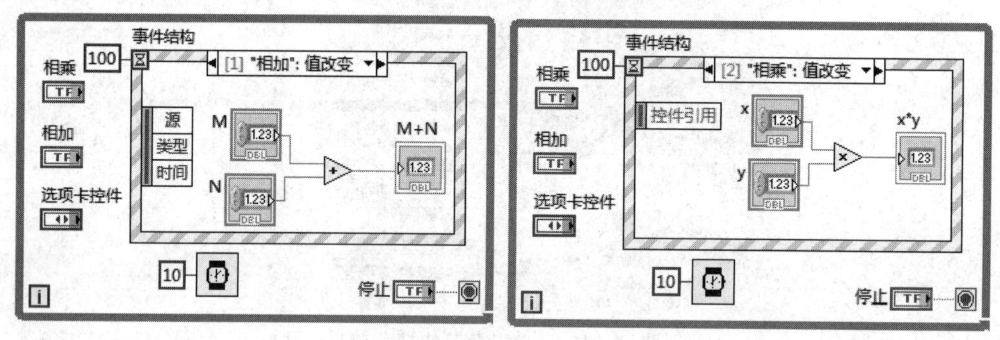

图 11.57　事件结构实现选项卡控件功能

步骤四：运行程序，在数值输入控件中改变不同的数据，就会实现相应的运算了。

11.8　多　面　板

在设计稍具规模的系统时，往往一个前面板很难显示出所有的内容，就算勉强显示出来，也会使界面臃肿难看。有些情况下，用户可以通过选项卡控件进行分页显示，但是前面板控件过多，程序框图必然会更加繁乱。

其实，类似于常见的 Windows 程序，用户可以通过按钮或菜单弹出更多的界面，这样，无论多么复杂的系统都可以用简洁的多面板人机界面实现。下面来看如何在 LabVIEW 中实现多面板的程序设计。

这里将多面板程序设计分为两种情况：一种是在弹出子面板时，主程序处于等待状态，直到子面板运行完成；另一种是弹出子面板后，子面板与主程序相互独立运行。

对于第一种情况，可以简单地通过子 VI 实现。在子 VI 的【文件】→【VI 属性】→

【窗口外观】→【自定义】对话框中使用“调用时显示前面板”选项，当主 VI 调用到该子 VI 时，该子 VI 的前面板便会自动弹出。子 VI 可以是静态调用，也可以是动态调用。

对于第二种情况，需要通过 VI 引用的方法节点来实现。下面通过一个实例来说明，前面板如图 11.58 所示，程序框图如图 11.59 所示。前面板的“子面板 1”、“子面板 2”、“子面板 3”和“关于”这四个按钮分别对应四个 VI 面板，每当用户点击其中一个按钮就会弹出相应的程序面板。运行过程中，用户可以看到各个面板之间是互相独立的，即其中一个面板的运行不影响另一个面板的操作。

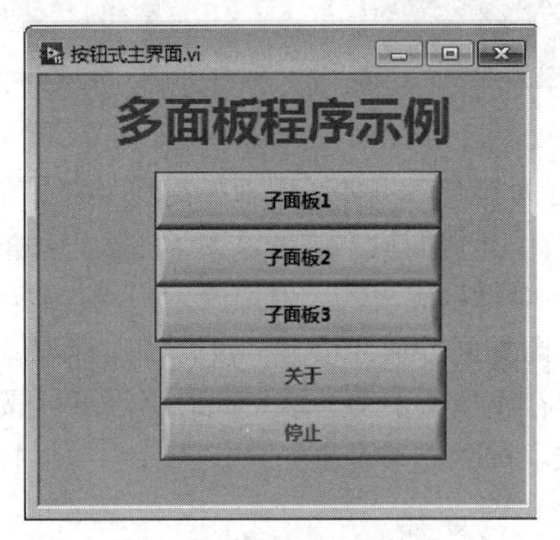

图 11.58　多面板程序前面板

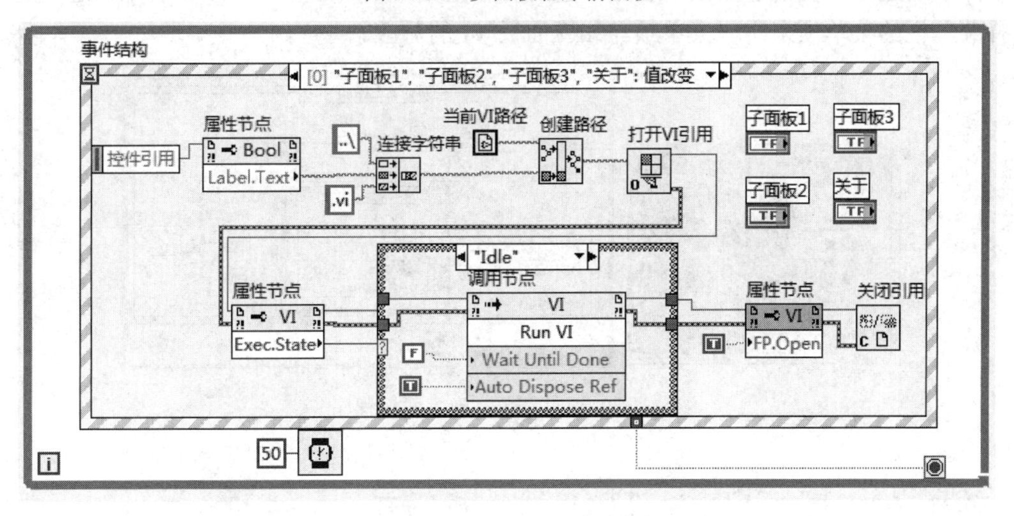

图 11.59　多面板程序事件结构框图

下面来看程序框图是如何实现的。程序框图中最主要的是一个事件结构，该事件结构的触发条件来源于用户点击界面上四个按钮中的任何一个。例如当用户单击“子面板 1”按钮时，可以通过“控件引用”的属性节点 Label.Text(标签.文本)属性获得按钮的标签名称，通过字符串连接和“创建路径”函数可以得到该按钮对应 VI 的绝对路径；通过“打开 VI 引用”函数获得 VI 引用后，由 VI 的 Execution.State(执行.状态)属性节点获得 VI 的运行状态，如果 VI 处于 Idle 状态(即不运行状态)，则通过 Run VI(运行 VI)方法运行该 VI，设置 Wait Until Done(结束前等待)参数为 False 表明该动态加载的 VI 与主 VI 相互独立运行；最后通过设置 Front Panel Window.Open(前面板窗口.打开)属性为 True 来打开动态加载 VI

的前面板。

下面我们来看子面板的写法，如图 11.60 所示。为了使用户点击“退出”按钮实现面板的关闭，这里用到了 VI 的 Front Panel.close 方法。

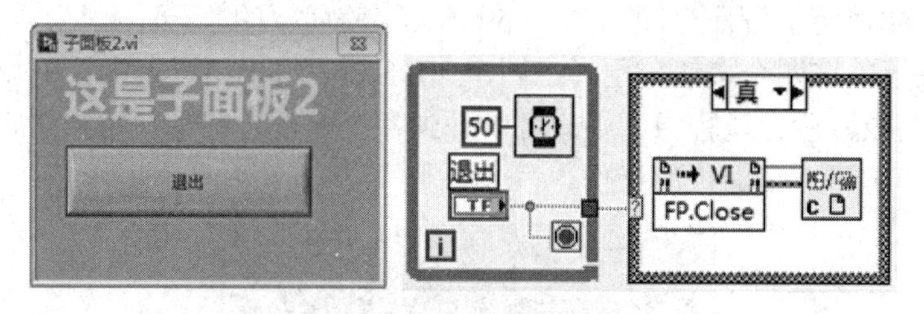

图 11.60　子面板程序实例

子面板可以有不同的行为模式，例如子面板始终在界面最前面；或者是对话框方式，即子面板打开时用户不能操作其他面板。这可以在子面板程序的【文件】→【VI 属性】→【窗口外观】→【自定义】对话框中设置，对应于窗口动作栏，它有三种模式。

(1) 默认：普通模式，即如同普通面板一样没有特殊行为。

(2) 浮动：面板总是浮在窗口最前面，用户此时仍然可以操作其他面板。

(3) 模态：对话框模式，即如同对话框一样，当该面板运行时，用户不可以操作其他面板。

除了通过按钮实现多面板的调用，也可以通过菜单实现，如图 11.61 所示，这里通过选择菜单栏的菜单项来实现菜单项与相应面板 VI 的对应。

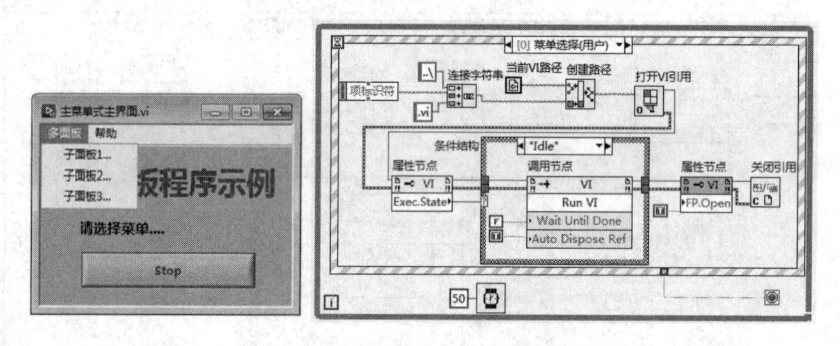

图 11.61　通过菜单实现多面板程序

11.9　光　　标

光标是指示用户输入位置的图标，也可以是指示鼠标当前位置的图标，还可以是使用键盘输入时指示将要输入文字的位置的小动态图标。程序运行过程中，光标图像的变化可以形象地告诉用户程序的运行状态。例如，当程序正在采集或分析数据而不接受用户输入时，可以将光标的外观变为沙漏或钟表状态表示程序忙，而当 VI 完成采集或分析数据可重新接受用户输入时，再将光标恢复为默认图标。

Windows 平台上的光标通常分为两类，一种是动画光标，保存为 *.ani 文件；另一种是静态光标，保存为 *.cur 文件。光标大小有 16 × 16、32 × 32 以及自定义大小等多种。在进行程序开发时，不仅可以使用系统自带的光标，还可以从网络上下载各种光标，甚至使用图标设计软件自己创建个性光标文件供应用程序使用。

LabVIEW 为光标操作提供了一套函数集，光标函数集位于函数面板的【编程】→【对话框与用户界面】→【光标】子面板中，如图 11.62 所示。

图 11.62　LabVIEW 光标面板

如果要为程序设置系统自带的光标，则可以使用“设置光标”函数，该函数是一个多态性质的 VI，它可以根据连接参数的不同实现不同的功能。当输入参数是光标引用时，可以将引用所指向的光标文件设置为当前光标；如果输入参数为数值，则可以将系统光标或 LabVIEW 光标设置给 VI，可以使用数字 0～32 作为“设置光标”函数的参数，为 VI 设置 LabVIEW 自带的各种光标。各个数字所代表的图标如图 11.63 所示。在为 VI 设置这些光标时直接把光标对应的数字连接到“设置光标”函数的“图标”输入端即可。

编号	图标	编号	图标	编号	图标	编号	图标	编号	图标
0	默认光标	7		14		21		27	
1		8		15		22		28	
2		9		16		23		29	
3		10		17		24		30	
4		11		18		25		31	
5		12		19		26		32	
6		13		20					

图 11.63　LabVIEW 自带光标图

使 VI 前面板中的光标更改为系统繁忙时的光标也比较常用，这可以用“设置为忙碌状态”和“取消设置忙碌状态”两个函数来实现。如图 11.64 所示，程序首先调用了“设置为忙碌状态”VI，然后等待进度条运行，在等待过程中，用户可以看到鼠标的光标被更改为忙碌状态，进度条运行结束以后，用“取消设置忙碌状态”使 VI 恢复光标至默认状态。

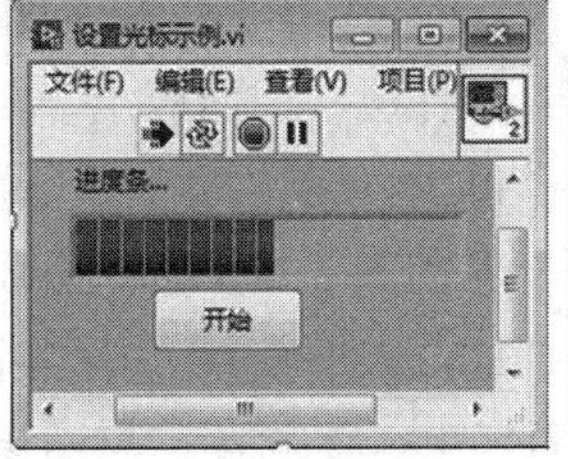

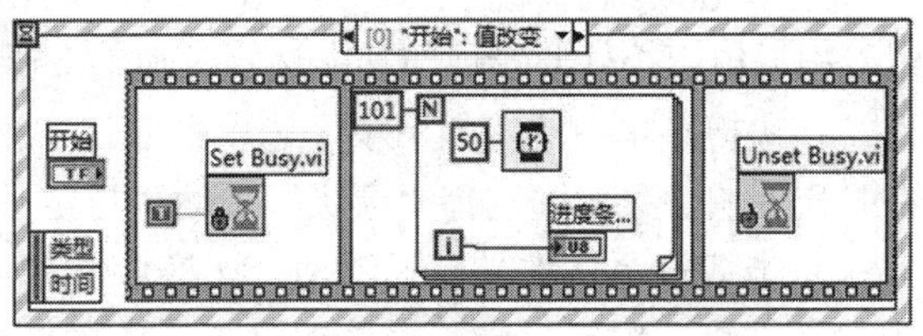

图 11.64　设置光标忙碌状态实例

11.10　自定义控件和数据类型

11.10.1　自定义控件

LabVIEW 提供了强大的前面板控件选板，但通常只是一些简单的控件图标和功能。如果这些 LabVIEW 中自带的控件不符合用户的需求，用户可以通过使用这些原有的前面板控件自定义新控件的样式，也可以通过属性节点的设置为系统前面板控件创建新的功能。

LabVIEW 专门提供了自定义控件编辑窗口来编辑自定义控件。鼠标右键点击前面板的任何控件，在弹出的快捷菜单中选择“高级”下的“自定义…”选项，就可以打开自定义控件编辑窗口，如图 11.65 所示。刚进入该窗口时，该窗口处于编辑模式，此时对控件还只能做一些普通的操作。单击工具栏扳手形状按钮 ，扳手形状按钮变为 ，该窗口进入自定义模式。在该模式下就可以对控件外观进行随意修改了，用户可以看到控件的各个部件，并可以对各个部件进行操作，例如改变大小、颜色、形状、导入图片等，鼠标右键点击部件可以选择从剪切板导入或者从文件导入图片到部件。编辑完控件后可以选择是否将其保存为 CTL 文件，若选择保存，那么以后就可以直接在其他 VI 前面板中导入该控件(导入方法是在控件选板中选择“选择控件…”选项，在打开的文件对话框中选择该 CTL 文件即可)。

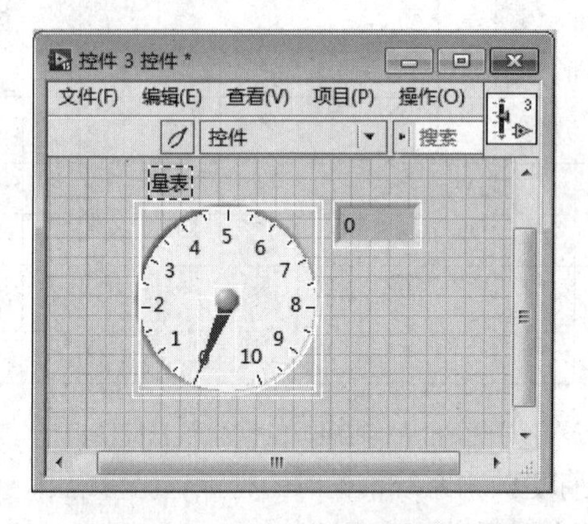

图 11.65　自定义控件编辑窗口

下面介绍如何制作自定义电气元件控件，本实例的目的在于掌握 LabVIEW 中自定义电气元件控件的功能。操作步骤如下。

步骤一：在 Windows 画图板上绘制一个表示电阻的图标，并将图片保存到文件夹中备用。

步骤二：根据电阻控件要实现的功能选择“确定按钮”控件放在前面板上。在按钮上点击鼠标右键，在快捷菜单中的“显示项”选项中取消“布尔文本”和“标签”。通过鼠标右击控件，在弹出的快捷菜单中选择“高级”下的“自定义…”选项，进入控件编辑窗口。

步骤三：点击切换至自定义模式图标，切换后进入自定义控件模式，用户可以对控件编辑窗口内的控件进行编辑。调整控件编辑窗口内控件的大小，在控件上点击鼠标右键，从弹出的快捷菜单中选择“以相同大小从文件导入”选项，选择步骤一中创建的图标并按控件大小覆盖控件原图标。完成后图标控件如图 11.66 所示，此时自定义的是布尔值为“假”时的控件图标。要自定义控件为“真”值时的控件图标，需要点击 图标，把界面切换回编辑模式，然后在控件上点击鼠标右键选择“数据操作”下的“将值更改为真”选项，此时控件切换为“真”值时的图标，再次对控件进行操作，把图片导入“真”值时的控件。本例中电阻控件的作用是实现点击后显示或隐藏电阻上电压的值，要实现此功能，就要改变“确认按钮”的默认机械动作，使其从“释放时触发”机械状态改变为“单击时转换”机械状态，机械动作的类型可以从前面板控件的快捷菜单中的“机械动作”选项中选择。

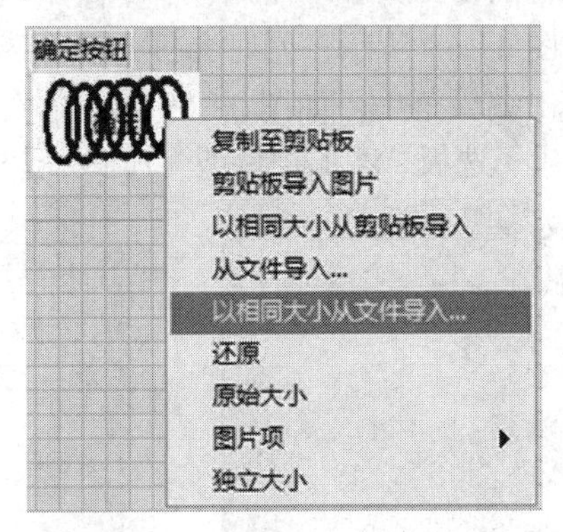

图 11.66　控件图标自定义窗口

步骤四：完成后选择合适路径保存此控件，这样就完成了一个电阻控件图标的制作。

11.10.2　自定义数据类型

通过自定义数据类型可以将所有应用的自定义控件与保存的自定义控件文件相关联。即一旦自定义控件文件改变，相应的所有 VI 中该控件的应用实体都会跟着改变，这就类似于 C 语言中的 Typedef 功能。例如，我们可以预定义一个簇来代表汽车的控制面板，如图 11.67 所示，在系统中可能会有多个 VI 都用到该控制面板。当我们需要给控制面板添加新的控制功能时，只需要更新自定义控件文件就可以更新所有使用该控件的 VI。

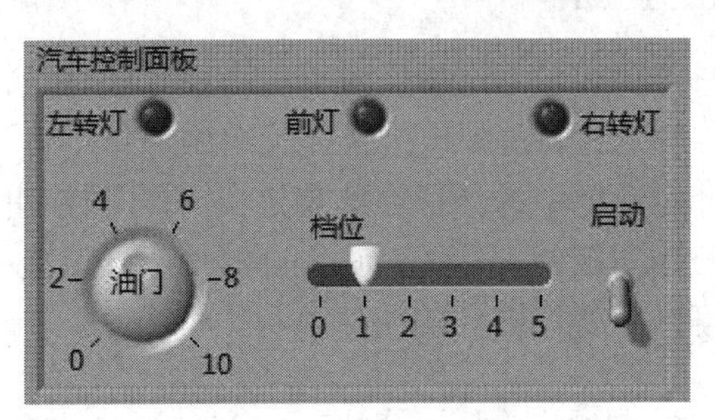

图 11.67　汽车控制面板

自定义数据类型控件的编辑和自定义控件的编辑基本一样，唯一的不同就是在自定义控件编辑窗口的工具栏的下拉菜单中选择自定义类型。

若不希望某个 VI 中的自定义数据类型控件自动更新，则可以用鼠标右键点击该控件，取消对“从自定义类型自动更新”的选择；需要更新时可以用鼠标右键点击控件并选择“从自定义类型更新”来手动更新。

11.10.3　自定义控件选板和函数选板

当在编程中经常用到自己编写的某些特定的自定义控件或子 VI 时，我们可以把它们也放到控件选板和函数选板中以便于编程时快速调用。

最简单的办法是直接将自己编写的自定义控件或子 VI 复制到 LabVIEW\user.lib 文件夹中，重启 LabVIEW 就可以在控件选板和函数选板中看到自己编写的控件和子 VI 了。

最好的办法是选择菜单栏的【工具】→【高级】→【编辑选板】选项，打开“编辑控件和函数选板”对话框，如图 11.68 所示，同时会打开控件选板和函数选板。鼠标右键点击控件选板和函数选板会弹出编辑菜单，如图 11.69 所示，在这里可以对控件选板和函数选板进行自由编辑，例如创建子选板、添加控件或 VI、改变控件或 VI 在菜单中的位置等。

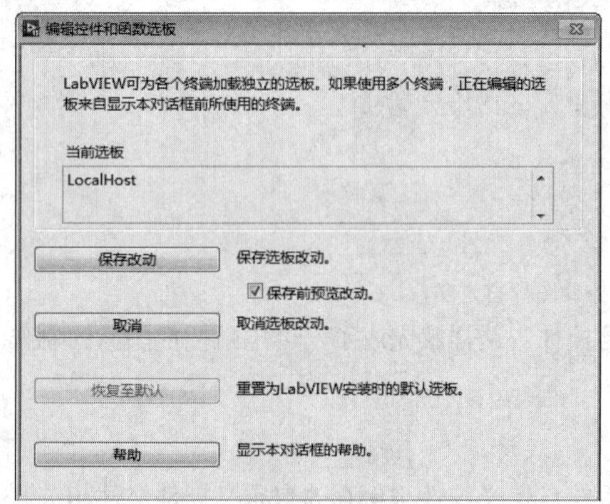

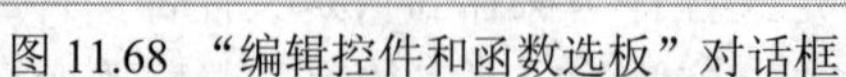
图 11.68 “编辑控件和函数选板”对话框

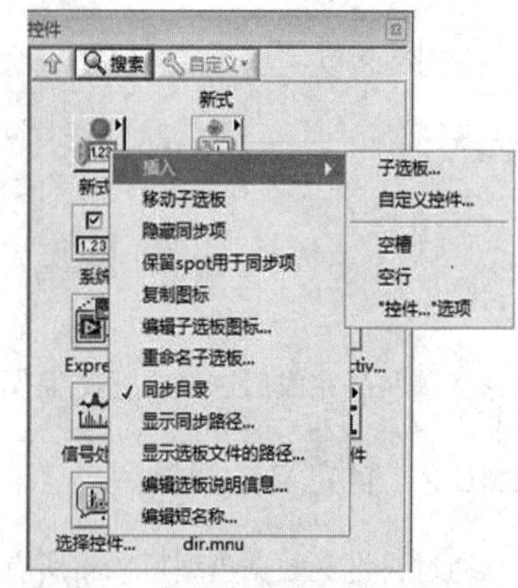

图 11.69 控件选板编辑菜单

下面介绍如何将前面创建的自定义数据类型“汽车控件面板”添加到控件选板中去，步骤如下。

步骤一：为了容易识别自定义的控件或 VI，最好为控件和 VI 先编辑好形象生动的图标。

步骤二：打开“编辑控件和函数选板”对话框，进入控件选板的用户控件或直接在控件选板上鼠标右键点击控件选板，在弹出的快捷菜单中选择“插入”下的“自定义控件…”选项，在打开的文件选择对话框中选择保存的自定义“汽车控制面板”数据类型，就可以在控件选板中看到汽车控制面板的图标了，如图 11.70 所示。鼠标右键点击该图标，选择“编辑短名称…”选项可以改变该图标的快捷名称。

图 11.70　自定义的控件选板

步骤三：单击“保存改动”按钮，在弹出的提示对话框中选择“继续”，就完成了所有的步骤。

11.11　用户界面设计

虽然程序的内部逻辑是程序的关键所在，但是也不能忽略用户界面的重要性。好的用户界面可以让用户乐于使用，减少用户的操作时间，在某些情况下甚至能避免灾难的发生。因此优秀的程序员应该花足够的时间和精力在用户界面的设计上。

11.11.1　修饰静态界面

静态界面的修饰主要可以通过以下几个途径来实现。

1. 调节控件的颜色、大小和位置

除了系统风格的控件，LabVIEW 的大多数控件颜色都是可以随意调节的。通过菜单栏的【查看】→【工具选板】→【设置颜色】工具可以轻松地改变控件或者文字的颜色。例如，可以将关键操作的按钮涂为红色，将报警文字设为黄色，正常状态设为绿色等，而对于大面积的背景色一般都用灰色调，因为它让人可以看得更久而不厌烦。具体如何搭配颜色可以说是一门学问，有兴趣的读者可以查阅相关书籍，对于编程人员来说只需要知道一些原则就够了。

2. 控件的排版分组

简洁整齐的界面永远都会受到用户的欢迎。应尽量保证同类控件大小一致，排列整齐。这可以通过工具栏中的排版工具轻松实现。当对多个控件排完版后，可以通过重新排序按钮下的“组”选项将多个控件绑定，这样就不会改变控件之间的相对位置了。若需要重新排序，则可以选择“取消组合”将已有的“组”取消。

3. 利用修饰元素

除了可以调节控件颜色、大小之外，还可以加入更多的修饰元素。这些修饰元素在控件选板的“新式”下的“修饰”子面板下，如图 11.71 所示。虽然它们对程序的逻辑功能没有任何帮助，但是它们可以使用户界面修饰和排版更容易，并能制造出一些意想不到的效果。必要的时候也可以贴一些图片作为装饰，例如公司的 Logo 等。

有兴趣的读者可以打开 LabVIEW 提供的大量系统实例来学习如何排版装饰界面。

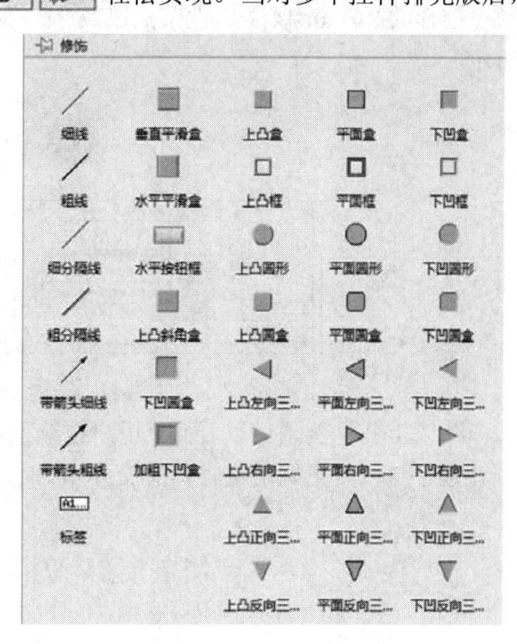

图 11.71　修饰元素面板

11.11.2　动态交互界面

美观的静态界面可以让用户感到赏心悦目，而动态的交互界面可以为用户提供更多的信息。例如：系统可以根据配置情况载入不同的界面或菜单；用不断闪烁的数字控件表示有报警发生；在用户进行某项操作前弹出对话框提醒用户是否确定；当用户移动鼠标到某代表关键操作的按钮上时按钮颜色发生变化从而提醒用户小心操作等。

不断闪烁的数字控件可以通过控件的闪烁属性节点来实现，当出现报警情况时，将控件的闪烁属性设为“真”，当报警情况停止时，再将其设置为“假”，如图 11.72 所示。

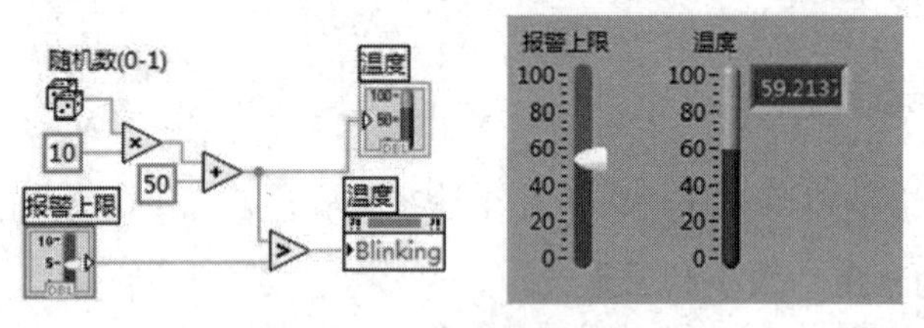

图 11.72　闪烁属性显示报警

在执行某个操作前弹出操作确认对话框，如图 11.73 所示。当用户单击“停止”按钮时，会弹出对话框询问用户是否确认要停止系统。

图 11.73　确认对话框

当移动鼠标到某按钮上时，按钮颜色自动发生变化可以提醒用户避免误操作，这可以通过控件的“Colors[4]”属性节点以及“鼠标进入”和“鼠标离开”事件来实现，如图 11.74 所示。

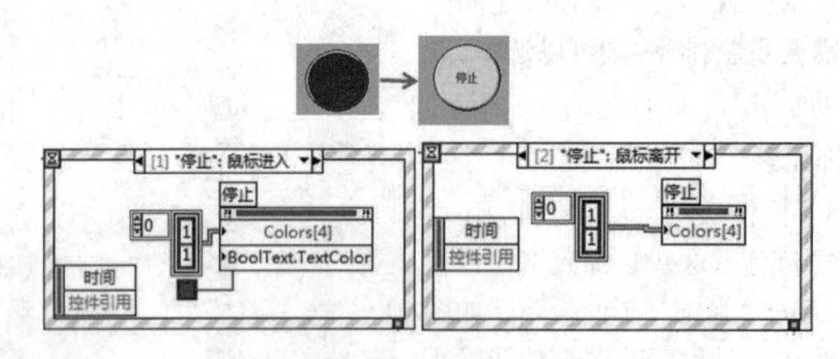

图 11.74　控制控件的动态行为

从以上几个例子可以看到，用户在编程过程中只需要稍微用一些简单的编程技巧就可以让程序与用户更好地进行信息交互。

11.12　VI 程序设计规则

在阅读别人编制的 VI 程序时，可能总会因下面这些事实感到懊恼：前面板控件混乱不堪，不明白某些控件到底是什么意思，费很大劲才能寻找到某一个功能按钮，程序框图没有说明，数据流连线乱成一团等。

实际上，要编写好 LabVIEW 程序除了需要学会 LabVIEW 的各种编程知识，还得遵循一些 VI 程序设计规则。本节将对其中一些重要的规则进行介绍，这些规则来源于众多 LabVIEW 编程实践者多年的编程体会。但如何才能编写可读性强、重用性好的 VI 程序，还需要读者在实践编程中不断体会、总结和提高。如果要编写系统级程序，则最好要有一些软件工程方面的知识。

11.12.1　关于前面板的设计

前面板是最终用户将直接面对的窗口，因此前面板必须简洁易用。设计前面板时要考虑两种用户：一种是最终用户，他们只面对最终系统提供的各种功能；另一种是程序开发人员，他们还要面对子 VI。对于最终用户面对的前面板，设计时需要考虑两个方面：一方面是前面板是否简洁易用，用户能否快速定位自己所需要的功能；另一方面还要考虑美观，好的界面给人一种赏心悦目的感受，这样才能让用户长期面对程序界面而不感到烦躁。而对于子 VI 面板则只要求前面板控件分类合理、排列整齐就可以了，因为开发者注重的是子 VI 的接口和实现的功能。

下面是前面板设计的一些建议。

(1) 为控件设置有意义的标签和标题。标签是控件在程序框图中的唯一标识，而标题用来表示控件的含义。通常标签比较短而且不包含特殊字符，用户可以直接用标签来表示控件的定义。但是当控件的含义比较复杂时，由于程序框图的控件有限，用户需要利用标题来详细说明控件的含义。对于布尔控件，一般利用布尔文本就能表示控件的含义，例如确定、停止、取消或重置等。

(2) 为控件设置合理的默认值。合理的默认值能保证 VI 正常运行，并减少用户每次启动 VI 时不必要的操作。对于图表，如果没有必要，则最好设置为空，因为这样可以节省 VI 占用的磁盘空间，加快加载速度。

(3) 确保标签控件的背景色是透明的。

(4) 最好使用标准字体——应用程序字体、系统字体和对话框字体。标准字体在任何平台上的显示结果都是一致的。如果使用一些特殊字体，则很有可能在别的计算机上的显示结果会不一样，因为它需要该计算机也必须安装该特殊字体的字库。

(5) 在控件之间保持适当的距离。由于不同平台上的字体大小可能不同，因此控件之间保持适当的距离可以防止控件大小自动改变而导致控件的重叠。

(6) 为数字输入控件配置合适的数据范围，避免用户输入错误的数据。

(7) 为控件设定描述和提示，增强程序可读性。

(8) 合理地安排控件。尽量简洁是设计前面板的重要原则之一。例如，可以通过菜单来减少混乱的控件。对于顶层 VI，在最显著的位置只放置最重要的控件，而对于子 VI，在显著的位置放置与连线端子一一对应的控件。

(9) 将同类控件分组并排列整齐。对于位置相对固定的控件，为了避免相对位置的改变，可以通过重新排列按钮下的组选项将多个控件绑定为同一个组。可以通过修饰元素突出同类控件，但最好不要通过簇来修饰。

(10) 尽量合理、节省、一致地使用颜色。不合理的颜色会分散用户的注意力，例如黄色、绿色或橙色的背景会把一个红色的报警灯淹没；同时，不要把颜色作为显示状态的唯一信息，那样可能造成色盲用户无法分辨。对于运行于不同平台上的程序，最好采用系统颜色。尽量使用柔和的颜色作为背景色，使用较亮的颜色显示重要控件，最重要的信息或控件采用最亮的颜色，例如用于提醒注意的警告信息。

(11) 最好使用停止按钮来停止程序，尽量不要用强行停止按钮。使用强行停止按钮可能会发生一些意想不到的结果。例如，当程序正在写数据库的时候，强行停止程序很可能导致数据的不完整，甚至导致数据库崩溃，因此最好把强行停止按钮隐藏起来。

(12) 对于常用控件，尤其是枚举类型或簇，最好使用自定义类型。

(13) 导入图片来增强前面板的显示。鼠标右键点击前面板的滚动条，在弹出的快捷菜单中选择“属性”选项，则弹出如图 11.75 所示的“窗格属性”对话框，在“背景”选项卡中选择“浏览”按钮，就可以为前面板导入背景图片；也可以通过菜单栏“编辑”下的“导入图片至剪贴板…”选项，将图片导入剪贴板，再通过粘贴键将图片粘贴到前面板上。

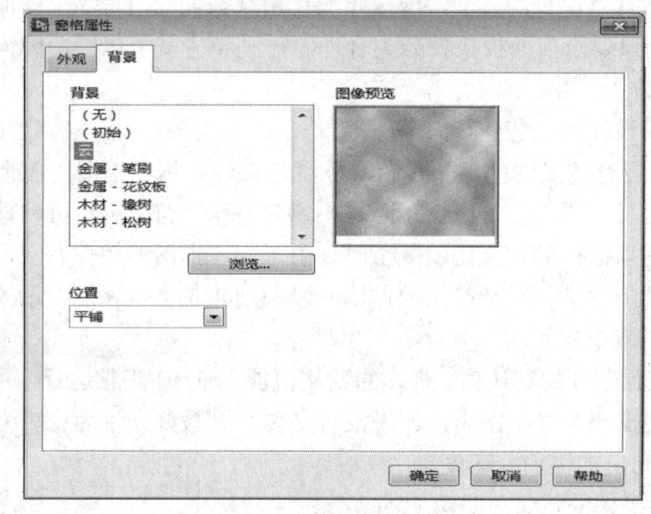

图 11.75　“窗格属性”对话框

(14) 为控件设置 Tab 导航顺序和快捷键。在某些场合，用户可能没有鼠标或者希望通过键盘来控制程序，因此最好为控件设置 Tab 导航顺序和快捷键。Tab 导航顺序是指当用户通过 Tab 键切换控件时的顺序，当切换到某个控件时，该控件就会高亮显示，此时可以通过键盘输入数据或通过 Enter 键点击按钮。可以通过菜单栏“编辑”下的“设置 Tab 键顺序”选项来设置 Tab 导航顺序，鼠标右击控件并选择“属性”下的“快捷键”选项可以为控件设置快捷键。例如通常把确认按钮的快捷键设为 Enter，把取消按钮的快捷键设置为 Esc。

(15) 确保前面板能适合大部分用户的屏幕分辨率。在设计前面板时，一定要考虑到用户的屏幕分辨率，尤其是当用户使用的是触摸屏或 LCD 时，必须保证设计的前面板能在该分辨率下正常显示。前面板最好在屏幕的左上角打开(VI 前面板的默认打开位置就是 VI 被保存时的位置)，当有很多个 VI 同时打开时，最好保证用户能够看到每个 VI 的一小部分，最好将自动弹出的面板放置在屏幕中央，这样有利于用户直接看到。

(16) 善用对话框。通过对话框的方式，用户可以更容易地输入信息，如果对话框控件太多，最好用 Tab 控件将其分类。但也不要滥用对话框显示警告信息，因为如果用户不点击“确认”按钮，程序将暂停直到有人点击“确定”按钮，这对于无人值守的程序显然是不应该的。对于不重要的警告信息，可以通过高亮色的文字直接显示在文本框内。

11.12.2　关于程序框图的设计

程序框图是让用户理解一个 VI 如何工作的主要途径，因此花费一些精力让程序框图组织有序和易读是很值得的。下面是设计程序框图的一些建议。

(1) 不要把程序框图画得太大，尽量限制在滚动条内。如果程序内容较多，则最好通过子 VI 的方式将程序划分为多个模块。

(2) 为程序框图添加有益的注释。

(3) 最好使用标准字体。

(4) 确保数据流是从左向右流动以及连线是左进右出的。

(5) 把连线、终端、常量等排列整齐。

(6) 不要将连线放置在子 VI 或其他程序框图的下面。

(7) 确保程序能够处理错误情况和不正确的输入。

(8) 节省使用层叠顺序结构，因为它会隐藏代码。

(9) 为子 VI 创建有意义的图标。

(10) 关闭所有的引用。

(11) 如果在多个 VI 中用到了同一个独特的控件或者需要在许多子 VI 之间传递分支的数据结构，则考虑使用自定义数据类型。

(12) 避免过多地使用局部变量和全局变量。通过局部变量或全局变量可以使程序更加简洁，但是每次使用局部变量或全局变量都会产生一个新的副本，尤其是数组类型的数据将会占用较多内存。

11.12.3　关于 VI

下面是关于 VI 的一些建议。

(1) 使用层状结构，并把不同层次的子 VI 保存在相应层次的文件夹内。

(2) 避免使用绝对路径。

(3) 为 VI 设置有意义的名称，避免使用特殊字符。

(4) 文件保存使用标准的扩展名。

(5) 把顶层 VI、子 VI、控件和全局变量保存在不同的文件夹里或 Library 里，又或者通过有意义的命名方式来区分它们。

(6) 为 VI 设置描述，并确认它在帮助文档窗口中是否能正常显示。

(7) 为每一个 VI 创建形象的图标。

(8) 设置 $4 \times 2 \times 2 \times 4$ 的默认连接端子模式，这样有利于后续开发新的端子。

(9) 使用一个固定的端子连接模式。通过固定的端子连接模式，在使用该子 VI 时可以很轻易地弄清楚端子的连接内容，例如总是把错误簇放置在输入、输出端子的最底部。

(10) 子 VI 的连接端子不要超过 16 个，那样会导致连接困难。

(11) 为每一个端子设置合适的连线要求：必需的、推荐的或可选择的。这样可以让用户通过帮助文档清楚地知道哪些端子是必须连接的，哪些端子是不必需的。可以通过鼠标右键点击图标中该连接端子并选择接线端类型选项来实现该设置。

(12) 最好为每一个子 VI 都设置错误输入和错误输出端子。

(13) 不要在 LLB 中保存过多的 VI，那样会占用太长时间。

(14) 最大化 VI 性能。对于包含大型数组或对时间要求严格的程序，性能优化是至关重要的。下面是一些基本的性能优化策略。

① 如果 While 循环对于速度要求不高，可以在 While 循环中添加一个等待，从而降低 CPU 的利用率以利于其他部分程序的执行。对于用户界面循环，50～100 ms 的延时都是可以的。

② 对并行任务中相对不重要的任务，可以通过等待函数增加一个很小的延时，从而保证更重要的任务有更多的 CPU 资源。

③ 使用事件结构来等待用户的输入，因为事件结构在等待时不会占用 CPU 资源。

④ 在循环内尽量不要使用创建数组函数，因为这样会重复调用 LabVIEW 内存管理器。更有效的办法是通过自动索引或替换数组子集函数增加数组内容。字符串和数组类似，因此也会面临这个问题。

⑤ 为数组选择合适的数据类型。例如把短整型数据存入浮点型数组是很不划算的。

思考与练习

1. 通过 LabVIEW 编程，将华氏温度转化成摄氏温度。公式为：$C = (5/9) \times (F - 32)$，其中 F 为华氏温度，C 为摄氏温度。请根据给定的华氏温度输出对应的摄氏温度。

2. 编写一个 VI，其菜单结构如图 11.76 所示。菜单行为如下：

(1) 当 VI 初始运行时，升温和降温两个菜单项处于无效(Disable)状态，当用户点击“启动菜单”项后，这两个菜单变为使能(Enable)状态，同时“启动菜单”项变为无效状态；

(2) 点击“退出”按钮停止 VI 运行；

(3) 点击其他按钮，弹出如图 11.76 所示的对话框；

(4) 要求最好用事件结构实现。

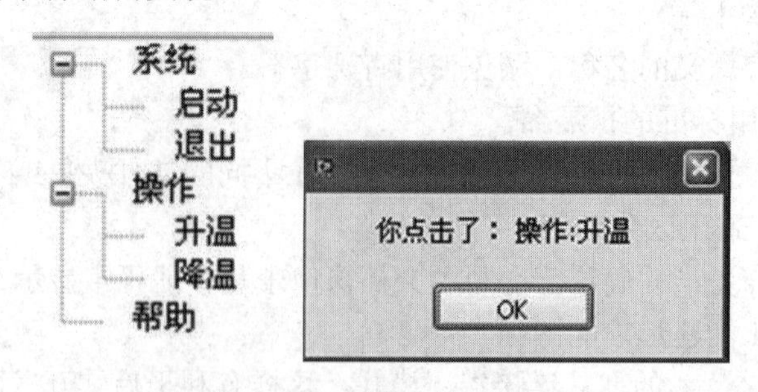

图 11.76　思考与练习题 2

3. 编写一个 VI，获取列表框里面用户所选定的信息，如图 11.77 所示。

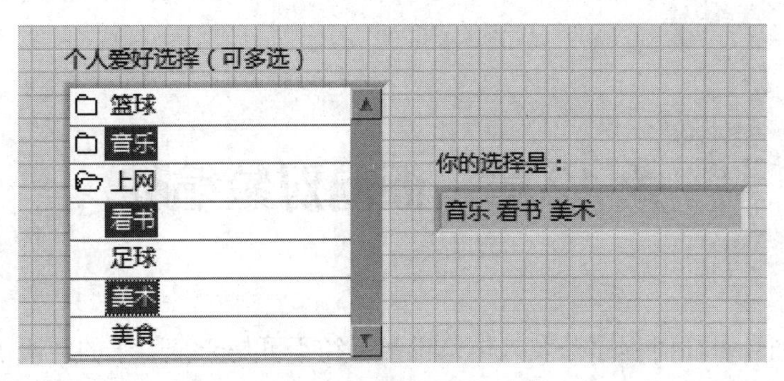

图 11.77　思考与练习题 3

4. 利用图 11.78 中的两张图片做一个自定义按钮控件，ON 为笑脸，OFF 为哭泣。

图 11.78　思考与练习题 4

第 12 章　面向对象编程

面向对象如今对任何程序开发人员来说都已经不再是一个陌生的词语了。基于面向对象的程序设计已经成为当今最主流的程序设计方法，而面向对象的编程语言也是琳琅满目，例如 Java，C++、C#、PHP、ASP、JSP 等。这是因为面向对象更能直接地描述客观世界中存在的事物以及它们之间的关系，更容易实现程序模块的独立性、代码的重用性以及数据的安全性等。

为了与主流编程思想统一步调，从 LabVIEW 8.2 版本开始，NI 公司推出了对面向对象编程的支持。用户能够利用面向对象的设计方法和工具来设计与分析系统，例如 UML 统一建模语言、Rational Rose 设计工具等，这就使得通过 LabVIEW 开发与维护大型工程变得更加容易。图形化的面向对象编程使基于组件的开发方式更容易得到实施，因此极大地扩展了传统基于数据流的 LabVIEW 的能力。它为用户带来的好处主要体现在以下几个方面：

(1) 可维护性。通过把系统设计成多个独立组件的集合，系统各部分之间的依赖关系变成了简单的数据交换。当系统对某个组件进行更改后，只需要对该组件进行测试而不需要对整个系统重新测试或者重新发布。

(2) 可扩展性。当需要增加新的功能时，只需要增加新的组件或者对原有的类进行继承，而不需要重新写整个系统。

(3) 可重用性。由于每一个对象封装了自己的数据，因此调用某一个对象的函数并不影响到同一个类的其他对象，也不需要编写新的 VI 来支持多个对象。因为改变一个对象中的数据不会影响任何其他对象，因此用户能够在多个应用程序中重用同一个类而不用担心会产生任何冲突。

12.1　面向对象的基本概念

在面向对象的编程方法诞生之前，最流行的编程方法就是面向过程的编程方法。面向过程的编程方法在解决一个工程问题时，是按照从顶向下逐步求精的方法把它按照功能划分为一些层次，每个层次按照完成的任务分解为一些模块，这些模块由算法和数据结构组成，然后从最底层的模块开始编写代码。程序按照执行的过程来组织，抽象为顺序结构、选择结构和循环结构三种基本结构。这个时期代表性的程序语言就是 C 语言和 Pascal 语言。

面向对象编程方法(Object Oriented Programming，OOP)诞生于 20 世纪 80 年代，它将问题分解为一系列称为“对象”的实体，这些实体将数据与数据的操作方法放在一起，作为一个相互依存、不可分离的整体——对象。以对象为基础组织程序，对象内封装了属性和方法，每个对象都能够接收消息、处理数据和向其他对象发送消息。对象之间的通信采用消息机制。具有相同的属性和方法的对象集合用类来描述，类定义了该集合中每个对象共有的属性和方法，而对象是类的实例。属性用数据描述，方法是对于数据的操作。

下面对面向对象中的几个基本概念进行简要介绍与回顾。如果读者从未接触过面向对象，可以参考面向对象编程的相关书籍对面向对象进行更深入的理解。

(1) 类(class)。类是对众多具有共同特性的事物进行归纳、分类，并对这些共性进行抽象化，得到的一个具有共性的抽象概念，例如车、人、动物、书等。面向对象方法中的类是具有相同属性和行为的对象的抽象定义。一个类可以具体化多次，形成多个对象。

(2) 对象(Object)。对象是类的具体化。在现实世界中，对象是一个实际存在的事物，它可以是有形的(比如一个人，一辆车等)，也可以是无形的(比如一项计划)。它可以有属性也可以有方法。面向对象方法中的对象是基本运行时的实体，它既包括数据(属性)，也包括作用于数据的操作行为(方法)。一个对象把属性和方法封装为一个整体。

(3) 封装(Encapsulation)。封装是一种将操作和操作所涉及的数据捆绑在一起，使其免受外界干扰和误用的机制。这里有两个含义：第一个含义是把对象的全部属性和全部方法结合在一起，形成一个不可分割的独立单位；第二个含义也称为信息隐蔽，即尽可能隐藏对象的内部细节，对外形成一个边界，只保留有限的对外接口使之与外部发生联系。

(4) 继承(Inheritance)。继承是指一个新的类继承原有类的基本特性，并可增加新的特性。原有的类称为父类或基类，新的类称为子类或派生类。在子类中，不仅包含父类的所有非私有属性和方法，还可增加新的属性和方法，继承具有传递性。如果 B 类继承自 A 类，C 类又继承自 B 类，则 C 类同样继承了 A 类的属性和方法。

(5) 多态(Polymorphic)。多态性是指同一个名称的方法可以有多种不同的功能，或者相同的接口有多种实现方法。

12.2 类的创建

类是 LabVIEW 中比较重要的复合数据类型，是 LabVIEW 程序面向对象开发的基本元素，它封装了一类对象的属性和改变这些属性的方法，是这一类对象的原型。与简单数据类型的使用不同，用户必须先生成该类的实例即对象，然后才能通过该对象访问其属性和方法。

下面我们创建一个类名为“人”的类，该类具有“身份证号”和“姓名”两个属性，也具有“爱好”和“工作”两个方法。

步骤一：创建类。创建一个项目，项目名称取名为“初学 LabVIEW 类”。在项目浏览器窗口“我的电脑”上鼠标右键点击，在弹出的快捷菜单中选择“新建”下的“类”命令，在弹出的“新建类”对话框中输入“人”，作为该类的名称。保存项目和类，效果如图 12.1 所示。由此可见，类的后缀名为.lvclass，类的图标为一个蓝色立方体，类的项下同时出现一个名为“人.ctl”文件。“人.ctl”是 LabVIEW 自动为“人”类创建的私有数据控件。私有数据控件的图标是一个带有绿色圆柱体和红色钥匙标志的蓝色立方体，圆柱体用于代表数据存储，钥匙表示该控件是私有的。

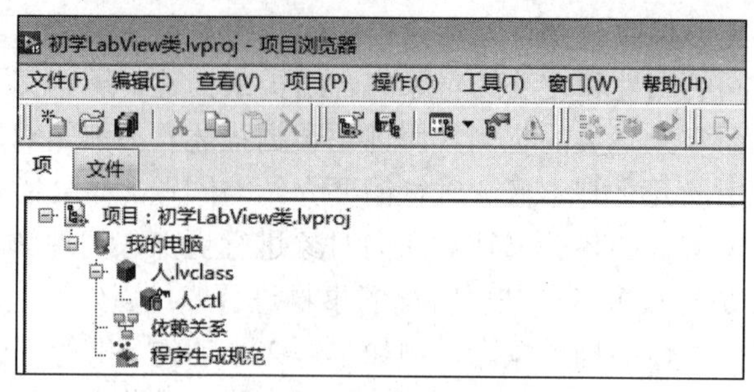

图 12.1　新建类效果图

步骤二：创建属性。双击“人.ctl”文件，弹出如图 12.2 所示的控件编辑器窗口，为“人”类的私有属性定义。类私有数据形式上是一个簇，我们为此添加两个簇元素，分别为“身份证号”和“姓名”，都是字符串输入控件。

步骤三：创建方法。LabVIEW 类的方法由类的各个成员 VI 实现。我们首先为“人”类创建一个“爱好”.vi，用来表示该类的“爱好”方法。在项目浏览器中右击“人.lvclass”文件，选择“新建”下的“VI”命令，在弹出的前面板和程序框图中编写我们方法的方法体(目前为一个对话框显示，后面内容再修改)，这个新建的 VI 就是我们为该类创建的方法。依次类推，建立好该类的其他方法，如图 12.3 所示。这样一个完整的类就算创建成功。

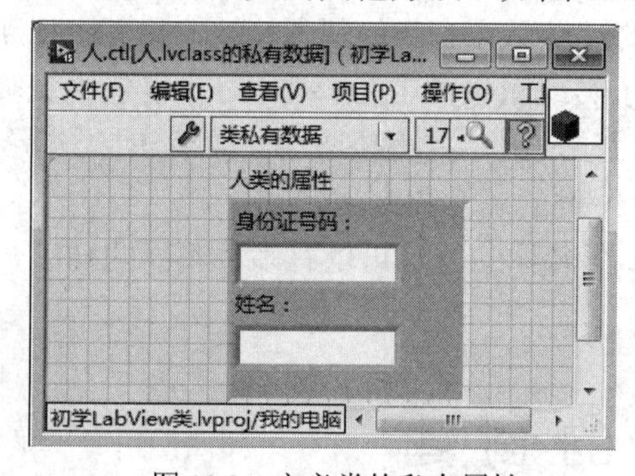

图 12.2　定义类的私有属性

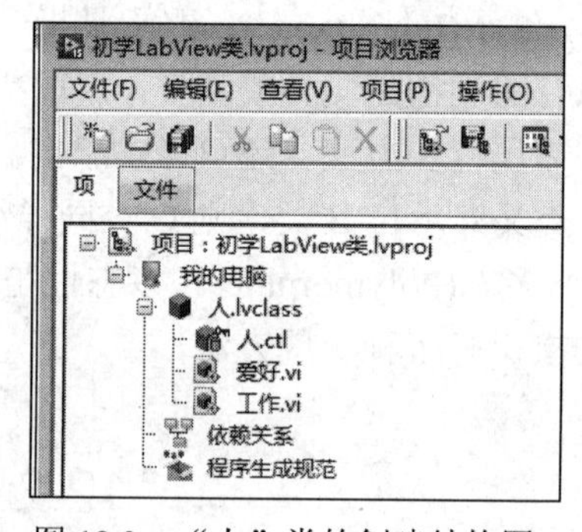

图 12.3　“人”类的创建结构图

LabVIEW 类的一些属性可以在 LabVIEW 环境中通过对话框设置。在“人.lvclass”项上点击鼠标右键，在弹出的快捷菜单中选择“属性”命令，弹出如图 12.4 所示的“类属性”设置对话框。可以设置的属性类别有：

(1) 常规设置：包括类的版本号、图标编辑、保护级别等。

(2) 说明信息：包括类的名称、文字说明、帮助文件路径等。

(3) 项设置：成员 VI 的访问范围。

(4) 友元：设置类的友元方法或友元类。友元是一种定义在类外部的普通方法或类，但它需要在类体内进行说明。

(5) 继承：设置类的继承关系。

(6) 探针：在调用该类的程序框图中，在类的连线上点击鼠标右键，在弹出的快捷菜单中选择【自定义探针】→【新建】命令，弹出创建新探针对话框，创建一个自定义的探针，将其保存为一个“.vi”文件并添加到这个类项下，在“默认探针”下拉列表中就会出现这个自定义探针。

(7) 连线外观：类作为常量或控件被调用时，程序框图中可以采用默认的 LabVIEW 类连线外观，或者继承父类的连线外观，也可以由用户设置连线外观。在连线外观设置窗口选择“使用自定义设计”单选按钮，就可以设置连线的模式、颜色和宽度。适当地更改不同 LabVIEW 类的连线外观，可提高程序框图的可读性。

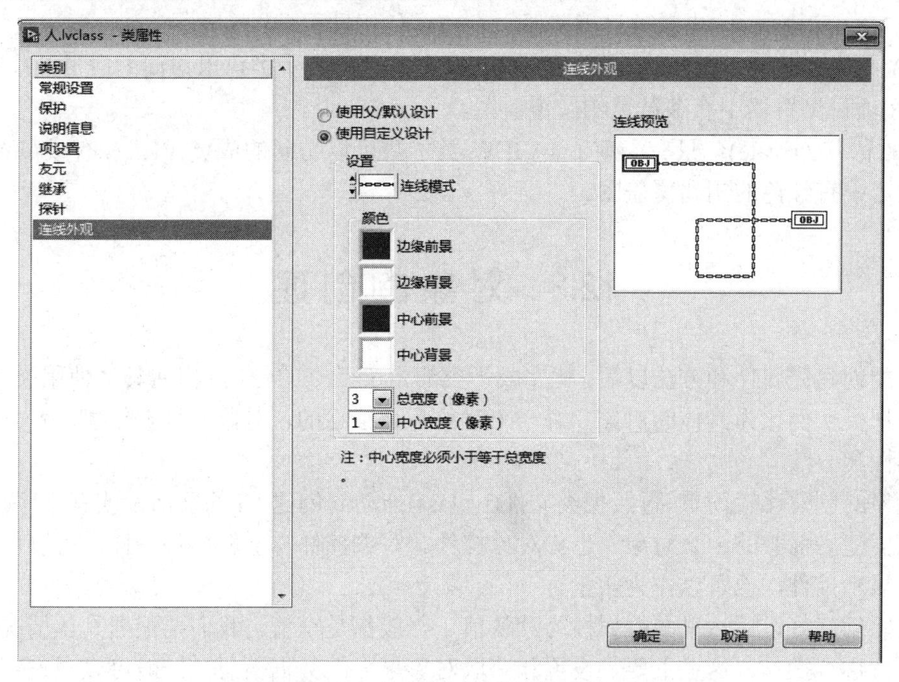

图 12.4　LabVIEW 类属性设置

LabVIEW 类中的方法访问权限有四种，分别是公共、库内、保护和私有。VI 访问权限的设置在“类属性”窗口的“项设置”类别中进行，如图 12.5 所示。

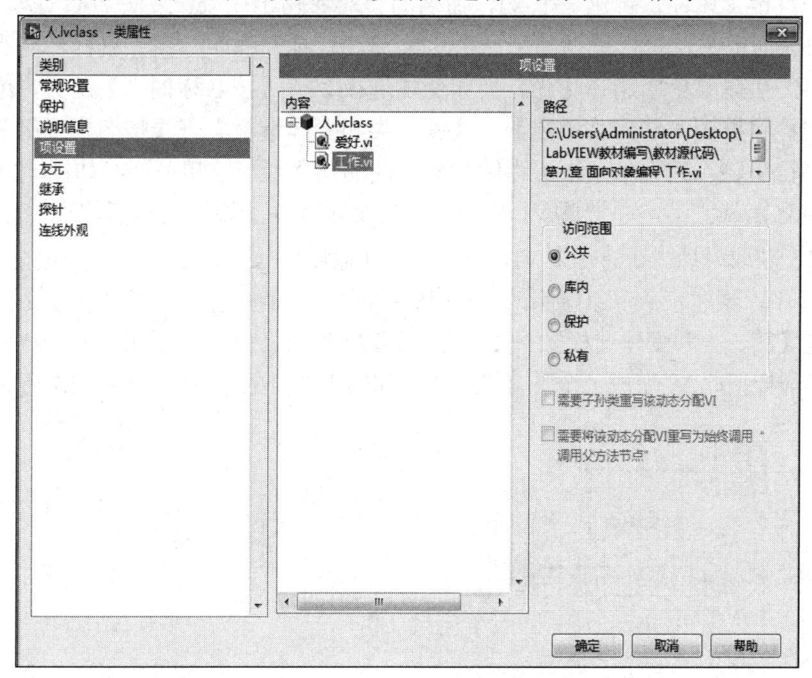

图 12.5　VI 的访问范围设置

在“项设置”选项中，“访问范围”包含以下内容：

(1) 公共(Public)：所有 VI 都可以访问的成员 VI，默认状态。

(2) 库内(Community)：只有当前 LabVIEW 类本身、友元类及友元库中的 VI 可以访问的成员 VI。库内成员 VI 在项目浏览器中有深蓝色钥匙覆盖图。

(3) 保护(Protected)：只有当前 LabVIEW 类本身及其子类可以访问的成员 VI。保护成员 VI 在项目浏览器中有深黄色钥匙覆盖图。

(4) 私有(Private)：只有当前 LabVIEW 类本身可以访问的成员 VI。私有成员 VI 在项目浏览器中有红色的钥匙覆盖图。

12.3 对象的创建

为类创建完属性和方法以后，就完成了类的定义及类的创建。但在具体使用类的时候，还需要把类实例化为具体的对象。每一个对象都是独立的，对象一旦被创建，就具有了自己的属性和方法。

对象的创建比较简单，直接把类文件(lvclass)拖动到创建 VI 的前面板或者程序框图中，就可以创建当前类的一个对象，也称对象控件。对象控件与一般控件一样，可以作为输入控件、显示控件，也可以作为常量。

对象创建好以后，里面的属性为默认值，一般都是空值，我们要根据具体情况，对对象的属性进行操作，这里主要是设置和获取对象里面的数据信息，一般可以通过创建“按名称捆绑”和“按名称解除捆绑”两个函数来实现对该对象数据的设置与获取。

下面我们对前面创建的“人”类进行对象的创建和相关属性的设置与获取。

步骤一：设置属性。新建一个 VI，命名为“对象初始化 set”。把“人”类项直接拖到新建 VI 的前面板中，这样就创建了一个对象控件。打开程序框图，鼠标右键点击对象控件，在弹出的快捷菜单中选择【簇、类和变体选板】→【按名称捆绑】函数，或直接用鼠标右键点击程序框图，选择【函数】→【簇、类和变体选板】→【按名称捆绑】函数，并创建两个字符串输入控件，作为初始化对象属性的输入端子。相关连线如图 12.6 所示，这样就可以为对象赋值了，并把此 VI 做成一个具有输入端子和输出端子的子 VI。

步骤二：获取属性。新建一个 VI，命名为“获取属性 get”。 把“人”类项直接拖到新建 VI 的前面板中，创建一个对象控件。打开程序框图，鼠标右键点击对象控件，在弹出的快捷菜单中选择【簇、类和变体选板】→【按名称解除捆绑】函数，并创建相应端子的显示控件就可以了。同样把此 VI 做成一个具有输入端子和输出端子的子 VI，如图 12.7 所示。

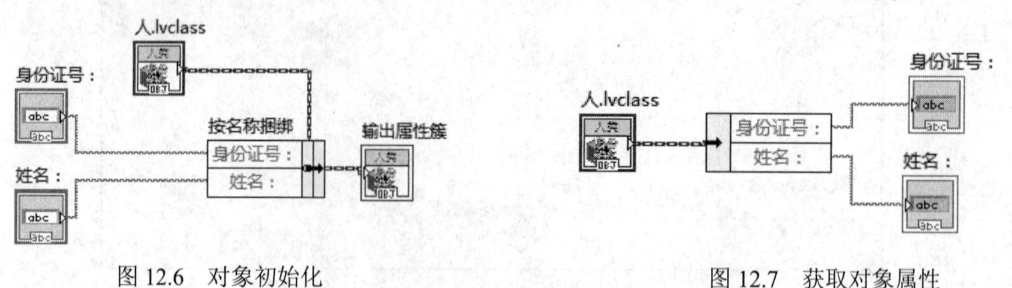

图 12.6　对象初始化　　　　图 12.7　获取对象属性

类外部的 VI 使用类对象时，不能通过“按名称捆绑”和“按名称解除捆绑”两个函数来设置或者获取对象的属性值，因为 LabVIEW 中类的属性永远是私有的，外部 VI 是不能调用类中私有的属性和方法，只有通过类中公共的方法调用类中的属性。

下面介绍外部 VI 如何调用类中的共有 VI(即方法)，注意，无论类中的方法是私有还是公共的权限，都是属于该类本身的，我们在方法体中都要体现出本类的存在，因此，修改我们前面定义的工作方法内容如图 12.8 所示。

打开“项目浏览器”，右击“我的电脑”，在弹出的快捷菜单中选择“新建”下的“VI”命令，创建一个名为“测试.vi”，在前面板添加两个字符串输入控件，作为“身份证号”和“姓名”两个属性的输入控件，在程序框图中添加“对象初始化 set”子 VI，把用户输入的信息初始化类，再添加“工作”子 VI，连接线路如图 12.9 所示。运行程序，就可以显示相关信息了。

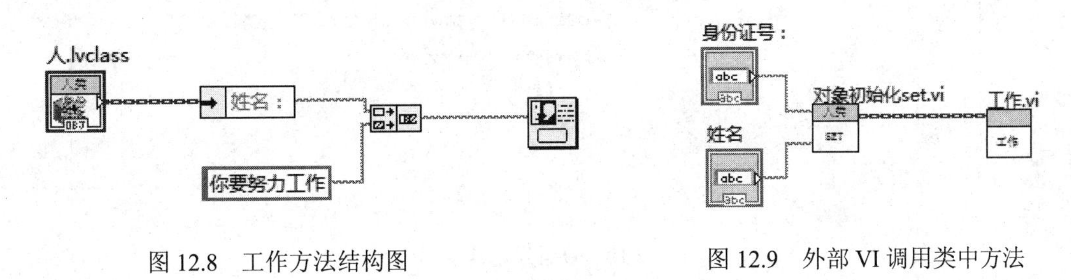

图 12.8　工作方法结构图　　　　　　　　图 12.9　外部 VI 调用类中方法

12.4　继　　承

继承是一种基于已有类创建新类的机制，利用继承可以先创建一个具有广泛意义的类，然后通过派生创建新类，并添加一些特殊的属性和方法。这样创建的新类与已有类之间就有一种从属关系，即继承关系。例如通过继承“人”类创建一个新的“教师”类或“学生”类，这样“教师”类或“学生”类不但自动拥有“人”类的属性和公共或保护的方法，而且可以增加自己特有的属性和方法。

LabVIEW 类的继承层次结构中包含以下几个元素：

(1) 父类：供其他 LabVIEW 类继承属性、公共型成员方法和保护型成员方法的 LabVIEW 类。

(2) 子类：从父类继承属性、公共型成员方法和保护型成员方法的 LabVIEW 类。

(3) 祖先类：一个 LabVIEW 类的上一层(父类)、上二层(父类的父类)、上三层等。所有 LabVIEW 类都默认为是从 LabVIEW Object 类继承而来。LabVIEW Object 类是 LabVIEW 中所有类的终极祖先，所有的类都是它的子类。

(4) 子孙类：一个 LabVIEW 类的下一层(父类)、下二层(父类的父类)、下三层等。

(5) 兄弟类：和一个 LabVIEW 类继承同一个父类的另一个 LabVIEW 类。

创建子类的方法是在父类相同的层次上创建一个新的类，然后在这个类的属性窗口“继承”类别中进行设置。图 12.10 所示就是在“初学 LabVIEW 类”项目中“我的电脑”上创建了一个“教师”类，然后对它进行属性设置的对话框。

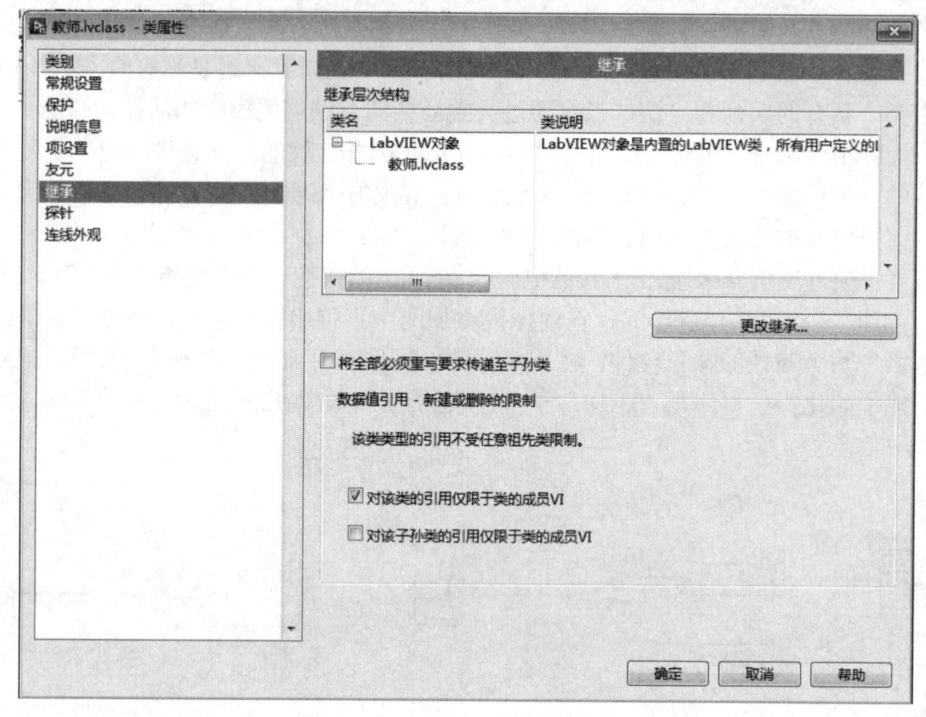

图 12.10　设置继承属性对话框

单击“更改继承...”按钮，弹出如图 12.11 所示的“更改继承”对话框。在“项目中所有类”列表框中选择当前类的父类，单击“继承所选类”按钮，该类即成为所选类的一个子类。仿照前面给“人”类添加属性的方法，为教师类添加“工号”和“授课科目”两个属性，添加一个“教书”方法。

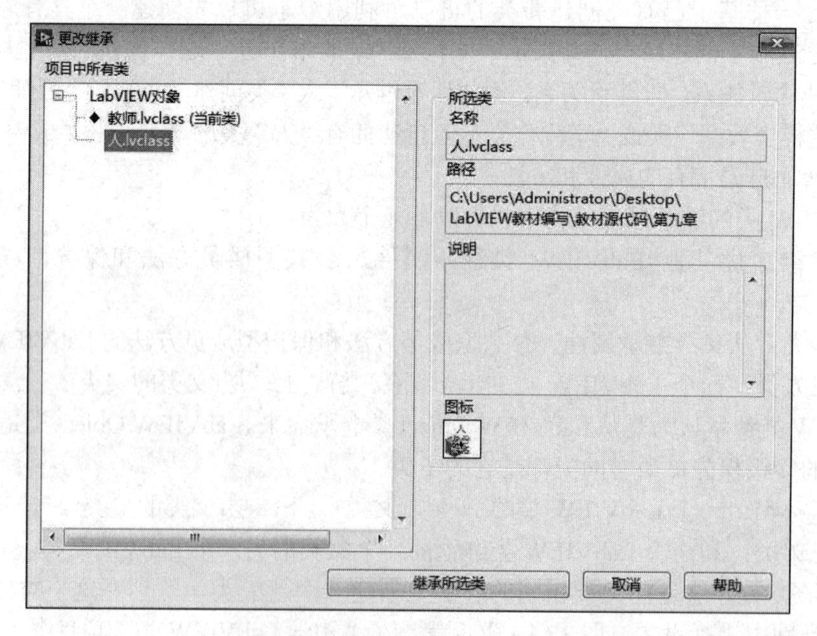

图 12.11　“更改继承”对话框

但是由于 LabVIEW 只支持共有继承，即子类不能直接访问父类的私有成员属性，因此如果子类要访问父类的数据，必须通过父类提供的 VI 函数访问。例如，虽然“教师”类继承了“人”类，拥有了“人”类的“身份证号”和“姓名”两个属性，但是并不能通过“按名称捆绑”函数来设置教师对象的身份证号和姓名，而必须通过“人”类提供的“对象初始化 set”方法来设置相应的属性；如果要获得教师对象的身份证号和姓名也是一样，必须通过“人”类提供的“获取属性 get”方法来实现，如图 12.12 所示。

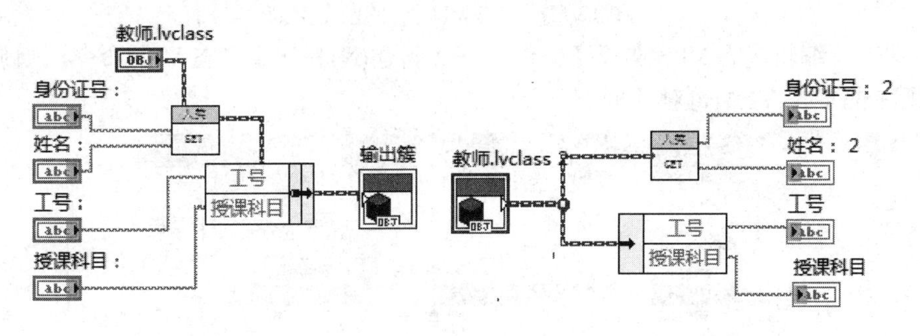

图 12.12　子类属性设置与获取框图

LabVIEW 只支持单继承，不支持多继承，即一个子类不能同时继承多个父类。虽然父类还可以有父类，但任何类都只能有一个直接的父类。如要查看类的继承结构，只需鼠标右键点击该类，在弹出的快捷菜单中选择“显示类层次结构”选项就可以查看继承结构。继承结构包含了该类的所有父类、子类、祖先类、子孙类和兄弟类，即所有“亲属类”都会显示在该结构中。

12.5　多　　态

LabVIEW 中的多态与 C++ 和 Java 中的多态概念类似，就是同一个名称的函数能够实现多种不同的形态结果，即函数可以根据输入数据的类型自动选择执行内容。LabVIEW 中的大部分运算符都具有多态性，例如加法运算符，如果两个标量作为加法运算符的输入，那么输出的结果为两个标量的相加结果；如果将两个数组相加，输出的结果则是两个数组对应元素相加得到的一个新数组。

在 LabVIEW 中也可以创建自己的多态 VI，它实际上就是多个 VI 的集合，这些 VI 具有相同的端子模式。集合中的每一个 VI 都是多态 VI 的一个实例，当调用一个多态 VI 时，它会自动根据输入数据的类型来选择集合中与该输入数据类型匹配的 VI 来执行。当然，用户也可以手动选择具体执行哪个 VI。

下面通过创建一个四则运算的多态 VI 实例来学习如何创建和应用多态 VI。我们这个四则运算多态 VI 只是根据用户输入的两个数据的数据类型来判断，如果都是整型，则表示长方形的长和宽，计算长方形面积；如果都是实型，则表示圆柱体的半径和高，计算圆柱体的体积。

步骤一：新建两个 VI，分别用来计算长方形的面积和圆柱体的体积。两个 VI 的程序框图如图 12.13 所示。把两个 VI 做成相应的子 VI，这两个子 VI 都有相同的端子模式，即两个输入和一个输出。

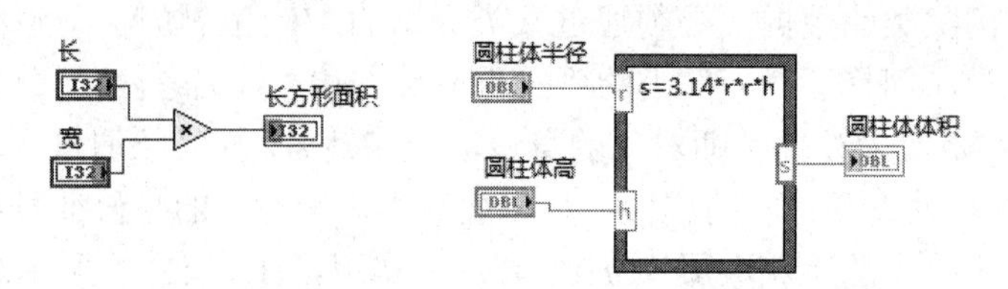

图 12.13　多态 VI 对应的两个实例

步骤二：编辑多态 VI。选择【文件】→【新建(N)】→【多态 VI】命令，则弹出如图 12.14 所示的多态 VI 编辑对话框。

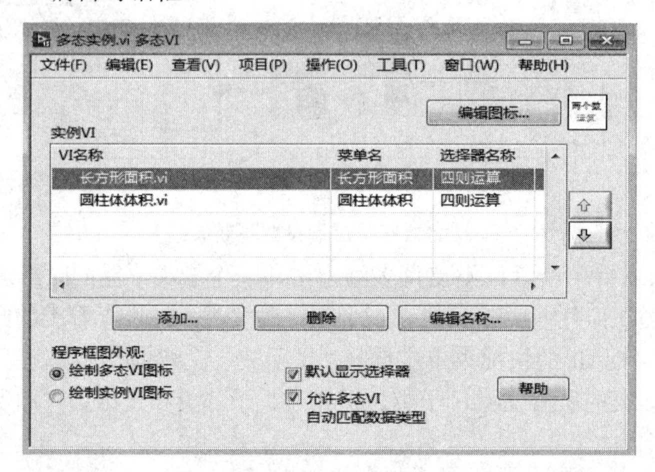

图 12.14　多态 VI 编辑对话框

多态 VI 既没有程序框图，也没有前面板，只需要单击“添加...”按钮，将具有多态性的几个实例依次添加到“实例 VI”列表框中即可。实例 VI 中的“菜单名”是当前 VI 实例显示在“多态 VI 选择器”中的快捷菜单名称；实例 VI 中的“选择器名称”是多态 VI 选择器名称，要求多个实例具有相同的选择器名称。单击“编辑图标...”按钮，可以用来编辑多态 VI 的显示图标，编辑方法与我们前面讲的一样，这里就不赘述了。如果选择下方的“绘制多态 VI 图标”选项，则表示在主 VI 的程序框图中显示多态 VI 图标；如果选择下方的“绘制实例 VI 图标”选项，则表示显示实例 VI 的图标；“默认显示选择器”表示是否在 VI 图标下方显示 VI 实例选择框，如果在这里选择不显示它，那么可以在主 VI 中右击该多态 VI 图标，选择【显示项】→【多态 VI 选择器】选项来显示它；“允许多态 VI 自动匹配数据类型”表示是否允许自动适应数据类型。

步骤三：配置完成以后，选择【文件】→【保存】选项，保存该多态 VI，这就完成了多态 VI 的创建。

步骤四：新建一个 VI，调用自定义多态 VI，程序框图如图 12.15 所示。

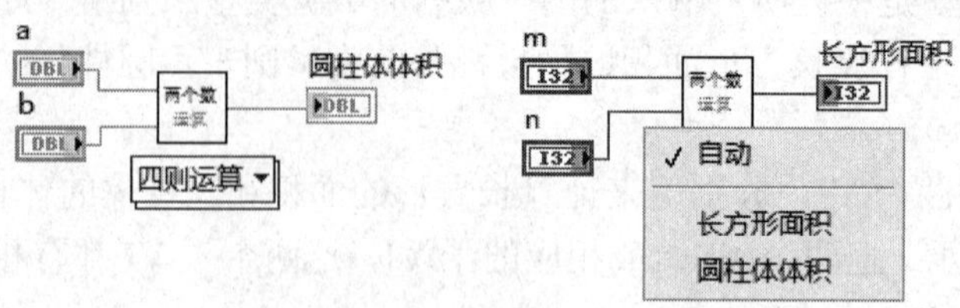

图 12.15　调用自定义多态 VI

12.6 动 态 方 法

LabVIEW 通过 VI 来代表类的方法。用户可以定义某个方法与某个唯一的 VI 对应，那么任何时候调用该方法时必然调用这个唯一的 VI，这种方法在 LabVIEW 中称为静态方法。其实，在 LabVIEW 继承结构中，一个方法还可以对应多个不同的 VI，直到运行时才决定该方法到底对应哪一个 VI，决定的因素是输入该 VI 的对象类型，这种方法在 LabVIEW 中称为动态方法。例如“工作”这个方法，对于教师来说是教书，而对于医生来说是治病救人，因此方法的具体内容由对象的类型决定。它对应于面向对象中的多态，类似于 C++ 的虚函数。动态方法与多态 VI 有些类似，但又有不同；多态 VI 决定调用哪一个 VI 是由输入的数据类型决定，而动态方法调用哪一个 VI 是直到运行时由输入的对象类型决定的。

当用户为一个类添加 VI 时，该 VI 是静态方法还是动态方法是由该 VI 的连接端子类型决定的，默认情况下都为静态方法。如果该 VI 的对象连接端子包含一个“动态分配输入终端(Dynamic Dispatch Input Terminal)”，该 VI 即为动态方法。创建动态分配输入终端的方法是：在为类定义的 VI 中，先将连接端子与对象连接，然后用鼠标右键点击对象连接端子，在弹出的快捷菜单中选择【接线端类型】→【动态分配输入(必需)】选项。

定义了父类的动态方法后，子类就能拥有父类动态方法 VI 同名的动态方法 VI(注意：如果是静态方法 VI，子类是不能包含与父类同名的 VI)。子类的动态方法必须与父类动态方法的连接端子相同。此外，在子类动态方法中可以通过函数选板中的【编程】→【簇、类与变体】→【调用父方法】函数调用父类同名的动态方法，从而继承父类现有的代码。

其实，LabVIEW 提供了自动创建动态 VI 的方法。通过自动创建，LabVIEW 会自动生成一些常用的原始代码，并使 VI 的对象连接端子自动为“动态分配输入”和“动态分配输出”，这类似于使用 VI 模板。下面来看如何在父类和子类中，通过自动创建方法，分别为子类和父类生成同名的动态 VI。

步骤一：新建一个项目，名称为“动态方法项目”，在项目中创建两个类，一个类为“人”类，另一个为“教师”类；其中，“教师”类继承于“人”类，由于子类和父类的动态方法名称相同，而在同一个文件夹里面的文件不能同名，可以为“教师”类单独建一个文件夹。

步骤二：在项目浏览器中右击“人.lvclass”，选择“新建”下的“基于动态分配模板的 VI”选项，新建的动态 VI 会自动包含输入输出对象以及 Error in 簇和 Error out 簇，如图 12.16 所示。在现有代码的基础上编辑该 VI 内容，并保存该 VI 为“工作”。

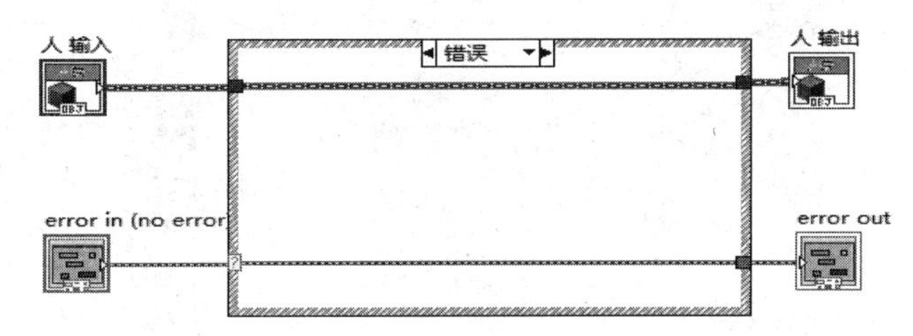

图 12.16　自动生成的动态 VI 代码

步骤三：下面就可以在子类中添加一个同名的动态 VI 了，鼠标右键点击“教师.lvclass”并选择“新建”下的“用于重写的 VI…”选项，在弹出的“新建重写”对话框中选择需要被重写的方法，如图 12.17 所示，单击“确定”按钮，便会在子类中创建并打开一个相同名称的 VI(注意：如果父类不包含动态 VI 或者包含的所有动态 VI 都已经被该子类重写过，则“新建”下的“用于重写的 VI…”选项是灰色的，即处于不可用状态)。子类中与父类同名的动态 VI 称为重写 VI。重写即取而代之的意思，即如果该方法的输入是子类的对象时，该方法即调用子类该 VI 而代替父类的同名动态 VI。子类中新建的重写 VI 的程序框图如图 12.18 所示，它自动包含了调用父方法函数，该函数图标会自动与父类动态 VI 的函数图标相结合，接着就可以基于父类的现有代码增加新的代码了。

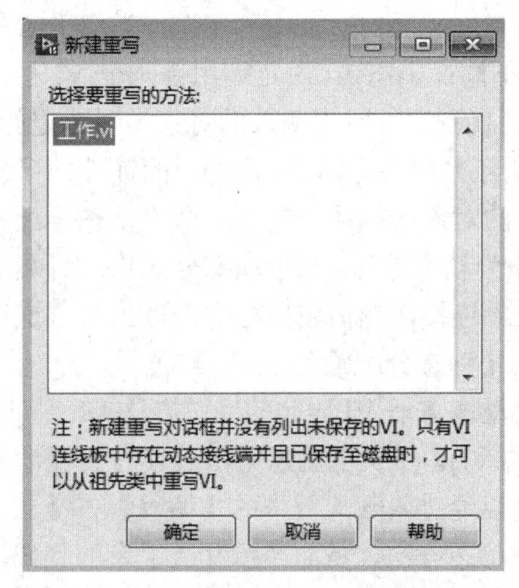

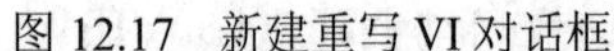
图 12.17　新建重写 VI 对话框

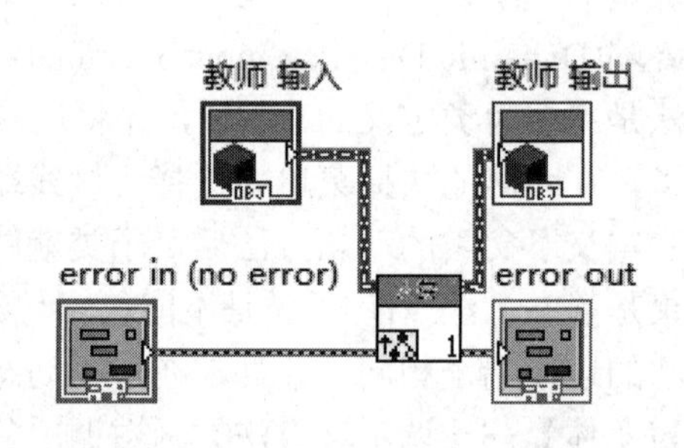

图 12.18　自动生成的重写 VI 程序框图

下面通过 LabVIEW 2016 自带的面向对象相关的实例来说明动态方法的使用方法与好处。在 LabVIEW 安装目录下找到路径 LabVIEW2016\examples\Object\Oriented Programming\Dynamic Dispatching，双击打开 Dynamic Dispatching.lvproj 项目，查看 Triangle.lvclass 和 Square.lvclass 两个类的“属性”下的“继承”选项，可以看出这两个类都是继承 Shape.lvclass 类，它们三个类有同名的 Identify.vi 方法，这三个 Identify.vi 方法就是动态方法。其项目类结构图和动态方法程序框图如图 12.19 所示。

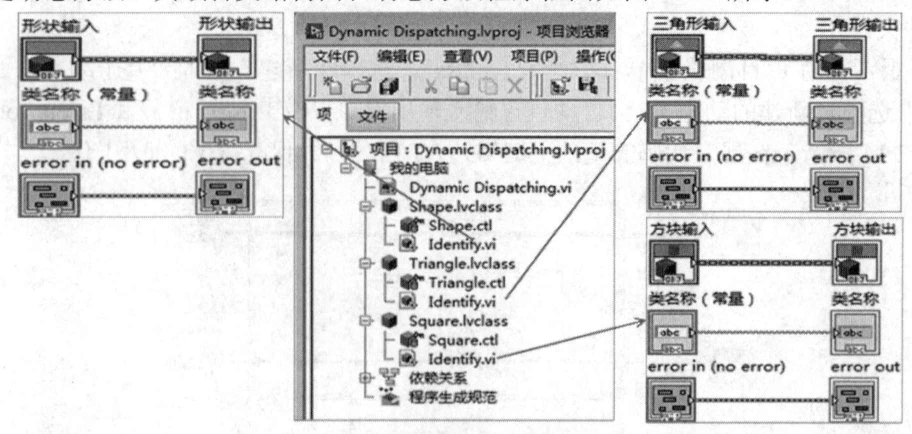

图 12.19　动态方法实例图

下面我们来看如何在外部 VI 中使用该动态方法。如图 12.20 所示，首先分别对每一个类初始化一个对象，然后通过“创建数组”函数将三个对象组成一个对象数组。在 for 循环中调用 Shape 类中的 Identify.vi。运行该 VI 时，根据运行结果可以看出调用动态方法具体对应哪一个 VI 是由运行时输入的对象类型决定的。

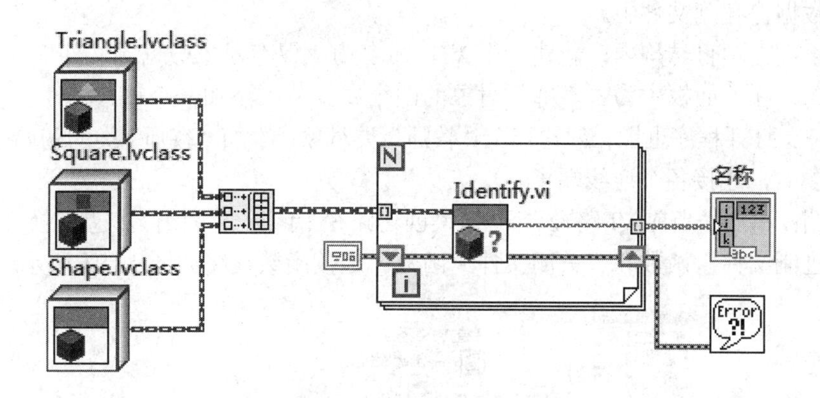

图 12.20　动态 VI 调用框图

12.7　LabVIEW 面向对象其他特点

从概念上来说，LabVIEW 面向对象编程和其他面向对象编程语言相似，但由于 LabVIEW 是数据流图形化编程环境，LabVIEW 对类数据的操作和交互以及 LabVIEW 类代码的调试方法和其他语言有所不同。 LabVIEW 中的对象由值来传递，而不是由引用来传递。

12.7.1　构造函数与析构函数

熟悉面向对象编程的读者都知道，对象在被创建和消亡时会自动调用两个函数：构造函数和析构函数。构造函数的作用就是在对象创建时利用特定的值构造对象，将对象初始化为一个特定的状态，使其对象之间具有不同的特征。析构函数与构造函数的作用几乎相反，它用来完成对象被删除前的一些清理工作。析构函数调用完成以后，对象也就消失了，相应的内存空间也被释放。

构造函数和析构函数在 LabVIEW 面向对象编程中是隐含的，不需要调用构造函数来对 LabVIEW 类数据进行初始化。每当需要对一个类进行初始化时，LabVIEW 会调用一个默认的构造函数。初始化对象的属性值由 CTL 数据控件的默认值决定，用户可以通过 CTL 文件中设置控件默认值作为对象设置默认初始值。设置方法为：打开 CTL 数据文件，在簇元素中设置数据以后，选择主菜单【编辑】→【当前值设置为默认值】选项，保存即可。如果需要改变对象属性值，则需要通过 VI 函数来指定，一般用户都会为对象添加一个初始化 VI 用于为对象设定初始值。当 LabVIEW 不再需要 LabVIEW 类中的信息时，LabVIEW 将以处理簇和数组同样的方法进行内存释放。

12.7.2　对象数据文件操作

LabVIEW 中的对象数据同其他数据一样，可以保存为二进制文件或数据记录文件。下面我们通过初始化“教师”类对象，把初始化属性值保存到一个二进制文件中来说明如何把对象数据保存到文件中。

步骤一：在项目结构内，新建一个 VI，命名为“保存对象数据到文件”。

步骤二：在前面板中为“教师”对象的四个属性分别添加一个输入控件。

步骤三：打开程序框图，创建一个“教师”类对象，添加“教师”类的初始化函数“教师_初始化.vi”，连接各个连线端子。

步骤四：添加“当前 VI 路径”函数、“创建路径”函数、“打开/创建/替换文件”函数、“写入二进制文件”函数和“关闭文件”函数。连接函数线路如图 12.21 所示。

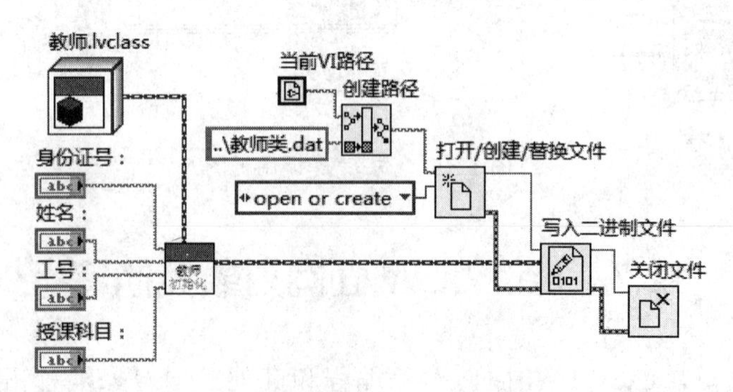

图 12.21　写入对象数据到二进制文件

步骤五：在前面板各控件内，输入相应的信息，运行 VI，则可以在当前路径下看到生成了一个二进制文件。

步骤六：读取对象数据文件夹，这里就不再赘述，参考图 12.22 所示。

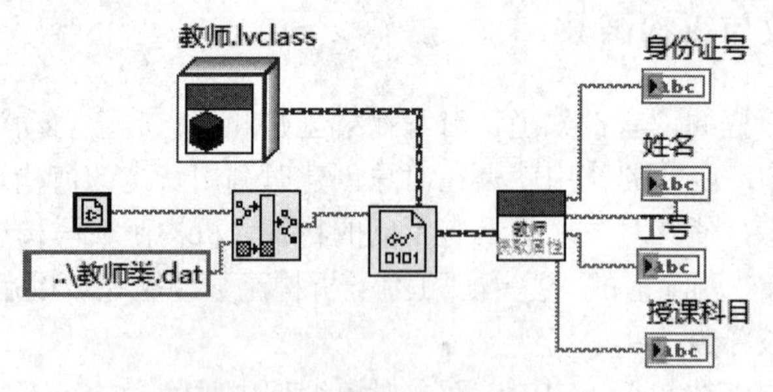

图 12.22　读取对象数据文件

12.8　两种编程方法的比较

为了帮助使用 LabVIEW 的开发人员更好地对面向对象编程方法和面向过程编程方法进行比较，NI 提供了一个浅显易懂的实例。在 LabVIEW 2016 启动窗口界面上，选择“帮助”下的“查找范例(E)...”选项，即弹出如图 12.23 所示的 NI 范例查找器。在“基础”

下的“面向对象”目录中找到 Board Testing.lvprog 项目，这个项目就是对两种编程方法比较的范例项目文件。

图 12.23　NI 范例查找器

12.8.1　测试目的

某公司生产三种板卡，分别为 Basic DAQ Board(基本 DAQ 板卡)、Elite DAQ Board(高级 DAQ 板卡)和 GPIB 板卡。每块板卡在生产流水线上装配完以后，需要检验电路板上各个元件是否都焊接在正确的位置上。每条流水线上各有一个摄像头，拍摄板卡的图像，各个摄像头把图像传送给同一台计算机。需要一个 LabVIEW 程序接收图像，并通过分析图像判断板卡装配是否正确，板卡检验系统如图 12.24 所示。板卡由电阻、电容和芯片等通用器件组成，图 12.25 所示为板卡简化以后的模板，图中不同的颜色表示不同的元件。

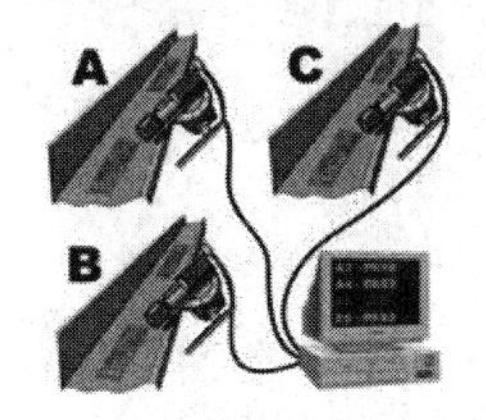

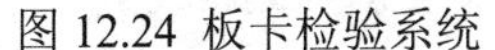
图 12.24 板卡检验系统

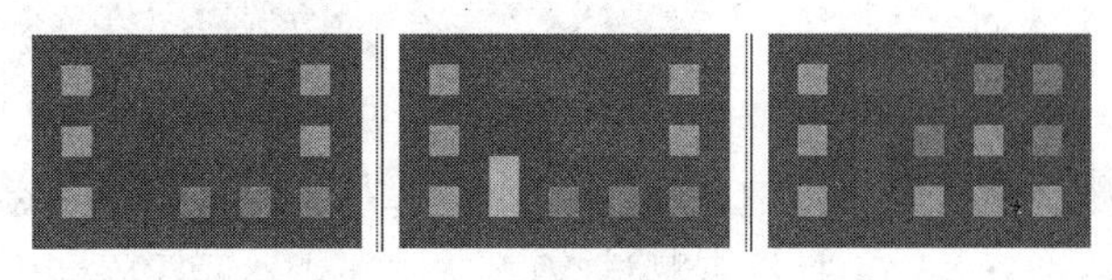

图 12.25　三种板卡模板

如果用网格将板卡划分为大小相等的矩形，并将每行和每列矩形都用二维数组的概念按照 0～n 编号，那么就可以把每一个位置不同的元件看成是这个二维数组的某一个位置的元素。

12.8.2　面向过程的方法

在 Board Testing 项目中，Task→Oriented Solution 文件夹里面的 Test Boards_TASK.vi 用来说明怎样用面向过程的编程方法解决上述板卡检验问题。

图 12.26 所示为 Test Boards_TASK.vi 的程序框图，这里的 Generate Test Images.vi 首先模拟一个图像采集任务，然后将图像放入一个队列；While 循环每次从队列中取出一个图像并进行处理；每个图像数据附加了一个代表板卡类型的值；选择结构根据板卡类型切换程序分支，运行相应的板卡测试子程序；测试结果包括测试名称(字符串)、板卡类型(枚举量)和测试结论(布尔量)。运行该 VI，运行效果如图 12.27 所示。

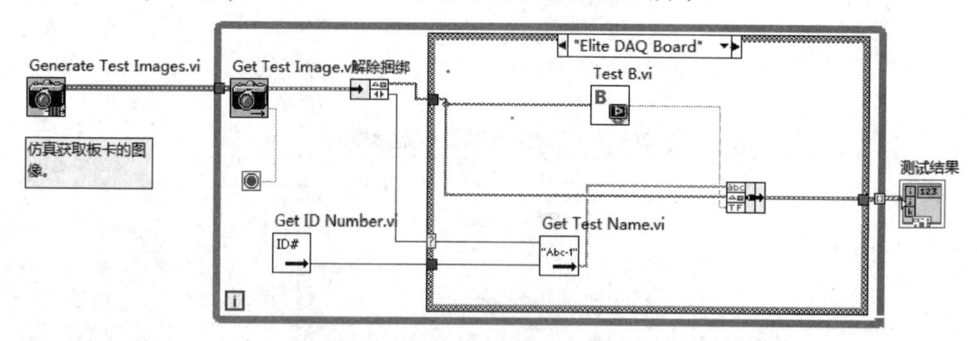

图 12.26　面向过程的程序框图

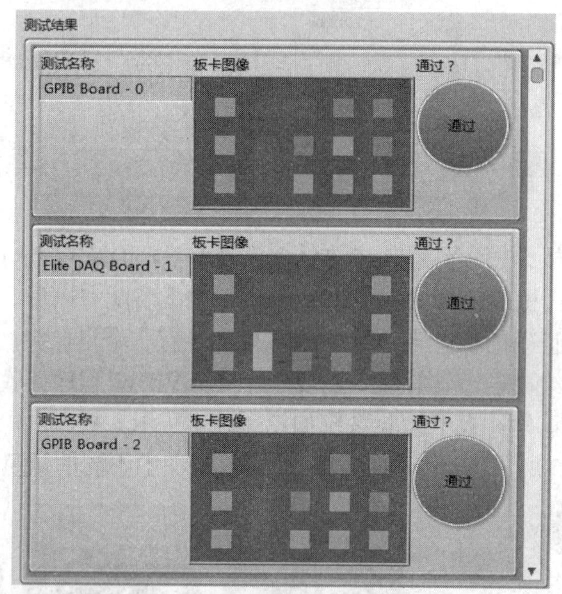

图 12.27　板卡检验系统运行效果图

测试的方法是通过检查指定的位置是否满足指定的颜色来表示该位置是否是正确的元件。分别打开每一种板卡测试 VI 的程序框图，可以看出针对三种板卡相同的部分，它们共用了一个 VI：Test_Common to All Boards.vi。而对于每一个元件的检测程序，通过封装为 SubVI:Test For Square Of Color.vi，从而增强了代码的重用性。这个程序通过共享子 VI 完成通用的测试任务实现代码重用，总体来说对于所要求的任务这也是一个不错的方案。

12.8.3　面向对象的方法

下面我们再来看面向对象的解决方案。在 Board Testing 项目中，打开 Object→Oriented Solution 文件夹中的 Test Boards_OBJECT.vi，它的程序框图如图 12.28 所示，这个 VI 说明同样的问题用面向对象编程的方法如何解决。

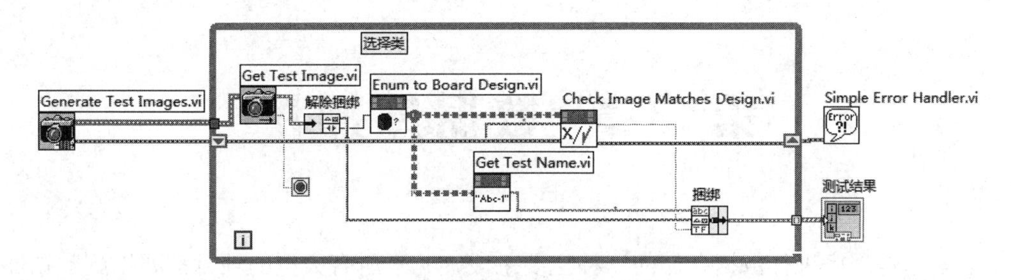

图 12.28　面向对象的程序框图

在程序框图中生成仿真图像和输出测试结果部分的图形代码与面向过程的程序相同。在面向过程的程序中用一个选择结构来选择板卡的类型，而在面向对象的程序中是用 Enum to Board Design.vi 产生一个与板卡类型适应的对象。

12.8.4　两种方法的比较

容易看出，面向对象的编程方法与面向过程的编程方法中程序对每个板卡执行相同的操作(检查图像、创建测试名称等)，然而打开 Check Image Matches Design.vi 的程序框图，会发现它与面向过程的编程方法有很大的不同。在这里不是一块一块地检查特定位置的颜色，而是建立一个板卡组件的对象表，然后对每个组件调用自检测(Self Test)方法，如图 12.29 所示。面向对象的编程方法与面向过程的编程方法在分解问题时采用不同的形式。

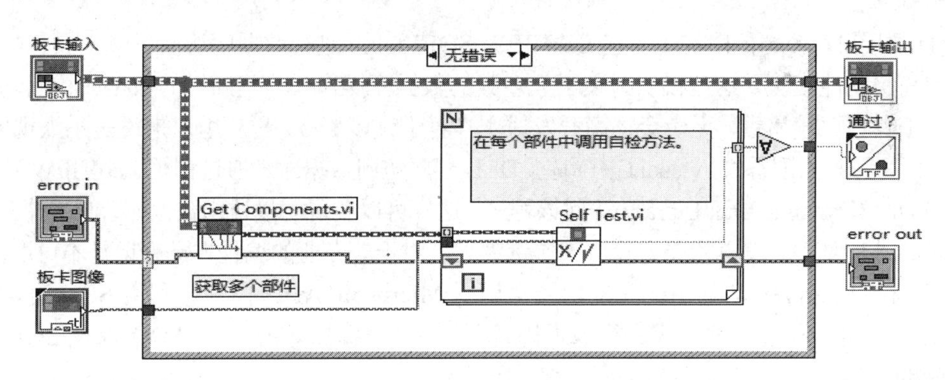

图 12.29　板卡模板器件定位程序框图

在项目浏览器中打开 Object\Oriented Solution\Classes 文件夹，可以看出面向对象的编程方法比面向过程的编程方法使用更多的子 VI。在面向对象的程序系统中每个 VI 承担一个非常单一的任务，因此与面向过程的编程方法相比每个 VI 都很小，VI 的数量也很多。当我们初次编写一个程序的代码时，面向对象编程的优势也许不能完全体现出来。

总之，采用面向过程的编程方法时，如果从任务的角度看某些问题相同，就在解决这些问题的地方共享代码；采用面向对象的编程方法时，当任务中的对象相同时就可以共享代码。这样分解组件使得组件改变时代码更新非常容易，组件的行为独立于系统其他部分。在应用程序开发的第一版，面向对象编程并不能显示出全部优势，但是随着程序版本的更新，面向对象编程的代码更易维护，代码容易修改且修改时不易出错，优势会逐渐体现出来。

第 13 章　数据库操作

数据库是程序进行数据存储的一种主要手段，几乎所有大型的项目都要用到数据库，这是因为当数据量很大时，用数据库可以有效地对数据进行组织，实现更方便、快速的方法存取和处理。20 世纪 60 年代，第一个数据库管理系统(DBMS)发明之前，数据记录主要通过磁盘或穿孔卡片，那时无论是数据的管理、查询或是存储都是一件非常麻烦的事情。随着计算机开始广泛地应用于数据管理，数据共享要求也越来越高，传统的文件系统已经不能满足人们的需要，能够统一管理和共享数据的数据库管理系统应运而生。第一个数据库是美国通用电气公司 Bachmann 等人在 1961 年开发成功的 IDS(Integrated Data Store)，它奠定了数据库的基础，并在当时得到了广泛的发行和应用。如今，数据库技术已经比较成熟了，著名的数据库管理系统有 SQL Server、Oracle、MySQL、DB2、Sybase ASE、Visual FoxPro 和 Microsoft Access 等。

在利用 LabVIEW 开发应用软件时，某些应用场合不可避免地要进行数据库的访问，而 LabVIEW 本身并不具备数据库访问功能，在 LabVIEW 编程环境下通常有以下几种途径访问数据库：

(1) 利用 NI 公司的附加工具包 LabVIEW SQLToolkit 进行数据库访问。该工具包集成了一系列高级功能模块，这些模块封装了大多数的数据库操作和一些高级的数据库访问功能；但这种工具包比较昂贵，无疑会提高开发成本，对于许多 LabVIEW 用户来说是不太现实的。

(2) 利用其他语言(如 Visual C++)编写 DLL 程序访问数据库，通过调用 LabVIEW 中动态链接库 DLL(Dynamic Link Library)访问该程序，这样可以实现间接访问数据库。但这种方法需要从底层进行复杂的编程才能完成，工作量太大，对于非专业的编程人员来说是不可取的。

(3) 利用 LabVIEW 的 ActiveX 功能，调用 Microsoft ADO 控件，利用 SQL 语言来实现数据库访问。利用这种方式进行数据库访问需要用户对 Microsoft ADO 以及 SQL 语言有较深的了解。

(4) 利用第三方开发的免费 LabSQL 工具包访问数据库。LabSQL 利用 Microsoft ADO 及 SQL 语言来完成数据库访问，将复杂的底层 ADO 及 SQL 操作封装成一系列的子 VI，简单易用，适合大多数用户使用。

13.1　LabSQL

13.1.1　LabSQL 简介

LabSQL 是一款免费的、多数据库、跨平台的 LabVIEW 数据库访问工具包，可以在

http://jeffreytravis.com/网站中下载，同时也可以在百度、谷歌和雅虎等搜索引擎中搜索下载链接，其支持 Windows 操作系统中任何基于 OBDC 的数据库，包括 Access、Oracle、SQL Server 等。LabSQL 利用 Microsoft ADO 以及 SQL 语言来完成数据库访问，将复杂的底层 ADO 及 SQL 操作封装成一系列的功能函数。利用 LabSQL 几乎可以访问任何类型的数据库，执行各种查询，对记录进行各种操作。它的优点是易于理解、操作简单，用户只需进行简单的编程，就可在 LabVIEW 中实现数据库访问；它还有一个最大的优点是源代码开放，并且是全免费的。

13.1.2 LabSQL 的安装

LabSQL 的安装方法很简单，在 LabVIEW 安装目录的 user.lib 文件夹中新建一个名为 LabSQL 的文件夹，将下载的 LabSQL_1.1a.rar 解压到 LabSQL 文件夹中。解压后可以看到 LabSQL ADO functions 和 Examples 两个文件夹及 ADO210 帮助文档和 README_FIRST 文本文档。LabSQL ADO functions 是 LabSQL 工具包，Examples 是应用实例，ADO210 是程序员帮助文档，README_FIRST 是 LabSQL 的说明文件，里面包括 LabSQL 的版本信息、系统需求、安装步骤和简单的使用方法等。安装完成后，重启 LabVIEW，在“函数”下的“用户库”子面板中就可以找到 LabSQL 函数库了，如图 13.1 所示。

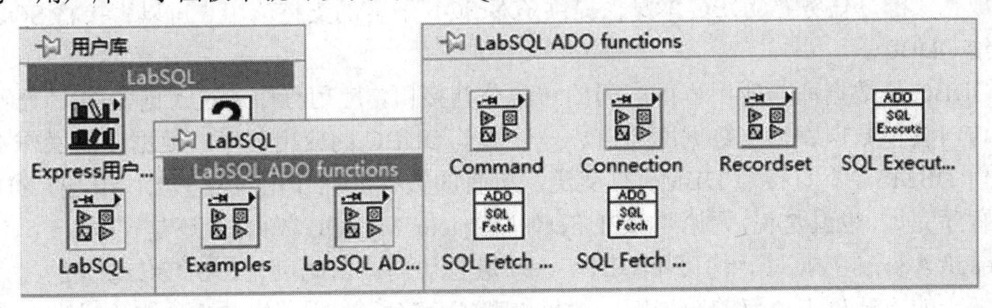

图 13.1 LabSQL 子面板

LabSQL 的系统需求如下：

(1) LabVIEW 6i 或以上版本。

(2) 所访问的数据库必须安装了 ODBC 驱动。

(3) 安装了 MDAC 2.6 或更高版本，一般来说，Windows 2000 及以上的操作系统都自带了该组件。

LabSQL VIs 按照 ADO 对象分为了三类，分别位于不同的文件夹 Command、Connection 和 Recordset 中。

Command VIs 的功能是完成一系列基本的 ADO 操作，例如创建或删除一个 Command、对数据库中的某一个参数进行读或写操作等。

Connection VIs 用于管理 LabVIEW 与数据库之间的连接。

Recordset VIs 用于对数据库中的记录进行各种操作，例如创建或删除一条记录，对记录中的某一个条目进行读写操作等。

最顶层提供了三个 VI，其中最常用的就是 SQL Execute.vi。它将底层的一些 VI 封装起来提供了一个最简单的接口，即直接执行 SQL 语句。通过 SQL 语句可以执行任何数据库操作。

SQL(Structured Query Language，结构化查询语句)是关系型数据库管理系统的标准语言，因此用它可以访问各种支持 SQL 语言的关系型数据库。SQL 语言非常简单，如果用户不曾接触过，可以参考相关书籍，花一点时间学会一些简单的查询、添加和修改语句对访问数据库是非常有帮助的。

13.2 数据源配置

在进行数据源配置介绍之前，我们必须先知道什么是 ODBC 和 ADO，因为数据源是在 ODBC 中建立的，而 ADO 是通过 ODBC 来访问数据库的。

13.2.1 ODBC 简介

开放数据库互连(Open Database Connectivity，ODBC)是微软公司开放服务结构(WOSA，Windows Open Services Architecture)中有关数据库的一个组成部分，它建立了一组规范，并提供了一组对数据库访问的标准 API(应用程序编程接口)。这些 API 利用 SQL 来完成其大部分任务。ODBC 本身也提供了对 SQL 语言的支持，用户可以直接将 SQL 语句送给 ODBC。

ODBC 是数据库与应用程序之间的一个公共接口，应用程序通过访问 ODBC 而不是直接访问具体数据库来与数据库通信。一个基于 ODBC 的应用程序对数据库的操作不依赖任何 DBMS，不直接与 DBMS 打交道，所有的数据库操作由对应于 DBMS 的 ODBC 驱动程序完成。也就是说，无论是 SQL Server、Oracle、MySQL 数据库，还是 Visual FoxPro、Microsoft Access 数据库，均可用 ODBC API 进行访问。由此可见，ODBC 最大的优点是能以统一的方式处理所有的数据库。如果没有 ODBC，应用程序访问数据库是非常麻烦的，用户需要学习具体数据库提供的编程接口，而且如果需要更换 DBMS 时，系统程序也必须作很大改动。

不过直接使用 ODBC API 比较麻烦，所以微软公司后来又发展出来 DAO、RDO、ADO 这些数据库对象模型。使用这些对象模型开发程序更容易，这些模型都支持 ODBC，所以即使用户所访问的数据库没有提供 ADO 的驱动，只要有 ODBC 驱动一样可以使用 ADO 进行访问。

利用 ADO 与 ODBC 访问数据库的过程示意图如图 13.2 所示。

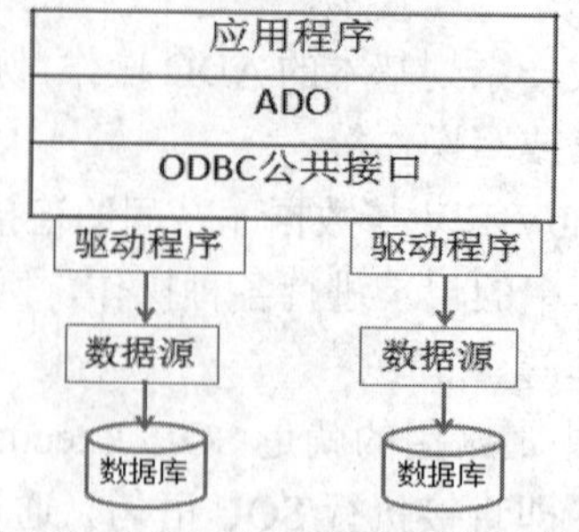

图 13.2　ADO 与 ODBC 访问数据库

图中的ODBC驱动程序是针对每一类DBMS的，它由数据库厂商以动态链接库的形式提供，实现ODBC函数调用与数据源交互。而数据源是ODBC到数据库的接口形式，它描述了用户需要访问的数据库以及相应各种参数等，例如数据库所在计算机、用户和密码等。数据源名将会作为访问数据库的标识，因此在与数据库进行连接之前，必须在ODBC数据源管理器中建立数据源。

本章实例介绍安装的驱动程序是 mysql-connector-odbc-5.3.4-win32.msi，默认安装即可，如果有电脑安装不上，这可能是驱动程序与电脑操作系统兼容性的问题，可以在网站下载其他可兼容版本的驱动程序。

13.2.2 ADO简介

ADO(ActiveX Data Objects，ActiveX数据对象)是Microsoft提出的应用程序接口(API)，用以实现访问关系或非关系数据库中的数据。

由于直接使用ODBC API非常麻烦，因此需要借助于ADO来简化数据库编程。ADO的主要优点是易于使用、高速度、低内存支出和占用磁盘空间较少。

ADO 通过编程模型实现对数据库的操作。编程模型是访问和更新数据源所必需的操作顺序，它概括了ADO的全部功能。编程模型意味着对象模型，即响应并执行编程模型的对象组。对象拥有方法，方法执行对数据进行的操作；对象拥有属性，属性指示数据的某些特性或控制某些对象方法的行为。与对象关联的是事件，事件是某些操作已经发生或将要发生的通知。

1. ADO操作方式

ADO可提供执行以下操作的方式：

(1) 连接到数据源，同时，可确定对数据源的所有更改是否已成功或没有发生。

(2) 指定访问数据源的命令，同时可带变量参数，或优化执行。

(3) 执行命令。

(4) 如果这个命令是数据按表中的行的形式返回，则将这些行存储在易于检查、操作或更改的缓存中。

(5) 适当情况下，可使用缓存行的更改内容来更新数据源。

(6) 提供常规方法检测错误(通常由建立连接或执行命令造成)。

在典型情况下，需要在编程模型中采用所有这些步骤。但是，由于ADO有很强的灵活性，所以最后只需执行部分模块就能做一些有用的工作。

2. ADO的对象和集合

ADO对象模型包含了九个对象和四个集合，具体含义如下：

(1) Connection对象：代表与数据源进行的唯一会话，如果是客户端/服务器数据库系统，该对象可以等价于到服务器的实际网络连接。取决于Provider(即所采用的DBMS)所支持的功能，Connection对象的某些集合、方法或属性有可能无效。

(2) Command对象：用来定义对数据源执行的指定命令，例如一条在指定数据源上运行的SQL语句。

(3) Recordset对象：表示来自基本表或命令执行结果的记录全集。任何时候，Recordset

对象所指的当前记录均为集合内的单个记录。

(4) Record 对象：表示一个单行的数据，它可以来自于 Recordset 或来自于 Provider。这个记录可能是数据库中的一条记录，也可能是其他类型的对象，例如一个文件或目录，这取决于 Provider。

(5) Stream 对象：代表一个二进制或文本数据流。

(6) Parameter 对象：代表 Command 对象的一个参数，取决于一个带参数的查询或存储过程。

(7) Field 对象：每一个 Field 对象对应于 Recordset 对象的一列，即一个字段。

(8) Property 对象：代表 Provider 定义的一个 ADO 对象的一个属性。

(9) Error 对象：数据访问过程中的错误细节，它属于包含 Provider 的一个单操作。

(10) Fields 集合：包含所有的 Recordset 或 Record 对象的 Field 对象。

(11) Properties 集合：包含一个具体对象的所有 Property 对象。

(12) Parameters 集合：包含一个 Command 对象的所有 Parameter 对象。

(13) Errors 集合：包含一个 Provider 相关的失败的所有 Error 对象。

13.2.3 建立数据源

数据源是通过数据源名 DSN(Data Source Name)来标识的，它是连接 LabSQL 与数据库的纽带。因此在使用 LabSQL 之前，必须首先要在 Windows 操作系统的 ODBC 数据源中创建一个 DSN。我们这里创建一个数据源名称为 DSN_YUAN 的数据源，该数据源作为我们后面数据库操作实例的实际应用，创建步骤如下。

步骤一：首先需要在 MySQL 数据库中创建一个数据库，这里将其命名为“lab”，并在该数据库中创建一张表“t_user”，表结构和数据信息如图 13.3 所示。

编号	user_id	user_password	user_name	money
4	小花	123	王五	100
9	裙角飞扬	123456	黄蓉	20000
10	小明	666	张明	29600
11	新	666	张明	28000
12	花	123	张小	5000
13	xiaoguo	123	郭靖	10000

图 13.3　t_user 表结构及参考数据

步骤二：在 Windows 操作系统的【控制面板】→【系统和安全】→【管理工具】中选定“数据源(ODBC)”，即弹出“ODBC 数据源管理器”对话框，如图 13.4 所示。在“驱动程序”选项卡中可以看到安装的“MySQL ODBC 5.3 ANSI Driver”和“MySQL ODBC 5.3 Unicode Driver”ODBC 驱动程序。对于 64 位系统，这种方式打开“ODBC 数据源管理器”对话框是不能成功配置 32 位驱动数据源的，只有通过打开 cmd 窗口，运行命令：C:\Windows\SysWOW64\odbcad32.exe，在弹出的“ODBC 数据源管理器”对话框中可成功配置。

步骤三：在“ODBC 数据源管理器”对话框中，切换到“用户 DSN”选项卡，选择“添加(D)…”按钮，即弹出“创建新数据源”对话框，如图 13.5 所示，选择“MySQL ODBC

5.3 ANSI Driver”驱动程序。

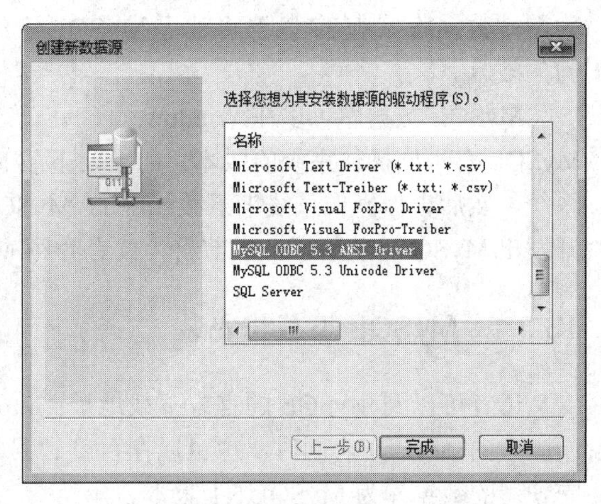

图 13.4 “ODBC 数据源管理器“对话框　　　　图 13.5 “创建新数据源”对话框

步骤四：点击“创建新数据源”对话框的“完成”按钮，则弹出配置数据源的窗口，如图 13.6 所示。其中“Data Source Name”选项是配置数据源的名称；“Description”选项是对数据源的描述说明；“TCP/IP Server”选项是服务器的 IP 地址，对于本机服务器，可以填“127.0.0.1”或“localhost”；“User”和“Password”选项是打开数据库的用户名和密码，这个由用户安装数据库时决定，我们用的是默认用户名和密码，都是“root”。“Database”选项是所配置数据源的数据库名称。点击“OK”按钮，则在“用户 DSN”选项卡内可以看到配置成功的数据源，如图 13.7 所示。

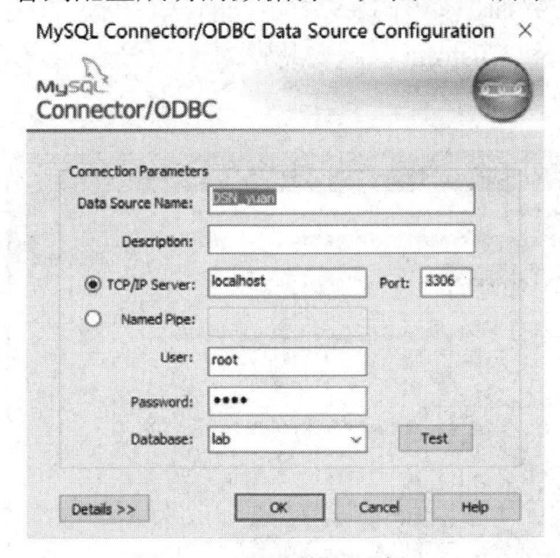

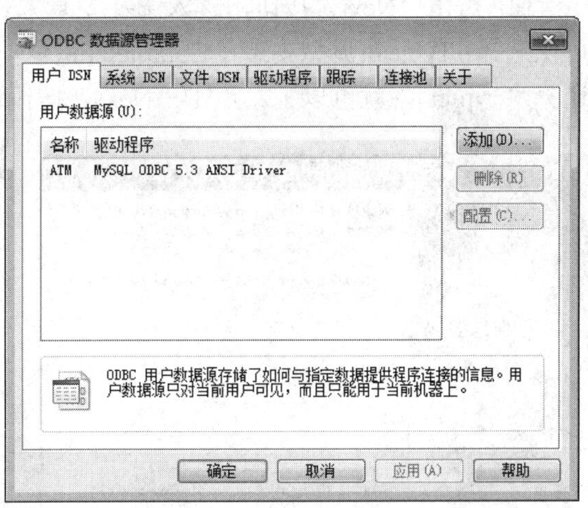

图 13.6　配置数据源窗口　　　　图 13.7　配置成功的数据源

13.3　MySQL 基础

本书以 LabVIEW 2016 为基础，通过 LabSQL 工具包实现对 MySQL 数据库的访问。MySQL 是一个开放源码的小型关联式数据库管理系统，开发者为瑞典 MySQL AB 公司。目前 MySQL 被广泛地应用在 Internet 上的中小型网站中。由于其体积小、速度快、成本低，尤其是开放源码这一特点，许多中小型网站为了降低网站成本而选择了 MySQL 作为网站数据库。因此，以下将基于 MySQL 介绍在 LabVIEW 2016 中如何对数据库进行访问的技术。

MySQL 数据库可以在 Windows、UNIX、Linux 和 Mac OS 等操作系统上运行，因此，MySQL 有不同操作系统的版本。如果要下载 MySQL，必须先了解自己使用的是什么操作系统，然后根据操作系统来下载相应的 MySQL。而且，根据发布的先后顺序，现在已经开发出 MySQL 5.6 版了。本节将为读者介绍 MySQL 的基本应用。

13.3.1　MySQL 下载与安装

读者可以到 MySQL 的官方下载地址：http://www.mysql.com/downloads/mysql/ 下载不同版本的 MySQL，同时，也可以在百度、谷歌和雅虎等搜索引擎中搜索下载链接。本书中使用的数据库为 MySQL 5.1 版本。

在 Windows 系列的操作系统下，MySQL 数据库的安装包分为图形化界面安装和免安装(Noinstall)两种。这两种安装包的安装方式不同，而且配置方式也不同。图形化界面安装包有完整的安装向导，安装和配置很方便，根据安装向导的说明安装即可。免安装的安装包直接解压即可使用，但是配置起来很不方便。下面将介绍通过图形化界面的安装向导来安装 MySQL 的具体过程。

(1) 下载完成 Windows 版的 MySQL 5.1，解压后双击安装文件进入安装向导，此时弹出 MySQL 安装欢迎界面，如图 13.8 所示。

(2) 点击“Next”按钮，进入选择安装方式的界面，如图 13.9 所示。有三种安装方式可供选择：Typical(典型安装)、Complete(完全安装)和 Custom(定制安装)，对于大多数用户，选择“Typical”就可以了。点击“Next”按钮进入下一步。

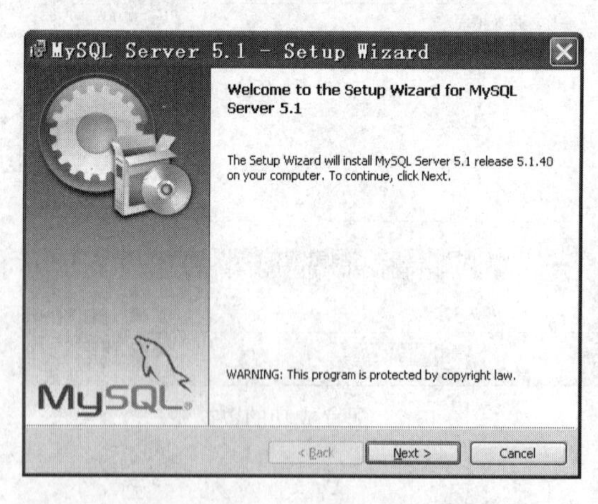

图 13.8　MySQL 安装欢迎界面

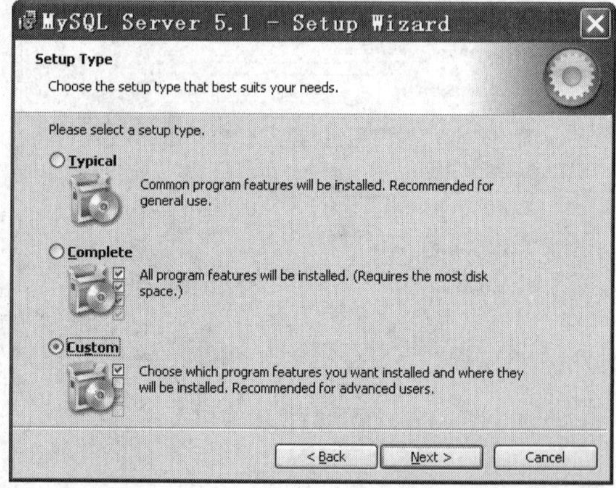

图 13.9　选择安装方式的界面

(3) 进入如图 13.10 所示的准备安装界面。在 MySQL 5.1 中，数据库主目录和文件目录是分开的，其中“Destination Folder”为 MySQL 所在的目录，默认目录为 C:\Program Files\MySQL\MySQL Server 5.1；“Data Folder”为 MySQL 数据库文件和表文件所在的目录，默认目录为 C:\Documents and Settings\All Users\Application Data\MySQL\MySQL Server

5.1\data，其中 Application Data 是隐藏文件夹。确认后点击“Install”按钮，进入 MySQL 安装界面，正式开始安装。

(4) 点击“Next”按钮后，进入安装完成的界面，如图 13.11 所示。此处有两个选项，分别是“Configure the MySQL Server now”和“Register the MySQL Server now”。这两个选项的说明如下：

① Configure the MySQL Server now：表示是否现在就配置 MySQL 服务。如果读者不想现在就配置，就可以不选择该选项。

② Register the MySQL Server now：表示是否现在注册 MySQL 服务。

为了使读者更加全面地了解安装过程，此处就进行简单的配置，并且注册 MySQL 服务。因此，选择这两个选项。

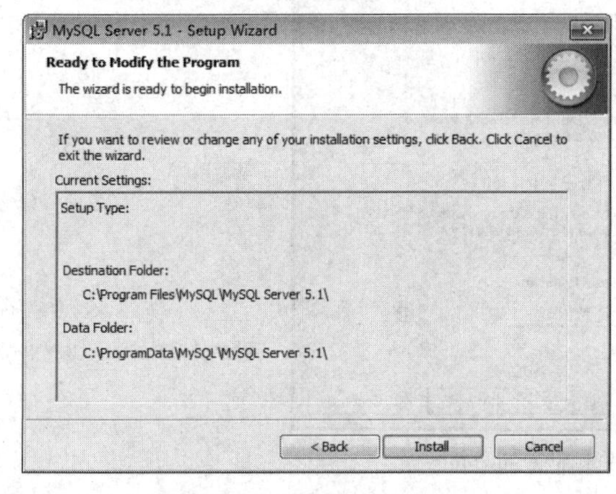

图 13.10　准备安装界面

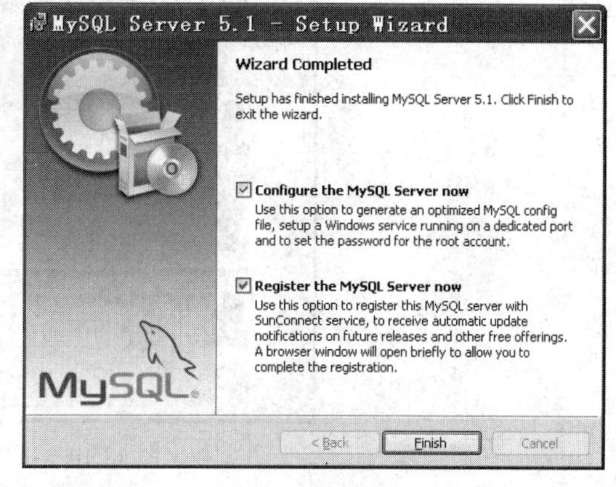

图 13.11　安装完成的界面

(5) 点击“Finish”按钮，MySQL 数据库就完成了安装。安装完成时，选择“Configure the MySQL Server now”选项，图形化安装向导将进入 MySQL 配置欢迎界面。通过配置向导，可以设置 MySQL 数据库的各种参数。

(6) 图形化界面进入 MySQL 配置欢迎界面，如图 13.12 所示。点击“Next”按钮，进入选择配置类型的界面，如图 13.13 所示。MySQL 中有两种配置类型，分别为 Detailed Configuration(详细配置)和 Standard Configuration(标准配置)。

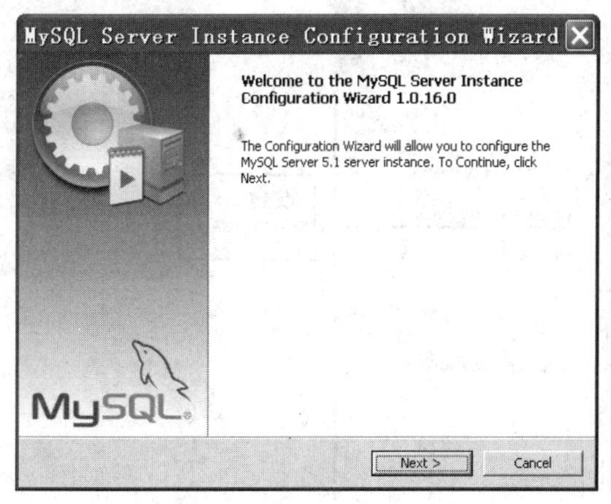

图 13.12　MySQL 配置欢迎界面

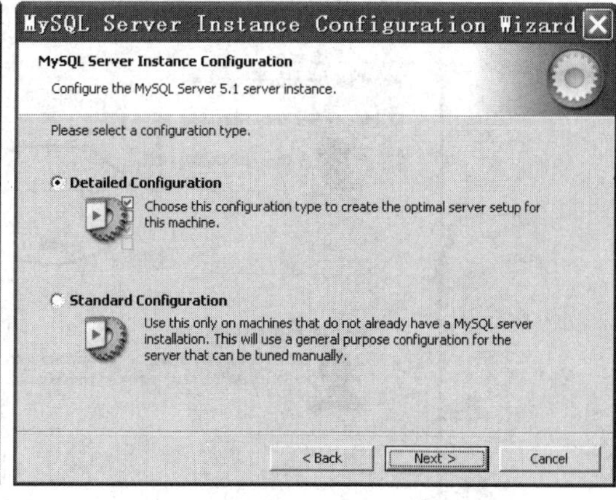

图 13.13　选择配置类型界面

两种配置的介绍如下：

① Detailed Configuration(详细配置)：详细配置用户的连接数、字符编码等信息。

② Standard Configuration(标准配置)：安装 MySQL 最常用的配置进行设置。

为了了解 MySQL 详细的配置过程，本书选择 Detailed Configuration 进行配置。

(7) 选择“Detailed Configuration”选项，然后一直单击“Next”按钮，进入字符集配置的界面，如图 13.14 所示。前面的选项一直是按默认设置进行的，这里要做一些修改。选中“Manual Selected Default Character Set/Collation”选项，在“Character Set”选框中将“latin1”修改为 gb2312。

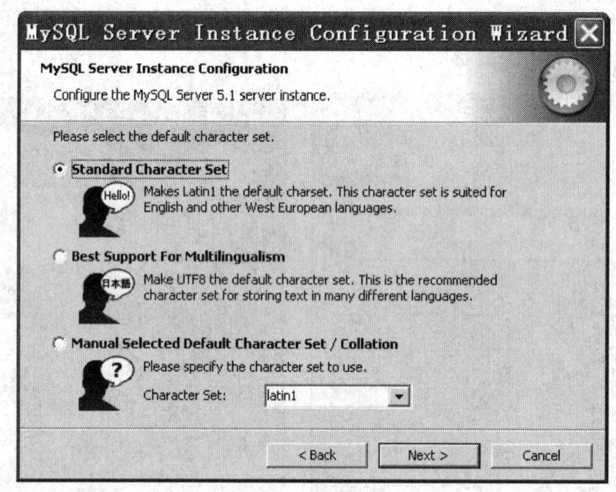

图 13.14　字符集配置的界面

(8) 点击“Next”按钮，进入服务选项对话框，服务名为 MySQL，这里不做修改。点击“Next”按钮，进入设置安全选项界面，如图 13.15 所示。在密码输入框中输入 root 用户的密码，一般默认为“root”。要想防止通过网络以 root 登录，选中“Enable root access from remote machine”(不允许从远程主机登录连接 root)选项旁边的框。要想创建一个匿名用户账户，选中“Create An Anonymous Account”(创建匿名账户)选项旁边的框。由于安全原因，这里不建议选择这项。

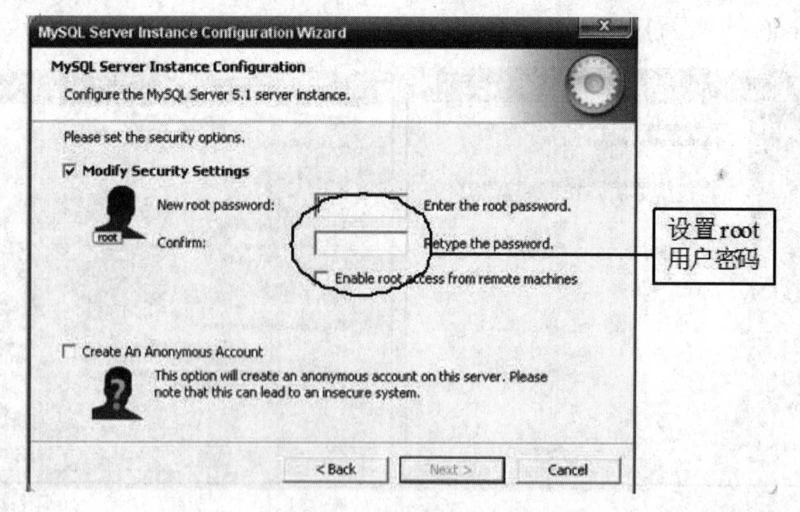

图 13.15　安全选项对话框

(9) 点击“Next”按钮，进入准备执行的界面。随后点击“Execute”按钮来执行配置，执行完毕，将进入配置完成的界面，如图 13.16 所示。点击“Finish”按钮后，MySQL 整个安装与配置过程就完成了。

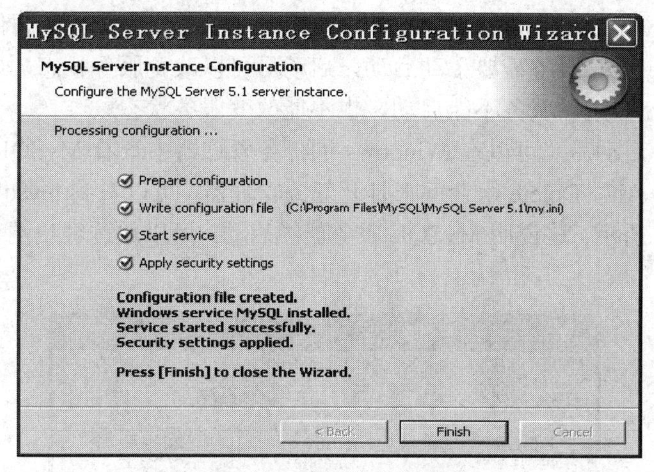

图 13.16　配置完成的界面

如果顺利地执行了上述步骤，MySQL 就已经安装成功了，而且，MySQL 的服务已经启动。

13.3.2　启动 MySQL 服务

只有启动 MySQL 服务后，客户端才可以登录到 MySQL 数据库。在 Windows 操作系统上，可以设置自动启动 MySQL 服务，也可以手动来启动 MySQL 服务。本小节将为读者介绍启动与终止 MySQL 服务的方法。

在【控制面板】→【管理工具】→【服务】命令下可以找到命名为“MySQL”的服务。在此处的 MySQL 服务上鼠标右键点击“MySQL 服务”选项，选择“属性”命令后进入“MySQL 的属性”的界面，如图 13.17 所示。

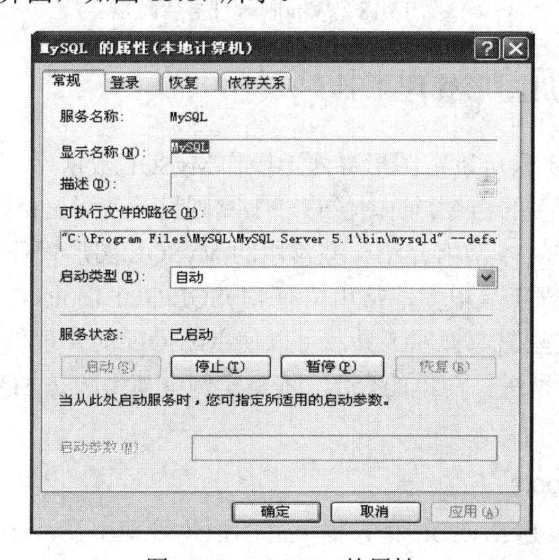

图 13.17　MySQL 的属性

可以在“MySQL 的属性”界面中设置服务状态，服务状态可以设置为“启动”、“停止”、“暂停”和“恢复”，而且还可以设置启动类型，在启动类型处的下拉菜单中可以选择“自动”、“手动”和“已禁用”。这三种启动类型的说明如下：

① 自动：MySQL 服务是自动启动，可以手动将状态变为停止、暂停和重新启动等。

② 手动：MySQL 服务需要手动启动，启动后可以改变服务状态，如停止、暂停等。

③ 已禁用：MySQL 服务不能启动，也不能改变服务状态。

MySQL 服务启动后，可以在 Windows 的任务管理器中查看 MySQL 的服务是否已经运行。通过 Ctrl + Alt + Delete 组合键来打开任务管理器，可以看到 mysqld.exe 的进程正在运行，如图 13.18 所示，这说明 MySQL 服务已经启动，可以通过客户端来访问 MySQL 数据库。

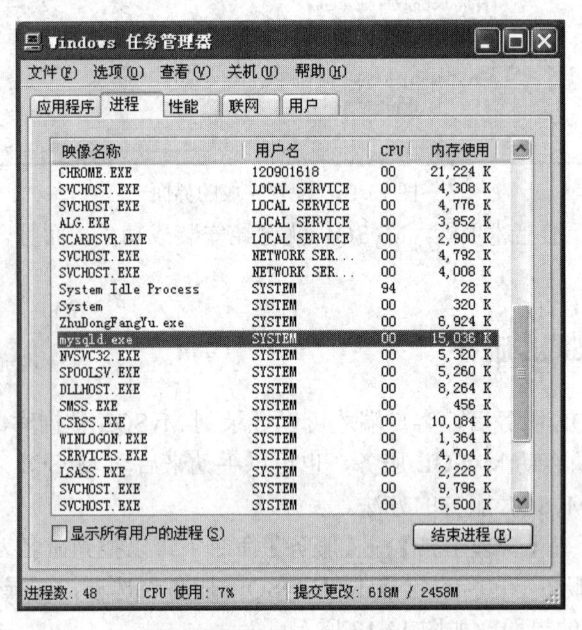

图 13.18　Windows 任务管理器

13.3.3　MySQL 常用图形管理工具

MySQL 图形管理工具可以在图形界面上操作 MySQL 数据库。在命令行中操作 MySQL 数据库时，需要使用很多的命令，而图像管理工具则只是使用鼠标点击即可，这使 MySQL 数据库的操作更加简单。本节将介绍一些常用的 MySQL 图形管理工具。

MySQL 的图形管理工具很多，常用的有 MySQL GUI Tools、phpMyAdmin、Navicat、SQL-Front 等。通过这些图像管理工具，可以使 MySQL 的管理更加方便。每种图形管理工具各有特点，下面分别进行简单的介绍。本章实例中使用的是 SQL-Front 图形管理工具，安装直接按默认安装即可。

1. MySQL GUI Tools

MySQL GUI Tools 是 MySQL 官方提供的图形化管理工具，功能很强大，提供了四个非常好用的图形化应用程序，方便数据库管理和数据查询。这些图形化管理工具可以大大提高数据库管理、备份、迁移和查询以及管理数据库实例效率，即使没有丰富的 SQL 语言基础的用户也可以应用自如。它们分别如下：

(1) MySQL Migration Toolkit：MySQL 数据库迁移工具。

(2) MySQL Administrator：MySQL 管理器。

(3) MySQL Query Browser：用于数据查询的图形化客户端。

(4) MySQL Workbench：DB Design 工具。

MySQL GUI Tools 下载地址是 http://dev.mysql.com/downloads/gui→tools/5.0.html，现在的版本是 5.0。这个图形管理工具安装非常简单，使用也非常容易。

2. PhpMyAdmin

PhpMyAdmin 是最常用的 MySQL 维护工具，是一个用 PHP 开发的基于 Web 方式架构在网站主机上的 MySQL 图形管理工具，支持中文，管理数据库非常方便。PhpMyAdmin 的使用非常广泛，尤其是进行 Web 开发方面。不足之处在于对大数据库的备份和恢复不方便。PhpMyAdmin 的下载网址是 http://www.phpmyadmin.net/。

3. Navicat

Navicat for MySQL 是一款专为 MySQL 设计的高性能的图形化数据库管理及开发工具。它可以用于任何版本的 MySQL 数据库服务器，并支持大部份 MySQL 最新版本的功能，包括触发器、存储过程、函数、事件、视图、管理用户等，和微软 SQL Server 的管理器很像，易学易用。Navicat 使用图形化的用户界面，可以让用户使用和管理更为轻松，支持中文，有免费版本提供。Navicat 下载地址是 http://www.navicat.com/。

4. SQLyog

SQLyog 是业界著名的 Webyog 公司出品的一款简洁高效、功能强大的图形化 MySQL 数据库管理工具。使用 SQLyog 可以快速直观地让您从世界的任何角落通过网络来维护远端的 MySQL 数据库，而且它本身完全免费。SQLyog 下载网址是 https://www.webyog.com/。

5. SQL-Front

SQL-Front 是 MySQL 数据库的可视化图形工具，因为它是“实时”的应用软件，它可以提供比系统内建在 PHP 和 HTML 上更为精炼的用户界面，即刻响应，没有重载 HTML 页的延迟。其主要特性包括多文档界面、语法突出、拖曳方式的数据库和表格、可编辑/可增加/删除的域、可编辑/可插入/删除的记录、可显示的成员、可执行的 SQL 脚本、提供与外程序接口、保存数据到 CSV 文件等。

13.4 数据库操作

成功创建数据源后，就可以对其中的数据进行操作了。通常，对数据库的基本操作包括在数据表中添加、删除、更新记录或查询记录等。

13.4.1 查询记录

本书以下实例都是基于 13.2.3 所建立的数据源。为了使举例方便，在 MySQL 数据库中新建表，表名称为“t_user”，并输入如图 13.19 所示的数据。

user_id	user_password	user_name	money
小花	123	王五	100
褚角飞扬	123456	黄蓉	20000
小明	666	张明	29600
新	666	张明	28000
花	123	张小	5000
xiaoguo	123	郭靖	10000

图 13.19　t_user 表

本例通过 SQL 语句查询“t_user”表中账户余额大于 6000 的项，其查询结果和程序框图如图 13.20 及图 13.21 所示。首先通过 ADO Connection Create.vi 与 ADO 建立连接，然后通过 ADO Connection Open.vi 打开数据源，数据源由 Connection String 指定。打开数据源后，通过 SQL Execute.vi 执行 SQL 语句，SQL 语句“select * from t_user where money > 6000”表示从“t_user”表中查找到账户余额大于 6000 的项。返回的结果是一个二维字符串数组，此处用的是“表格控件”。对数据库的操作完成后，最后用 ADO Connection Close.vi 关闭连接。这是一个 SQL 语句执行的基本过程。

表格控件

序号	账号	密码	姓名	账号余额
9	褚角飞扬	123456	黄蓉	20000
10	小明	666	张明	29600
11	新	666	张明	28000
13	xiaoguo	123	郭靖	10000

查询条件：

账户余额开关　账户余额　>6000

关/开

图 13.20　查询结果

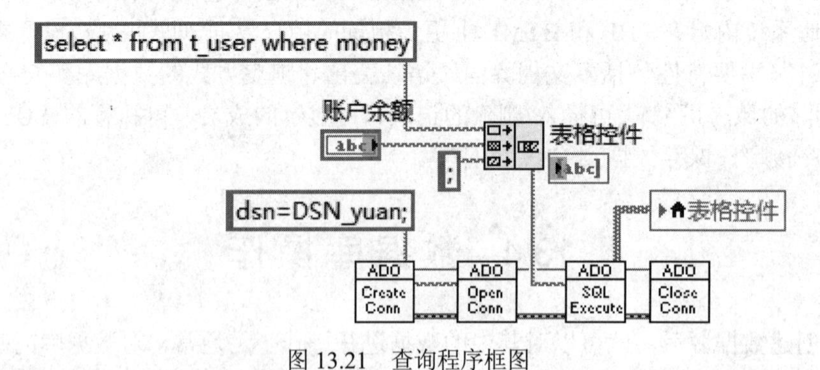

图 13.21　查询程序框图

13.4.2　添加记录

本例通过 SQL 语句“insert into t_user (user_id，user_password，user_name，money) values('star'，'123456'，'薇薇'，'1500')”，实现新增一条记录。程序框图如图 13.22 所示。

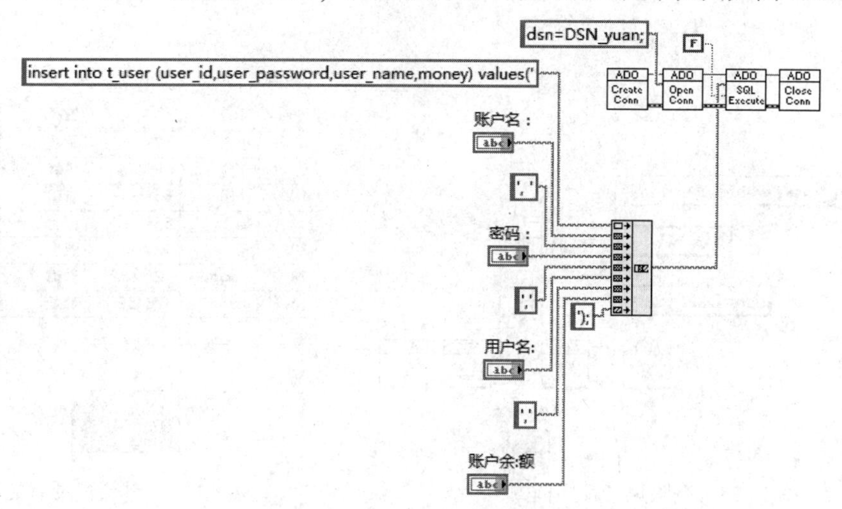

图 13.22 添加记录的程序框图

添加记录前、添加记录后在 LabVIEW 前面板运行的效果如图 13.23、图 13.24 所示。

账户名：

密码：

用户名:

账户余:

表格控件

序号	账号	密码	姓名	余额
4	小花	123	王五	100
9	裙角飞扬	123456	黄蓉	20000
10	小明	666	张明	29600
11	新	666	张明	28000
12	花	123	张小	5000
13	xiaoguo	123	郭靖	10000

添加记录

图 13.23 添加记录前

账户名：star

密码：******

用户名:薇薇

账户余:1500

表格控件

序号	账号	密码	姓名	余额
4	小花	123	王五	100
9	裙角飞扬	123456	黄蓉	20000
10	小明	666	张明	29600
11	新	666	张明	28000
12	花	123	张小	5000
13	xiaoguo	123	郭靖	10000
14	star	123456	薇薇	1500

图 13.24 添加记录后

13.4.3 删除记录

本例通过 SQL 语句 delete from t_user where user_id = '小花'，实现删除一条记录，其程

序框图如图 13.25 所示。删除记录前后 VI 运行效果如图 13.26、图 13.27 所示。注意此处只能选择“账户名”为要删除的记录。

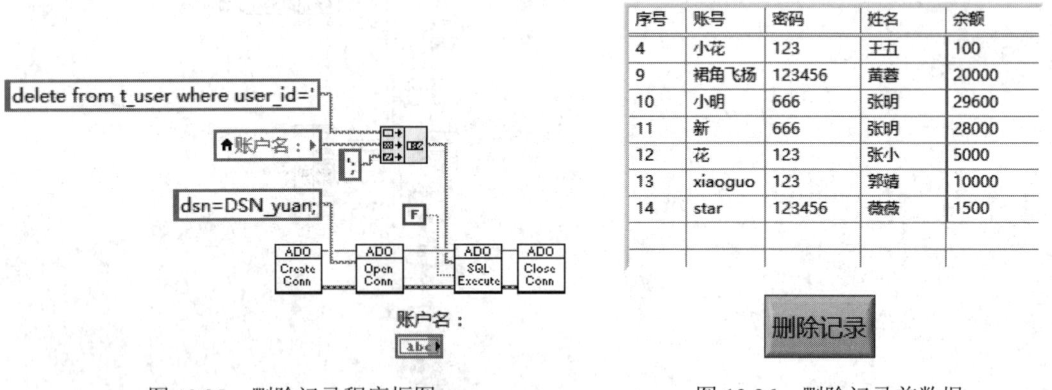

图 13.25　删除记录程序框图　　　　图 13.26　删除记录前数据

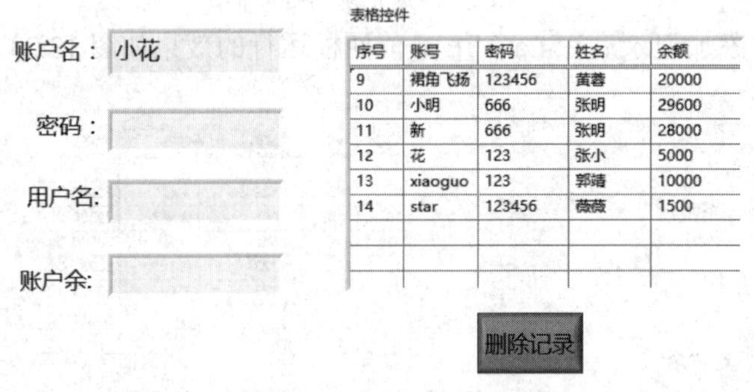

图 13.27　删除记录后数据

13.4.4　修改记录

本例通过 SQL 语句“update t_user set money = 3000 where user_id = 'star'”实现修改一条记录，把账号“star”的账户余额从 2000 修改成 3000。其程序框图如图 13.28 所示。修改记录前后 VI 运行效果如图 13.29、图 13.30 所示。

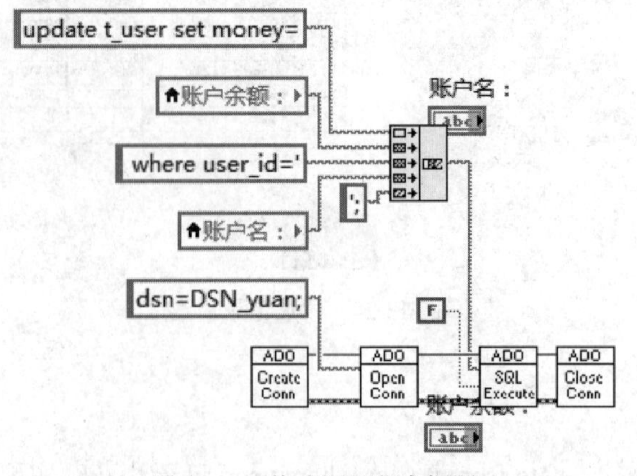

图 13.28　修改记录程序框图

账户名：

密码：

用户名:

账户余额：

表格控件

序号	账号	密码	姓名	余额
9	裙角飞扬	123456	黄蓉	20000
10	小明	666	张明	29600
11	新	666	张明	28000
12	花	123	张小	5000
13	xiaoguo	123	郭靖	10000
14	star	123456	薇薇	2000

图 13.29　修改记录前

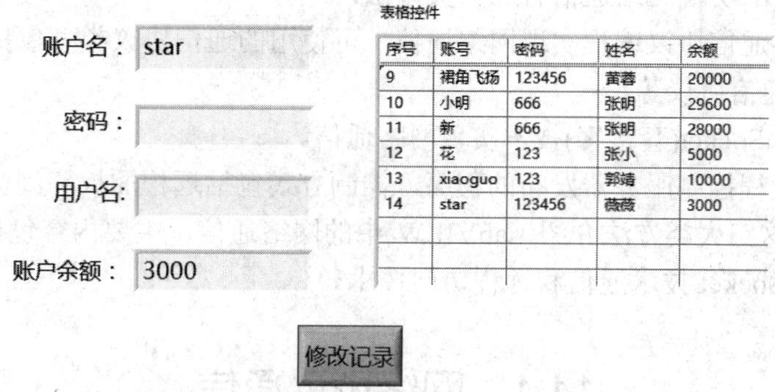

账户名：star

密码：

用户名:

账户余额：3000

表格控件

序号	账号	密码	姓名	余额
9	裙角飞扬	123456	黄蓉	20000
10	小明	666	张明	29600
11	新	666	张明	28000
12	花	123	张小	5000
13	xiaoguo	123	郭靖	10000
14	star	123456	薇薇	3000

图 13.30　修改记录后

第 14 章　网络通信与编程

随着网络的迅速发展，通过网络进行数据共享是各种软件和仪器的发展趋势。与传统仪器相比，LabVIEW 设计的虚拟仪器的另一个优势是具有强大的网络通信功能，可以方便地进行网络通信来实现远程虚拟仪器的设计。

使用 LabVIEW 实现网络通信有三大类方法：

(1) 使用网络通信协议编程实现网络通信，可使用的通信协议类型包括 TCP/IP、串口通信协议、无线通信协议等。

(2) 使用 DataSocket(套接字)技术实现网络通信。

(3) 客户端远程控制服务器发布的程序，控制方式包括远程面板和浏览器访问。

本章将针对这三大类方法介绍 LabVIEW 中的网络通信，主要内容包括利用网络协议通信、使用 DataSocket 技术通信和远程访问技术。

14.1　网络协议通信

网络协议是网络(包括互联网)中传递、管理信息的一些规范，是计算机之间互相通信需要共同遵守的一些规则。网络协议通常被分为多个层次，每一层完成一定的功能，通信在对应的层次之间进行。LabVIEW 中支持的通信协议类型包括 TCP/IP、串口通信协议、无线网络协议和邮件传输协议；其中 TCP/IP 又包含 TCP 和 UDP，无线网络协议包含 IrDA 技术和蓝牙技术。网络协议节点位于函数选板的【数据通信】→【协议】子面板中，如图 14.1 所示。

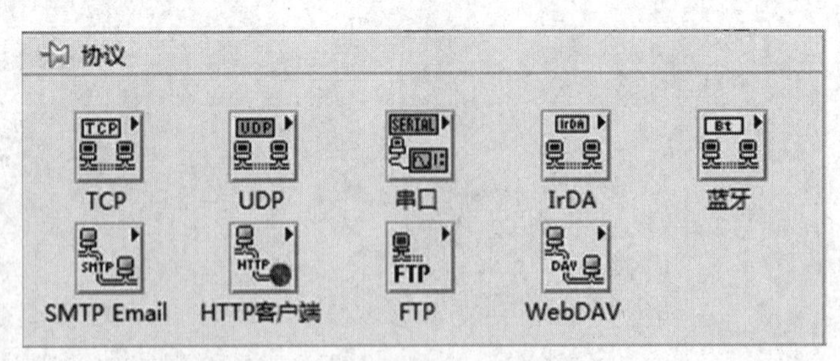

图 14.1　网络协议通信子面板

在网络通信协议中，TCP/IP(Transmission Control Protocol/Internet Protocol)是互联网中使用的最基本的协议，互联网的广泛使用使 TCP/IP 成为网络协议标准。TCP/IP 内部分为四层：链路层、网络层、传输层和应用层，如图 14.2 所示，其中 TCP 和 UDP 都属 TCP/IP 传输层协议。

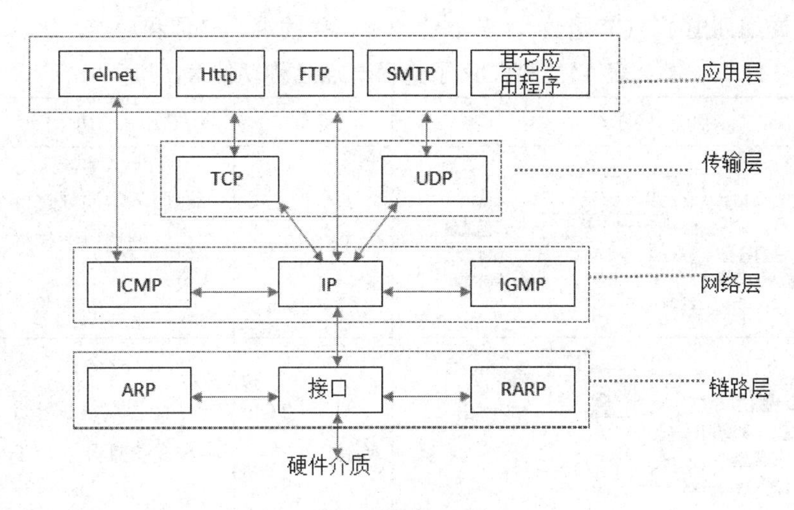

图 14.2　TCP/IP 结构

TCP/IP 内部四层具体功能如下：

(1) 链路层提供 TCP/IP 的数据结构和实际物理硬件之间的接口。

(2) 网络层用来提供网络诊断信息。

(3) 传输层提供两种端到端的通信服务，一是能够提供可靠的数据流传输服务的 TCP，二是提供不可靠的用户数据包服务的 UDP 服务。

(4) 应用层要有一个定义清晰的会话过程，通常包括的协议有 HTTP、FTP、Telnet 等。

LabVIEW 引入了 TCP/IP，分别对 TCP 和 UDP 进行集成，通过简单编程就可在 LabVIEW 中实现网络通信。

14.1.1　TCP 通信

TCP(Transmission Control Protocol)是一种面向连接的传输层协议，面向连接是指在传输数据之前在两端建立可靠连接。TCP 传输数据过程如下：首先由发送端发送连接请求，接收端侦听到请求后回复并建立连接，然后开始传输数据，数据传输完成以后关闭连接，传输过程结束。

LabVIEW 中基于 TCP 的网络通信通过 TCP 节点来实现。TCP 节点位于函数选板的【数据通信】→【协议】→【TCP】子面板中，如图 14.3 所示。

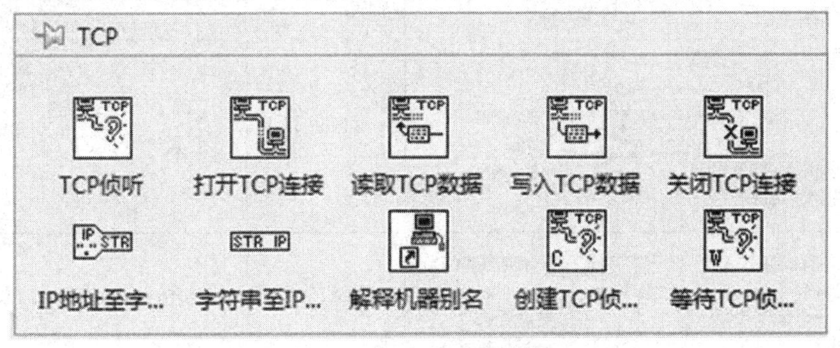

图 14.3　TCP 通信子面板

表 14.1 详细列出了 TCP 函数 VI 节点的图标、接线端、名称和功能。

表 14.1　TCP 子选板节点名称功能表

图标、接线端	名称	功　能
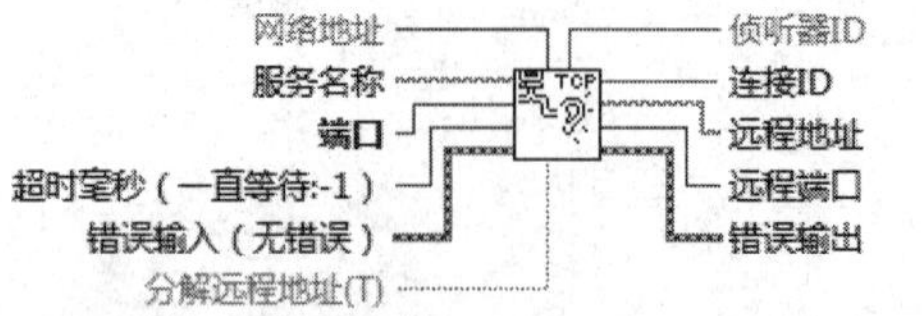 网络地址 服务名称 端口 超时毫秒（一直等待:-1） 错误输入（无错误） 分解远程地址(T) 侦听器ID 连接ID 远程地址 远程端口 错误输出	TCP 侦听	在服务器端创建一个侦听，并在指定的端口上等待 TCP 连接请求
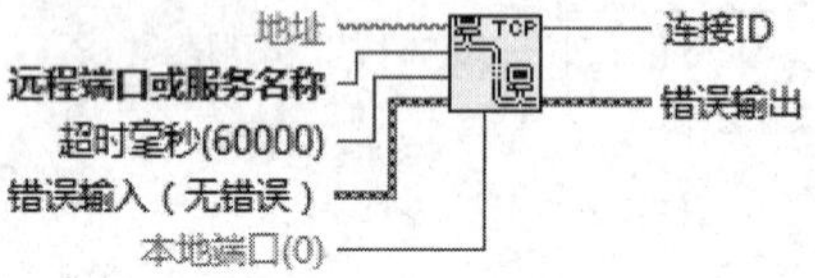 地址 远程端口或服务名称 超时毫秒(60000) 错误输入（无错误） 本地端口(0) 连接ID 错误输出	打开 TCP 连接	在接收端根据指定的计算机名和端口打开一个 TCP 连接
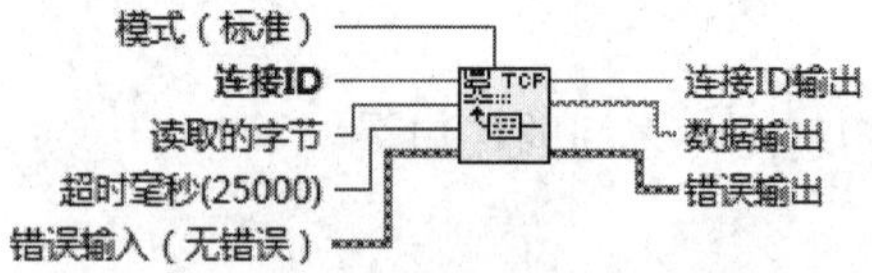 模式（标准） 连接ID 读取的字节 超时毫秒(25000) 错误输入（无错误） 连接ID输出 数据输出 错误输出	读取 TCP 数据	从指定的 TCP 连接(Connection ID)中读取数据
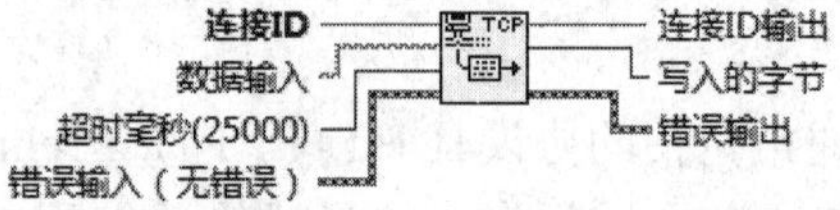 连接ID 数据输入 超时毫秒(25000) 错误输入（无错误） 连接ID输出 写入的字节 错误输出	写入 TCP 数据	将数据写入指定的 TCP 连接中
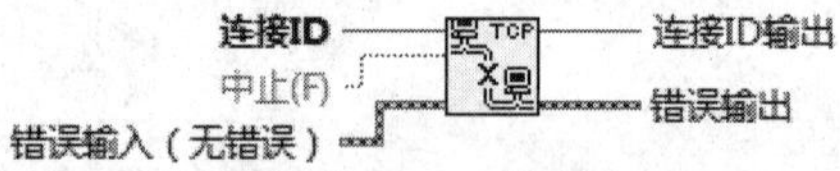 连接ID 中止(F) 错误输入（无错误） 连接ID输出 错误输出	关闭 TCP 连接	关闭指定的 TCP 连接
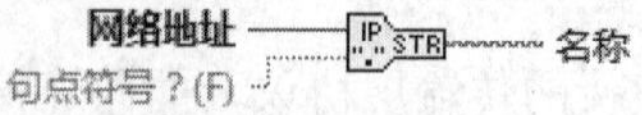 网络地址 句点符号？(F) 名称	IP 地址至字符串转换	将 IP 地址转换成对应的计算机名。默认输出为本地计算机名
 名称 网络地址	字符串至 IP 地址转换	将计算机名转换成对应的 IP 地址。默认输出为本地计算机 IP 地址
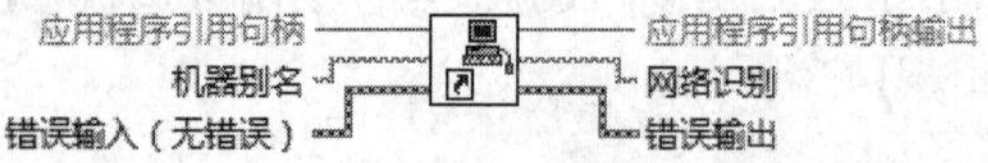 应用程序引用句柄 机器别名 错误输入（无错误） 应用程序引用句柄输出 网络识别 错误输出	解释机器别名	解析指定主机(Machine Alias 机器名)的网络 IP 地址，如果解析不成功则返回输入的主机名
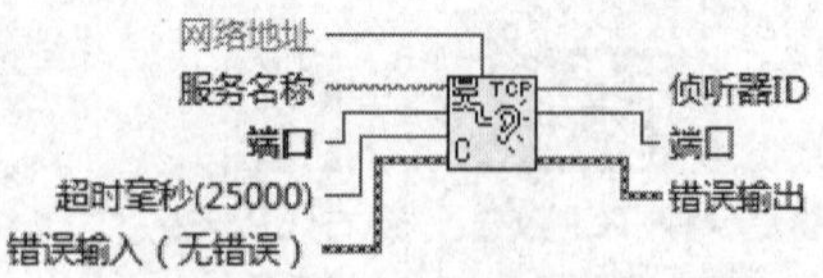 网络地址 服务名称 端口 超时毫秒(25000) 错误输入（无错误） 侦听器ID 端口 错误输出	创建 TCP 侦听器	创建一个 TCP 端口侦听
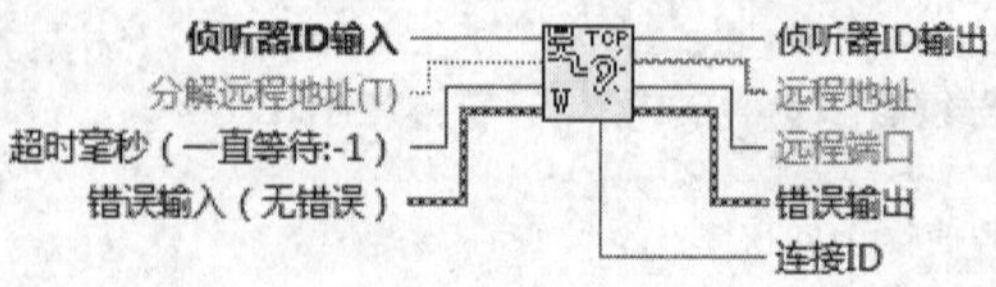 侦听器ID输入 分解远程地址(T) 超时毫秒（一直等待:-1） 错误输入（无错误） 侦听器ID输出 远程地址 远程端口 错误输出 连接ID	等待 TCP 侦听器	在指定的侦听端口等待连接请求

在建立 TCP 连接前，应先设置 VI 服务器，其步骤如下。

(1) 在 VI 服务器端下的 Configuration 中选择 TCP/IP，并指定一个 0～65535 之间的端口号，确定服务器在这台计算机上用来监听请求的一个通信信道。不同的端口号区分不同的通信服务。注意，最好不要指定 1000 以下的端口号，因为许多 1000 以下的端口号为系统保留的有特定用途的端口号，如 HTTP 端口号 80、FTP 端口号 21 等。

(2) 在 VI 服务器端下，TCP/IP 接入中本地装载 VI 程序的计算机必须在允许地址的列表中，可以选择包括特定的计算机或者也可以允许所有的用户访问。

(3) 在 VI 服务器端下，Exported VIs 中本地装载 VI 程序的计算机必须在允许输出地址的列表中，可以选择包括特定的计算机或者也可以允许所有的用户输出。

在用 TCP 节点进行通信时，需要在服务器框图程序中指定网络通信端口(Port)，客户机也要指定相同的端口，才能与服务器之间进行正确的通信。端口值由用户任意指定，只要服务器与客户机的端口保持一致即可。在一次通信连接建立后，就不能更改端口的值了。如果需要改变端口值，则必须首先断开连接才能重新设置端口值。

下面我们通过三个有代表性的实例来介绍具体如何在 LabVIEW 中进行 TCP 通信编程。

第一个实例是实现 TCP 点对点通信。本例利用服务器端不断地向客户端发送数据，客户端不断接收数据。首先通过“TCP 侦听”函数在指定端口监听是否有客户端请求连接，当客户端发出连接请求后，进入主循环发送数据。最后关闭连接，并过滤掉因为正常关闭导致的错误信息。

创建服务器端程序操作步骤如下。

步骤一：新建一个 VI，在前面板中添加一个“波形图表”控件。

步骤二：切换到程序框图，选择【编程】→【结构】→【While 循环】结构添加到程序框图中，创建输入控件连接循环条件端子，并为其创建等待时间为 100 ms。

步骤三：选择函数选板的【数据通信】→【协议】→【TCP】→【TCP 侦听】函数，放置在 While 循环体外，并通过右键点击其“端口”输入端创建输入端口；选择“关闭 TCP 连接”函数和“简易错误处理器”函数添加到循环体外。

步骤四：选择【编程】→【信号处理】→【信号生成】→【Chirp 信号】函数，放置在 While 循环体内，并为其创建采样数、幅值以及频率；从函数选板的【数据通信】→【协议】→【TCP】子面板中选择两个“写入 TCP 数据”函数，放置在 While 循环体内。在循环体内添加“字符串长度”函数和“强制类型转换”函数，其程序框图如图 14.4 所示。

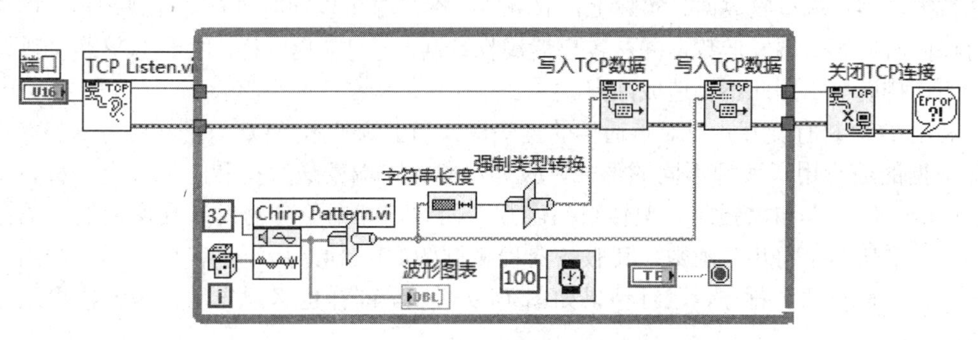

图 14.4　TCP 点对点通信服务器程序框图

步骤五：客户端程序框图的设计。客户端程序设计与服务器端程序相似，其需要的函数有“打开 TCP 连接”函数和“读取 TCP 数据”函数，其程序框图参考图 14.5 所示。

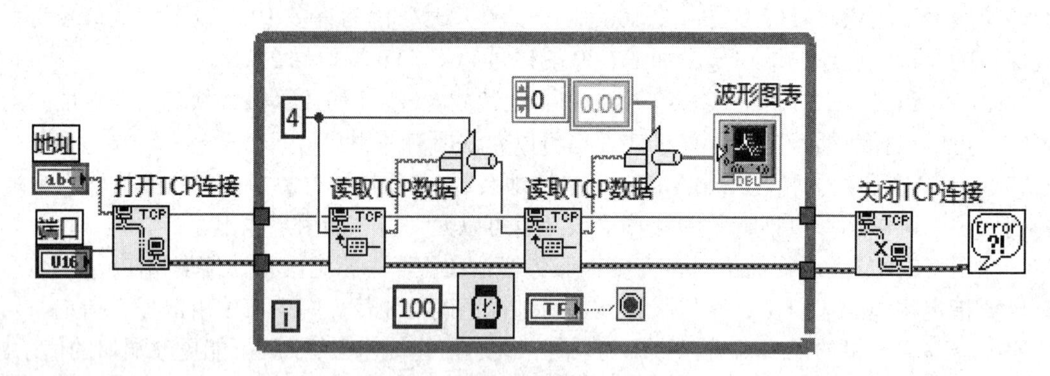

图 14.5　TCP 点对点通信客户端程序框图

步骤六：运行程序，必须先运行服务器端再运行客户端，运行效果如图 14.6 所示。

图 14.6　TCP 点对点通信效果图

在程序设计过程中需要注意两点：一是由于“写入 TCP 数据”函数的数据输入只能是字符串，因此需要通过“强制类型转换”函数或“平化至字符串”函数将数据类型转换为字符串，同样，在接收端需要再通过“强制类型转换”函数或“从字符串还原”函数将字符串重新转换为原始数据；二是由于 TCP 传递的数据没有结束符，因此最好在数据发送前先发送该数据包的长度给接收端，接收端获知数据包的长度后才能知道应该从发送端读出多少数据。

第二个实例是利用 TCP 进行交互式点对点通信。上面的实例只是进行了简单的服务器发送数据，客户端接收数据。实际上，服务器与客户端可以同时进行交互式通信，即服务器可以同时向客户端发送数据并从客户端接收数据，客户端也一样。由于 TCP 自动管理数据分组、排队等，因此不会造成冲突。

利用 TCP 进行交互式点对点通信的程序设计和上例基本类似，只是在服务器和客户端发送数据的波形用了两种不同的形式，服务器向客户端发送数据和上例完全一样，用的是“Chirp 信号”和“强制类型转换”函数，而客户端向服务器发送数据用的“锯齿波形”和“平化至字符串”函数。其服务器程序框图如图 14.7 所示，客户端程序框图如图 14.8 所示。运行两个程序，运行结果如图 14.9 所示。同样也必须先运行服务器再运行客户端。

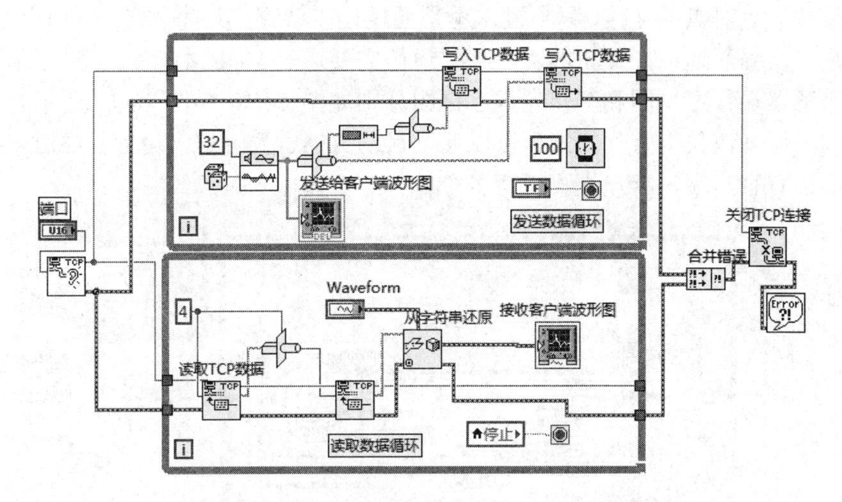

图 14.7　TCP 进行交互式点对点通信服务器程序框图

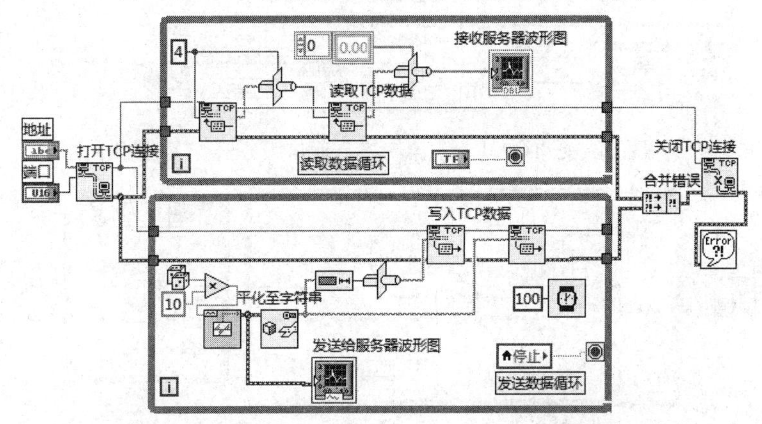

图 14.8　TCP 进行交互式点对点通信客户端程序框图

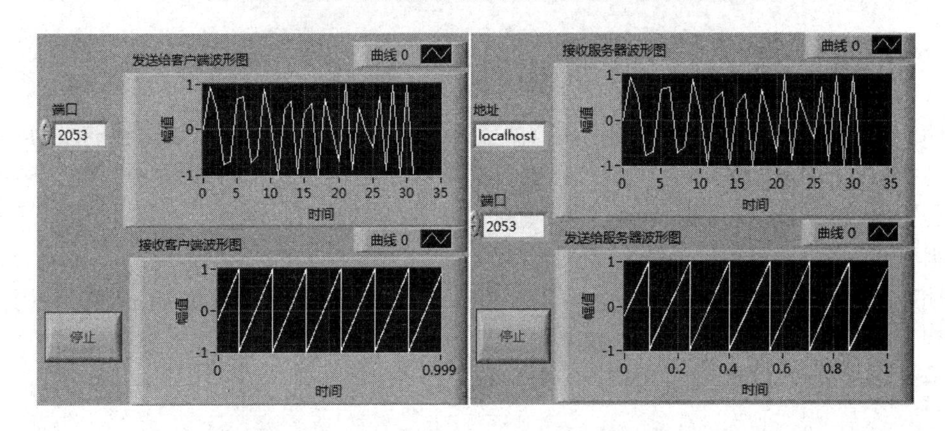

图 14.9　TCP 进行交互式点对点通信效果图

第三个实例是利用 TCP 进行一点对多点通信。前面两个实例都是点对点通信，实际上对于 TCP 编程也可以进行一点对多点通信。服务器端只需要添加一个循环不断的监听连接，一旦有客户端请求连接，则与该客户端建立连接，并将连接放入队列。主循环对队列中的每一个元素逐个进行读写。当然，这实际上仍然利用的是点对点的通信，即客户端与服务器必须建立点对点的连接，只不过这里是通过连接队列来逐个处理每一个连接。因此，这里并不是“广播”通信，真正的“广播”通信需要通过 UDP 才能实现。

该例服务器端程序框图和客户端程序框图分别如图 14.10 与图 14.11 所示。服务器端程序利用到了队列，关于队列的知识可以通过帮助文档学习理解。运行程序时，必须先运行服务器再运行客户端，客户端可以有多个。

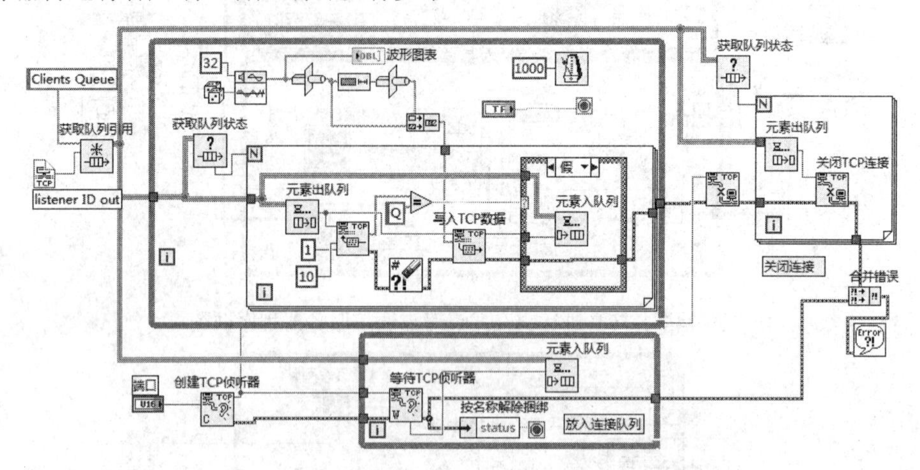

图 14.10　TCP 进行一点对多点通信服务器程序框图

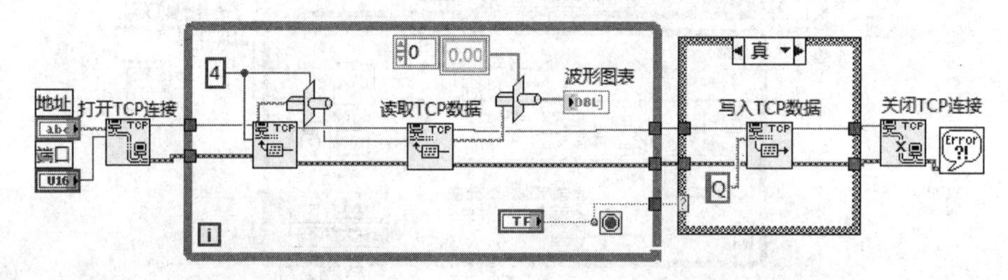

图 14.11　TCP 进行一点对多点通信客户端程序框图

14.1.2　UDP 通信

UDP(User Datagram Protocol，用户数据报协议)提供向接收端发送信息的最简便的协议，与 TCP 不同，UDP 不是面向连接的可靠数据流传输协议，而是面向操作的不可靠数据流传输协议。UDP 在数据传输之前不在数据两端建立连接，没有点到点的连接，而是通过数据包路由信息选择传输路径。

UDP 通信不需要建立连接，也不需要进行端口侦听，所以在 LabVIEW 中使用 UDP 节点和 VI 实现 UDP 协议通信比 TCP 节点更为简单。UDP 节点位于函数选板的【数据通信】→【协议】→【UDP】子面板中，如图 14.12 所示。

图 14.12　UDP 通信子面板

表 14.2 详细列出了 UDP 通信函数 VI 节点的图标、接线端、名称和功能。

表 14.2　UDP 子选板节点名称功能表

图标、接线端	名　称	功　能
网络地址 端口 服务名称 超时毫秒(25000) 错误输入（无错误） 连接ID 端口 错误输出	打开 UDP	在指定的端口(Port)上打开一个 UDP Socket
网络地址 端口 多点传送地址 错误输入（无错误） 连接ID 端口输出 错误输出	打开 UDP 多点传送	在指定的端口上打开多点传送 UDP Socket
连接ID 最大值(548) 超时毫秒(25000) 错误输入（无错误） 连接ID输出 数据输出 错误输出 端口 地址	读取 UDP 数据	根据指定的 UDP Socket(连接标识)读取数据，并返回发送端计算机地址和端口
端口或服务名称 地址 连接ID 数据输入 超时毫秒(25000) 错误输入（无错误） 连接ID输出 错误输出	写入 UDP 数据	根据指定的计算机地址、端口和 UDP Socket 将数据写入接收端
连接ID 错误输入（无错误） 连接ID输出 错误输出	关闭 UDP	关闭指定的 UDP Socket(连接标识)

TCP 协议建立连接，数据传输相对可靠，而 UDP 不建立连接，传输速度较快，所以当数据传输精确度和完整性要求较高时，应选用 TCP 协议；当数据传输速度要求较快而精确度要求不严格时，可选用 UDP 协议。

下面我们利用 UDP 进行点到点的数据通信实例具体学习 UDP 的应用。本实例将 UDP 通信分别称为发送端和接收端。发送端的程序设计步骤如下。

步骤一：新建一个 VI，在前面板添加两个数值输入控件，命名为“远程端口”和“本地端口”，并右击控件在表示法中选择“无符号双字节整型”。添加两个字符串输入控件，分别命名为“远程主机”和“消息”，添加一个布尔型确认按钮，命名为“发送。”

步骤二：切换到程序框图，在函数选板中选择【数据通信】→【协议】→【UDP】子面板，选择“打开 UDP”、“写入 UDP 数据”、“关闭 UDP”三个函数添加到程序框图中，在【数据通信】→【协议】→【TCP】子面板中选择“字符串至 IP 地址转换”函数添加到程序框图中。

步骤三：添加 While 循环结构，设置时间间隔为 100 ms。发送端程序设计框图如图 14.13 所示。

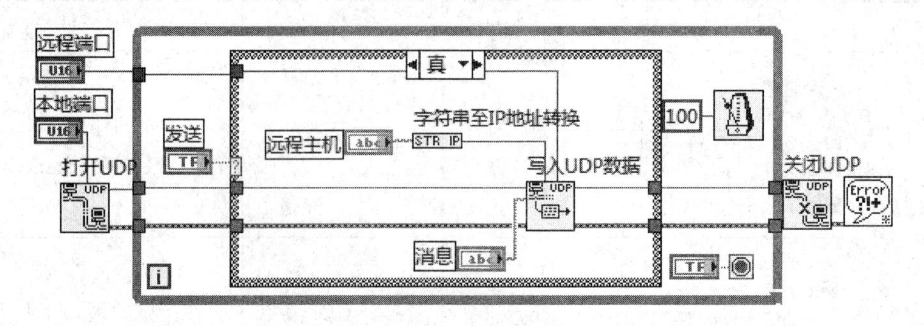

图 14.13　发送端程序框图

步骤四：新建一个 VI，作为接收端。在前面板添加一个字符串显示控件，命名为“数据接收”，添加一个数值输入控件，命名为“本地端口”。其接收端的程序设计框图如图 14.14 所示。

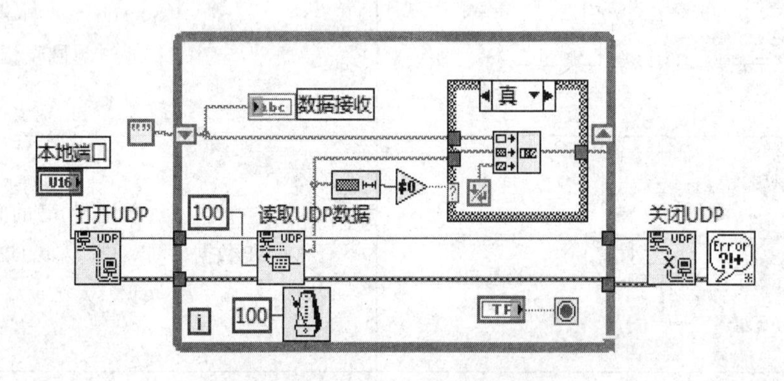

图 14.14　接收端程序设计框图

步骤五：运行程序。保证发送端的远程接口和接收端的本地接口数据相同，在发送端消息文本框中输入数据信息。当点击“发送”按钮时，接收端就会收到相应的信息。运行效果如图 14.15 所示。

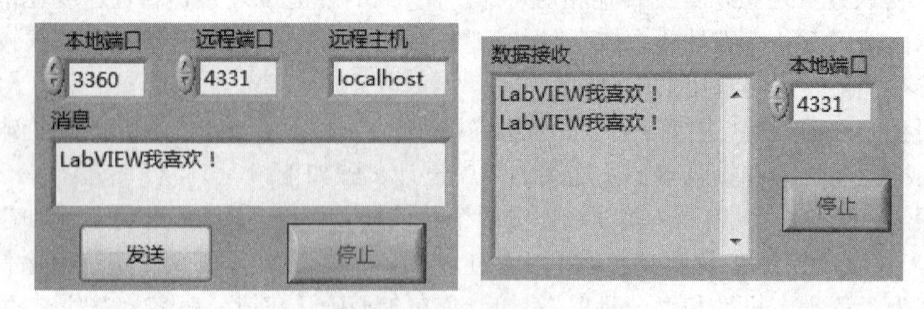

图 14.15　UDP 进行点到点的数据通信前面板

14.1.3　SMTP Email

SMTP(Simple Mail Transfer Protocol)简单邮件传输协议是定义在计算机之间传送电子邮件讯息的协议，位于 TCP/IP 协议应用层。使用 SMTP 可实现相同网络上计算机之间的邮件传输，也可通过中继器或网关实现本地计算机与其他网络之间的邮件传输。

由于 SMTP 位于 TCP/IP 协议最高层，因此不用考虑底层协议的封装和设计，可以直接使用 STMP 协议命令来进行网络通信。在 LabVIEW 中，SMTP 命令已经被模块化，可以通过 VI 来实现 SMTP Email 邮件通信，这样 SMTP 通信更为简单。SMTP Email 节点位于函数选板的【数据通信】→【协议】→【SMTP Email】子面板中，如图 14.16 所示。

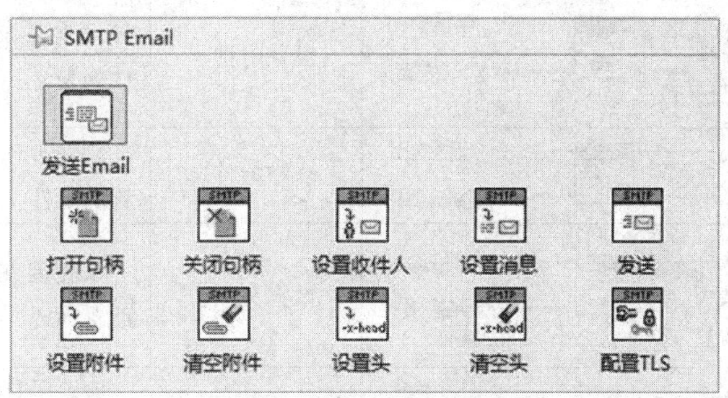

图 14.16　SMTP Email 子面板

表 14.3 详细列出了 SMTP Email 子选板中节点的图标、接线端、名称和功能。

表 14.3　SMTP Email 子选板节点名称功能表

图标、接线端	名　称	功　能
收件人、主题、消息、错误输入 → 错误输出	发送 Email	根据配置对话框中指定的设置创建并发送邮件
服务器地址、来自、用户名、密码、错误输入（无错误）、使用TLS（否） → 句柄输出、错误输出	打开句柄	通过指定的 SMTP 服务器创建新的 SMTP 客户端句柄
句柄输入、错误输入（无错误） → 句柄输出、错误输出	关闭句柄	关闭 SMTP 服务器连接并销毁打开句柄 VI 创建的句柄
句柄输入、收件人、抄送、暗送、错误输入（无错误） → 句柄输出、错误输出	设置收件人	设置发送邮件的收件人列表
句柄输入、主题、纯文本消息、错误输入（无错误） → 句柄输出、错误输出	设置消息	设置要在邮件文本中包含的消息。该 VI 将重写 VI 运行前指定的任何消息的值

续表

图标、接线端	名　称	功　能
句柄输入、错误输入（无错误）、超时毫秒(10000)；句柄输出、无效收件人、错误输出	发送	通过连线至句柄输入的句柄配置发送邮件
句柄输入、附件、错误输入（无错误）；句柄输出、错误输出	设置附件	设置要在邮件中包含的文件列表
句柄输入、错误输入（无错误）；句柄输出、错误输出	清空附件	删除所有设置附件 VI 中设置的附件
句柄输入、头、错误输入（无错误）；句柄输出、错误输出	设置头	设置要在邮件中包含的辅助头列表
句柄输入、错误输入（无错误）；句柄输出、错误输出	清空头	删除所有设置头 VI 中设置的头
私有密钥密码、句柄输入、CA证书文件、客户端证书文件、私有密钥文件、错误输入（无错误）、验证服务器（真）；句柄输出、错误输出	配置 TLS	设置 TLS 或 SSL 请求的 SMTP 客户端证书、CA 证书包以及私有密钥文件路径

14.1.4　IrDA 技术

IrDA(Infrared Data Association)技术是一种利用红外线进行点对点通信的无线网络技术，其标准由 1993 年成立的红外线数据标准协会定义。IrDA 标准包括三个基本的规范和协议：物理层规范、连接建立协议和连接管理协议。物理层规范制定了红外通信硬件设计上的目标和要求，IrLAP 和 IrLMP 为两个软件层，负责对连接进行设置、管理和维护。

在 LabVIEW 中，使用 IrDA 节点来实现无线网络通信与 TCP 通信相似，需要进行侦听并建立连接，IrDA 节点位于函数选板的【数据通信】→【协议】→【IrDA】子面板中，如图 14.17 所示。

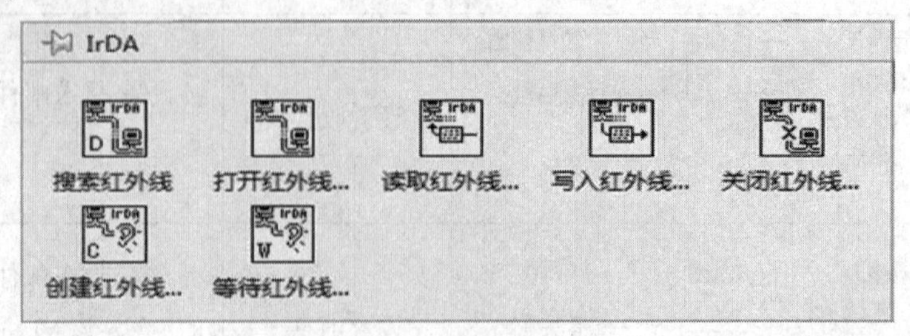

图 14.17　IrDA 子面板

表 14.4 详细列出了 IrDA 子选板中节点的图标、接线端、名称和功能。

表 14.4　IrDA 子选板节点名称功能表

图标、接线端	名　称	功　能
错误输入（无错误） 设备数量 设备清单 错误输出	搜索红外线	在功能范围内搜索 IrDA 网络设备，返回找到的设备数目、名称和 ID 列表
服务名称 远程设备ID 超时毫秒(60000) 错误输入（无错误） 连接ID 错误输出	打开红外线连接	打开一个 IrDA 通信连接，返回连接 ID
模式（标准） 连接ID 读取的字节 超时毫秒 (25000) 错误输入（无错误） 连接ID输出 数据输出 错误输出	读取红外线数据	从指定IrDA通信连接读取数据
连接ID 数据输入 超时毫秒 (25000) 错误输入（无错误） 连接ID输出 写入的字节 错误输出	写入红外线数据	将数据写入到指定 IrDA 通信连接
连接ID 中止 (F) 错误输入（无错误） 连接ID输出 错误输出	关闭红外线连接	关闭指定的IrDA通信连接
服务名称 错误输入（无错误） 侦听器ID 错误输出	创建红外线侦听器	创建一个IrDA通信连接侦听，返回侦听 ID
侦听器ID输入 超时毫秒（一直等待:-1） 错误输入（无错误） 侦听器ID输出 远程LSAP-SEL 远程设备ID 错误输出 连接ID	等待红外线侦听器	根据指定的侦听ID等待 IrDA 通信连接请求

14.1.5　蓝牙技术

蓝牙(Bluetooth)技术是爱立信、IBM 等五家公司在 1998 年联合推出的一项无线网络技术。蓝牙是无线数据和语音传输的开放式标准，它将各种通信设备、计算机及其终端设备、各种数字数据系统甚至家用电器采用无线方式连接起来。

蓝牙技术的系统结构分为三大部分。

(1) 底层硬件部分：包括无线跳频、基带和链路管理。无线跳频层通过 2.4 GHz 无需授权的 ISM 频段的微波实现数据流的过滤和传输，主要定义了蓝牙收发器在此频带正常工作所需要满足的条件；基带负责跳频以及蓝牙数据和信息帧的传输；链路管理负责连接、建立和拆除链路并进行安全控制。

(2) 中间协议层：包括逻辑链路控制和适应协议、服务发现协议、串口仿真协议和电话通信协议。逻辑链路控制和适应协议具有完成数据拆装、控制服务质量和复用协议的功能，是其他各层协议实现的基础；服务发现协议层为上层应用程序提供一种机制来发现网络中可用的服务及其特性；串口仿真协议层具有仿真 9 针 RS232 串口的功能；电话通信协议层则提供蓝牙设备间话音和数据的呼叫控制指令。

(3) 应用层：其中较典型的有拨号网络、耳机、局域网访问、文件传输等，它们分别对应一种应用模式。各种应用程序可以通过各自对应的应用模式实现无线通信。拨号网络应用可通过仿真串口访问万维网，数据设备也可由此接入传统的局域网；用户可以通过协议栈中的音频层在手机和耳塞中实现音频流的无线传输；多台 PC 或笔记本电脑之间不需要任何连线，就能快速、灵活地进行文件传输和共享信息，多台设备也可由此实现同步操作。

在 LabVIEW 中，可以使用蓝牙节点和 VI 来实现蓝牙无线网络通信，蓝牙节点位于函数选板的【数据通信】→【协议】→【蓝牙】子面板中，如图 14.18 所示。

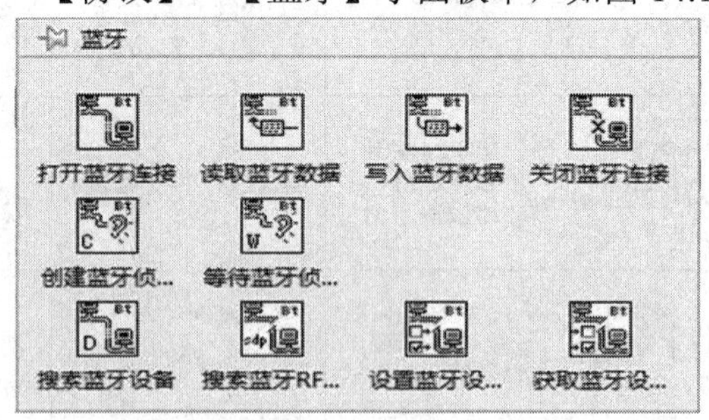

图 14.18　蓝牙子选板

表 14.5 详细列出了蓝牙子选板中节点的图标、接线端、名称和功能。

表 14.5　蓝牙子选板节点名称功能表

图标、接线端	名　称	功　能
输入：地址、通道(0)、超时毫秒(60000)、错误输入（无错误）、uuid；输出：连接ID、错误输出	打开蓝牙连接	根据指定地址和通道打开一个蓝牙通信连接
输入：模式（标准）、连接ID、读取的字节、超时毫秒 (25000)、错误输入（无错误）；输出：连接ID输出、数据输出、错误输出	读取蓝牙数据	从指定的蓝牙通信连接读取数据
输入：连接ID、数据输入、超时毫秒 (25000)、错误输入（无错误）；输出：连接ID输出、写入的字节、错误输出	写入蓝牙数据	将数据写入到指定的蓝牙通信连接
输入：连接ID、中止(F)、错误输入（无错误）；输出：连接ID输出、错误输出	关闭蓝牙连接	关闭指定的蓝牙通信连接
输入：地址、uuid、错误输入（无错误）、服务说明；输出：侦听器ID、通道、错误输出	创建蓝牙侦听器	在服务端创建一个侦听服务，返回侦听 ID 和可用通道
输入：侦听器ID输入、超时毫秒（一直等待:-1）、错误输入（无错误）；输出：侦听器ID输出、远程地址、远程通道、错误输出、连接ID	等待蓝牙侦听器	根据指定的侦听 ID 等待蓝牙通信连接请求

续表

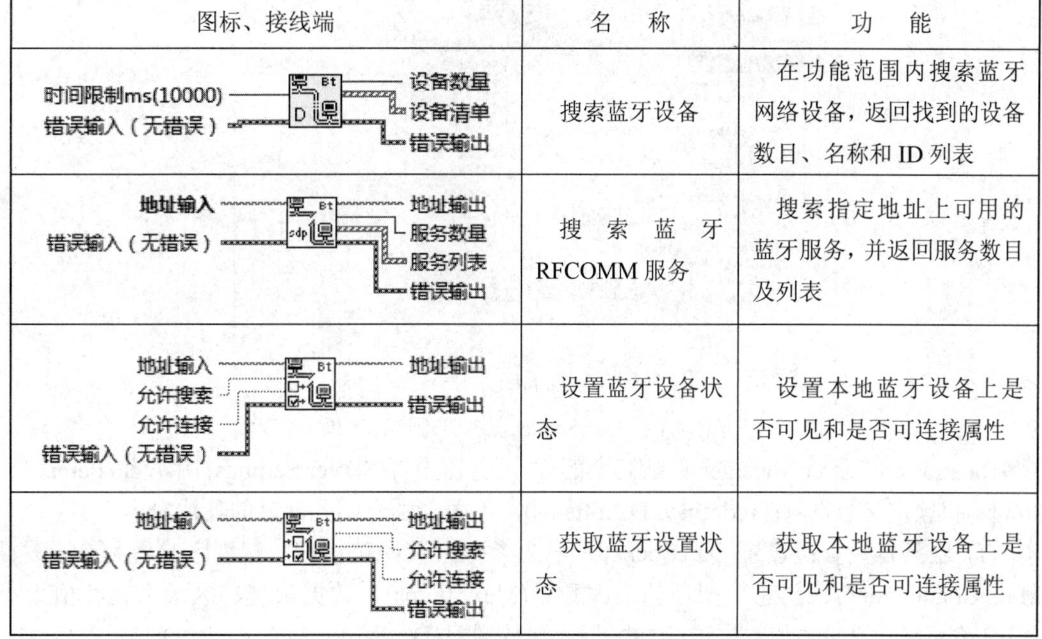

图标、接线端	名　称	功　能
时间限制ms(10000)、错误输入(无错误)；设备数量、设备清单、错误输出	搜索蓝牙设备	在功能范围内搜索蓝牙网络设备，返回找到的设备数目、名称和 ID 列表
地址输入、错误输入(无错误)；地址输出、服务数量、服务列表、错误输出	搜索蓝牙 RFCOMM 服务	搜索指定地址上可用的蓝牙服务，并返回服务数目及列表
地址输入、允许搜索、允许连接、错误输入(无错误)；地址输出、错误输出	设置蓝牙设备状态	设置本地蓝牙设备上是否可见和是否可连接属性
地址输入、错误输入(无错误)；地址输出、允许搜索、允许连接、错误输出	获取蓝牙设置状态	获取本地蓝牙设备上是否可见和是否可连接属性

14.2　DataSocket 技术通信

DataSocket 技术是 NI 公司推出的面向测控领域的网络通信技术。DataSocket 技术基于 Microsoft 的 COM 和 ActiveX 技术，对 TCP/IP 协议进行高度封装，面向测量和自动化应用，用于共享和发布实时数据。

DataSocket 能有效地支持本地计算机上不同应用程序对特定数据的同时应用以及网络上不同计算机的多个应用程序之间的数据交互，实现跨机器、跨语言、跨进程的实时数据共享。在测试测量过程中，用户只需要知道数据源和数据宿及需要交换的数据就可以直接进行高层应用程序的开发，实现高速数据传输；而不必关心底层的实现细节，从而简化通信程序的编写过程，提高编程效率。

目前 DataSocket 在 10M 网络中的传输速度可达到 640 KB/s。对于一般的数据采集系统，可以达到很好的传输效果。随着网络技术的飞速发展和网络信道容量的不断扩大，测控系统的网络化已经成为现代测量与自动化应用的发展趋势。依靠 DataSocket 和网络技术，人们将能更有效地控制远程仪器设备，设置在任何地方进行数据采集、分析、处理和显示，并利用各地专家的优势，获得正确的测量、控制和诊断结果。

DataSocket 由 DataSocket 服务管理器、DataSocket 服务器和 DataSocket 应用程序接口三大部分构成。

14.2.1　DataSocket 服务管理器

DataSocket 服务管理器是一个独立运行的程序，选择【windows 程序菜单】→【National

Instruments】→【DataSocket】→【DataSocket Server Manager】打开程序，如图 14.19 所示。

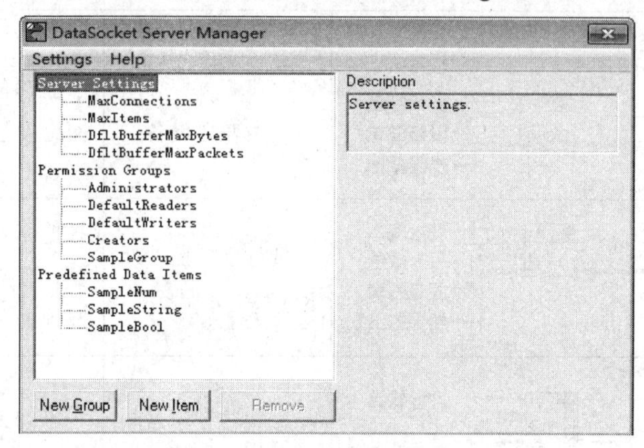

图 14.19　DataSocket 服务管理器程序框

DataSocket Server Manager 包括三个部分：服务器设置(Server Settings)、用户组(Pemission Groups)和预定义数据项(Predefined Data Items)，下面分别介绍各部分的具体内容。

(1) 服务器设置：设置 DataSocket 服务器参数，其中包括客户端程序的最大连接数目(Max Connections)、创建数据项的最大数目(Max Items)、数据项缓冲区最大比特值大小(DfltBuffer Max Bytes)和数据项缓冲区最大包的数目(DfltBuffer Max Packets)。

(2) 用户组：设置用户组及用户，用来区分用户创建和读写数据项的权限，限制身份不明的客户对服务器进行访问和攻击。系统默认的用户组包括用户管理员组(Administrators)、数据项读取组(Default Readers)、数据项写入组(Default Writers)和数据项创建组(Creators)。例如，将数据项读取组中用户设置为 everyhost，表示网络中的每台客户计算机都可以读取服务器上的数据；而将数据项写入组中用户设置为 localhost，表示只有本地计算机可以写入数据。除了系统定义的用户组以外，点击左下方的“New Group”按钮可以添加新的用户组。另外，每个用户组下可以定义多个用户。

(3) 预定义数据项：设置预定义数据项，相当于自定义变量的初始化。点击下方的“New Item”按钮可以添加数据项，即添加自定义变量。图 14.20 中预定了三个数据项“SampleNum”为“3.14159”，“sampleString”为“abc”和“SampleBool”为“True”。

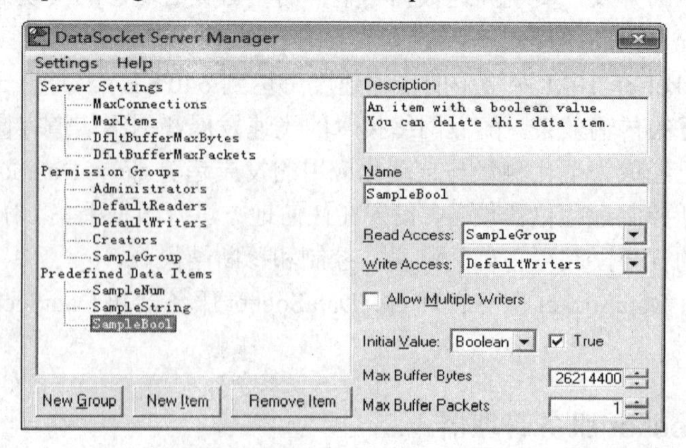

图 14.20　预定义数据项

DataSocket Server Manage 对 DataSocket Server 的配置必须在本地计算机上进行，而不

能远程配置或通过运行程序来配置。

14.2.2 DataSocket 服务器

DataSocket 服务器也是一个独立运行程序，负责监管 Manager 中所设定的具有各种权限的用户组和客户端程序之间的数据交换。DataSocket Server 通过内部数据自描述格式对 TCP/IP 进行优化和管理，以简化 Internet 通信方式；提供自由的数据传输，可以直接传送虚拟仪器程序所采集到的布尔型、数字型、字符串型、数组型和波形等常用类型的数据。DataSocket Server 可以和测控应用程序安装在同一台计算机上，也可以分装在不同的计算机上，以便用防火墙进行隔离来增加整个系统的安全性。DataSocket Server 不会占用测控计算机 CPU 的工作时间，测控应用程序可以运行得更快。

选择【Windows 程序菜单】→【National Instruments】→【DataSocket】→【DataSocket Server】运行 DataSocket Server，程序对话框如图 14.21 所示。

在 DataSocket Server 程序框的主菜单中选择“Tools”下的“Diagnostics”，打开监视框，如图 14.22 所示。在监视框中可以浏览和修改预定义数据项的参数。

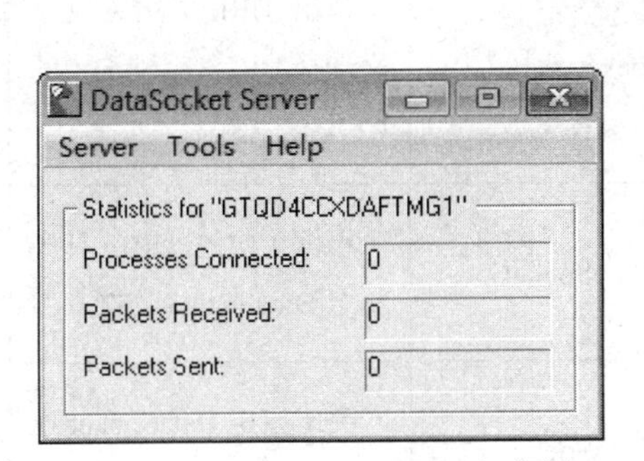

图 14.21　DataSocket Server 程序框

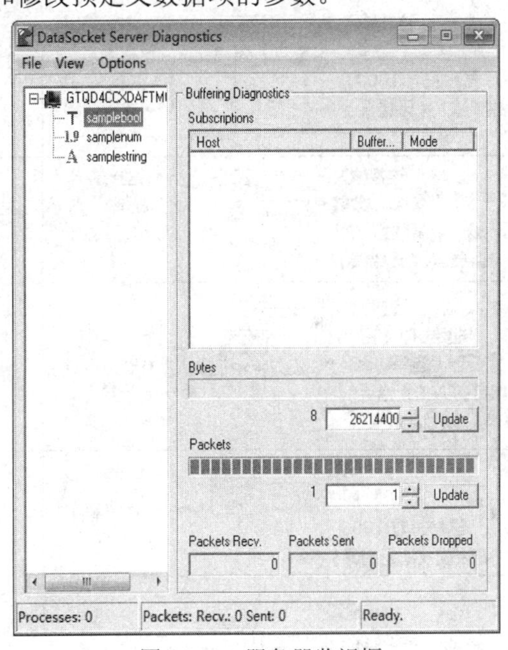

图 14.22　服务器监视框

14.2.3 DataSocket 应用程序接口

DataSocket API 用来实现 DataSocket 通信。在服务器端，待发布的数据通过 DataSocket API 写入到 DataSocket 服务器中；在接收端，DataSocket API 又从服务器中读取数据。在 LabVIEW 中，DataSocket API 被制作成一系列 ActiveX 控件、函数节点和 VI，使用这些节点和 VI 就可以实现 DataSocket 通信。

DataSocket 节点位于函数选板的“数据通信”下的“DataSocket”子面板中，如图 14.23 所示。

图 14.23　DataSocket 子面板

与 TCP 和 UDP 协议通信节点相比，DataSocket 节点的使用更为简单和方便。表 14.6 详细列出了 DataSocket 子面板中节点的图标、接线端、名称和功能。

表 14.6　DataSocket 子选板节点名称功能表

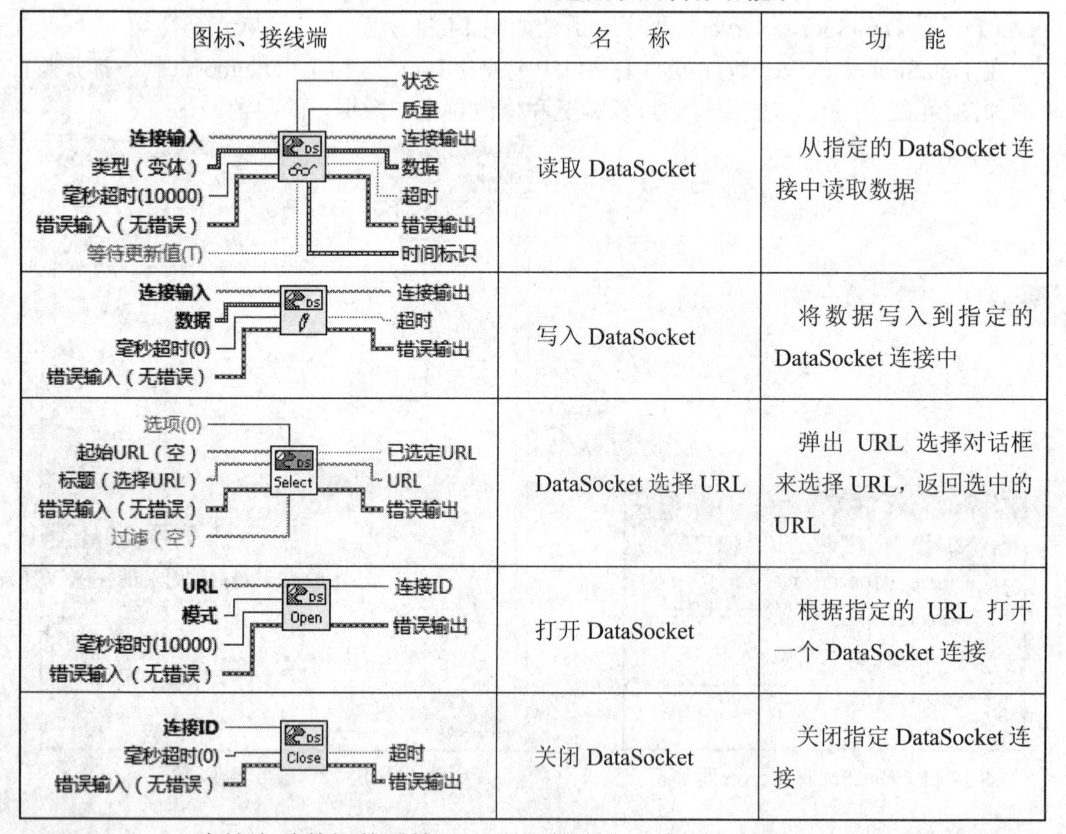

图标、接线端	名　称	功　能
连接输入、类型（变体）、毫秒超时(10000)、错误输入（无错误）、等待更新值(T)；状态、质量、连接输出、数据、超时、错误输出、时间标识	读取 DataSocket	从指定的 DataSocket 连接中读取数据
连接输入、数据、毫秒超时(0)、错误输入（无错误）；连接输出、超时、错误输出	写入 DataSocket	将数据写入到指定的 DataSocket 连接中
选项(0)、起始URL（空）、标题（选择URL）、错误输入（无错误）、过滤（空）；已选定URL、URL、错误输出	DataSocket 选择 URL	弹出 URL 选择对话框来选择 URL，返回选中的 URL
URL、模式、毫秒超时(10000)、错误输入（无错误）；连接ID、错误输出	打开 DataSocket	根据指定的 URL 打开一个 DataSocket 连接
连接ID、毫秒超时(0)、错误输入（无错误）；超时、错误输出	关闭 DataSocket	关闭指定 DataSocket 连接

DataSocket 支持多种数据传送协议，不同的 URL 前缀表示不同的协议或数据类型。DataSocket 主要包括以下 URL 类型。

(1) DSTP(DataSocket Transfer Protocol)：DataSocket 的专门通信协议，可以传输各种类型的数据。使用这个协议时，VI 与 DataSocket Server 连接，用户必须为数据提供一个附加到 URL 的标识 Tag，DataSocket 连接利用 Tag 在 DataSocket Server 上为一个特殊的数据项目指定地址，目前应用虚拟仪器技术组建的测量网络大多采用该协议。

(1) HTTP(Hyper Text Transfer Protocol)：超文本传输协议，也就是 Internet 中网页使用的协议。

(2) FTP(File Transfer Protocol)：文件传输协议，提供包含数据的本地文件或网络文件的连接。

(3) OPC(OLE for Process Control)：操作计划和控制，OPC 是特别为实时产生的数据而设计的，使用该协议时需要运行 OPC Server。

(4) Logos：NI 公司提供的数据记录与监控技术，用于在本地计算机和网络中计算机之间传输数据。

(5) FILE 传输协议：提供包含数据的本地文件或网络文件的连接，与 FTP 协议不同。

下面通过 DSTP 在网络中传递波形数据的实例来具体了解 DataSocket 通信应用。该实例程序设计步骤如下。

步骤一：首先在 DataSocket Server Manager 中新建一个数据项 TestWave，类型为 Number。Number 类型数据可以传递各种 LabVIEW 数值类型，例如整型、浮点型和波形数据类型等。

步骤二：新建一个 VI，作为写入 DataSocket 信息端。在前面板上添加一个波形图表；在程序框图中添加"写入 DataSocket"函数和"均匀白噪声波形"函数。在"写入 DataSocket"函数的"连接输入"端添加常量"dstp://GTQD4CCXDAFTMG1/TestWave"，其中"GTQD4CCXDAFTMG1"字符串为 DataSocket Server 程序框中双引号中的内容，每台机器不一样。其他程序如图 14.24 所示。

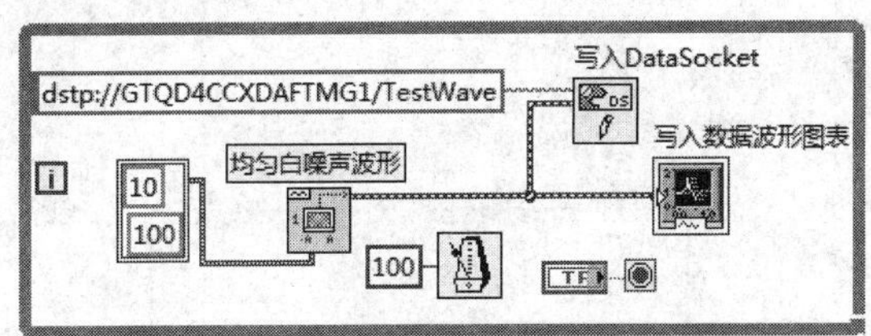

图 14.24　DSTP 传输数据写入端程序框图

步骤三：新建一个 VI，作为读取 DataSocket 信息端。其程序框图如图 14.25 所示。

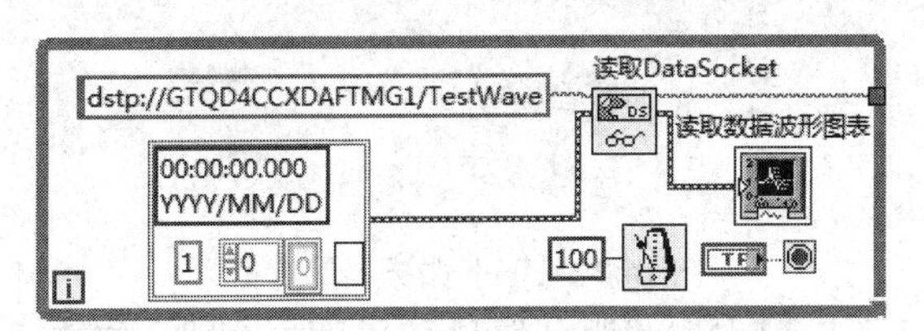

图 14.25　DSTP 传输数据读取端程序框图

步骤四：运行程序，先运行写入数据程序端，再运行读取数据程序端，其运行效果如图 14.26 所示。

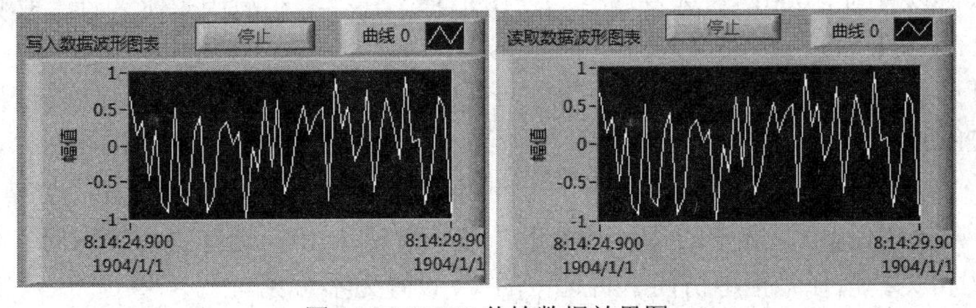

图 14.26 DSTP 传输数据效果图

14.3　远 程 访 问

在 LabVIEW 中，除了使用通信协议和 DataSocket 技术进行数据传输以外，还可以通过远程访问来实现网络通信。实现远程访问的方式有两种：远程面板控制和客户端浏览器访问，在实施这两种访问之前都需要对服务器进行配置。

14.3.1　配置服务器

配置服务器包括三个部分：服务器目录与日志配置、客户端可见 VI 配置和客户端访问权限配置。在 LabVIEW 程序框图或前面板窗口中选择【工具】→【选项】→【Web 服务器】打开参数配置框，如图 14.27 及图 14.28 所示。右侧窗口的“Web 服务器”栏目中包含有“Web 服务器：远程前面板服务器”、“Web 服务器：可见 VI”和“Web 服务器：浏览器访问”分别对应服务器三个部分的配置内容。

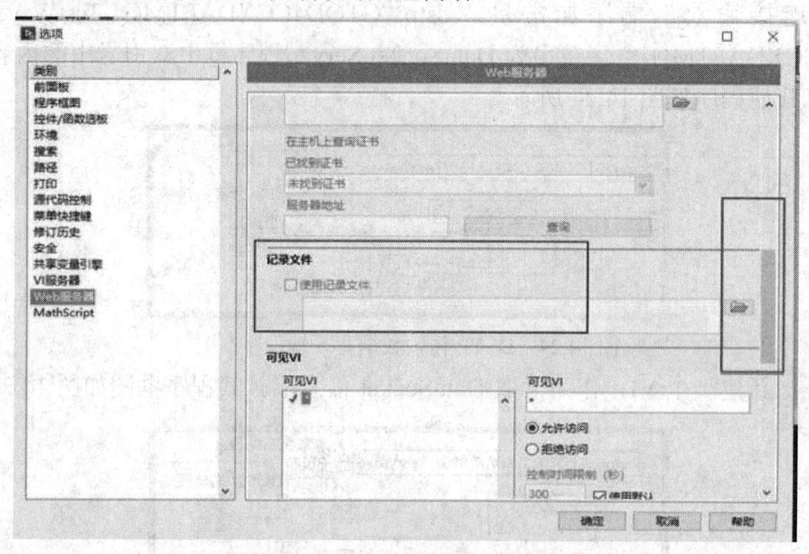

图 14.27　Web 服务器配置框

“远程前面板服务器”用来配置服务器目录和日志属性，勾选复选框“启用远程前面板服务器”表示启动服务器，启动服务器以后，可以对其他栏目进行设置。“根目录”用来设置服务器根目录，默认为“LabVIEW 安装目录\www”；“HTTP 端口”为计算机访问端口，默认设置为 8000；勾选复选框“使用记录文件”表示启用记录文件，默认路径为“LabVIEW 安装目录\resource\webserver\logs”。

“可见 VI”用来配置服务器根目录下可见的 VI 程序，即对客户端开放的 VI 程序。如图 14.28 所示，窗口中间“可见 VI”栏显示列出 VI，“*”表示所有的 VI；“√”表示 VI 可见；“×”表示 VI 不可见。点击下方的“添加”按钮可添加新的 VI；点击“删除”按钮可删除选中的 VI。选中的 VI 出现在“可见 VI”框中，选择“允许访问”将选中的 VI 设置为可见；选择“拒绝访问”将选中的 VI 设置为不可见。

“浏览器访问”用来设置客户端的访问权限。访问权限设置窗口与可见 VI 设置窗口类似，如图 14.28 所示。窗口中间的“浏览器访问列表”栏显示列出 VI，“*”表示所有的 VI；“✓✓”表示可以查看和控制；“√”表示可以查看；“×”表示不能访问。下方的“添加”按钮可添加新的 VI；单击“删除”按钮可删除选中的 VI。选中的 VI 出现在“浏览器地址”框中，选中“允许查看和控制”设置为可以查看和控制；选中“允许查看”设置为可以查看；选中“拒绝访问”设置为不能访问。

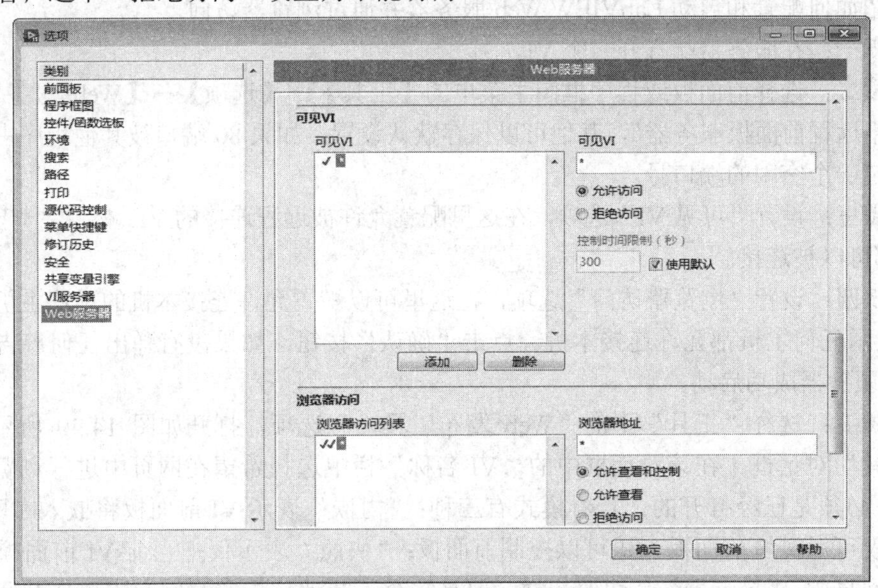

图 14.28　Web 服务器可见 VI 和浏览器访问配置框

14.3.2　远程面板控制

LabVIEW 中客户端远程面板控制类似于 Windows 远程桌面连接方式。在服务器端打开一个 VI 面板，然后在客户端通过远程面板工具登录连接到服务器，对服务器打开的 VI 进行操作。实施远程面板控制时服务器和客户端的具体操作步骤如下。

步骤一：在服务器端打开一个 VI。

步骤二：打开客户端远程面板工具。在客户端 LabVIEW 程序框图或前面板窗口主菜单中选择【操作】→【连接远程前面板…”】，弹出“连接远程前面板”对话框，如图 14.29 所示。

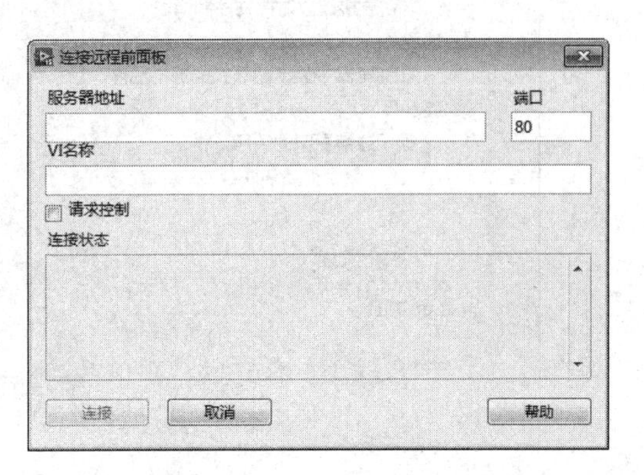

图 14.29 “连接远程前面板”对话框

步骤三：通过远程面板工具连接服务器。“服务器地址”设置服务器 IP 地址；“VI 名称”设置服务器打开的 VI 名称；“端口”设置服务器设定的 HTTP 端口，默认为 80；勾选复选框“请求控制”获取控制权，“连接状态”栏显示连接状态和信息。

注意：使用远程面板控制方式运行 VI 时，

产生的结果数据都保存在服务器端而不是客户端，如果客户端需要得到数据，就要使用通信协议或 DataSocket 传递数据。

14.3.3　浏览器访问

通过客户端浏览器访问时，首先需要在服务器端发布网页，然后才能从客户端访问。下面介绍如何配置和启动 LabVIEW Web 服务器并通过浏览器访问。

步骤一：在服务器端打开一个 VI。

步骤二：选择前面板或程序框图主菜单的【工具】→【选项】→【Web 服务器】，选择“启用远程前面板服务器”，其他可以保存默认设置。如果 80 端口被其他程序占用，则需要指定一个空闲的端口号。

步骤三：设置“可见 VI”选项，在这里配置允许被远程连接的 VI。默认“*”表示任何 VI 都可以被连接。

步骤四：设置“浏览器访问”选项，在这里可以配置允许连接本机的远程主机。默认“*”表示任何主机都允许连接本机。点击“确认”按钮，如果没有弹出任何警告，则表明 Web 服务器成功启动。

步骤五：选择“工具”下的“Web 发布工具…”选项，打开如图 14.30 所示“Web 发布工具”对话框。在该对话框中的“VI 名称”栏中选择希望在网页中进行浏览的 VI，这些 VI 必须是已经打开的。查看模式有三种：“内嵌”表示 VI 前面板将嵌入在网页中，用户不仅可以浏览前面板，还可以控制前面板；“快照”表示仅把当前 VI 前面板的截图发布在网页中；“显示器”与快照一样，但是它会不断地按指定时间间隔更新截图。点击“下一步”按钮进入如图 14.31 所示对话框，在该对话框中配置“文档标题”、“页眉”和“页脚”。

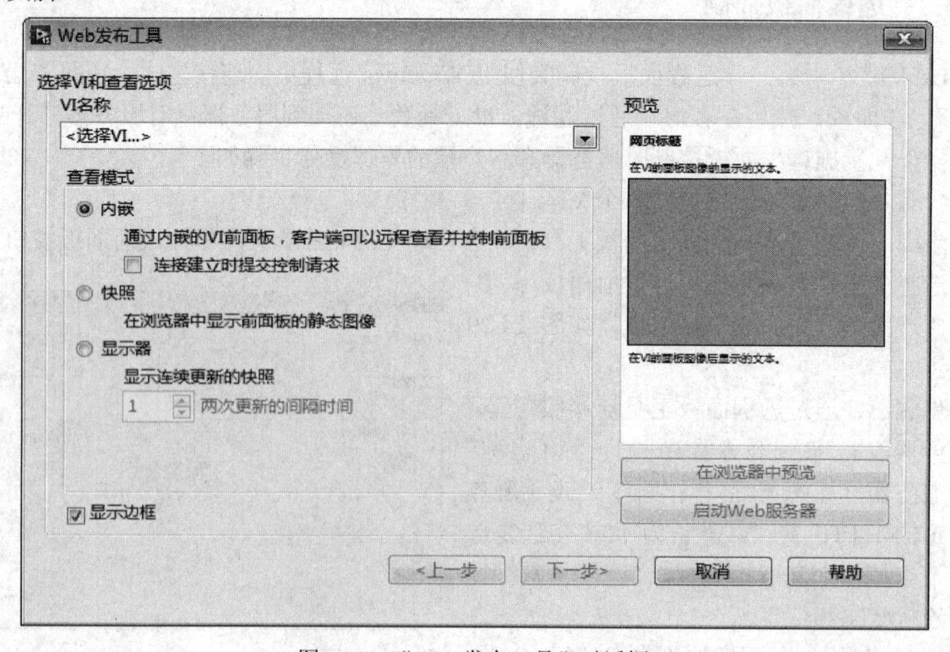

图 14.30　“Web 发布工具”对话框

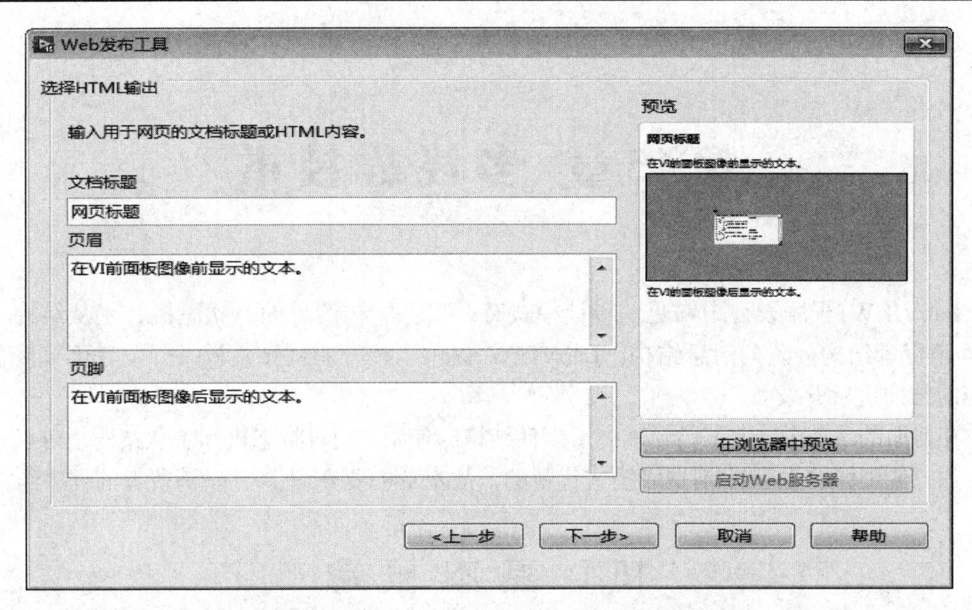

图 14.31　配置文档标题、页眉和页脚对话框

步骤六：点击“下一步”按钮，弹出如图 14.32 所示的配置网站对话框。URL 即远程机器浏览时的网页地址。选择“保存至磁盘”按钮，将会弹出“文档 URL”对话框，点击“连接”按钮就可以在本地网页浏览到该网页了。至此便完成了服务器端的配置。

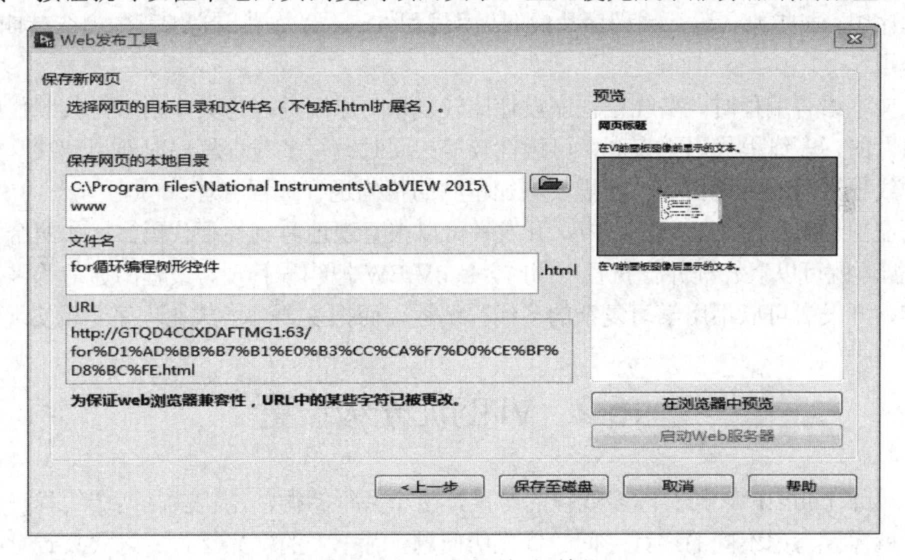

图 14.32　配置网址对话框

步骤七：通过网页浏览 VI 面板非常简单，直接在网址栏中输入配置时配置的 URL 地址即可。但是如果本机没有安装 LabVIEW Run-Time 运行时引擎，那么网页首次连接时会自动从 NI 网站下载该引擎并安装。

第 15 章　多线程技术

LabVIEW 程序设计中常见的设计模式有：事件结构的界面、状态机、主从结构、生产者/消费者结构、队列消息结构。LabVIEW 提供了相应的程序模板，开发者可直接套用相应的结构进行开发。

在前面的章节中，大家已经掌握了事件结构的使用，同时状态机和主从结构是可以直接被更加方便理解的生产者/消费者模式代替的，故本章主要介绍生产者/消费者的程序结构。

15.1　基 本 概 念

多线程，是指从软件或者硬件上实现多个线程并发执行的技术。具有多线程能力的计算机因有硬件支持而能够在同一时间执行多个线程，进而提升整体处理性能。具有这种能力的系统包括对称多处理机、多核心处理器以及芯片级多处理器或同时多线程处理器。在一个程序中，一些独立运行的程序片段叫做“线程(Thread)”，利用它编程的概念就叫做“多线程处理”。

在文本语言编程时，多线程程序设计比较复杂，原因是因为文本语言是按照代码执行顺序执行的，多线程代码不直观，可读性较差；同时编写多线程程序时要用到共享资源的管理、线程之间需要通信等，还需要增加单独的代码进行线程管理。

而在图形编程的 LabVIEW 中，开发者可以很直观地看到并行代码，比如两个独立的 While 循环就可以双线程并行执行。同时，LabVIEW 把线程管理、线程间通信等函数进行了封装，开发者可以不用学习复杂的多线程编程，而把主要精力放在程序逻辑实现上。

15.2　VI 的优先级设置

在设计 LabVIEW 的实际多线程的时候，两个并行的循环结构就是两个线程，那么有的时候就需要考虑不同的线程之间的优先级问题，而 VI 的优先级设置方式大致有两种，分别是程序控制和系统控制：程序控制是指在程序框图设计时，使用等待函数来控制程序内部并行任务的执行顺序，如图 15.1 所示；系统控制是指在 VI 属性中选择相应的 VI 执行优先级别来控制 VI 的执行顺序，如图 15.2 所示。

在设置 VI 的优先级时，还需要注意以下几点：

(1) 一般情况下，VI 默认为普通优先级，只有特殊的 VI 才被指定为非普通的优先级；

(2) 当一个 VI 确有必要使用非普通的优先级时，不要让高优先级的 VI 一直持续运行；

(3) VI 优先级只能通过查询 VI 属性才能了解，需要开发者在文档或注释中事先注明，以方便调试。

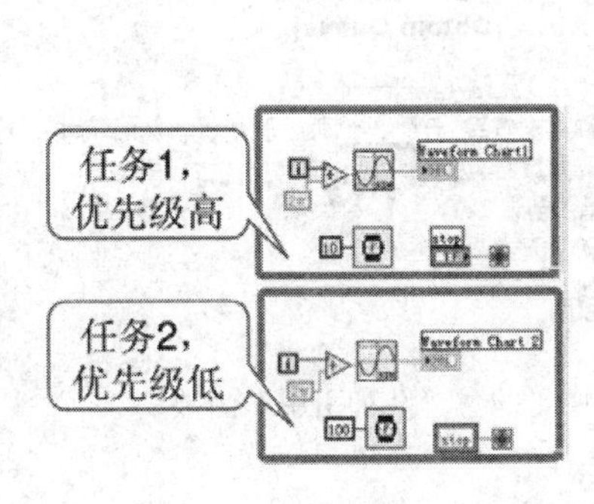

图 15.1　程序控制优先级

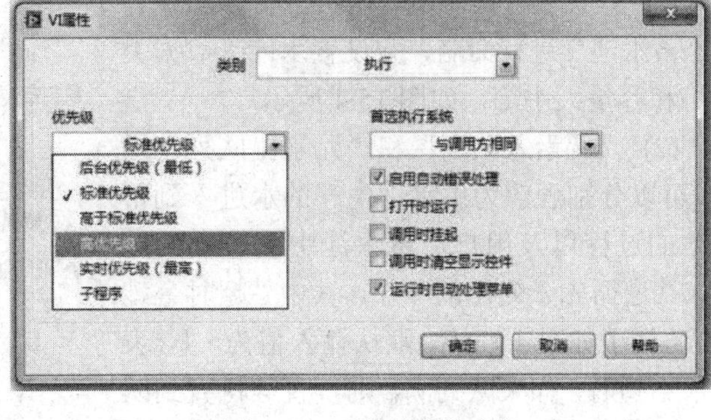

图 15.2　系统控制优先级

15.3　生产者/消费者结构

生产者/消费者结构是多线程编程中的最基本的设计模式，主要是利用队列相关的函数进行设计，生产者和消费者之间存在一个缓冲区，在生产过剩而消费不足的情况下，缓冲区剩余空间不断减小直至耗尽；反之，当生产不足而消费过多时，缓冲区内的数据会逐渐减小，直至缓冲区中再无数据可用。

将整个过程与供水系统进行类比，在生产者(供水厂)产生数据(水)后，并不直接向终端用户提供数据(水)，因为生产者产生水的速率与用户消耗水的速率并不相同。需要建造蓄水池将供水厂产生的水放入到蓄水池中，同理获取的数据也放入该缓冲区中。当终端用户需要用水时，直接从蓄水池中获取就可以了，同理在进行数据显示和分析时直接从数据缓冲区中获取就可以了，如图 15.3 所示。

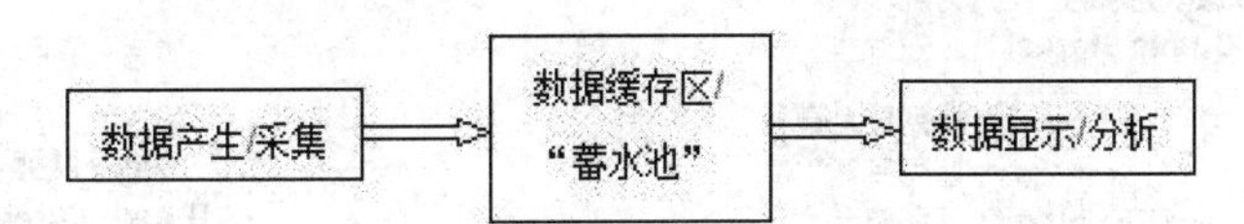

图 15.3　生产者/消费者模型

上面的模型也会存在一个问题：蓄水池可能存在溢出问题。如供水厂不停地产生水，而用户却不消耗水，这样便会导致蓄水池装满而溢出；反之当终端用户耗水量太大时，则导致没有水可用。但 LabVIEW 中的队列函数提供了一种很好的方式规避了这个问题。由于队列中的元素是“先进先出”的，因此确保了接收到的数据是有序的，在 LabVIEW 的队列操作中(入列和出列函数)，提供了 Timeout 选项以处理数据缓冲区的溢出或不足。当数据溢出时，入列函数(数据进入队列)将停止发送数据(处于等待状态)，直到缓冲区存在数据空间或者达到了 Timeout 设置的时间；而当数据不足时，出列函数(数据流出队列)将停止接收数据(处于等到状态)，直到缓冲区进入了新的数据或者达到了 Timeout 设置的时间。

15.3.1　队列函数

队列函数可以实现在多个 VI 之间或者同一 VI 不同线程之间同步任务和交换数据，其在函数选板的“同步”菜单中，常用的队列函数主要有：

(1) “获取队列引用”函数，可以理解为为“蓄水池”进行命名，并设置水的“数据类型”和容量大小等，如图 15.4 所示。

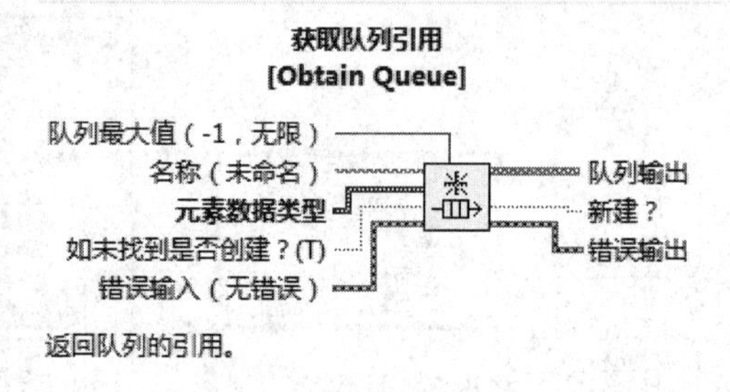

图 15.4 “队列引用”函数

(2) “元素入队列”和“元素出队列”函数，可以分别理解为供水厂生产的水进入到蓄水池的过程以及用户从蓄水池中取得水的过程，其遵循先入先出的顺序，其中“超时毫秒(-1)”端子如果未连接，默认输入值为 -1，表示永不超时，如果队列满，则一直等待直到队列有空位为止；如果连接该端子，而新元素等待设定时间后仍无法入队列，则结束本次等待，如图 15.5 所示。

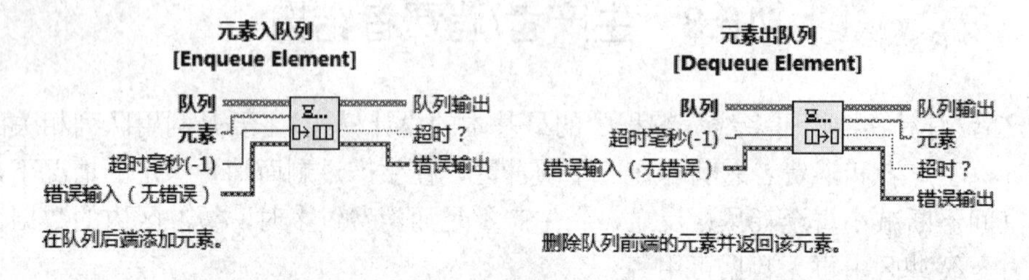

图 15.5 “元素入队列”和“元素出队列“函数

(3) “获取队列状态”函数主要用于判定队列引用是否有效，可以理解为观察一下蓄水池中水的容量达到了何种状态，如图 15.6 所示。

(4) “清空队列”函数，可以理解为一下子清空蓄水池，如图 15.7 所示。

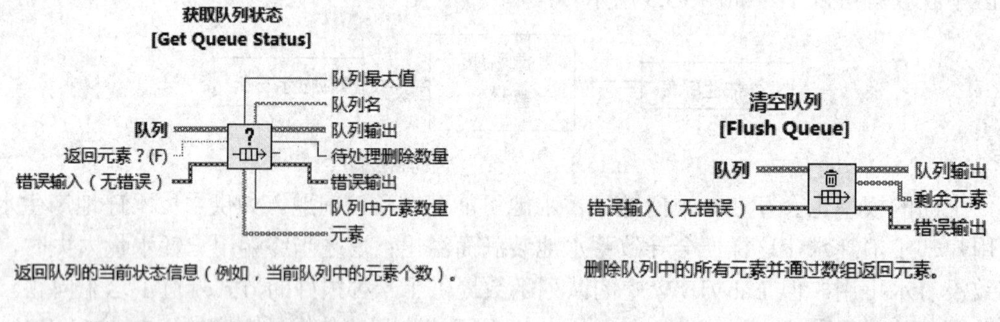

图 15.6 “获取队列状态”函数　　　　图 15.7 “清空队列”函数

(5) “释放队列引用”函数，可以理解为当整体供水的过程结束后，释放蓄水池的资源，如图 15.8 所示。

图 15.8 “释放队列引用”函数

15.3.2　事件型生产者/消费者结构

事件型生产者/消费者结构是将事件结构和队列函数相结合而构成的设计模式，其加入到队列中的数据是程序运行中各种状态事件，LabVIEW 提供本结构的基本模板，如图 15.9 所示。

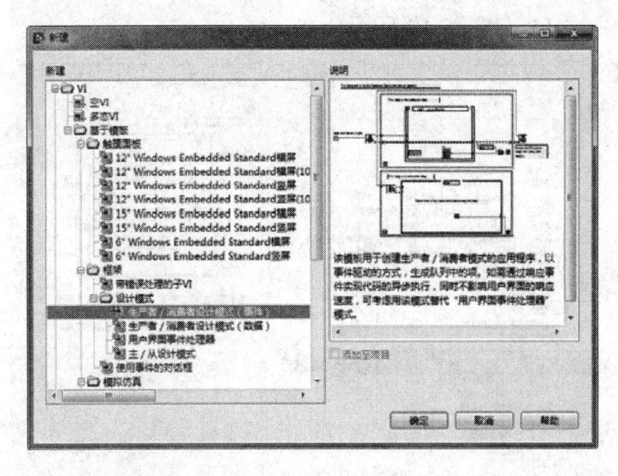

图 15.9　事件型生产者/消费者结构模板

在此模板中，开发者可以将前面板的按钮之类的控件产生的事件状态和后台数据采集之类的长时间运行的程序，分成两个线程来进行设计，增强了整体程序设计的可读性和扩展性，同时也做到了前面板的事件响应与后台程序的完全分离，后面本书将采用此模板进行一个高性能的多线程串口调试助手的设计示例，详细为大家介绍。

生产者/消费者结构常常是多个生产者生产数据，一个消费者使用或处理数据。假如存在多个消费者的话，由于“出队列”函数是遵循先进先出的原则，消费者使用数据的时候，队列的数据已经被取出，那么不同线程的消费者所消费的数据的顺序，可能达不到开发者一开始所设想的顺序，如图 15.10 所示。

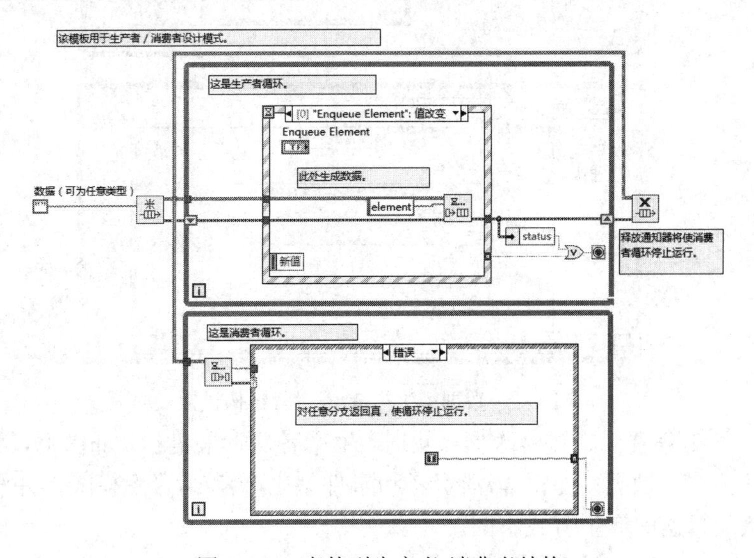

图 15.10　事件型生产者/消费者结构

15.3.3　数据型生产者/消费者结构

数据型生产者/消费者结构是将条件结构和队列函数相结合而构成的设计模式，其与事件型生产者/消费者的区别主要是在生产者循环中采用了条件结构进行轮询，因此主要用于大量的数据实时多线程的运算。数据型生产者/消费者结构可以基于 LabVIEW 的程序模板进行创建，具体如图 15.11、图 15.12 所示。

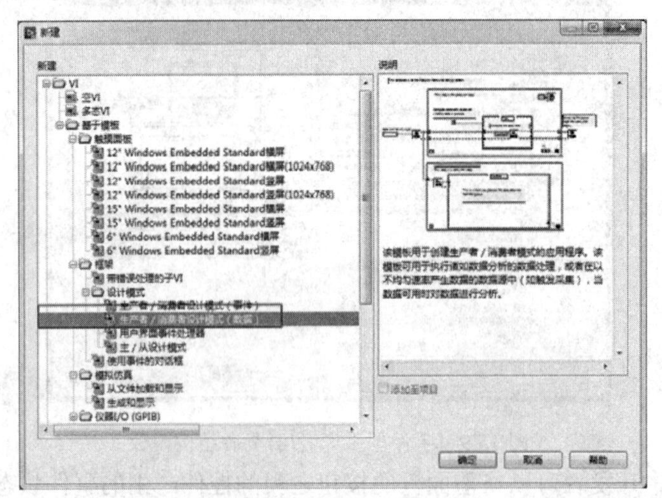

图 15.11　数据型生产者/消费者结构模板 1

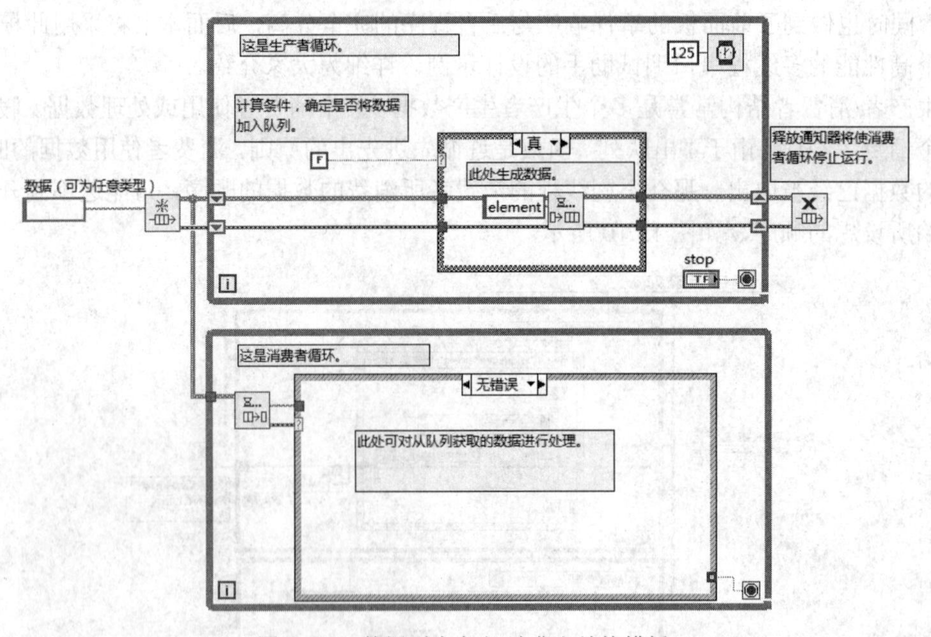

图 15.12　数据型生产者/消费者结构模板 2

数据型生产者/消费者在进行数据采集时，生产者负责采集和发布数据，而消费者负责分析或者处理数据。数据型生产者/消费者和事件型生产者/消费者模式上并没有本质的区别，只是入队列数据的产生方式不同。

第 16 章　串口开发与应用

串口是计算机和嵌入式系统中使用得最广泛的一种硬件接口，通常称其为 COM 口或者 RS-232 口。在常用的 Windows 操作系统中，可以通过硬件管理器查看串口的硬件配置。通过串口通信的程序开发可以建立上下位机之间的通信，实现数据采集或控制应用。

16.1 基本概念

RS-232 标准是在 1970 年由美国电子工业协会(EIA)联合贝尔系统、调制解调器厂家及计算机终端生产厂家共同制定的用于串行通信的标准，其全名是“数据终端设备(DTE)和数据通信设备(DCE)之间串行二进制数据交换接口技术标准”。该标准规定采用一个 25 个脚的 DB-25 连接器，对连接器的每个引脚的信号内容加以规定，还对各种信号的电平加以规定。后来 IBM 的 PC 将 RS-232 简化成了 DB-9 连接器，在 RS-232 的基础上，逐步发展了 RS-422 和 RS-485 两种新标准。

最简单的 RS-232 通信一般只使用三条线，分别是接收、发送和地线，DB-9 接口的 PIN2 为 RXD(接收)，PIN3 为 TXD(发送)以及 PIN5 为 GND(地线)。

一般的计算机可以采取购买一根 USB 转 RS-232 线缆，然后用杜邦线将它的 PIN2 和 PIN3 进行短接，再通过串口调试助手，就可以实现自收自发。

16.2 串口的参数设置

串口通信最重要的参数是波特率、数据位、停止位、奇偶校验和流控制。对于两个进行通信的端口，这些参数必须相同，否则无法进行通信或者发现数据错误等问题。

(1) 波特率：一个衡量通信速度的参数，它表示每秒钟传送的 bit 的个数，例如 300 波特表示每秒钟发送 300 个 bit。

(2) 数据位：衡量通信中实际数据位的参数。当计算机发送一个信息包时，实际的数据不会是 8 位的，标准的值是 5、7 和 8 位。如何设置取决于用户想传送的信息。比如，标准的 ASCII 码是 0～127(7 位)，扩展的 ASCII 码是 0～255(8 位)。如果数据使用简单的文本(标准 ASCII 码)，那么每个数据包使用 7 位数据。每个包是指一个字节，包括开始/停止位、数据位和奇偶校验位。

(3) 停止位：用于表示单个包的最后一位，典型的值为 1、1.5 和 2 位。由于数据是在传输线上定时的，并且每一个设备有自己的时钟，很可能在通信中两台设备间出现了小小的不同步。因此停止位不仅表示传输的结束，而且提供计算机校正时钟同步的机会。

(4) 奇偶校验位：串口通信中的简单的校验方式，共有三种：偶校验、奇校验、NONE校验(无校验)。

(5) 流控制：在进行数据通信的设备之间，以某种协议方式来告诉对方何时开始传送数据，或根据对方的信号来进入数据接收状态以控制数据流的启停，它们的联络过程就叫“握手”或“流控制”。RS-232 可以用硬件握手或软件握手方式来进行通信。

(6) 软件握手(Xon/Xoff)：通常用在实际数据是控制字符的情况下。RS-232 只需三条接口线，即“TXD 发送数据”、“RXD 接收数据”和“地线”，因为控制字符在传输线上和普通字符没有区别，这些字符在通信中由接收方发送，使发送方暂停。这种只需三线的通信协议方式应用较为广泛，所以常采用 DB-9 的 9 芯插头座，传输线采用屏蔽双绞线。

16.3　串口通信软件开发

利用 LabVIEW 开发串口需要安装 VISA 驱动，VISA 是仪器编程的标准 I/O API，其可控制 GPIB、串口、USB、以太网、PXI 或 VXI 仪器，并根据使用仪器的类型调用相应的驱动程序，用户无需学习各种仪器的通信协议。VISA 独立于操作系统、总线和编程环境。换言之，无论使用何种设备、操作系统和编程语言，均使用相同的 API。开始使用 VISA 之前，应确保选择合适的仪器控制方法。

GPIB、串口、USB、以太网和某些 VXI 仪器使用基于消息的通信方式。对基于消息的仪器进行编程，使用的是高层的 ASCII 字符串。仪器使用本地处理器解析命令字符串，设置合适的寄存器位，进行用户期望的操作。SCPI (可编程仪器标准命令)是用于仪器编程的 ASCII 命令字符串的标准。相似的仪器通常使用相似的命令，用户只需学习一组命令，而无需学习各个仪器生产厂商各种仪器的不同命令消息。最常用的基于消息的函数有：VISA 读取、VISA 写入、VISA 置触发有效、VISA 清空和 VISA 读取 STB。

16.3.1　串口通信函数

安装好 VISA 驱动后，就可以在函数选板中的“仪器 I/O”菜单中找到常用的 VISA 函数，如图 16.1 所示。

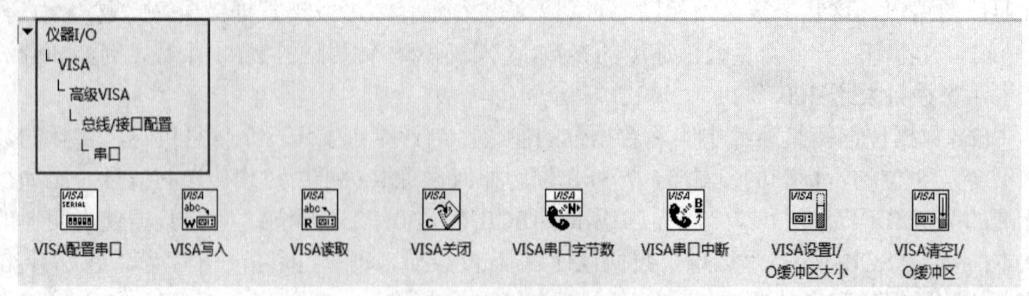

图 16.1　VISA 串口函数

同时，我们可以通过范例管理器，查找到串口函数相关的 NI 官方范例，再通过配合前面所学的多线程技术，利用事件型生产者/消费者结构设计一个性能稳定的串口通信软件，具体范例如图 16.2 所示。

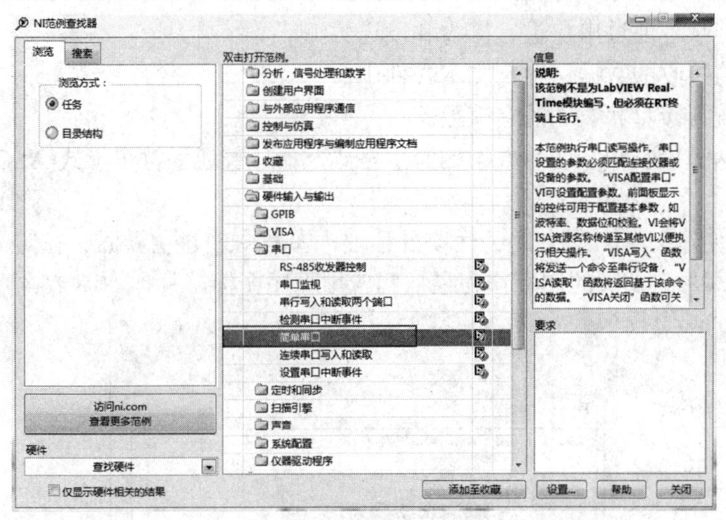

图 16.2　简单串口范例

通过简单串口的官方范例程序框图，可以看到串口通信的主要流程如下：

(1) 通过 VISA 配置函数，获取串口号的资源，对波特率、数据位等参数进行设置。

(2) 通过 VISA 写入函数，进行字符串的发送。

(3) 通过串口属性节点“Bytes at Port”获取串口缓冲区中接收到的字节数，必须使用此属性节点才能获取接收到的数据。

(4) 通过 VISA 读取函数，进行字符串的接收。

(5) 通过 VISA 关闭函数，进行串口资源的释放。

注意：简单串口范例中只能通过开关串口一次，进行串口的发送和读取，并不能满足常用的串口通信软件开发，但其提供了完整的单次串口通信应用，具体如图 16.3 所示。

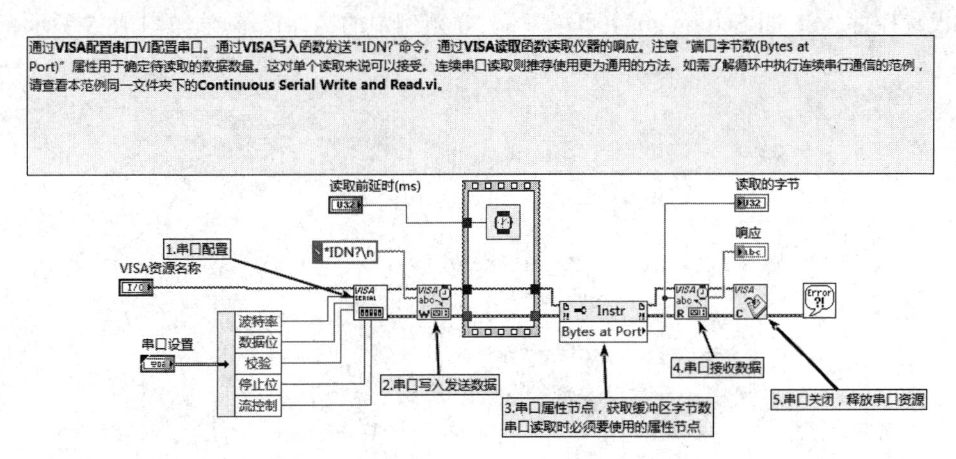

图 16.3　简单串口程序框图

16.3.2　多线程串口通信软件设计

常用的串口通信软件主要包括以下几种常见的功能：

(1) 能够进行串口通信的参数的自定义配置。

(2) 能够连续地通过串口进行接收和发送数据。

(3) 能够将接收的数据保存到文本文件中。

(4) 能够统计接收和发送的字节数。

(5) 拥有两种接收和发送的数据的显示格式，如：普通字符串形式(ASCII)、十六进制形式。

首先我们创建一个工程文件进行项目管理，在其中创建主界面、自定义控件和子 VI 文件，也可以添加自定义的图标作为最后的应用程序图标，具体如图 16.4 所示。

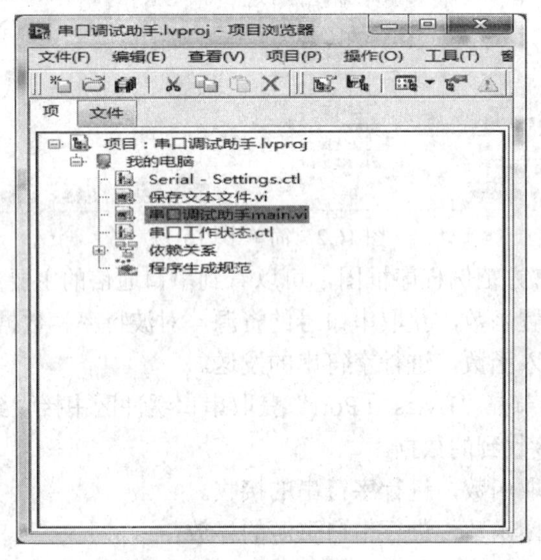

图 16.4　串口通信程序工程文件

在其中添加两个自定义的控件分别是枚举类型的“串口工作状态.ctl”和簇类型的串口参数设置控件“Serial-Setting.ctl”(可以复制 NI 范例中的控件)，具体如图 16.5 所示。

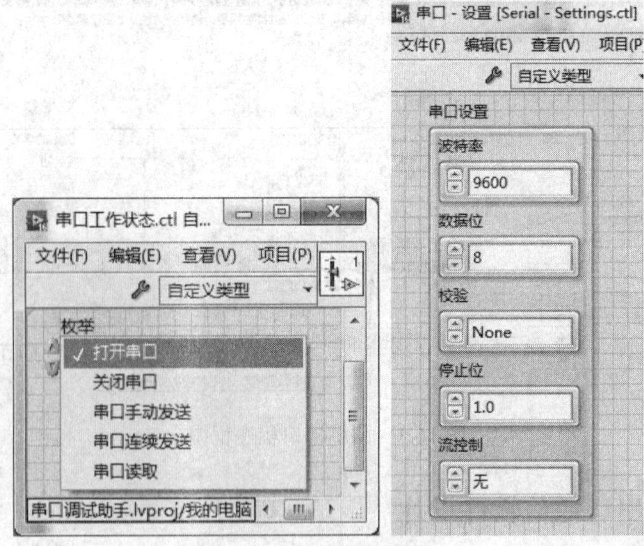

图 16.5　两个自定义控件文件

同时此项目中还需用到将字符串文件保存到 .txt 文件中，可以通过前面所学的文件 I/O 知识，创建一个“保存文本.vi”的子 VI，设置路径和字符串输入控件为此子 VI 的输入端子，其程序框图和前面板分别如图 16.6、图 16.7 所示。

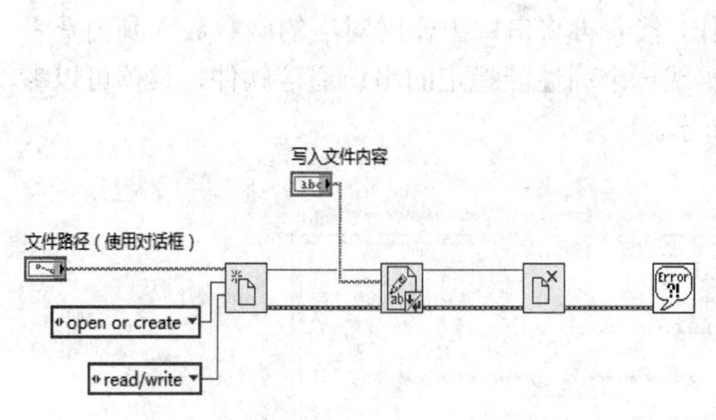

图 16.6　保存文本文件子 VI 程序框图

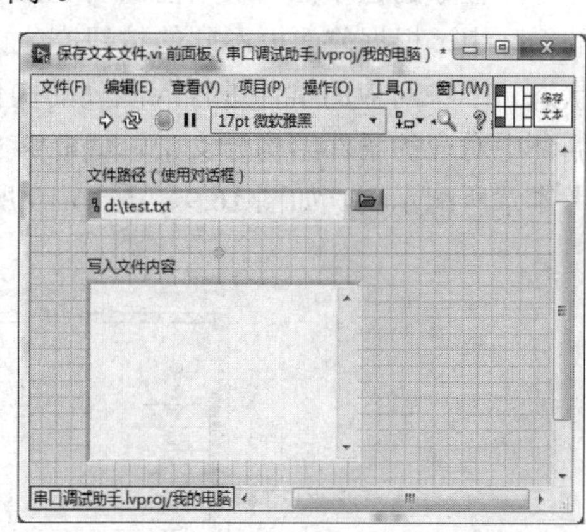

图 16.7　保存文本文件子 VI 前面板

接着创建串口通信软件的主程序前面板，其中接收区为字符串显示控件，发送区为字符串输入控件，“HEX 显示”、“HEX 接收”和“连续发送”为系统控件布尔菜单中的系统复选框控件。创建布尔按钮控件和 LED 控件，如“打开串口”、“保存窗口”、“清除窗口”、“串口发送”和“帮助”等按钮，其中“打开串口”按钮的机械动作为释放时转换，其他按钮的机械动作为默认的释放时触发。最后将主程序的前面板进行一定的布局，以方便用户的实际使用，并为用户与计算机之间的交互提供方便。其他的控件可以在编程时，在函数的输入端子通过右键自动创建，如串口参数设置控件、“串口号”控件以及“保存路径”等控件。其前面板的布局如图 16.8 所示，可以为读者做一个参考。

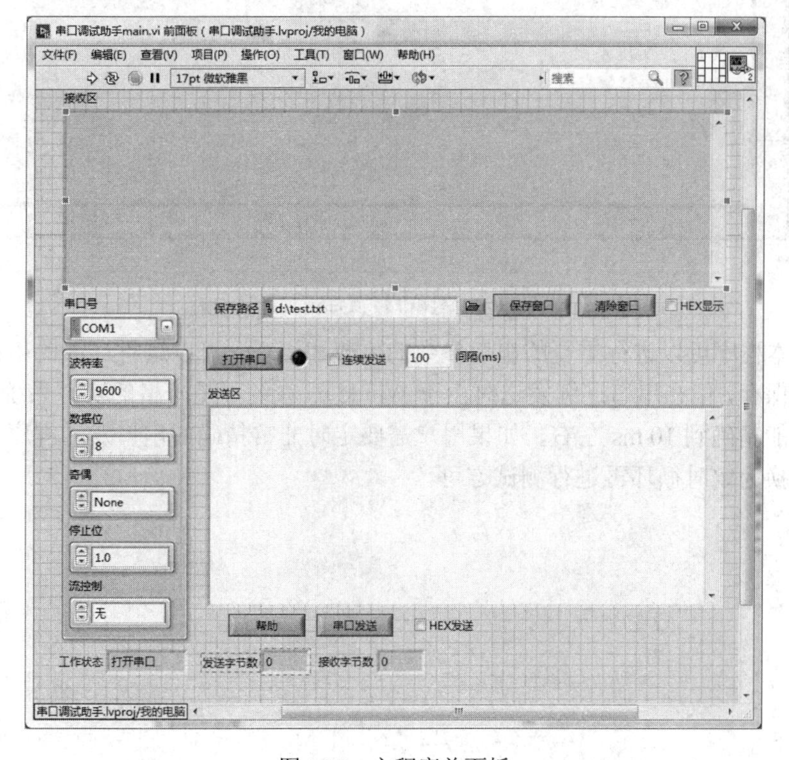

图 16.8　主程序前面板

主程序的程序框图采用前面所学的事件型生产者/消费者结构模板进行设计，在生产者的循环中，根据前面板不同的按钮产生的事件触发不同的事件，将枚举类型的“串口工作状态.ctl”中对应的事件进行入队列的操作，接着再将串口工作时对应的函数放入到消费者循环中对应的条件结构分支中，就能够实现一个高性能稳定的串口通信软件，具体可以参考本章所配示例，如图 16.9、图 16.10 所示。

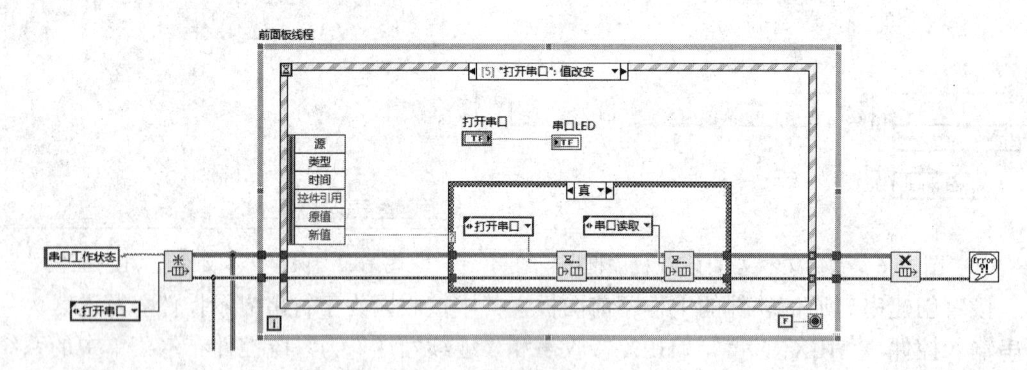

图 16.9　生产者循环产生各种事件

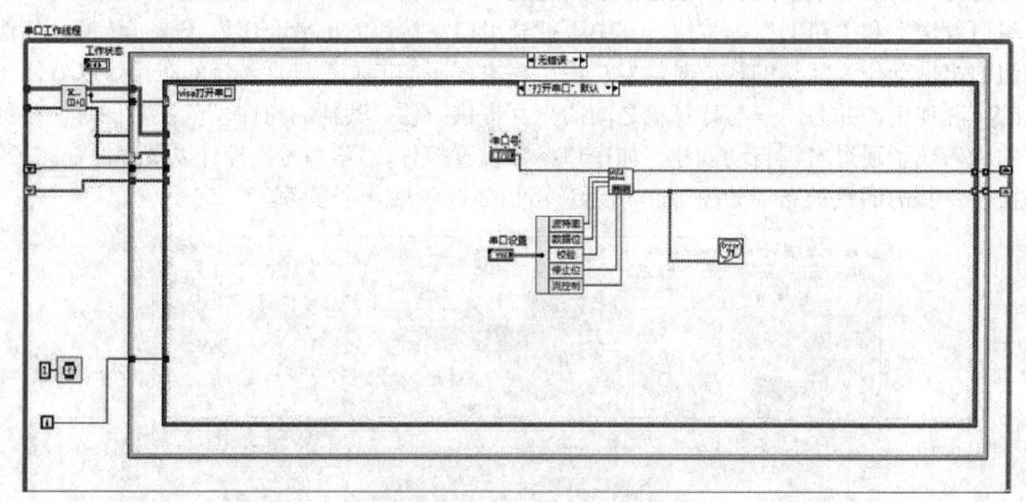

图 16.10　消费者循环进行各种串口函数的操作

注意：本程序可以进行重复的串口参数的更改和运行，可以进行连续的串口读取数据的文本文件保存，但在串口连续发送时由于 Windows 系统不是严格的实时系统，其实际的时间间隔只能精确到 10 ms 左右，如果用户需要定时非常精确的串口发送程序，需要将消费者循环替换为定时循环再进行测试方可。

第 17 章　项目管理和应用程序发布

LabVIEW 项目包括 VI、保证 VI 运行正常所必需的文件以及其他支持文件，例如文档或相关链接。使用项目浏览器窗口管理 LabVIEW 项目，在项目浏览器窗口中，可使用文件夹和库组合各个项，还可使用列出 VI 层次结构的依赖关系跟踪 VI 依赖的项。

17.1　创 建 项 目

项目浏览器窗口用于创建和编辑 LabVIEW 项目。选择【文件】→【新建】→【项目】，即可打开“项目浏览器”窗口。也可选择“项目”下的“新建项目”或“新建对话框”中的“项目”选项，打开项目浏览器窗口。项目浏览器窗口中有两个选项卡：“项”和“文件”，如图 17.1 和图 17.2 所示。

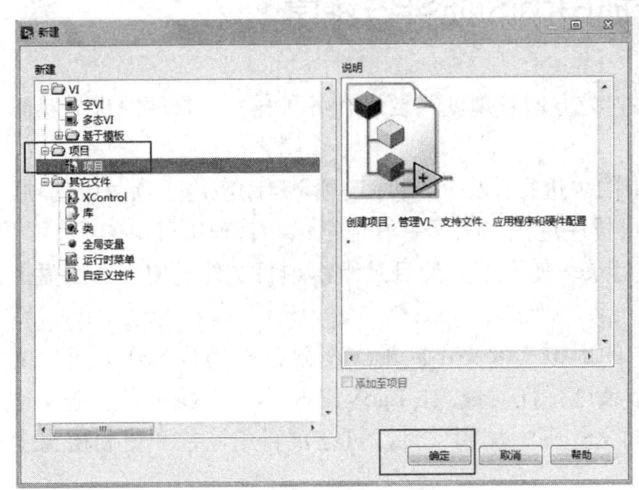

图 17.1　新建项目

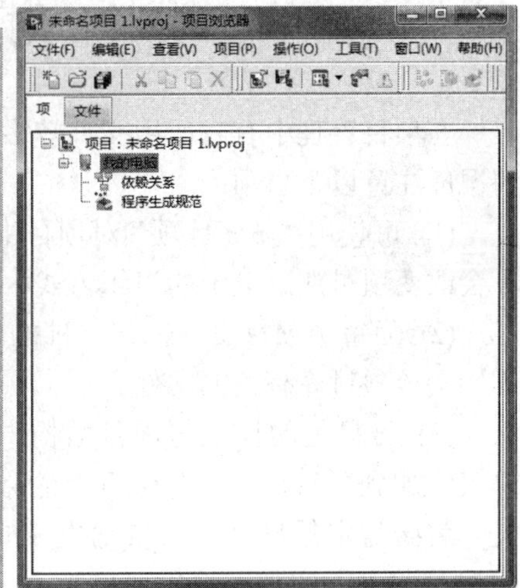

图 17.2　项目浏览器

项目浏览器用于管理 LabVIEW 项目中的各种 LabVIEW 文件与非 LabVIEW 文件，创建可执行文件(EXE 文件)、创建安装包、增加可执行文件的图标等。

只有通过项目浏览器才能生成应用程序或共享库等，如果项目中使用了 LabVIEW 的硬件支持模块，如 RT、FPGA 和视觉模块等，也必须要使用项目管理方式。

项目浏览器中“项”页用于显示项目目录树中的项。“文件”页用于显示在磁盘上有相应文件的项目项，在该页上可对文件名和目录进行管理。文件中对项目进行的操作将影响并更新磁盘上对应的文件。右键点击终端下的某个文件夹或项并从快捷菜单中选择“在项视图中显示”或“在文件视图中显示”可在这两个页之间进行切换。默认情况下，“项目浏览器”窗口包括以下两项。

(1) 项目根目录：包含“项目浏览器”窗口中所有其他项，项目根目录的标签包括该项目的文件名。

(2) 我的电脑：表示可作为项目终端使用的本地计算机。“我的电脑”中包括以下两项：

① 依赖关系：用于查看某个终端下 VI 所需的项。

② 程序生成规范：包括对源代码发布编译配置以及 LabVIEW 工具包和模块所支持的其他编译形式的配置。如安装了 LabVIEW 专业版开发系统或应用程序生成器，可使用“程序生成规范”下的新建命令建立以下文件或程序：独立应用程序、安装程序、.NET 互操作程序集、打包库、共享库、发布源代码、Web 服务和 Zip 文件。

可隐藏“项目浏览器”窗口中的“依赖关系”和“程序生成规范”。如将上述二者中某一项隐藏，则在使用前，如生成一个应用程序或共享库前，必须将隐藏的项恢复显示。

在项目中添加其他终端时，LabVIEW 会在“项目浏览器”窗口中创建代表该终端的项。各个终端也包括“依赖关系”和“程序生成规范”，在每个终端下可添加文件。

可将 VI 从“项目浏览器”窗口中拖放到另一个已打开 VI 的程序框图中。在“项目浏览器”窗口中选择需作为子 VI 使用的 VI，并把它拖放到其他 VI 的程序框图中。使用项目属性和方法，可通过编程配置和修改项目以及“项目浏览器”窗口。

17.2　对项目中的项进行排序

在项目管理中有时所用文件较多，为方便管理就需要进行各种排序，排序时根据实际情况应注意以下事项：

(1) 可使用“排序选项”对项目中的项进行排序。“排序选项”自动应用于项目中的项，不会改变项目在磁盘上的组织方式。“排序选项”用于更好地组织和管理项目中的项。

(2) 为每个项目文件创建单独的目录。使用不同的目录组织项目文件更便于在磁盘上识别与该项目库有关的文件。

(3) 磁盘上的目录与项目结构中的虚拟文件夹不匹配。将磁盘上的目录作为虚拟文件夹添加到项目后，如对磁盘上的目录进行任何修改，LabVIEW 不会更新项目中的文件夹。将磁盘上的目录作为自动生成的文件夹添加到项目，可在项目中监控和更新磁盘上的改动。

(4) Windows 如正在生成一个安装程序，应确保将项目中的文件保存至 lvproj 项目文件所在的驱动器中。如某些文件保存在网络驱动器等其他驱动器中，将该项目添加到安装程序时，项目与这些文件的链接将会断开。

(5) 在源代码发布中的文件结构无需匹配“项目浏览器”窗口中的结构。生成源代码发布时可指定一个不同的结构。

(6) 如需移除依赖关系下的项，可将项从依赖关系移至终端，也可移除该项和所有调用方，或者使调用方改变调用方式。依赖关系列出了项目中所有 VI 的 VI 层次结构。

(7) 创建应用程序时，可将设置应用于整个文件夹，可考虑组合终端下文件夹中的所有动态项。

(8) 如项目中包含不同路径下相同合法名称两个或两个以上项，该项目会产生冲突。冲突项上显示黄色警告标志。点击“解决冲突”按钮，在解决项目冲突对话框中查看关于项目冲突的详细信息。

17.3　项　目　库

在编写大型项目时，需要多个开发人员共同工作，他们之间的代码共享与维护有一定困难，对于模块化的开发方式，有时希望与某个开发人员只共享与他工作相关的模块，而隐藏其余模块的细节，这就有了项目库的概念。

LabVIEW 项目库集合了 VI、类型定义、共享变量、选板文件和其他文件(包括其他项目库)。创建并保存新项目库时，LabVIEW 可创建一个项目库文件(.lvlib)，其中包括项目库属性以及项目库所包括的文件引用等。这与 LLB 管理方式是不同的概念，LLB 只是一个包含多个 VI 的物理文件夹，是一个 VI 的存储方式，没有项目库管理的方式功能丰富。

项目库的创建方式为鼠标右键点击项目浏览器中的“我的电脑”，选择“新建库”选项，右键点击“库”，可以创建或添加新的文件到库中。项目库的好处有两个：一是提供了独立的命名空间，二是提供了权限控制。

由于有了独立的命名空间，即使是不同库中的相同名称的 VI 也可以同时打开，库中的 VI 会在内存中自动加入库的前缀名。如果需要更改库或其中 VI 的名称，就必须要在项目浏览器中进行修改，如图 17.3 所示。

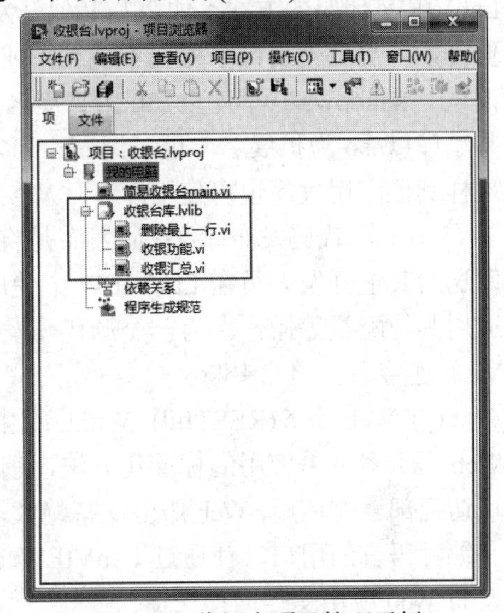

图 17.3　收银台项目管理示例

同时项目库还可以设置其中的 VI 访问权限，一般情况下是有“私有”和“公有”两种权限，公有 VI 是默认设置，可以被任何 VI 调用，而私有 VI 只能被同一库中的其他 VI 调用，如果被非同一个项目库中的 VI 调用，则该 VI 是不可执行的。

17.4　发布应用程序

项目管理的最后是生成可执行文件或安装包，最后作为一个产品发布给其他用户使用。在项目浏览器中使用“程序生成规范”就可以很方便地发布产品，其不仅可以生成可执行文件和安装包，还可以生成 DLL 文件。具体可以生成的产品有：

(1) 应用程序(EXE)。应用程序(EXE)为其他用户提供 VI 的可执行版本，用户无需安装 LabVIEW 开发系统也可运行 VI，但是运行独立应用程序需 LabVIEW 运行引擎。Windows 应用程序以.exe 为扩展名，Mac OS X 应用程序以 .app 为扩展名。

(2) 安装程序。Windows 安装程序用于发布通过应用程序生成器创建的独立应用程序、共享库和源代码发布等，包含 LabVIEW 运行引擎的安装程序允许用户在未安装 LabVIEW 的情况下运行应用程序或使用共享库。

(3) .NET 互操作程序集。Windows 的.NET 互操作程序集将一组 VI 打包，用于 Microsoft .NET Framework。必须安装与 CLR 2.0 兼容的.NET Framework，才能通过应用程序生成器生成.NET 互操作程序集。

(4) 打包项目库。使用打包项目库将多个 LabVIEW 文件打包至一个文件，部署打包库中的 VI 时，只需部署打包库一个文件即可。打包库的顶层文件是一个项目库，打包库包含为特定操作系统编译的一个或多个 VI 层次结构，打包库的扩展名为.lvlibp。

(5) 共享库。共享库用于通过文本编程语言调用 VI，如 LabWindows/CVI、Microsoft Visual C++ 和 Microsoft Visual Basic 等。共享库为非 LabVIEW 编程语言提供了访问 LabVIEW 代码的方式，如需与其他开发人员共享所创建 VI 的功能时，可使用共享库，其他开发人员可使用共享库但不能编辑或查看该库的程序框图，除非编写者在共享库上启用调试。Windows 共享库以 .dll 为扩展名，Mac OS X 共享库以.framework 为扩展名，Linux 共享库以 .so 为扩展名。可以用 .so 或以 lib 开头，以 .so 结尾(可选择在后面添加版本号)，这样其他应用程序也可使用库。

(6) 源代码发布。源代码发布是将一系列源文件打包。用户可通过源代码发布将代码发送给其他开发人员在 LabVIEW 中使用。在 VI 设置中可实现添加密码、删除程序框图或应用其他配置等操作。为一个源代码发布中的 VI 可选择不同的目标目录，而且 VI 和子 VI 的连接不会因此中断。

(7) Web 服务(RESTful)。Windows 将 VI 在 LabVIEW Web 服务器中发布，是 LabVIEW Web 服务器部署应用的标准化方法，任何用户均可访问部署的应用。Web 服务支持绝大多数平台和编程语言的用户，使通过 LabVIEW 在网络上发布 Web 应用变得简便快捷。

(8) Zip 文件。压缩文件用于以单个可移植文件的形式发布多个文件或整套 LabVIEW 项目。一个 Zip 文件包括可发送给用户使用的已经压缩了的多个文件。Zip 文件可用于将已选定的源代码文件发布给其他 LabVIEW 用户使用。可使用 Zip VI 通过编程创建 Zip 文件。

发布这些文件无需 LabVIEW 开发系统，但是必须装有 LabVIEW 运行引擎才能运行独立引用程序和共享库。

程序生成规范示例如图 17.4 所示。

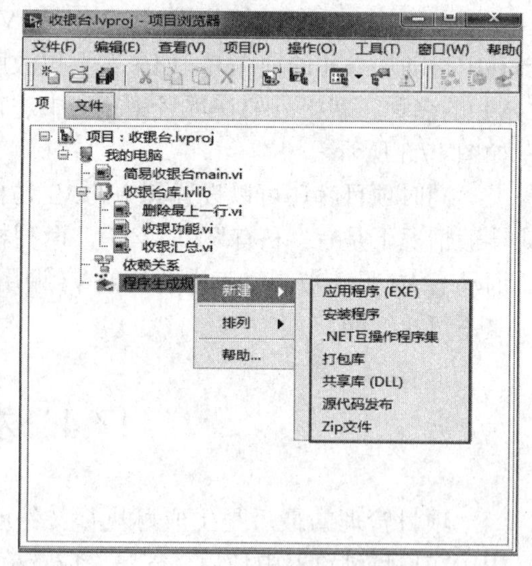

图 17.4　程序生成规范示例

17.4.1　生成应用程序(EXE)

在 LabVIEW 开发环境下，创建可执行文件必须在“项目”下进行，其主要步骤如下：

(1) 打开“项目浏览器”窗口，鼠标右键点击“程序生成规范”，在弹出的快捷菜单中选择“新建”下的“应用程序(EXE)”选项，如图 17.5 所示。

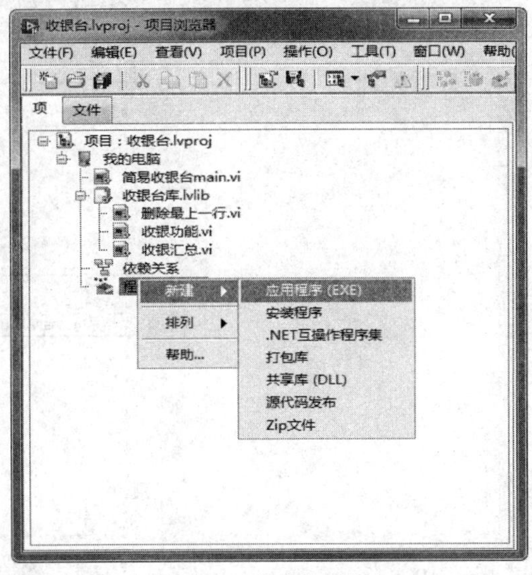

图 17.5　生成应用程序

(2) 在程序生成属性设置对话框，进行逐项属性的设置，可以设置可执行程序的相关信息，比如程序名称、生成路径、版本、开发公司信息等，如图 17.6 所示。

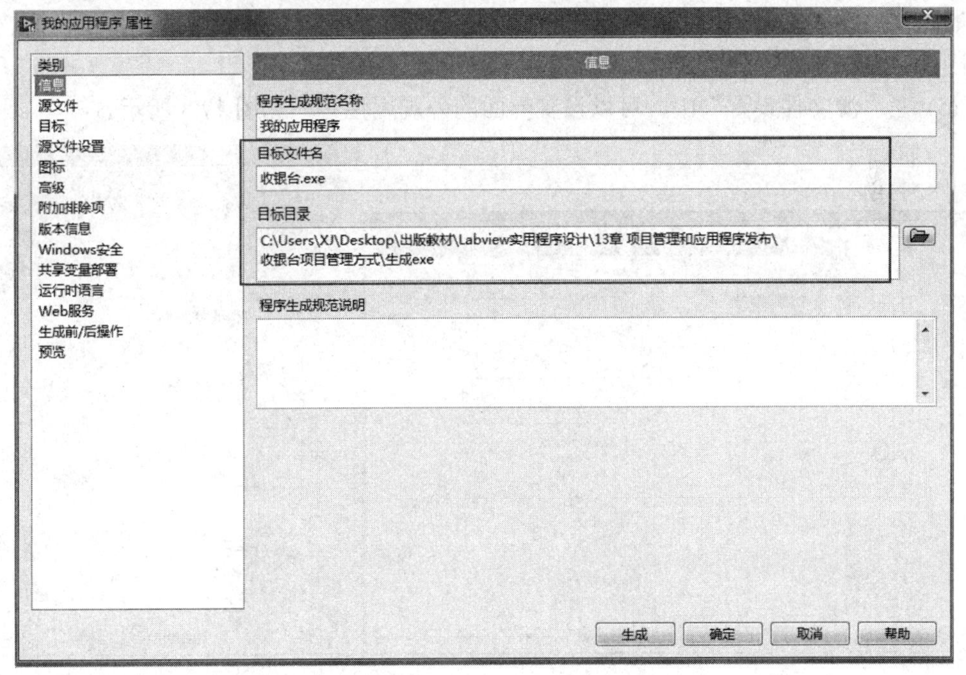

图 17.6　设置属性对话框

(3) 在“类别”栏中选择“源文件”。在这里可以设置安装程序所需要的文件，将应用程序开始运行时的第一个 VI(一般是最终的界面 VI)放到“启动 VI”栏目下，然后将其他所有 VI 放到“始终包括”栏目下(也可以是项目库文件)，如图 17.7 所示，然后选择“目标”属性。

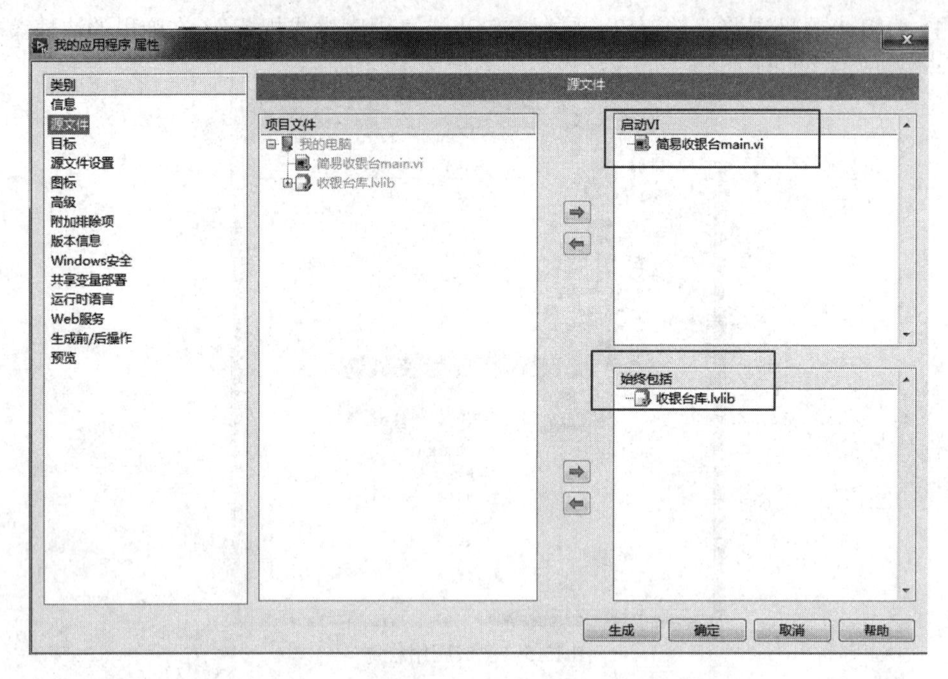

图 17.7　源文件设置

(4)“目标”属性和“图标”属性一般不用设定，采用默认的方式即可。对于图标可以采用自己设定选择的图标作为应用程序的图标，自定义图标应放入整个项目中进行管理，之后进入“源文件设置”属性。

(5) 在“源文件设置”中，可以设置界面的外观属性等，如图 17.8 所示。

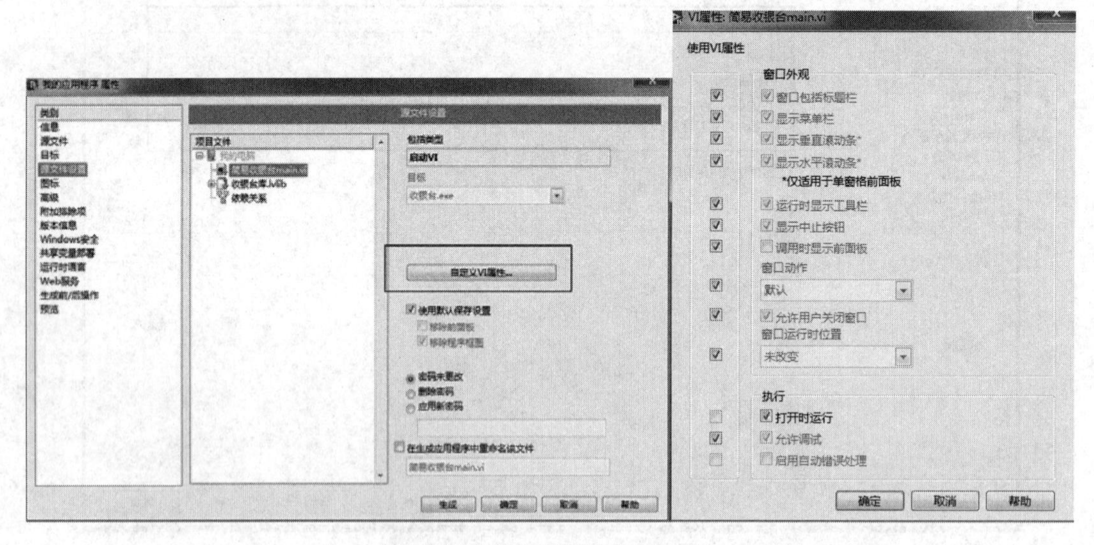

图 17.8　最终界面的外观设置

(6) “高级”选项中可以设定程序的高级功能，一般采用默认的设置。

(7) “附加排除项”可以设定多态 VI 的属性，一般采用默认设定。

(8) “版本信息”选项中可以查看和修改可执行文件的版本信息和内部修改版本，供以后的程序升级版本识别。

(9) 最后进行程序生成的预览阶段，查看是否设置完全，然后点击“生成”按钮确定即可，如图 17.9 所示。

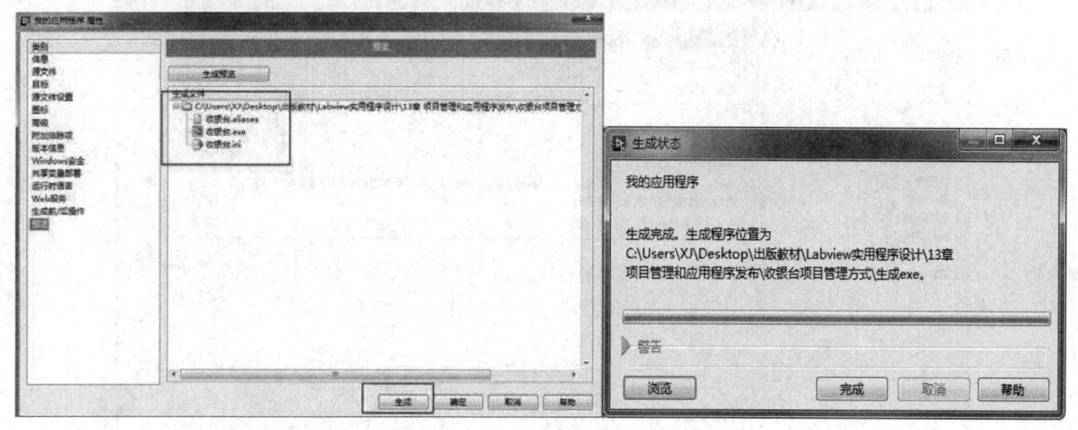

图 17.9　生成可执行文件

17.4.2　生成安装程序

在之前 17.4.1 节中生成的可执行文件不能发布给没有 LabVIEW 开发环境的用户使用，因为缺少 LabVIEW 运行时引擎，所以还需要做一个应用程序安装包提交给用户。该安装包包括了 LabVIEW 的运行时引擎(必要时需各种硬件驱动)，以保证用户在没有开发环境时也能够运行发布的应用程序，其主要步骤有：

(1) 生成可执行文件后，打开“项目浏览器”窗口，选择“程序生成规范”，创建安装程序，如图 17.10 所示。

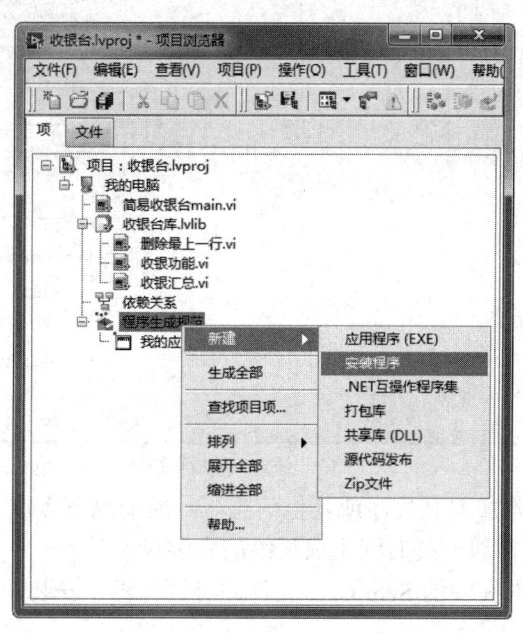

图 17.10　生成安装程序文件

(2) 在安装程序生成属性设置对话框中，进行逐项属性的设置。可以设置安装程序的相关信息，比如程序名称、生成路径、版本、开发公司信息等，如图 17.11 所示。

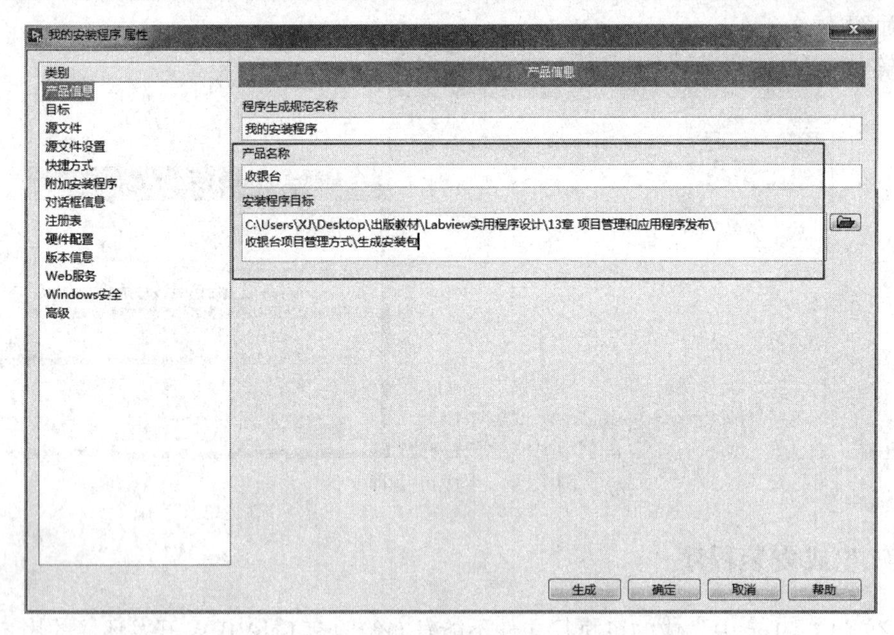

图 17.11　安装程序属性设置

(3) 选择源文件属性进行设置，添加可执行文件，如图 17.12 所示。

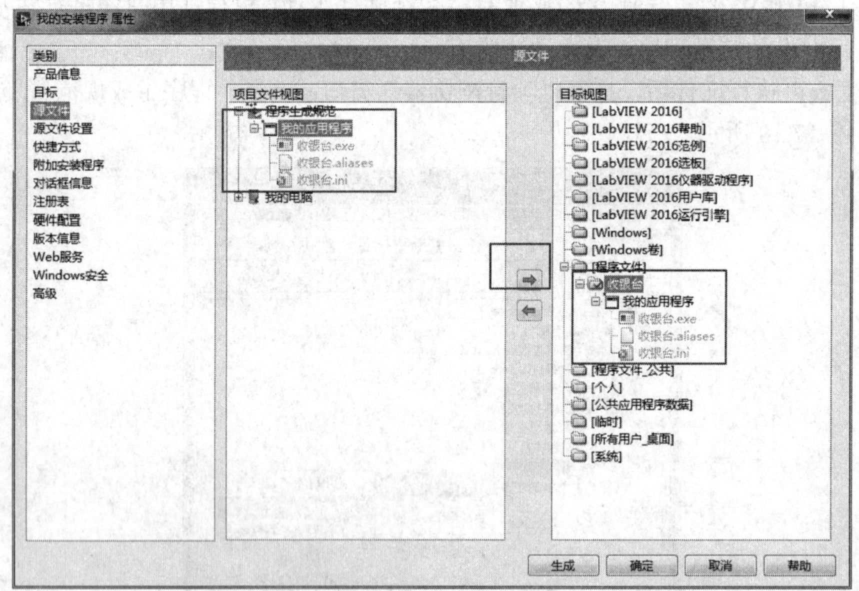

图 17.12　添加可执行文件

(4) 如果还要添加附加安装程序或其他信息，一般情况下点击“生成”按钮就可以完成安装包的制作，系统需要一些时间生成最终的安装包。

(5) 运行安装包文件夹中的 Setup.exe 文件即可进行程序安装。

第 18 章　综合项目实例

由于采用了各种标准化的 VI 组件，LabVIEW 极大地简化了编程。因此很多人只要知道了程序的大概功能就会迫不及待地开始写代码编程，如果程序比较简单，这样做没有多大的问题，如果编写较大规模的系统时，这样急于求成最终会功败垂成。对于一个正常的项目开发，着手编程前的需求分析和详细设计是必需的，如果编码之前毫无总体计划安排，随心所欲，程序会变得越来越臃肿，为了实现后期的程序功能不断修改前期的代码，大大降低了系统的程序灵活性、可扩展性、可维护性和可读性等特点。本章通过 LabVIEW 编程与软件工程知识相结合，实现一个较大型系统的开发。

18.1　软件工程基础

18.1.1　软件工程概念

“软件工程”(Software Engineering)这个名词是北大西洋公约组织(NATO)科学技术委员会于 1968 年秋提出来的。在当时的联邦德国召集了近 50 名一流的编程人员、计算机科学家和工业界巨头，制定摆脱软件危机的办法。尽管当时专家们无法设计出一张指导软件业走向更牢固阵地的详细路线图，但他们借鉴硬件工程的办法，为解决软件这一难题，不仅创造了一个新名词——软件工程，还使软件工程有了方向。从 1968 年到现在已经 50 多年了，应该说，在今天，软件工程已发展成为一门独立的学科。

软件工程可以定义为：运用工程学的原理和方法来组织和管理软件的生产和维护，以保证软件产品开发、运行和维护的高质量和高生产率。

著名的软件工程专家 B.W.Boehm 综合多年开发软件的经验，于 1983 年在一篇论文中提出了软件工程的七条基本原理。他认为这七条原理是确保软件产品质量和开发效率的最小集合。这七条原理如下：

(1) 用分阶段的生命周期计划严格管理。在软件开发与维护的漫长生命周期中，需要完成许多性质各异的工作，应该把软件生命周期划分成若干个阶段，并相应地制订出切实可行的计划，然后严格按照计划对软件的开发与维护工作进行管理。Boehm 认为，在软件的整个生命周期中应该制订并严格执行六类计划，它们是项目概要计划、里程碑计划、项目控制计划、产品控制计划、验证计划和运行维护计划。

(2) 坚持进行阶段评审。当时已经认识到，软件的质量保证工作不能等到编码阶段结束之后再进行。这样说至少有两个理由：第一，大部分错误是在编码之前造成的；第二，错误发现与改正得越晚，所需付出的代价也越高。因此，在每个阶段都应进行严格评审，以便尽早发现在软件开发过程中所犯的错误，这是一条必须遵循的重要原则。

(3) 实行严格的产品控制。在软件开发过程中不应随意改变需求，因为改变一项需求往往需要付出较高的代价。但是，在软件开发过程中改变需求又是难免的。由于外部环境的变化，用户相应地改变需求是一种客观需要，显然不能硬性禁止客户提出改变需求的要求，而只能依靠科学的产品控制技术来顺应这种要求。也就是说，当改变需求时，为了保持软件各个配置成分的一致性，必须实行严格的产品控制，其中主要是实行基准配置管理。

(4) 采用现代程序设计技术。近年来，面向对象技术已经在许多领域中迅速地取代了传统的结构开发方法。实践证明，采用先进的技术不仅可以提高软件开发和维护的效率，而且可以提高软件产品的质量。

(5) 结果应能清楚地审查。软件产品不同于一般的物理产品，它是看不见摸不着的逻辑产品。软件开发人员(或开发小组)的工作进展情况可见性差，难以准确度量，从而使得软件产品的开发过程比一般产品的开发过程更难于评价和管理。为了提高软件开发过程的可见性，更好地进行管理，应该根据软件开发项目的总目标及完成期限，规定开发组织的责任和产品标准，从而能够清楚地审查所得到的结果。

(6) 开发小组的人员应该少而精。软件开发小组的组成人员的素质应该好，而人数则不宜过多。开发小组人员的素质和数量，是影响软件产品质量和开发效率的重要因素。素质高的人员的开发效率比素质低的人员的开发效率可能高几倍甚至几十倍，而且素质高的人员所开发的软件中的错误明显少于素质低的人员所开发的软件中的错误。

(7) 承认不断改进软件工程实践的必要性。遵循上述六条基本原理，就能够按照当代软件工程基本原理实现软件的工程化生产。但是，仅有上述六条原理并不能保证软件开发与维护的过程能赶上时代前进的步伐，能跟上技术的不断进步。因此，Boehm 提出应把承认不断改进软件工程实践的必要性作为软件工程的第七条基本原理。按照这条原理，不仅要积极主动地采纳新的软件技术，而且要注意不断总结经验。

18.1.2　软件生命周期

如同任何事物一样，软件也有一个孕育、诞生、成长、成熟、衰亡的生存过程。一般称其为计算机软件的生命周期。根据这一思想，把上述基本的过程活动进一步展开，可以得到软件生命周期的六个步骤，即制订计划、需求分析、设计、程序编码、测试及运行维护。以下对这六个步骤的任务作一概括的描述。

1. 制订计划

确定要开发软件系统的总目标，给出它的功能、性能、可靠性以及接口等方面的要求；由系统分析员和用户合作，研究完成该项软件任务的可行性，探讨解决问题的可能方案，并对可利用的资源(计算机硬件、软件、人力等)、成本、可取得的效益、开发的进度作出估计，制订出完成开发任务的实施计划，连同可行性研究报告，提交管理部门审查。

2. 需求分析和定义

对待开发软件提出的需求进行分析并给出详细的定义。软件人员和用户共同讨论决定：哪些需求是可以满足的，并对其加以确切的描述，然后编写出软件需求说明书或系统功能说明书及初步的系统用户手册，提交管理机构评审。

3. 软件设计

设计是软件工程技术核心。在设计阶段中，设计人员把已确定了的各项需求转换成一个相应的体系结构，结构中的每一组成部分都是意义明确的模块，每个模块都和某些需求相对应，即总体设计，进而对每个模块要完成的工作进行具体的描述，为源程序编写打下基础，即详细设计。所有设计中的考虑都应以设计说明书的形式加以描述，以供后继工作使用并提交评审。

4. 程序编写

把软件设计转换成计算机可以接受的程序代码，即写成以某一种特定程序设计语言表示的“源程序清单”，这一步工作也称为编码。自然，写出的程序应当是结构良好、清晰易读的，且与设计相一致的。

5. 软件测试

测试是保证软件质量的重要手段，其主要方式是在设计测试用例的基础上检验软件的各个组成部分。首先是进行单元测试，查找各模块在功能和结构上存在的问题并加以纠正；其次是进行组装测试，将已测试过的模块按一定顺序组装起来；最后按规定的各项需求，逐项进行有效性测试，确定已开发的软件是否合格，能否交付用户使用。

6. 运行/维护

已交付的软件投入正式使用，便进入运行阶段，这一阶段可能持续若干年甚至几十年。软件在运行中可能由于多方面的原因，需要对它进行修改。其原因可能有：运行中发现了软件中的错误需要修正；为了适应变化了的软件工作环境，需做适当的变更；为了增强软件的功能需做变更。

18.1.3　软件开发模型

为了指导软件的开发，用不同的方式将软件生存周期中的所有开发活动组织起来，形成不同的软件开发模型，软件开发模型是从软件项目需求定义直至软件经使用后废弃为止，跨越整个生命周期的系统开发、运作和维护所实施的全部过程、活动和任务的结构框架。到现在为止，已经提出了多种软件开发模型，例如，瀑布模型、快速原形模型、增量模型、螺旋模型、喷泉模型等。

1. 瀑布模型

瀑布模型(Waterfall Model)，它是 1970 年由 W.Royce 提出的。瀑布模型规定了各项软件工程活动，包括：制订开发计划，进行需求分析和说明，软件设计，程序编码，测试及运行维护，如图 18.1 所示，并且规定了它们自上而下、相互衔接的固定次序，如同瀑布流水，逐级下落。

然而软件开发的实践表明，上述各项活动之间并非完全是自上而下呈线性图式的，实际情况是每项开发活动均具有以下特征：

(1) 从上一项活动接受该项活动的工作对象作为输入；

(2) 利用这一输入实施该项活动应完成的内容；

(3) 给出该项活动的工作成果作为输出传给下一项活动；

(4) 对该项活动实施的工作进行评审。若其工作得到确认，则继续进行下一项活动，在图 18.1 中用向下指的箭头表示；否则返回前项，甚至更前项的活动进行返工，在图 18.1 中由向上指的箭头表示。

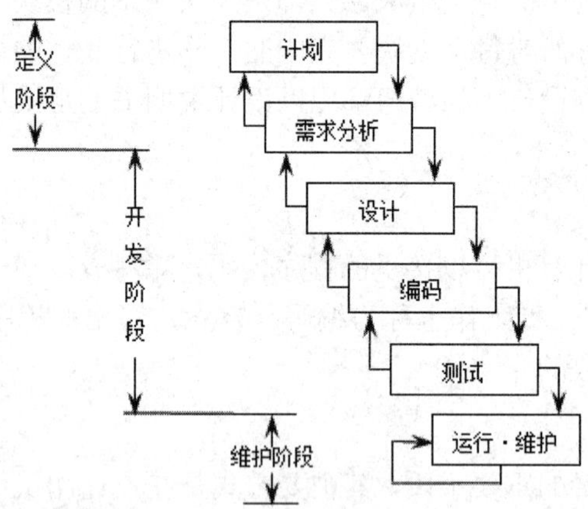

图 18.1　软件生命周期瀑布模型

2. 快速原型模型

快速原型是快速建立起来的可以在计算机上运行的程序，它所能完成的功能往往是最终产品能完成的功能的一个子集。如图 18.2 所示(图中实线箭头表示开发过程，虚线箭头表示维护过程)，快速原型模型的第一步是快速建立一个能反映用户主要需求的原型系统，让用户在计算机上试用它，通过实践来了解目标系统的概貌。通常，用户试用原型系统之后会提出许多修改意见，开发人员按照用户的意见快速地修改原型系统，然后再次请用户试用……。一旦用户认为这个原型系统确实能做他们所需要的工作，开发人员便可据此书写规格说明文档，根据这份文档开发出的软件就可以满足用户的真实需求。

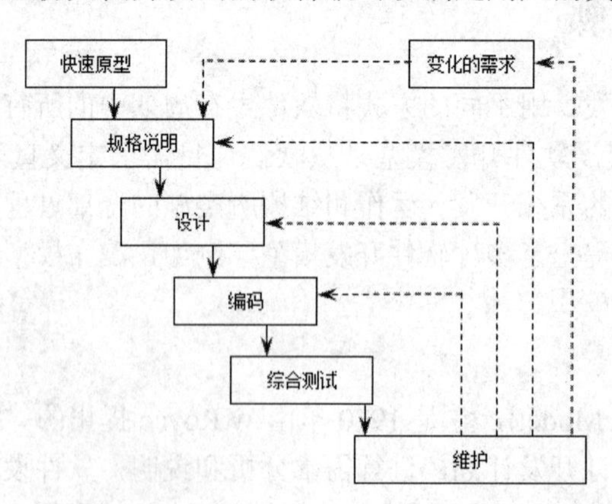

图 18.2　快速原型模型

从图 18.2 可以看出，快速原型模型是不带反馈环的，这正是这种过程模型的主要优点：软件产品的开发基本上是线性顺序进行的。能做到基本上线性顺序开发的主要原因如下：

(1) 原型系统已经通过与用户交互而得到验证，据此产生的规格说明文档正确地描述了用户需求。因此，在开发过程的后续阶段不会因为发现了规格说明文档的错误而进行较大的返工。

(2) 开发人员通过建立原型系统已经学到了许多东西(至少知道了“系统不应该做什么，以及怎样不去做不该做的事情”)，因此，在设计和编码阶段发生错误的可能性也比较小，这自然减少了在后续阶段需要改正前面阶段所犯错误的可能性。

软件产品一旦交付给用户使用之后，维护便开始了。根据所需完成的维护工作种类的不同，可能需要返回到需求分析、规格说明、设计或编码等不同阶段，如图 18.2 中虚线箭头所示。

3. 增量模型

增量模型也称为渐增模型，如图 18.3 所示。使用增量模型开发软件时，把软件产品作为一系列的增量构件来设计、编码、集成和测试。每个构件由多个相互作用的模块构成，并且能够完成特定的功能。使用增量模型时，第一个增量构件往往实现软件的基本需求，提供最核心的功能。

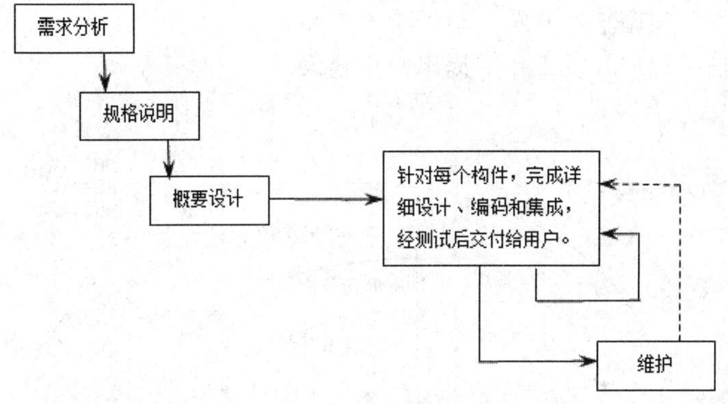

图 18.3　增量模型

采用瀑布模型或快速原型模型开发软件时，目标都是一次就把一个满足所有需求的产品提交给用户。增量模型则与之相反，它分批地逐步向用户提交产品，每次提交一个满足用户需求子集的可运行的产品。整个软件产品被分解成许多个增量构件，开发人员一个构件接一个构件地向用户提交产品。每次用户都得到一个满足部分需求的可运行的产品，直到最后一次得到满足全部需求的完整产品。从第一个构件交付之日起，用户就能做一些有用的工作。显然，能在较短时间内向用户提交可完成一些有用的工作的产品，是增量模型的一个优点。

增量模型的另一个优点是，逐步增加产品功能可以使用户有较充裕的时间学习和适应新产品，从而减少一个全新的软件可能给客户组织带来的冲击。

使用增量模型的困难是，在把每个新的增量构件集成到现有软件体系结构中时，必须不破坏原来已经开发出的产品。此外，必须把软件的体系结构设计成便于按这种方式进行扩充，向现有产品中加入新构件的过程必须简单、方便，也就是说，软件体系结构必须是开放的。从长远观点看，具有开放结构的软件拥有真正的优势，这样的软件的可维护性明显好于封闭结构的软件。因此，尽管采用增量模型比采用瀑布模型和快速原型模型需要更精心的设计，但在设计阶段多付出的劳动将在维护阶段获得回报。如果一个设计非常灵活而且足够开放，足以支持增量模型，那么，这样的设计将允许在不破坏产品的情况下进行维护。事实上，使用增量模型时开发软件和扩充软件功能(完善性维护)并没有本质区别，都是向现有产品中加入新构件的过程。

从某种意义上说，增量模型本身是自相矛盾的。它一方面要求开发人员把软件看作一个整体，另一方面又要求开发人员把软件看做构件序列，每个构件本质上都独立于另一个构件。除非开发人员有足够的技术能力协调好这一明显的矛盾，否则用增量模型开发出的产品可能并不令人满意。

4. 螺旋模型

螺旋模型(Spiral Model)如图 18.4 所示。1988 年 B.W.Boehm 将瀑布模型和原型模型相结合，提出了螺旋模型，这种模型综合了瀑布模型和原型模型的优点，并增加了风险分析。螺旋模型包含了如下四个方面的活动：

(1) 制订计划：确定软件的目标，选定实施方案，弄清项目开发的限制条件。

(2) 风险分析：分析所选的方案，识别风险，消除风险。

(3) 实施工程：实施软件开发，验证阶段产品。

(4) 客户评估：评估开发工作，提出修正建议。

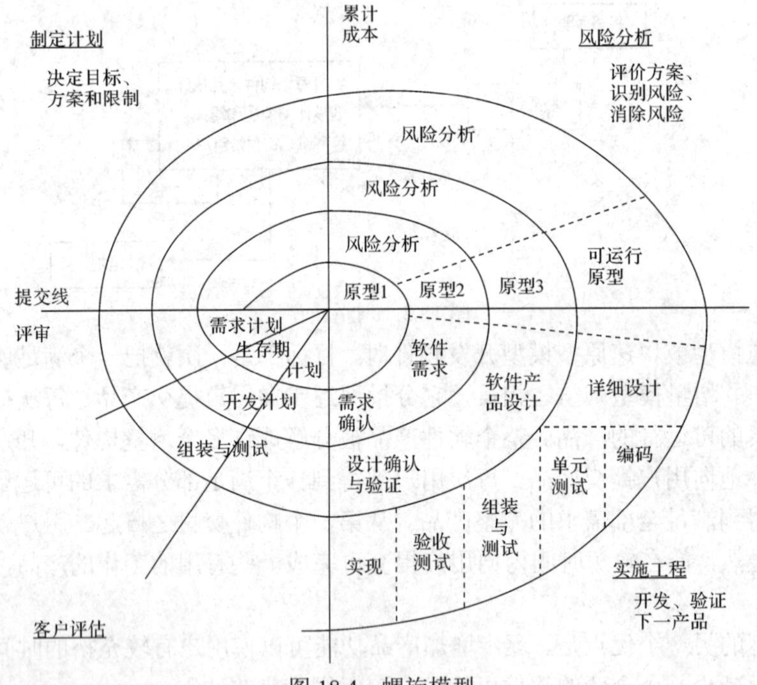

图 18.4 螺旋模型

采用螺旋模型时，软件开发沿着螺旋自内向外旋转，每旋转一圈都要对风险进行识别、分析，采取对策以消除或减少风险，进而开发一个更为完善的新软件版本。在旋转的过程中，如发现风险太大，以至于开发者和客户无法承受，那么项目就可能因此而终止。通常，大多数软件开发都能沿着螺旋自内向外逐步延伸，最终得到所期望的系统。

软件工程的螺旋模型开发模式是当前大型系统或软件开发的最现实的方法。它采用一种逐步逼近的演化方法，使开发人员和用户能了解每一个演化过程中的风险，并作出反应。它保留了传统生存周期逐步求精和细化的方法，但是把它综合到一个重复的框架以后，就可以对这个真实事件作出更加现实的反映。

螺旋模型要求对项目所有阶段的技术风险进行直接研究，如果应用正确，将减少它们成为问题的风险。

同其他模式一样，螺旋模型也不是包治百病的灵丹妙药。它很难让用户确信(特别是有合同的情况下)这种演化方法是可以控制的。它要求有风险评价的专门技术，因为这些专门技术决定评价的成功与否。如果主要风险不能发现，则问题很可能会发生。

5. 喷泉模型

喷泉模型(Water Fountain Model)如图 18.5 所示，它主要用于描述面向对象的开发过程。“喷泉”一词体现了面向对象的迭代和无间隙特征。

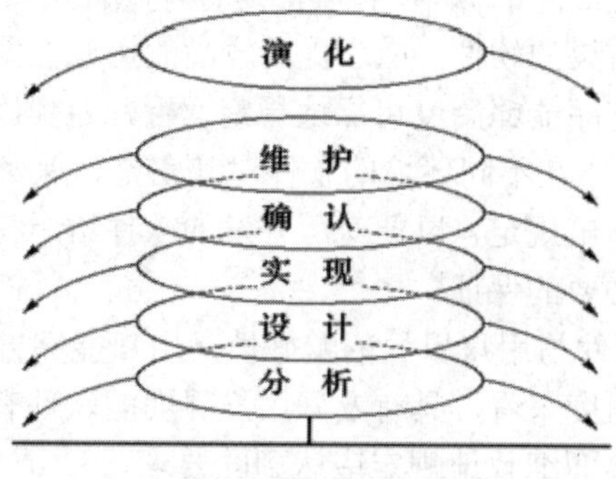

图 18.5　喷泉模型

迭代意味着模型中的开发活动常常需要多次重复，在迭代过程中，不断地完善软件系统。无间隙是指在开发活动(如分析、设计、编码)之间不存在明显的边界，它不像瀑布模型那样，需求分析活动结束之后才开始设计活动，设计活动结束后才开始编码，而是允许各开发活动交叉、迭代地进行。

18.1.4　软件需求分析

软件需求分析就是对软件计划期间建立的软件可行性分析求精和细化，分析各种可能的解法，并且分配给各个软件元素。需求分析是软件定义阶段的最后一步，在这一步确定系统必须完成哪些工作，也就是对目标系统提出完整、准确、清晰、具体的要求。

需求分析需要实现的是将用户对软件的一系列要求、想法转变为软件开发人员所需要的有关软件的技术规格说明，它涉及面向用户的用户需求和面向开发者的系统需求两个方面的工作内容。用户需求是关于软件的一系列想法的集中体现，涉及软件的功能、操作方式、界面风格、用户机构的业务范围、工作流程和用户对软件应用的展望等，因此，用户需求也就是关于软件的外界特征的规格表述。系统需求是比用户需求更具有技术特性的需求陈述，它是提供给开发者或用户方技术人员阅读的，并将作为软件开发人员设计系统的起点与基本依据。系统需求需要对系统的功能、性能、数据等方面进行规格定义。

1. 系统需求的主要内容

系统需求主要包括以下几个方面的内容：

(1) 功能需求。功能需求列出所开发软件在职能上应做什么，即系统的主要功能，这是最主要的需求。

(2) 性能需求。性能需求给出所开发软件的技术性能指标，例如采样率、吞吐量、存储容量限制、运行时间限制、安全保密性等。

(3) 环境需求。这是对软件系统运行时所处环境的要求。例如在硬件方面，采用什么机型、有什么外部设备、数据通信接口等；在软件方面，采用什么支持系统运行系统软件(指操作系统、网络软件、数据库管理系统等)；在使用方面，需要使用的部门在制度上、操作人员的技术水平上应具备什么样的条件等。

(4) 可靠性需求。各种软件在运行失效后的影响各不相同，在需求分析时，应对所开发软件在投入运行后不发生故障的概率，按实际运行环境提出要求，对于那些重要的软件，或是运行失效会造成严重后果的软件，应当提出较高的可靠性要求，以期在开发的过程中采取必要的措施，使软件产品能够高度可靠地稳定运行，避免因运行事故而带来的损失。

(5) 安全保密需求。工作在不同环境的软件对其安全、保密的需求显然是不同的。应当把这方面的需求恰当地作出规定，以便对所开发的软件给予特殊的设计，使其在运行中安全保密方面的性能得到必要的保证。

(6) 用户界面需求。软件与用户界面的友好性是用户能够方便、有效、愉快地使用该软件的关键之一。从市场角度来看，具有友好用户界面的软件有很强的竞争力，因此，必须在需求分析时，为用户界面细致地规定应达到的要求。

(7) 资源使用需求。这是指所开发软件运行时所需的数据、软件、内存空间等各种资源。另外，软件开发时所需要的人力、支撑软件、开发设备等则属于软件开发的资源，需要在需求分析时加以确定。

(8) 软件成本消耗与开发进度需求。在软件项目立项后，要根据合同规定，对软件开发的进度和各步骤的费用提出要求，作为开发管理的依据。

(9) 预先估计以后系统可能达到的目标，这样，在开发过程中，可对系统将来可能的扩展与修改做好准备，一旦需要时，就比较容易进行补充和修改。

2. 需求分析所需的文档资料

经过分析确定了系统必须具有的功能和性能，下一步应把分析的结果用正式的文档记录下来，作为最终软件配置的一个组成部分。根据需要分析阶段的基本任务，在这个阶段应该完成下述四种文档资料。

(1) 系统规格说明：主要描述目标系统的概貌、功能要求、运行要求和将来可能提出的要求。在分析过程中得出的数据流图是这份文档的一个重要组成部分，此外，这份文档中还应该包括用户需求和系统功能之间的参照关系以及设计约束等。

(2) 数据要求：主要包括通过需求分析建立起来的数据字典以及描绘数据结构的层次方框图等，此外，还应该包括存储信息(数据库或普通文件)分析的结果。

(3) 用户系统描述：从用户使用系统的角度描述系统，相当于一份初步的用户手册，内容包括系统功能和性能的扼要描述，使用系统的主要步骤和方法以及系统用户的责任等。这个初步的用户手册使得未来的用户能从使用的角度检查该目标系统，因而使他们比较易于判断这个系统是否符合他们的需要。

(4) 修正的开发计划：经过需求分析阶段的工作，分析员对目标系统有了更深入更具体的认识，因此可以对系统的成本和进步作出更准确的估计，在此基础上应该对开发计划进行修正，包括成本计划、资源使用计划和进度计划的修正等。

18.1.5　软件设计

设计阶段的主要任务是设计软件系统的模块层次结构、数据库结构和设计模块的控制流程，其目的是明确软件系统“如何做”。软件设计在技术上可以分为总体结构设计、数据设计、过程设计和界面设计四种；在工程上可分为概要设计和详细设计两个阶段。概要设计解决软件系统的模块划分和模块层次结构以及数据库设计；详细设计解决每个模块的控制流程设计。软件设计的重要目的就是增强软件的灵活性、可扩展性、可维护性和可读性。

软件设计过程主要包括以下几个方面：

1. 设计系统方案

为了实现用户要求的系统，系统分析员应该提出并分析各种可能的方案，并且从中选出最佳的方案。而在分析阶段提供的逻辑模型是软件设计的出发点，在可供选择的多种方案中，进一步设想与选择较好的系统实现方案。这些方案仅是边界的取舍，抛弃技术上行不通的方法，留下可能的实现策略，但并不评价这个方案。

2. 选取合理的方案

系统分析员通过问题的定义、可行性研究和需求分析后，产生了一系列可供选择的方案，从中选取低成本、中成本和高成本三种方案，必要时再进一步征求用户意见，准备好系统流程图、系统的物理元素清单(即构成系统的程序、文件、数据库、人工过程、文档等)、成本效益分析和实现系统的进度计划。

3. 推荐最佳方案

系统分析员综合分析各种方案的优缺点，推荐最佳方案，并作出详细的实现进度计划。用户与有关技术专家认真审查分析员推荐的方案，然后提交试用部门负责人审批，审批接受分析员推荐的最佳实施方案后，才能进入软件结构设计。

4. 功能分解

软件结构设计，首先要把复杂的功能进一步分解成简单的功能，遵循模块划分独立性原则，即做到模块功能单一，模块与外部联系很弱，仅与数据联系，使划分过的模块功能对大多数程序员而言都是容易理解的。功能的分解导致对数据流图的进一步细化，并选用相应图形工具来描述。

5. 软件结构设计

功能分解后，用层次图、结构图来描述模块组成的层次系统，即反映软件结构。当数据流图细化到适当的层次，由结构化的设计方法可以直接映射出结构图。

6. 数据库设计和文件结构设计

所谓数据库的设计就是在一个特定的应用环境当中，构造一个有效的数据库模式，并在此之上构建各种数据库及其应用程序，对各种数据进行有效的存储，满足客户和应用系统的信息处理要求。一个好的数据库应具有的特点是冗余较小，数据的扩展性和独立性较高、数据的安全性好。

系统分析员在需求分析阶段，在对系统数据进行分析的基础上应制订数据库方案，并着手进行数据库设计。为了使数据库的设计更加系统化和有效化，系统分析员对数据库的设计过程进行规范研究，引导其他的分析员设计规范的数据库。数据库设计的生命周期分为以下六个阶段：

① 进行数据库需求分析阶段；

② 完成数据库的概念设计阶段；

③ 对数据库的逻辑设计阶段；

④ 对数据库的物理设计阶段；

⑤ 实施数据库阶段；

⑥ 运行数据库及维护数据库阶段。

7. 制订测试计划

为保证软件的可测试性，软件设计一开始就要考虑软件测试问题。概要设计阶段的测试计划仅就 I/O 功能做的黑盒法测试计划，在详细设计时才能做详细的测试用例与计划。

8. 书写文档

在概要设计阶段还要进行各种文档的编写，每一个步骤的文档都是必要的，因为这些文档将有助于分析员下一步的工作，更加有助于软件管理员进行维护工作。没有文档的软件维护根本是行不通的。文档是人们用自然语言描述软件系统的文件，并不是像程序语言那么难以阅读和理解。在概要设计阶段形成的文档主要有以下几个：

① 用户手册：对需求分析阶段编写的用户手册进一步修订。

② 测试计划：对测试的计划、策略、方法和步骤提出明确的要求。

③ 详细项目开发实现计划：给出系统目标、总体设计、数据设计、处理方式设计、运行设计和出错处理设计等。

④ 数据库设计结果：使用的数据库简介、数据模式设计和物理设计等。

9. 审查和复审

最后应该对软件设计的结果进行严格的技术审查，在技术审查通过之后再由使用部门的负责人从管理角度进行复审。

18.1.6　程序编码

编程语言经过多年的发展，从机器语言直到今天最流行的面向对象语言，已经有上千种之多，但能被广泛使用的语言却不多。不同的时代有不同的与计算机硬件技术和操作系统相匹配的编程语言。对于我们这里的 LabVIEW 程序编码来说，编码工作就是把软件设计内容变换为可执行的 LabVIEW 源程序。由于在软件设计阶段已经设计好了 VI，编码阶段就变得容易多了，与设计阶段相反，编码阶段一般都采用自底而上的顺序编写，即先编写驱动层，再编写逻辑层，最后完成顶层的编写。

程序员在编码的过程中，应使程序具有良好的程序风格，这样使得今后其他的维护人员读这个程序时，能够比较方便地沿着彼此都熟悉的思路去理解程序的功能，从而使程序的可读性增强，方便程序的测试和维护。

程序设计具有良好的风格要从以下四个方面做起：源程序文档化，数据说明方式，语句构造方法和输入/输出技术；力图从编码原则的角度提高程序的可读性，改善程序质量。

1. 源程序文档化

源程序文档化包括符号名要遵守命名规则，具有完整的文档注释，程序具有良好的视觉感受。

符号名即标识符，包括模块名、变量名、常量名、子程序名、数据区名、缓冲区名等。这些名字应能反映它所代表的实际东西，应有一定实际意义；名字不是越长越好，过长的名字会使程序的逻辑流程变得模糊，给修改带来困难，所以应当选择精炼的意义明确的名字，改善对程序功能的理解；必要时可使用缩写名字，但缩写规则要一致，建议用“驼峰法”规则，并且要给每一个名字加注释。在一个程序中，一个变量只应用于一种用途，就是说，在同一个程序中一个变量不能身兼几种工作。

放置在程序中的注释是程序员与日后的程序读者之间沟通的重要手段。正确的注释能够帮助读者理解程序，可为后续阶段进行测试和维护提供明确的指导。因此，注释绝不是可有可无的，大多数程序设计语言允许使用自然语言来写注释，这就给阅读程序带来很大的方便。一些正规的程序文本中，注释行的数量占到整个源程序的 1/3 到 1/2，甚至更多。

(1) 序言性注释：通常置于每个程序模块的开头部分，它应当给出程序的整体说明，对于理解程序本身具有引导作用。有些软件开发部门对序言性注释作了明确而严格的规定，要求程序编制者逐项列出的有关项目包括：程序标题、有关本模块功能和目的的说明、主要算法、接口说明、有关数据描述、模块位置、开发简历等。

(2) 功能性注释：嵌在源程序主体代码中，用以描述其后的语句或程序段是在做什么工作，不要解释下面怎么做，因为解释怎么做常常是与程序本身重复的，并且对于阅读者理解程序没有什么帮助。

利用空格、空行和缩进，提高程序的可视化程度。

① 恰当地利用空格，可以突出运算的优先性，避免发生运算的错误。

② 自然的程序段之间可用空行隔开；

③ 对于选择语句和循环语句，把其中的程序段语句向右做阶梯式缩进。这样可使程序的逻辑结构更加清晰，层次更加分明。

2. 数据说明方式

在编写程序时，需注意数据说明的风格。为了使程序中数据说明更易于理解和维护，必须注意以下几点。

(1) 数据说明的前后顺序应当规范化，使数据属性容易查找，从而有利于测试、调试与维护。例如按常量说明、类型说明、全局变量说明和局部变量说明的顺序。

(2) 当多个变量名用一个语句说明时，应当对这些变量按字母的顺序排列。

(3) 如果设计了一个复杂的数据结构，应当使用注释来说明在程序实现时这个数据结构的固有特点。

3. 语句构造方法

在设计阶段确定了软件的逻辑流结构，但构造单个语句则是编码阶段的任务。语句构造力求简单，直接，不能为了片面追求效率而使语句复杂化，除非对效率有特殊的要求，程序编写要做到清晰第一，效率第二；不要为了追求效率而丧失了清晰性。事实上，程序效率的提高主要应通过选择高效的算法来实现。首先要保证程序正确，然后才要求提高速度；反过来说，在使程序高速运行时，首先要保证它是正确的。

4. 输入/输出技术

绝大多数计算机系统都是人-机交互系统，输入和输出信息是与用户的使用直接相关的。输入和输出的方式和格式应当尽可能方便用户的使用。因此，在软件需求分析阶段和设计阶段，就应基本确定输入和输出的风格。系统能否被用户接受，有时就取决于输入和输出的风格。

18.1.7　软件测试

软件测试是对软件需求分析、设计规格说明和编码等的最终审核，是软件质量保证的关键步骤。如果把所开发出来的软件看作一个企业生产的产品，那么软件测试就相当于该企业的质量检测部分，其任务就是检查软件产品是否如我们所预期的那样运行。

软件测试是为了发现程序中的错误而执行程序的过程。具体说，它是根据软件开发各阶段的规格说明和程序的内部结构而精心设计出一批测试用例，并利用测试用例来运行程序，以发现程序错误的过程。根据系统开发的过程发展，软件测试可以分为五个测试阶段：单元测试、集成测试、确认测试、系统测试和验收测试。

单元测试是对软件基本组成单元进行的测试。单元测试的对象是软件设计的最小单位——模块，作为一个最小的单元应该有明确的功能定义、性能定义和接口定义，而且可以清晰地与其他单元区分开来。一个菜单、一个显示界面或者能够独立完成的具体功能都可以是一个单元。

集成测试是介于单元测试和系统测试之间的过渡阶段，与软件开发计划中的软件概要设计阶段相对应，是单元测试的扩展和延伸。集成测试的定义是根据实际情况对程序模块采用适当的集成测试策略组装起来，对系统的接口以及集成后的功能进行正确校验的测试工作。

集成测试完成以后，分散开来的模块被连接起来，构成完整的程序。其中各模块之间接口存在的种种问题都已经消除，于是测试工作进入确认测试阶段。确认测试是校验所开发的软件是否能按用户提出的要求运行，若能达到这一要求，则认为开发的软件是合格的。

在软件的各类测试当中，系统测试最接近于人们的日常测试实践。它是将已经集成好的软件系统，作为整个计算机系统的一个元素，与计算机硬件、外部设备、某些支持软件、数据和人员等其他系统元素结合在一起，在实际运行环境下，对计算机系统进行一系列的组装测试和确认测试。

验收测试是向未来的用户表明系统能够像预定要求的那样工作。通过综合测试之后，软件已完全组装起来，接口方面的错误也已排除，软件测试的最后一步验收测试即可开始。

18.1.8　软件实施和维护

1. 软件实施任务

软件实施是将软件产品最终顺利地投向市场并获得用户认可，这也是软件开发商最关心的问题。软件产品实施是指将系统设计阶段的结果在用户的网络和终端计算机上的实现，将软件产品真正转换成可执行的应用软件系统。软件产品实施的任务包括：

(1) 按总体设计方案购置和安装计算机网络系统。

(2) 准备软件。软件包括系统软件，数据库管理系统(DBMS)以及应用程序，还包括购买软件。

(3) 设置硬件环境。

(4) 准备数据。在确定数据库模型之后进行。

(5) 人员培训。关于系统使用方面的培训，主要指对软件产品实施和运行过程中相关的各类人员的培训。培训软件产品的相关的配置，熟悉软件产品实施的流程和各个模块的业务流程，了解相关功能的具体含义和操作规范。

(6) 投入切换和试运行。

2. 软件维护的内容

软件维护是软件生命周期的最后一个阶段，软件从发布完毕到退役的整个时间段内对软件进行的改正、完善等工作都是维护的内容，也是持续时间最长、代价最大的一个阶段。软件维护的内容包括以下几个方面：

(1) 硬件维护，具体包括：定期的设备保养性维护(保养周期不等)，如例行的设备检查与保养、易耗品的更换与安装等；突发性的故障维护。

(2) 应用软件维护。

(3) 数据维护，包括数据库的安全性、完整性、并发性控制和代码维护。

18.2　项目设计目的

本章设计项目实例是综合处理信号函数的双通道频谱滤波器设计，主要是用于分析由仿真信号产生的带噪声信号，在经过带通滤波器进行频率响应后，对滤波前后的信号进行双通道频谱测量，以检测滤波后的信号是否在用户所要求的频率范围之内。在本章实例中，主要用到的 LabVIEW 2016 Express VI 中相关控件有：仿真信号 VI、滤波器 VI、双通道频谱测量 VI 及信号掩区和边界测量 VI。此外，在编写程序框图的过程中，使用了编程控件中的应用程序属性节点以及根据分析测量设计子 VI 的基本知识点，对 LabVIEW 2016 实现了比较综合的应用。

具体而言，本章设计的测量控件中，仿真信号 VI 产生信号，经过带通滤波器滤波，通过比较滤波前后的信号，即通过双通道频谱测量控件对输入信号(未经滤波的原始信号)和输出信号(经过滤波的滤波信号)进行分析，比较滤波信号的幅度响应情况，最后通过信号掩区和边界测量 VI 来检测经过滤波器滤波的信号是否能够在用户设定的信号频率范围内，从而对滤波器的滤波效果进行比较分析和检测。双通道频谱滤波器控件的设计界面如图 18.6 所示。

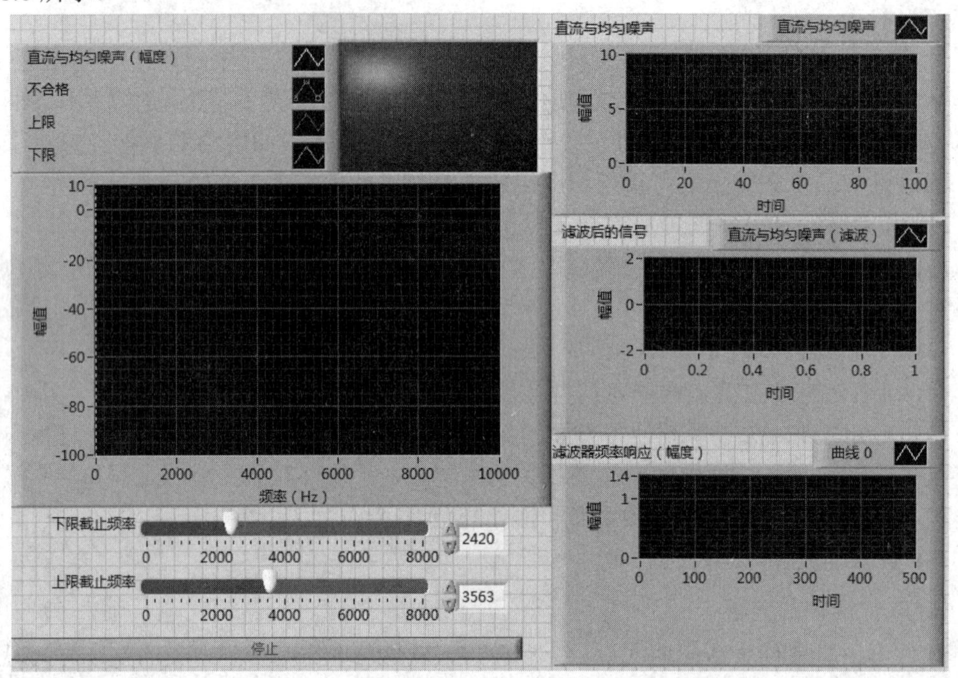

图 18.6　双通道频谱滤波器控件的设计界面

完成设计之后，运行该双通道频谱测量控件，可以通过以下步骤来调试和检查与输入信号相关的滤波、频谱测量和信号检测功能。

步骤一：运行本章设计的 LabVIEW 双通道频谱测量控件 VI。

步骤二：观察通过带通滤波器所产生的信号频率响应情况以及经过滤波产生的响应信号曲线是否在检测信号的范围和边界范围之内(信号掩区和边界信号控件的测试信号端的测试信号波形图显示)；同时，注意观察信号分析所产生的原始信号(没有经过滤波器滤波前的信号)、经过滤波器滤波的信号以及通过信号经过滤波器所产生的频率响应(幅值)情况。

步骤三：在双通道频谱测量控件运行过程中，通过调节上下截止频率调节控件，改变带通滤波器的上下截止频率，观察经过滤波器滤波后的响应信号曲线。

18.3　项目功能模块介绍

本实例设计的双通道频谱测量控件的控件功能和处理逻辑分为六个主要的功能块，各个功能模块具体实现的执行处理功能和任务介绍如下。

(1) 仿真信号生成功能块。

本实例的滤波器仿真信号由仿真信号 Express VI 产生，信号成分主要为直流信号，在该直流信号基础上加入了均匀白噪声信号。本实例所设计的双通道频谱测量控件主要演示滤波器的滤波能力及信号掩区和边界测试 VI 对滤波后的信号是否符合要求进行检测的能力，因此，采用直流信号加入均匀白噪声信号可以代表处理信号的整个频率范围，可以很容易地确定经过滤波器滤波后信号的频率响应范围及响应信号的幅值等信息。

(2) 滤波器滤波功能块。

滤波器采用 Express VI 中的滤波器，选用带通滤波器对仿真信号产生的信号进行带通滤波，并产生所需要的滤波信号；也可以用其他滤波类型对信号进行滤波，如采用带阻滤波、高通滤波、低通滤波等。

(3) 截止频率调节功能块。

截止频率调节功能块能够通过处理逻辑把截止频率控件所产生的截止频率变化情况反映到相应滤波器功能块、双通道频谱测量功能块和信号检测功能块中，其中，输入到滤波器功能块的情况可以直接反映在通过滤波器输出信号上，截止频率变化信息传递到另外两个功能块中则需要一些处理逻辑功能来实现。

测试信号游标控制功能在检测功能块的输出端，即测试信号波形图上用两个游标来反映上下截止频率的变化，此部分功能块通过该波形图的引用节点把该变化信息传递到游标位置变化上。

双通道频谱测量重新平均计算控制功能为当截止频率调节控件的数值发生变化，或在外围循环过程的相邻，两次计算过程中截止频率信号发生变化时，需要把重新平均信息传递到双通道频谱测量控件中。因此，要在循环体上设置移位寄存器记录相邻两次循环中截止频率的信息，并和截止频率调节控件产生的信号进行逻辑判断和比较。为此设计 changed.vi 子控件，用来摄像这些逻辑功能的判断和处理。

(4) 双通道频谱测量处理功能块。

在这部分功能块中，把未经滤波的原始信号和经过滤波后的滤波信号接入双通道频谱测量 Express VI 中，根据滤波信号和未滤波信号的单通道信号有序对，计算和处理这两路输入信号的频率响应和相干情况，输出两路信号频率响应的幅度、相位、相干、实部和虚部等信息。

(5) 信号检测处理功能块。

信号检测处理功能通过信号掩区和边界检测 Express VI 来进行，用户根据需要设定要检测信号的边界，包括信号掩区的上下限。把双通道频谱测量 VI 进行频率响应处理后得到的幅度响应信号输入该 VI 的信号输入端，通过对每个采样数据和掩区信号的上下限数值进行比较，检测经过滤波器滤波后的信号是否在所设定的信号掩区范围和边界范围内，若在设定范围内，则在该 VI 输出端以“通过”逻辑“真”输出。

(6) 信号和频率响应显示功能块。

信号和频率响应显示功能块用于将双通道频谱测量控件各部分的信号以波形图形式直观地显示，主要体现在所设计的 VI 控件的前面板以波形图的形式显示。为更好地显示和处理各部分信号，需要对不同波形图的属性进行相应的设定和修改，主要包括仿真信号产生的原始信号的波形显示、经过滤波器后的滤波信号的波形显示、双通道频谱测量进行处理后产生的频率响应曲线的显示、检测信号结果的波形显示(频率响应曲线)、同时显示信号掩区和边界测试的信号以及代表带通滤波器截止频率的游标位置等。

18.4　项目功能设计实现

打开 LabVIEW 2016 工具，新建 LabVIEW 项目，保存项目名称为“双通道频谱滤波器设计”，如图 18.7 所示。

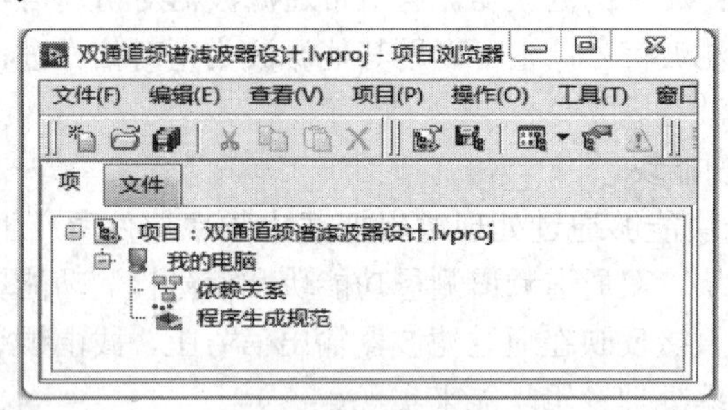

图 18.7　“双通道频谱滤波器设计”项目结构

该项目功能设计实现过程主要分为以下几个步骤。

(1) 进行程序框图方面的设计，包括仿真信号的生成、滤波器过滤、双通道频谱测量、信号检测等的分析处理过程以及相关的处理分析逻辑。

(2) 图形显示界面的设计，在程序框图的主要分析处理逻辑设计基础上，在前面板上添加相应的输入控件、不同信号波形图显示的图形显示界面以及信号处理过程中各个部分的信号显示、分析和比较。

(3) 前面板界面布局及显示部件的属性设置，包括对前面板的界面布局规划设计、对部分图形显示控件进行外观属性相关的属性设置。

在以上设计的基础上，通过调节截止频率观察相应曲线以及对滤波信号的检测情况。本实例设计的双通道频谱滤波器控件对利用 Express VI 进行控件设计提供了较好的操作实例，以下对其设计步骤进行具体介绍。

18.4.1　滤波信号的产生

滤波信号通过使用 LabVIEW 程序框图上 VI 控件的选择和设置来完成，具体操作步骤如下。

步骤一：在 LabVIEW 程序框图中，直接从函数选板上选择【Express】→【输入】→【仿真信号】函数添加到程序框图中，可以用此 Express VI 来生成所需要的仿真信号。

步骤二：在弹出该 Express VI 控件的属性设置对话框中进行仿真信号设置。本实例中进行滤波处理和信号检测的原始信号采用直流信号，在“配置仿真信号”对话框中，从“信号类型”下拉列表框中选择“直流”。在实际的信号仿真分析中，可以根据需要选择其他类型的信号，如正弦、方波、三角波等。

步骤三：为测试和研究滤波器的滤波情况以及双通道频谱测量中的频率响应情况，此处添加“均匀白噪声“，可以对所有频段范围内的信号进行滤波。在噪声属性中，选择噪声幅值为 1、种子值为 –1，根据需要也可以增加高斯白噪声、gamma 白噪声等噪声信号。在定时采样信息中，设定信号的“采样率”为 25 600 Hz，“采样数”选择 2048，其余参数可以采用默认参数。本节所设定信号如图 18.8 所示。

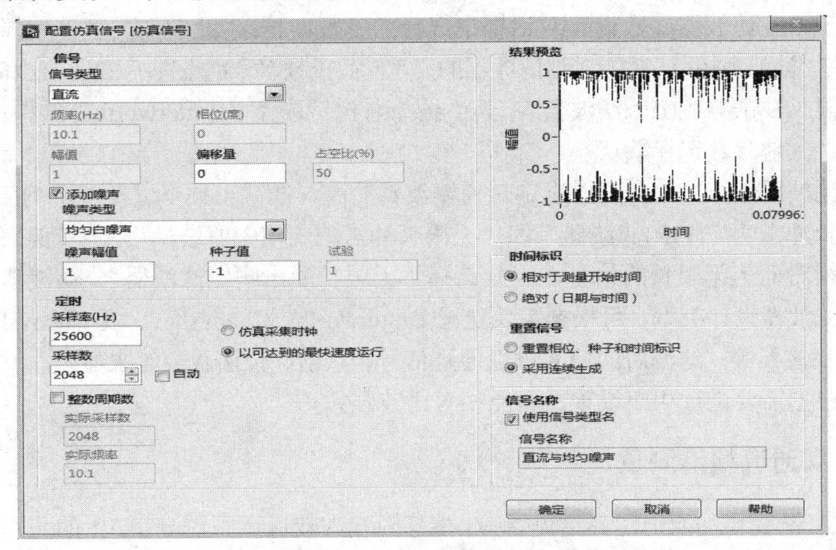

图 18.8　仿真信号设置对话框

18.4.2　添加滤波器 VI 控件

滤波器 VI 控件对输入信号进行各种类型的信号滤波，以下对滤波器 VI 控件的添加和属性设置等步骤进行介绍。

步骤一：在程序框图中，从 Express VI 子选板中选择【信号分析】→【滤波器】函数，放置到程序框图中，弹出滤波器参数设置对话框，如图 18.9 所示，然后对该控件进行设置。

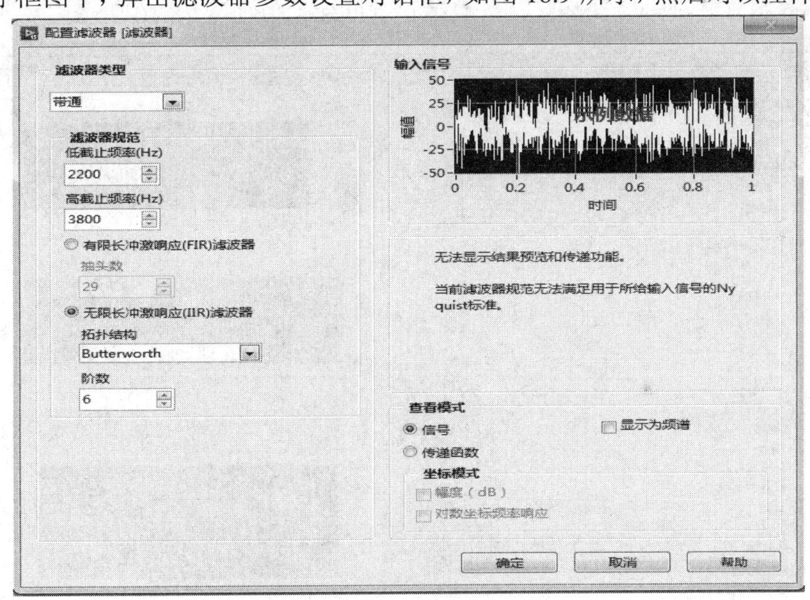

图 18.9　配置滤波器对话框

步骤二：滤波器的 Express VI 控件提供了多种类型的滤波类型，包括低通、高通、带通、带阻、平滑等，可以满足对仿真信号进行滤波的一般性滤波要求。本实例测试中选择带通滤波类型，以便更直观地显示滤波器的滤波能力。

步骤三：在滤波器参数设置对话框中选择的参数如下："滤波器类型"选择"带通"滤波器；在"滤波器规范"中，带通滤波器的高、低截止频率分别设置为 2200 Hz 和 3800 Hz，选择"无限长冲击响应(IIR)滤波器"，其"拓扑结构"选择"Butterworth"结构、"阶数"设为 6 阶，其他参数选择默认。

在"滤波器规范"中，可以设定带通滤波器的高、低截止频率以及冲击响应滤波器，如"有限长冲击响应(FIR)滤波器"和"无限长冲击响应(IIR)滤波器"。本实例需要处理在长度和持续时间上无限长的信号，因此选择"无限长冲击响应滤波器"。滤波器的拓扑结构决定了滤波器设计类型，可根据需要选择 Butterworth、Chebyshev、反 Chebyshev、椭圆或 Bessel 滤波器等。滤波后的信号可以通过信号、频谱、传递函数等来显示。滤波器坐标轴也可以根据需要进行相应设置，功能相对比较强大。

18.4.3 双通道频谱测量

LabVIEW 提供的双通道频谱测量 VI 能够对输入双通道频谱测量 VI 的两路信号进行频率响应和相干信息的处理，输出两路信号频率响应的幅度、相位、相干、实部和虚部等信息。在本实例设计的双通道频谱滤波器控件中，把未经滤波的原始信号和经过滤波后的信号分别作为两路输入信号，进行频率响应和相干信息的处理。下面对双通道频谱测量 VI 控件的选择及一些参数的设置步骤进行介绍。

在程序框图上，选择函数选板的【Express】→【信号分析】→【双通道频谱测量】函数，添加到程序框图中，弹出该控件的属性配置对话框。由于本实例在进行该 Express VI 属性设定时，只对两路信号的幅度感兴趣，因此，"频率响应"函数只输出幅度、"窗"函数加 Hanning 窗，其余设置选择默认。具体设置的属性值如图 18.10 所示。

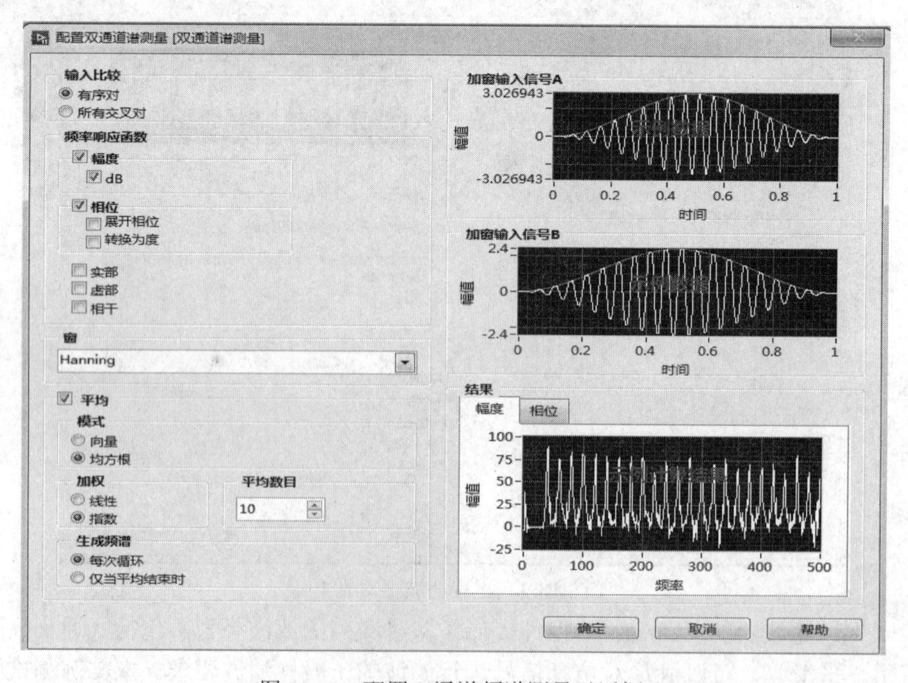

图 18.10　配置双通道频谱测量对话框

在该属性配置对话框中，可以设置的参数项的意义简单介绍如下。

(1) “输入比较”选择。“输入比较”指定每个输入中如何处理多个信号，包括“有序对”和“所有交叉对”两种方式。“有序对”比较方式中依次计算输入信号 A 的第一个通道对输入信号 B 的频率响应，再计算相应的第二个通道的频率响应，以此类推。“所有交叉对”比较方式中，首先计算输入信号 A 的第一个通道对输入信号 B 的每一个通道的频率响应，再计算输入信号 B 的第一个通道对输入信号 A 的每一个通道的频率响应。

(2) “频率响应”函数。“频率响应函数”为对两路通道信号进行相应计算后的输出返回，包括幅度、相位、实部、虚部、相干等。

(3) “窗”函数。“窗”函数指作用于输入信号上的“窗”函数，可以选择 Hanning、Hamming、Blackman→Harris 等各种常见的“窗”函数，也可以选择对信号不加“窗”函数。

(4) “平均”方法。“平均”指该 Express VI 是否计算平均值，其选择包括：“模式”，直接计算复数平均值的“向量”模式和求信号能量或功率平均值的“均方根”模式；“加权”，在“线性”平均时求数据包的非加权平均值，而在“指数”平均中求数据包的加权平均值，数据包时间越新、权重越大，两种方式中的数据包个数均由用户在“平均数目”中指定；“生成频谱”，“每次循环”指 Express VI 每次循环后返回频谱，而“仅当平均结束时”在收集到平均数目中指定的数据包时，才返回频谱。

(5) 输入信号预览及结果显示。输入信号 A 和输入信号 B 的信号预览以及结果中，可以显示出经过计算后的两路信号及经过分析后得到的幅度、相位、实部、虚部和相干等信息。

18.4.4 检测信号

检测信号指对滤波器滤波后得到的信号进行检测，检查是否在所要求的信号范围之内。LabVIEW 2016 中的 Express VI 中的信号掩区和边界测试 VI，可以根据用户设定的上下边界比较信号，进行此方面的信号检测，以判断滤波器经过滤波后的信号是否满足要求。

步骤一：在程序框图上，选择函数选板的【Express】→【信号分析】→【信号掩区和边界测试】函数，添加到程序框图中，弹出该 Express VI 的配置窗口，如图 18.11 所示。

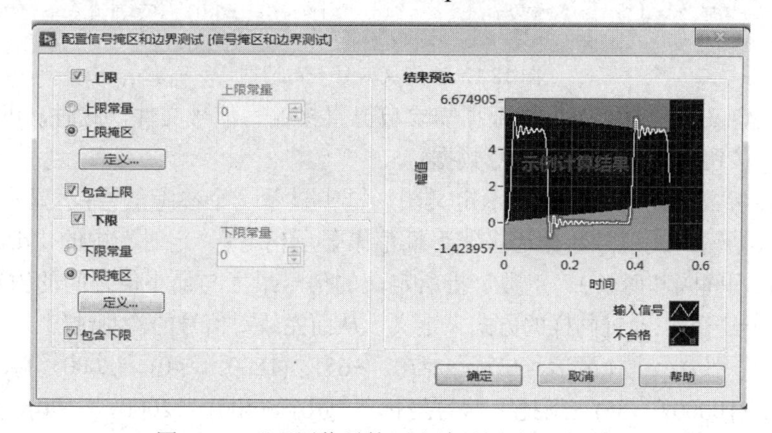

图 18.11 “配置信号掩区和边界测试”对话框

在配置窗口中，需要勾选“上限”和“下限”复选框后，才可以进行掩区和边界信号的定义。在定义中，可以选中“上限常量”和“下限常量”单选框，设定上下限检测信号为常量；也可以选中“上限掩区”和“下限掩区”，此时，可以通过单击“定义…”按钮，来对上下限掩区信号进行定义。这样可以通过比较信号与上下限掩区信号，来判断信号是否在用户设定的检测范围内。

步骤二：单击“定义…”按钮后，弹出“定义信号”对话框，如图 18.12 所示。此时，可以按照坐标形式来进行掩区信号的定义。在对应的 X 和 Y 列手动输入掩区信号坐标值，输入后再点击“插入”按钮把该坐标值输入。如果输入错误，可以通过点击“删除”按钮把该坐标删除。在“定义信号”对话框中，根据输入信号坐标值会自动显示“新 X 最小值”和“新 X 最大值”以及“新 Y 最小值”和“新 Y 最大值”。如果定义的信号需要作为后续信号的文本，可以通过点击“保存数据”按钮把所定义的信号文本以“*.lvm”的自定义模式文本保存下来。

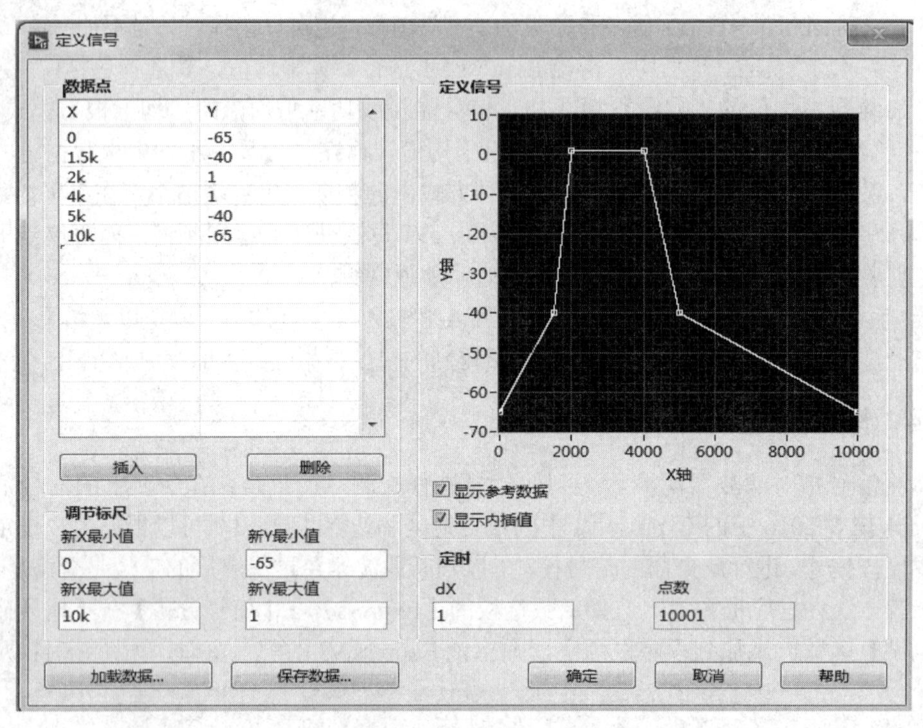

图 18.12 “定义信号”对话框

当然，在定义信号时，也可以根据需要自己直接编写信号文件，此时，可以通过点击“加载数据”按钮导入所定义的信号数据。

“显示参考数据”复选框在显示定义图形框中显示一个参考信号；“显示内插值”复选框指的是根据输入的信号数据通过线形插值来显示信号；“定时”中的“dX”指定信号数据之间的时间间隔和时长；“点数”指所定义的信号最大与最小值之间的数据点数目。

下掩区信号也可以通过同样的方式来定义，从而完成对信号的检测过程。本文所定义的上下掩区信号分别为：上掩区信号坐标包括(0，−65)、(1500，−40)、(2000，1)、(4000，1)、(5000，−40)、(10000，−65)；下掩区信号坐标包括(0，−400)、(2000，−100)、(2500，−1)、(3500，−1)、(4500，−100)、(10000，−100)。

配置信号掩区和边界测量 VI 后，实际上就限定了对滤波器信号的有效检测范围，如果通过滤波器滤波后的信号在所设定的检测范围之内，那么在该控件的输出端输出信号是否通过的逻辑值，可以表明滤波器滤波后的信号是否满足要求。

18.4.5　各 VI 控件之间数据流的连线

经过以上四个主要步骤，在程序框图中已经加入仿真信号、滤波器、双通道频谱测量及信号掩区和边界测量 VI 控件，能够实现本实例所要求的主要功能。这些控件之间通过信号数据传输及错误信号传递来进行数据传递，从而达到由相应的处理 VI 控件来加以处理的目的。

在本实例设计的双通道频谱滤波器控件中，数据流的传递分为两类，一类数据流为信号流的传递过程，另一类数据流为错误流的传递过程。而数据流的传递过程，也就是各个 VI 控件之间的连线过程。

1. 信号流的传递过程

仿真信号 VI 产生直流与均匀噪声信号，通过连线传递到滤波器 VI 的信号输入端，经过滤波器 VI 进行滤波处理后，未经滤波的原始信号和滤波后的信号分别作为双通道频谱测量 VI 的两路输入信号，即输入信号 A 和输入信号 B；双通道频谱测量 VI 通过进行两路信号的频率响应分析之后，得到这两路信号的幅度、相位等信息。此时，所产生的响应幅度通过连线输入到信号掩区与边界测试 VI 的信号输入端，经由该 VI 对此信号进行检测，检查所产生的信号是否在所要求的信号掩区边界范围之间。

2. 错误流的传递过程

信号产生、滤波、谱测量和检测处理过程中遇到的另一类传输数据是错误流的传递过程。在仿真信号 VI 的错误输入端创建无错误信号的常量，这样即表明，在后续信号的传递和处理过程中，所产生的错误信号为信号分析与处理过程所产生，易于判断错误产生的位置。依次连接错误输出到下一个 VI 控件的错误输入，再到信号掩区和边界测试 VI 的输入端。

在实际过程中，加入 While 循环控制过程，可以连续实现仿真信号之间的传递和处理过程。在该循环体边界加入错误处理逻辑，可对信号仿真过程中的错误进行统一处理。

通过以上的分析过程，按照信号流和错误流两类数据流过程进行连线，可以很容易实现对数据流的分析与控制。经过以上的连线之后，建立了控制程序中数据流的传输线路，如图 18.13 所示。在程序框图连线中，黄色为错误流的传递过程，蓝色为信号流的传递过程。此外，在循环体中加入了延时环节以及循环停止显示控件，可以对循环过程进行控制。

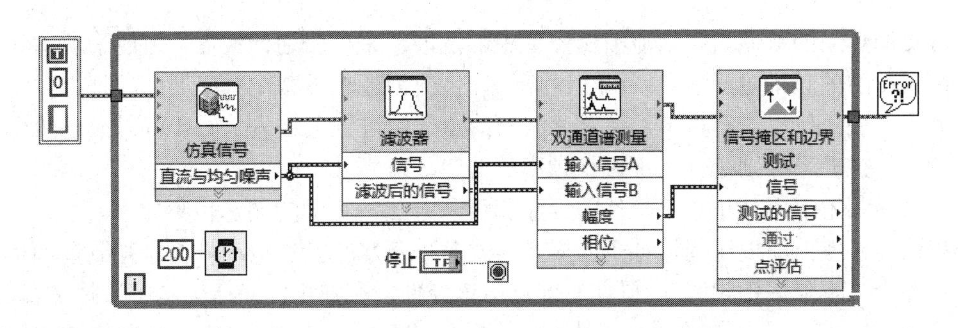

图 18.13　各 VI 控件之间的数据流连线

18.4.6　各 VI 信号的图形显示控件

在对仿真信号进行分析处理的过程中，为便于对各部分的信号进行分析和比较，需要在适当的位置加入波形图来观察信号的情况。下面介绍本实例创建的双通道频谱滤波器控件中的信号显示。

步骤一：在对不同的控件 VI 输出端的信号进行图形显示时，可以在相应的输出端点击鼠标右键，在弹出的快捷菜单中选择【创建】→【图形显示控件】来处理。

步骤二：创建其他各个 VI 的图形显示控件，用于信号检测的具体步骤与此相同。当然也可以通过前面板的波形显示面板创建波形图后，在程序框图通过和相应的输出端进行连线以实现信号的显示。

本实例创建的双通道频谱滤波器控件中创建的信号显示控件有：通过仿真信号 VI 的图形显示用直流与均匀噪声波形图来显示；通过滤波器后的信号的图形显示，用 Filtered Signal 波形图来显示；通过双通道频谱测量 VI 后响应的幅度，用 Magnitude 波形图来显示；通过信号掩区和边界测试 VI 后的测试信号，用 Tested Signals 波形图显示控件来显示；如图 18.14 所示。实际过程中，为更好地显示波形，需要对相应的波形图进行相关参数的设置。

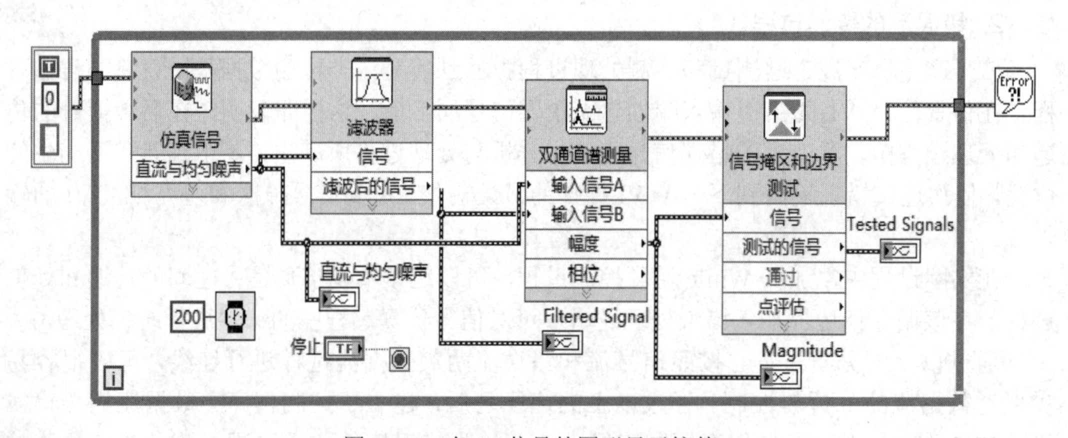

图 18.14　各 VI 信号的图形显示控件

18.4.7　创建上下截止频率调节控件

本实例建立的双通道频谱滤波器控件中的滤波器采用带通滤波器，为便于动态观察带通滤波器产生的频率响应情况，可在设计的控件中创建上下截止频率调节控件，对带通滤波器的上下截止频率进行调节。在对滤波器的上下限进行具体调节时，可以通过两个水平指针滑动杆控件来分别进行上下截止频率的调节。

下面介绍上下限截止频率控件的创建和设置方法。具体的创建步骤如下。

步骤一：在前面板选择控件子面板【新式】→【水平指针滑动杆】添加到前面板上，修改标签为“下限截止频率”。鼠标右键点击该控件，在弹出的快捷菜单中选择【表示法】→【长整型】，将该控件的数值表示法由原来默认的双精度类型 DBL 转变为 INT32 长整型表示。

步骤二：鼠标右键点击该控件，选择快捷菜单中的“属性”选项，弹出“滑动杆类的属性”对话框，如图 18.15 所示。在“标尺”属性的选项卡中，设定该控件的“刻度范围”的“最小值”为 0、“最大值”为 8000；在“外观”属性选项卡中，勾选标签下的“可见”复选框，同时勾选“显示数字显示框”，在前面板中输入默认值为 2200，此数值为带通滤波器的下限截止频率数值。

图 18.15 “滑动杆类的属性”对话框

步骤三：上限截止频率调节控件的属性设置过程与下限截止频率调节控件相同，改变的属性为：在“标尺”选项卡中，“刻度范围”的“最小值”设为 0、“最大值”设为 8000；在“外观”选项卡中，勾选“显示数字显示框”，设置默认值为 3800。经过以上创建和参数设置后，上下限截止频率控件的外观如图 18.16 所示。

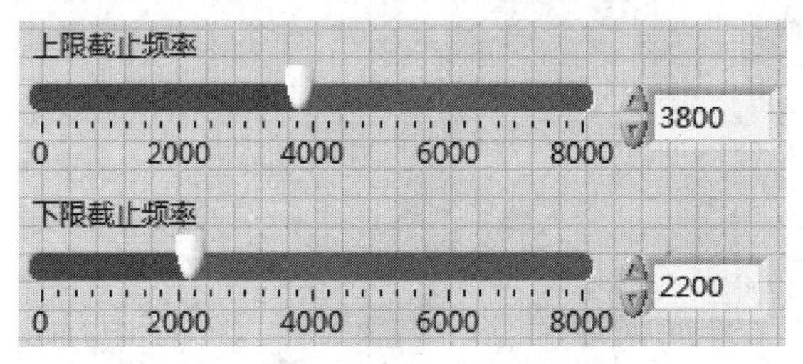

图 18.16 上下限截止频率控件的外观

步骤四：经过以上设置后，在程序框图中，把上下限截止频率控件的输出端分别连线到仿真信号 VI 输入端的高截止频率输入端和低截止频率输入端。这样，通过改变上下限截止频率控件的调节数值，就可以实现对滤波器带通高低截止频率进行调节。

18.4.8 信号掩区和边界测试输出信号的显示设置

用户可根据需要对信号掩区和边界测试 VI 中的掩区及边界信号进行设定。该控件对滤波器滤波后的信号进行检测，确定滤波信号是否位于被检测信号的范围内。为便于直接观察掩区和边界信号、带通滤波器上下截止频率的位置，需要设置其输出信号图形显示控件的属性。

在输出的测试信号的图形显示控件上，点击鼠标右键，在弹出的快捷菜单中选择“属性”选项，打开该控件的属性对话框。在该对话框中，可以对需要显示的各条波形曲线、波形图的坐标轴、游标等进行设置，如图 18.17 所示。在本实例中，各选项卡的具体设置如下。

图 18.17　输出信号波形图控件属性对话框

(1) “外观”选项卡。取消勾选标签和标题的“可见”复选框，取消勾选“根据曲线名自动调节大小”复选框。

(2) “曲线”选项卡。在“曲线”选项卡中，下拉列表框中显示四路信号的名称，分别为滤波后的信号、不合格曲线、掩区上限信号和下限信号。此外，还可以根据需要对不同曲线的属性进行修改和设定。本实例中对掩区上限信号和下限信号的属性进行修改，对掩区下限信号，其填充区域为掩区下限信号所设定的范围，“填充至”下拉列表中给出了不同的选项，默认为填充至负无穷大，即在掩区信号以下的坐标轴范围都用对应设定的颜色和点进行填充，将此处修改为“无”，即不进行填充，而以曲线形式演示。对上限信号，把“填充至”也设定为“无”。

(3) “标尺”选项卡。在“标尺”选项卡中，可以设定波形图显示控件纵坐标(幅值)和横坐标(频率)的属性。默认设置中，纵坐标和横坐标的标尺范围都可以自动调节。本实例为便于观察滤波信号在掩区信号范围之间的变化细节，取消纵坐标和横坐标的自动调节属性，即取消勾选相应属性中的“自动调整标尺”范围复选框。设定纵坐标(幅值)范围的“最小值”–100、“最大值”为 10；横坐标(频率)范围的“最小值”为 0 Hz、“最大值”为 10 000 Hz。设置后的参数如图 18.18 所示。

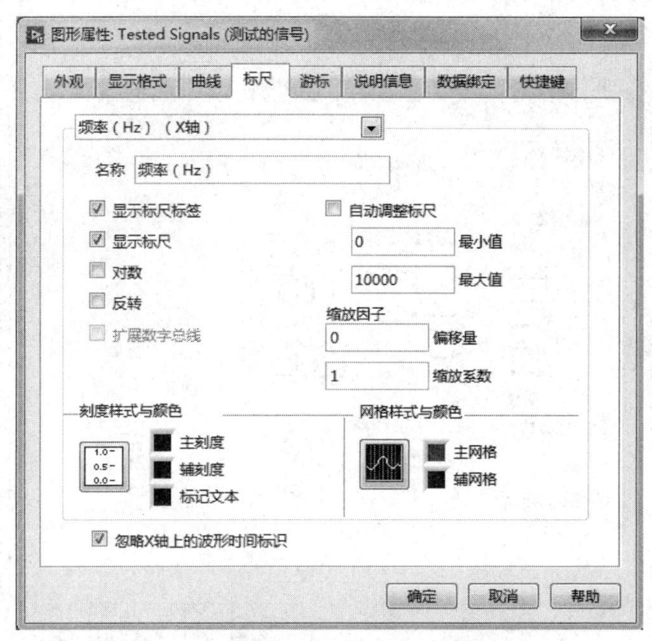

图 18.18　输出信号波形图控件标尺选项卡设置

(4) “游标”选项卡。在“游标”选项卡中可以设定输出信号波形图的游标。本实例为直观地显示检测滤波信号通过不同的带通范围滤波器滤波后的信号是否在检测信号的范围内，在波形图上添加下截止频率游标和上截止频率游标。具体的设置过程如下。

步骤一：在该选项卡上点击“添加”按钮，在“名称”文本框内输入“下截止频率”，即该游标的名称；在曲线特征上选择相应的特征，如拖曳游标时游标的形状等；设置游标的颜色和其他特性；游标是否允许拖曳可以通过勾选相应的复选框进行设定，此处，选择游标的拖曳曲线类型为“单曲线”，在拖曳的信号曲线下拉列表框内，选择“信号”。如图 18.19 所示为下截止频率游标的属性设置情况。

步骤二：带通滤波器的上限截止频率，同样可以在波形图上表示出来，以便进行比较和观察。通过同样的设置方法，在“游标”选项卡上再添加另一条游标，即“上截止频率”游标。本实例对该游标的属性设置和“下截止频率”游标的属性相同。

上下限截止频率控件可以调节带通滤波器的上下限截止频率，以便使得滤波器在某个带通范围内实现滤波。在信号掩区和边界测试 VI 输出信号的波形图中，同样显示带通滤波器的上下限截止频率游标，即上下限截止频率控件调节的信号也应该实时地表现出来，因此，需要把上下限截止频率控件调节的数值和该输出信号波形图上的游标位置相联系。

步骤三：实现上下限截止频率控件调节与检测信号输出端图形控件的游标变化相联系后，可以通过调用该控件的属性节点来进行调节。在程序框图上，点击鼠标右键从函数选板中选择【编程】→【应用程序控制】→【属性节点】之后，把该属性节点函数连接到测试信号波形图显示控件(Tested Signals 控件)。

步骤四：将属性节点向下拉至四个属性选项，在各个属性选项中，选择上下截止频率活动游标及各自的 x 位置，默认这些信号为输出信息。因此，可以把该属性引用控件上的所有属性转化为写入。分别把上下限截止频率控件的输出连接到该游标 x 标尺属性，而活动游标属性创建常量输入值来表示上下截止频率游标。

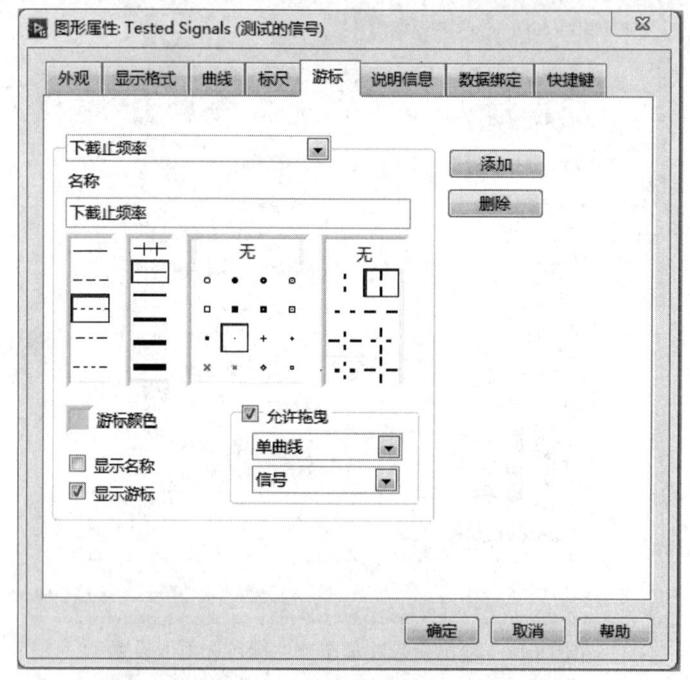

图 18.19　属性信号波形图控件游标选项卡设置

18.4.9　创建截止频率变化子 VI

通过调节上下限截止频率控件改变上下限截止频率数值后，应当实时把改变的截止频率输入到滤波器高低截止频率输入端，并把是否变化的信息传递到双通道频谱测量 VI，对输入到该 VI 的两路信号的频率响应重新进行计算。因此，需要在每次 While 循环后，对上下限截止频率是否变化进行判断，并把改变后的上下限截止频率数值输出到滤波器和测试信号波形图显示控件。

以下，通过设计一个子 VI 控件 changed.vi，来对截止频率是否变化进行判断。

步骤一：设置四个输入端，分别用于输入新旧上下限截止频率数值，即在 While 循环体相邻两次循环过程中的截止频率数值；输出端则输出截止频率是否发生变化的布尔值以及新的截止频率数值。具体的前面板和程序框图如图 18.20 所示，设计该 VI 的图标和连线，并保存为 changed.vi。

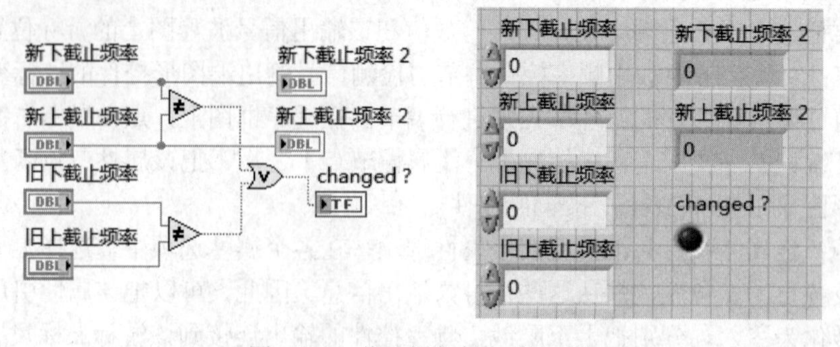

图 18.20　截止频率变化子 VI 图

步骤二：在双通道频谱测量控件的程序框图中，选择函数选板上的“选择 VI…”，导入 changed.vi 子 VI 后，作为控件 VI 直接使用。

步骤三：在该控件设计的程序框图上，把通过上下限截止频率调节控件的输出端分别连接到 changed.vi 控件的新上下限截止频率接线端。在循环体上创建移位寄存器，用于保存循环体相邻两次循环中的截止频率数值，把旧上下限截止频率输入端和移位寄存器的输出端相连，经过 changed.vi 判断后得到的新上下限截止频率则和移位寄存器的输入端相连。通过 changed.vi 逻辑判断后得到的逻辑布尔型值以及新的截止频率数值就可以作为输出数据供其余判断使用。判断后的逻辑输出端连线到双通道频谱测量控件的重新开始平均输入端，以便根据逻辑值对是否需要重新平均计算进行处理。

至此，程序框图的处理逻辑部分已经全部连线和实现完毕，图 18.21 为本实例创建的双通道频谱滤波器控件完整的程序框图。

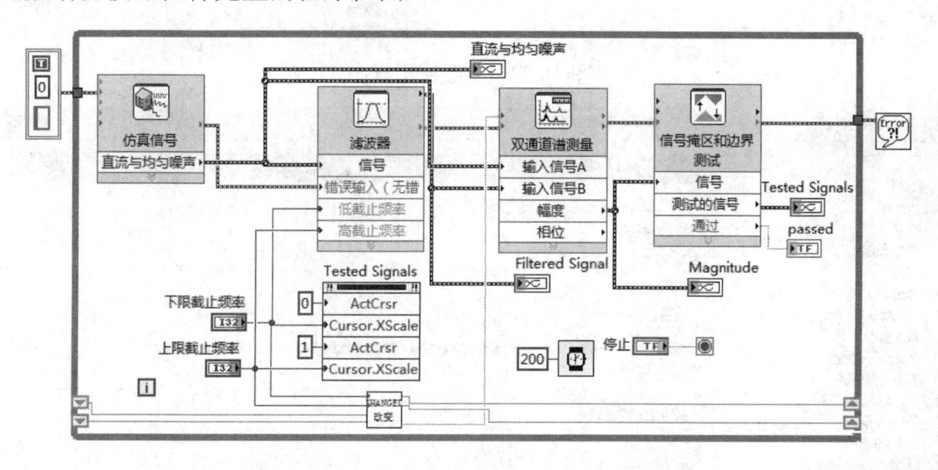

图 18.21　双通道频谱测量控件的程序框图

经过程序框图创建的图形显示控件，在前面板上可以相应地展示出来，但还需要对界面布局进行安排和处理，包括滤波器的坐标轴、曲线等，以便更好地显示出设计控件的界面效果。

18.5　发布应用程序

前面我们所编写的程序只能在 LabVIEW 的环境下运行，这当然不是我们所希望的，如果想要编写的程序脱离 LabVIEW 的环境，就需要将它编译成可独立运行的程序。

本节详细介绍了独立可执行程序(EXE)、安装程序的制作方法，两者的区别在于，EXE 的运行环境还需要安装 LabVIEW Run→Time 运行引擎，而安装程序则可以把这个引擎集成到程序当中，安装完成后即可运行了。

18.5.1　独立可执行程序(EXE)

这里以前面的“双通道频谱滤波器控件”为例，在 LabVIEW 2016 环境下制作独立可执行程序(EXE)，详细步骤如下。

首先，在项目中，鼠标右键点击“程序生成规范”，在弹出的快捷菜单中选择【新建】→【应用程序(EXE)】选项，如图 18.22 所示，弹出一个“我的应用程序 属性”对话框，如图 18.23 所示。

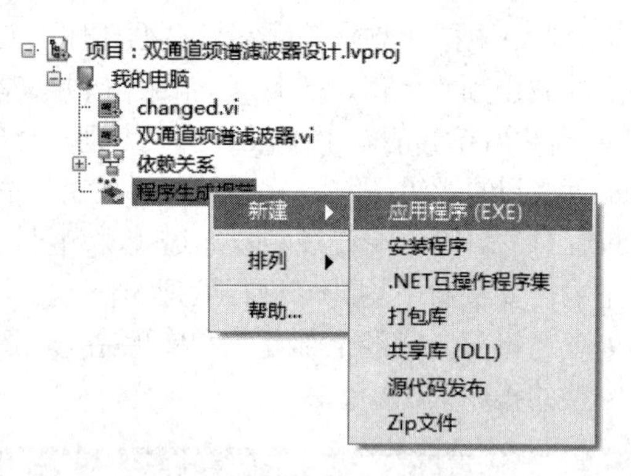

图 18.22 新建应用程序

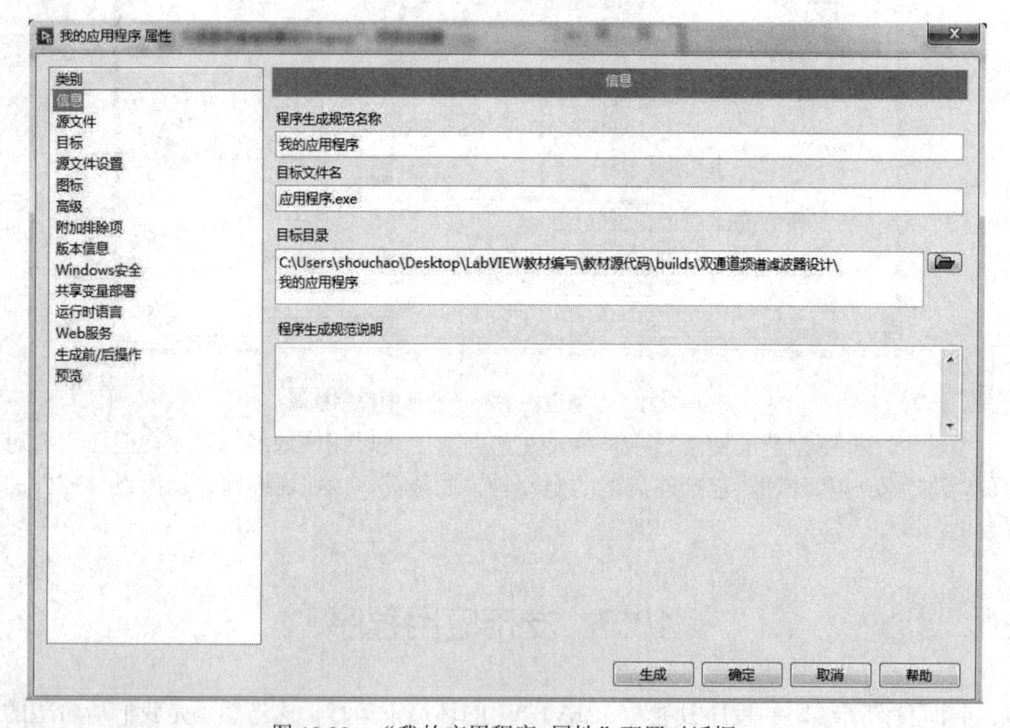

图 18.23 “我的应用程序 属性”配置对话框

按照从上到下的顺序，依次介绍每一步设置。

(1) 信息。输入 EXE 文件名和目标文件名。注意，应用程序目标目录会有一个默认的路径，如果程序中用到附属文件，比如 Txt 或者 Excel 等，最好改变这个默认的路径，重新选择包含所有文件的那个文件夹，因为如果程序中用到了相对路径，这样就能够正确找到其他文件，程序执行时不会弹出类似于“文件不存在”的错误。

(2) 源文件。在左边的类别栏中，选择源文件，双击“项目文件”下面的那个主 VI——“双通道频谱滤波器.vi”，将主 VI 添加到“启动 VI”栏里面，将“changed.vi”添加到“始终包括”栏里面，如图 18.24 所示。

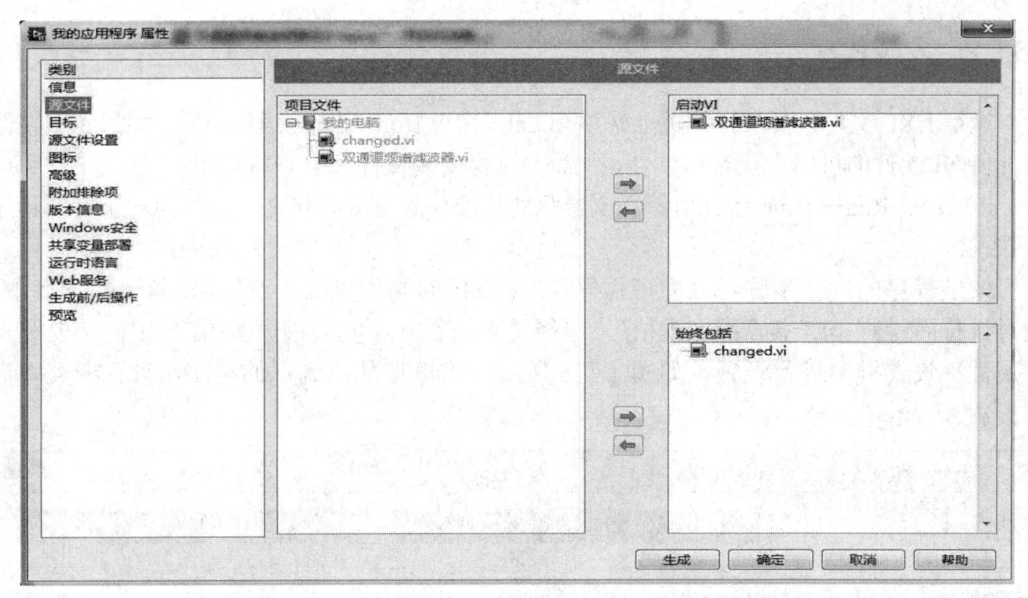

图 18.24　源文件设置

(3) 目标。在这里可以设置 EXE 文件和支持文件所在路径，这里可以新建一个文件夹，也可以使用默认设置。

(4) 源文件设置。在这里可以设置每个 VI 的属性，这里使用默认设置。

(5) 图标。将“使用默认 LabVIEW 图标文件”前面复选框的钩去掉，如果之前有设计好的图标，可以点击下面的那个浏览文件的图标，然后选择之前设计好的图标，添加进去，或者可以点击图标编辑器，在弹出来的界面中编辑图标。

(6) 预览。在该项目中直接点击“生成预览”，如果生成成功，就会出现生成文件的预览，否则，将弹出对话框提示失败原因。

(7) 高级、附加排除项、版本信息、运行时语言等其他选项都采用默认设置。

预览成功后，就可以点击下面的“生成”按钮制作 EXE 文件了，如图 18.25 所示。当“生成”进度对话框显示生成结束后，点击“完成”按钮，就可以完成全部的步骤了。可以到预先设置的可执行文件目录下运行该执行文件，也可以在项目管理器中，右键点击该文件，选择“运行”项运行该文件。至此，EXE 文件全部制作完成，保存全部项目。

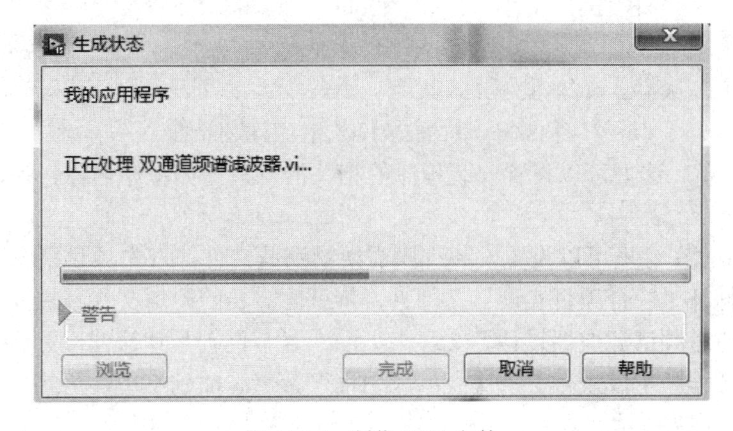

图 18.25　制作 EXE 文件

18.5.2　安装程序

运行 EXE 文件，要求计算机上必须有 LabVIEW Run→Time 运行引擎，如果希望在没有任何 NI 软件的机器上运行该软件，则需要制作安装文件，即 Setup 文件，安装文件可以把 LabVIEW Run→Time 运行引擎、仪器驱动和硬件配置等打包在一起作为一个安装程序发布。

安装程序的制作步骤与独立可执行程序(EXE)的制作步骤大致相同，首先在项目中，通过鼠标右键点击“生成程序规范”，选择【新建】→【安装程序】，在弹出的“安装程序属性”设置框中进行设置，如图 18.26 所示。这里按从上到下的顺序对设置框类别进行介绍。

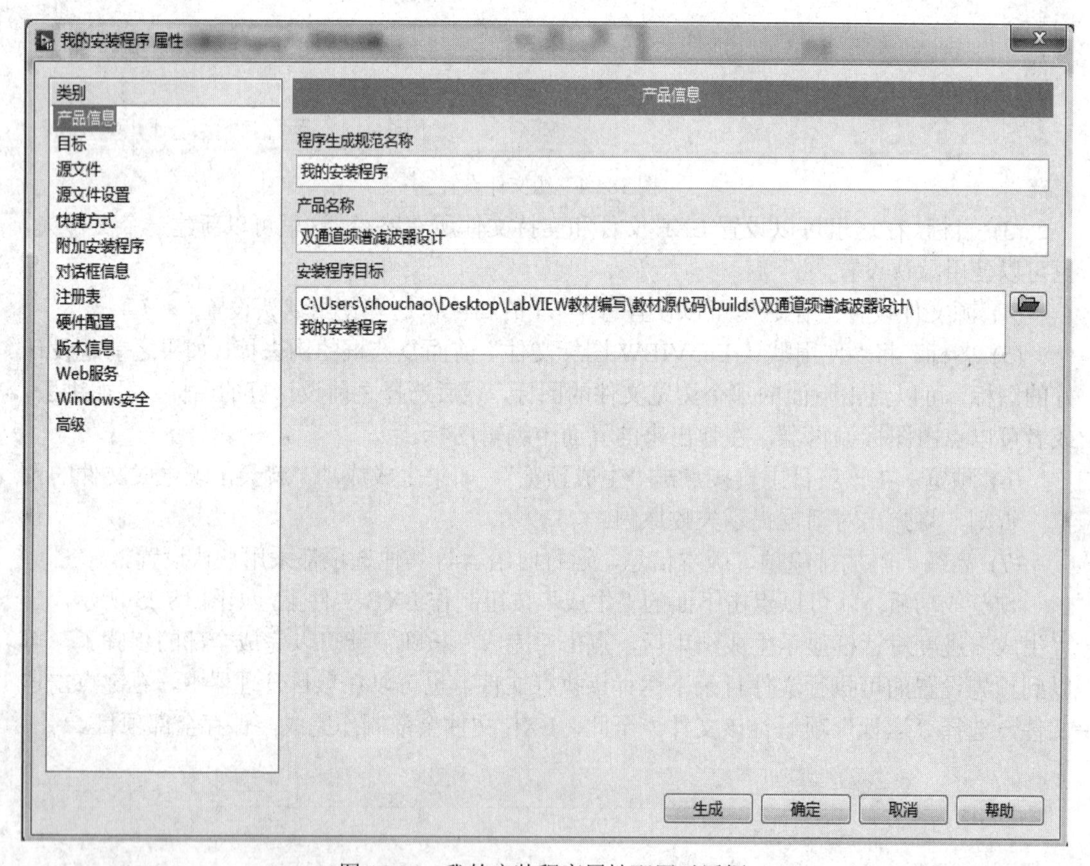

图 18.26　我的安装程序属性配置对话框

(1) 产品信息。这里可以设置安装程序的相关信息，比如程序名称、版本、开发公司信息等。

(2) 源文件。在这里可以设置安装程序需要的那些文件。双击项目视图下面的“我的电脑”图标，打开“综合项目实训”文件夹，将里面需要的附属文件添加到右边的“程序文件”的“双通道频谱滤波器设计”文件夹下面，这个位置是默认的；然后，再把【项目文件视图】→【程序生成规范】→【我的应用程序】也添加到右边，至此，完成了源文件的添加，如图 18.27 所示。

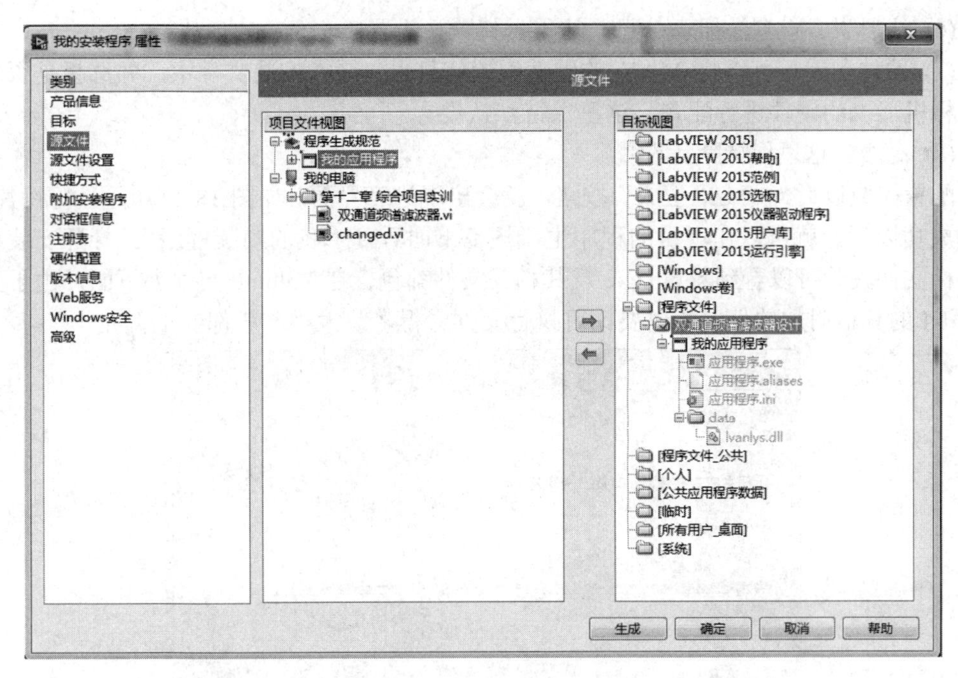

图 18.27　源文件设置

(3) 源文件设置和快捷方式都采用默认设置。在源文件设置中，可以设置安装的文件的属性；在快捷方式中，可以设置在开始菜单中的启动项和启动名称，这里均采用默认设置。

(4) 附加安装程序。在这里可以选择需要安装的附加软件，其中，NI LabVIEW 2016 运行引擎这一项是执行可执行程序必需的软件，其他的软件，如果需要，也要选上，如图 18.28 所示。

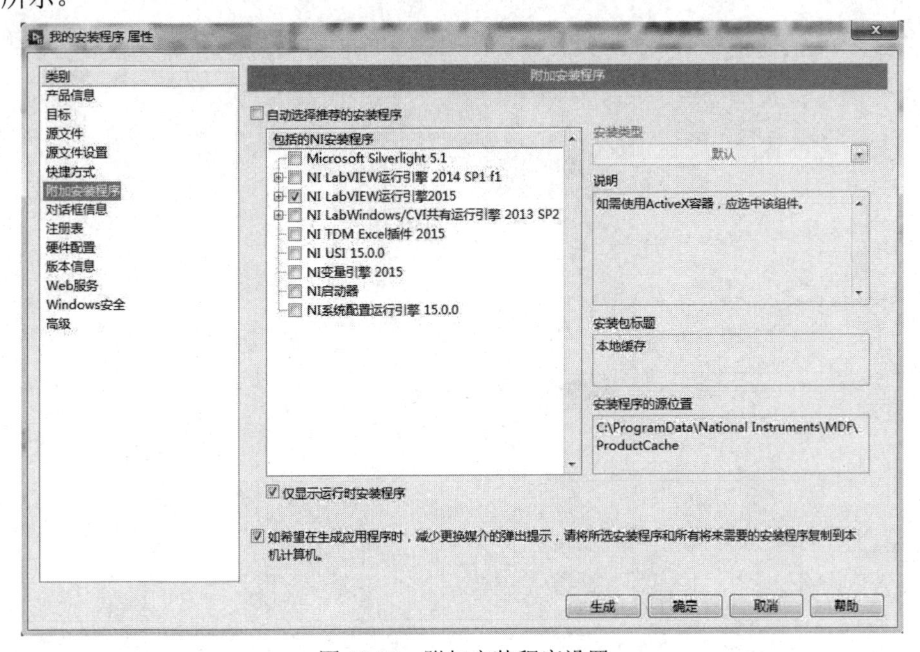

图 18.28　附加安装程序设置

(5) 对话框信息。设置显示给用户看的欢迎信息或者提示信息。

(6) 注册表。设置注册表信息，这里保持默认设置。

(7) 硬件配置。可以将 MAX 的硬件配置信息也包含在安装文件中，并选择是否自动对目标机器上的硬件进行配置，这里保持默认设置。

(8) 高级。这里保持默认设置。

配置完成以后，点击“生成”按钮，就会出现进度界面，如图 18.29 所示，等待片刻，生成成功以后，就可以在项目的程序生成规范下面看到“我的安装程序”。打开安装程序的目标文件夹就可以看到 setup.exe 及其相关文件都包含在 Volume 文件夹下面，由于其包含了 NI 的其他附加软件，所以要比可执行文件大得多，大小一般都要上百兆。

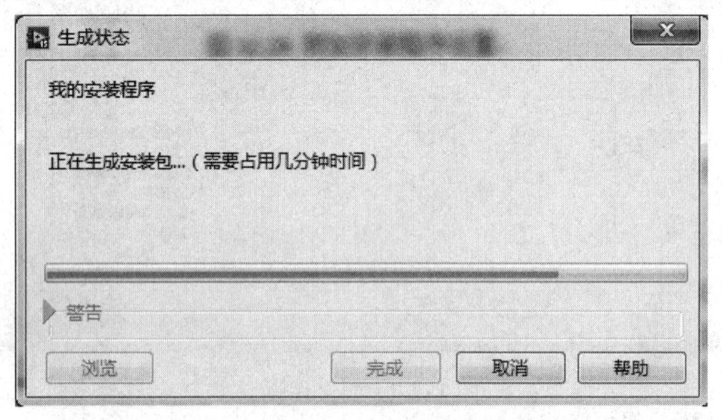

图 18.29　制作 Setup 文件

双击“Setup”即可进行安装，安装时，程序首先对系统进行更新，更新完成以后进入安装界面，再往下的步骤和正常安装应用程序的步骤一样。